地下轮胎式采矿车辆人机安全工程

高梦熊 编著

北 京

冶 金 工 业 出 版 社

2012

内 容 提 要

本书汇集了国内外近年来大量的有关地下轮胎式采矿车辆安全资料和安全标准，结合地下轮胎式采矿车辆在使用中易发生的机械、电气危害和事故，重点介绍了地下轮胎式采矿车辆在设计、生产和使用中的安全要求、安全注意事项以及防止事故发生的一般原则和基本措施。涉及的内容包括风险评价、地下轮胎式采矿车辆人机工程学（包括人体测量与生物力学、地下轮胎式采矿车辆外形设计、司机的视线、司机的作业空间、司机的保护、方便入口与出口、操纵系统、显示器、司机座椅、车辆照明、作业环境、报警系统、可维修性、培训）和分析了最新的 ISO、EN 和 GB 标准对地下轮胎式采矿车辆的安全要求。

本书可供从事地下轮胎式采矿车辆的研究、设计、使用、维修和安全管理人员、工人以及大专院校相关专业的师生参考，也可供露天采矿与土方机械相关人员参考。

图书在版编目(CIP)数据

地下轮胎式采矿车辆人机安全工程／高梦熊编著．
—北京：冶金工业出版社，2012.10
ISBN 978-7-5024-6040-2

Ⅰ.①地…　Ⅱ.①高…　Ⅲ.①地下开采—采矿机械—安全工程　Ⅳ.①TD421

中国版本图书馆 CIP 数据核字(2012)第 227185 号

出 版 人　谭学余
地　　址　北京北河沿大街嵩祝院北巷 39 号，邮编 100009
电　　话　(010) 64027926　电子信箱　yjcbs@cnmip.com.cn
责任编辑　王之光　杨秋奎　美术编辑　李　新　版式设计　孙跃红
责任校对　王贺兰　责任印制　牛晓波
ISBN 978-7-5024-6040-2
冶金工业出版社出版发行；各地新华书店经销；北京百善印刷厂印刷
2012 年 10 月第 1 版，2012 年 10 月第 1 次印刷
787mm × 1092mm　1/16；24.5 印张；595 千字；380 页
75.00 元

冶金工业出版社投稿电话：(010)64027932　投稿信箱：tougao@cnmip.com.cn
冶金工业出版社发行部　电话：(010)64044283　传真：(010)64027893
冶金书店　地址：北京东四西大街 46 号(100010)　电话：(010)65289081(兼传真)
（本书如有印装质量问题，本社发行部负责退换）

序　言

近十几年，我国乃至全球采矿业正处在大发展时期，同时，国家对地下轮胎式采矿车辆安全、环保提出了越来越严格的要求，出台了许多安全、环保方面的法规、标准。

“安全第一，以人为本”是一切工作的出发点。教授级高级工程师高梦熊同志一直坚持这个理念，多年来一直孜孜不倦地耕耘在地下轮胎式采矿车辆设计、研究的这片土地上，出版了多部专著，撰写了大量论文，多次参加国内外地下轮胎式采矿车辆安全标准的编写与讨论，收集、整理了大量国内外有关标准和资料。近两年，他又根据当前采矿行业的安全形势，结合地下轮胎式采矿车辆使用环境和结构特点撰写了《地下轮胎式采矿车辆人机安全工程》一书。本书是我国地下轮胎式采矿车辆安全方面的首部专著，内容丰富，具有很强的前瞻性、实用性和先进性。我相信本书的出版，不仅对提高我公司地下轮胎式采矿车辆的安全、卫生、环保性能和操作人员的舒适性具有重要的指导作用，还能提升我国地下轮胎式采矿车辆的安全设计、制造水平，缩短我国地下轮胎式采矿车辆同国外的差距，对推动我国地下轮胎式采矿车辆安全技术的进步与发展也会起到一定的作用。

中钢集团衡阳重机有限公司总经理　张耀明
教授级高级工程师
2012 年 6 月

前　言

随着地下采矿业的发展，世界各国对地下轮胎式采矿车辆产品的安全、环境保护、人机工程学等方面越来越重视，如国际标准化组织ISO/TC 127近年加强了对地下轮胎式采矿车辆涉及安全、工作环境条件、排放、噪声、振动等方面国际标准的制定工作。欧美等世界地下轮胎式采矿车辆制造强国对地下轮胎式采矿车辆规定了较系统和全面的安全等技术要求。

现在我国已成为国际上地下轮胎式采矿车辆的生产和需求大国。我国地下轮胎式采矿车辆企业已经走向国际市场，产品出口也逐年增加。但我国地下轮胎式采矿车辆产品在安全、环境保护、噪声、振动、排放、人机工程学等方面与世界地下轮胎式采矿车辆制造强国还有较大的差距，产品难以批量进入发达国家的市场。

为了进一步提高我国产品的国际竞争力，地下轮胎式采矿车辆产品就必须在安全、环境保护、人机工程学等方面与国际接轨，提升这方面的性能及质量水平。介绍国内外这方面最新安全标准，使我国的产品与国际惯例接轨，将全面提升我国地下轮胎式采矿车辆产品的水平，增强我国产品的国际竞争力。

笔者从事地下轮胎式采矿车辆的研究和开发多年，也走访过大量矿山，深感安全的重要性。特别是在我国矿山机械标准化技术委员会和中钢集团衡阳重机有限公司的大力支持下，本人有幸多次参加了有关地下轮胎式采矿车辆及其安全要求的国家、行业标准的编写和讨论，而且还与国外同行进行了ISO有关地下轮胎式采矿车辆安全标准的讨论，深感我国地下轮胎式采矿车辆安全技术同国外的差距。为了把国外的最新标准和最新技术介绍给国内同行，尽快缩短同国外的差距，促进我国地下轮胎式采矿车辆更安全、更健康地发展，促成了本书的编写和出版。

本书共分5章。第1章主要介绍地下轮胎式采矿车辆分类、基本结构和人机安全的重要性，与地下轮胎式采矿车辆人机安全有关的国际标准、国际先进标准及我国国家标准、行业标准。第2章主要介绍风险评价原则与过程。第3章主要介绍机械安全基本要求与实现地下轮胎式采矿车辆安全的措施。第4章是本书的重点,主要介绍地下轮胎式采矿车辆人机工程学研究的主要内容:人体测量与生物力学;司机的能见度、司机的保护、安全防护措施、方便的入口与出口、操纵系统、显示器、司机座椅、车辆照明、作业环境、报警系统、可维修性及培训。第5章综合了最新国际、国内地下轮胎式采矿车辆安全标准的内容。可以说,第1~4章主要是第5章的相关内容的分析与说明。

本书有四大特点:一是与国际、国内最新地下轮胎式采矿车辆安全标准接轨;二是汇集了大量国内外与地下轮胎式采矿车辆安全设计有关的实用资料;三是紧紧围绕地下轮胎式采矿车辆的安全进行论述,重点突出;四是内容全面,涉及地下轮胎式采矿车辆安全的主要方面都进行了介绍。书中绝大部分原始资料与数据取材于国内外最新标准及资料,具有一定的前瞻性和参考价值。因而具有更强的可读性,更高的使用价值。

本书可供从事地下轮胎式采矿车辆的研究、设计、使用、维修和安全管理人员、工人、大专院校相关专业的师生参考,也可供露天采矿与土方机械相关人员参考。

全书由中钢集团衡阳重机有限公司技术发展部高梦熊编著,崔昌群教授对部分外文标准翻译进行了审核,万信群、王兴勇、赵金元分别参与了第4章的部分编写工作。

衷心感谢中钢集团衡阳重机有限公司的总经理张耀明教授级高级工程师、副总经理曾星教授级高级工程师和萧其林教授级高级工程师、副总工程师崔昌群教授级高级工程师、铲运机事业部经理赵金元高级工程师等各位领导、专家、技术人员、工人对我撰写本书的大力支持、帮助和鼓励;衷心感谢万信群、陈零生高级工程师、刘娟工程师、李林萍工程师、邓雪花工程师和技术发展部全体同志的大力支持和帮助,并参与了收集、整理、校编和绘图工作;十分感谢我的爱人南华大学龙玲副教授的大力支持与帮助!

由于作者水平所限,书中有不妥之处,敬请广大读者和专业人士批评指正。

高梦熊

2012年6月

目　录

1 绪　　论

1.1 概述

1.1.1 地下轮胎式采矿车辆在矿山生产中的地位与作用

地下轮胎式采矿车辆是指在地下矿山行驶的自行式轮胎机械或为采矿作业而设计的附属装置，主要用于运送、提升或装载材料或人员，如地下装载机、地下汽车（运料车）、辅助车辆（包括运人车辆）等。地下轮胎式采矿车辆是从20世纪60年代初期发展起来的。英国《采矿杂志》1973年12月曾对国外182个地下矿山进行调查，119个矿山用无轨车辆开采，占调查数的65.4%，到80年代末，这个数字增加到85%，其中年产量在500～3000kt以上的占70%。70年代，苏联有1/4的地下矿山采用地下装载机；而到了80年代初，采用地下装载机的地下矿山已增加到60多座。1993年俄罗斯开采了18000kt有色金属矿，地下装载机出矿占57%以上。国外地下金属矿山已形成以地下装载机为主的装运体系。我国情况也大致如此，从70年代中期开始使用地下轮胎式采矿车辆以来，已有上百个矿山使用了地下轮胎式采矿车辆出矿。目前拥有各种地下轮胎式采矿车辆数千台，并以每年10%以上的速度增加。

实践证明，采用无轨车辆开采可使矿体开拓快，投产早（简化采准布置和采场底部结构，减少运输巷道和溜井数量）；地下轮胎式采矿车辆生产力大，效率高，机动灵活，应用范围广；可实现全面机械化和集中作业，减少井下生产工人数量，大大提高劳动生产率。由于大量的地下轮胎式采矿车辆的采用，既保护了环境，又大大保证了车辆和人员健康与安全。目前，国外在现代化地下矿山的开采中，已普遍使用地下轮胎式采矿车辆，实现了井下作业全面机械化，并正在向自动化迈进。

地下矿山使用的地下轮胎式采矿车辆包括：

（1）在回采和掘进中使用自行车辆作业；

（2）在主要运输水平采用自行车辆运输矿石；

（3）应用自行车辆将地下采出矿石运到地面；

（4）应用自行车辆将人员、材料、油料和其他器材从地面送到地下各作业地点及辅助作业，如钻孔、装药、撬毛、喷锚支护、二次破碎、维修道路、铺设管道与电缆以及加油和维修等作业。

上述第（1）～（3）项由主体自行采矿车辆（简称主体采矿车辆）完成，第（4）项由辅助自行车辆（简称辅助车辆）完成。

在开拓、采准和回采的生产过程中，需对坚硬的岩石或矿体钻凿炮孔。装药爆破作业是在钻凿炮孔里装满炸药，再爆破将坚硬的岩石或矿石崩落为松散的块状。装载是将爆破后崩落的松散块状的岩石或矿石，装载、运输和卸入溜井或装入地下汽车；爆破后的顶板或围岩不稳定，需要装锚杆和喷射混凝土支护，这就需要锚杆支护钻车和喷浆车辆。爆破的岩石或矿石有时块状尺寸过大，装载和运输十分困难，这就需要二次破碎，将尺寸过大的块状岩石或矿石再次破碎至能够装运的块度。根据生产需要还需把一些材料或设备、矿工、油料从地面运到井下，因此需要运料车、运人车及加油车，由于地下采矿设备比较分散，一般无法集中维护与修理，因此需要维修车；为了维修巷道顶板下的各种管道，及动力线安装、检测，少量装药作业和有时顶板危岩处理需要升降台车；用于平整和维修地下巷道路面需要平地机、推土机及洒水车；更换大型车轮需要换车轮机等一些辅助车辆。

随着主体生产车辆性能以及车辆机械化、自动化程度的提高，对辅助作业提出了更高的要求。如大型高效的全液压钻车和地下装载机的使用，其要求加快装药速度和增加装药密度，对爆破后不合格的大块矿岩进行快速处理，以免影响凿岩与装运的快速进行等。这就需要有相适应的装药车和二次破碎车配套，才能充分发挥凿岩钻车和地下装载机的生产能力，提高效率，降低成本。

总之，地下主体采矿车辆承担着凿岩、装载和运输采矿的主体任务，地下辅助车辆在矿山生产中的作用：一是为主体车辆创造正常运行的条件，发挥主体车辆的效率（如二次破碎、加油、维修等）；二是确保生产安全（如撬毛、喷锚支护等）；三是解放工人繁重的体力劳动（如装药、喷射混凝土等）；四是保证整体生产的高效快速地进行（如各辅助运输等）。因此，地下辅助车辆已成为地下矿山机械化生产必不可缺的设备。它的使用能保证地下作业人员安全，充分发挥主体车辆的效率，加快地下矿山的建设速度，迅速扩大开采规模，对提高劳动生产率和经济效益有很重要的作用。一般地下矿山使用辅助车辆的台数很多，约为主体采矿车辆的 4 倍。

地下轮胎式采矿车辆包括轮胎或履带车辆。本书主要讨论自行轮胎式采矿车辆。根据不同的用途，地下轮胎式采矿车辆的分类与特点见表 1-1。

表 1-1　地下轮胎式采矿车辆的分类与特点

主体采矿车辆		
凿岩台车	地下装载机	地下汽车

辅助车辆			
辅助运输类（主要运送人员与物资）			

运人车	运料车	油车	平板车

续表 1-1

辅助作业类（主要以作业功能为主）			

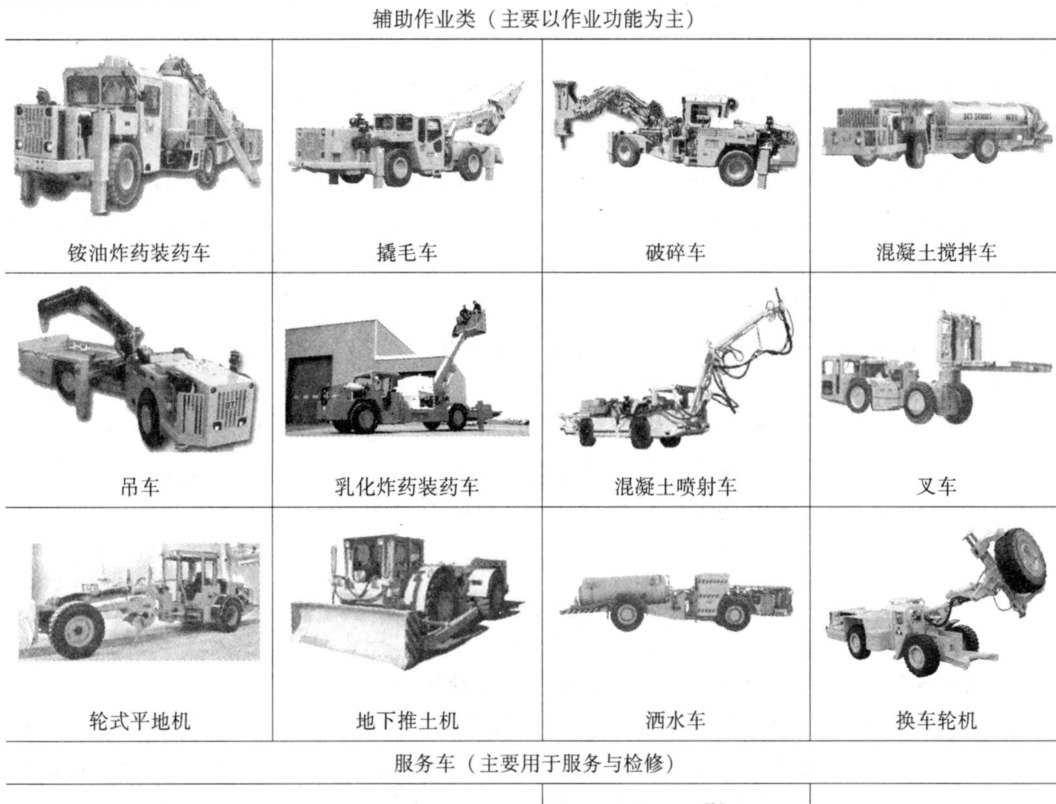

铵油炸药装药车	撬毛车	破碎车	混凝土搅拌车
吊车	乳化炸药装药车	混凝土喷射车	叉车
轮式平地机	地下推土机	洒水车	换车轮机

服务车（主要用于服务与检修）		

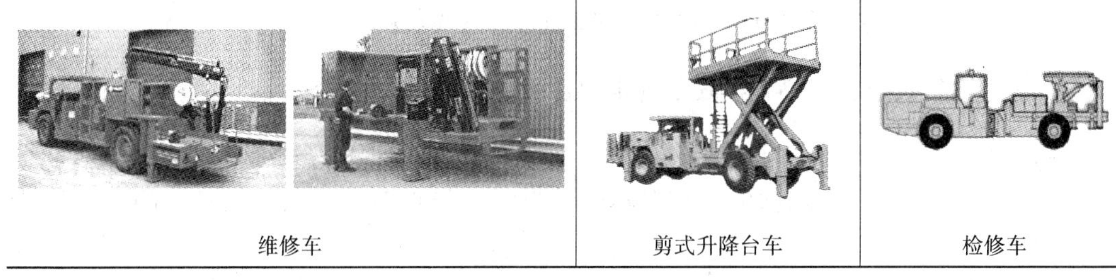

维修车	剪式升降台车	检修车

1.1.2　地下轮胎式采矿车辆的基本结构组成

所有车辆基本上由原动机、工作装置（含各种工作机构、运人和物料的车厢或油罐等）、传动机构（含传动系统、制动系统、行驶系统、转向系统等）、控制操纵系统（指对原动机、传动机构、工作装置等的实时控制）、支承装置等部分组成，如图 1-1 所示。

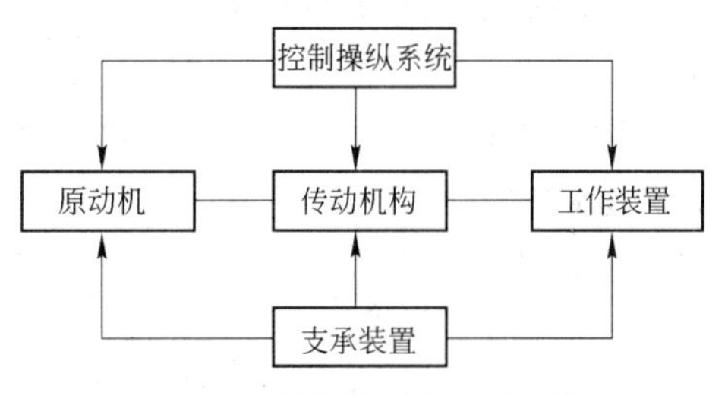

图 1-1　地下轮胎式采矿车辆的基本结构组成

（1）原动机。原动机是提供地下轮胎式采矿车辆工作运动的动力源。常用的原动机有电动机、柴油机和蓄电池等。

（2）工作装置。工作装置是通过其他器具与物料的相对运动或直接作用来改变物料的形状、尺寸、状态或位置的机构。地下轮胎式采矿车辆的应用目的主要是通过工作装置来实现，地下轮胎式采矿车辆种类不同，其工作装置的结构和工作原理就不同。工作装置是一台机器区别于另一台机器的最有特性的部分。

(3) 传动机构。传动机构是用来将原动机和工作机构联系起来，传递运动和力(力矩)，或改变运动形式的机构。一般情况是将原动机的高转速、小扭矩，转换成工作装置需要的较低速度和较大的力（力矩)。常见的传动机构液力机械传动、静液压传动等。传动机构包括除工作装置之外的绝大部分可运动零部件。地下轮胎式采矿车辆不同，传动机构可以相同或类似，传动机构是各种不同地下轮胎式采矿车辆具有共性的部分。

(4) 控制操纵系统。控制操纵系统是用来操纵机械的启动、制动、换向、调速等运动，控制机械的压力、温度、速度等工作状态的机构系统。控制操纵系统包括各种操纵器和显示器。人通过操纵器来控制机器；显示器可以把机器的运行情况适时反馈给人，以便及时、准确地控制和调整机器的状态，以保证作业任务的顺利进行并防止事故发生。控制操纵系统是人机接口处，安全人机学要求在这里得到集中体现。

(5) 支承装置。支承装置是用来连接、支承机器的各个组成部分，承受工作外载荷和整个机器重量的装置。它是机器的基础部分，分固定式和移动式两类，地下轮胎式采矿车辆采用移动式支承装置。移动式支承装置可带动整个机械相对地面运动。支承装置的变形、振动和稳定性不仅影响采矿质量，还直接关系到作业的安全。

地下轮胎式采矿车辆在按规定的使用条件下执行其功能的过程中，以及在运输、安装、调整、维修、拆卸和处理时，可能对人员造成损伤或对健康造成危害。这种伤害在地下轮胎式采矿车辆使用的任何阶段和各种状态下都有可能发生。

1.1.3 地下轮胎式采矿车辆人机安全的重要性

地下轮胎式采矿车辆与一般露天各种采矿车辆相比，其作业条件更加恶劣。

(1) 受地下巷道尺寸的限制，在车辆的外形尺寸设计时，对人体活动空间、操作装置布置的设计会遇到困难，人员因活动空间不足而容易受到伤害。

(2) 由于地下采矿巷道无自然光，只靠灯光照明，且司机座位低，能见度差，再加上路窄、弯多、坡大，容易发生与其他车辆、行人、路面物体、巷道壁发生碰撞，伤及设备和人员。

(3) 由于地下作业路面高低不平，再加上绝大多数地下装载机没有悬挂，座位悬浮，因此车辆行驶时产生的振动会直接传递给司机，使司机承受全身振动从而受到伤害。

(4) 由于地下巷道是有限封闭空间，发动机排出的有害气体，若通风不良，就会使巷道里空气质量变差，这必然会使司机的身体健康受到损害。而且由于地下装载机噪声大，再加上巷道的反射，致使地下矿井的噪声比露天要大，司机长期暴露在强噪声之中，听力会受到损害。

(5) 由于巷道顶部常有浮石，有时会砸坏司机室，伤及司机。再加上地面不平或有大块石头，车辆易倾翻。

(6) 由于地下矿井空间有限、维修条件差（零部件紧凑、接近性差、起重设备有限、光线很暗)，因此维修安全事故频发。

(7) 由于司机室座椅很多是侧向布置，司机长时间的以不变的姿势操作，致使司机下背与颈部发生疼痛。

(8) 由于地下矿山长期和大规模开采，浅层矿资源在逐渐减少，许多地下矿山也已关闭，因而将逐步转入深部开采。预计在今后10~20年，我国矿山进入1000~2000m深度开采。国外，据加拿大2006年统计，全世界金属矿山开采深度在1500m以上约117座，其中南非77座、加拿大27座，其他为美国、澳大利亚、玻利维亚、巴西、芬兰、印度、墨西哥，其中南非一座深井黄金矿，矿井深度达4117m。随后，矿山开采的数量和深度都会不断增加。地下采矿由于其恶劣的作业环境（噪声、振动、灰尘、通风不良、潮湿等）和不安全的诸多因素，多年来一直是人们关注的焦点。特别随着采矿深度增加，采矿环境越来越恶劣（高温、高应力、岩爆、冒顶等），开采难度以及对人的健康与安全威胁越来越大，安全问题尤其引起人们的关注。

(9) 我国地域辽阔，矿产资源丰富，地质构造和水文地质条件复杂，由于各种原因，矿山采区积水和水害事故时有发生，这也严重影响地下轮胎式采矿车辆行驶安全。

(10) 地下爆破产生的灰尘，如果通风不良，会对机器和人的健康造成严重伤害。

(11) 对于电动地下轮胎式采矿车辆，由于拖拽电缆易损坏，电气设备漏电，人易受到电击危险。

(12) 地下轮胎式采矿车辆上存在大量的可燃液体，如润滑油、柴油、润滑脂、液压油及其他可燃物。当车辆工作时，由于发动机缸体、涡轮增压器、排气管、液压系统、制动器等会产生大量的热。而在地下轮胎式采矿车辆上有许多油路、电路，因此，地下轮胎式采矿车辆存在火灾的隐患。一旦这些可燃液体泄漏到高温的零件上，或电路发生电气短路，或者外来火种，如在无轨采矿车辆周围焊接或气焊，火星溅到泄漏的可燃液体上，都可能立即发生火灾。当火灾发生时，轻者造成车辆的损失，停工停产，严重的造成车毁人亡。

(13) 地下采矿可以说是一个基本封闭的作业环境，靠通风来保证地下作业人员所需的氧气，靠通风来保证发动机燃料充分燃烧，发出额定功率，靠通风来保证矿井的空气质量，若通风不足，不仅使无轨采矿车辆不能正常工作，而且还会影响矿井作业人员的身体健康。

正因为地下采矿特殊的作业条件，地下轮胎式采矿车辆意外事故经常发生。

利用地下轮胎式采矿车辆在进行生产或服务活动时都伴随着安全风险。新技术、新工艺和新材料的采用，使复杂机械系统本身和地下轮胎式采矿车辆使用过程中的危险因素表现形式复杂化——能量积聚增加、作用范围扩大、伤害形式出现了新的特点等。地下轮胎式采矿车辆在减轻采矿劳动强度，给人们带来高效、方便的同时，也带来了不安全因素。我国在事故多发行业中，采矿业危险性最大，事故发生率高、涉及面广，特别是机电类特种设备事故多、后果严重、死伤比例大，对受害人生命及家庭带来巨大的痛苦，成为影响实现和谐社会目标的不和谐因素。随着人们生活水平的提高，安全意识的增强，“安全第一、以人为本”的安全氛围日渐浓厚，人们对地下采矿设备的安全期望越来越强烈。在经济全球化的今天，安全性也成为机械产品竞争的重要方面，对机械产品进出口贸易产生十分重要的影响，机械安全问题理所当然地越来越受到人们的重视。

1.2 安全法规与安全标准

安全是人们最重要、最基本的生产需求，也是生命与健康的基本保证，一切生活和生产活动都源于生命与健康的存在。为了加强安全生产监督管理，防止和减少生产安全事故，保障人民群众生命和财产安全，促进经济发展，制裁安全生产违法行为，中华人民共和国全国人民代表大会常务委员会分别于1992年和2002年分别通过了《中华人民共和国矿山安全法》和《中华人民共和国安全生产法》。这两部安全法规和其他一些安全法规作为我国采矿及其他行业安全生产的综合性法律，具有丰富的法律内涵和规范作用。它的通过实施，对全面加强我国安全生产法制建设，激发全社会对公民生命权的珍视和保护，提高全民族的安全法律意识，规范生产经营单位的安全生产，强化安全生产监督管理，遏制重大、特大事故，促进经济发展和保持社会稳定都具有重大的现实意义，必将产生深远的历史影响。

安全标准对上述法规进行了详细而具体的规定，是保护劳动者的安全健康的技术依据。世界上所有工业发达国家都非常重视产品的安全卫生和环境保护问题，涉及安全卫生和环境保护的标准要求强制执行。一些国家还以法律的形式规定了产品设计的安全卫生和环境保护要求。世界各国尤其是工业发达国家，都形成了较严格而完整的法规，如美国、日本、俄罗斯等国家，都十分重视机械产品标准化工作，有关设备设计方面的安全卫生标准已系列化。随着国际贸易的发展和以经济为背景的国际市场竞争日益激烈，为避免国家之间和国家与地区间的立法差别，尽快消除国际范围内可能产生的机械产品贸易技术问题、各国都在考虑建立可以普遍接受的法规——标准体系。

为了保障劳动者的生命安全和健康，满足生产设备安全生产的需要，提高我国工业产品在国际市场上的竞争能力，顺应国际上安全卫生和环境保护标准化工作的发展形势，本着“基础标准、安全、卫生、环保标准优先采用国际标准”的原则，根据“国际标准中有关人身安全、卫生和环境保护等标准，要采取措施尽可能予以等效采用”的精神，我国机械安全标准化技术委员会初步制定出我国机械安全标准体系表，采用国际标准的划分方法，分为以下三类：

（1）A类标准。A类标准（基本安全标准）包含基本概念、设计原则和一般特征，适用于所有机械。A类标准涵盖了概念、通则、方法和指导性标准，构成了机械安全标准体系的核心。设计通则标准包含了全新的设计理念；风险评价方法标准包括基本原理、使用指南和方法举例；指导性标准包括标准起草方法和标准的理解指南，适用于所有机器的通用内容，如GB/T 15706.1、GB/T 15706.2、GB/T 16856.1、GB/T 16856.2、GB/T 16755、GB/T 20850等。

（2）B类标准。B类标准（分组安全标准）涉及一种安全特征或使用范围较广的一类安全装置。B类标准又可分为B1、B2两部分，即安全特征、参数部分和安全装置部分，这样的划分涵盖了所涉及的20余项标准。B1部分主要指安全特征和参数，包括安全距离、接近速度、温度限制、卫生要求、人类工效学、排放、振动、噪声、辐射、防火、防爆和集成制造等方面的安全要求；B2部分涵盖安全装置标准，包括控制系统、急停装置、意外启动、双手操纵装置、连锁保护装置、压敏装置、防护装置、梯子、进入设施、流体驱动系统以及对警示信号等方面的安全要求。

（3）C类标准。C类标准包含特定机器或某一组机器的所有安全要求。如果有C类标准，那么它比A类或B类标准具有更高的优先级。尽管如此，C类标准仍须参考B类或A类标准为各专业机械安全标准。例如，GB/T 21500、GB/T 25518等。

表示机械安全各类标准的组成及其相互关系的体系结构框图如图1-2所示。

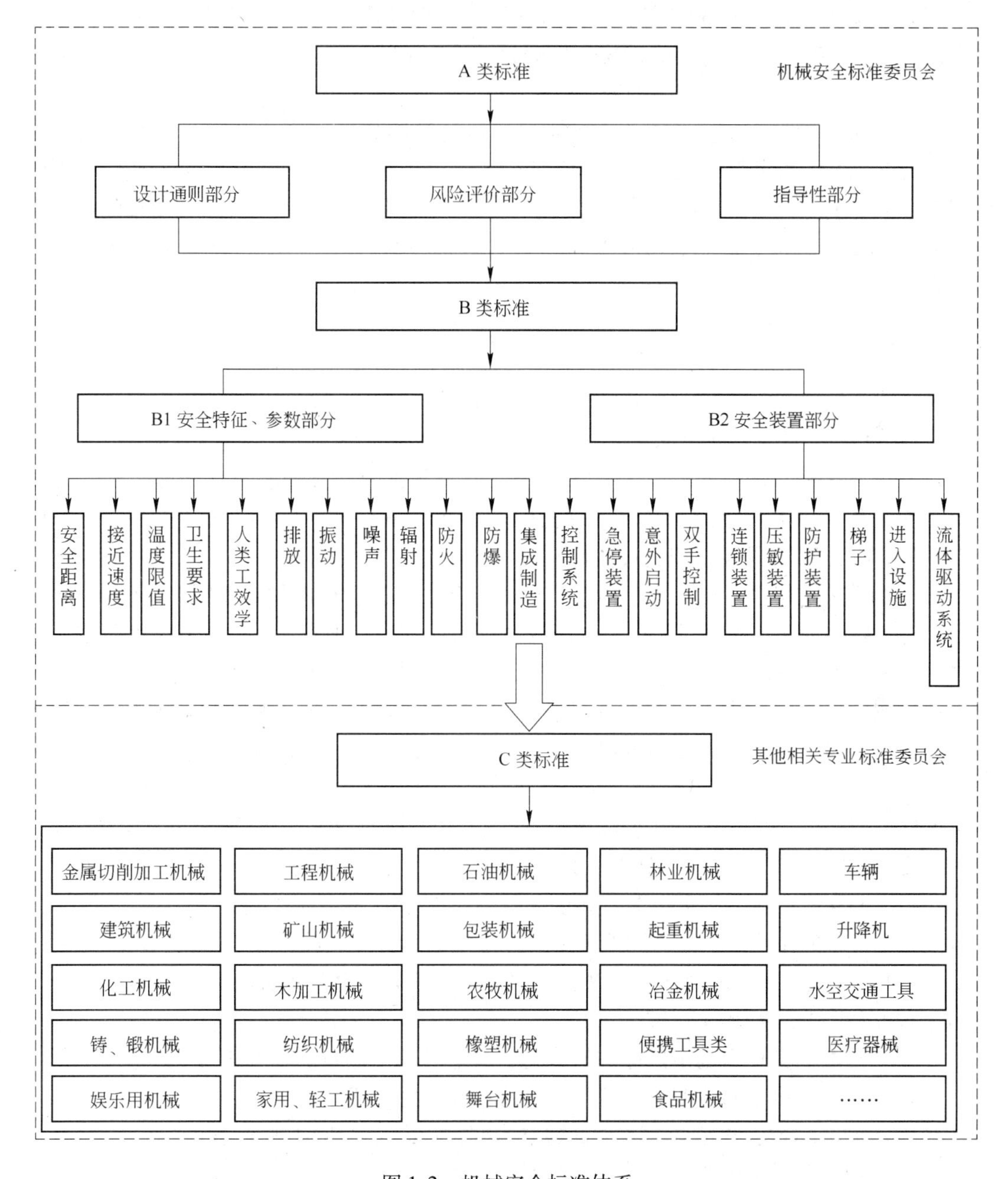

图1-2　机械安全标准体系

除国家标准外，我国机械安全的行业标准约有170余项，主要涉及机械行业，其他行业如农业、林业等行业也有少量的机械安全标准。按其标准的性质，都应属于C类标准。

机械安全标准的作用有以下几点：

（1）提供了全新的安全设计理念。等效采用国际标准及欧盟标准，规定了机械安全、危险、风险、遗留风险、本质安全的定义和内涵，界定了危险的种类，明确了危险分析的步骤、风险评价的方法、消除或减小风险的措施，从而为机械产品的设计者提供了全新的设计理念。

（2）提高了机械产品的安全性。正是由于有了大量现行有效的机械安全标准，使得政府监督管理，第三方机构的认证及产品检验都具备了行为依据，生产企业也可依此制定内控标准，因而提高了机械产品的安全性。

（3）促进了国际贸易。在国际贸易中，一般以国际标准作为合同中的技术要求，由此可见国际标准的重要性。我国机械安全标准大多采用国际标准及欧盟标准，所以我国的机械安全标准基本上与 ISO 标准处于同一水平。各生产企业只要采用我国已发布的机械安全的 A 类和 B 类标准，即满足国际贸易中对安全的基本要求，因此机械安全标准能更好地促进我国机械产品的国际贸易。

1.2.1 国际标准、国际先进标准及我国标准分级

我国地下轮胎式采矿车辆安全标准常采用国际标准、国际先进标准、国家标准、行业标准、地方标准、企业标准六级。

（1）国际标准。国际标准是由国际标准化组织通过的并公开发布的标准。国际标准化团体是指 ISO、IEC 以及由 ISO 公布的其他 27 个国际组织。国际标准包括 ISO 标准、IEC 标准及其他 27 个国际组织通过的标准。

（2）国际先进标准。国际先进标准是指未经 ISO 确认、公布的其他国际组织的标准。国际上有权威的区域标准、世界主要经济发达国家的国家标准和通行的团体标准和企业标准中的先进标准。国际上有权威的区域标准，是指世界某一区域标准化团体通过的标准。这里“区域”一词，是世界上按地理、经济或政治上所划分的区域。如欧洲标准化委员会（CEN）通过的欧洲标准、欧洲电工标准化委员会（CENELEC）通过的欧洲电工标准等。

世界上经济发达国家的国家标准，是指美国国家标准（ANSI）、英国国家标准（BS）、德国国家标准（DIN）、日本国家标准（JIS）、法国国家标准（NF）等。此外，还有一些国家的某些行业的国家标准，如瑞典的轴承钢标准等。

国际上通行的团体标准，美国石油学会标准即 API 标准、美国试验与材料协会标准即 ASTM 标准、美国军工标准即 MII 标准、美国机械工程师协会标准即 ASME 标准、美国电气制造商协会标准即 NEMA 标准等。

（3）我国的国家标准是由国务院标准化行政主管部门制定的标准。

（4）行业标准是由国务院有关行政主管部门制定的标准。

（5）地方标准是由省、自治区和直辖市标准化行政主管部门制定的标准。

（6）企业标准是由企业自己制定的标准。

1.2.2 我国国家标准采用国际标准一致性程度

采用国际标准和国外先进标准是我国一项重大技术经济政策。采用国际标准和国外先进标准是把国际标准和国外先进标准或其内容，通过分析研究，不同程度地纳入我国标

准，并贯彻执行。

我国国家标准采用国际标准一致性程度有三种：等同采用、修改采用和非等效采用。其一致性程度、代号与说明见表1-2。

表1-2 我国国家标准与国际标准一致性程度、代号与说明

一致性程度	代号	说　明
等同（identical）	IDT	国家标准等同于国际标准，仅有或没有编辑性修改。 所谓编辑性修改，根据ISO/IEC导则21的定义，是指不改变标准技术的内容的修改，如纠正排版或印刷错误，标点符号的改变，增加不改变技术内容的说明、指示等。可见，等同采用就是指国家标准与国际标准相同，不做或稍做编辑性修改
修改（modified）	MOD	国家标准等效于国际标准，技术上只有很小差异。可见，等效采用就是技术内容上有小的差异、编辑上不完全相同。 所谓技术上的很小的差异，1SO/IEC导则21中定义为：国家标准与国际标准之间的小的技术差异是指，一种技术上的差异在国家标准中不得不用，而在国际标准中也可被接受，反之亦然
非等效（not equivalent）	NEQ	国家标准不等效于国际标准。这是ISO/IEC导则21中规定的第三种等效程度。非等效采用时，国家标准与国际标准在技术上有重大差异

1.2.3 国际标准与欧洲标准制订过程及代号

1.2.3.1 国际标准

ISO标准的制定程序是十分严格的，根据ISO/IEC Directives，一个标准项目的立项到完成，要经过七个阶段，即PWI、NWI、WD、CD、DIS、FDIS、ISO，见表1-3。

表1-3 项目阶段及有关文件

项目阶段	相关文件	
	名　称	缩　写
预备阶段	预备工作项目	PWI
提案阶段	新工作项目提案	NWI
工作组阶段	工作组草案	WD
委员会阶段	委员会草案	CD
征询意见阶段	国际标准草案	DIS
批准阶段	最终国际标准草案	FDIS
出版阶段	国际标准	ISO

1.2.3.2 欧洲标准

为了能够在具体应用中履行欧洲指令规定的目标和要求，技术标准中应包含详尽、具体的说明。标准的状态可由不同的缩写来表示：

（1）“EN”前缀表示整个欧盟均承认并实施该标准。

（2）“prEN”前缀表示该标准正处于筹备阶段。

（3）“HD”前缀与EN标准类似，但在个别国家需要进行调整（协调文件）。

(4)“TS”前缀表示为技术规范文件，可作为预备标准使用。文档命名格式为 CLC/TS 或 CEN/TS。

(5)“TR”前缀表示该文件是当前技术发展水平的研究报告。

1.2.4　地下轮胎式采矿车辆采用的部分国家、行业和国际、国际先进安全标准

地下轮胎式采矿车辆广泛采用的部分国家、行业和国际、国际先进安全标准，见表 1-4 和表 1-5。

表 1-4　地下轮胎式采矿车辆广泛采用的部分国家、行业安全标准

序号	标准号	标 准 名 称
1	GB/T 1147.1	中小功率内燃机　第 1 部分：通用技术条件
2	GB/T 1251.1	人类工效学　公共场所和工作区域的险情信号　险情听觉信号（GB/T 1251.1—2008，ISO 7731：2003，IDT）
3	GB 1251.2	险情和非险情声光信号　一般要求、设计与检验（GB 1251.2—2006，ISO 11428：1996，IDT）
4	GB 1251.3—2008	险情和非险情声光信号体系（GB 1251.3—2008，ISO 11429：1996，IDT）
5	GB 1859	往复式内燃机辐射的空气噪声测量工程法及简易法（GB 1859—2000，ISO 6798：1995，IDT）
6	GB/T 2423.8	电工电子产品环境试验　第 2 部分：试验方法　试验：自由跌落（GB/T 2423.8—1995，IEC60068-2-32：1990，IDT）
7	GB/T 2883	工程机械轮辋规格系列（GB/T 2883—2002，ISO 4250-3：1997，MOD）
8	GB/T 2893.1	图形符号安全色和安全标志　第 1 部分：工作场所和公共领域中安全标志的设计原则（GB/T 2893.1—2004，ISO 3864-1：2002，MOD）
9	GB/T 2893.2	图标符号安全色和安全标志　第 2 部分：产品安全标签的设计原则（GB/T 2893.2—2008，ISO 3864-2：2004，MOD）
10	GB/T 2893.3	图形符号　安全色和安全标志　第 3 部分：安全标志用图形符号设计原则（GB/T 2893.3—2010，ISO 3864-3：2006，MOD）
11	GB 2894—2008	安全标志及其使用导则
12	GB/T 2941	橡胶物理试验方法试样制备和调节通用程序（GB/T 2941—2006，ISO 23529：2004，IDT）
13	GB/T 2980	工程机械　轮胎规格、尺寸、气压与负荷（GB/T 2980—2009，ISO 4250-2：2006，NEQ）
14	GB/T 3685	输送带实验室规模的燃烧特性要求和试验方法（GB/T 3685—2009，ISO 340：2004，IDT）
15	GB/T 3766	液压系统通用技术条件（GB/T 3766—2001，eqv ISO 4413：1998）
16	GB/T 3767	声学　声压法测定噪声源声功率级　反射面上方近似自由场的工程法（GB/T 3767—1996，eqv ISO 3744：1994）
17	GB/T 3785.1	电声学　声级计　第 1 部分：规范（GB/T 3785.1—2010，IEC 61672-1：2002，IDT）

续表1-4

序号	标准号	标 准 名 称
18	GB/T 3785.2	电声学 声级计 第2部分：型式评价试验（GB/T 3785.2—2010，IEC 61672-2：2002，IDT）
19	GB/T 3805	特低电压（ELV）限值（参考IEC61201：1992）
20	GB/T 4025	人机界面标志标识的基本和安全规则 指示器和操作器件的编码规则（GB/T 4025—2010，IEC 60073：2002，IDT）
21	GB 4208	外壳防护等级（IP代码）（GB 4208—2008，IEC 60529：2001，IDT）
22	GB 4351.1	手提式灭火器 第1部分：性能和结构要求（GB 4351.1—2005，ISO 7165：1999，NEQ）
23	GB 4556	往复式内燃机 防火（GB 4556—2001，ISO 2826：1997，IDT）
24	GB/T 4672	往复式内燃机手操纵控制机构标准动作方向（GB/T4672—2003，ISO 2261：1994，IDT）
25	GB/T 4942.1	旋转电机整体结构的防护等级（IP代码）分级（GB/T 4942.1—2006，IEC 60034-5：2000，IDT）
26	GB/T 5008.1	起动用铅酸蓄电池 技术条件（GB/T 5008.1—2005，IEC 60095-1：2000，MOD）
27	GB 5083—1999	生产设备安全卫生设计总则
28	GB 5226.1	机械安全 机械电气设备 第1部分：通用技术条件（GB 5226.1—2008，IEC 60204-1：2005，IDT）
29	GB/T 5563	橡胶、塑料软管及软管组合件 液压试验方法（GB/T 5563—2006，ISO 1402：1994，ITD）
30	GB/T 6072.1	往复式内燃机 性能 第1部分：功率、燃料消耗和机油消耗的标定及试验方法 通用发动机的附加要求（GB/T 6072.1—2008，ISO 3046-1：2002，IDT）
31	GB/T 8190.1	往复式内燃机 排放测量 第1部分：气体和颗粒排放物的试验台测量（GB/T 8190—2010，ISO 8178-1：2006，IDT）
32	GB/T 8190.4	往复式内燃机 排放测量 第4部分：不同用途发动机的稳态试验循环（GB/T 8190.4—2010，ISO 8178-4：2007，IDT）
33	GB/T 8196	机械安全 防护装置固定式和活动式防护装置设计与制造一般要求（GB/T 8196—2003，ISO 14120：2002，MOD）
34	GB 8410—2006	汽车内饰材料的燃烧特性
35	GB/T 8419	土方机械 司机座椅振动的试验室评价（GB/T 8419—2007，ISO 7096：2000，IDT）
36	GB/T 8420	土方机械 司机的身材尺寸 司机的活动空间（GB/T 8420—2011，ISO 3411：2007，IDT）
37	GB 8591	土方机械 司机座椅标定点（GB 8591—2000，eqv ISO 5353：1995）
38	GB/T 8593.1	土方机械 司机操纵装置和其他显示装置用符号 第1部分：通用符号（GB/T 8593.1—2010，ISO 6405-1：2004，IDT）
39	GB/T 8593.2	土方机械 司机操纵装置和其他显示装置用符号 第2部分：机器、工作装置和附件的特殊符号（GB/T 8593.2—2010，ISO 6405-2：1993，IDT）

续表 1-4

序号	标准号	标 准 名 称
40	GB/T 8595	土方机械　司机的操纵装置（GB/T 8595—2008，ISO 10968：2004，IDT）
41	GB/T 9573	橡胶、塑料软管及软管组合件　尺寸测量方法（GB/T 9573—2003，ISO 4671：1999，IDT）
42	GB 9656	汽车安全玻璃
43	GB/T 9969	工业产品使用说明书　总则
44	GB 10000—88	中国成年人人体尺寸
45	GB 10069. 3	旋转电机噪声测定方法及限值　第3部分：噪声限值（GB 10069. 3—2008，IEC 60034 - 9：2007，IDT）
46	GB/T 10913	土方机械　行驶速度测定（GB/T 10913—2005，ISO 6014：1986，MOD）
47	GB 12265. 1	机械安全　防止上肢触及危险区的安全距离［GB 12265. 1—1997，eqv EN 294：1992（ISO/DIS 13852）］
48	GB 12265. 2	机械安全　防止下肢触及危险区的安全距离（GB 12265. 2—2000，eqv ISO/DIS 13853）
49	GB 12265. 3	机械安全　避免人体各部位挤压的最小间距（GB 12265. 3—1997，eqv ISO/DIS 13854）
50	GB/T 12826	移动设备用卷绕电缆载流量计算导则
51	GB/T 12972. 1—2008	矿用橡套软电缆　第1部分：一般规定
52	GB/T 12972. 5—2008	矿用橡套软电缆　第5部分：额定电压0. 66/1. 14kV及以下移动橡套软电缆
53	GB/T 13306	标牌
54	GB/T 13441. 1—2007	机械振动与冲击　人体承受全身振动的评价　第一部分：一般要求（GB/T 13441. 1—2007，ISO 2631. 1：1997，IDT）
55	GB/T 13547—92	工作空间的人体尺寸
56	GB/T 13870. 1	电流对人和家畜的效应　第1部分：通用部分（GB/T 13870. 1—2008，IEC/TS 60479 - 1：2005）
57	GB/T 14039	液压传动　油液固体颗粒污染等级代号（GB/T 14039—2002，ISO 4406：1999，MOD）
58	GB 14048. 2	低压开关设备和控制设备　低压断路器（GB 14048. 2—2001，IEC 60947 - 2：1995，IDT）
59	GB 14097—20××	往复式内燃机辐射的空气噪声限值（报批稿）
60	GB/T 14573. 1	声学　确定和检验机器设备规定的噪声辐射值的统计学方法　第1部分：概述和定义（GB/T14573. 1—1993，参照采用ISO 7574 - 1：1985）
61	GB/T 14573. 2	声学　确定和检验机器设备规定的噪声辐射值的统计学方法　第2部分：单台机器标牌值的确定和检验方法（GB/T14573. 2—1993，参照采用ISO 7574 - 2：1985）
62	GB/T 14573. 3	声学　确定和检验机器设备规定的噪声辐射值的统计学方法　第3部分：成批机器标牌值的确定和检验简易（过渡）法（GB/T14573. 3—1993，参照采用ISO 7574 - 3：1985）

续表 1-4

序号	标准号	标 准 名 称
63	GB/T 14573.4	声学 确定和检验机器设备规定的噪声辐射值的统计学方法 第4部分：成批机器标牌值的确定和检验方法（GB/T14573.4—1993，参照采用 ISO 7574－4：1985）
64	GB/T 14574	声学 机器和噪声发射值的标示和验证（GB/T 14574—2000，eqv ISO 4871：1996）
65	GB 14711—2006	中小型回转电机 安全要求
66	GB/T 14781	土方机械 轮式机械的转向能力（GB/T 14781—1993，eqv ISO 5010：1992）
67	GB/T 14790.1	机械振动 人体暴露与手传振动的测量与评价 第1部分：一般要求（GB/T 14790.1—2009，ISO 5349－1：2001，IDT）
68	GB/T 15706.1	机械安全 基本概念与设计通则 第1部分：基本术语和方法（GB/T 15706.1—2007，ISO 12100－1：2003，IDT）
69	GB/T 15706.2	机械安全基本概念与设计通则 第2部分：技术原则（GB/T 15706.2—2007，ISO 12100－2：2003，IDT）
70	GB/T 16251—1996	工作系统设计的人类工效学原则
71	GB 16423—2006	金属非金属地下矿山 安全规程
72	GB 16710—2010	土方机械 噪声限值
73	GB/T 16483—2008	化学品安全技术说明书内容和项目顺序（GB/T 16483—2008，ISO 11014：2000）
74	GB/T 16855.1	机械安全 控制系统有关安全部件 第1部分：设计通则（GB/T 16855.1—2008，ISO 13849－1：2006，IDT）
75	GB/T 16855.2	机械安全 控制系统有关安全部件 第2部分：确认（GB/T 16855.2—2008，ISO 13849－2：2006，IDT）
76	GB/T 16856.1	机械安全 风险评价 第1部分：原则（GB/T 16856.1—2008，ISO 14121－1：2007，IDT）
77	GB/T 16856.2	机械安全 风险评价 第2部分：机械安全风险评价 第2部分：实施指南和方法举例（GB/T 16856.2—2008，ISO 14121－2：2007，IDT）
78	GB/T 16898	难燃液压液使用导则（GB/T 16898—1997，ISO 7745：1989，IDT）
79	GB/T 16936	土方机械 发动机净功率试验规范（GB/T 16936—2007，ISO 9249：1979，MOD）
80	GB/T 16937	土方机械 司机视野 试验方法和性能准则（GB/T 16937—2010，ISO 5006：2006，IDT）
81	GB/T 17248.1	声学 机器和设备发射的噪声 测定工作位置和其他指定位置发射声压级基础标准使用导则（GB/T 17248.1—2000，eqv ISO 11200：1995）
82	GB/T 17248.2	声学 机器和设备发射的噪声 工作位置和其他指定位置发射声压级的测量 一个反射面上方近似自由场的工程法（GB/T 17248.2—1999，eqv ISO 11201：1995）
83	GB/T 17248.3	声学 机器和设备发射的噪声 工作位置和其他指定位置发射声压级的测量 现场简易法（GB/T 17248.3—1999，eqv ISO 11202：1995）
84	GB/T 17248.4	声学 机器和设备发射的噪声 由声功率级确定工作位置和其他指定位置的发射声压级（GB/T 17248.4—1999，eqv ISO 11203：1995）
85	GB/T 17248.5	声学 机器和设备发射的噪声 工作位置和其他指定位置发射声压级的测量 环境修正法（GB/T 17248.5—1999，eqv ISO 11204：1995）

续表 1-4

序号	标准号	标 准 名 称
86	GB/T 17299	土方机械　最小入口尺寸（GB/T 17299—1998，ISO 2860：1992，IDT）
87	GB/T 17300	土方机械　通道装置（GB/T 17300—2010，ISO 2867：2006，IDT）
88	GB/T 17301	土方机械　操作和维修空间　棱角倒钝（GB/T 17301—1998，ISO 12508：1994，IDT）
89	GB/T 17771	土方机械　落物保护结构　试验室试验和性能要求（GB/T 17771—2010，ISO 3449：2005，IDT）
90	GB/T 17772	土方机械保护结构的实验室鉴定挠曲极限量的规定（GB/T 17772—1999，ISO 3164：1995，IDT）
91	GB/T 17804	往复式内燃机　图形符号（GB/T 17804—2009，ISO 8999：2001，MOD）
92	GB 17888. 1	机械安全　进入机械的固定设施　第 1 部分：进入两级平面之间的固定设施的选择（GB 17888. 1—2008，ISO 14122 - 1：2001，IDT）
93	GB 17888. 2	机械安全　进入机器和工业设备的固定设施　第 2 部分：工作平台和通道（GB 17888. 2—2008，ISO 14122 - 2：2001，IDT）
94	GB 17888. 3	机械安全　进入机械的固定设施　第 3 部分：楼梯、阶梯和护栏（GB 17888. 3—2008，ISO 14122 - 3：2001，IDT）
95	GB 17888. 4	机械安全　进入机械的固定设施　第 4 部分：固定式直梯（GB 17888. 4—2008，ISO 14122 - 4：2004，IDT）
96	GB/T 17920	土方机械　提升臂支承装置（GB/T 17920—1999，ISO 10533：1993，IDT）
97	GB/T 17921	土方机械　座椅安全带及其固定器　性能要求和试验（GB/T 17921—2010，ISO 6683：2005，MOD）
98	GB/T 17922	土方机械翻车保护结构试验室试验和性能要求（GB/T 17922—1999，ISO 3471：1994，IDT）
99	GB/T 18151	激光防护屏（GB/T 18151—2008，IEC 60825 - 4：2006，IDT）
100	GB/T 18153	机械安全　可接触表面温度确定热表面温度限值的工效学数据（GB/T 18153—2000，eqvEN 563：1994）
101	GB 18209. 1	机械安全　指示、标志和操作　第 1 部分：关于视觉、听觉和触觉信号的要求（GB 18209 - 1—2010，IEC 61310 - 1：2007，IDT）
102	GB 18209. 2	机械安全　指示、标志和操作　第 2 部分：标志要求（GB 18209. 2—2010，IEC 61310 - 2：2007，IDT）
103	GB 18209. 3	机械安全　指示、标志和操作　第 3 部分：操作件的位置和操作的要求（GB 18209 - 3—2010，IEC 61310 - 3：2007，IDT）
104	GB/T 18380. 11	电缆和光缆在火焰条件下的燃烧试验　第 11 部分：单根绝缘电线电缆火焰垂直蔓延试验　试验装置（GB/T 18380. 11—2008，IEC 60332 - 1 - 1：2004，IDT）
105	GB/T 18380. 12	电缆和光缆在火焰条件下的燃烧试验　第 12 部分：单根绝缘电线电缆火焰垂直蔓延试验　1kW 预混合型火焰试验方法（GB/T 18380. 12—2008，IEC 60332 - 1 - 2：2004，IDT）

续表 1-4

序号	标准号	标 准 名 称
106	GB/T 18380.21	电缆和光缆在火焰条件下的燃烧试验 第21部分：单根绝缘细电线电缆火焰垂直蔓延试验 试验装置（GB/T 18380.21—2008，IEC 60332-2-1：2004，IDT）
107	GB/T 18380.22	电缆和光缆在火焰条件下的燃烧试验 第22部分：单根绝缘细电线电缆火焰垂直蔓延试验 扩散型火焰试验方法（GB/T 18380.22—2008，IEC 60332-2-2：2004，IDT）
108	GB/T 18717.1	用于机械安全的人类工效学设计 第1部分：全身进入机械的开口尺寸确定原则（GB/T 18717.1—2002，ISO 15534-1：2000，NEQ）
109	GB/T 18717.2	用于机械安全的人类工效学设计 第2部分：人体局部进入机械的开口尺寸确定原则（GB/T 18717.2—2002，ISO 15534-2：2000，NEQ）
110	GB/T 18717.3	用于机械安全的人类工效学设计 第3部分：人体测量数据（GB/T 18717.3—2002，ISO 15534-3：2000，NEQ）
111	GB/T 18831—2010	机械安全 带防护装置的连锁装置设计和选择原则（GB/T 18831—2010，ISO 14119：1998，MOD）
112	GB/T 18947	矿用钢丝增强液压软管及软管组合件（GB/T 18947—2003，ISO 6805：1994，MOD）
113	GB/T 19670	机械安全 防止意外启动（GB/T 19670—2005，ISO 14118：2000，MOD）
114	GB/T 19436.1	机械电气安全 电敏防护装置 第1部分：一般要求和试验（GB/T 19436.1—2004，IEC 61496-1：1997，IDT）
115	GB/T 19436.2	机械电气安全 电敏防护装置 第2部分：使用有源光电防护器件（AOP-Ds）设备的特殊要求（GB/T 19436.2—2004，IEC 61496-2：1997，IDT）
116	GB 19517—2009	国家电气设备安全技术规范
117	GB/T 19876	机械安全 与人体部位接近速度相关防护设施的定位（GB/T 19876—2005，ISO 13855：2002，MOD）
118	GB/T 19886	声学 隔声罩和隔声间噪声控制指南（GB/T 19886—2005. ISO 15667：2000，IDT）
119	GB 19891	机械安全 机械设计的卫生要求（GB 19891—2005，ISO 14159：2002，MOD）
120	GB/T 19933.1	土方机械 司机室环境 第1部分：总则和定义（GB/T 19933.1—2005，ISO 10263-1：1994，IDT）
121	GB/T 19933.2	土方机械 司机室环境 第2部分：空气滤清器的试验（GB/T 19933.2—2005，ISO 10263-2：1994，IDT）
122	GB/T 19933.3	土方机械 司机室环境 第3部分：司机室增压试验方法（GB/T 19933.3—2005，ISO 10263-3：1994，IDT）
123	GB/T 19933.4	土方机械 司机室环境 第4部分：司机室的空调、采暖和（或）换气试验方法（GB/T 19933.4—2005，ISO 10263-4：1994，MOD）
124	GB/T 19933.5	土方机械 司机室环境 第5部分：风窗玻璃除霜系统试验方法（GB/T 19933.5—2005，ISO 10263-5：1994，MOD）
125	GB 20178	土方机械 安全标志和危险图示 通则（GB 20178—2006，ISO 9244：1995，MOD）
126	GB/T 20418	土方机械 照明、信号和标志灯以及反射器（GB/T 20418—2006，ISO 12509：1995，MOD）

续表 1-4

序号	标准号	标 准 名 称
127	GB 20651.1	往复式内燃机　安全　第1部分：压燃式发动机（GB 20651.1—2006，EN 1679-1：1998，IDT）
128	GB 20800.1	爆炸性环境用往复式内燃机防爆技术通则　第1部分：可燃性气体和蒸汽环境用Ⅱ类内燃机（GB 20800.1—2006，EN 1834-1：2000，MOD）
129	GB 20800.2	爆炸性环境用往复式内燃机防爆技术通则　第2部分：可燃性粉尘环境用Ⅱ类内燃机（GB 20800.2—2006，EN 1834-2：2000，MOD）
130	GB 20800.3	爆炸性环境用往复式内燃机防爆技术通则　第3部分：可燃性气体和蒸汽环境用Ⅱ类内燃机（GB 20800.3—2008，EN 1834-3：2000，MOD）
131	GB/T 20850—2007	机械安全　机械安全标准的理解和使用指南（GB/T 20850—2007，ISO/TR 18569：2004，IDT）
132	GB/T 20953	农林拖拉机和机械　驾驶室内饰材料燃烧特性的测定（GB/T 20953—2007，ISO 3795：1989，MOD）
133	GB/T 21152	土方机械　轮胎式机器制动系统的性能要求和试验方法（GB/T 21152—2007，ISO 3450：1996，IDT）
134	GB/T 21154	土方机械　整机及其工作装置和部件的质量测量方法（GB/T 21154—2007，ISO 6016：1998，IDT）
135	GB/T 21155	土方机械　前进和倒退音响报警　声响试验方法（GB/T 21155—2007，ISO 9533：1989，IDT）
136	GB 21500—2008	地下矿用无轨轮胎式运矿车　安全要求
137	GB/T 21935	土方机械　操纵的舒适区域与可及范围（GB/T 21935—2008，ISO 6682：1986，IDT）
138	GB/T 21936	土方机械　安装在机器上的拖拽装置　性能要求（GB/T 21936—2008，ISO 10532：1995，IDT）
139	GB/T 22355	土方机械　铰接机架锁紧装置性能要求（GB/T 22355—2008，ISO 10570：2004，IDT）
140	GB/T 22356	土方机械　钥匙锁起动系统（GB/T 22356—2008，ISO 10264：1990，IDT）
141	GB/T 22359	土方机械　电磁兼容性（GB/T 22359—2008，ISO 13766：2006，IDT）
142	GB/T 25078.1	声学　低噪声机器和设备设计实施建议　第1部分：规划（GB/T 25078.1—2010，ISO/TR 11688-1：1995，IDT）
143	GB 25518—2010	地下铲运机　安全要求
144	GB/T 25607	土方机械　防护装置　定义和要求（GB/T 25607—2010，ISO 3457：2003，IDT）
145	GB/T 25608	土方机械　非金属燃油箱的性能要求（GB/T 25608—2010，ISO 21507：2005，IDT）
146	GB/T 25610	土方机械　自卸车车厢支承装置和司机室倾斜支承装置（GB/T 25610—2010，ISO 13333：1994，IDT）
147	GB/T 25612	土方机械　声功率级的测定　定置试验条件（GB/T 25612—2010，ISO 6393：2008，IDT）
148	GB/T 25615	土方机械　司机位置发射声压级的测定　动态试验条件（GB/T 25615—2010，ISO 6396：2008，IDT）

续表 1-4

序号	标准号	标 准 名 称
149	GB/T 25616	土方机械 辅助起动装置的电连接件（GB/T 25616—2010，ISO 11862：1993，IDT）
150	GB/T 25617	土方机械 机器操作的可视显示装置（GB/T 25617—2010，ISO 6011：2003，IDT）
151	GB/T 25620	土方机械 操作与维修 可维修指南（GB/T 25620—2010，ISO 12510：2004，IDT）
152	GB/T 25621	土方机械 操作与维修 技工培训（GB/T 25621—2010，ISO 8152：1984，IDT）
153	GB/T 25622	土方机械 司机手册 内容和格式（GB/T 25622—2010，ISO 6750：2005，IDT）
154	GB/T 25623	土方机械 司机培训方法指南（GB/T 25623—2010，ISO 7130：1981，IDT）
155	GB/T 25624	土方机械 司机座椅尺寸和要求（GB/T 25624—2010，ISO 11112：1995，IDT）
156	GB/T 25627—2010	工程机械动力换挡变速器
157	GB/T 25685.1	土方机械 监视镜和后视镜的视野 第 1 部分：试验方法（GB/T 25685.1—2010，ISO 14401-1：2009，IDT）
158	GB/T 25685.2	土方机械监视镜和后视镜的视野 第 2 部分：性能准则（GB/T 25685.2—2010，ISO 14401-2：2009，IDT）
159	GB/T 25686	土方机械 司机遥控的安全要求（GB/T 25686—2010，ISO 15817：2005，IDT）
160	GB 50070—2009	矿山电力设计规范
161	GBZ1—2002	工业企业设计卫生标准
162	GBZ2.1—2007	工作场所有害因素职业接触限值 第 1 部分：化学有害因素
163	GBZ2.2—2007	工作场所有害因素职业接触限值 第 2 部分：物理因素
164	AQ 1043—2007	矿用产品安全标志标识
165	AQ 2013.1—2008	金属非金属地下矿山通风技术规范 通风系统
166	JB/T 7041—2006	液压齿轮泵
167	JB/T 7690	工程机械 尺寸和性能的单位与测量精度（JB/T 7690—1995，eqv ISO 9248：1992）
168	JB/T 8816—1998	工程机械 驱动桥技术条件
169	JB/T 10135—1999	工程机械 液力传动装置技术条件

表 1-5 地下轮胎式采矿车辆采用的部分国际、国际先进安全标准

序号	标准号	标 准 名 称
1	ISO 3046.1：2002	往复式内燃机 性能 第 1 部分 标准基准状况、功率、燃料消耗和机油消耗的标定及试验方法（Reciprocating internal combustion engines—Performance—Part 1：Standard reference conditions，fuel and lubricating oil consumptions and test methods）
2	ISO 3411：2007	土方机械 操作人员身体尺寸与最小操作活动空间（Earth - moving machinery—Physical dimensions of operators and minimum operator space envelope）
3	ISO/DIS 3450：2011（E）	土方机械 轮式或高速橡胶履带式机器—制动系统性能要求和试验方法（Earth - moving machinery—Wheeled or high - speed rubber - tracked machines—Performance requirements and test procedures for brake systems）
4	ISO 3864 - 1：2006	图形符号 安全色和安全标志 第 1 部分：安全标志和安全标记设计原理（Graphical symbols—Safety colours and safety signs—Part 1：Design principles for safety signs and safety markings）

续表 1-5

序号	标准号	标 准 名 称
5	ISO 3864－2：2004	图形符号　安全色和安全标志　第 2 部分：产品安全标签设计原理（Graphical symbols—Safety colours and safety signs—Part 2：Design principles for product safety labels）
6	ISO 3864－3：2006	图形符号　安全色和安全标志　第 3 部分：用于安全标志图形符号设计原理（Design symbols—Safety colours and safety signs—Part 3：Design principles for graphical for use in safety signs）
7	ISO 4413：2010	液压传动　系统及其部件的一般规则和安全要求（Hydraulic fluid power—General rules and safety requirements for systems and their components）
8	ISO 4414：2010	气压传动　系统及其部件的一般规则和安全要求（Pneumatic fluid power—General rules and safety requirements for systems and their components）
9	ISO 5006：2006	土方机械　司机视野　试验方法和性能准则（Earth－moving machinery—Operator's field of view—Test method and performance criteria）
10	ISO 5010：2007	土方机械　轮式机械的转向能力（Earth－moving machinery—Rubber－tyred machines steering requirements）
11	ISO 5349－2：2001	机械振动　人体手臂传输振动的测量和评价　第 2 部分：在工作场所测量用实用指南（Mechanical vibration—Measurement and evaluation of human exposure to hand－transmitted vibration—Part 2：Practical guidance for measurement at the workplace）
12	ISO 6953－1	气压传动　压缩空气调节阀和带过滤器的调压阀　第 1 部分：商务文件中包含的主要特性（Pneumatic fluid power—Compressed air pressure regulators and filter－regulators—Part 1：Main characteristics to be included in literature from suppliers and product－marking requirements）
13	ISO 8041：2005	人体对振动的响应　测量仪器（Human response to vibration—measuring instrumentation）
14	ISO 9244：2008	土方机械　安全标志和危险图示　通则（Earth－moving machinery—Product safety labels—General principles）
15	ISO 9355－1：1999	显示器和控制致动器设计的人类工效学要求　第 1 部分：人与显示器交互和控制致动器（Ergonomic requirements for the design of displays and control actuators—Part 1：Human interactions with displays and control actuators）
16	ISO 9355－2：1999	显示器和控制致动器设计的人类工效学要求　第 2 部分：显示器（Ergonomic requirements for the design of displays and control actuators—Part 2：Displays）
17	ISO 9533：2010	土方机械　机载的声响行驶报警和前进喇叭试验方法和性能准则（Earth－moving machinery—Machine－mounted audible travel alarms and forward horns—Test methods and performance criteria）
18	ISO 12100：2010	机械安全　设计通则　风险评价与风险降低（Safety of machinery—General principles for design—Risk assessment and risk reduction）
19	ISO 13732－1：2006	热环境的人类工效学　人对表面接触的反应的评定方法　第 1 部分：接触热表面（Ergonomics of the thermal environment—Methods for the assessment of human responses to contact with surfaces—Part 1：Hot surfaces）
20	ISO 13849－1：2006	机械安全　控制系统有关安全部件　第 1 部分：设计通则（Safety of machinery—Safety－related parts of control systems—Part 1：General principles for design）

续表 1-5

序号	标准号	标 准 名 称
21	ISO 15818：2009	土方机械 提升和捆系连接点性能要求（Earth-moving machinery— The lifting and tying-down attachment points—Performance requirements）
22	ISO 15998：2008	土方机械 应用电子元件的机械控制系统（MCS）功能安全性能准则和试验（Earth-moving machinery—Machine-control systems （MCS） using electronic components—Performance criteria and tests for functional safety）
23	ISO 16001：2008	土方机械 危险监测系统及其可视辅助装置—性能要求和试验（Earth-moving machinery—Hazard detection systems and visual aids—Performance requirements and tests）
24	IEC 60825－1：2007	激光产品安全 第 1 部分：设备分级和要求（Safety of laser products—Part 1：Equipment classification and requirements）
25	IEC 60825－4：2011	激光产品安全 第 4 部分：激光防护器（Safety of laser products—Part 4：Laser guards）
26	IEC 61508－2：2000	电气/电子/可编程序的电子安全相关系统的功能安全 第 2 部分：电气/电子/可编程序的电子安全相关系统的要求（Functional safety of electrical/electronic/ programmable electronic safety-related—Part 2：Requirements for electrical/electronic/programmable electronic safety-related systems）
27	IEC 62061	机械安全 与安全有关的电气、电子和可编程序电子控制系统的功能安全（Safety of machinery—Functional safety of safety-related electrical，electronic and programmable electronic control systems）
28	BS EN 1005－4：2005	机械安全 人的物理性能 第 4 部分：与机器有关的工作姿势和运动评估（Safety of machinery—Human physical performance—Part 4：Evaluation of working postures and movements in relation to machinery）
29	EN 474－1：2006	土方机械 安全 第 1 部分：通用要求（Earth-moving machinery—Safety—Part 1：General requirements）
30	EN 1889－1：2010	地下矿用机械 地下作业移动机械 安全 第 1 部分：橡胶轮胎式车辆（Machines for underground mines—Mobile machines working underground—Safety—Part1：Rubber-tyred vehicles）
31	EN 12096：1997	机器振动—振动发射值的标示和验证（Mechanical vibration—Declaration and verification of vibration emission values）
32	EN 12254：2010	激光工作场所屏幕 安全要求与试验（Screens for laser working places—Safety requirements and testing）
33	2006/42/EC	欧洲议会和欧洲联盟理事会 关于机械和修改 95/16/EC 指令的 2006/42/EC 指令（修订）（Directive 2006/42/EC of the European Parliament and of the council of 17 May 2006 on machinery，and amending Directive 95/16/EC （recast））
34	SABS 1589：1994	地下轮胎式采矿车辆 LHD 和自卸卡车制动性能要求（Braking performance of trackless underground mining vehicles—Load haul dumpers and dump trucks）

2 采矿车辆安全风险评价

在地下轮胎式采矿车辆整个寿命周期内，坚持“安全第一、预防为主”的方针这已成为全世界的共识。

世界各地都有关于保护地下轮胎式采矿车辆使用者安全的法规，这些法规在不同的地区可能会有所不同。在地下轮胎式采矿车辆制造和升级过程中采用的程序，已形成了广泛的共识。

（1）在地下轮胎式采矿车辆制造过程中，地下轮胎式采矿车辆制造商应该通过风险识别并评估所有的潜在危险和危险点。

（2）根据风险评定的结果，地下轮胎式采矿车辆制造商应采取适当措施消除或降低风险。如果风险无法在设计中消除，或者降低后的风险仍不可接受，地下轮胎式采矿车辆制造商应选用适当的防护设备，并在必要时提供有关该风险的信息。

（3）为保证使用的措施能够发挥应有作用，需要对其进行全面验证。全面验证包括对设计、技术措施以及针对具体环境的组织措施进行验证。

2.1 地下轮胎式采矿车辆安全的风险评价原则

在地下轮胎式采矿车辆作业时都伴随着可能酿成事故的风险。进行风险评价的目的是为了根据现实的各种约束，提出合理可行的消除危险或减小风险的安全措施，帮助工程技术人员设计、制造出安全的机器产品提供给市场，在机器的使用阶段最大限度地保护操作者，使机械系统达到可接受的最高安全水平。风险评价对减少事故的发生，特别是防止重大恶性事故的发生，有着非常重要的意义。

这里所说的现实各种约束，是指现有科技和工艺水平决定的与机器有关的实际结构、材料和与使用有关的各种客观约束（如自动化程度、安全防护装置的结构等），与机器使用者有关的人的生理-心理和安全素质等条件限制的各种主观约束，以及从经济角度考虑的成本约束等。所谓最高安全水平是指在考虑现有客观和主观约束前提下，安全目标能够实现的水平。

GB 16856.1—2008 是机械安全标准中的重要方法性标准，它规定了降低风险的一般原则，并通称为风险评价。风险评价考虑了与机械相关的设计、生产、运输、安装、使用和拆卸等产品寿命周期内的各阶段，提供了进行风险评价所需要的信息指南，规定了用于识别危险、评估风险和评定风险的程序和对用于证明产品进行风险评价所要求的证书类型提供指导。

2.1.1 风险评价的一般原则

风险评价是以系统方法对与机械有关的风险分析和风险评定采用的一系列逻辑步骤。风险评价后按 GB/T 15706.1—2007 中第 5 章所描述的方法来减小风险。当重复一个过程时，风险评价提供了用于尽可能消除危险和通过实施保护措施以降低风险的替代过程（图2-1）。

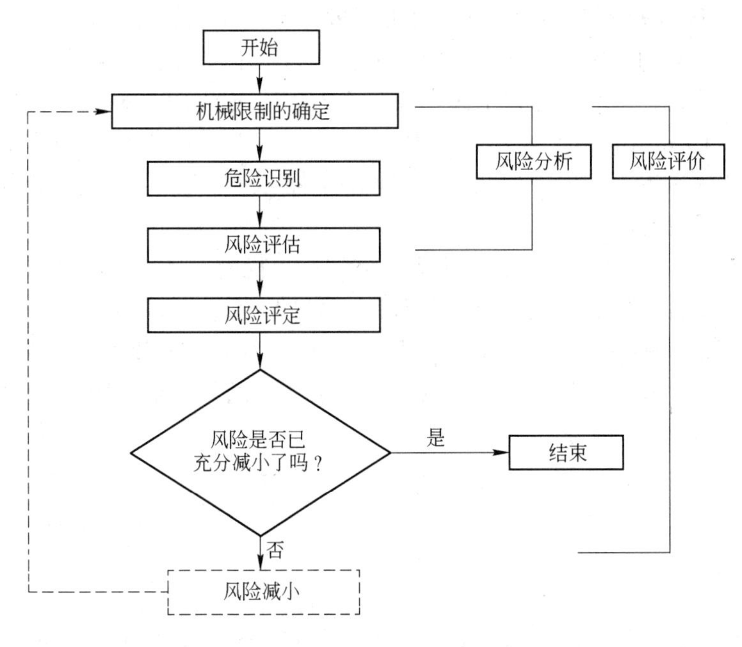

图2-1　充分减少风险的迭代过程

2.1.2　风险评价需要的信息

风险评价需要的信息主要包括：

（1）与地下轮胎式采矿车辆有关的描述，包括用户说明书、机械的预期说明、相关类似机械的设计方面的文件、有效的机械使用信息。

（2）相关的法规、标准和其他适用文件，包括适用法规与相关标准、技术说明书和安全数据表。

（3）相关的使用经验，包括地下轮胎式采矿车辆或类似机械的任何事故、事件或故障的历史，由诸如排放物（噪声、振动、粉尘、烟雾等），所使用的化学物品或由机械处理的材料所引起的损害健康的历史记录。

（4）相关人类工效学原则。风险评价的信息应随设计的发展而更新，当设计修改时信息也要更新。

2.2　风险评价过程

风险评价包括风险分析和风险评定，风险分析包含地下轮胎式采矿车辆限制的确定、危险识别及风险评估，提供了风险评定所需的信息，进而对是否需要降低风险做出判断。

2.2.1　地下轮胎式采矿车辆限制的确定

风险评价从地下轮胎式采矿车辆限制的确定开始，应考虑地下轮胎式采矿车辆寿命周期的所有阶段。这意味着宜根据下述（1）~（4）给出的地下轮胎式采矿车辆限制识别一个完整过程中地下轮胎式采矿车辆或一系列的地下轮胎式采矿车辆的特性和性能、有关人员、环境和产品。

（1）使用限制。使用限制包括预定使用和可合理预见的误使用，后者又包括：失去对地下轮胎式采矿车辆的控制、地下轮胎式采矿车辆使用过程中出现失灵、故障或失效事件时个人的反射行为、由于注意力不集中或粗心大意造成的错误操作、在执行任务期间由于寻求“捷径”而采用的错误操作、压力状态下为了确保机器正常运行所采取的操作、未被授权的人群的操作可能出现的故障、与功能性相关的部件（尤其是控制系统）出现失灵或故障时，极有可能产生危险。

（2）空间限制。空间限制主要考虑运动范围；人机交互的空间要求，如操作和维修期间；人员的交互方式，如“人—机器”界面、“机器—动力源”接口。

（3）时间限制。地下轮胎式采矿车辆的预定使用和可合理预见的误用时，地下轮胎式采矿车辆或某些组件（工具、磨损零件、机电组件）的“寿命极限”；推荐的维修保养时间间隔。

（4）其他限制，如环境因素，推荐的最低和最高温度，能否在干燥或潮湿环境中运行，对粉尘和湿气的耐受力等。

2.2.2 危险识别

在地下轮胎式采矿车辆的任何风险评价中，基本步骤是在地下轮胎式采矿车辆的寿命周期所有阶段，系统识别可预见的危险、危险状态和事件，即运输、组装和安装、试运转、使用、停用、拆除和从安全考虑的处置。

只有当危险已经被识别后，才能采取消除危险或降低风险的措施。因此有必要识别地下轮胎式采矿车辆完成的操作和与地下轮胎式采矿车辆相互作用的人所执行的任务。

任务识别不仅应考虑所有地下轮胎式采矿车辆寿命周期内各阶段相关的任务，还应考虑任务类型，如安装、试验、示教/编程、过程/工具更换、启动、所有的操作模式、机器进料、从机器上取下产品、正常与紧急停机、由卡住恢复到运转、非计划停机后的重新启动、寻找故障/排除故障（操作者干预）、清洁和室内管理、预防性维护和设备保养等。

所有与各种任务相关的可预见的危险、危险状态或危险事件，都应予以识别，还应识别与任务不直接相关的可合理预见的危险、危险状态或危险事件（如振动、噪声、机械断裂及液压软管爆裂），对地下轮胎式采矿车辆来说，其例子见表2-1和表2-2。

表2-1　危险、危险状态和危险事件的例子

编号	类型或分组	危险举例	
		危险源①	潜在后果②
1	机械危险	（1）加速，减速（动能）； （2）带角零件； （3）接近固定零件的运动单元； （4）切割零件； （5）弹性元件； （6）坠落物； （7）重力； （8）从高处落下； （9）高压；	（1）碾压； （2）抛出； （3）挤压； （4）割破（伤）或切断； （5）吸入或陷入； （6）缠绕； （7）摩擦或磨损； （8）碰撞； （9）喷射；

续表 2-1

编号	类型或分组	危险举例	
		危险源①	潜在后果②
1	机械危险	（10）不稳定性； （11）动能； （12）机械移动； （13）运动元件； （14）旋转元件； （15）粗糙表面、光滑表面； （16）锐边； （17）储存的能量； （18）真空； （19）性能设计不恰当； （20）稳定性； （21）功能意外被激发	（10）剪切； （11）滑倒、绊倒和跌倒； （12）刺穿或刺破； （13）窒息
2	电气危险	（1）电弧； （2）电磁现象； （3）静电现象； （4）带电零件； （5）与高压带电零件之间无足够距离； （6）过载； （7）故障条件下带电的零件短路； （8）热辐射	（1）烧伤； （2）化学效应； （3）医学植入物影响； （4）电击； （5）坠落，甩出； （6）着火； （7）熔化颗粒的射出； （8）休克
3	热危险	（1）爆炸； （2）火焰； （3）高温或低温的物体或材料； （4）热源辐射	（1）烧伤； （2）脱水； （3）不舒服； （4）冻伤； （5）热源辐射引起的伤害； （6）烫伤
4	噪声危险	（1）气穴现象； （2）排气系统； （3）气体高速泄漏； （4）制造过程（冲压、切割等）； （5）运动零部件； （6）刮擦表面； （7）不平衡的旋转零部件； （8）气体发出的啸声； （9）磨损的零部件	（1）不舒服； （2）失去知觉； （3）失去平衡； （4）永久性听觉丧失； （5）情绪紧张； （6）耳鸣； （7）疲劳； （8）其他任何由对语音传递或听觉信号干扰引起的其他后果（例如机械的，电气的）
5	振动危险	（1）气穴现象； （2）运动零件偏离轴心； （3）移动设备； （4）刮擦表面； （5）不平衡的旋转零件； （6）振动设备； （7）磨损零件	（1）不舒服； （2）脊椎弯曲病； （3）神经疾病； （4）骨关节疾病； （5）脊柱损伤； （6）血管疾病； （7）肩、肘、腕关节疾病
6	辐射危险	（1）离子辐射源； （2）低频电磁辐射； （3）光辐射（红外线，可见光和紫外线），包括激光； （4）无线频率电磁辐射	（1）烧伤； （2）对眼睛和皮肤的伤害； （3）影响生育能力； （4）基因突变； （5）头痛，失眠等

续表 2-1

编号	类型或分组	危 险 举 例	
		危险源①	潜在后果②
7	材料和物质产生的危险	(1) 浮尘; (2) 生物和微生物（病毒或细菌）制剂; (3) 易燃物; (4) 粉尘; (5) 爆炸物; (6) 纤维; (7) 可燃物; (8) 流体; (9) 烟雾; (10) 气体; (11) 雾气; (12) 氧化剂; (13) 设备排放物	(1) 呼吸困难，窒息; (2) 癌症; (3) 腐蚀; (4) 影响生育能力; (5) 爆炸; (6) 着火; (7) 感染; (8) 基因突变; (9) 中毒; (10) 过敏反应
8	人类工效学危险	(1) 通道; (2) 指示器和可视显示单元的设计或位置; (3) 控制装置的设计、位置或识别; (4) 费力; (5) 闪烁、眩光、阴影、频闪; (6) 局部照明; (7) 精神太紧张或注意力不集中; (8) 姿势; (9) 重复活动; (10) 可视性	(1) 不舒服; (2) 疲劳; (3) 肌肉－骨骼的疾病; (4) 紧张; (5) 其他任何人为差错引起的后果（例如机械的、电气的）
9	与机器使用环境有关的危险	(1) 粉尘和烟雾; (2) 电磁干扰; (3) 闪电; (4) 潮湿; (5) 污染; (6) 雪; (7) 温度; (8) 水; (9) 风; (10) 缺氧	(1) 烧伤; (2) 轻微疾病; (3) 滑倒、跌落; (4) 窒息; (5) 其他任何由机器或机器零件上的危险源产生的影响; (6) 道路条件; (7) 操作高度; (8) 可燃物质，灰尘，气体等
10	综合危险	例如重复活动＋费力＋环境温度高	例如脱水，失去知觉，中暑

① 一个危险源可能会有几个潜在的后果。
② 对于每一类或每一组危险，某些潜在后果可能会与几个危险源相关。

表 2-2　地下轮胎式采矿车辆重大危险

序　号	危险、危险状态及危险事件
1	机械危险，如由机器部件或工件的以下要素引起的: (1) 形状; (2) 相对位置; (3) 质量和稳定性; (4) 质量和速度; (5) 机械强度; (6) 机械内部能量积累
1.1	挤压危险

续表 2-2

序 号	危险、危险状态及危险事件
1.2	剪切危险
1.3	切割或切断危险
1.4	缠绕危险
1.5	引入或卷入危险
1.6	冲击危险
1.7	刺伤或扎伤危险
1.8	摩擦或磨损危险
1.9	高压流体喷射危险
1.10	不稳定性（机械或机器零件）
1.11	与机械有关的滑倒、倾倒、跌倒危险
1.12	碰撞（人与车、车与车和车与巷道壁）
2	电气危险
2.1	人与带电部件的接触（直接接触）
2.2	人与因故障状态而带电部件的接触（间接接触）
2.3	静电现象
2.4	热辐射或其他现象，如短路、过载等
3	热危险
3.1	通过人们接触特别高、特别低温度的物体、火焰或爆炸，热源辐射的烧伤和烫伤
3.2	由于热或冷的工作环境对健康的影响
4	噪声产生的危险
4.1	听力损失（耳聋），其他生理障碍（例如失去平衡、失去知觉）
4.2	干扰语言通讯、听觉信号等
5	振动危险
5.1	全身振动，尤其是与不良操作姿势相结合，可能产生严重的人体机能紊乱
5.2	手臂振动引起白指病、神经和骨关节失调
6	辐射危险
6.1	电磁场（如低频、无线电频率、微波范围等）
6.2	红外线、可见光
6.3	激光等
7	因设备的操作及使用的材料和物质（组成元件）产生的危险
7.1	因接触或吸入有害的液体、气体、烟雾和灰尘导致的危险
7.2	着火或爆炸危险
8	在设计时，由于忽略人类工效学产生的危险（机械与人的特征能否匹配）
8.1	不利于健康的姿势或过分用力
8.2	未充分考虑人的手—臂或脚—腿结构
8.3	忽视了个人防护装置的使用

续表 2-2

序　号	危险、危险状态及危险事件
8.4	局部照明不足
8.5	精神过分紧张或准备不足等
8.6	人为差错
8.7	手动控制装置设计、位置不合理或标识不当
8.8	显示装置设计、位置不合理
8.9	忽视安全原则
8.10	防护和保护装置不充分
8.11	操作位置不当
8.12	调试装置、服务及维护位置及上述位置通道设计不合理
8.13	入口与出口设计不合理
8.14	操作空间和乘员座椅空间不足
8.15	操作人员培训不足
9	各种危险组合
10	意外启动、意外过载或超速（或类似故障）
10.1	控制系统的失误或失效
10.2	司机的失误（归结于人体的特征、能力与机械配合不当）
11	动力/能源供给失效
12	由于运动引起附加的危险、危险状态和危险事件
12.1	启动发动机时发生移动
12.2	由于滑移或缓动（例如由泄漏引起）或当动力供给中断时，机器从固定位置的移动对周围人群产生危险
12.3	由于捆系装置选择与安装不正确，在运输过程中产生的危险
12.4	行驶中的剧烈振动
12.5	机器不能有效减速、停止及静止
13	操作位置或乘员位置
13.1	通向/在/离开司机位置或乘员位置时人员跌倒
13.2	司机位置或乘员位置有废气排放及缺氧
13.3	着火（司机室或乘员车厢可燃性及灭火器的缺失）
13.4	司机能见度不足，看不到乘员上、下车
13.5	司机位置或乘员位置光线不足
13.6	当司机室与车厢是分开布置时，司机、乘员缺乏沟通手段
14	控制系统引起的危险
14.1	手动控制位置不够
14.2	手动控制及其操作方式设计不当
14.3	制动、转向、控制系统故障
15	由于能源失效、机械零件损坏或其他功能故障产生危险
15.1	发动机及蓄电池导致的危险

续表 2-2

序　号	危险、危险状态及危险事件
15.2	运输、起吊和牵引中的危险
15.3	机器一个（或多个）零部件不能执行预定功能或使用功能失效
15.4	外部干扰（如冲击、振动、电磁场）
15.5	控制系统失效、失灵（意外启动）
15.6	机器翻倒、意外失去稳定性
16	第三方造成的危险或对第三方的危害
16.1	未经许可的启动或使用
16.2	视觉或听觉报警手段的缺失或不当
17	对司机/操作人员的培训不够
18	由于提升引起的附加危险、危险状态和危险事件
18.1	缺乏稳定性导致装载物滑落、碰撞或机器倾翻
18.2	装载物意外/非预期移动导致装载物滑落、碰撞或机器倾翻
18.3	提升装置或附属装置不合适导致装载物滑落、碰撞或机器倾翻
18.4	部件机械强度不足
18.5	链条、缆绳、提升装置及附属装置不足或与机器配合不好
19	超载或超员
20	由于安全措施错误或不正确定位产生的危险
20.1	各类防护装置和各类有关安全（防护）装置设计不符合要求
20.2	不正常启动和停机
20.3	标志、符号、文字警告或报警装置设计与配置不符合要求
20.4	无急停装置或急停装置设计、位置不正确
20.5	机器可维修性差
21	遥控危险
22	作业区环境差
22.1	作业区通风不足
22.2	作业区积水太深
22.3	作业区存在爆炸气体或可爆炸粉尘
22.4	作业区道路凸凹不平
22.5	作业区顶板不稳，岩石可能落下

2.2.3 风险评估

在设计一台机器时，应尽可能对其潜在的风险进行分析，必要时还应采取额外的防护措施，以确保操作人员不受任何潜在危害的影响。国际和国内定义了一系列标准帮助机器制造商进行风险评估，这些标准由不同的系统性风险分析和评估的逻辑步骤组成。机器的设计和制造应该考虑风险评估的结果。如有必要，应该在风险评估之后采取适当的防护措施以降低风险，并采用防护措施后不应造成新的风险，包括风险评估和风险降低在内的整个过程可能需要重复数次，以最大限度地消除危险，并有效地降低所鉴别出的风险。

一般C类标准只适用于特定的机器或应用。如果没有合适的C类标准或者C类标准不能满足要求时，可以采用A类或B类标准。

风险评估基于危险识别。通过确定风险要素，对每种危险处境进行风险评估。与特定危险处境相关的风险源自以下要素的组合风险要素，如图2-2所示。

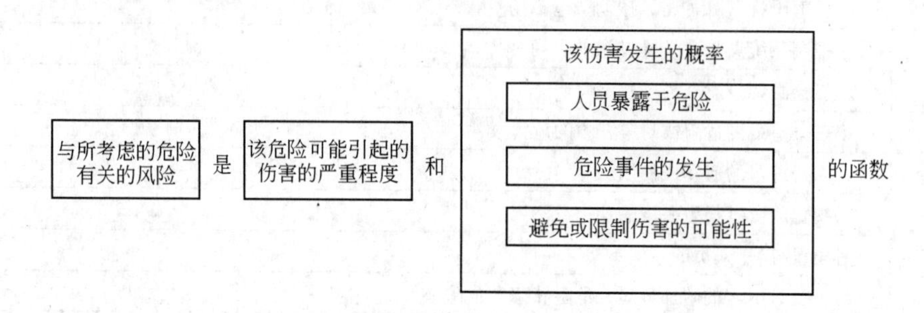

图2-2　风险要素

（1）伤害或损害健康的严重程度分为轻微（能复原的）、严重（不能复原的）、死亡，伤害的限度为1人或几人。

（2）伤害的发生概率$f(o)=f(x,y,z)$，其中x表示人员暴露于危险中，y表示危险事件的发生，z表示避免或限制伤害的可能性。

（3）风险评估过程中应考虑的方面。风险评估过程中应考虑的方面包括：暴露的人员；暴露的类型、频次和持续时间；暴露和影响之间的关系；人的因素；保护措施的适用性；毁坏或避开保护措施的可能性；维持保护措施的能力；使用信息。

2.2.4　风险评定

风险评定是根据风险分析提供的信息，通过风险比较，对机械安全做出判断，确定机器是否需要减小风险或是否达到了安全目标。

2.2.4.1　一般要求

风险评估后，应进行风险评定，以确定是否需要进行减小风险。如果需要减小风险，就应选用适当的保护措施，并重复该程序（图2-1）。作为参与该迭代过程的一方，设计者应核查在采用新的保护措施时是否引入了附加危险或增加了其他风险。如果附加危险的确出现了，则应把这些危险列入已识别的危险清单中，并要求对其提出适当的保护措施。

实际应用中，风险充分减小目标的实现和风险比较的有效结果，可以确信风险已被充分减小。

2.2.4.2　风险充分减小目标的实现

A　三步法

按照给定优先级的下列步骤，表明按GB/T 15706.1—2007的5.4条（图2-3和图2-4）规定的方法已经完成：

（1）通过设计或采用低危险的材料或物质，或通过应用符合人类工效学原则（GB/T 15706.2—2007第4章本质安全的设计措施），消除或减小风险；

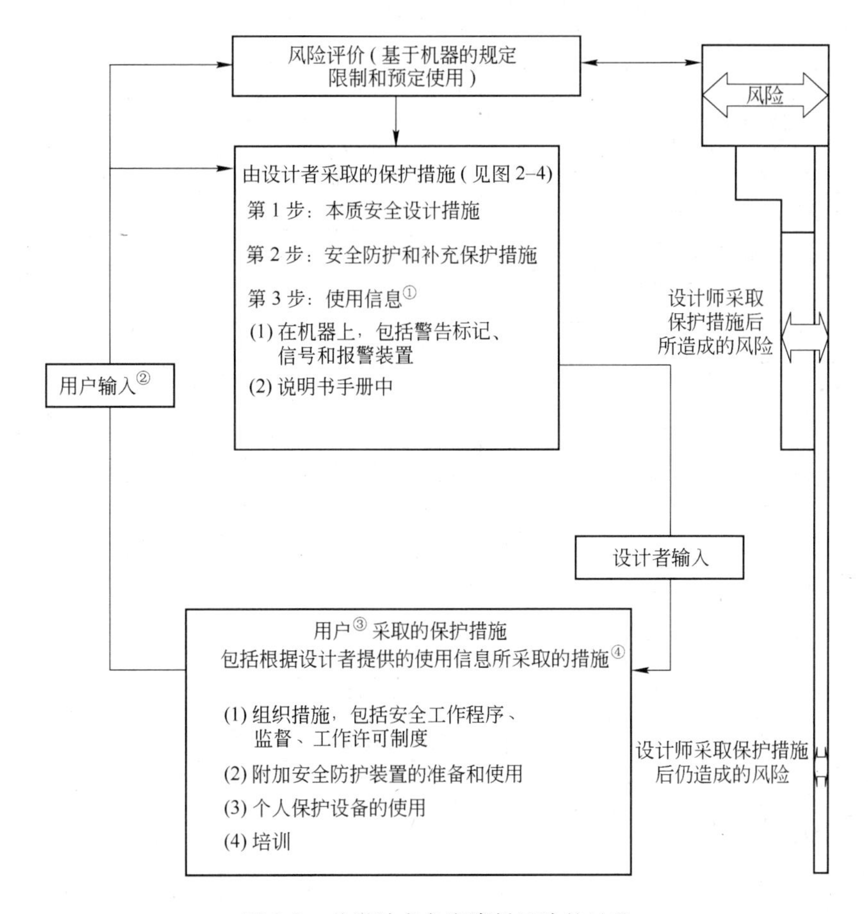

图 2-3 从设计者角度降低风险的过程

① 提供合适的使用信息是设计者从设计角度上减小风险的一个步骤,但其相关的保护措施只有在使用者实施后才能发挥作用;

② 用户输入是指设计者从机器预定使用的一般或特殊用户得到的信息;

③ 用户采用的各种保护措施是没有层次之分的,这些保护措施不在本部分范围之内;

④ 这类装置用于机器预定使用条件之外,设计者不能控制的特殊工艺或安装条件

(2) 通过采用一种能充分减小预定使用和可预见误用情况的风险的适于应用的安全防护装置和补充保护措施减小风险(GB/T 15706.2—2007 第 5 章安全防护装置和补充保护措施的要求);

(3) 当实践中应用安全防护装置或补充性保护措施(GB/T 15706.2—2007 中的 5.5)不可行或不能充分减小风险时,使用信息还应包括对任何遗留风险的告知。该信息应包括但不限于下列内容:

1) 机械使用操作程序符合机械使用人员或其他暴露于机械有关危险的人员的预期能力;

2) 推荐使用该机械的安全操作方法和详述有关培训要求;

3) 该机械寿命周期内不同阶段遗留风险在内的足够信息;

4) 推荐使用的任何个体防护装置的描述,包括需要这种防护装置的详细资料、使用该防护装置要求的培训。

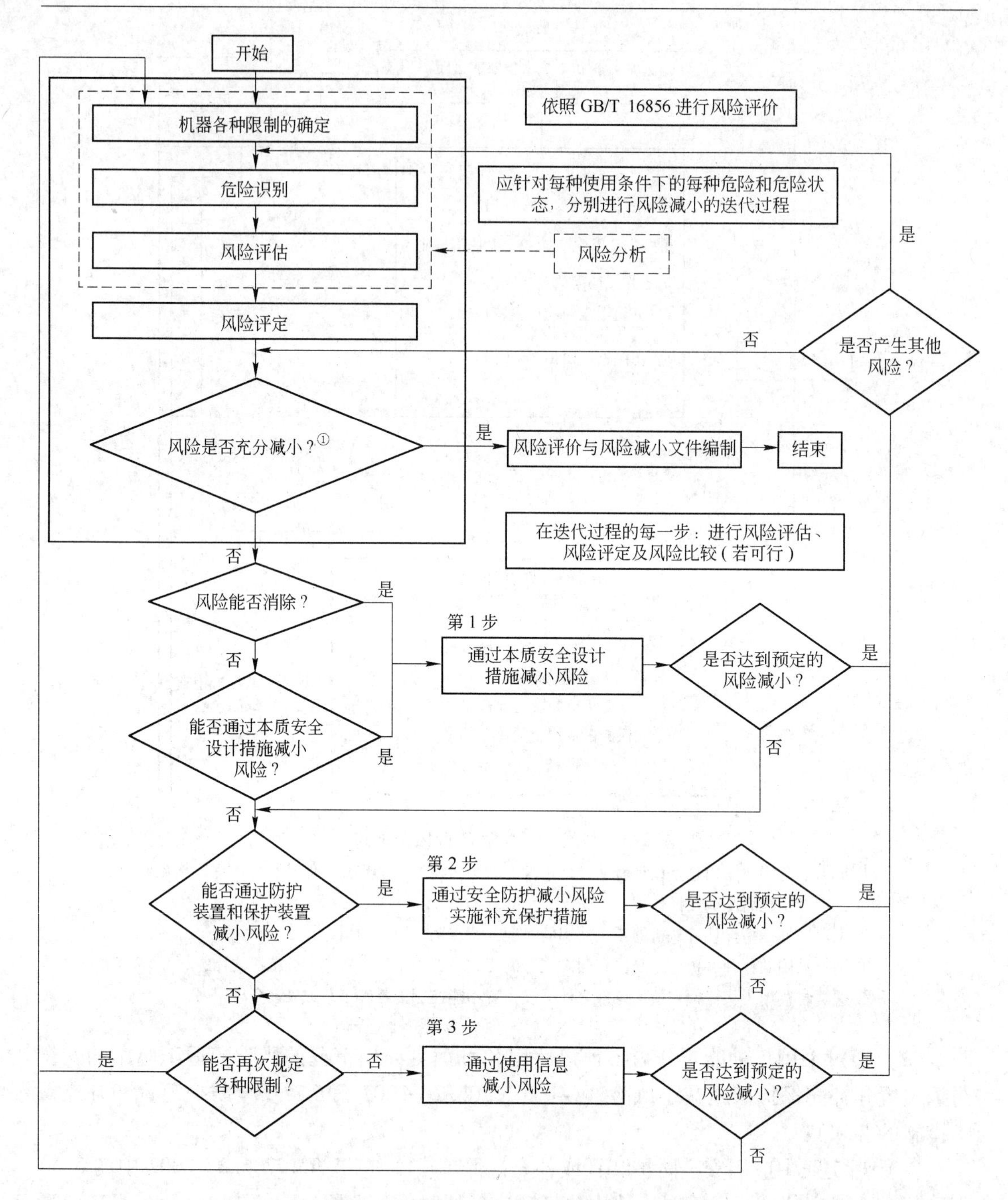

图2-4　风险减少过程迭代三步法示意图

① 用初始风险评价结果回答初次问题

B　风险充分降低的假定

当满足下列条件时，可认为实现了充分减小风险：（1）已考虑了所有的运行状况和干预程序；（2）已消除危险或风险已被减小到可行的最低水平；（3）针对保护装置引入的任何新危险采取了恰当措施；（4）向用户充分告知和警告了遗留风险；（5）所采取的保护措施相互匹配；（6）已充分考虑设计用于专业/工业的机械用于非专业/非工业场合所引起的后果；（7）所采取的保护措施对操作者的工作条件或机器的可用性产生不利影响。

C 风险比较

作为风险评定过程的一部分，只要下列判定准则适用，则与机械或机械零部件有关的风险能够与类似的机械或机械零部件的风险相比较：（1）类似的机械符合有关标准；（2）两种机器的预定使用、可预见的误用及它们的设计和制造都是可比的；（3）危险和风险要素是可比的；（4）技术规格是可比的；（5）使用条件是可比的。

应用这种比较方法并不排除还需要遵从特定使用条件下符合本部分所规定的风险评价过程。

2.3 风险评价文件

风险评价文件应说明所遵从的程序及达到的效果，风险评价文件包括下列内容：

（1）已评价过的机械（如规格、限制、预定使用）。

（2）已做过的任何有关假设（如载荷、强度、安全系数）。

（3）在评价中所考虑的已识别的危险、危险状态和危险事件。

（4）风险评价所依据的信息。

1）所使用的数据及原始资料（如事故历史，适用于类似机械的风险减小的经验）；

2）与所使用的数据有关的不确定性及其对风险评价的影响。

（5）通过保护措施要达到风险减小的目标，选择保护措施宜参考使用的标准或其他规范。

（6）用于消除已识别的危险或减小风险的保护措施。

（7）与该机械有关的遗留风险。

（8）风险评价的结果。

（9）该评价过程中完成见 GB/T 16856.2—2008 中所给出的表格。

风险评价的理论和方法正得以全面应用，标准也受到高度重视，我国相关产品安全标准及欧盟机械指令 2006/42/EC 提出：对于投放我国市场及欧盟市场的机械产品必须进行风险评价，证明风险评价后的产品满足基本安全、健康要求。掌握风险评价标准，对设计出本质安全的机械产品和扩大出口都具有重要意义。

3 地下轮胎式采矿车辆安全基本要求与实现措施

3.1 地下轮胎式采矿车辆安全基本要求

地下轮胎式采矿车辆在规定的整个使用期内，不得发生由于机械设备自身缺陷所引起的、目前已为人们认识的各类危及人身安全的事故和对健康造成损害的职业病，避免给操作者带来不必要的体力消耗、精神紧张和疲劳。无论是机器预定功能的设计还是安全防护的设计，都应该遵循以下两个基本要求：（1）选用适当的设计结构，尽可能避免危险或减小风险；（2）通过减少对操作者涉入危险区的需要，限制人们面临危险。

3.1.1 足够的抗破坏能力、良好的可靠性和对环境的适应性

（1）合理的机械结构形式。机械设备的结构形式一定要与其执行的预定功能相适宜，不能因结构设计不合理而造成机械正常运行时的障碍、卡塞或松脱，不能因元件或软件的瑕疵而引起微机数据的丢失或死机，不能发生任何能够预计到的与机械设备的设计不合理的有关事件。

（2）足够的抗破坏能力。机械的各组成受力零部件及其连接，应满足完成预定最大载荷的足够强度、刚度和构件稳定性，在正常作业期间不应发生由于应力或工作循环次数产生断裂破碎或疲劳破坏、过度变形或垮塌；还必须考虑在此前提下地下轮胎式采矿车辆的整体抗倾覆的稳定性，特别是那些由于有预期载荷作用或自身质量分布不均的地下轮胎式采矿车辆及那些可在路面行驶的地下轮胎式采矿车辆，应保证在运输、运行、振动或有外力作用下不致发生倾覆，防止由于运行失控而产生不应有的位移。

（3）对使用环境具有足够的适应能力。地下轮胎式采矿车辆必须对其使用环境（如温度、湿度、气压、振动、负载、静电、磁场和电场、辐射、粉尘、微生物、腐蚀介质等）具有足够的适应能力，特别是抗腐蚀或空蚀、耐老化磨损、抗干扰的能力，不致由于电气元件产生绝缘破坏，使控制系统零部件临时或永久失效，或由于物理性、化学性、生物性的影响而造成事故。

（4）提高机械的可靠性。可靠性是指机器或其零部件在规定的使用条件下和规定期限内，执行规定功能而不出现故障的能力。传统机械设计只按产品的性能指标进行设计，而可靠性设计除要保证性能指标外，还要保证产品的可靠性指标，即产品的无故障性、耐久性、维修性、可用性和经济性等，可靠性是体现产品耐用和可靠程度的一种性能，与安全有直接关系。

3.1.2 不得产生超过标准规定的有害物质

（1）有毒有害物质。应采用对人无害的材料和物质（包括机械自身的各种材料、加工原材料、中间或最终产品、添加物、润滑剂、清洗剂，以及与工作介质或环境介质反应

的生成物及废弃物）。对不可避免的毒害物（如粉尘、有毒物、辐射、放射性、腐蚀等），应在设计时考虑采取密闭、排放（或吸收）、隔离、净化等措施。在人员合理暴露的场所，其成分、浓度应低于产品安全卫生标准的规定，不得构成对人体健康的有害作用，也不得对环境造成污染。

（2）预防物理性危害。机械产生的噪声、振动、过热和过低温度等指标，都必须控制在低于产品安全标准中规定的允许指标，防止对人的心理及生理造成危害。

（3）防火防爆。由于地下轮胎式采矿车辆存在可燃气体、液体、蒸气、粉尘或其他易燃易爆物质，因此应在设计时考虑防止跑、冒、滴、漏，根据具体情况配置监测报警、防爆泄压装置及消防安全设施，避免或消除摩擦撞击、电火花和静电积聚等，防止由此造成的火灾或爆炸危险。

3.1.3 可靠有效的安全防护

任何地下轮胎式采矿车辆都有这样那样的危险，当地下轮胎式采矿车辆投入使用时，生产对象（各种物料）、环境条件以及操作人员处于动态结合情况下的危险性就更大。只要存在危险，即使操作者受过良好的技术培训和安全教育，有完善的规程，也不能完全避免发生机械伤害事故的风险。因此，必须建立可靠的物质屏障，即在机械上配置一种或多种专门用于保护人的安全的防护装置、安全装置或采取其他安全措施。当设备或操作的某些环节出现问题时，靠机械自身的各种安全技术措施避免事故的发生，保障人员和设备安全。危险性大或事故率高的地下轮胎式采矿车辆，必须在出厂时配备好安全防护装置。

3.1.4 履行安全人机学的要求

人机界面是指在地下轮胎式采矿车辆上人、机进行信息交流和相互作用的界面。显示装置、控制（操纵）装置、人的作业空间和位置以及作业环境，是人机界面要求集中体现之处，应满足人体测量参数、人体的结构特性和机能特性、生理和心理条件，合乎卫生要求。其目的是保证人能安全、准确、高效、舒适地工作，减少差错，避免危险。

3.1.5 维修的安全性

维修的安全性有如下两点：

（1）地下轮胎式采矿车辆的可维修性。地下轮胎式采矿车辆出现故障后，在规定的条件下，按规定程序或手段实施维修，可以保持或恢复其执行预定功能状态，这就是地下轮胎式采矿车辆的可维修性。设备的故障会造成机器预定功能丧失，给工作带来损失，而危险故障还会引发事故。从这个意义上讲，解决了危险故障，恢复安全功能，就等于消除了安全隐患。

（2）维修作业的安全。在按规定程序实施维修时，应能保证人员的安全。由于维修作业是不同于正常操作的特殊作业，往往采用一些超常规的做法，如移开防护装置，或是使安全装置不起作用。为了避免或减少维修伤害事故，应在控制系统设置维修操作模式；从检查和维修角度，在结构设计上考虑内部零件的可接近性；必要时，应随设备提供专用检查、维修工具或装置；在较笨重的零部件上，还应考虑方便吊装的设计。

3.2　实现地下轮胎式采矿车辆安全的措施

地下轮胎式采矿车辆安全可以概括地分为地下轮胎式采矿车辆的产品安全和地下轮胎式采矿车辆的使用安全两个阶段。地下轮胎式采矿车辆的产品安全阶段主要涉及设计、制造和安装三个环节。地下轮胎式采矿车辆的使用安全阶段是指地下轮胎式采矿车辆在执行其预定功能，以及围绕保证地下轮胎式采矿车辆正常运行而进行的维修、保养等多环节。这个阶段的地下轮胎式采矿车辆安全主要是由使用地下轮胎式采矿车辆的用户来负责。地下轮胎式采矿车辆安全考虑的各个阶段，包括设计、制造、安装、调整、使用（设定、示教、编程或过程转换、运转、清理）、查找故障和维修、拆卸及处理；还应考虑地下轮胎式采矿车辆的各种状态，包括正常作业状态、非正常状态和其他一切可能的状态。任何环节的安全隐患都可能导致使用阶段的安全事故。地下轮胎式采矿车辆安全是由设计阶段的安全措施和由地下轮胎式采矿车辆用户补充的安全措施来实现的。当设计阶段的措施不足以避免或充分限制各种危险和风险时，则由用户采取补充完整措施，最大限度地减小遗留风险。不同阶段的安全措施如图 3-1 所示。

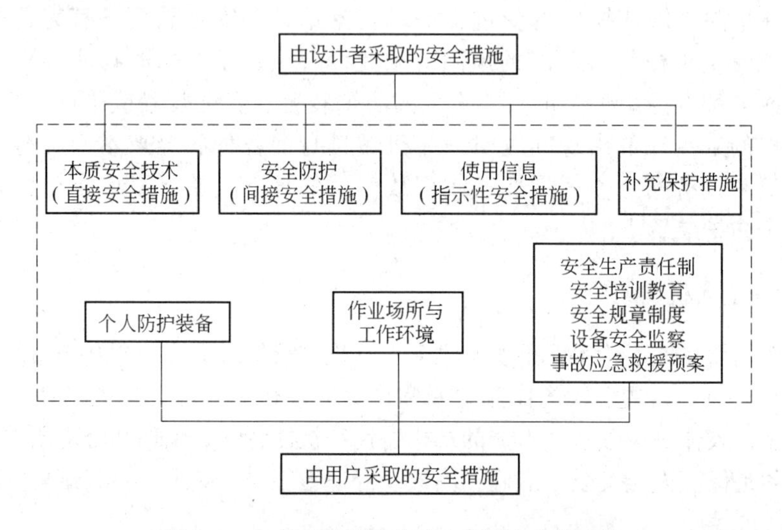

图 3-1　实现地下轮胎式采矿车辆安全的措施

3.2.1　由设计者采取的安全措施

3.2.1.1　安全设计

安全设计又称为本质安全设计，也称为直接安全技术措施。地下轮胎式采矿车辆的安全性是指地下轮胎式采矿车辆在按使用说明书规定的预定使用条件下（有时在使用说明书中给定的期限内）执行其功能和对其进行运输、安装、调试、维修、拆卸和处理时对操作者不产生损伤或不危害其健康的能力，这里要注意的是“在按使用说明书规定的预定使用条件下，有时在使用说明书规定的期限内”，如不是在这种条件下和这种规定期限内去使用或对其进行其他操作，对操作者产生损伤或危害健康，就不是机器本身的安全性问题。

“有时在使用说明书中给定的期限内”是指有些地下轮胎式采矿车辆在使用说明书中

规定有使用期限或检修期限（或 MTBF），在这个期限内地下轮胎式采矿车辆是安全可靠的，超出这个期限，若不进行检修或采取其他安全措施，机器就不再是安全的。

可靠性、可维修性和安全性三者之间的关系是：地下轮胎式采矿车辆的可靠性和可维修性是保证安全性的承受条件；为了保证地下轮胎式采矿车辆安全，地下轮胎式采矿车辆及其零部件的可靠性一定要好，并要具有良好的可维修性。但是可靠性和可维修性好的机器，不一定就是安全的。

地下轮胎式采矿车辆安全设计就是指在地下轮胎式采矿车辆设计过程中，充分考虑地下轮胎式采矿车辆的安全性，消除一切不安全因素的设计。

地下轮胎式采矿车辆安全设计是降低风险过程的第一步，也是最重要的一步。这是因为尽管所采取的保护措施作为地下轮胎式采矿车辆固有部分可能是有效的，然而经验表明即使设计得再好的安全防护也可能失去作用或被违反，甚至使用信息不被遵循。

本质安全设计是指在地下轮胎式采矿车辆的功能设计中采用的、不需要额外的安全防护装置而直接把安全问题解决的措施。本质安全设计是地下轮胎式采矿车辆设计优先考虑的措施。选择最佳设计方案，并严格按照专业标准制造、检验；合理地采用机械化、自动化和计算机技术，最大限度地消除风险或限制风险；履行安全人机学原则来实现地下轮胎式采矿车辆本身安全性能。

当仅通过本质安全设计措施不足以达到减小风险时，为了达到减小风险的目的要采用安全防护和附加措施，见本书 2.2.4 节。

在此过程中，需要通过设计排除可能的危险。从这个角度来说，地下轮胎式采矿车辆安全设计也是（降低风险）最有效的手段。

地下轮胎式采矿车辆安全设计的主要内容包括：

（1）人机工程学设计；

（2）电气安全；

（3）液压与气动系统安全；

（4）柴油机安全；

（5）机器控制系统安全；

（6）自动化和计算机技术；

（7）转向系统安全；

（8）防止意外启动；

（9）报警装置与安全标志；

（10）安全防护装置与补充保护措施；

（11）操作安全；

（12）行驶安全；

（13）维修安全；

（14）吊运与捆扎。

上述内容详见第 4、5 章。

3.2.1.2 安全防护

安全防护也称为间接安全技术措施。直接安全技术措施不能或不完全能实现安全时，必须在生产地下轮胎式采矿车辆总体设计阶段设计出一种或多种专门用来保证人员安全的装置，最大限度地预防、控制事故或危害的发生。要注意，当选用安全防护装置时，警惕可能产生另一种风险；安全防护装置的设计、制造任务不应留给用户去承担。

3.2.1.3　安全信息

安全信息也称为指示性安全技术措施。本质安全技术和安全防护都无效或不完全有效的那些风险，可通过使用文字、标记、信号、符号或图表等信息，向人们作出说明，提出警告，并将遗留风险通知用户。

3.2.1.4　补充预防措施

在任何情况下，所有部件的选择、使用和改造都必须保证：在出现机器故障时，人的安全是首要的。同时应该注意防止损坏地下轮胎式采矿车辆或破坏环境。必须对地下轮胎式采矿车辆的各种元件进行规范，以使它们在相应的限制范围内执行各自的职能。设计应尽可能地简单化，同时与安全相关的功能也应尽可能地与其他功能隔离开。

(1) 着眼紧急状态的预防措施，如急停装置、陷入危险时的躲避和援救保护措施。

(2) 附加预防措施，着眼于紧急状态的预防措施和附加措施。如急停措施，机器的可维修性、断开动力源和能量泄放措施；机器及其重型零部件容易而安全的搬运措施、安全进入机器的措施、机器及其零部件稳定性措施等。

3.2.2　由用户采取的安全措施

如果设计者根据上述方法采取的安全措施不能完全满足基本安全要求，这就必须由使用地下轮胎式采矿车辆的用户采取安全技术和管理措施加以弥补。用户的责任是考虑采取最大限度减小遗留风险的安全技术措施。

3.2.2.1　个人劳动防护用品

个人劳动防护用品是保护劳动者在机器的使用过程中的人身安全与健康所必备的一种防御性装备，在意外事故发生时对避免伤害或减轻伤害程度能起到一定的作用。按防护部位不同，劳动防护用品主要有8种：安全帽、呼吸护具、眼防护具、听力护具、防护鞋、防护手套、防护服、安全带。

(1) 安全帽。安全帽的功能是提供对头部冲击的防护。头部保护器对冲撞的防护能力是有相当局限性的，它主要是在有限的空间中提供对撞击的保护，但代替不了安全头盔。安全头盔的使用寿命3年左右，当过长时间暴露在紫外线中或者受到反复冲击时，其寿命会缩短。

(2) 呼吸护具。呼吸护具一般分为两大类：一类是过滤呼吸保护器，它通过将空气吸入过滤装置，去除污染而使空气净化；另一类是供气式呼吸保护器，它是从一个未经过污染的外部气源，向佩戴者提供洁净空气的。绝大多数设备尚不能提供完全的保护，总有少量的污染物仍会不可避免地进入到人的呼吸系统。

(3) 眼防护具。眼睛保护用品一般可以分为三类：

1) 安全眼镜。安全眼镜用于预防低能量的飞溅物，如金属碎渣等，但不能抵御灰尘，也不能抵御高能量的冲击；要易于更换。

2) 安全护目镜。安全护目镜用于预防高能量的飞溅物和灰尘，在经过进一步处理后，也能抵御化学品及金属液滴。其缺点是内侧容易起雾，镜片易损，戴后视野受局限，不能保护整个面部，价格也较贵。在抵抗非离子辐射时，要另外加上滤光片。

3）面罩。面罩提供对整个面部的高能量飞溅物的保护，同时加上各种滤光片后，可以防止多种类型的辐射。视野可能会受到限制。虽然有一些头盔的风挡可以容易地被置换，而且也不贵，但总价格还是不低。另外，面罩也可能会重了一些，但相对眼镜来讲，内侧不容易起雾。

（4）听力护具。听力护具主要有两大类：一类是置放于耳道内的耳塞，用于阻止声能进入；另一类是置于外耳的耳罩，限制声能通过外耳进入耳鼓及中耳和内耳。需要注意的是，这两种保护器具只能阻止一小部分的声能，而不能全部阻止声能通过头部传导到听觉器官。

（5）防护鞋。普通的防砸鞋就是防止当材料下落时对脚的砸伤，特别是保护脚趾。有的鞋是用来防止脚底下的锐利物品穿透鞋底而起保护脚掌作用的。鞋应防水、防滑，并穿着舒适，鞋的头部用钢内衬来保护脚趾。同时鞋的尺寸也要合适，鞋的绝缘性、防静电性有时也很重要。

（6）防护手套。要认真地选择，要考虑到舒适、灵活的要求和防高温的需要及可能用其抓起的物件的各种条件的需要等。同时，要考虑其价格和使用者可能遇到的危害等因素，如有没有因手套被卷到机器中去的危险等。

（7）防护服。为了保护人体的健康，当人体暴露在一些有危害的环境内时，如热、冷、辐射、冲击、摩擦、湿、化学品及车辆冲击等，则应提供身体的防护。

（8）安全带。安全带的第一个作用是避免车祸中的人们被抛出受伤，第二个作用是增加缓冲力，第三个作用是将力分散到更大的体表上，第四个作用是降低撞击力。

3.2.2.2 作业场地与工作环境的安全性

作业场地是指利用地下轮胎式采矿车辆进行作业活动的地点、周围区域及通道。作业场地与工作环境的安全要求如下：

（1）机器布局应方便操作，车辆之间、车辆与巷道壁和顶板之间应保持安全距离；通道宽敞无阻，充分考虑人和物的合理流向，满足物料输送的需要并有利于安全。

（2）作业场地不得过于狭小，车辆转弯半径要适应巷道安全要求。

（3）地面平整，无凹坑，无油垢水污，废屑应及时清理；有障碍物或悬挂突出物，以及机械可移动的范围内应设防护或加醒目标志。

（4）保证足够的作业照明度，满足通风、温度、湿度要求，严格控制尘、毒、噪声、振动、辐射等有害物，使其不得超过规定的卫生标准。

3.2.2.3 安全管理措施

当通过各种技术措施仍然不能解决存在的遗留风险时，就需要采用安全管理措施来控制生产中对人员造成的危害。它包括对人员的安全教育和培训；建立安全规章制度；对设备（特别是重大、危险设备）的安全监察；合理调度，保护作业人员健康等。

由用户采取的安全措施对减小设计的遗留风险是很重要的，但是这些措施与技术措施相比，可靠性相对较低，它们都不能用来代替在设计阶段可用来消除危险、减小风险的措施。

4 地下轮胎式采矿车辆人机工程学设计

地下无轨采矿车辆是地下采矿的重要设备。地下无轨采矿车辆包括地下轮胎式采矿车辆和地下履带式采矿车辆，但用得最多的是地下轮胎式采矿车辆。随着世界采矿业的发展，地下轮胎式采矿车辆也进入了黄金期。由于地下采矿作业环境十分恶劣，人们对地下轮胎式采矿车辆的安全、环保、舒适和效率提出了越来越严格的要求。为了满足这些要求，在20世纪80年代初提出了采矿人机工程学，80年代末又建立了地下无轨采矿车辆人机工程学。目前，地下无轨采矿车辆人机工程学在地下采矿车辆设计中获得了广泛应用，并且由此产生了许多人机工程学标准。

4.1 地下轮胎式采矿车辆人机工程学

从广义来说，人机工程学是研究人在某种工作环境中的解剖学、生理学和心理学等方面的各种因素，研究人和机器的相互作用以及在工作中、家庭生活中和休假时怎样统一考虑工作效率、人的安全和舒适等问题的一门新兴的边缘科学。正因为如此，人机工程学已渗透到生产、生活、工作等各个方面，而且细分为各种人机工程学，例如，应用于安全方面称为安全人机工程学（safety ergonomics），应用于环境科学就称为环境人机工程学（environmental ergonomics），应用于车辆就称为车辆人机工程学（vehicle ergonomics），应用于采矿就称为采矿人机工程学（mining ergonomics），应用于地下无轨车辆就称为地下无轨车辆人机工程学（ergonomics of underground trackless mining vehicle），很自然应用于地下轮胎式采矿车辆就称为地下轮胎式采矿车辆人机工程学。

这些细分的人机工程学都是从普通的人机工程学分离出来，经过再加工而形成的。因而这些人机工程学与普通的人机工程学原理相同，但在具体应用上却有许多微妙差别，而且符合这些专门人机工程学的产品，能更好地适应特殊条件、特殊目的。地下轮胎式采矿车辆也不例外。

从以上分析可知，地下轮胎式采矿车辆人机工程学是以人（司机）——车（地下轮胎式采矿车辆）——环境系统（地下巷道）为对象，以改善司机的劳动条件和舒适、高效、安全为目标的一门科学。

地下轮胎式采矿车辆人机工程学研究的主要内容有：人体测量与生物力学，地下轮胎式采矿车辆外形设计，司机视线，司机作业空间，司机的保护，方便的入口与出口，操纵系统，显示器，图形符号、标志，司机座椅，车辆照明，作业环境，报警系统，可维修性，培训。

4.2 人体测量与生物力学

4.2.1 人体测量

人体测量（anthropometric）是人机工程学的重要组成部分。为了使各种与人体尺寸有关的设计符合人的生理特点，使人在使用设备时处于舒适的状态和适宜的环境之中，就必须在设计中充分考虑人体尺寸，因此要求设计者掌握人体测量的基本知识。一个很重要的概念就是人体尺寸百分位数，所谓百分位数实质上是一种位置指标、一个界值，以符号 P_K 表示。一个百分位数是将群体或样本的全部观察数据分成两部分，有 $K\%$ 的观察值等于或小于它，有 $(100-K)\%$ 的观察值大于它，人体尺寸用百分位数表示时称人体尺寸百分位数。

例如：$P_K=P_5$ 时，对于我国人来说，坐姿眼高是 749mm，这就是说明有 5% 的人群坐姿眼高小于或等于 749mm，95% 的人群坐姿眼高大于 749mm。又比如 $P_K=P_{95}$ 时，坐姿眼高是 847mm，这就是说明有 95% 的人群坐姿眼高小于或等于 847mm，只有 5% 的人群坐姿眼高大于 847mm，这方面的资料可参考 GB 10000—88。

人体测量是通过测量人体各部位尺寸来确定个体与个体之间、个体与群体之间以及群体与群体之间在人体尺寸上的差异，用以研究人的形态特征和肢体活动范围特性，从而为地下轮胎式采矿车辆设计提供人体尺寸的测量数据。这些数据、参数对地下轮胎式采矿车辆安全设计具有重要意义。

进行与人体尺度有关的设计需要应用人体测量数据。

人体尺寸测量分为静态人体尺寸测量和动态人体尺寸测量两类（图 4-1）。

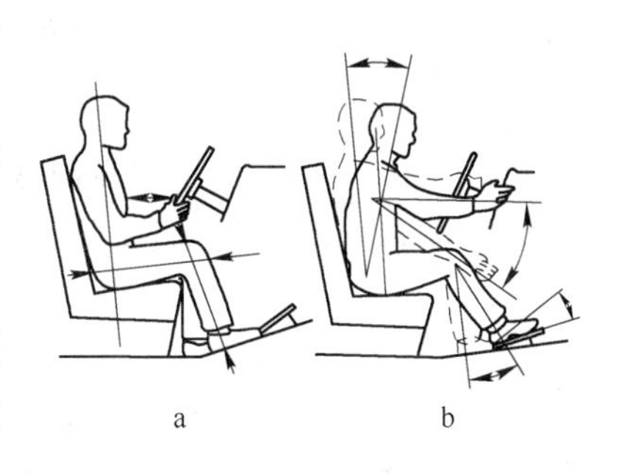

图 4-1 人体尺寸测量类型
a—静态；b—动态

静态人体尺寸测量是指被测者处于静止状态时，对俯卧姿、爬姿、坐地姿、坐姿、立姿等姿势进行测量的方式。静态测量的人体尺寸称为静态尺寸，它主要用于设计工作区间的大小。

动态人体尺寸测量是指被测者处于动作状态下的人体尺寸测量，动态测量的人体尺寸称为动态尺寸。如人在某种操作活动中测量动作范围尺寸。动态人体尺寸测量的重点是测量人在执行动作时的身体特征。动态人体尺寸测量的特点是，在任何一种身体活动中，身体各部位的动作并不是独立完成的，而是协调一致的，具有连贯性和活动性。如手臂可及的极限并非只由一个手臂长度决定，它还受到肩部运动、躯干的扭转、背部的屈曲以及操作本身特性的影响。由于动态人体测量受多种因素的影响。故难以用静态人体测量数据来解决设计中的有关问题。动态人体测量通常是对手、上肢、下肢、脚所及的范围以及各关节能达到的距离和能转动的角度进行测量。它主要用于设计工作空间的大小。

4.2.1.1 静态尺寸

对人体进行数以百次的测量，表 4-1 ~ 表 4-6 列出的 21 项人体测量对绝大多数地下工作位置布置来说是需要的，这些数据适用于 95% 的男性，这些项目的人体只穿着轻薄衣服，不戴安全帽、电池组、自救车辆或皮带悬挂的手动工具，因此，这些测量值代表每个类别尺寸的最小尺寸。地下工作环境一般使用的人员保护、车辆所要求附加的空间见表 4-7。

表 4-1 俯卧姿人体尺寸 (mm)

A	美 国	俯卧姿体高	465
	中 国		383
B	美 国	俯卧姿体长	2741
	中 国		2257

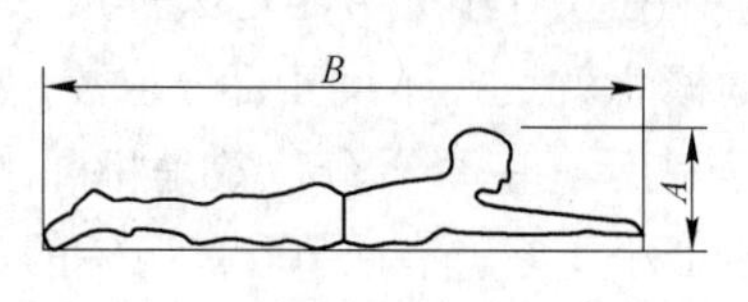

表 4-2 爬姿人体尺寸 (mm)

C	美 国	爬姿体长	1400
	中 国		1384
D	美 国	爬姿体高	1001
	中 国		836

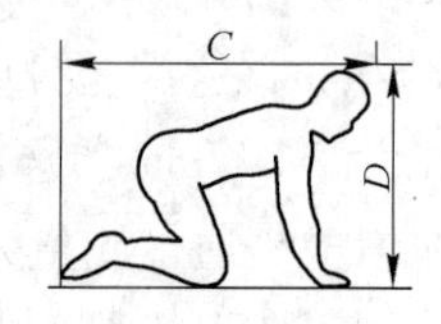

表 4-3 坐地姿人体尺寸 (mm)

E	美 国	坐地姿体高	973
	中 国		960
F	美 国	坐地姿体长	899
	中 国		

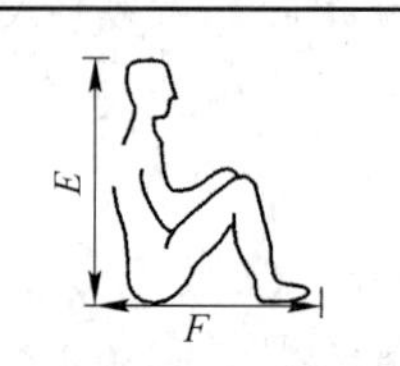

表 4-4 人体水平尺寸 (mm)

国 别		美 国			中 国		
人体百分位数		5%	50%	95%	5%	50%	95%
G	坐姿两肘间宽	419	462	503	371	422	489
H	坐姿臀部宽	320	361	399	295	321	355

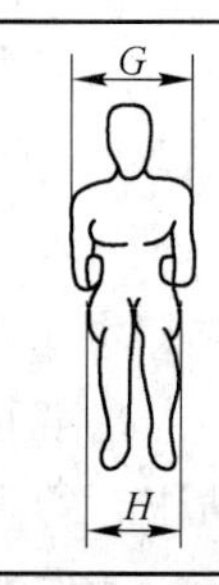

表 4-5 坐姿人体尺寸 (mm)

国 别		美 国			中 国		
人体百分位数		5%	50%	95%	5%	50%	95%
I	坐姿肘高	196	239	284	228	263	298
J	坐姿肩高	549	605	648	557	598	641
K	坐姿眼高	744	805	965	749	798	847
L	坐高	856	914	973	858	908	958
M	坐姿大腿厚	127	152	178	112	130	151
N	臀膝盖距	549	597	645	515	554	595
O	坐姿膝盖高	500	546	592	456	493	532
P	凳子高	371	414	460	383	413	448

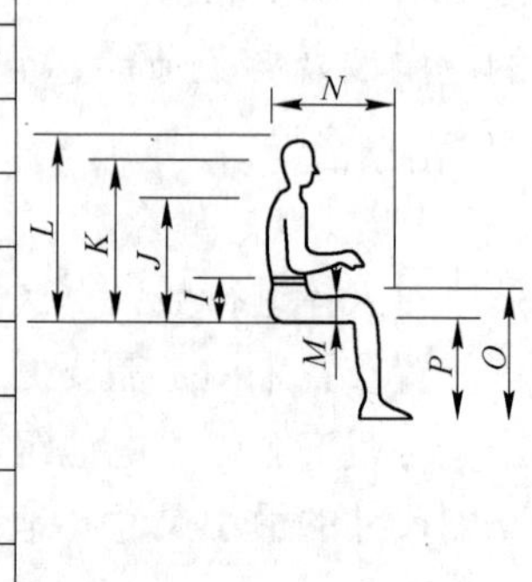

表 4-6 立姿人体尺寸 (mm)

国别		美国			中国		
人体百分位数		5%	50%	95%	5%	50%	95%
Q	身高	1641	1750	1862	1583	1678	1775
R	肩高	1323	1427	1529	1281	1367	1455
S	眼高	1527	1638	1750	1474	1568	1664
T	肘高	1006	1080	1171	954	1024	1096
U	指尖高	602	660	719			

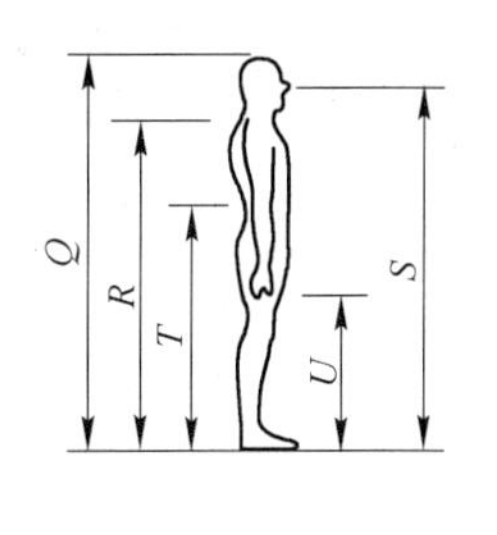

表 4-7 地下工作环境一般使用的人员保护、车辆所要求附加的空间

项目	增加到	高/mm	宽/mm	长/mm
矿工安全帽	头	51	51	51
矿工皮鞋	脚	25 ~ 51	25	25
矿工雨靴	脚	6	6	6
薄手套	手	—	—	6
厚手套	手	6	13	13
电池组	臀部宽	—	51	—
矿用自救过滤式呼吸器	臀部宽	—	89	—
安全灯	臀部宽	—	51	—
自带的自我救援器材	臀部宽	—	76 ~ 127	—

4.2.1.2 动态尺寸

人在操纵车辆或从事某种操作时并不都是静止不动的，大部分时间处于活动状态，需要有足够的活动空间。因此在设计中还要掌握人以不同姿势工作时，手、脚活动范围等动态尺寸参数。人体动态尺寸可分为两类：一类是肢体活动所能达到的空间距离范围；另一类是肢体活动的角度范围。活动空间应尽可能适应绝大多数人的使用，设计时以高百分位数人体尺寸为依据。操作中常取站（如操作人员站在地面上对车辆进行维护保养）、坐（如司机坐在司机椅上操作）、跪（如车辆安装操作中的单腿跪）、仰卧（如车辆底部检修操作）等姿势。

根据 GB 10000—88 标准中的人体测量基础数据，分析了几种主要作业姿势活动空间设计的人体尺度，可供设计参考。

由于活动空间应尽可能适应于绝大多数人的使用，设计时应以高百分位人体尺寸为依据。所以，在以下的分析中均以我国成年男子第 95 百分位身高（1775mm）为基准。

A 立姿的活动空间

立姿时人的活动空间不仅取决于身体的尺寸，而且也取决于保持身体平衡的要求。在脚的站立位置不变的情况下，为保持平衡必须限制上身和手臂能达到的活动空间。在此条件下，立姿活动空间的人体尺度如图 4-2 所示。图 4-2a 所示为正视图，零点位于正中矢状面上（从前向后通过身体中线的垂直平面）。图 4-2b 所示为侧视图，零点位于人体背点的切线上，在贴墙站直时，背点与墙相接触。以垂直切线与站立平面的交点作为零点。

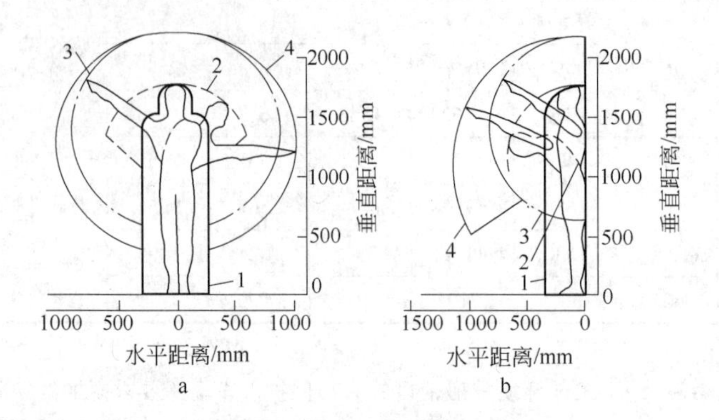

图 4-2　立姿的活动空间

1—稍息站立时的身体轮廓，为保持身体姿势所必需的平衡活动已考虑在内；
2—头部不动，上身自髋关节起前弯、侧转时的活动空间；
3—上身不动时手臂的活动空间；
4—上身起动时手臂的活动空间

B　坐姿的活动空间

坐姿的活动空间根据立姿活动空间的条件，坐姿活动空间的人体尺度如图 4-3 所示。图 4-3a 所示为正视图，零点在正中矢状面上。图 4-3b 所示为侧视图，零点在经过臀点的垂直线上，并以该垂线与脚底平面的交点作为零点。

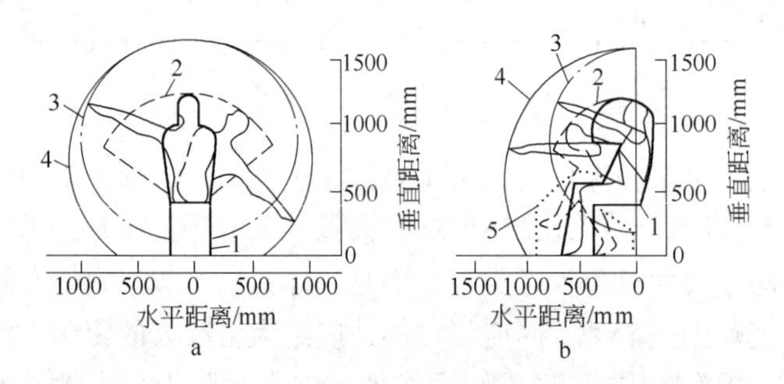

图 4-3　坐姿的活动空间

1—上身挺直及头向前倾的身体轮廓，为保持身体姿势而必需的平衡活动已考虑在内；
2—自髋关节起上身向前、向侧弯曲的活动空间；
3—上身不动，自肩关节起手臂向上和向两侧的活动空间；
4—上身从髋关节起向前、向两侧活动时手臂自肩关节起向前和两侧的活动空间；
5—自髋关节、膝关节起腿的伸、曲活动空间

C　单腿跪姿的活动空间

根据立姿活动空间的条件，单腿跪姿活动空间的人体尺度如图 4-4 所示。图 4-4a 所示为正视图，其零点在正中矢状面上。图 4-4b 所示为侧视图，其零点位于人体背点的切线上，以垂直切线与跪平面的交点作为零点。

取跪姿时，承重膝常更换，由一膝换到另一膝时，为确保上身平衡，要求活动空间比基本位置大。

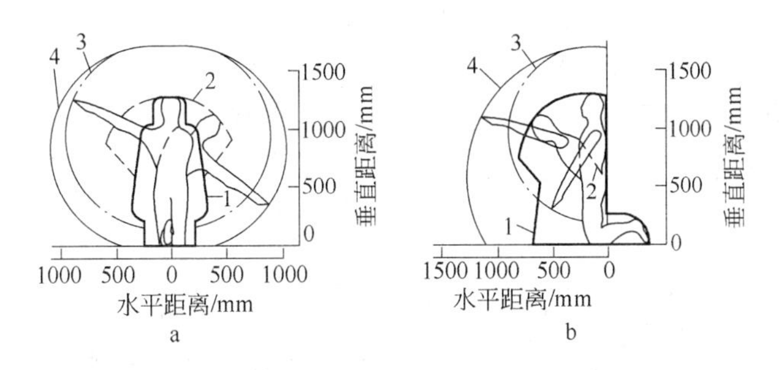

图 4-4 单腿跪姿的活动空间

1—上身挺直，头前倾的身体轮廓，为稳定身体姿势所必需的平衡动作已考虑在内；

2—上身从髋关节起侧弯的活动空间；

3—上身不动，自肩关节起手臂向前、向两侧的活动空间；

4—上身自髋关节起向前或两侧活动时，手臂自肩关节起向前或向两侧的活动空间

D 仰卧的活动空间

仰卧活动空间的人体尺度如图 4-5 所示。图 4-5a 所示为正视图，零点位于正中中垂平面上。图 4-5b 所示为侧视图，零点位于头顶的垂直切线上，垂直切线与仰卧平面的交点作为零点。

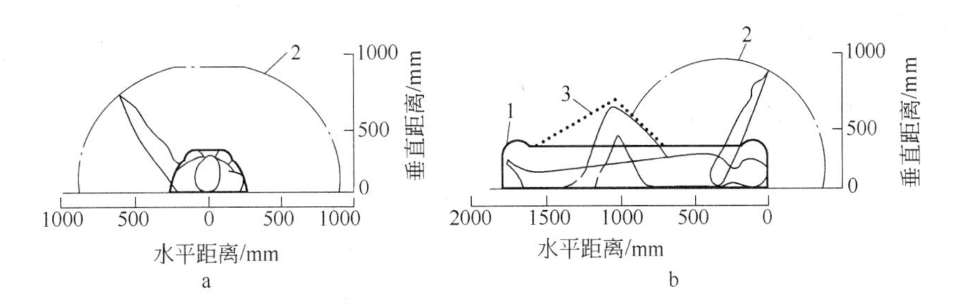

图 4-5 仰卧的活动空间

1—背朝下仰卧时的身体轮廓；2—自肩关节起手臂伸直的活动空间；3—腿自膝关节弯起的活动空间

4.2.1.3 人体测量数据的应用

在涉及人体尺寸的产品设计中，设定产品功能尺寸的主要依据是人体尺寸百分位数，而人体尺寸百分位数的选择又与所设计的产品类型有关，在 GB/T 12985—91《在产品设计中应用人体尺寸百分位数的通则》标准中对产品设计进行了分类。

（1）Ⅰ型产品设计，又称产品尺寸范围可调性设计。对于与健康安全关系密切或减轻作业疲劳的设计应按可调性准则设计。它需要两个人体尺寸百分位数作为尺寸的上限和下限的依据。一般按 P_5 和 P_{95} 对象群体设计，即适宜人体尺寸调节范围从第 5 百分位数到第 95 百分位数，例如座椅面高度、靠背倾角、前后距离尺寸等。

（2）Ⅱ型产品设计。Ⅱ型产品设计分ⅡA 型产品和ⅡB 型产品尺寸设计。

1）ⅡA 型产品设计，又称大尺寸或极大值设计，只需要一个人体尺寸百分位数作为设计上限的依据，例如人体身高常用于通道和门的最小高度设计为尽可能多的人（如第 95 百分位数的人体尺寸）通过不发生撞头事件，通道和门的最小高度按 P_{95} 对象群体设计。

2）ⅡB 型产品设计，又称小尺寸或极小值设计，只需要一个人体尺寸百分位数作设计下限的依据，例如操作力按最小值设计。

(3) Ⅲ型产品设计，又称平均值设计，只需按第 50 百分位数（P_{50}）作为产品尺寸设计的依据，主要用于工作台、门的拉手的设计。

4.2.2 生物力学

生物力学（bimechanics）是应用力学原理和方法对生物体中力学问题进行定量研究的生物物理学分支。它研究的重点是与生理学、医学有关的力学问题。人机工程生物力学（erogonomics bimechanics）是研究人与劳动工具之间的力学作用关系的科学，是人体工程学和生物力学相互交叉形成的学科。人机工程生物力学主要研究的内容是：针对地下采矿的环境与条件，研究如何预防人体慢性损伤，避免劳动职业病以及如何提高劳动生产率，减轻劳动疲劳，以达到人们在生产劳动中安全、高效、舒适的目的。

地下无轨采矿车辆操作人员作业时提升重物、操纵机器是最常有的事。因此，在设计人机系统时，为了使司机发挥最大主观能动性，而又不感到疲劳，既耗费能量最少，又感到轻松愉快，就必须很好地考虑司机提升力、操纵力的大小和生理特点是否能够付出所需要的提升力和操纵力。

4.2.2.1 人工搬运负载因素及风险评价

在地下采矿中，搬运和提升物体是经常的事，物体重量一直是影响物体搬运和提升的大问题，因此，在搬运和提升物体时应考虑人的生理特点。影响物体搬运和提升的因素很多，如负载离身体距离（图 4-6）、提升频率、提升时间、提升速度、采用的姿势等。为了防止人员在搬运物体过程中受伤，应对搬运对象进行等级认定和风险评估，见表 4-8。

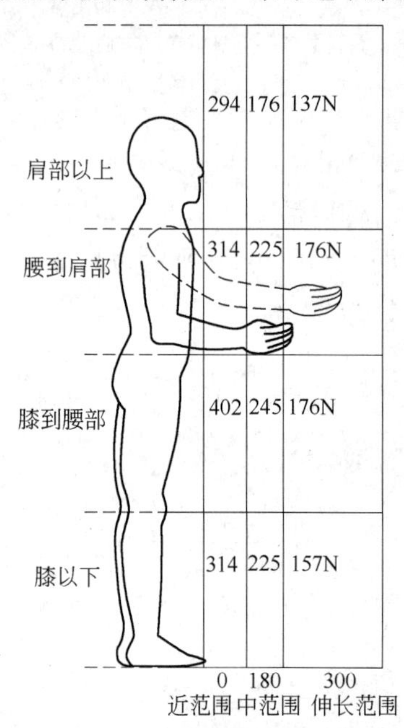

图 4-6 立姿提升作用力高度范围
（图中数字单位为 mm）

表 4-8 搬运风险等级

因素	等级		
	低风险	中风险	高风险
提升、推、拉或旋转物体的重量	两手小于 8kg，单手小于 4kg	两手 8 ~ 23kg，单手 4 ~11.5kg	两手大于 23kg，单手大于 11.5kg
提升开始或结束时载荷位置	臀部和肩部之间	膝盖和臀部高度之间	膝盖以下 肩部以上
运送载荷距离/m	<3	3 ~ 9	>9
载荷（任何重量）特征	载荷就尺寸、形状和重量分布来说，易于运送并且具有合适的手柄	就尺寸、形状、重量分布和手柄来说，载荷是易于操纵的	载荷因其尺寸、形状或者重量分布而难以运送的，并且没有手柄
推、拉或旋转载荷距离/m	<2	2 ~ 60	>60

续表 4-8

因 素	等 级		
	低风险	中风险	高风险
坐下或蹲下提升或放低/kg	<1	1～5	>5
来自物体的接触应力	工人报告极少或者没有压力施加在皮肤上	工人报告一些压力施加在皮肤上	遗留在皮肤上的痕迹或者凹陷处，或者皮肤上的高压
用手或者身体部分敲击受撞击力影响的物体或工具或者物件	手或者身体部分撞击软材料或者圆形物体	手或者身体部分偶尔撞击硬物或者遭受撞击	手或者身体部分频繁撞击硬物或者遭受撞击
每日作业恢复周期	每日作业是始终如一的，且有规律的中止	每日作业很少中止	每日作业没有规律地中止
作业恢复周期	工人在任务期间能够有规律地中止，任务持续时间少于1h	工人在任务期间不能中止，任务持续时间多于1h，少于4h	工人在任务期间不能中止，任务持续时间多于4h
任务变化性	执行任务的变化性允许使用不同身体部件/肌肉组织	任务在短期内重复执行，在整个工作日稍微有点不同	工作是单调的 长期重复使用同样的身体部位/肌肉组织
工作率	跟上没有困难	缓慢或稳定的动作	迅速稳定地动作或保持有困难
工作期间工人的控制	工人完全控制了工作（对截止时间的灵活控制）	工作定速进行，工人对每日截止时间灵活控制	工作是由机器定速进行，工人不能任意修改定速（对每日截止时间只能稍微控制）
精神压力	工人执行此任务很少感觉有精神压力	工人有时发现执行此任务由精神压力（特殊情况）	工人经常感觉执行此任务有精神压力

一个人双手提升物体的最大质量不得超过表 4-9 中数值。如果一个人搬运物体不超过 10m 远，那么该物体质量不应超过 156N。

表 4-9 一个人双手提升物体的最大质量 (N)

提升高度	人体与提手之间距离			
	150mm	300mm	460mm	610mm
0.9m	198	130	99	65
1.5m	165	40	82	55

4.2.2.2 坐姿脚蹬力

坐姿时下肢不同位置上的蹬力大小如图 4-7 所示。图 4-7 中外围曲线就是足蹬力的界线，箭头表示力的方向。脚蹬力在地下无轨采矿车辆中，最常见的是制动踏板和加速踏板。从图 4－7a 中可以看出脚蹬力大小与下肢的位置、姿势和方向有关，下肢向外偏转约 10°时的蹬力最大（图 4-7b）。

4.2.2.3 坐姿操作力

在坐姿下手臂、手指在不同角度和方向上的推力和拉力如图 4-8 所示。操作力在地下无轨采矿车辆中常见的是操纵机器转向、动臂提升与下降、铲斗收斗与放斗、变速箱换挡和换向等。

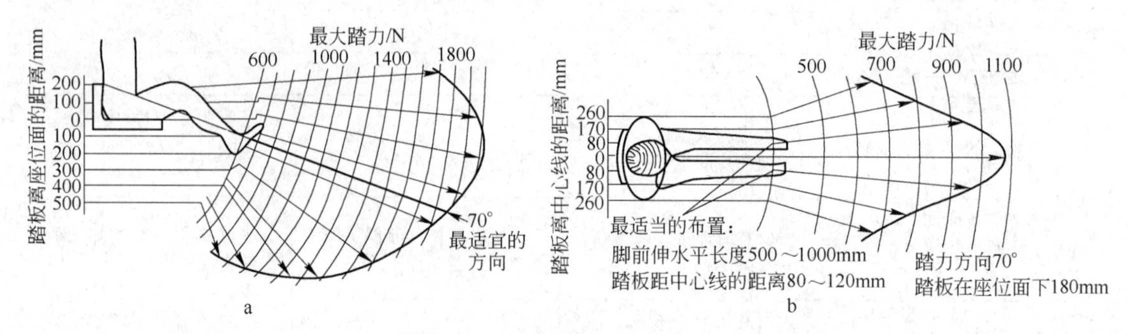

图 4-7　不同体位下的蹬力

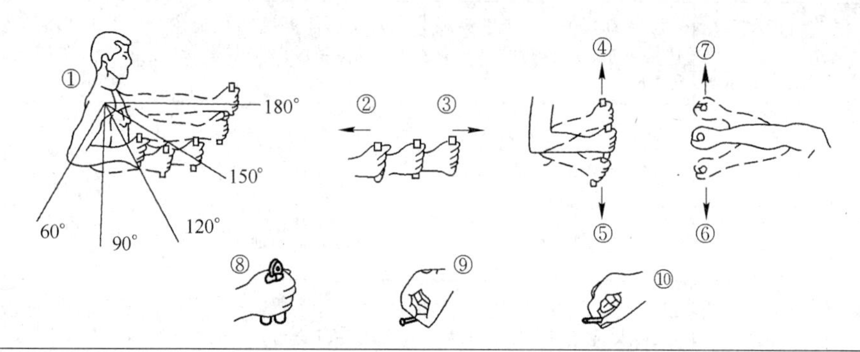

坐着的男司机手臂力量

①	②		③		④	
肘弯曲角度/(°)	拉/N		推/N		向上/N	
	R	L	R	L	R	L
180	231	222	222	187	62	40
150	249	187	187	133	80	67
120	187	151	160	116	107	76
90	165	142	160	98	89	76
60	107	116	151	98	89	67
①	⑤		⑥		⑦	
肘弯曲角度/(°)	向下/N		向内/N		向外/N	
	R	L	R	L	R	L
180	76	58	89	58	62	36
150	89	80	89	67	67	36
120	116	93	98	89	67	45
90	116	93	80	71	71	45
60	89	80	89	76	76	53

手和拇指力量

抓握时间	⑧		⑨	⑩
	手抓握/N		大拇指抓握（手掌）/N	大拇指抓握（指尖）/N
	R	L		
瞬间保持	260	250	60	60
持续保持	155	145	35	35

注：L—左；R—右。

图 4-8　手臂、手和大拇指力量

（表中数据摘自 DOD－HDBK－791）

值得注意的是提升力、操作力还与提升、操作持续时间有关。随着持续时间延长，人的出力是下降的。

4.3　地下轮胎式采矿车辆外形设计

由于地下轮胎式采矿车辆在巷道里工作，受巷道宽度的限制，因此其外形设计就比较矮与窄。由于巷道的形状不是矩形，而是如图 4-9 所示，路面也高低不平（图 4-10），再加上人的视线的锥度特性，带弧形的物体看起来总要比同尺寸的方形物体小些（图 4-11），因此地下无轨采矿车辆机身两侧轮廓不是做成直线，而是做成向对称面收缩的形状，如图 4-12 所示。

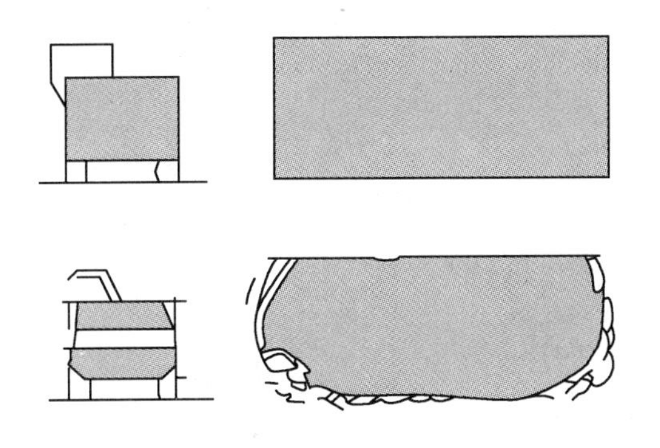

图 4-9　巷道断面与无轨采矿车辆外形

图 4-10　巷道路面

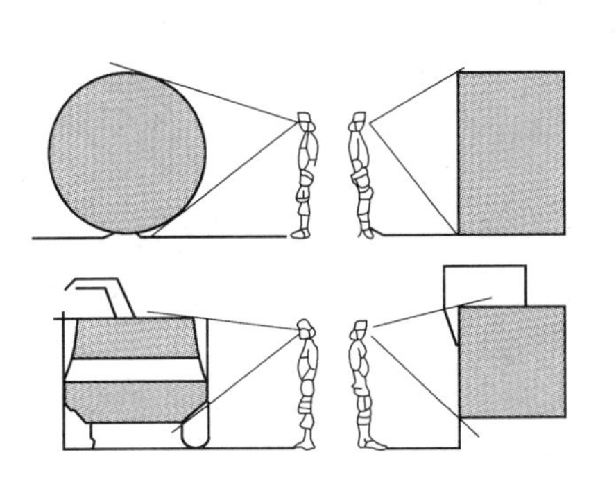

图 4-11　人的视线锥度特性

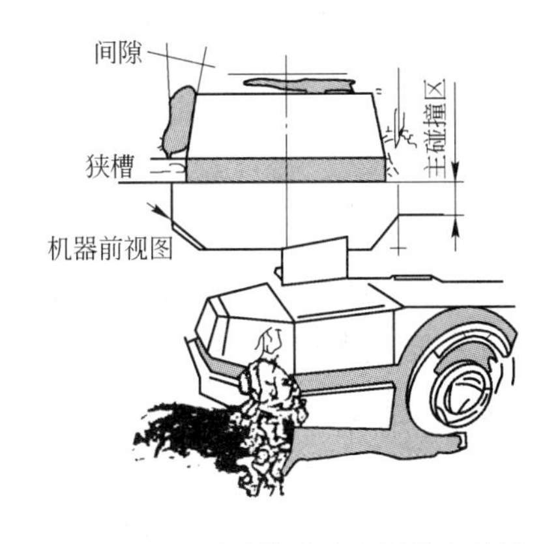

图 4-12　地下无轨采矿车辆横向外形

为了给人们外形矮的感觉，地下无轨采矿车辆的纵向、发动机的防护罩、防护侧板、前护板做成如图 4-13、图 4-14 的形状。

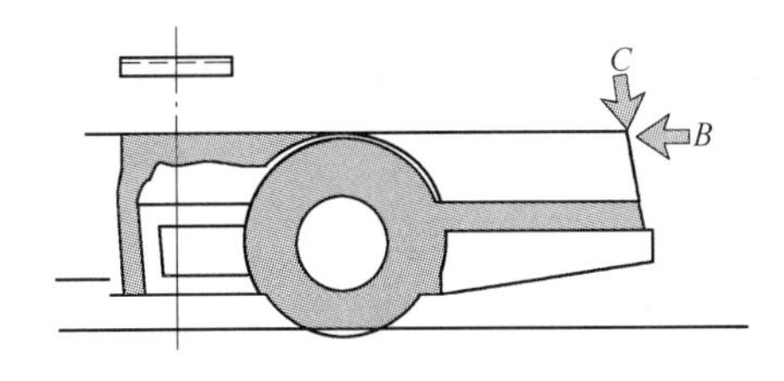

图 4-13　地下无轨采矿车辆纵向外形（1）

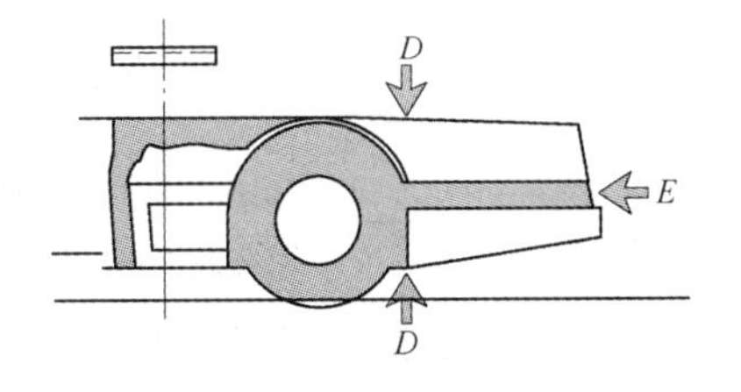

图 4-14　地下无轨采矿车辆纵向外形（2）

发动机防护罩盖板也做成倾斜的，以减少对司机视线的干扰（图 4-15），在某些情况下，斜的盖板可作为视觉基准面，以帮助司机调节车辆与巷壁之间的距离。

发动机面板的斜角连接能提高车辆机动灵活性，同时也能减少碰撞井壁以及损坏地下无轨采矿车辆的可能性（图 4-16）。

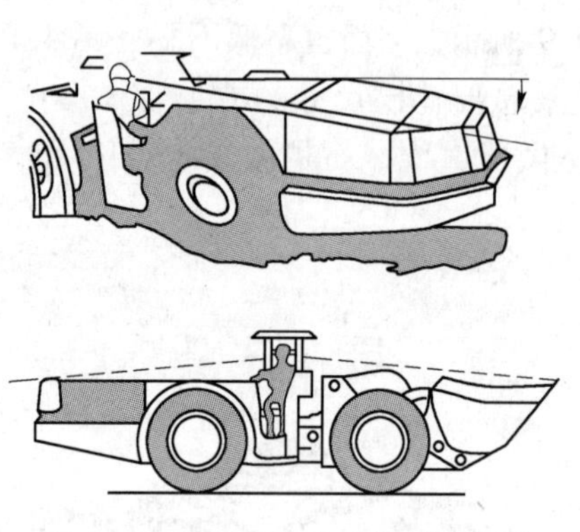

图 4-15　地下无轨采矿车辆视线图

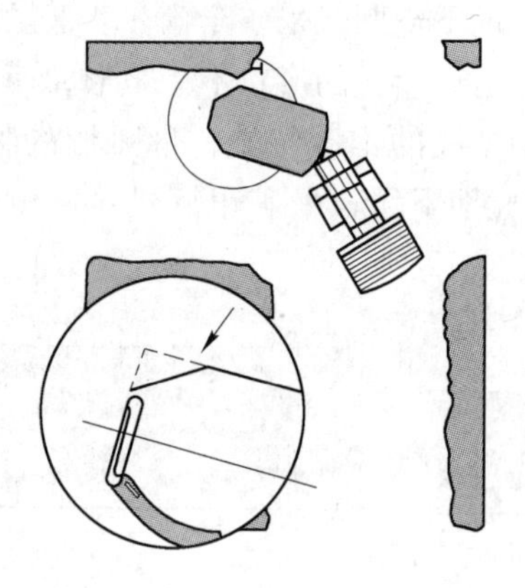

图 4-16　地下无轨采矿车辆面板斜角

地下无轨采矿车辆的外形，特别是平面与平面的连接处，采用“大圆角”过渡，使整机造型更符合人机工程学原理，给人柔和、强固、安全舒适的感觉（图 4-17）。

机身颜色大都是金黄色，轮辋是红色。黄色是明度最高色彩，且穿雾能力强，因此很适合井下灰尘多、视野差的环境，黑色给人坚硬的感觉，红色象征危险，提示人们注意。

实践证明，根据地下无轨采矿车辆使用的环境与条件，设计的外形比直平面外形与巷壁碰撞的次数少得多。

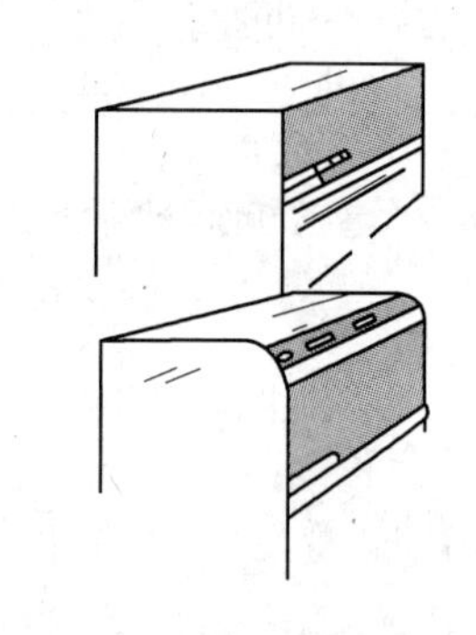

图 4-17　地下无轨采矿车辆平面与平面连接处大圆角过渡

4.4　司机的视线

地下无轨采矿车辆作业环境十分恶劣，弯多，坡多，路面条件差，再加上在一个封闭的环境作业，没有自然光，灯光强度不足，犹如在黑暗中作业。因此，地下无轨采矿车辆在矿井作业，其外形尺寸受到巷道尺寸的限制，具有矮、长和窄的特点，致使司机座位极低，司机的视线受到极大限制，这也是地下无轨采矿车辆事故多发的原因之一。一般情况下，司机视线不足会发生表 4-10 所列伤害事故和事件。

表 4-10　因视线不足造成的危险事故和事件

种　类	危险事故和事件
一般危险	矿工或维修人员因车辆意外的移动而受伤
	车辆在道路上和在交叉路口撞到人
	路边行人/司机被车辆轮胎抛出物体击伤
	司机被司机室内凸出物碰伤

续表 4-10

种 类	危 险 事 故 和 事 件
一般危险	司机伸出司机室外受到外来物体撞击或挤压，或撞到司机室立柱
	司机头碰到司机室顶棚
	看不到车辆附近路况，来不及避开地面大坑或散落在地面上矿岩，因车辆冲击而受到伤害
	看不清矿井顶板悬挂物，来不及避开悬挂物而发生碰撞
运人车辆危险	司机看不到人从运人车辆下车或上车
	司机看不到乘车人在车辆启动前是否安全地坐在座椅上
	乘车人被道路旁或其他物体撞伤
	乘车人被进入到车厢物体砸伤，滑倒
	当司机室与车厢是分开布置时，司机、乘员缺乏沟通手段
运料车辆危险	因装载物影响，司机视线模糊不清，车辆撞伤行人
	当在不平的地板上卸载时，装载物倾出
	车辆碰撞，物料倾翻
	车辆上物料抛出车外，砸伤靠近车辆的行人
	车辆后退时，因能见度差，撞到行人或其他车辆与障碍物

根据某公司10年事故的分析，全部事故的4%以及死亡事故的50%是因司机的视线不足而产生的。加拿大Tyson汇总了安大略矿山从1986～1996年地下装载机工伤和意外事故统计。在此期间，共1559个事故，其中包括7人死亡。有一半死亡的人和67件意外事故可能直接与司机视线差有关。与视线差有关的普通意外事故是一台地下采矿车辆司机看不到另一台地下采矿车辆而发生碰撞。通常当他驾驶的车辆在巷道行驶时撞击地面看不到的物体时，会使司机产生跳动，头部或身体与司机室顶部或骨架相撞而受伤（通常有22%的司机会受伤），正因为如此，人们对司机的视线特别关注，十分重视。为了提高司机的视线，大大减少该类事故的发生，人们把司机的视线列为地下采矿车辆人机工程学首先研究的内容。

国际标准ISO 5006：2006和国家标准GB/T 16937—2010也专门制定了这方面的标准，也被世界各国广泛采用。欧洲地下采矿车辆安全要求标准EN 1889－1：2010和正在讨论的这方面国际标准及我国GB 25518—2010、GB 21500—2008也广泛采用了该标准。由此可见司机视线的重要性。

4.4.1 土方机械、司机视野、试验方法和性能准则

GB/T 16937—2010等效采用ISO 5006：2006国际标准，该标准适用于GB/T 8498中定义的有特定坐姿司机位置的在工地作业和公路上行驶的土方机械。

该标准的目的是致力于以能够量化的客观工程术语，来表达司机能够看到的机器周围的可视性，使司机能正确、有效和安全地操作机器。该标准包括采用位于司机眼睛处的两个灯光的试验方法，如图4-18所示。由机器及其部件和附属装置而造成的遮影，是在环绕机器相距1m的最小矩形边界线和可视性试验圆上确定的。该测试圆的半径为12m。使用该方法不能捕捉司机可视性的全部位置，但能提供信息以帮助确定机器可视性的可接受

性能。该标准中的准则为设计者提供了关于可接受的可视性遮影区域的指导。

依据司机可视性和机器的操作方式，试验方法将机器周围区域划分为六个区域：前面（A 区）、前侧面（B 区和 C 区）、后侧面（D 区、E 区）和后面（F 区），如图 4-19 所示。

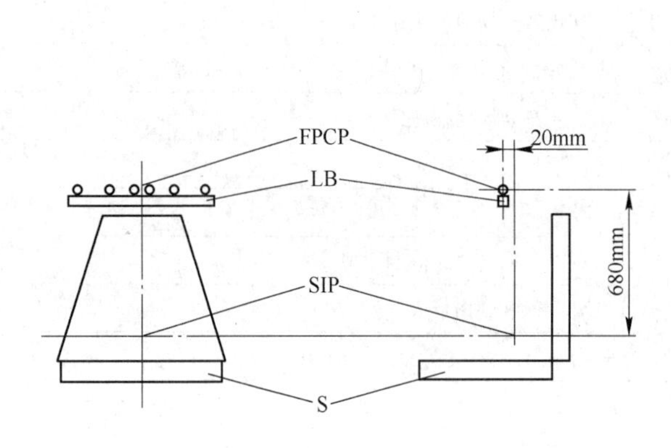

图 4-18　光源装置

LB—灯杆；SIP—座椅标定点；
S—座椅；FPCP—灯丝位置中心点

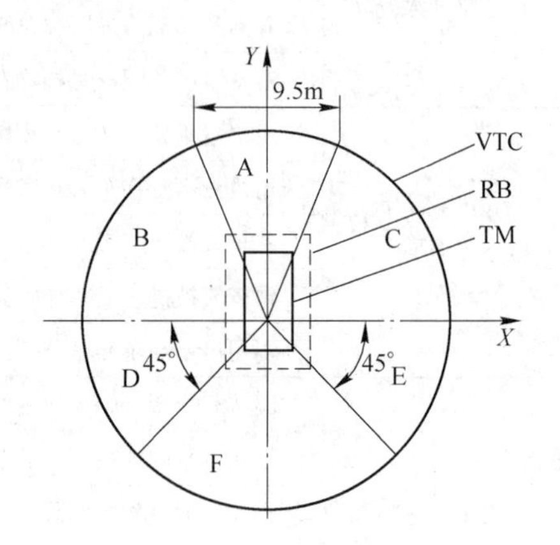

图 4-19　可视性能试验的定位

VTC—可视性试验圆；RB—1m 边界矩形；
TM—被试机器；*Y*—机器前进方向；
A、B、C、D、E、F—视野区

对于每个区域，都考虑了司机具有的身体特征。除 65mm 眼距外（身材为第 50 百分位司机的正常双目间距），考虑到司机可能转动头部和左右移动上身，增加了另外的眼距调节。这样对于 A 区、B 区和 C 区，眼距范围扩大到 405mm。对于 D 区、E 区和 F 区，司机的头部转动和上身回转是由坐姿司机的身体形态所限定。因此，对于 D 区、E 区和 F 区，最大可达到的眼距为 205mm。对于某些机器类型，按照人机工程学，采用的眼距小于最大允许值，这样做是为了保持机器具有当前的最新技术水平。

制定可视性的性能准则是基于采用各种代表性尺寸的人类司机和地面人员的身体形态，以及已提供的满足可视性要求的机器设计。为了制定可视性准则，使用了眼睛位置和遮影宽度的组合，在各遮影之间存在着适当的位置，就使区域内有多个遮影时可以满足要求。

在直接视觉认为不足的场合，可用作为间接可视性的辅助装置反射镜或闭路电视（CCTV）达到可接受的可视性能。对于 1m 边界的矩形（RB），最好用补充的间接视野装置（反射镜或 CCTV）。其他辅助装置（见 ISO 16001：2008）可用于特例场合。

工地组织可以成为补充的有效形式，以补偿其余可视性的遮影。

4.4.1.1　有关术语与定义

（1）灯丝位置中心点。灯泡灯丝连线的中心位置，如图 4-18 所示。

（2）可视性试验圆（VTC）。位于基准地平面上，中心在灯丝位置中心点垂直下方的 12m 半径的圆，如图 4-19 所示。

（3）1m 边界矩形（RB）。在基准地平面上，距离机器外侧 1m 的矩形边界线，但铰接式自卸车和平地机除外，该矩形边界线至铰接式自卸车前端的距离以及至平地机后端的距离均大于1m（图4-19）。

（4）A、B、C、D、E、F为视野区，如图4-19所示。

（5）遮影。由主机或工作装置的部件挡住两个灯泡灯丝的光线，在12m可视性试验圆上或在1m边界矩形处的垂直试验物体上所形成的影子。可能导致遮影的部件包括滚翻保护结构（ROPS）、窗框或门框、排气管、发动机罩和工作装置或附属装置（如铲斗、动臂）等。

（6）光源仪器。至少两个光源可360°回转，回转点在灯丝位置中心点的试验装置，如图4-18所示。

（7）可视性的性能准则。使司机能够在机器操作和行驶中看到其周围区域的土方机械设计用准则。这些可视性的性能准则是规定在12m可视性试验圆处或1m边界矩形处允许的最大遮影。

（8）工地组织。工地上协调机器和人员共同工作的规则和程序，例如：安全说明书、交通模式、限制的区域、司机和工地的培训、机器和车辆的标记（例如特殊警告灯、警告标志）、倒退行驶限制和通讯系统等。

（9）派生土方机器。与机器标准配置相比，更改或配备的工作装置或附属装置而使可视性变化的机器。

4.4.1.2　基本尺寸

A　灯距尺寸

（1）65mm，代表身材为第50百分位坐姿土方机械司机（见GB/T 8420）双目间距的灯距；

（2）205mm，代表身材为第50百分位土方机械司机（见GB/T 8420）当向后方45°角（从正前方位置顺时针或逆时针的135°）观看时的眼睛运动范围（考虑身躯和头的运动）的灯距；

（3）405mm，代表身材为第50百分位土方机械司机（见GB/T 8420）当向前（从正前方位置顺时针或逆时针的90°）观看时的眼睛运动范围（考虑身躯和头的运动）的灯距。

B　遮影尺寸

ISO 5006标准对1m边界矩形规定一个300mm的遮影尺寸，其代表在土方机械接近区域上工作的人员胸部近似厚度。

C　测量的基准尺寸

ISO 5006标准规定下列三种测量基准尺寸：

（1）1m，用于与土方机械周围1m矩形边界线相关联的距离，其描述土方机械周围的接近区域（最近距离）；

（2）1.5m，基于身材为第5百分位的土方机械司机，在接近区域处进行可视性观察的基准地平面以上最大高度；

（3）12m，从灯丝位置中心点测量的水平面上可视性试验圆的半径。

4.4.1.3　试验仪器和设施

（1）光源装置。能将一条带有两个垂直安装卤化灯泡（或相当的）的灯杆水平定位，每个灯泡能从灯杆中点向每一侧水平移动32.5 ~ 202.5mm。灯杆应能围绕灯丝位置中心点旋转360°。灯泡灯丝的垂直中心点应位于GB/T 8591定义的座椅标定点（SIP）以上680mm和前方20mm（图4-18）的位置。

（2）垂直试验物体。垂直试验物体高度1.5m，有适当的厚度（如150mm），用以评价1m边界矩形上的遮影。

（3）试验地面。试验地面应是一个压实的地面或铺砌的地面，其各向坡度不大于3%。

（4）为了确定可视性试验圆或1m边界矩形上的遮影，可以用一个手持的反射镜检测光源和基准地平面或垂直试验物体之间的视线。允许采用其他可给出同等结果的仪器。

4.4.1.4　机器的试验配置

（1）机器应按制造商的规定配备工地作业、公路行驶的附属装置和工作装置。

（2）机器的所有开口（如门和窗）应关闭。

（3）机器应位于试验地面上，机器的工作装置和附属装置处于制造商规定的行驶状态，灯丝位置中心点应在可视性试验圆中心的垂直上方，机器的前面应朝向A区。

（4）土方机械的司机座椅应位于对光源没有限制或影响（例如阻碍光条的旋转）的位置。

4.4.1.5　辅助装置的性能准则

A　反射镜的性能准则

对可视性试验圆的间接可视性，反射镜凸面的最小曲率半径应为300mm。

对机器周围1m边界矩形的间接可视性，反射镜凸面的最小曲率半径应如下：

（1）距离灯丝位置中心点在2.5m以下时，半径为200mm；

（2）距离灯丝位置中心点在3.5m以下时，半径为300mm；

（3）距离灯丝位置中心点在5m以下时，半径为400mm。

B　闭路电视系统的性能准则

闭路电视系统应符合ISO 16001：2008（参考16.13.5）的规定。

4.4.2　地下轮胎式采矿车辆司机视野试验方法与准则

地下轮胎式采矿车辆司机视野试验方法与准则适用于GB/T 16937—2010（ISO 5006：2006）标准中表1列出的和GB/T 8498—2008中定义的有特定坐姿司机位置的用于在工地作业和公路上行驶的土方机械。对于GB/T 16937—2010表1中未列出的机器，包括大型机器、派生的土方机械和其他类型的土方机械，可以采用该可视性试验程序，见GB/T 16937中10.4.2，“对于土方机器的其他类型（包括GB/T 8498机器族的组合）或表1中未包括的派生土方机器，制造商宜采用本标准规定的试验方法和性能准则。对于这些机器，宜采用与表1中最相似机器类别（考虑其设计和用途）的性能准则。如果那些机器不可能满足性能准则，制造商应考虑相应的技术措施，并应在司机手册中提出强制性的指示，要求客户有适当的工地组织，以确保能遵守允许的可视性和机器操作。对于派生的和其他类型的土方机器的评价，可视性试验圆半径可能要大些（24m更适宜），遮影要随半径成比例的增加。如果机器的座椅位置与机器纵向中心线不平行，表1中的眼距应随司机旋转，不同区域相对机器纵向中心线的可视性的性能准则应保留不变”。由于地下轮胎式采矿车辆的特殊结构和外形，在 GB/T 16937 “表 1 可视性的性能准则” 中没有包括地下轮胎式采矿车辆。严格地说，该标准不大适合地下轮胎式采矿车辆视线的评价。鉴于目前还未见到关于地下轮胎式采矿车辆可视性的性能准则的国际和国内标准，因此，各地下轮胎式采矿车辆制造商基本上根据 ISO 5006 在 10.4.2 中的说明，考虑各种地下轮胎式采矿车辆不同结构和相应的技术措施，提出了各自地下轮胎式采矿车辆可视性测试图，并在司机手册中提出强制性的指示，要求客户有适当的工地组织，以确保能遵守允许的可视性和机器操作，保证车辆行驶安全。下面就简单介绍其中几种地下轮胎式采矿车辆可视性测试图的测试方法和生成原理，以供参考。

在地下轮胎式采矿车辆视野试验方法与准则中广泛采用视线这一术语。所谓视线就是指观察点和注视点间的连线。如果观察点和注视点不能连线，则观察不到想要观察的目标。

司机的视线包括坐着的司机视线，正常驾驶的司机视线，车辆转弯绕过障碍物或在狭窄空间内转弯的司机视线，装载与卸载时的司机视线，视线的测试方法，视线标准，视线评估，视线不足的改进等内容。在评估司机的视线时，有两种情况需要考虑，即高个司机和矮个司机的视线（图 4-20）。

图 4-20　高个司机和矮个司机视线

θ_1—矮个司机视线角；θ_2—高个司机视线角

由于地下轮胎式采矿车辆巷道高度的限制，司机的座位十分低，从而妨碍了司机从机器上面观察路面和路边的情况。因此在设计座椅时推荐司机的眼高采用 P_5 和 P_{95} 百分位数。我国人体测量数据坐着眼睛的高度是：第 5 个百分位数为 749mm，第 95 个百分位数为 847mm。

设计车辆四周都具有理想的视线是不切实际的，实际上，在地下轮胎式采矿车辆周围的视线是受到限制的。

4.4.3　司机的视线

4.4.3.1　坐着的司机视线要求

A　设计目标

设计目标一是保证司机能看到车辆附近没有人（此人可能由于车辆开动而被撞）；二是保证司机能看到高风险区——主要区。因为许多 LHD 可以左右回转及向前、向后驾驶，司机需要能够看到车辆周边区域情况，不是所有区域对靠近车辆的人有相同的风险。高风险区（又称为主要区）是四个角，前面与后面，中心铰接点附近区域，剩余区就是次要区域，如图 4-21 所示。

B　设计要求

为了使接近车辆的矿工危险性最小，小个司机必须能看到主要区 1m 高以上，次要区 1.3m 以上目标。该区取自车辆外围 0.5m 的距离范围（图 4-22）。

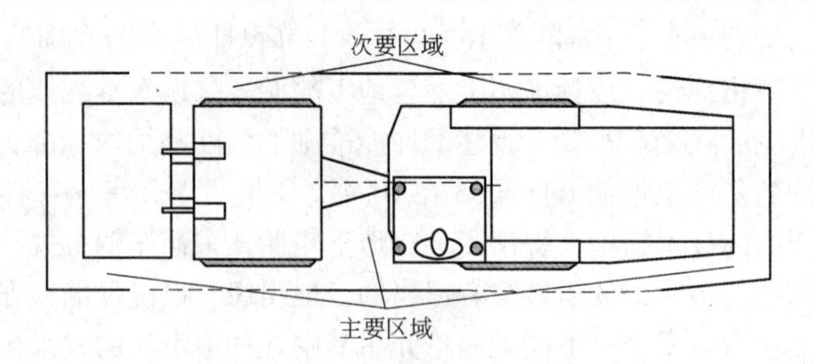

图 4-21　LHD 主要区域和次要区域

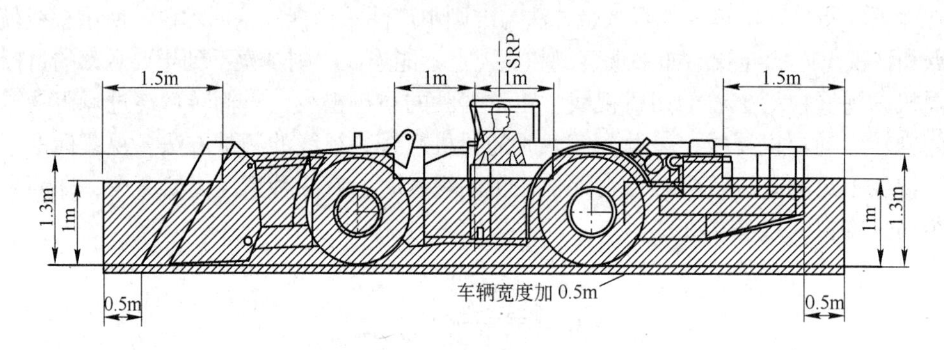

图 4-22　人机工程学项目

在考虑了这些观察目标时，视线限制是由于采用了低座椅和为了方便司机向前、向后驾驶，司机室定位在车辆中部而产生的。对前主要区的观察应考虑装满物料的铲斗和平台上大的装载物。

为了满足司机能观察这些目标，还要考虑在设计驾驶棚支承、大灯、仪表盘和盖板时，要避免妨碍司机对车辆周围临界区的观察。

4.4.3.2　司机正常驾驶时的视线要求

A　对地面与道路两侧的视线

（1）保证小个司机能够在车辆前进和后退两个方向上从司机驾驶位置看到远处 20 ~ 30m 之间地面或路旁到车辆最高点以上 0.5m 高处范围内的障碍物。这是为了能识别如人、物和设备等障碍物，如图 4-23 所示。

（2）巷道顶板以下最低点到车辆最高点距离至少 0.6m，以防止车辆行驶在不平路面时，车辆最高点碰到巷道顶板下面的悬挂物。

（3）在巷道顶板到车辆最高处的距离少于 1m 处，高个司机在车辆前进与后退两个方向上应能看到离司机位置至少 20m 远处道路整个横向宽度上面的顶板。这是为了能识别巷道顶板下的悬挂物，即顶板螺栓、管子托架、悬挂电缆等。

（4）为了避免车辆与道路碰撞，应保证车辆两边与巷道侧壁之间间隙至少为 0.5 ~ 0.6m。

（5）一辆地下采矿车辆与另一辆地下轮胎式采矿车辆使用同一道路时，两车辆之间间隙至少保持在 0.5m 以上。一辆地下采矿车辆与行人使用同一道路时，道路也须另增加 0.5 ~ 0.6m 的行人道，这就是说，地下轮胎式采矿车辆与行人道一侧的巷道壁的距离在 1 ~ 1.2m 以上，以便司机能够发现道路上的行人。

（6）当运输大的物料时，应查明车辆行驶路线上潜在危险并选择最佳的运行方向，最大限度地提高司机视线，确保司机对所看到的任何障碍物作出反应。

（7）在驾驶棚支承之间或部分封闭司机室配置格子窗，在正常驾驶期间，它不应限制司机视线，观察靠近车辆的道路靠矿灯照明，格子窗格栅应不影响观察。此外，低的驾驶棚可能影响矿灯照明巷道，此时，司机的观察可以通过在车辆上装更强照明和考虑在道路安装照明灯来改善。

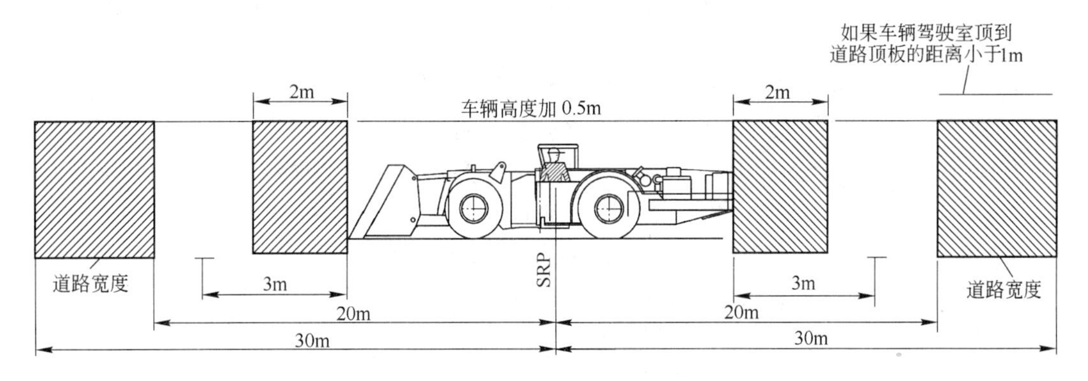

图 4-23　对地面与道路两侧的视线

B　对巷道顶板的视线

LHD 的司机必须保证驾驶棚或车辆任何部件都不能碰到巷道顶板或上面的悬挂物（如单轨道、管道），因此，高个司机必须在驾驶位置上任何一侧看到足够远的巷道顶板，可通过测量/估算驾驶棚顶上的距离 h 和司机室前沿与在道路整个横向宽度能看到的巷道顶板最接近点之间的距离 L 来估算。L/h 最好小于 4，但不能超过 8。该要求如图 4-24 所示。

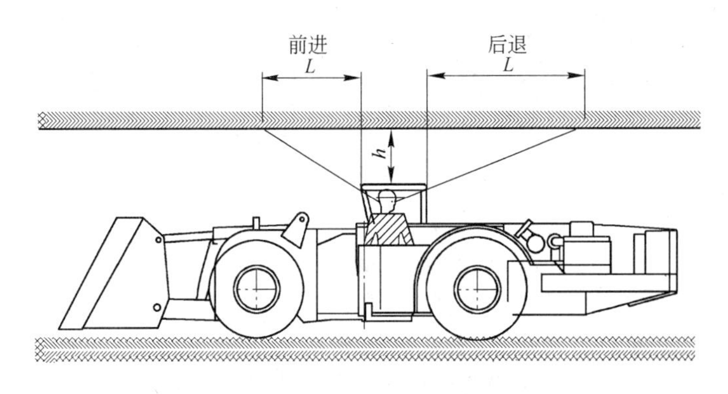

图 4-24　对巷道顶板的视线

4.4.3.3　调车与拐弯的视线要求

调车与拐弯的视线是指驾驶地下轮胎式采矿车辆绕过障碍物或在狭窄的空间内转弯时司机的视线。司机（高个与矮个）能够充分注意到巷道顶板、路边或路面上行驶过去的目标或者位于路面上的目标。

与路边或其他障碍物发生碰撞，在一些车辆上是常见的，为此：

（1）对道路两侧的视线。司机应该能看到典型道路两侧区域，该典型巷道区域为车辆正前面到车辆前 2m 处直到车辆最高零部件以上 0.5m 高之间的区域（图 4-23）。

（2）车辆外围的视线。在道路很恶劣的条件下，矮个司机需要能判定车辆和道路两侧巷道壁之间的间隙，如果司机判定不了车辆和道路两侧巷道壁之间的间隙，车辆的外侧就可能碰到道路两侧巷道壁。为此，司机对车辆外围应有很好视线，车辆顶部的零件不应限制司机的视线。

（3）对前面障碍物与行人的视线。如果车辆转弯到交叉路口，为了能看到前面的目标（或人），矮个司机需要看到车辆行驶前边至少 3m，离车辆任一侧 1m 以上宽的地面（图 4-23）。

（4）铲斗装满装载物对巷道顶板的视线。当司机驾驶车辆时，需要确保装载物不能碰到顶板。由于路面高度发生变化，车辆转到交叉路口，看到障碍物，需要提升铲斗以避免车辆在地面上颠簸和因路面不平使车辆前部向上倾斜碰到巷道顶板。装载物最高点到巷道顶板间隙至少等于 0.5m，高个司机应能够看到：

1）装载物前缘向上到达装载物前面 2m 之间的整个范围；

2）装载物上面巷道顶板整个宽度。

该要求如图 4-25 所示（用于 LHD）。

（5）装运装载物之后对道路两侧的视线。为了驾驶车辆顺利通过巷道，高个与矮个司机都能看到装载物两侧 0.5m、装载物前面 2m，后面 1m，装载物以上至少 0.3m 范围的空间。该要求如图 4-25 所示。

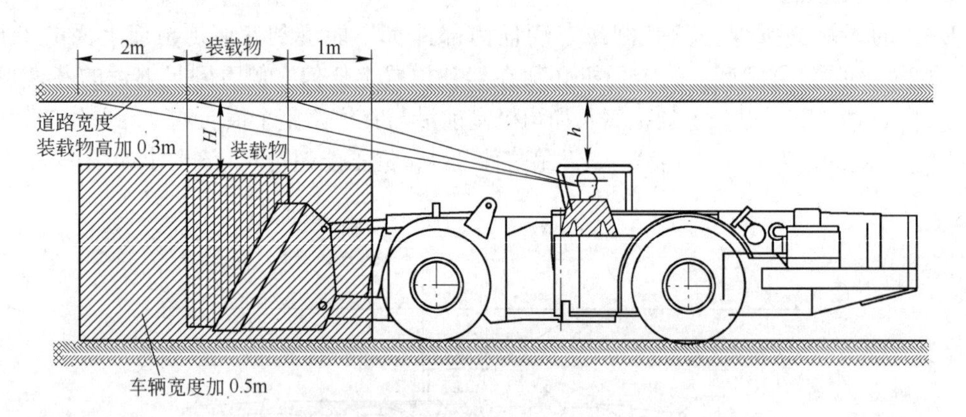

图 4-25　装运装载物之后对道路两侧的视线

4.4.3.4　装载/卸载、乘客上下车视线要求

（1）运料车。矮个司机应该能够看到无拦板的货车车身平板两侧。

（2）乘人车：

1）司机必须看到所有乘客在启动之前都安全地进了车厢内；

2）司机必须能监视当车辆行驶时，乘客的臂和腿没有伸出车厢安全区外。

4.4.4　地下轮胎式采矿车辆司机视线的评定方法

地下轮胎式采矿车辆司机视线的评定方法有四种。每种评定方法的说明和特点见表 4-11。

表 4-11 地下轮胎式采矿车辆司机视线的评定方法

评价方法	方法说明	特 点	示 意 图
目视法	高为 1.7m 的司机坐在司机室内，能看到地面上目标或高度为 1.70m 以上目标的位置距离	方法最简单，但必须在车辆制成后才能测量	0 5.8 6.1 27.4m
灯丝法	该方法实际是 ISO 5006 标准推荐的方法，它要求车辆位于半径为 12m 的圆中心上，两盏灯放在要测车辆司机室内司机座位上分别代表司机眼睛的位置，灯光在圆周围的遮影说明司机视线受到限制。遮影在圆周上宽度和邻近阴影之间的距离用来判定视线程度	该方法采用的是阴影技术，它复杂，而且也必须在车辆制成后才能测量。 若发生问题修改起来很不方便，适合地下采矿环境；容易培训；很容易知道导致对行人、其他车辆及地面危险视线不好的因素；该方法有益于司机增加视线；评价时间长（一台车约需要 3h）；该方法结果只能表示为 2D 静态水平面视线格子；它不能很好表现一个司机在地下采矿环境感受到的视野视线；该程序没有能力定量确定车辆是否需要修改或重新设计，该方法对视线的评价准则不大适合地下轮胎式采矿车辆	灯丝 镜子调节 镜子 水平仪 测量杆
激光扫描法	用放在司机眼睛处摄像机得到平面照片和全景相片以确定司机的视觉障碍	方法简单，但也必须在车辆制成后才能进行测量，手提式（可在现场使用）；快速（约 1h 扫描）；在虚拟环境大量复制真实世界；2D 和 3D 图示；应用于评价售后补充/修改。 发现问题修改起来很不方便；静态环境；价格昂贵；要求对操作单独培训；扫描质量取决于环境；采矿环境没有代表性（取决于设置）；为了产生输出点要求增加实验时间	
计算机仿真方法	利用计算机产生的车辆二维或三维图形能很快确定不同高度的不同姿势的司机和不同全封闭司机室的位置和布置，司机的视线图形	该方法最先进，通用性很大，而且能在车辆制造之前，即在车辆完成基本设计之后，就可以进行评价。发现问题立即修改。该方法更简单，成本低，速度快，可达到理想的司机视线；快速，可以评估样机模型；可以很容易评价对车辆设计的修改；允许车辆运行环境建模；2D 和 3D 图示；动态环境（可能由司机姿势变化引起）；价格昂贵（软件）；要求对完成评估进行单独培训；不适用现场评估；不能反映出售后修改（没有 CAD 模型）	

4.4.5　地下轮胎式采矿车辆司机视线的测试方法

4.4.5.1　加拿大 Laurentian 大学 LHD 视线测试

（1）测试车辆。加拿大 Laurentian 大学在安大略省的地下矿对 12 台 LHD 进行了视线测试：Wagner ST－8B 带司机室的，Wagner ST－8B 不带司机室，Wagner ST－3.5 不带司机室，Elphinstone R1700G 带司机室，Elphinstone R1700 不带司机室，Elphinstone R1500 带司机室，Toro 1400 带司机室，Toro650 带司机室，EJC 210 不带司机室，JCI 500 不带司机室，JS 220 不带司机室和 JS 500 不带司机室。机器需要测试 3h。测试工作在 5 个不同的矿点和 3 个不同制造商销售的 LHD 上进行的。

（2）测试采用灯丝法。

（3）测试步骤如下：

1）车辆测试位置。车辆停在平坦的地面上，发动机熄火，车辆四周离巷道壁或障碍物距离 3m。车辆前后车架对齐，铲斗翻斗到运输位置，如图 4-26 所示。

2）安装 SIP 指示器。把 SIP 指示器可靠地安装在司机座椅上。如果车辆有悬浮座椅，SIP 指示器利用绳或带绑在与 65kg 重司机相同的座椅位置上。SIP 指示器单元保持在该装置的顶部，把灯丝杆固定到该单元上，灯丝离座椅垫 0.77m，灯的位置代表 65kg 重、1.7m 高的司机眼睛位置的高度，如图 4-27 所示。

图 4-26　车辆测试位置

图 4-27　位于地下装载机司机座椅上灯丝的座椅点指示器

3）测量并记录灯丝到地面的高度。测量灯丝到坐垫的距离、坐垫到司机室地板的高度、司机室地板到地面的高度。然后把 3 个高度加在一起，得到灯丝到矿山底板总的高度，如图 4-28 所示。

4）画 4 个参考点位置。从司机座椅的位置在离车辆 2m 远的 0°、90°、180°和 270°四个位置上画出 4 个参考点。然后作标记。该参考点位置用来描绘出图 4-29 的矩形图形。

5）在矩形周边作标记。从左参考点（LRP）开始在地面矩形周边每 1m 用喷漆或在地面钉长钉的办法作标记。再沿着矩形周边在每一个作标记的位置上评估

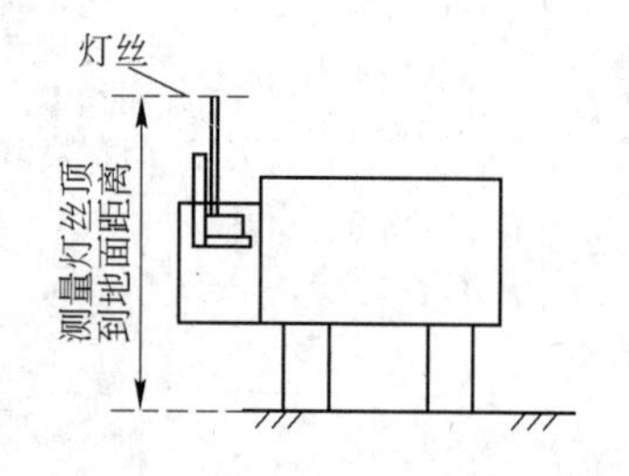

图 4-28　测量灯丝到地面的高度

司机视线，如图 4-30 所示。

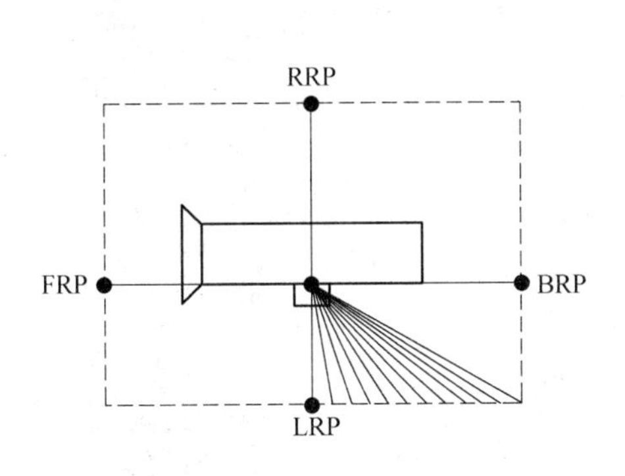

图 4-29　画 4 个参考点位置

LRP—左参考点；FRP—前参考点；

RRP—右参考点；BRP—后参考点

图 4-30　在矩形周边作标记

6）点亮灯丝。用蓄电池电能点亮灯丝，如图 4-31 所示。

7）测量司机视线 LOS（图 4-32）。利用一个带 45°滑动反光镜测量杆测量 LOS。反光镜可沿杆向上和向下滑动。当进行 LOS 分析时，测量杆有一个水平仪，利用这个水平仪保证测量杆完全垂直地面。

图 4-31　点亮灯丝

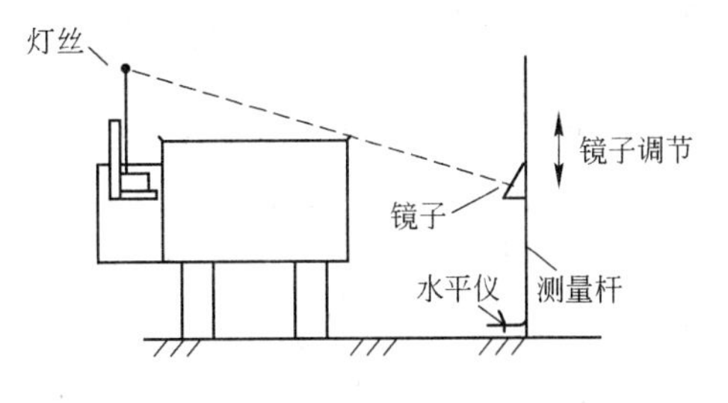

图 4-32　司机视线 LOS

8）沿矩形周边测量 LOS（图 4-33）。在矩形周边每 1m 标记位置放置测量杆和反光镜。把测量杆放在垂直位置上，沿着测量杆滑动反光镜到初始位置。在该位置，反光镜上可见灯丝，记录初始位置到地面高度。从 LRP 开始，顺时针连续在每隔 1m 位置记录 LOS 高度。

9）测量盲点位置（图 4-34）。如果在任何作标记位置，通过沿测量杆向上滑动反光镜到看不到灯光，记录该位置产生盲点的车辆零部件。

10）根据记录值，通过数学方程可推导出到高出地面 1m（相当于一个跪着的人的高度），高出地面 1.7m（相当于一个站着的人的高度）的地面的视线距离。然后用此信息创建视线示意图（图 4-35）。

图 4-33　沿矩形周边测量 LOS

图 4-34　测量盲点位置

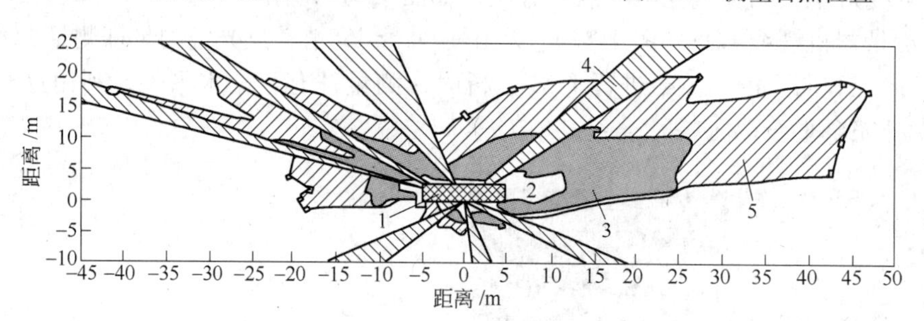

图 4-35　带全封闭司机室的某 $6m^3$ 地下装载机司机视线示意图

在图 4-35 中，司机的位置在图中（0，0）点，地下装载机所处位置为 1 区；从司机的位置看不到 1.7m 高行人的区域为 2 区；看不到跪着的人的区域为 3 区；完全看不到地面的区域为 4 区；看不到地面的区域为 5 区。从全封闭司机室位置顺时针看，7 个盲点看到的区域是：司机室后面；司机室立柱；灯架与大臂；灯架；司机室立柱；司机室立柱；司机室立柱。

在操作地下装载机时，要切记地下装载机视线是有限的，未被允许的人不能站在作业区，允许的人也只能站在可视区内。测试结果见表 4-12。

表 4-12　地下装载机视线测试结果

LHD 型号/制造商	距离/m（可以首先看到 LHD 四个角 1.7m 高的行人的距离）				盲点数及产生原因	影响视线主要原因
	FLC	FRC	BRC	BLC		
Elphinstone R1700G（带司机室）	0.57	4.8	2.1	1.3	6 司机室，司机室立柱，灯和灯架	LF：轮口护盖和铲斗斗唇 FRC：灯架和举升臂 BRC：空气进气汽缸 BCK：发动机

续表 4-12

LHD 型号/制造商	距离/m（可以首先看到 LHD 四个角 1.7m 高的行人的距离）				盲点数及产生原因	影响视线主要原因
	FLC	FRC	BRC	BLC		
Elphinstone R1500（带司机室）	0	BLK	0	0	6 灯和灯架，举升臂和司机室立柱	BRC：空气进气汽缸 BCK：发动机和散热器
Wagner ST8B（带司机室）	1.5	4.3	2.5	3.4	5 司机室，司机室立柱，灯	RS：空气进气口 RBC：司机室窗户背后上的铰链板
Wagner ST8B（不带司机室）	0	2.4	2.8	0	1 举升臂和胶管	FRC：铲斗和举升臂 FR：灭火器 BR：遥控箱 BCK：发动机
Wagner ST3.5（不带司机室）	0.2	0	0.8	0.3	1 空气进气汽缸	Front：铲斗斗唇 BCK：发动机和轮口护盖
TORO 1400（带司机室）	0	2.5	11.2	0	5 司机室，司机室立柱，灯和灯架	FR：灯和举升臂 BCK：发动机
TORO 650（带司机室）	0.4	4.8	6.8	2.6	7 司机室，司机室立柱，灯，灯架和举升臂	FRC：灯和举升臂 BCK：发动机
EJC 210（不带司机室）	0.25	0	0	0	0	LFC：铲斗刃和轮口护盖 RFC：灯和灯架 BCK：发动机和散热器盖
JCI 500（不带司机室）	0	0.55	0	0	3 上、内和外部灯架	BRC：空气进气口 BLC：轮口护盖
JS 220（不带司机室）	0	0	0	0	0	RF：灯架 RB：液压油箱和遥控箱
MTI 7	1.9	2.6	5.6	0	0	FRC：灯和举升臂 BR：轮口上的挡泥帘 BCR：发动机

注：FLC—前左角；FRC—前右角；BRC—后右角；BLC—后左角；LF—左前；BCK—后方；RS—右侧；RBC—右后角；FR—前右；BR—后右；Front—前方；LFC—左前角；RFC—右前角；BLC—后左角；RF—右前；RB—右后。

4.4.5.2 Sandvik 公司 TORO 6 型地下装载机视线

Sandvik 公司在 TORO 6 型地下装载机操作说明书中提供了实测的 TORO 6 型地下装载机视线图（图 4-36），并指出：当使用 TORO 6 型地下装载机时，要永远记住，视线是有限制的，确保未经许可的人出现在其工作区内。

4.4.5.3 CAT 公司 AD 45 型地下汽车实测视线

CAT 公司根据 ISO 5006 测试程序测得的结果绘制了 AD 45 型地下汽车实测视线图如图 4-37 所示。为了保证作业安全，未经允许，作业人员不得停留在遮影区。

从上面介绍的几种视线图可以看出，不同的地下轮胎式采矿车辆制造商采用的视线测

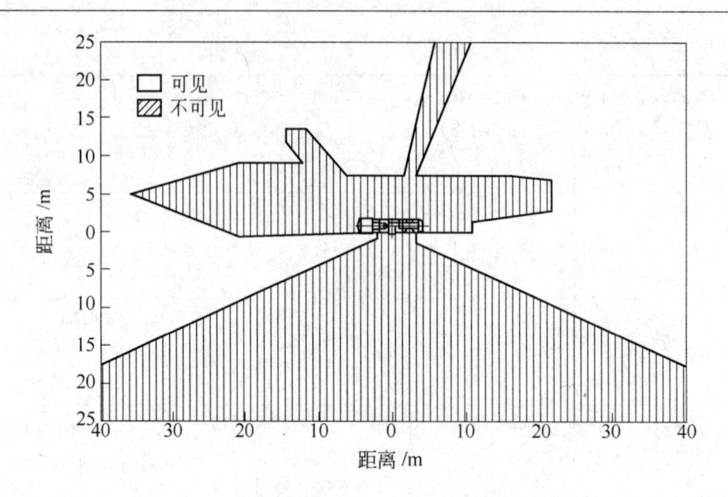

图 4-36　TORO 6 型地下装载机实测视线图

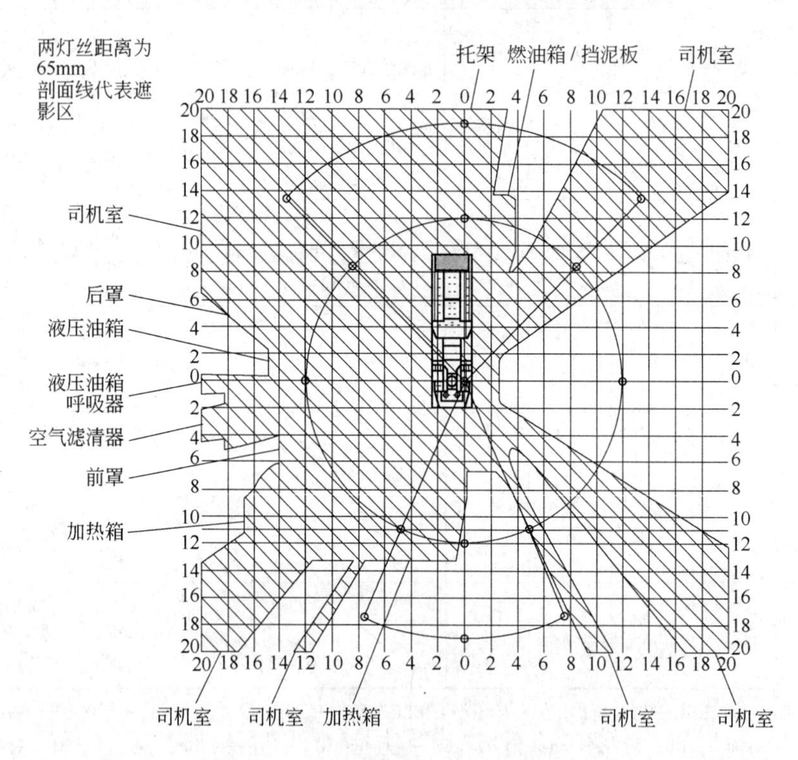

图 4-37　AD 45 型地下汽车实测视线图

试方法基本是按 ISO 5006 标准进行的，但视线图因不同制造商制造的地下轮胎式采矿车辆结构与型号不同而不同，没有统一评定标准，但测试的视线图都在其产品使用说明书中给出，提醒用户，为了保证作业安全，未经允许，作业人员不得停留在遮影区。

4.4.6　影响地下轮胎式采矿车辆司机视线因素分析

从图 4-35 可以看出，影响地下轮胎式采矿车辆视线的因素有：司机室立柱、灯架、大灯、铲斗尺寸、司机座的高低、发动机罩、散热器、司机室位置、挡泥板。除此之外，还应考虑如下因素对视线的影响：

（1）视野。头部和眼睛在规定的条件下，人眼可观察到的水平面与铅垂面内所有空间范围。如果人们要观察的目标与范围不在视野中，则目标观察不到。

（2）视线。观察点和注视点间的连线。如果观察点和注视点不能连线，则就观察不到感兴趣的目标。

（3）照度。单位面积上的光通量。在工作区必须有足够的照度，以便能看清目标或感兴趣的范围。如果照度不足，目标就看不清或根本就看不到。

（4）对比度。感兴趣的目标亮度和背景亮度之间的差与背景亮度之比，称为对比度。亮度差越大，对比度就越大，司机的视线就越好。

（5）颜色分辨。颜色差异（色差）分辨能力取决于人的遗传和可得到的照度的数量。

（6）视觉敏锐度。人眼区别物体细节的能力。

（7）适应水平。人眼对光亮程度变化具有适应性。眼睛从亮度大的观察部分转移到亮度小的观察部位，或者从光亮地方进入黑暗地方的时候，眼睛不能一下子就能看清物体，而需要经过一段适应时间后，才能看清物体这个适应过程称为暗适应；反之称为明适应。当目标与周围环境有适合眼睛的亮度时，视线最大。

（8）观察者年龄。测量对比灵敏性随着人年龄的增加而减少。

（9）目标大小。目标大，观察者的视野也大，司机的视线也增加。

（10）时间。一般说来，在极限时间内，观察时间越长，视线也越好。

（11）运动。目标物体运动时，观察者视线减少。

（12）环境。影响视线三个环境因素为雾、灰尘和陡的山坡。

上面所有影响视线的因素都十分重要，因为它们直接影响司机看到的目标和范围。为了保证司机与行人的安全，减少车辆碰撞的可能性，就要改进司机的舒适性，提高地下无轨采矿车辆的生产能力。总之为保证司机安全而又有效的工作，必须要重视影响司机视线的上述各种因素。

4.4.7 地下轮胎式采矿车辆司机视线的改进

地下轮胎式采矿车辆司机视线的改进包括：

（1）在地下轮胎式车辆每端至少要安装两个大灯。大灯照度在行驶方向 20m 远处至少是 10lx 或安装 70 ~ 75W 以上灯泡。颜色是白色。大灯应该安装在光线不受铲斗、装载和车辆其他外形和工作环境限制。

（2）提供可调节座位高低的司机座椅，并可使座椅左右回转一定角度，以提高司机的视线。在条件允许的情况下，尽量提高座位高度，同时还必须按人机工程学原理设计座椅，以提高司机舒适性和减轻司机的疲劳。

（3）修改车辆的外形，也就是把发动机盖设计成向前倾斜，降低挡泥板高度，拆除并重新设计影响视野的车辆顶部。

（4）在设计时，若无法满足视线要求时，在前后车架适当位置安装摄像机，在司机室内安装监视器或在司机室一侧或附近安装后视镜，以扩大地下轮胎式采矿车辆司机的视线，特别对低矮型地下轮胎式采矿车辆来说是必要的，如图 4-38 ~ 图 4-40 所示。

图 4-38　某型地下汽车后车架安装摄像机

图 4-39　某型地下汽车司机室内安装监视器

图 4-40　在司机室一侧或附近安装后视镜

（5）尽量避免使用带齿铲斗和在足够的强度情况下过大尺寸铲斗，如图 4-41 和图 4-42 所示。

（6）尽量使灯架与司机室立柱设计成圆形细长，如图 4-43 和图 4-44 所示。

（7）增加使用工作服与车辆的反射标志。

（8）增加地下轮胎式采矿车辆危险区信号。

（9）改进地下轮胎式采矿车辆工作区的照明。

图 4-41　带齿铲斗

图 4-42　无齿铲斗

图 4-43　方形灯架影响视线

图 4-44　圆形或椭圆灯罩

4.5　司机的作业空间

目前大多数地下轮胎式采矿车辆的驾驶棚设计比较简单，除了有保护的顶棚和两个支承或四个支承外，其余不封闭，因此工作条件较差。随着科学技术的发展，近几年出现了许多全封闭司机室，室内配备了空调及许多自动化仪表、电子监控设备等，改善了司机室的工作条件，创造了最适宜的工作环境，从而大大减轻了司机的疲劳，提高了工作效率。全封闭司机室内所有装置的设计、操作都按照人机工程学的原理设计。

这里所说的作业空间是指地下轮胎式采矿车辆司机在全封闭司机室（或驾驶棚）坐

着操作时，考虑身体的静态尺寸和动态尺寸，其所能完成作业的空间范围。

一方面由于地下巷道尺寸的限制，使地下无轨采矿车辆外形尺寸受到极大限制，从而使司机的作业空间受到很多约束，也使司机各关节长期保持在一种固定的位置或最大运动范围，司机头的运动、全身的运动空间受到限制或姿势不正确，从而导致司机肌肉骨骼损伤，司机驾驶困难，工作效率降低；另一方面由于地下轮胎式采矿车辆长期处在恶劣的路面上运行和作业，特别对大个司机提供必要的安全、舒适的作业空间就显得十分重要。如何既能保证司机安全舒适操作时有必要的空间，又能保证地下轮胎式采矿车辆在窄矮的巷道内安全运行，这就是地下轮胎式采矿车辆作业空间设计要解决的问题，也是保证司机安全、舒适、高效操作的重要措施。

根据矿层厚度不同，地下轮胎式采矿车辆有三种不同高度，即标准型、低矮型、超低矮型。相应司机室也有三种高度，即标准型（图4-45）、低矮型（图4-46）、超低矮型（图4-47）。三种高度司机室作业空间也不相同。

图4-45 标准高度全封闭司机室

图4-46 低矮型司机室

图4-47 超低矮型司机室

4.5.1 司机室作业空间

4.5.1.1 标准高度司机室作业空间

作业空间的设计一般是按照坐姿 P_{95} 百分位数来设计。司机室工作空间要求，包括头部空间、身体空间（包括臂空间）和腿活动空间三部分（图4-48、图4-49）。

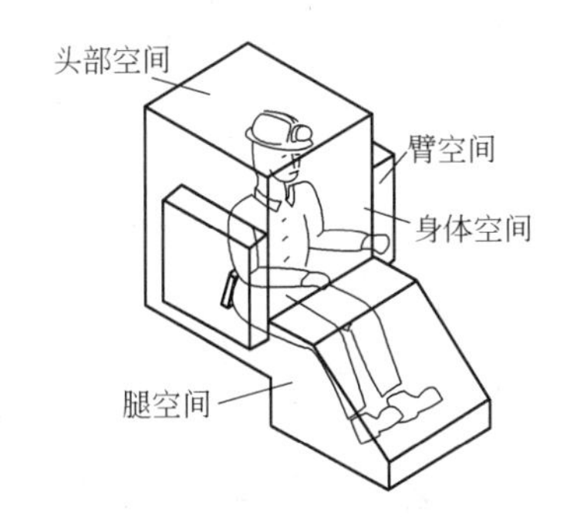

图4-48 司机室工作空间要求

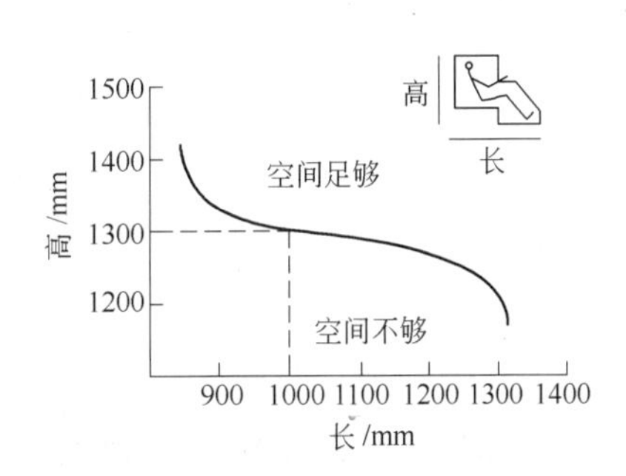

图4-49 司机室长与高最小尺寸关系

A　头部空间

头部空间是指司机室顶棚高度与戴头盔高个司机坐着高度之差，从而使戴着矿工帽的高个司机头部运动具有足够空间，以适应车辆在不平道路上行驶时的颠簸。

司机棚内边与坐垫上面最低高度应是1050mm，但并不严格，该尺寸随着靠背倾角增大可以减少，见表4-13。当空间有限制时，全封闭司机室内部空间的高度可以适当降低，但不得小于SIP（司机座位标定点，见GB/T 8591）以上900mm。表4－13中*A*是坐垫和司机棚内顶之间距离；*B*是SRP（seat refernce point，座位参考点，即被压缩坐垫平面与被压缩靠背垫平面的交点）和司机室后面之间的距离。表4－13中*A*与*B*如图4-50所示。

表4-13　司机室内部空间尺寸（一）

靠背角/(°)	*A*/mm	*B*/mm
5	1050	270
10	1040	320
15	1040	370
20	1040	400
25	1030	430

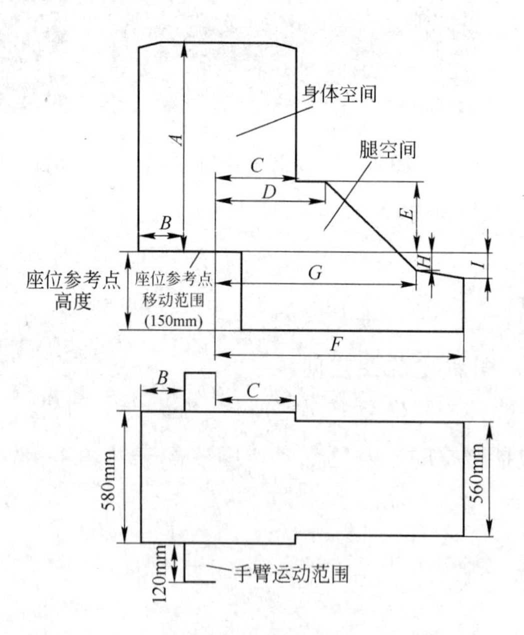

图4-50　司机室内部空间

（*G*，*H*，*I*是指相对一组踏板的位置和间隙）

B　身体空间

保证小个司机操纵在可及的范围内，大个司机也应有足够的身体空间，它包括在座位上有足够的臂部宽和司机室内有足够的肘空间。

在图4-50和表4-14中推荐了控制器、隔板、机械和司机室支承不影响司机室空间的最小值。

表4-14 司机室内部空间尺寸（二） (mm)

座位参考点高	150	200	230～370
司机室内部高度	1200	1300	1300
C	350	350	350
D	600	600	600
E	450	400	370
F	1250	1125	1075

C 腿活动空间

腿活动空间是为脚控制及活动提供足够空间。腿活动空间的设计十分重要，它是保证人的腿安全、舒适操作的重要措施。图4-50和表4-14可作为选取腿空间尺寸的参考，以便使司机在全封闭司机室内保持净伸腿空间。为了允许大约第95个百分点司机膝空间和伸腿所要求的空间，以保证控制其他物体进入腿空间，任何进入座位和踏板之间腿空间都不能妨碍司机进出和脚控制操作。

脚踏板位置应能更好地使用腿空间，以避免很差的姿势位置。

D 司机的最小活动空间

为了保证司机的最小的活动空间，若条件许可，司机室的最小内部空间尺寸尽量按GB/T 8420—2011（ISO 3411：2007）标准设计，见图4-51、表4-15。

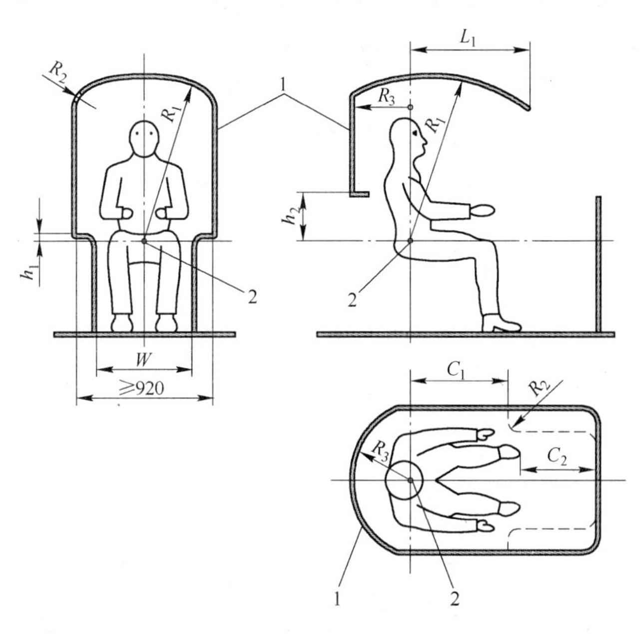

图4-51 全封闭司机室内穿工作服坐姿司机最小活动空间

（图中尺寸见表4-15）

1—司机室内部活动空间；2—司机座椅标定点（SIP）

表 4-15　司机的最小活动空间尺寸　(mm)

符号对照	定　义	尺　寸
R_1	SIP 与司机室顶棚横截面之间的距离 ---司机戴防护帽，座椅具有悬挂和调节机构 —司机不戴防护帽，座椅具有悬挂和调节机构	a ≥1050 ≥1000
R_2	司机室内壁的交角半径以及内壁与司机室顶棚的交角半径	≤250
R_3	距司机室后壁的距离	b
L_1	SIP 与 R_1 和司机室交点的水平距离	≥500
h_1	SIP 与司机室上半部分侧壁较低端面之间的垂直距离	≤150
h_2	SIP 与司机室上半部分后壁较低端面之间的垂直距离	c
W	容纳腿部的空间宽度	≥560
C_1	前臂/手不超出司机室上半部分侧面区域的距离	≥500
C_2	当司机脚踏在任意位置的踏板或脚操纵装置时，司机室与司机穿的鞋之间的距离	≥30

注：a—SIP 至司机室顶棚之间的间隙最小可以为 920mm。
b—至少为 $b+400$mm，其中 b 等于座椅水平调节尺寸的一半，见 4.5.1.1D（5）。
c—该尺寸应等于或小于当座椅调节到最低位置时，SIP 至靠背上顶面之间的垂直距离。

（1）为适应常用座椅并保证与司机安全帽有间隙，操作间顶至 SIP 的最小距离为 1050mm。司机一般不用戴安全帽进行操作为主的机器，操作间顶至 SIP 的最小距离可以减小至 1000mm；对地下轮胎式采矿车辆，这个距离可以降至 920mm 以上。

（2）操作间高度也可按下列不同的座椅结构进行调整：

1）座椅不具有垂直悬挂，可减小 40mm；

2）座椅不具有垂直方向调节的，可减小 40mm；

3）座椅靠背角度大于 15°的，可进行调整。

（3）从 SIP 至司机室侧壁的最小内部距离大于等于 325mm，则为了能直接看到机器的侧面，司机座椅可偏离活动空间范围宽度的中心线。

（4）某些个别机型（如小型机器），司机操作活动空间范围必须小于 GB/T 8420—2011 标准推荐的最小值。对于这些机型，司机室内的司机活动空间范围最小宽度可以减小至 650mm。在这最小宽度的操作活动空间范围内，要求适宜地布置操纵装置，以确保司机的操作和舒适性。

（5）通常，司机向前操作转向操纵装置时，或者要满足机器后部的视线时，则至司机室后部的最小距离 R_3（图 4-51）可减少至 250mm 再加上座椅前后调节行程的一半。

司机位置的最小空间和操纵装置的布置应符合 GB/T 21935—2008（ISO 6682：1986）的规定。

4.5.1.2　低矮型司机室作业空间

司机室内部最小的高度和长度取决于司机的尺寸、入座的姿势、座椅设计和控制输入要求。图 4-52 说明了 95% 的男性司机在 1067mm 司机室高度里的入座空间。图 4-52 给出了为满足不同身材的司机要求司机室的内部的高度和长度数据，这些数据是建立在座垫角为 10°和顶棚下矿工安全帽有 50mm 间隙的基础上，它并没有考虑压下踏板需要的空间，或头枕要求的附加空间或额外的坐垫。

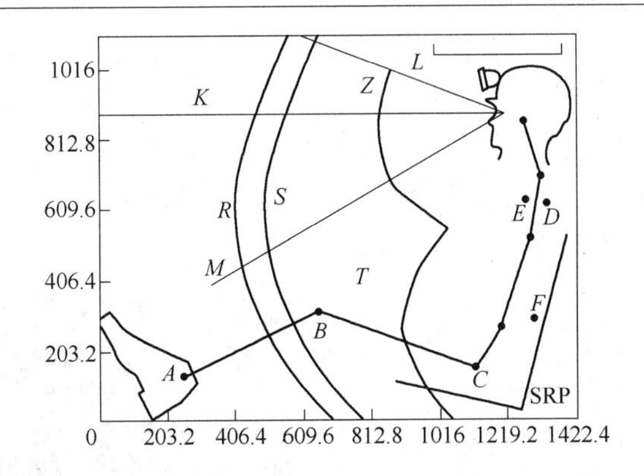

图 4-52 95% 的男性在 1067mm 高的司机室内座椅空间

A—踝点；*B*—膝盖点；*C*—臀部点；*D*—肩点；*E*—肩部延伸；*F*—肘点；*K*—标准目标线；*L*—上视线；*R*—最大控制可及区；*S*—最大控制抓手；*T*—最小控制抓手；*Z*—最小显示距离；SRP—座椅参考点

4.5.1.3 超低矮型司机室作业空间

超低矮型司机室作业空间尺寸如图 4-53 所示。

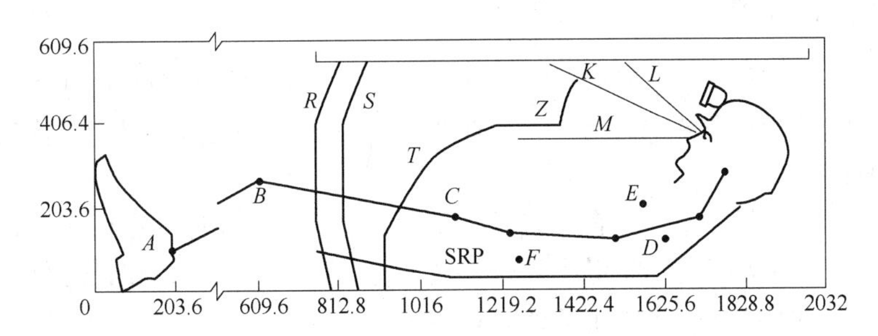

图 4-53 95% 的男性在 559mm 高的全封闭司机室内座椅空间

A—踝点；*B*—膝盖点；*C*—臀部点；*D*—肩点；*E*—肩部延伸；*F*—肘点；*K*—标准目标线；*L*—上视线；*M*—下视线；*R*—最大控制可及区；*S*—最大控制抓手；*T*—最小控制抓手；*Z*—最小显示距离；SRP—座椅参考点

4.5.2 车门与车窗

司机室门与窗对司机室外形的整体性有重要的影响。司机室门的作用是司机上下车时打开或关上，行驶时防止乘员掉出来，并防止室外物进入室内，影响或伤害司机。车门是司机室的一个独立“总成”，它通过车门铰链和门锁与司机室门框连接。它的设计好坏，将直接关系到司机室的安全性、侧面视野性、进出方便性及防噪声等方面的性能。地下轮胎式采矿车辆司机室要使用旋转门，旋转门开门时旋转方向可以是往前（顺开门）或往后（逆开门），顺开门在行车时比较安全。

对车门的设计应满足如下要求：

（1）车门、车窗和铰链板应安全地约束在其功能位置上，并采取措施防止其被意外打开。通过刚性约束装置使车门保持在其预期的工作位置。应将基本出入口保持安全敞开的位置设计为预期的工作位置，且从司机位置或司机入口平台处容易松开该约束位置。

（2）安全可靠。车门锁止牢靠，行车及发生翻滚事故时，不允许车门自动开启，在救援时和需要时又能顺利打开。

（3）良好的侧视野。为了改善司机室的侧视野，在结构允许的条件下，应尽量加大车门窗的尺寸。

（4）具有良好的密封性。司机室的密封性在很大程度上取决于车门的密封性，车门周边应设置安装密封条的位置或在门框止口周边安装密封条。

（5）足够的刚度。不易变形下沉，以减少行车时的振动响声。

（6）制造工艺好。形状与整机造型及司机室造型相协调，拆装、维修方便。

（7）门用钢材制造，并带门锁及拉手，门锁与拉力应有足够的强度。

（8）为了安全，门与某些电器或液压要互锁，如门在没关死的情况下，车辆不能转向，变速箱处在空挡，液压系统不能启动，车辆不能运行，如图 4-54 所示。

图 4-54　地下轮胎式采矿车辆车门

4.5.3　基于人机工程学的司机室模拟

司机室的人机工程学设计首先要考虑安全性、视野以及操作的舒适性等要素。具体设计主要包括人体尺寸测量数据的选用，人体在司机室中的定位，司机室的仪表盘、操作机构、座位、通道布置等。

司机室的人机工程学设计一直以来困扰着设计者。最主要原因是由于设计过程中设计者很难直观地对设计方案的结果做出评价。他们除了这方面的经验设计之外，就只能通过各种标准或是资料上的数据来对现有的设计方案进行评估，甚至某些情况下仅能通过试制来验证其设计结果然后再修改，费钱又费时。特别是在司机室（例如低矮型铲运机）的空间有较大限制的时候，传统的设计方式更显得力不从心。如何在有限的窄小的空间内对司机室内仪表、操纵机构、座位、通道进行布置，司机操作更加安全、舒适和有效一直是人们关心和重视的问题。随着计算机软硬件技术的发展，设计手段也在不断地更新，从各个方面给出了更为先进的解决方案，以提高设计效率及设计准确性。人机工程学设计也出现了许多先进的设计方法。它们都使用了数字化三维人体模型与设计者进行交流。其中利用 CATIA、PRO/E 等软件进行人机工程学设计，例如人体模型的建立、工作环境的分析、人体运动仿真与分析。下面用 PRO/E 的 Manikin 模块以 CYL－2 地下轮胎式采矿车辆司机室为对象，来简要说明新的人机工程学辅助设计工具的设计过程、特点和效果。

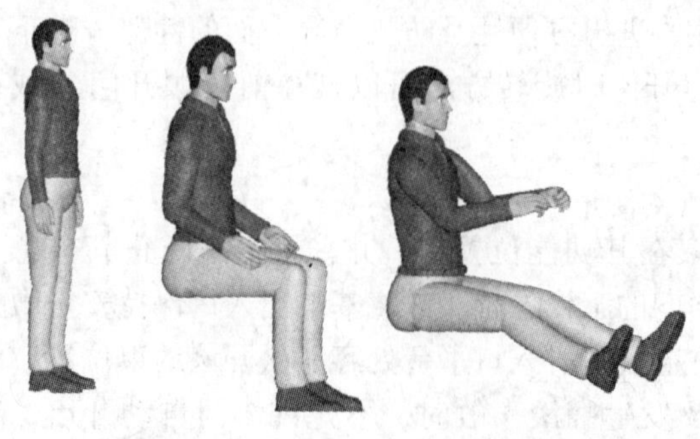

图 4-55　三种姿势的三维人体模型

（1）利用 PRO/E 软件建立地下轮胎式采矿车辆三维设计模型。

（2）在 Manikin 的全球人体模型库中选择第 5、第 95 个百分位数的男性人体模型及各种姿势的三维人体模型，如图 4-55 所示。

（3）选择需要的人体模型插入到地

图 4-56 人－机模型

下轮胎式采矿车辆设计的模型中，建立人－机模型，如图 4-56 所示。

（4）通过一些操作来自行调整人体的姿势与仪表、操作件、操作空间，达到更理想的姿势和相互之间的位置关系，以满足人机工程学设计要求。而这些自行调整的姿势也可以一并保存在姿势库中供以后使用。在设计中这些功能极大地方便了对人体外形的建模。不需要仔细地研究各种人体尺寸标准，不需要自己搭建人体模型，只需要将注意力集中在产品的设计上。

（5）用数字化三维人体模型进行地下无轨采矿车辆司机室内部布置设计与校核。数字化三维人体模型在地下轮胎式采矿车辆司机室内部布置设计及校核中承担着人机工程学的布置设计及校核验证的重要角色。图 4-57 ~ 图 4-60 所示为数字化三维人体模型在地下轮胎式采矿车辆司机室内部布置中的部分应用实例。除此之外，还能协助地下轮胎式采矿车辆设计工程师进行一系列司机室内部布置优化工作，主要包括：协助确定地下轮胎式采矿车辆主要控制尺寸；确定不同人体尺寸的司机乘坐位置和驾驶姿态；对人体乘坐姿态及舒适性进行分析和评估；确定踏板、转向盘、操纵杆、仪表及控制按钮等零件的布置位置，并进行操作合理性评价；模拟司机上下车姿态以评估上下车方便性；司机的座椅位置确定及安全带的固定位置的确定；模拟座椅的滑动及杆件操纵的运动过程并进行评价；校核司机驾驶过程中的直接视野和通过内外后视镜的间接视野是否符合相关规定；协助进行仪表板布置和仪表板盲区的校核；确定合理的车内宽度和头顶空间；分析人体质量在座椅上力的分布；对手及脚在操纵部件操作时所施加的力进行评估；同时检查设计间隙及干涉分析，最终记录数据并输出优化的布置结果。

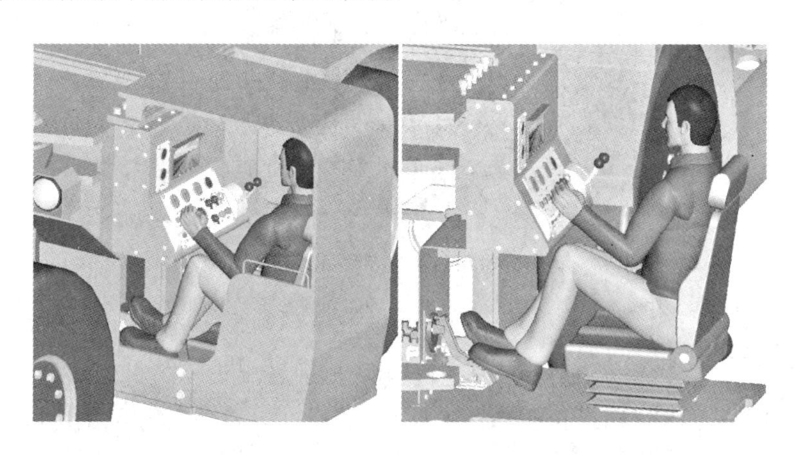

图 4-57 在设计过程中从不同角度检查司机室布置效果

以三维技术为辅助来进行司机室的人机工程学设计，不仅能较大地提高产品在人机工程学模块的设计效率和准确度，还以更直观和便捷的方式为设计者提供了一个性能优异的平台，是今后地下轮胎式采矿车辆设计的必然趋势。

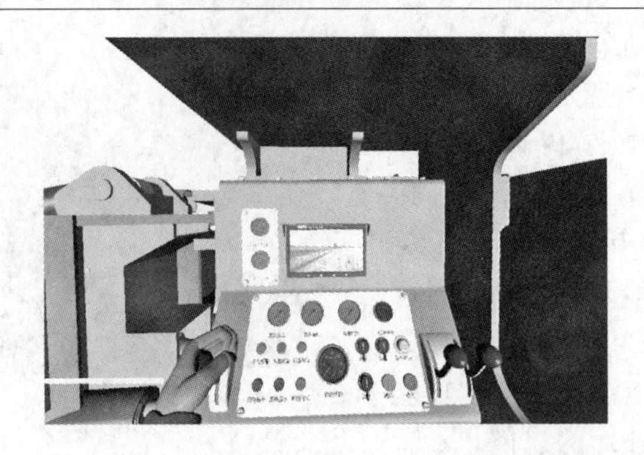

图 4-58　对司机在司机室内的视野效果进行模拟

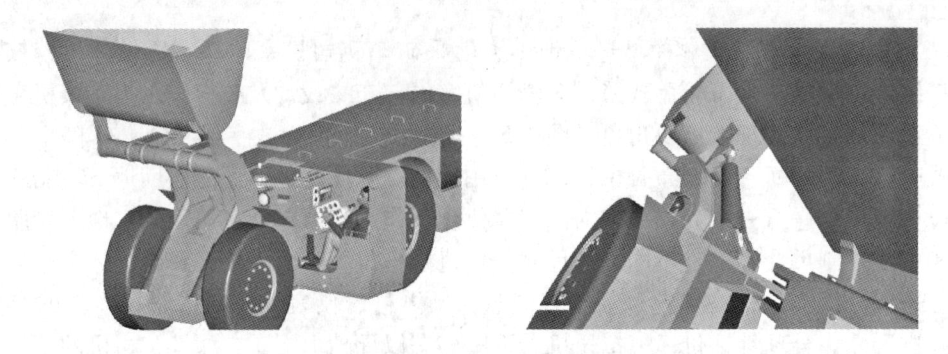

图 4-59　对司机观看轮胎式采矿车辆运行工况各种视野效果进行模拟

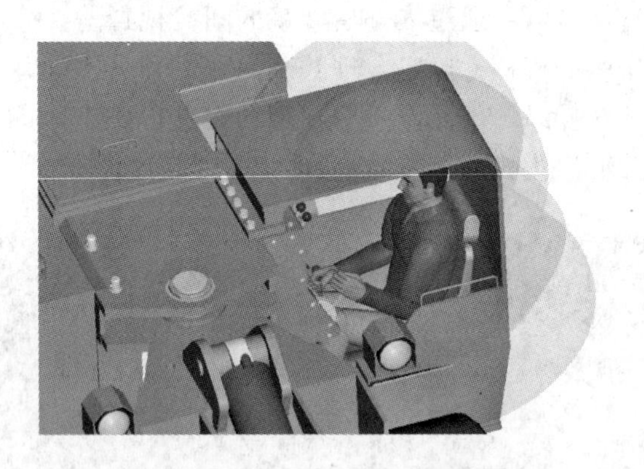

图 4-60　对司机的双手操作域进行模拟

4.6　司机的保护

地下轮胎式采矿车辆司机长期暴露在恶劣的、存在大量潜在危险的作业环境之中，因此其身体常常受到车辆内部和外部的各种危害。司机的保护措施就是把这种危害降到最低程度。

4.6.1　全封闭司机室和司机棚

全封闭司机室和司机棚是保护司机的最好办法。

4.6.1.1 对全封闭司机室和司机棚的一般要求

（1）全封闭司机室或司机棚内工作区不能存在任何可能损伤司机的锐角、棱边、凹凸不平的表面和凸出的部位，锐角、圆角半径和锐边倒钝应符合 GB/T 17301 的规定，如图 4-61 和图 4-62 所示。

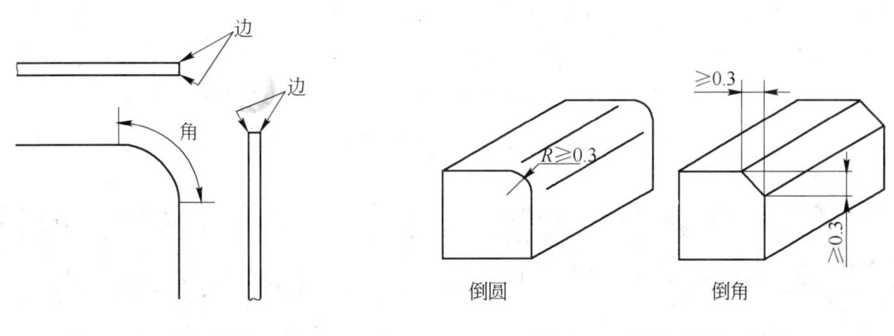

图 4-61 边与圆角

图 4-62 棱角倒圆、倒角

（2）全封闭司机室或司机棚位置与结构不应干涉司机的视野。

（3）全封闭司机室或司机棚内司机操作处应铺设防滑垫或防滑盖板。

（4）全封闭司机室及其配套设施的内饰材料应符合 GB 8410 阻燃的规定，即燃烧速度不大于 100mm/min。

（5）全封闭司机室或司机棚的设计应保证一旦司机意外与全封闭司机室顶或道路两边或车辆运动部件相接触时所受伤害最小。

（6）全封闭司机室如果车辆的工作环境要求，车辆要安装挡风玻璃雨刷、洗涤器、除雾器等设备。

（7）当采用全封闭司机室时，为了保证司机良好的工作环境，要合理解决全封闭司机室热舒适性的设计，即全封闭司机室的加压、密封、新鲜空气过滤、空气流动、采暖、降温和隔热问题。

（8）所有窗户玻璃应采用安全玻璃或与之有相同安全效果的其他材料制造。安全玻璃的质量应符合 GB 9656 标准的规定。

（9）发动机排气系统应远离司机座椅和全封闭司机室（或驾驶棚）入口，座椅和全封闭司机室（或驾驶棚）的设计和构造必须避免由于废气和缺少氧气引起的风险。

（10）当软管内的液体压力在 5MPa 以上、工作温度在 50℃ 以上且距司机操作位置在 1m 以内时，必须加护罩，护罩应坚固，保护司机免受软管突然爆炸而产生的伤害。尽可能将硬管和软管放在司机室外。

（11）应采取措施避免在操纵位置同运动零件相接触。

（12）在全封闭司机室或司机棚内应安装固定的内部照明装置，并在发动机熄火后，该装置仍能起作用，以便能对司机位置进行照明和阅读司机手册。

（13）若存在使用液压锤操作造成碎片飞溅的危险，宜安装耐冲击材料、网眼防护等防护装置或具有等效防护效果的防护装置。关于该工况下附加防护需要的说明应包括在司机手册中。

（14）应采取措施避免司机位置与运动部件（如车轮、工作装置和附属装置）的意外接触。

4.6.1.2　司机室的类型

地下无轨采矿车辆司机室有全封闭司机室（图4-63）、传统司机棚（图4-64）两种。目前大多数中、小型地下无轨采矿车辆的司机室都设计成传统司机棚，除了有保护的顶棚和两个支承或两个以上支承外，其余不封闭，结构简单，但工作条件较差。随着科学技术的发展和制造水平的提高及美学设计理念的应用，地下轮胎采矿车辆司机室近几年出现了许多变化：大、中型地下轮胎采矿车辆全封闭司机室越来越多，外观越来越美观，司机越来越安全，操作越来越舒适。司机棚与全封闭司机室特点比较见表4-16。

图4-63　全封闭司机室

图4-64　传统司机棚

表4-16　司机棚与全封闭司机室特点比较

项目	传统的司机棚	全封闭司机室
优点	司机能自由向后面伸出身以改善视觉，对司机的视野限制少；进出司机棚容易；不影响矿区内通信；结构简单，成本低	能防灰尘，防止司机身体受到道路物的打击；工作环境好，舒适，噪声相对低；可隔离柴油机排放的有毒废气；减轻了司机的疲劳，提高了工作效率
缺点	司机可能碰到道路墙壁与其他物体；司机暴露在烟、灰尘、有害气体和噪声之中，工作条件差，安全和健康受到严重影响；司机易疲劳，工作效率相对要低	若无空调，全封闭司机室内可能热；入口可能受到限制，紧急出口可能受到影响，万一发生事故，逃生困难；在全封闭司机室内可能通信受到影响；需要清洗挡风玻璃工具；结构复杂，成本高

4.6.1.3　司机室的布置

司机室的布置根据不同的地下轮胎式采矿车辆对视线要求有不同布置。如对标准型地下装载机来说一般布置在车辆中部，高出车身，对低矮型地下装载机来说一般也布置在车辆中部，与车身几乎等高，并伸出车身一侧大约200～600mm左右，以提高司机的视线（图4-65）。

地下装载机司机室在车辆上的位置虽然大都布置在车辆中部，但有的装在前车架一侧（图4-66），有的装在后车架一侧（图4-67）。司机室装在前车架一侧，由于离工作机构很近，司机容易受到铲斗溢出的物料伤害。司机室装在后车架一侧，司机的视线较差。两种司机室各有优点和缺点。

图 4-65 标准型地下装载机与低矮型地下装载机司机室布置比较

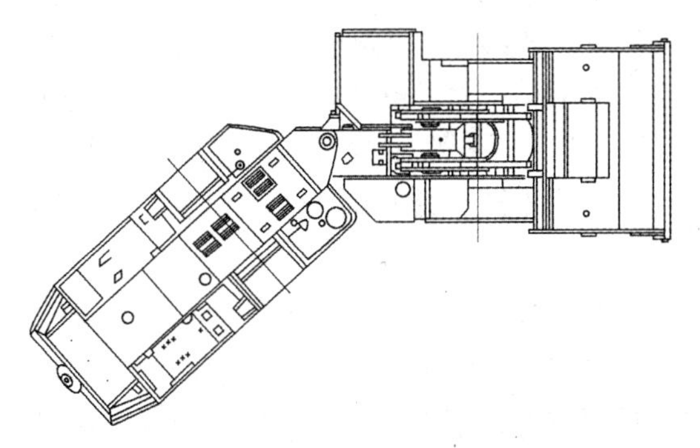

图 4-66 司机室装在前车架的位置

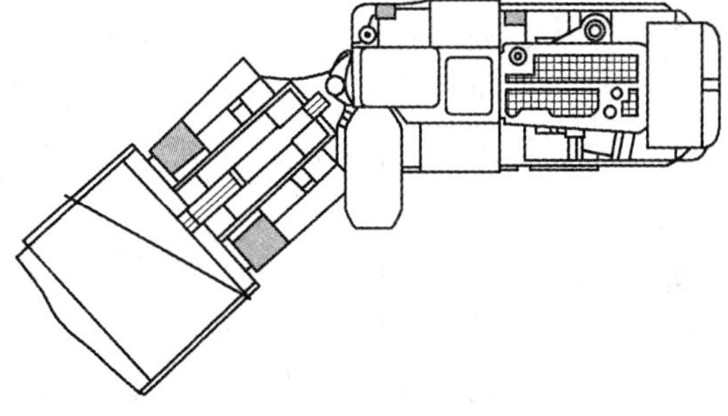

图 4-67 司机室装在后车架的位置

对地下汽车或地下辅助车辆来说（图 4-68 和图 4-69），由于后车架要装车厢或辅助功能装置（如升降机等），因此，司机室一般装在前车架最前方，司机面对车辆运行方向操作，此时司机后视极不方便，也有司机侧坐方向正好垂直车辆运行方向，司机在前进与后退都有较好的视线。

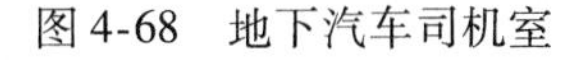

图 4-68 地下汽车司机室

图 4-69 地下辅助车辆司机室

4.6.1.4 司机室内部布置

司机室内部布置设计主要是确定驾驶座椅、显示器及仪表总成、控制器及司机室的门窗、顶棚、内壁之间的匹配关系，合理安排它们所处的空间位置及司机室内部空间尺寸。地下轮胎式采矿车辆司机室的操作空间应满足下列要求：易于出入；要给司机的手和脚留有足够的操作活动空间；司机室的内部高度最好能使人体第 95 百分位男性司机坐姿时不碰到头，至少应使司机挺直坐着在高度调节时最高位置的座椅上面距底板 400mm 左右，头顶离顶棚内表面至少有 50mm 间距；控制器相对于座椅的位置应适合于司机方便操作；显示器相对于驾驶座椅的位置应适合于司机准确认读；门窗、前后挡风玻璃相对于座椅的位置，应使司机操作时有良好的野视，特别是前挡风玻璃，必须使司机能清楚地看到工作装置处于最低位置和最高位置时的工作状态。因地下轮胎式采矿车辆品种多，其工作装置又各不相同，所以不同的地下轮胎式采矿车辆司机室对司机上下视角的要求也各不相同，设计时可根据工作装置所处的最低和最高位置及其安全要求，采用作图法确定司机的上下视角。

4.6.1.5　地下轮胎式采矿车辆全封闭司机室内微气候设计

A　全封闭司机室内微气候及其对司机的影响

全封闭司机室内微气候是指由车身、车门、车窗等围成的全封闭司机室所构成的特殊气候条件，既受到车外矿井气候的影响，又具有自我调控功能。温度、相对湿度、空气流速和热辐射是全封闭司机室内微气候的4个影响因素，直接影响人体的体温调节。这4个影响因素中，人们对空气温度的变化最敏感，它对人的体温调节起着主要作用，如有的地区矿井温度有时高达40℃以上，人体将会产生不舒适感，人的注意力、体力和反应能力都会下降；有的地区矿井内温度过低时人体同样会感到不适，易产生紧张、疲惫感，甚至生病。

适宜的全封闭司机室内微气候是维持司机人体热平衡、保持体温调节处于正常状态的必要条件，有利于司机的正常操作和司机的休息与健康。若全封闭司机室内微气候的变化处于一定范围内，人体可以通过体温调节机制保持体内温度的恒定。如果全封闭司机室内微气候的变化超过一定范围，人体的体温调节就会处于一种紧张的状态，这将影响人体的神经、消化、呼吸和循环系统的功能，造成紧张、疲惫、工作效率低、反应迟钝或误操作引发安全事故，严重时会降低人体的抵抗力，使人生病。如果全封闭司机室内微气候变化过于激烈，也将对健康产生不良的影响。

B　全封闭司机室内微气候的设计

全封闭司机室内的空间是一个相对狭小的封闭空间，其气候舒适性不仅是司机关注的问题，也是地下轮胎式采矿车辆设计初期阶段需要考虑的重要内容。目前，全封闭司机室内微气候是由采暖、通风和空调系统（heating，ventilating and air conditioning，HVAC）来控制的，在地下轮胎式采矿车辆设计早期，就需要预测HVAC系统对于司机热舒适性的影响。全封闭司机室内微气候设计应综合地下轮胎式采矿车辆使用要求、使用条件、结构布置、材料、成本等因素，考虑密封、空气过滤、气流组织、采暖、冷却、隔热以及风窗玻璃除霜除雾等问题，以提供适合人体热舒适性要求的微气候环境。

全封闭司机室内应有足够的新鲜空气，以防司机恶心、头痛。司机所需的空气更换量，在室温较低时约为20～30m^3/h，在室温较高时空气更换强度应比室温较低时高2～3倍。司机室内部CO的含量不宜超过0.01mg/L，CO_2含量不宜超过1.5mg/L。

全封闭司机室内空气流动应均匀，各部分流速差不宜太大，无穿堂风和大的涡流，只允许全封闭司机室上存在局部涡流。在司机头部水平位置的空气流速，温度较低时宜小于0.15m/s，温度较高时宜小于0.5m/s。

矿井温度较低时司机室内温度宜在10℃以上，各处温差不宜大于10℃。头部气温应比司机室内平均温度低2～3℃，腿部及其以下部分温度应高出2～3℃。

司机室内空气相对湿度宜保持在30%～70%。温度高时取上限，温度低时取下限。

C　全封闭司机室内采暖、通风和空调系统的功能要求

a　采暖

采暖装置是提高司机热舒适性的装备，根据热源可分为独立式和非独立式两种。非独立式利用发动机工作产生的剩余能量供暖，它包括发动机冷却水和排气两种供暖方式。前者称水暖式，后者称气暖式。独立式采暖利用燃料在燃烧器中燃烧产热来供暖。按照空气的循环方式不同，采暖装置分为司机室内循环式、车外循环式和机室内外循环并用式三种。全封闭司机室内循环式不利于司机室内空气的交换和司机室内有害气体的排出，而车外循环式则能够克服这一缺点。

安装采暖装置必须符合以下规定：

（1）符合 GB/T 19933.4（ISO 10263－5）的规定；

（2）通过计算确定采暖能力。换气系统应能以不小于 $43m^3/h$ 的流量给司机室提供过滤的新鲜空气。滤清器应按 GB/T 19933.2（ISO 10263－2）标准进行试验。

注：依据预期的操作环境条件来选择滤清器元件。

b　通风

设置通风系统的目的是向全封闭司机室内输送新鲜空气，把污浊空气排到车外，使司机室或车厢内的空气满足要求。通风系统是车辆上长期运转的系统。司机室的通风系统有自然通风和强制通风两种形式。自然通风是利用行车时相对运动所产生的气流压力差形成的。自然通风不需要消耗能源且结构简单。但其缺点是通风不均匀，易造成车厢内的穿堂风，靠近窗口或风口处风速会很大。此外，自然通风的进风量取决于车速，而车速变化将会影响通风量。强制通风是用换气扇将空气送入司机室内，这种措施需要有能源和设备。在备有冷暖气设备的全封闭司机室上，多半采用通风、采暖和制冷的联合装置。无论是自然通风或是强制通风，为了提高通风效果，通风口的设置都应利用车辆行驶产生的气动压力。

进风口应设计在正压力较大的地方，如前围的正面和前风窗下部。出风口应选在负压区域或正压极低的区域，如顶盖侧面和后风窗的上端及下端；设计出风口时还要注意防尘，在清洗车辆时，保证水不致流入全封闭司机室内。

典型的通风装置如图 4-70 所示，图中空气滤清器 1 将空气中的尘埃和有害杂质过滤掉，过滤后的清洁空气被风扇 2（一般设三级转速）吹进全封闭司机室，使室内气压升高 50～100Pa，在此高压作用下，室内空气向室外自然泄漏。若提供这种带增压系统的司机室，该增压系统应按 GB/T 19933.3 中的规定进行试验。

c　制冷

制冷装置是专为解决全封闭司机室内在高温时进行空气调节用的装置，以便在全封闭司机室里建立一个舒适的环境，减轻司机的疲劳。全封闭司机室空调系统的基本组成和其制冷装置的制冷循环由下列四个阶段组成：

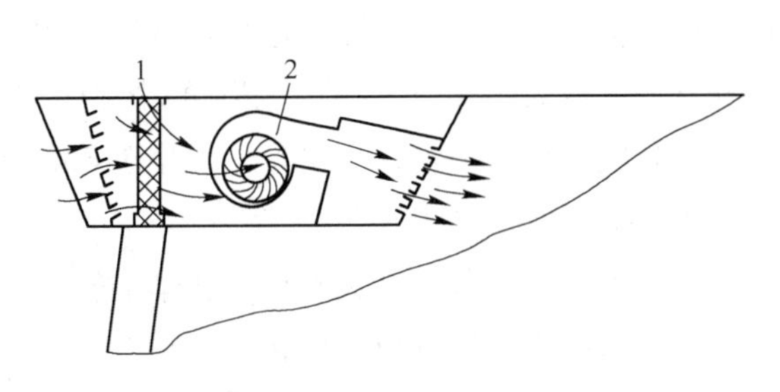

图 4-70　司机室通风装置

1—空气滤清器；2—风扇

（1）压缩。低压过热蒸汽被压缩机自蒸发器中抽出来，经压缩后，低压、低

温蒸汽形成了容易冷凝的高压、高温蒸汽。

（2）冷凝。自压缩机压出的高压过热蒸汽进入冷凝器，制冷剂在这里被冷却而冷凝成为液态，并将热量通过气冷冷凝器传给蛇形管周围的空气而被带走，过冷的液态制冷剂则流入作为收集器、过滤器和存储器用的接收——干燥器中。

（3）膨胀。高压液态制冷剂通过膨胀阀的节流孔产生压力降，压力的降低致制冷剂在蒸发器中汽化。

（4）蒸发。低压蒸发器中制冷剂的温度低于通过蒸发器蛇形管周围的空气的温度，因而液态制冷剂从周围空气吸收热量而被汽化，同时使全封闭司机室内部空间的气温降低。

d　隔热与密封

为了使司机室保持一定的温度，除了装备采暖、制冷和通风装置外，还要使司机室具有一定的隔热和密封性能，减少其冷热损失，阻隔外部向司机室内部的热辐射和传导，以减少外界热辐射对全封闭司机室内司机的影响。隔热一般借助在车身上加装隔热层实现。隔热层由玻璃纤维、毛毯、泡沫塑料、胶合板等材料组成。

设计司机室门窗时必须采用密封封条来保证密封性能。各部位的密封条截面形式应根据具体的结构形式合理设计。

4.6.1.6　全封闭司机室对有害物质的隔离作用

全封闭司机室的重要功能之一就是隔离各种有害物质对司机的危害。因此，如条件许可，应尽量采用全封闭司机室。

A　尘埃

人体吸进5μm以下的细尘埃对身体影响不大，粒度大于5μm的尘埃被吸入人体会对身体健康造成危害。工作场所的空气含尘量最大不得超过10mg/m^3，而地下轮胎式采矿车辆在不利条件下作业时，空气含尘量比该允许值高很多倍，并且5μm以下的细尘只占3%～8%。可见隔离空气中的尘埃对司机的侵害是十分必要的。

尘埃的成分尤为重要。“石粒”对人体健康危害极大，吸入“石粒”可能导致硅肺病。土壤的尘埃本身主要由铝硅混合组成，并含有少量石英、云母等，其粒度大多在20～2000μm，细尘是极少的。这说明了司机遭受尘埃危害的严重性。

一个人若处于空气含尘量为1000mg/m^{3}空间中，安静地坐在座位上，每天约吸入150mg灰尘，其中约5%（相当于7.5mg）进入肺部。全封闭司机室内空气含尘量的允许值一般可取为10mg/m^3；在土壤尘埃含石英成分较多的地区，全封闭司机室内空气含尘量的允许值宜取为2mg/m^3。不带空调的全封闭司机室内空气含尘量一般小于8mg/m^3，带空调的全封闭司机室内空气含尘量一般小于3mg/m^3。

B　柴油机排放废气

柴油发动机将蕴藏在柴油中的化学能转换成机械能。柴油被喷射进入汽缸中，与空气混合燃烧所排出的废气成分中包含几种对人体和环境有毒害作用的物质，表4-17列出了柴油机废气中的几种基本有害物质的典型含量。新的和保养良好的柴油机中这些物质排放较小，而老旧的柴油机排放的较多。

表 4-17 柴油机废气排放物

排放物	CO	HC	PM	NO_x	SO_2
含量	$(5\sim1500)\times10^{-6}$	$(20\sim400)\times10^{-6}$	$(0.1\sim0.25)\times10^{-6}$	$(50\sim2500)\times10^{-6}$	$(10\sim150)\times10^{-6}$

在燃烧不充分的情况下，废气中生成一氧化碳（CO）、碳氢化合物（HC）和醛类物质。发动机润滑油是碳氢化合物的一个重要来源。如果发动机在封闭空间作业，如地下矿井、地下建筑、隧道，由于一氧化碳在空气中的增多，会引起人员头痛、眩晕和乏力。在这种情况下，碳氢化合物和醛类物质也是柴油臭味中的主要构成物质。作为烟雾的主要组成部分，碳氢化合物还对环境造成很大危害。

氮氧化合物（NO_x）生成于汽缸中的高温高压条件之下，其主要成分为一氧化氮和少部分的氧化氮，氧化氮是剧毒物质。由于氮氧化合物（NO_x）在烟雾中大量存在，已经成为一个严重的环境问题，引起了公众的严重关切。

由于柴油中含有硫而产生二氧化硫（SO_2），其在废气中的浓度取决于柴油中硫的含量。国外大多数柴油机使用含硫量低于 0.05% 的低硫柴油作为燃料。目前，我国大多数柴油机使用含硫量高于 0.05% 的低硫柴油作为燃料。二氧化硫（SO_2）是一种特别具有刺激性气味的无色有毒气体，它进一步氧化成三氧化硫，成为硫酸的半成品。三氧化硫很容易形成硫酸盐微粒排出汽缸。各种氧化硫是形成天降酸雨的主要原因，对环境造成严重的破坏作用。

黑烟颗粒物质（DPM），EPA 解释为一种固体和流体的复杂聚合体，它最初是由汽缸内燃烧生成的碳微粒，进一步组成大量凝集物的同时结合了几种其他物质，其中包含有机物和无机物，成为柴油废气的组成部分。总的来说，DPM 由三种基本物质组成（图 4-71）：固体物质（干炭微粒，俗称黑烟）、SOF 吸附凝结了大量碳氢化合物的碳微粒、硫酸盐物质（硫酸水合物）。

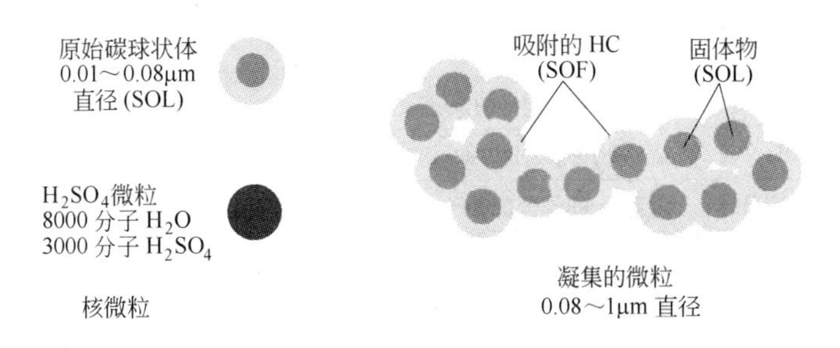

图 4-71 发动机尾气排放的颗粒物质（DPM）组成

实际上，发动机不同，DPM 的组成也不同，发动机的负载和转速决定 DPM 的具体混合成分。“湿”颗粒可能含有 60% 的 SOF，而“干”颗粒可能主要由干炭组成。硫化物的含量与柴油中硫的含量有直接关系。

DPM 非常微小，直径仅为 0.0001 ~ 0.0008μm，凝集物的直径从 0.08 ~ 1μm。由此可见，黑烟颗粒几乎全部可以进入人的呼吸道并对人体健康造成危害。权威部门已经将它们区分为“致癌物质”和“可致癌物质”，它们会增加心脏病和呼吸道疾病的发病率。

PAH是另一种碳氢化合物——一类由两个或多个芳香环（碳和氢原子）组成的物质，含有两个以上的苯链，它们的许多混合物是已知的致癌物。在柴油机废气中，PAH被分解成气体和颗粒，其中大多数有害混合物夹带于DPM有机物之中。

不同有毒有害气体浓度对人体健康的影响见表4-18。

表4-18　不同有毒有害气体浓度对人体健康的影响　（体积分数/%）

气体名称	气体浓度	接触时间对人体的影响
CO	0.005	允许的暴露浓度，可暴露8h(OSHA)
	0.02	2～3h内可能会导致轻微的前额头痛
	0.04	1～2h后前额头痛并呕吐，2.2～3.5h后眩晕
	0.08	45min内头痛、头晕、呕吐。2h内昏迷，可能死亡
	0.16	20min内头痛、头晕、呕吐。1h内昏迷并死亡
	0.32	5～10min内头痛、头晕。30min无知觉，有死亡危险
	0.64	1～2min内头痛、头晕。10～15min无知觉，有死亡危险
	1.28	马上无知觉。1～3min内有死亡危险
CO_2	2.5	几小时内没有什么症状
	3.0	呼吸的深度会增加
	4.0	有局部症状：头痛、耳鸣、心跳、昏迷、意识丧失、呕吐
	6.0	呼吸次数显著增加
	8.0	呼吸明显困难
	10.0	意识丧失，死亡状态
	20.0	死亡
NO	0.0025	允许的暴露浓度（OSHA）
	0～0.005	较低的水溶性，因此超过TWA（8h加权平均时间）浓度，对黏膜也有轻微刺激
	0.006～0.015	更强烈，咳嗽、烧伤喉部，如果快速移到清新空气中，症状会消除
	0.02～0.07	即使短时间暴露也会死亡
NO_2	0.00002～0.0001	可察觉的有刺激的酸味
	0.0001	允许的暴露浓度（OSHA、ACGIH）
	0.0005～0.001	对鼻子和喉部有刺激
	0.002	对眼睛有刺激
	0.005	30min内最大的暴露浓度
	0.01～0.02	肺部有压迫感，急性支气管炎，暴露稍长一会儿将引起死亡
SO_2	0.00003～0.0001	可察觉的最初的SO_2
	0.0002	允许的暴露浓度（OSHA、ACGIH）
	0.0003	非常容易察觉的气味
	0.0006～0.0012	对鼻子和喉部有刺激
	0.002	对眼睛有刺激
	0.005～0.01	30min内最大的暴露浓度
	0.04～0.05	引起肺积水和声门刺激的危险浓度，延长一段暴露时间会导致死亡

续表 4-18

气体名称	气体浓度	接触时间对人体的影响
NH_3	0 ~ 0.0025	对眼睛和呼吸道的最小刺激
	0.0025	允许的暴露浓度（OSHA、ACGIH）
	0.005 ~ 0.01	眼睑肿起，结膜炎，呕吐、刺激喉部
	0.01 ~ 0.05	高浓度时危险，刺激变得更强烈，稍长时间会引起死亡

注：OSHA—美国职业健康安全局；ACGIH—美国政府工业卫生专家会议。

4.6.2 翻车保护结构和落物保护结构

地下轮胎式采矿车辆在行驶和作业时，经常会遇到一些意外情况，危及车辆及司机的人身安全。这些意外的情况有：

（1）矿井顶板浮石落下砸坏车辆或司机；

（2）地下轮胎式采矿车辆在作业地承载行走时，某一轮胎下陷或爆胎，造成车辆失稳而翻车；

（3）因为司机操作不当，转向时速度过快，作业场地不平，遇有斜坡、沟坑或地面松软塌陷，引起翻车事故；

（4）地下轮胎式采矿车辆在坡道角超过设计值的坡道上行驶时，使得所通过的地下轮胎式采矿车辆的重心的铅垂线超出支承面之外而造成翻车。

由于落物和翻车常常会砸坏车辆、伤害司机，为了保护车辆和司机的安全，尽量降低上述危险后果风险，SAE 和 ISO 都制订了这方面的标准。我国为了促进国内工程机械的健康发展，在技术上与国际标准接轨，也颁发了与之等效的国家标准，见表 4-19。虽然这些标准针对露天工程机械，但也适用于地下无轨采矿车辆。当今国内外地下无轨采矿车辆也普遍采用翻车保护结构（roll - over protective structure，ROPS）和落物保护结构（falling - object protective structure，FOPS）。

表 4-19 ROPS 与 FOPS 标准

SAE 标准	ISO 标准	GB 标准	标 准 名 称
SAE J1040	ISO 3471：1992	GB/T 17922—1999	土方机械 翻车保护结构试验室试验和性能要求。注：在 2008 年 ISO 又公布了新的标准 ISO 3471：2008（E），目前还未有对应的国家标准
SAE J397	ISO 3164：1995	GB/T 17772—1999	土方机械 保护结构的实验室鉴定挠曲极限值的规定
SAE J231	ISO 3449：2005	GB/T 17771—2010	土方机械 落物保护结构试验室试验和性能要求

ROPS 是在机器上安装的一组结构件，其主要作用是在机器滚翻时，使系着安全带的司机减少被压伤的可能性（注：结构件包括所有次要机架、支撑、固定件、插座、螺栓、销钉、悬架或用来保护机架装置的缓冲器，但不包括与机架一体的安装设施）。

FOPS 是在机器上安装的一组结构件，其布置方式是在有坠落物体（例如岩石、小混凝土块、手动工具等）时，对司机提供适当保护。

ROPS 和 FOPS 应符合 GB/T 17772、GB/T 17921、GB/T 17922 等标准规定，并且保护结构不能妨碍司机或操作人员的正常操作活动。

4.6.2.1　安全保护结构的挠曲极限量和座椅标定点

A　安全保护结构的挠曲极限量

挠曲极限量（deflection limiting volume，DLV）概括了人体坐姿形态的空间体积，是按 GB/T 8420 规定的穿着普通衣服、戴安全帽、坐姿高大男性司机所占据的空间尺寸确定的。它的用途主要是根据 GB 17771（ISO 3449）和 GB 17922（ISO 3471）进行 FOPS 和 ROPS 试验时，用来限制安全保护结构允许的变形量，以表示落物坠落在司机室顶部或发生翻车时，不致伤害到司机。在试验中，DLV 制成实物模型，所有外形尺寸如图 4-72 所示。所有线性的尺寸偏差为 ±5mm。

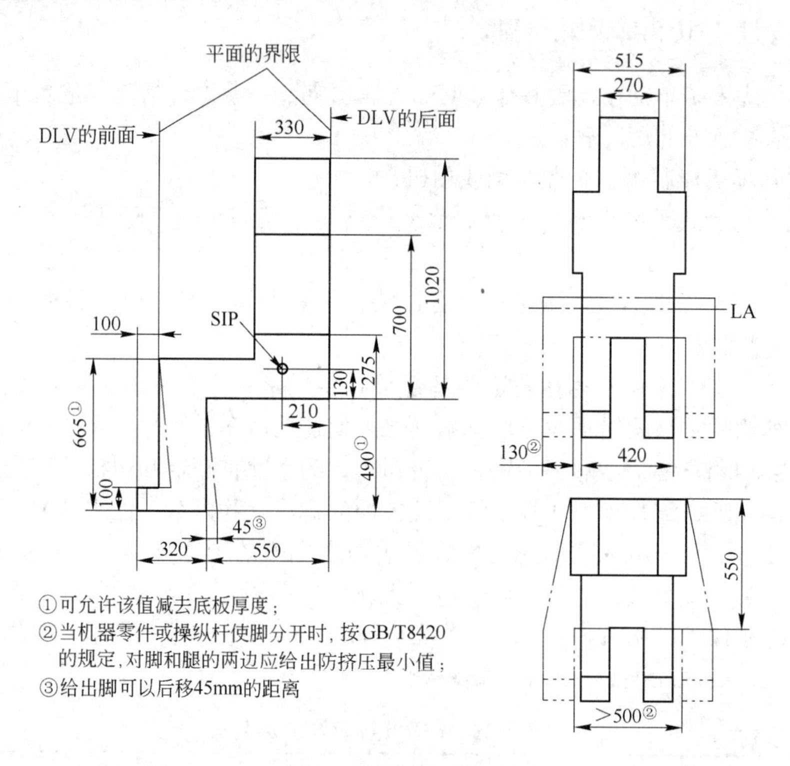

图 4-72　挠曲极限量

图 4-72 中 LA 是定位轴线，是相对座椅标定点（seat index point，SIP）为设计司机工作位置的目标位置（相当于人的身躯和大腿之间假想的枢轴线与通过司机座椅中心线的垂直平面的交点）的水平轴。

DLV 的定位应符合 GB/T 17772 的规定，即使图 4-72 所示的定位轴 LA 通过 SIP，并应固定在与司机座椅紧固部位相同的机器上，在整个试验中保持其位置不变。DLV 相对 SIP 水平与垂直方向偏差为 ±13mm。

DLV 相对座椅标定点限制安全保护结构允许的变形量，以表示落物坠落在司机室顶部或发生翻车时，ROPS 和 FOPS 不致伤害司机。

B　座椅标定点

座椅标定点是座椅上距靠背 210mm 处的横向垂直面与座椅中心纵向垂直平面交线上距坐垫水平面以上 130mm 处的一个特定点。它表示司机入座后胯关节在司机室中的中点位置，它与 H 点（人体的胯点）位置尺寸只有较小差别，是工程机械司机室与操作方便性及坐姿舒适性有关的车内尺寸的基准点、司机视线基准点及布置其他操纵机构的基准点，也是安全保护装置试验过程中 DLV 定位轴线 LA 的位置定位点（LA 保持与座椅的 SIP 重合）。

SIP 可用座椅标定点装置确定或由座椅生产厂给出，带座椅标定点装置如图 4-73 所示。确定 SIP 位置的方法和装置见 GB 8591—2000（ISO 5353：1995）。

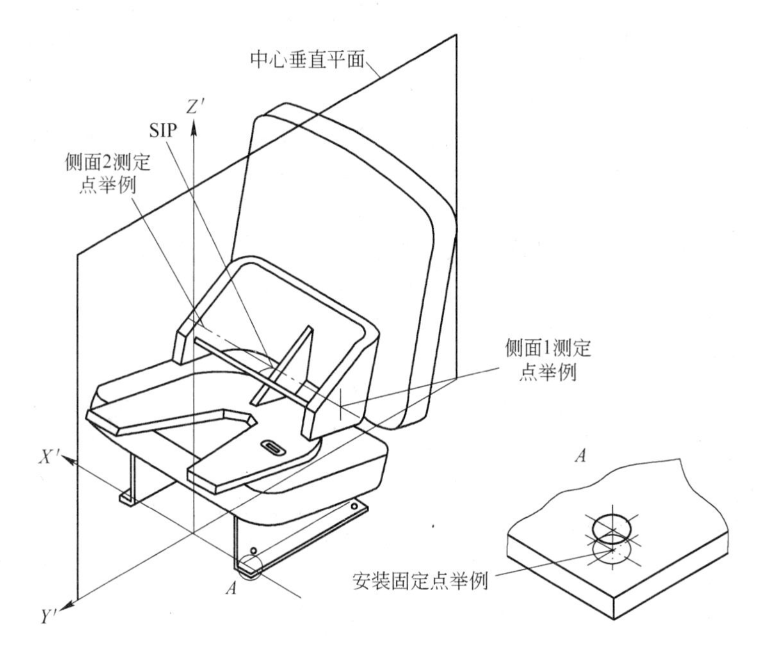

图 4-73 放置 SIP 测定装置的座椅

4.6.2.2 落物保护结构实验室试验

A 通则

（1）FOPS 可与司机室做成一体。

（2）由于落物实际冲击引起了结构永久变形，即不可再恢复的结构变形，因此对 FOPS 总成试验一般来说是破坏性的试验。

（3）基于机器的最终使用，冲击保护规定了两种验收基准：

1）验收基准Ⅰ（机器在巷道作业时，能对来自小的坠落物体，如砖块、小混凝土块、手工工具的冲击强度提供保护）。验收基准Ⅰ要求 FOPS 能承受一圆形试验体从产生 1365J 能量的高度下落时产生的冲击而不被击穿，且变形后的 FOPS 任何部位不得侵入 DLV，如图 4-74a 和图 4-75a 所示。

2）验收基准Ⅱ（机器在现场清理、拆除头顶上的障碍物作业时，能对来自巨大的坠落物体，如树木、岩石的冲击强度提供保护）。验收基准Ⅱ要求 FOPS 能承受一圆柱试验体从产生 11600J 能量的高度下落时产生的冲击而不被击穿，且变形后的 FOPS 任何部位不得侵入 DLV，如图 4-74b 和图 4-75b 所示。

在机器受到从上面撞击的情况下，符合以上基准的 FOPS 没有给出变形保护，可以认为侵入的保护在以上条件下是可以得到保证的。

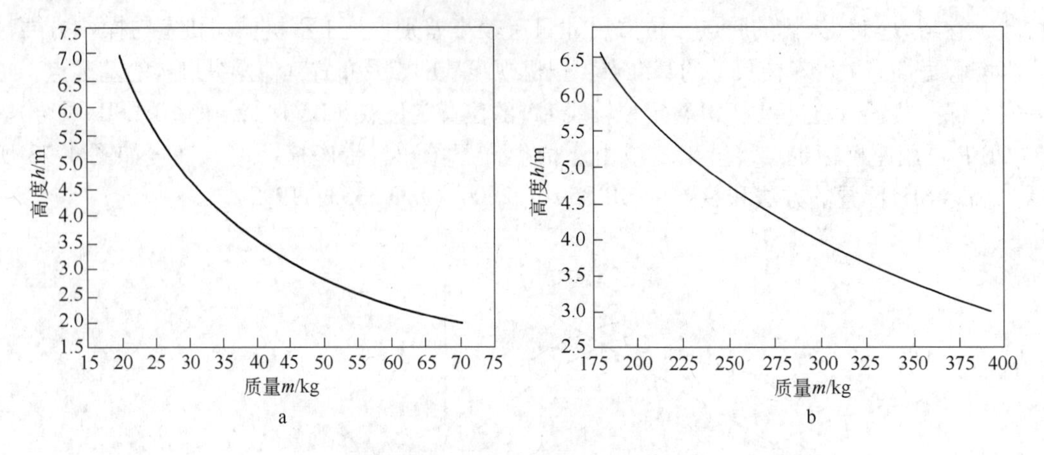

图 4-74　满足能量要求的试验体高度和质量关系曲线

a—验收基准Ⅰ能量要求曲线；b—验收基准Ⅱ能量要求曲线

B　试验室试验

a　试验设备

（1）在试验中防止其冲击表面产生变形的试验体。

1）验收基准Ⅰ的试验体是由实心钢或球墨铸铁制成的圆柱体，如图 4-75a 所示，质量为 45kg，接触的球面直径为200 ~ 250mm；

2）验收基准Ⅱ的试验体是由实心钢或球墨铸铁制成的圆柱体，如图 4-75b 所示，质量为 227kg。

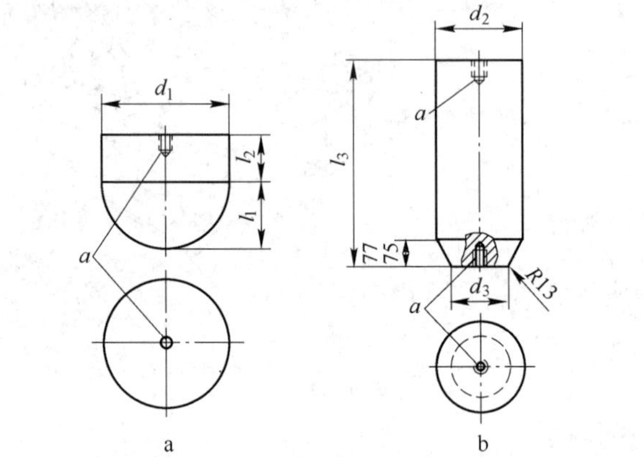

图 4-75　试验体示意图

a—验收基准Ⅰ，质量为 45kg；b—验收基准Ⅱ，质量为 227kg

d_1—204mm；d_2—255 ~ 260mm；d_3—203 ~ 244mm；

$l_1 \approx 102$mm；$l_2 \approx 109$mm；$l_3 \approx 584$mm；a—螺孔可以用来安装吊环

注：图中所有尺寸是可以任选的，根据试验体的质量乘以下落高度得出验收基准Ⅰ、验收基准Ⅱ所提供的能量值，下落试验体的尺寸可根据提供的能量所需的质量和下落高度来定

（2）提供下列试验设备：

1）提升试验体到所需高度的装置；

2）释放试验体自由落下的装置，使其下落时不受阻碍；

3）在试验时确定 FOPS 是否进入挠曲极限量（DLV）的装置。

b　确定 FOPS 是否进入挠曲极限量的方法

（1）用一种能显示 FOPS 穿透性的材料做成的垂直布置的 DLV 结构——可以在 FOPS 的下表面涂上黄油或其他合适的材料，用以显示这种侵入性。

DLV 的结构和定位应符合 GB/T 17772 的规定，它应牢固地固定在机器安装司机座椅的同一部位，并在整个试验中保持其位置不变。

（2）合适的动态仪系统，动态测量精度为 ±5%，用于测量与 DLV 有关的 FOPS 变形量。

c　试验条件

（1）试验台。待评定的 FOPS 应装在机架上，如同在实际的机器上使用一样，无需整台的机器，但 FOPS 的安装部分应与实际机架相同，试验台的垂直刚度不应小于符合下述

（2）规定的机器实际刚度。

（2）FOPS 安装在机器上。

1）机器可以安装由制造商规定的工作装置或附属装置；

2）所有与地面接触的机具均应处于正常的运输位置；

3）所有悬挂装置，包括充气轮胎，均应调到工作条件下，可调的悬挂装置应调到“最大刚度”的范围内；

4）所有司机室构件，如窗户、可拆的框板或非结构性的接头均应被拆掉，使它们不致增加 FOPS 的强度。

d 试验程序

（1）FOPS 试验程序应按下列顺序执行：

1）将试验体小头向下（验收基准Ⅱ）放置于 FOPS 上面的冲击位置。按图 4-76 所示三种情况的规定，该冲击位置应接近 DLV 顶部水平面或位于 DLV 顶部水平面的垂直投影范围内。根据下列每一种情况，对 FOPS 变形有重要影响的主要结构件均应予以关注：

① 在 FOPS 主要的上部水平构件没有进入 DLV 垂直投影范围时，选择的试验体冲击位置应使产生的最大变形接近 DLV 顶部水平面，并且尽可能地靠近 FOPS 结构的形心（图 4-76a）。

② 在 FOPS 主要的上部水平构件进入 DLV 垂直投影范围和上方所有表面覆盖材料相同并且厚度均匀时，选择的试验体冲击位置应使产生的最大变形接近 DLV 顶部水平面（根据结构）的上方、部分上方或者相切位置，与形心的距离最短，且该位置位于 FOPS 任何上部结构件的区域外（图 4-76b）。

③ 如果在 DLV 上方不同区域使用不同材料或不同厚度时，每块区域应分别进行冲击试验。为每个区域选择的试验体冲击位置应使产生的最大变形接近 DLV 顶部水平面的上方、部分上方或者相切位置，与形心的距离最短，但要在 FOPS 任何上部结构件的区域外。如果要在 FOPS 盖板上开口安装提供足够保护的设备或装置，则在进行试验时，应将该设备或装置安装好（图 4-76c）。

2）根据试验中 FOPS 的形式，垂直提升试验体到某一高度，该位置在 1）描述的上方，使之产生验收基准Ⅰ、验收基准Ⅱ所规定的能量。

3）释放试验体，使之自由地落到 FOPS 上。

试验体自由落下，不一定按上述 1）规定的方式击中目标，因此给出下列要求：

① 对于 FOPS 验收基准Ⅱ，试验体的小头开始冲击应落在半径为 200mm 的圆内，该圆的中心应与上述 1）规定的试验体垂直中心线重合；

② 对于 FOPS 验收基准Ⅰ，试验球面的冲击应落在半径为 100mm 的圆内，该圆的中心应与上述 1）规定的试验体垂直中心线重合；

③ 对于 FOPS 验收基准Ⅱ，在试验体和 FOPS 之间，首先接触的应是试验体小头或该端的圆角。

对于试验体回跳后的冲击位置或方式无限制。

（2）整体式 FOPS/ROPS。对于整体式 FOPS/ROPS，如果两个结构均要评定，根据上述 1）的要求，FOPS 试验应先于 ROPS 试验（见 GB/T 17922）。允许去掉冲击凹痕或换掉 FOPS 的盖板。

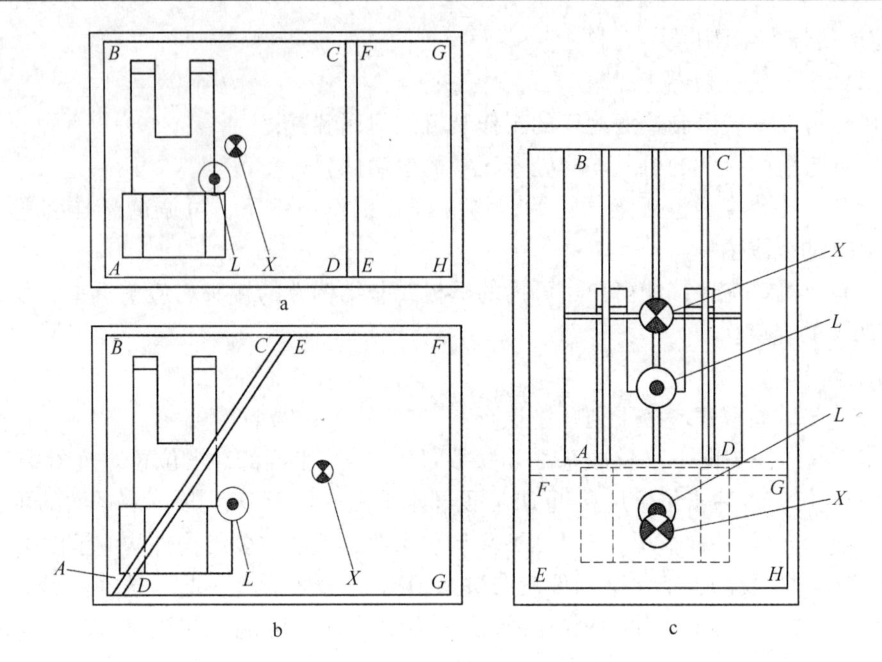

图 4-76　试验冲击位置

a—情况 1；b—情况 2；c—情况 3

X—FOPS 表面区域的形心；*L*—冲击位置

注：1. a 图中主要结构构件内 FOPS 的形心位于区域 *A*、*B*、*C*、*D* 里面；

2. b 图中 FOPS 区域 *A*、*B*、*C* 小于区域 *D*、*E*、*F*、*G*，同时 DLV 的垂直投影区域大于用 *A*、*B*、*C* 表示的截面区域；

3. c 图中冲击位置 1 位于 FOPS 区域 *A*、*B*、*C*、*D* 内，冲击位置 2 位于 FOPS 区域 *E*、*F*、*G*、*H* 内

C　性能要求

a　FOPS

FOPS 装置的保护特性应根据司机室或保护结构的耐冲击能力来评定。FOPS 应完全覆盖和重叠 DLV 的垂直投影。保护结构的任何部位在试验体最初或回弹冲击下不应穿入 DLV。如果试验体穿透 FOPS，则该 FOPS 就被认为是试验不合格。

b　整体式 FOPS/ROPS

凡是 ROPS 和 FOPS 共用的结构，FOPS 还应符合 GB/T 17922 规定的相应 ROPS 的性能要求。

整体式 FOPS/ROPS 的 FOPS 应符合 a 中的规定。

c　材料基准

（1）材料要求。除冲击要求外，确保 FOPS 的材料有一定的抗脆裂性。该性能和工作条件没有必要联系。如果制造 FOPS 结构件的所有原材料满足下述“（2）螺栓和螺母”和“（3）结构件”给出的力学性能，则在试验设备温度上可通过试验体冲击验证材料要求。或者，所有结构件在等于或低于 -18℃时，能通过试验体冲击验证材料要求。最大含碳量为 0.2%、厚度小于 2.5mm 的钢材应被视为满足 V 形缺口摆锤式冲击试验的要求。

（2）螺栓和螺母。结构上所用螺栓的公称性能等级应符合 GB/T 3098.1—2000 中的 8.8 级、9.8 级或 10.9 级，螺母的公称性能等级应符合 GB/T 3098.2—2000 中的 8 级或 10 级。

（3）结构件。FOPS 的结构件和与机架连接的支座应是钢制品，并应满足或超过表 4-20 规定的 V 形缺口摆锤（CVN）最小冲击强度。V 形缺口摆锤试验主要是质量控制的验证，所表示的温度与工作条件没有直接关系。

表 4-20 V 形缺口摆锤最小冲击强度

试样尺寸/mm × mm	-30℃时吸收能量/J	-20℃时吸收能量②/J
10 × 10①	11	27.5
10 × 9	10	25
10 × 8	9.5	24
10 × 7.5①	9.5	24
10 × 7	9	22.5
10 × 6.7	8.5	21
10 × 6	8	20
10 × 5①	7.5	19
10 × 4	7	17.5
10 × 3.3	6	15
10 × 3	6	15
10 × 2.5①	5.5	14

① 为优先选用尺寸，试样尺寸不得小于材料允许的最大优先尺寸。

② -20℃时的能量要求应是 -30℃规定值的 2.5 倍，其他影响冲击能量强度的因素有轧制方向、屈服强度、纹理方向和焊接等，当选择和使用钢材时才考虑这些因素。

在构成或焊接成 FOPS 以前，试样应从板材、管材或型材的原料纵向取样。管材或型材的试样应在最大尺寸一侧的中间切取，但不应切到焊缝。

D 标记

每个 FOPS 均应加注标记，当在结构上同时要满足 FOPS 和 ROPS 的性能要求时，应按 GB/T 17922 的规定加贴 ROPS 的标志。标记应是永久型的，并永久的固定在结构上。标记及其内容的尺寸应清晰易读。标记应置于免受外界腐蚀、便于阅读的地方。

标记至少应提供下列内容：

（1）FOPS 的制造商名称和地址；

（2）如果有 FOPS 编号，应标记；

（3）与 FOPS 配套机器的制造商、型号或产品识别代码；

（4）FOPS 结构符合所有性能要求和验收基准的标准号；

（5）FOPS 的制造年度，对于机器附属装置单独提供。

整体式 FOPS/ROPS 标记应包括上述（1）和（3）的信息。

制造商可以提供其他认为合适的信息（如安装、修理或更换等）。

4.6.2.3 翻车保护结构（ROPS）实验室试验

目前，翻车保护结构（ROPS）和落物保护结构（FOPS）的评价试验主要是在实验室的试验台上进行。实验室试验时不需用整台机械，只需把安全保护结构及与其相连接的车架固定在试验台座上即可进行。

翻车保护结构（ROPS）的评价试验是以静载代替动载，根据整机质量的大小，在保护框架上部的载荷作用点分别施加规定的水平侧向、垂直方向和水平纵向载荷（载荷值按表4-21相应公式计算），考核其强度和刚度，按其承受载荷能力、吸收能量和变形破坏情况评价是否合格。ROPS 和 FOPS 实验室试验执行国家标准 GB/T 17922、GB/T 17772 和国际最新标准 ISO 3471：2008（E）。

A 安全司机室的性能要求

国家标准 GB/T 17922—1999（等同 ISO 3471：1994）对土方机械 ROPS 性能和实验室试验规则做了详细规定，ISO 3471：2008 又对它进行了一定的修改，以此来鉴定 ROPS 在静载下的承载能力和力－挠曲特性。表4-21中所列公式规定了不同整机质量的 ROPS 应能承受的侧向、垂直和纵向最小作用载荷和最小能量吸收标准。

表4-21 力和能量公式

机械质量 m/kg	侧向作用力 F/N	侧向载荷能量 U/J	垂直作用力 F/N	纵向作用力 F/N
(1)履带式土方机械:推土机、装载机、吊管机和挖沟机				
$700<m\leqslant4630$ $4630<m\leqslant59500$ $m>59500$	$6m$ $70000(m/10000)^{1.2}$ $10m$	$13000(m/10000)^{1.25}$ $13000(m/10000)^{1.25}$ $2.03m$	$19.61m$	$4.8m$ $56000(m/10000)^{1.2}$ $8m$
(2)平地机				
$700<m\leqslant2140$ $2140<m\leqslant38010$ $m>38010$	$6m$ $70000(m/10000)^{1.1}$ $8m$	$15000(m/10000)^{1.25}$ $15000(m/10000)^{1.25}$ $2.09m$	$19.61m$	$4.8m$ $56000(m/10000)^{1.1}$ $6.4m$
(3)轮式土方机械:装载机、推土机、吊管机、回填压实机、滑移转向装载机、挖掘装载机、挖沟机				
$700<m\leqslant10000$ $100000<m\leqslant128600$ $m>128600$	$6m$ $60000(m/10000)^{1.2}$ $10m$	$12500(m/10000)^{1.25}$ $12500(m/10000)^{1.25}$ $2.37m$	$19.61m$	$4.8m$ $48000(m/10000)^{1.2}$ $8m$
(4)组合式土方机械牵引车部分:铲运机、铰接车架自卸车				
$700<m\leqslant1010$ $1010<m\leqslant32160$ $m>32160$	$6m$ $95000(m/10000)^{1.2}$ $12m$	$20000(m/10000)^{1.25}$ $20000(m/10000)^{1.25}$ $2.68m$	$19.61m$	$4.8m$ $76000(m/10000)^{1.2}$ $9.6m$
(5)压路机①				
$700<m\leqslant10000$ $10000<m\leqslant53780$ $m>53780$	$5m$ $50000(m/10000)^{1.2}$ $7m$	$9500(m/10000)^{1.25}$ $9500(m/10000)^{1.25}$ $1.45m$	$19.61m$	$4m$ $40000(m/10000)^{1.2}$ $5.6m$
(6)整体车架自卸车(不包括车厢)②				
$700<m\leqslant1750$ $1750<m\leqslant22540$ $22540<m\leqslant58960$ $58960<m\leqslant111660$ $m>111660$	$6m$ $85000(m/10000)^{1.2}$ $10m$ $413500(m/10000)^{0.2}$ $6m$	$15000(m/10000)^{1.25}$ $15000(m/10000)^{1.25}$ $1.84m$ $61450(m/10000)^{0.32}$ $1.19m$	$19.61m$	$4.8m$ $68000(m/10000)^{1.2}$ $8m$ $330800(m/10000)^{0.2}$ $4.8m$
(7)整体车架自卸车－包括车厢③				
$700<m\leqslant10000$ $10000<m\leqslant21610$ $21610<m\leqslant93900$ $93900<m\leqslant113860$ $m>113860$	$6m$ $60000(m/10000)^{1.2}$ $7m$ $420000(m/10000)^{0.2}$ $6m$	$6000(m/10000)^{1.25}$ $6000(m/10000)^{1.25}$ $0.73m$ $16720(m/10000)^{0.63}$ $0.68m$	$19.61m$	$4.8m$ $48000(m/10000)^{1.2}$ $5.6m$ $336000(m/10000)^{0.2}$ $4.8m$

续表 4-21

机械质量 m/kg	侧向作用力 F/N	侧向载荷能量 U/J	垂直作用力 F/N	纵向作用力 F/N
(8)整体车架自卸车—ROPS 和车厢组合④				
$700 < m \leqslant 10000$ $10000 < m \leqslant 21610$ $21610 < m \leqslant 93900$ $93900 < m \leqslant 113860$ $m > 113860$	$3.6m$ $36000(m/10000)^{1.2}$ $4.2m$ $252000(m/10000)^{0.2}$ $3.6m$	$3600(m/10000)^{1.25}$ $3600(m/10000)^{1.25}$ $0.44m$ $10000(m/10000)^{0.63}$ $0.41m$	$11.77m$	$2.9m$ $28800(m/10000)^{1.2}$ $3.4m$ $202000(m/10000)^{0.2}$ $2.9m$

注：摘自 ISO 3471：2008。

① 质量 m 不包括松散附着物，它可能在发生翻车事故时与机器分开。

② 质量 m 包括自卸车质量，但不包括车厢与装载质量。

③ 质量 m 包括自卸车和车厢质量，但不包括装载质量、载荷作用在自卸车上的车厢部分应全部覆盖 DLV 的垂直投影，侧向和垂直载荷作用点在车厢突出部分与单独 ROPS 的相同位置上，纵向载荷应作用在使产生变形最大的方向面朝司机方向。

④ 质量 m 包括自卸车和车厢质量，但不包括装载质量。ROPS 和（或）车厢的侧向、纵向和垂直作用力不需要同时作用在两个构件组合上，六种作用力的加载顺序是垂直作用力应在侧向作用力之后，而纵向作用力应在垂直作用力之后，参见图 4-77 和图 4-78。

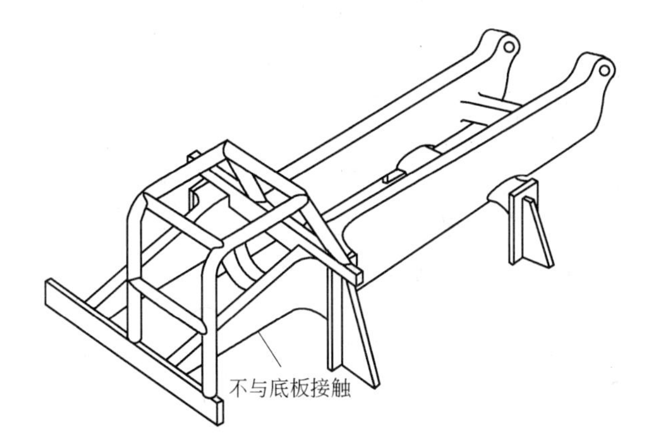

图 4-77　自卸车机架固定——不包括选择车厢

（本图是典型的但不是强制的设计图例）

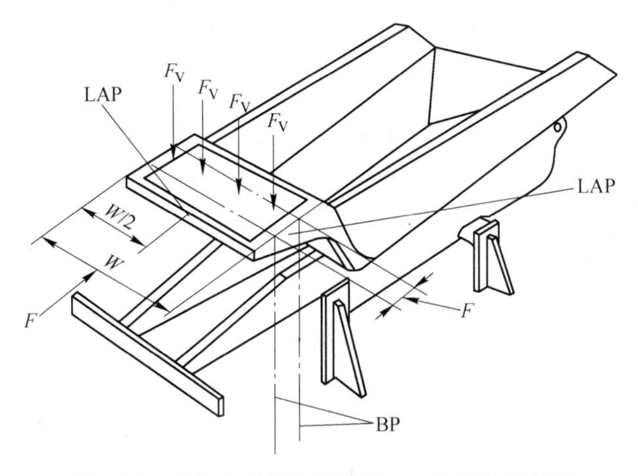

图 4-78　整体式车架加载示例——包括选择车厢

BP—DLV 界面；F—作用力；F_V—垂直作用力沿载荷分配器（LDD）均匀分布；LAP—载荷作用点；W—ROPS 宽度

（本图是典型的但不是强制的设计图例）

a　最小侧向承载能力要求

ROPS 的最小侧向承载能力要求是出于 ROPS 有一定的侧向强度而穿入土壤，使 ROPS 能起到阻止车辆进一步滚翻的作用。最小侧向载荷可根据机器种类和总质量由表 4-21 中相应公式计算。判断标准是试验中 ROPS 变形不允许其任何部分和侧向加载模拟地平面（LSGP）进入挠曲极限量（DLV）。LSGP 确定方法见 GB/T 17772—1999。挠曲极限量（也称 DLV）是 ROPS 设计和进行实验室鉴定时，用以规定与司机安全有关的极限允许挠曲的容量。它是根据 GB/T 8420—2011 规定的穿普通衣服、头戴安全帽、坐姿高大男性司机在三个方向的垂直投影的近似值。GB/T 17771—1999 所规定的 DLV 尺寸如图 4-72 挠曲极限量图所示。

b　最小侧向能量吸收能力要求

最小侧向能量吸收要求主要是考虑 ROPS 在滚翻后能承受连续冲击的能力。

当载荷作用点的变形速度不大于 5mm/s，则载荷作用速度可以认为是静态的。变形增量不大于 15mm 时，力－变形数值应记录下来，继续加载直到 ROPS 达到力和能量两者的要求。计算能量 U 的方法如图 4-79 所示。计算能量时所用的变形是 ROPS 沿力的作用线产生的变形。对于支承 ROPS 的构件上的任何变形不得包括在总变形之内。

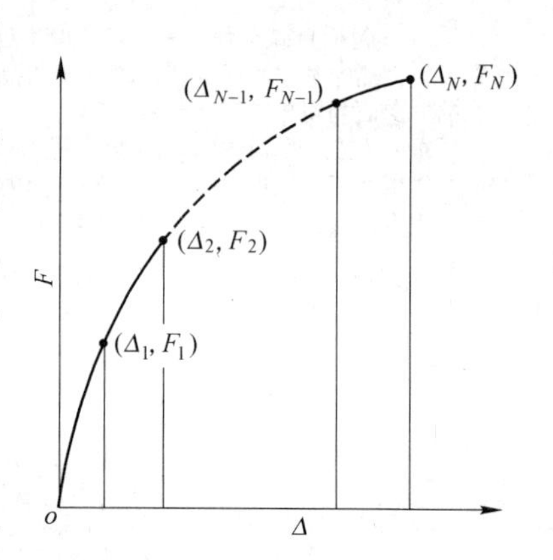

图 4-79　加载试验的力－变形曲线

ROPS 实际所吸收的能量是用 ROPS 在侧向加载试验，侧向载荷在整个加载过程中所做的功来衡量的，以式（4-1）计算。

$$U = \frac{\Delta_1 F_1}{2} + (\Delta_2 - \Delta_1)\frac{F_1 + F_2}{2} + \cdots + (\Delta_N - \Delta_{N-1})\frac{F_{N-1} + F_N}{2} \tag{4-1}$$

式中　U——能量；

Δ——变形；

F——作用力。

用式（4-1）计算的 U 值应不小于用表 4-21 中相关公式计算的侧向载荷能值。

c　垂直承载能力要求

要求 ROPS 有一定垂直承载能力的目的在于：当车辆滚翻后，变形的 ROPS 机架能支撑住整个颠覆的车辆，避免司机的轧伤。按照 ISO 3471：2008 规定，垂直承载能力是在去掉侧向载荷后，ROPS 应能支撑（19.6m）N（m 为整车质量）的垂直载荷达 5min 而不出现任何明显的变形。对于翻车保护杆，垂直加载过程中，ROPS 变形不允许其任何部分和垂直加载模拟地平线（简称 VSGP）进入 DLV。VSGP 由 ROPS 上部横向构件和车辆上能支撑住颠覆车辆且可能与 ROPS 同时接触地面的前（或后）部构件确定，VSGP 随 ROPS 的变形而移动。

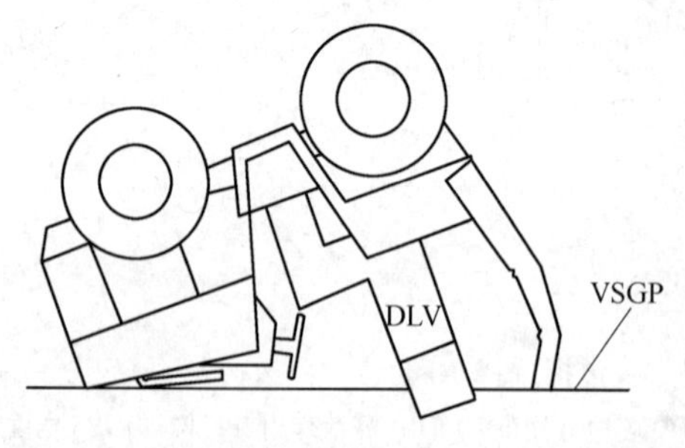

图 4-80　垂直模拟地平面进入 DLV 示意图

图 4-80 所示为已进入 DLV 的 VSGP 示意图。

d 纵向承载能力要求

判断 ROPS 是否满足最小纵向承载能力的标准是：根据不同机种整机质量按表 4-21 相应纵向作用力计算公式计算的纵向载荷（力）作用下，变形的 ROPS 任何部分不得侵入 DLV。但当纵向载荷（力）与司机同向时，DLV 上部可绕其定位轴线（LA）向前转动，转动极限为 16°。如图 4-81 所示，当纵向载荷方向与司机相对时，不允许 DLV 转动。

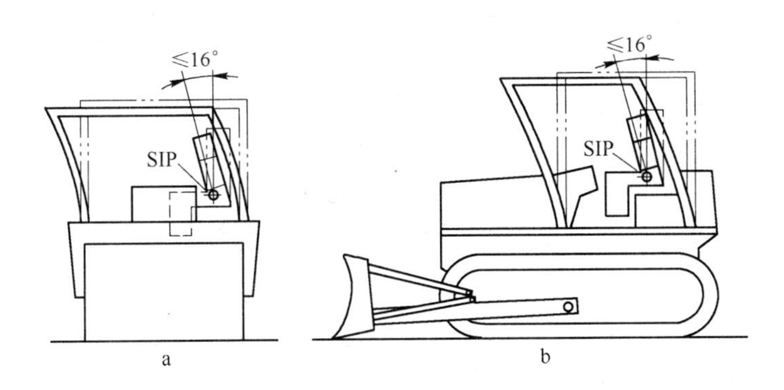

图 4-81 DLV 的上部绕定位轴允许转动量

a—座椅装边上压路机侧向加载；b—履带拖拉机上的纵向加载

对 ROPS 上述四项性能要求的具体指标值都与工程车辆类型和整车质量有关。随着质量更小和质量更大工程车辆的开发，最新国际标准 ISO 3471：2008 对 ROPS 防护性能的计算公式进行了修正：对质量较小的小型工程车辆和质量非常大的大型工程车辆，指数函数公式不再适用，所以采用了质量的线性函数。

根据标准要求，ROPS 的纵向承载能力为侧向的 0.8 倍，所以随着整车质量的增加，其纵向承载能力的要求值的变化规律与侧向承载力相一致。

B 翻车保护结构的实验室试验方法

a 基本准则

根据 ISO 3471：2008 的规定，在加载试验之前，必须在 ROPS 上标定出各个方向的载荷作用点。对多数工程机械 ROPS 加载顺序是侧向、垂直方向、纵向（表 4-21）。在加载过程中，不得校正或修理 ROPS 的安装。为防止加载处的局部穿透，可以使用载荷分配器传递载荷到 ROPS 相应构件上，但载荷分配器不能限制 ROPS 的转动。

b ROPS 性能试验应注意的问题

ROPS 性能试验是破坏性试验，对试验台本身的各种性能指标要求很高，尤其是 ROPS 试验过程不允许对 ROPS 的安装进行校正或修理。若对被试 ROPS 需要的承载能力及固定处的支承反力估计不足，很可能会导致试验失败，造成人力、物力大量浪费。为此，ROPS 试验必须注意以下问题：

（1）试验装置应能提供足够大的推力，加载装置除了满足 ROPS 试验时最低承载能力的加载要求外，还应保留足够的安全储备系数，以便为满足侧向能量吸收要求而增加侧向载荷时使用。

（2）加载装置要有足够的行程，以使 ROPS 产生足够的变形。

（3）试验台要有足够大的刚度和强度，以抵抗 ROPS 加载时产生的巨大的支反力和反力矩。

（4）加载用的载荷分配器要有足够的刚度，试验中认为是不变形的，且载荷分配器的承窝要有足够的抗胀裂能力。

（5）支撑 ROPS 的车架必须固定在试验台的底板上，固定车架的连接件必须有足够的刚度和强度。连接件的刚度太低时，会导致加载过程车架接触到试验台的安装面，或者导致 ROPS 试验出现虚假的变形。连接件的强度不够时，会导致加载试验时连接失效，从而导致试验失败，甚至引发试验事故。

（6）测量仪器（压力传感器、位移传感器）的安装应牢固，而且必须符合国家或国际标准规定的测试精度要求，并在标定的有效期内使用。

c　测试系统

ROPS 试验系统包括固定与加载系统、测量系统和数据采集与分析系统。测量质量、力、变形用的仪器仪表应符合 JB/T 7690—1995（ISO 9248：1992）的规定。

ROPS 试验设备应能将装有 ROPS 的机架固定在试验台的底板上，并施加按表 4-21 相应公式确定所需要的侧向、垂直方向和纵向作用力。

翻车保护结构试验时，在水平面内沿直线行车方向施加的载荷称为纵向载荷，在水平方向内沿垂直于直线行车方向施加的载荷称为侧向载荷，沿 ROPS 垂直方向在顶部施加的载荷称为垂直载荷。载荷作用位置见 ISO 3471：2008 规定。一般可采用机械式千斤顶、分离式液压千斤顶或液压缸进行加载，千斤顶或液压油缸的行程和推力应满足试验要求。力的测量可用压力传感器或油压传感器，位移测量可用位移传感器、激光测距仪。力与变形的测量误差应不大于测量最大值的 ±5%。司机室 ROPS 结构试验可在不同的台架上进行，几种常用试验装置如图 4-82 ~ 图 4-84 所示。

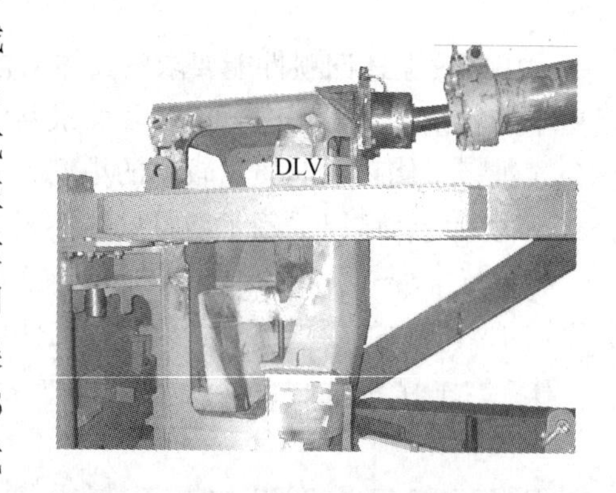

图 4-82　油缸侧向（垂直车辆纵向）加载

图 4-83　油缸纵向（沿车辆纵向）加载

图 4-84　油缸垂直加载

C ROPS 和机架在试验台上的安装

司机室安全结构试验，不需要一台完整的机器，只需将安全结构框，按照实际连接条件安装在车架上，车架再固定在试验台底座上，使机架与底板的连接构件在试验时应变形最小。车架的悬挂减振元件应当拆除，司机室的门窗玻璃、仪表板和其他非结构件均应拆除，使之不影响试验结果。

对非铰接机械和用两个机架铰接的机械，应直接在靠近前后桥支点或相应处把机架固定在试验台底座上；对于铰接式机架，铰点应锁住。如果仅用 ROPS 安装的机架，固定点应设在（或靠近）铰接点和桥的支点处，也可以在机架的最远点；对单桥牵引车，支点应在驱动桥；对履带式机械应通过主要壳体和带架固定在底座上（参见 ISO 3471：2008 图 7 ~ 图 13）。

D 试验温度和材料

ROPS 试验应保证温度和材料的要求。安全结构所用的材料应与合格证上所说明的试件材料规格相一致，并在 -18℃ 及其以下的温度下进行静态加载时，使其对脆性断裂有足够的抵抗力。但一般试验时都难于满足这个条件。如果是在室温条件下进行试验，则必须满足以下两个条件：

（1）结构上所用的螺栓应符合 GB/T 3098.1—2000 中规定的 8.8 级、9.8 级、10.9 级；所用的螺母应符合 GB/T 3098.2—2000 中规定的 8 级和 10 级；

（2）制作 ROPS 和 FOPS 的钢材最大含碳量为 0.2%，应选择 V 形缺口试件低温冲击试验，并达到表 4-20 所规定的吸收冲击能量要求。

E 挠曲极限量的应用

应用于安全结构试验的 DLV 应制成实物模型，其外形尺寸如图 4-72 所示。模型制作时所有线性尺寸偏差为 ±5mm。DLV 放置在 ROPS 中的位置相对于座椅标定点（SIP）水平方向和垂直方向的偏差为 ±13mm。

F 翻车保护结构试验加载程序

根据标准 ISO 3471：2008，需按以下程序对 ROPS 进行加载试验：

（1）试验总则。

1）按试验要求安装被试 ROPS，并将 DLV 模型固定在被试件内，DLV 模型 SIP 点与司机座椅 SIP 点误差不大于 ±13mm。

2）在加载之前应确定全部载荷作用点，并在结构上做出标记。

3）根据机械类型与整机质量，确定侧向、纵向和垂直载荷及能量吸收数值（表 4-21 相应公式）。

4）对工业用轮式拖拉机 ROPS 试验的加载顺序应是侧向、纵向，然后是垂直方向；除此之外的其他土方机械 ROPS 试验加载顺序是侧向、垂直方向，然后是纵向。

5）在加载或两次加载之间，不得校正或修理被试 ROPS。

6）可用载荷分配器防止加载点局部穿透，但不限制 ROPS 转动。

（2）水平侧向加载试验。

1）载荷分配器不得在 $0.8L$ 上分配，L 为 ROPS 长度（mm）。

2）对于滚杆式 ROPS，载荷作用点应和上部横梁在同一条直线上。

3）对于单柱或双柱 ROPS，加载点应由长度 L 和 DLV 的前后平面垂直投影来控制。

载荷作用点可不在 ROPS 的 $L/3$ 内。如 $L/3$ 点在 DLV 的垂直投影和 ROPS 结构之间，载荷作用点应从结构上移开，直到进入 DLV 的垂直投影为止（图 4-85 和图 4-86）。

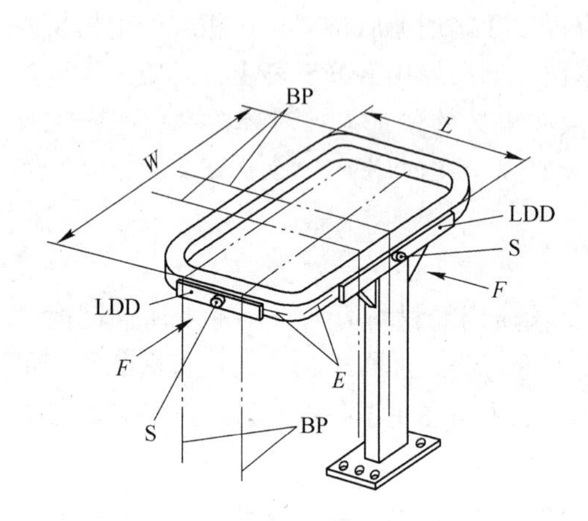

图 4-85　单柱 ROPS
BP—DLV 界面；LDD—载荷分配器；
F—作用力；*E*—上部构件中点；
L—DLV 长度；*W*—ROPS 宽度；S—承窝
注：载荷分配器和承窝是防止局部穿透
并维持载荷作用的装置

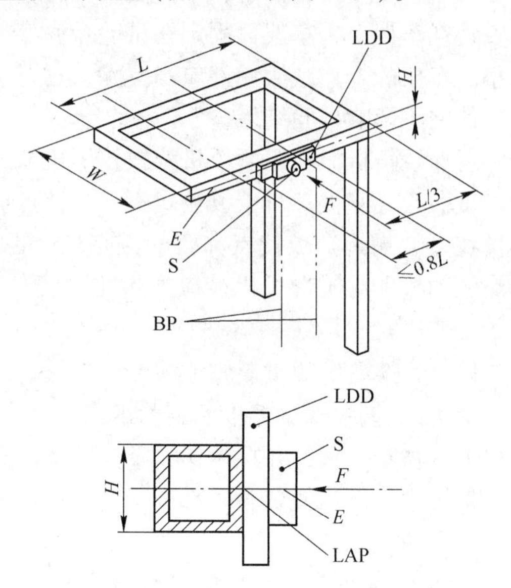

图 4-86　带 FOPS 的双柱 ROPS 侧向加载作用点
BP—DLV 界面；LDD—载荷分配器；*F*—作用力；
LAP—载荷作用点；*E*—ROPS 上部构件中点；
L—DLV 长度；S—承窝；*W*—ROPS 宽度；
H—ROPS 上部构件高度
注：载荷分配器和承窝是防止局部穿透
并维持载荷作用的装置

4）对大于两柱的 ROPS，载荷作用点应位于 DLV 前后面之外 80mm 平面的垂直投影之间（图 4-87）。

5）司机座椅偏离机器中心线时，载荷应加在靠近座椅一侧的最外边。如果司机座椅在机器中心线上时，ROPS 的安装使从左或右加载会产生不同的力－变形，则应选择对 ROPS、机架具有最恶劣的加载条件的一侧进行加载。

6）在已标记好的侧向加载点分级缓慢地施加水平载荷，并垂直于通过机器纵向中心线的平面。随着加载，ROPS 和机架的变形而引起加载方向的改变，这是允许的；当载荷作用点的变形速度不大于5mm/s，则载荷作用速度可以认为是静态的。变形增量不大于 15mm 时（在联合载荷的作用点），力－变形数值应记录下来，继续加载直到 ROPS 达到力和能量两者的要求，将记录力－变形关系的曲线在坐标线上描出，计算能量 U 的方法如图 4-79 所示。

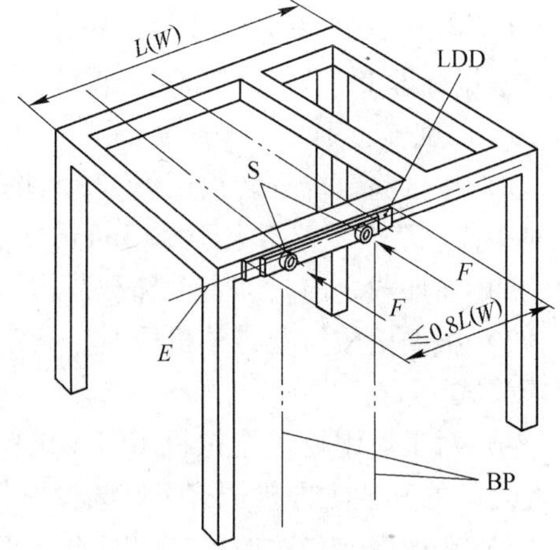

图 4-87　四柱 ROPS 侧向载荷作用点
BP—DLV 界面；LDD—载荷分配器；
F—作用力；*E*—ROPS 上部构件中点；
L(*W*)—DLV 长度（宽度）；S—承窝
注：载荷分配器和承窝是防止局部穿透
并且维持载荷作用的装置

计算变形能量时所用的变形是 ROPS 沿力的作用线产生的变形。用于支承 ROPS 的构件上任何变形不得包括在总变形之内。

(3) 垂直加载试验。

1) 侧向载荷除去后，垂直载荷应加在 ROPS 的顶部，工业轮式拖拉机在加垂直载荷前应先加纵向载荷。

2) 对滚杆式 ROPS，垂直载荷应加在和侧向载荷同一平面上，对于其他单柱或双柱 ROPS，垂直载荷作用中心应比 (2) 中的侧向载荷更靠近 ROPS 任何一个立柱。

3) 在 ROPS 上分配载荷的方式没有任何限制，图 4-84 所示为油缸垂直加载。

4) 静态加载到 ROPS 达到力的要求，使 ROPS 支承这样的载荷 5min 或到停止变形为止，观察两者哪个时间较短，测定 ROPS 的变形。

(4) 纵向加载试验。

1) 垂直载荷除去后，应对 ROPS 加纵向载荷（工业轮式拖拉机除外）。

2) 由于侧向和垂直方向加载，ROPS 容易产生永久变形，纵向载荷应加在原先已确定了但现在可能有变形的位置，即仍在原先已确定位置放置载荷分配器和承窝。如果 ROPS 没有后（前）横梁，载荷分配器可以覆盖整个宽度，否则载荷分配器应在 ROPS 的 0.8W 内分配载荷（图 4-88）。

3) 纵向载荷应沿 ROPS 的纵向中心线，作用在 ROPS 的上部构件上。工业轮式拖拉机应使纵向（后面）载荷作用在任何一个立柱到 ROPS 的 1/4W 处。

4) 变形速度认为加载是静态的，这种加载是连续的，一直到 ROPS 达到力的要求为止。

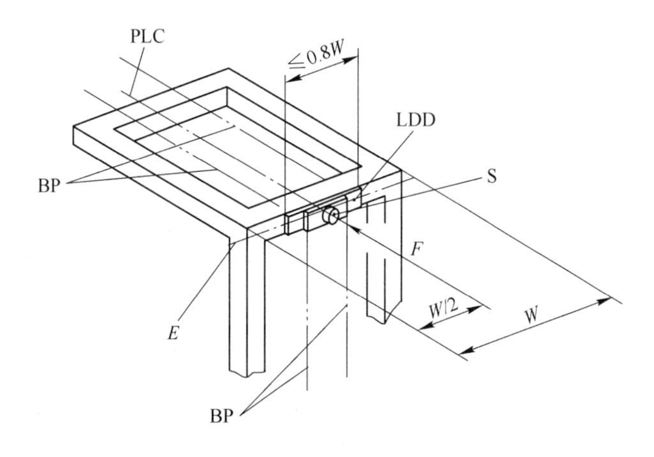

图 4-88 纵向载荷作用点

BP—DLV 界面；LDD—载荷分配器；PLC—平行于机器纵向中心线；F—作用力；E—ROPS 上部构件中点；W—DLV 宽度；S—承窝

G ROPS 实验室试验评价

ROPS 实验室试验评价，应遵循国家标准 ISO 3471：2008 中第 8 章的规定。

(1) 在一个 ROPS 典型试件的试验中，试件应达到或超过规定的侧向作用力、侧向载荷能量吸收、垂直作用力以及纵向作用力的要求。

(2) 侧向加载时，力和能量可不要求同时达到，即在某一个达到要求前，另一个可以超过规定值。如果在能量达到之前，力达到了规定值，该力可减下来。但当侧向能量达到或超过要求时，力应重新达到所需要的值。

(3) 应严格遵守 ROPS 的变形规定，当试验处于侧向、垂直方向或纵向加载时，ROPS 的任何零件均不得进入 DLV。

(4) 当试验处于侧向加载时，侧向模拟地平面（LSGP）任何时候均不得进入 DLV（直立状态）。

(5) 对于滚杆式 ROPS，当试验处于垂直加载时，垂直模拟地平面（VSGP），任何时候均不得进入 DLV，如图 4-80 所示。

(6) 一个安装在司机室边上的座椅（即在机器纵向中心线之外），当侧向加载或纵向加载时，司机面对的方向是 ROPS 变形的方向，则 DLV 的上部允许向前绕它的定位轴（LA）转动 16°，并应符合 ISO 3471：2008 中规定的有关防止 ROPS 构件（或在侧向加载时 LSGP）侵入的要求。如 DLV 向前转动时，而对机器任一部件或操纵杆产生较小角度干扰的话，则应小于 16°（图 4-81）。

(7) 如果一个纵向载荷与上述规定的方向相反作用（即司机对面方向与 ROPS 在载荷作用下使变形反向），DLV 不允许转动，在与侧向能量要求达到同样变形时，力的要求也应达到。

(8) 由于机架或安装件的故障，ROPS 不应从机架上脱开。

通过大量试验证明，ROPS 性能试验要求中，最为恶劣的条件是侧向加载试验，一般满足侧向加载性能要求后，其他两项试验的性能要求基本都能满足。

4.6.2.4 试验实例

已知：922 型 LHD 毛重为 10432.8kg，司机棚为双柱结构，按上述试验方法，检验 FOPS/ROPS 是否合格？

根据表 4-21 中力和能量计算公式求得试验时：

最小侧向力 $F_{\min} = 60000 \times \left(\frac{m}{10000}\right)^{1.2} = 60000 \times \left(\frac{10432.8}{10000}\right)^{1.2} = 63129\text{N}$

最小吸收能量 $U_{\min} = 12500 \times \left(\frac{m}{10000}\right)^{1.25} = 12500 \times \left(\frac{10432.8}{10000}\right)^{1.25} = 12180\text{J}$

垂直负载 $F = 19.61m = 19.61 \times 10432.8 = 204587\text{N}$

纵向负载 $F = 0.8F_{\min} = 50503\text{N}$

分别采用上述大小的作用力，按上述介绍的各力作用点、作用方向、试验程序和试验先后顺序进行试验，结果表明 922 型 LHD 的 FOPS/ROPS 保护结构完全达到标准要求。其中把油缸侧向作用力和能量吸收试验数据列于表 4-22，并分别绘成 922 型 LHD ROPS 结构的变形量与吸收能量试验曲线图（图 4-89）和 922 型 LHD ROPS 结构作用力与变形量试验曲线图（图 4-90）。

表 4-22 油缸侧向作用力和能量吸收试验数据

试验步骤	油缸载荷/N	平均载荷/N	变形/mm	能量吸收值/J	累积吸收能量/J
1	37753.8	18876.9	12.7	241.8	241.8
2	165550.3	34607.6	25.4	564.2	806.0

续表 4-22

试验步骤	油缸载荷/N	平均载荷/N	变形/mm	能量吸收值/J	累积吸收能量/J
3	66069.2	50783.4	38.1	644.8	1450.8
4	75507.6	62923.0	50.8	806.0	1914.7
5	75507.6	69215.3	63.5	886.6	3127.6
6	81799.9	75507.6	76.2	967.2	4110.5
7	88092.2	81799.9	88.9	1047.8	5158.2
8	91238.3	86516.9	101.6	1108.2	6266.5
9	88092.2	87304.6	114.3	1118.2	7384.7
10	88092.2	87696.2	127	1123.2	8512.5
11	91033.3	89467.3	129.7	1145.9	9653.9
12	88092.2	88777.5	152.4	1127.2	10791.0
13	88092.2	88434.9	165.1	1122.7	11912.5
14	84946.1	86690.5	177.8	1106.3	12034.1
15	84946.1	81268.3	190.5	1099.2	14123.3

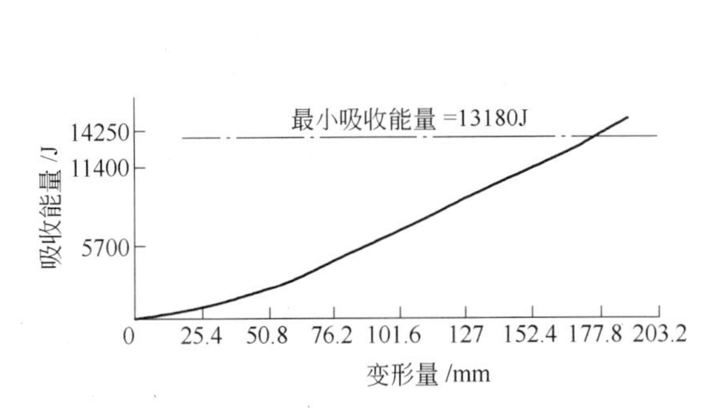

图 4-89　922 型 LHD ROPS 结构的变形量与吸收能量之间的试验曲线图

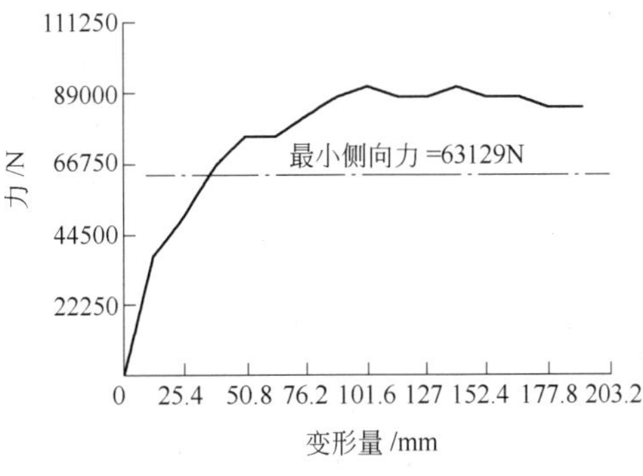

图 4-90　922 型 LHD ROPS 结构的作用力与变形之间的试验曲线图

从上面试验结果分析表明，所试验的作用力和吸收的能量均超过 GB/T 17992 的规定。其变形量均未进入 DLV，也未发生其他装置损坏，因此，922 型 LHD FOPS/ROPS 是合格的。

4.6.3　灭火器与灭火系统

地下采矿既是高回报，同时也是一个高风险的行业。火灾意味着设备损坏，生产瘫痪，人的生命受到威胁。正因为如此，各国政府及人们十分重视地下轮胎式采矿车辆预防与控制，在地下轮胎式采矿车辆的国内外有关标准中，如：EN 1889 －1：2010、GB 25518—2010、GB 21500—2008 及《地下轮胎式运人车辆　安全要求》（报批稿）等标准中都提到必须要配置灭火器或灭火系统。

4.6.3.1　火灾管理

A　火灾风险的管理流程

火灾风险的管理流程是系统地识别、分析、控制、监测和评审设备整个寿命期内的各个阶段火灾风险过程，具体流程如图 4-91 所示。

B　火灾风险评定

火灾风险评定应根据图 4-92 进行。

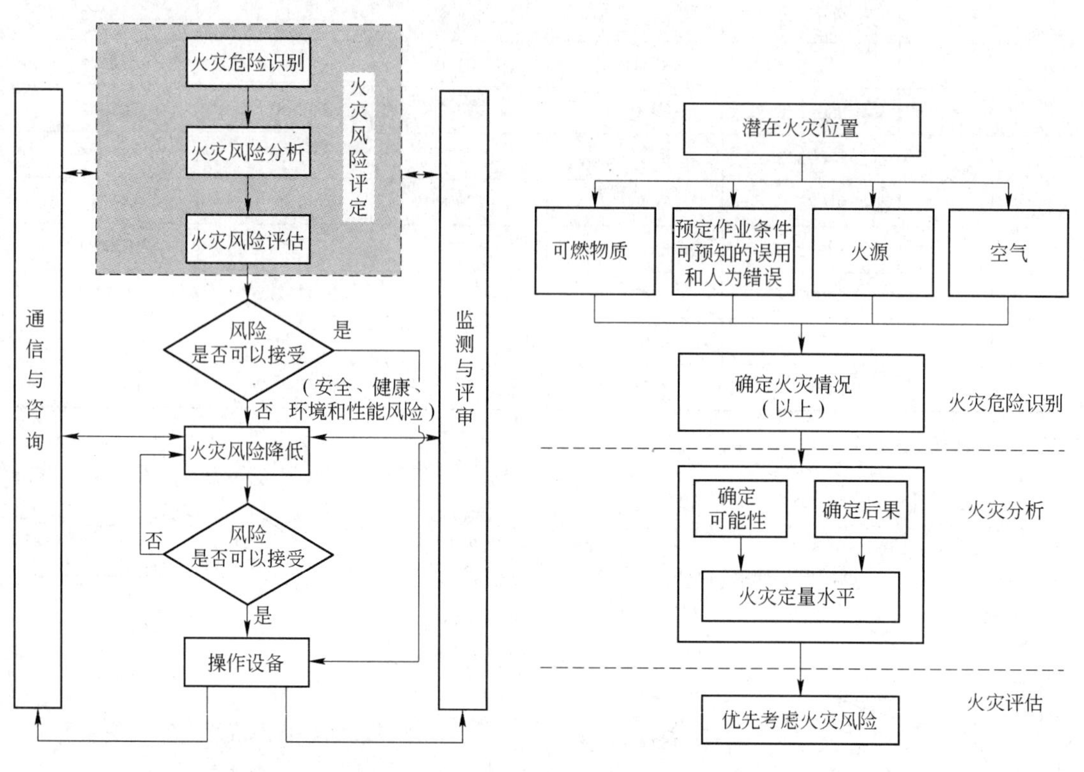

图 4-91　火灾风险管理程序　　图 4-92　火灾风险评定

a　火灾危险识别

（1）潜在火灾位置。潜在火灾位置就是可燃材料、热、氧三者混合并起化学反应的地方。

地下轮胎式采矿车辆根据发生火灾的难易分为主要危险区、次要危险区、一般危险区。

1）主要危险区——发动机舱。因为发动机舱内载有大量的可燃燃油、液压油、润滑脂、拥挤的电线、软管、积累的可燃碎片及热源（火源）。

2）次要危险区——变速器、液力变矩器。因为这些组件十分靠近发动机，都是一种可能的高温源，也有可能导致点燃可燃材料。

3）一般危险区。

① 中间铰接区。中间铰接区是液压管路集中区，虽然这里没有火源，但在这些管路上因为大流量液压油的节流可能会出现热点。

② 电池箱。可燃材料堆积在电池顶部时，电池箱就是一个潜在的火灾危险区。这些材料在有湿气的情况下，会导致电气短路。

③ 高压软管。热流体从一个破裂的高压胶管喷出，或从一个松了的接头或法兰中泄漏出都可能接触到火源。

④ 发动机油底壳。发动机油底壳不仅可以积累从车辆渗漏出的燃料，而且由于可燃碎片独特的位置，在油底壳起火，会迅速扩展到全车。

⑤ 液压/燃油泵。由于这些高压油是油泵产生的，流体从一个泄漏泵喷出，可能会接触热源，引起火灾，完成危险分析后，就可确定喷嘴覆盖范围。

⑥ 车轮制动器和轮胎。当车辆下长坡时，由于频繁制动产生大量的热，若遇上可燃物质，就会产生火灾。轮胎是可燃物质，当遇到火焰也会燃烧。

（2）火的种类、特性及可燃物质。要知道，不是所有的火灾都是相同的。不同的燃烧物质产生不同的火灾，根据 GB 4351.1—2005，火灾的种类、特性及可燃物质分如下几种：

1）A 类火，固体有机物质燃烧的火，通常燃烧后会形成炽热的余烬，如木材、棉毛、纸张、橡胶、塑料等燃烧的火；

2）B 类火，液体或可熔化固体的燃烧的火，如汽油、柴油、润滑油、润滑脂、甲醇等燃烧的火；

3）C 类火，气体燃烧的火，如煤气、天然气、甲烷等燃烧的火；

4）D 类火，金属燃烧的火如钾、钠、镁燃烧的火；

5）E 类火，燃烧物质带电的火，如车辆电气起火。

从上述火的定义可知，地下轮胎式采矿车辆的火大多数为 A 类火、B 类火与 E 类火。

（3）火源。当评估火灾危险时，应确定所有的火源，包括但不局限于以下火源：

1）热能，如高温和热表面通常是邻近发动机排气系统，泵、涡轮增压器、电池、电线、开关、电动机、发电机、热交换器、轴承和制动器、轮胎摩擦过热；

2）电能，如开关设备、电动机、延时器、变压器、电池、灯具、电缆、短路和电弧、地线或导体故障，静电放电、接触不良和感应加热；

3）机械能，如焊接和切割、摩擦、过热、研磨、碰撞（碰撞起火，易燃物质碰撞）；

4）化学能，如自热、自燃和放热反应失控。

b 火灾危险性分析

火灾风险分析的目的是决定风险是否需要处理和采用最适当的和低成本风险处理方法。风险分析包括考虑风险的来源、风险积极和消极的后果、后果发生的概率。

风险分析可以采用定性、半定量或定量或组合分析方法。这些分析方法的复杂性和成本按顺序排列，分别是定性、半定量和定量。在实践中，常常使用简单的定性分析方法，首先利用定性分析获得的风险水平一般说明和揭示主要风险问题。随后，它可能需要在主要风险问题进行更具体的或定量分析。

c 火灾风险评估

评估火灾隐患时，应该要确定助燃物质是否存在，存在的话有多少，出现这些助燃物质的概率是多少。

如果风险评估的结果表明存在不可接受的风险水平，应按照图 4-93 采取减少火灾的措施。

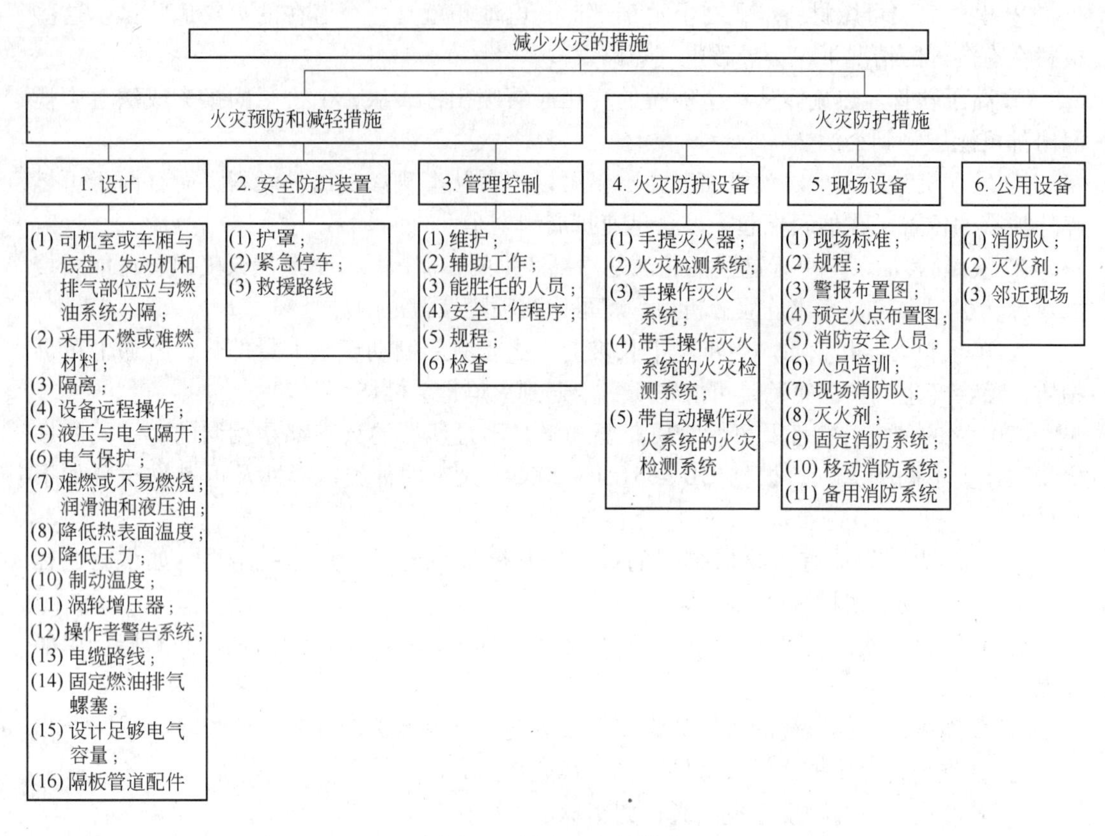

图 4-93 减少火灾的措施

4.6.3.2 灭火原理

大家都知道，燃烧是指可燃物质与氧化剂作用发生的一种放热发光的剧烈化学反应。任何火灾都必须具备四个要素：一是必须有可燃的物质；二是必须有能点燃可燃物质的热；三是必须有足够支持燃烧的氧气；四是可燃物质、热和氧气混合产生化学反应。地下轮胎式采矿车辆上存在大量的可燃液体（润滑油、柴油、润滑脂、液压油）及其他可燃物。当地下轮胎式采矿车辆工作时，由于发动机缸体、涡轮增压器、排气管、液压系统、制动器等会产生大量的热。而在地下轮胎式采矿车辆上有许多油路、电路，再加上地下矿山虽然是一个封闭空间，但仍通风良好，因此，地下轮胎式采矿车辆存在火灾的隐患。一旦这些可燃液体泄漏到高温的零件上，或电路发生电气短路，或外来火种（如在地下轮胎式采矿车辆周围焊接或气焊，火星溅到泄漏的可燃液体上），都可能立即发生火灾。

由上可知，火灾的燃烧必须具备四个要素，缺一不可，因此只要把任何一种要素移除，这场火方能成功扑灭，在自然环境中，如果热量、燃料及氧气三种要素比例恰当，便可产生一场火灾。灭火的种类虽多，但原理一样，只不过移除的要素不同而已。

4.6.3.3 手提灭火器与灭火系统的选择

A 手提灭火器的选择

a 手提灭火器的种类与特性

手提灭火器的种类与特性见表 4-23。

表 4-23 手提灭火器的种类及特性

灭火器的种类	灭火器的特性
水灭火器	水对燃料表面有降温灭火效果，因而可排除 A 类火的要素，达到灭火目的；对 B 类火却会把水散开，令其更为危险；把水射到电火上（E 类火），可能会令施用者被电击
泡沫灭火器	通常泡沫灭火剂的水加入泡沫剂，令泡沫能浮在燃烧液体上（B 类火），使氧气与被燃烧的物质表面隔开而让火熄灭；而用在 E 类火，可能会产生电击
干粉灭火器	BC 粉是碳酸氢钠或碳酸氢钾粉末，在 CO_2 与 N_2 气推动，粉末能吸收火的热量，从而中断反应，但未必能压灭火。ABC 粉是硫化氨或磷化氨。除了能压制火外，还能溶解成一层黏膜，阻隔燃烧表面与气体热力传递。ABC 粉对多数火（A、B、C）是最佳选择，若用在电火上，其腐蚀性会使车辆无法修复
二氧化碳灭火器	在 B、C、E 类火上，由于 CO_2 能把空气排挤，令火失去氧气而熄灭。因为 CO_2 气体不会残留，可用在 E 类火，可避免损坏车辆；由于手提式灭火器剂量不够，因此，对 A 类火无效
卤代烷灭火器	由于卤代烷属氯氟化碳，会对臭氧造成破坏，已停止使用

b 手提灭火器表示的方法

手提灭火器表示的方法，如图 4-94 所示。

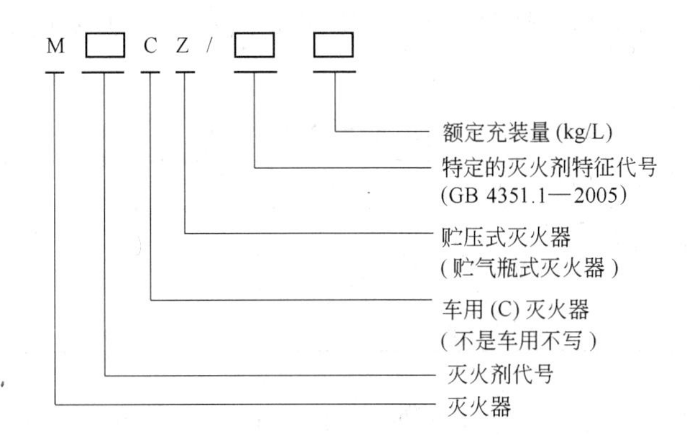

图 4-94 手提灭火器表示的方法

灭火剂代号：S—清水或带添加剂的水，但不具有发泡倍数和 25% 析液时间要求；P—泡沫灭火剂；F—干粉灭火剂，包括 BC 和 ABC 型；T—二氧化碳灭火剂；J—洁净气体灭火剂，包括卤代烷灭火剂、惰性气体灭火剂和混合气体灭火剂

c 手提灭火器选择和安装要求

（1）型号和选择。地下轮胎式采矿车辆灭火器型号主要根据火的类型选择，见表 4-24。

表 4-24 火的类型与灭火器

灭火器类型	A	B	C	D	E
水灭火器	√	×	×	×	×
泡沫灭火器	√	√	×	×	×
干粉灭火器	√	√	√	×	√

续表 4-24

灭火器类型	A	B	C	D	E
CO_2 灭火器	×	√	√	×	√
卤代烷灭火器	√	√	√	×	√
干沙或干沙铸铁灭火器	×	×	×	√	×

注：√—表示可用，×—表示不可用。

从表 4-24 可知，由于地下轮胎式采矿车辆火灾为 A、B、E 类，因此，常选用干粉灭火器或二氧化碳灭火器，但由于干粉灭火器用途更广，因此又以干粉灭火器居多。

由于车用灭火器比不是车用灭火器抗振能力更强，更适合地下恶劣的作业条件，故地下轮胎式采矿车辆又选用车用灭火器居多。手提贮气瓶式干粉灭火器是我国最早开发研制投产使用的灭火器。随着科学技术的发展，性能安全可靠的贮压式干粉灭火器又被开发出来。贮压式灭火器比瓶式干粉灭火器封闭简单，零部件可维修工艺相对简单；在储存时贮气式干粉灭火器筒体内干粉易吸潮结块，若维修保管不当将影响灭火器的安全使用性能；在使用过程中，平时不受压的筒体及密封连接处瞬间受压，一旦灭火器筒体承受不住瞬间充入的高压气体，极易发生爆炸事故，因此手提式贮气瓶火火器将逐步被淘汰。

综上所述，地下轮胎式采矿车辆应主要采用车用贮压式干粉灭火器。

（2）规格的选择。对地下轮胎式采矿车辆应按发动机的功率来选择，见表 4-25。一台车至少配置一具。

表 4-25 灭火器规格选择

柴油地下轮胎式采矿车辆	发动机功率/kW	100	101 ~ 200	200
	灭火器规格/kg	2 ~ 3	4 ~ 8	6 ~ 12
电动地下轮胎式采矿车辆	电动机功率/kW	≤75	75 ~ 110	110 ~ 160
	灭火器规格/kg	4	8	12

（3）灭火器的质量要求。地下轮胎式采矿车辆灭火器的质量要求必须满足 GB 4351. 1—2005 的质量要求规定。

（4）安装使用要求。

1）灭火器应尽量安装在干燥通风、司机能方便取下的地方（图 4-95）；

2）灭火器应在安装处固定牢，并有防护措施；灭火器标志应朝外；

3）灭火器至少一个月检查一次，以保证灭火器处在随时可使用的状态；

4）灭火器不得设计在超出其使用温度、使用年限的地方。

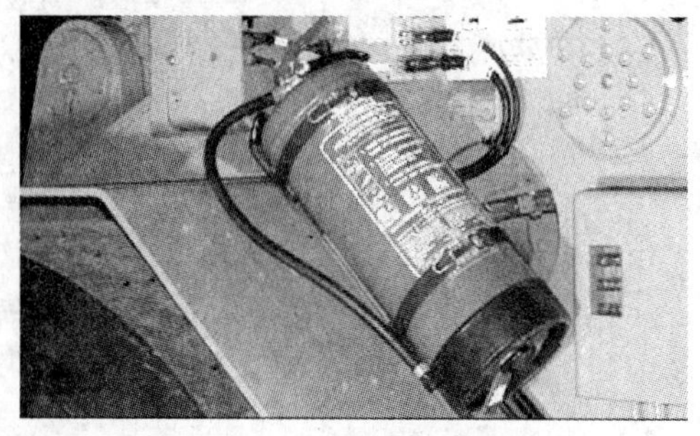

图 4-95 灭火器及安装位置

B 灭火系统的选择

对大型地下轮胎式采矿车辆应安装火警探测装置和灭火系统。灭火系统操纵有手动和自动两种。其选择方法如图 4-96 所示。

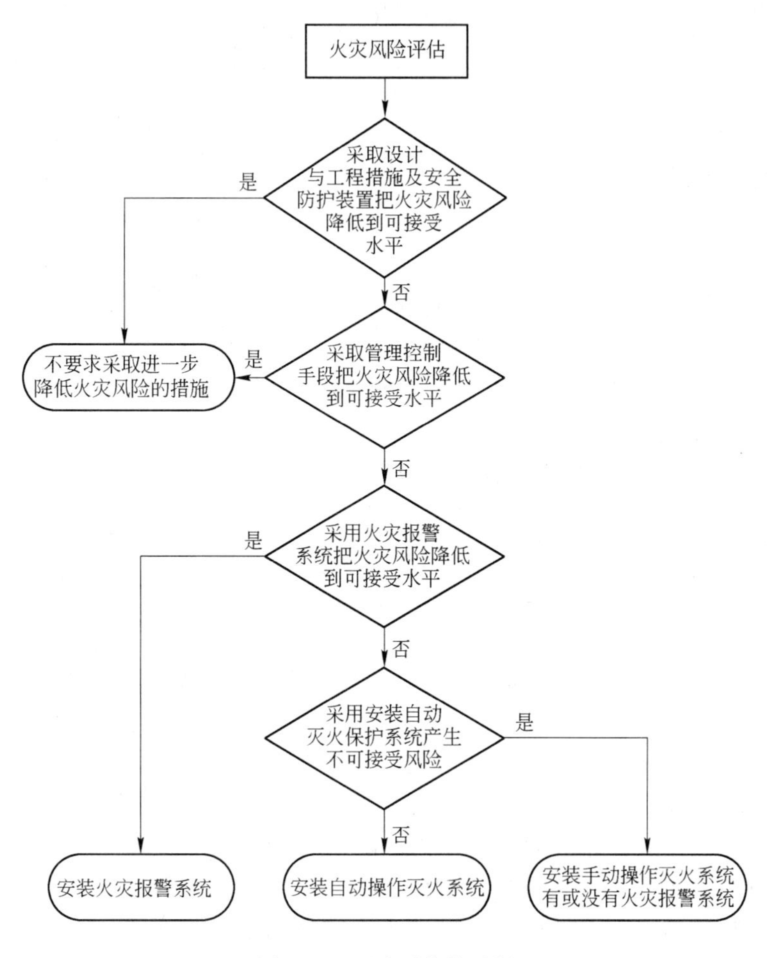

图 4-96 灭火系统的选择

现以在地下轮胎式采矿车辆用得最广的世界上著名自动灭火系统制造商 ANSUL 公司 ANSUL A－101 自动灭火系统为例，来说明它的特性、原理、组成及作用。

a 特性

获得 FM（factory mutual）认可（“FM 认可”，表明该产品或服务已经通过美国和国际最高标准的检测）允许在地下矿井中使用。

b 原理

ANSUL A－101 灭火系统是一种设计为贮气式（cartridge－operated）干式化学灭火系统（图 4-97），带有一个固定喷嘴输送网络。此系统能够自动探测以及遥控/手动开动。当探测到火灾时，A－101 系统可手动开动或自动开动，从而运行气动致动器。气动致动器使动力气筒中的一个密封膜破裂。这反过来使灭火剂箱中的干式化学灭火剂增压并流化，当达到所需的压力时，撕破防爆膜，推动干式化学灭火剂并通过输送软管网络。干式化学灭火剂从固定喷嘴喷出，喷射到受保护区域，而扑灭火灾。

灭火系统的自动探测部分包含电器探测，可以是线性电线探测或光点探测。另外，连接到线性或热探测电路的 Triple IR 火焰探测器可用来对火灾探测结果快速进行响应。此灭火系统能够对移动车辆和工业危险区域提供本地火险防范，在某些工业危险区域，可以使用全淹没式灭火。

c　组成

基本系统包括干式化学灭火剂贮藏箱、动力气筒、配料软管和喷嘴、手动/自动致动器、自动探测系统以及其他配件。

(1) 灭火剂贮藏箱。灭火剂贮藏箱包含一个焊接而成的钢箱、充气管、铜制或铝制装料盖、密封灭火剂排出口的防爆膜组件，以及操作说明铭牌。0 ~ 49℃ 温度范围内使用的灭火剂箱，LT - A - 101 - 10 都有一个气筒接收器，以及位于灭火剂箱侧面的动力气筒。低外形和极端温度型灭火剂箱（ - 54 ~ 99℃）有一个单独的气筒/气动致动器组件，该组件通过一根 0.25in (6.35mm) 长的软管连接到灭火剂箱，灭火剂箱上喷涂了红色瓷漆。灭火剂贮藏箱有六种容量，10 磅(4.54kg)、20 磅(9.07kg)、30 磅(13.61kg)、50 磅 (22.68kg)、125 磅 (56.70kg) 和 250 磅 (113.40kg)。

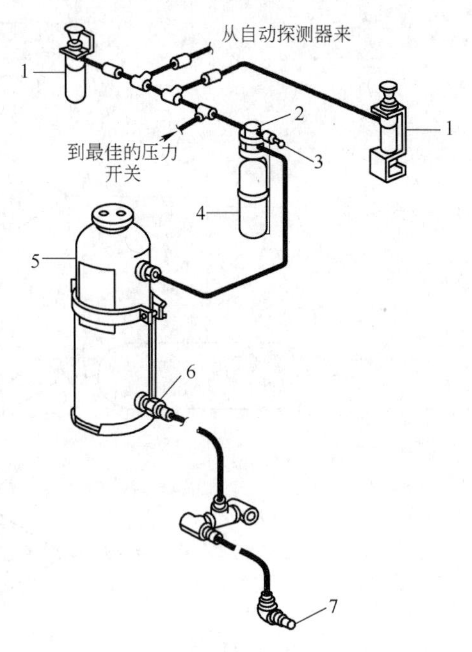

图 4-97　ANSUL A - 101 灭火系统原理

1—遥控致动器；2—气动致动器；3—安全溢流阀；4—动力气筒；5—干化学灭火剂贮藏箱；6—密封防爆膜总成；7—喷嘴

(2) 动力气筒。动力气筒是一个旋制高压气筒，包含适用于0 ~ 49℃温度范围的二氧化碳，或适用于 - 54 ~ 99℃极端温度范围的氮气。

(3) 配料软管和喷嘴。配料管道（软管）网络用来把干式化学灭火剂配送到喷嘴。为了经受得住移动车辆产生的振动，使用软管来配送干式化学灭火剂。在 A - 101 预设计系统中，软管尺寸、最大和最小软管长度以及喷嘴数量都是预先确定的；有三种喷嘴类型可供 A - 101 系统使用，每种喷嘴类型都是针对各种应用领域和覆盖范围进行设计和测试的，喷嘴排气帽可用来使喷嘴免于粘上污物和油渍。

(4) 手动/自动致动器。手动致动器包含致动器主体、氨气筒和固定架。可以使用两种类型的手动致动器：遥控型和仪表盘型。遥控型使用 S 形固定架或气筒防护装置式外壳。仪表盘型使用 L 形固定架或 S 形固定架。当用手操作手动致动器时，氨气筒供给的气体释放到软管中，然后，此氨气压力操作刺穿大型动力气筒（二氧化碳或氮气）的气动致动器，这使从灭火剂贮藏箱释放出的干式化学灭火剂流化，并在软管中向喷嘴推进。

自动致动器（自动探测系统的一个组件）的操作方式相同，不同的只是自动致动器可由探测系统自动操作。

(5) 自动探测系统 ANSUL A - 101 灭火系统可以使用 CHECKFIRE 系列 1、CHECKFIRE SC - N 或 CHECKFIRE MP - N 三种自动探测系统。探测系统控制模块固定位置的温度如下：

1) CHECKFIRE 系列 1　 - 40 ~ 60℃；

2) CHECKFIRE SC - N　 - 40 ~ 60℃。

CHECKFIRE 系统采用电气、机械或气动原理，可以使用四种类型探测器选项：热敏线性电线探测器、光点型感温探测器、充气不锈钢管道探测器或带有 Triple IR（IRs）火焰探测器的线性/光点组合式探测器。

1）热敏电线探测器。一旦发生火灾时，电线的绝缘材料熔化，接通电路，并使探测系统开动灭火系统。

2）光点型感温探测器。一旦周围空气的温度达到探测器设定点温度时，内部触点就会闭合。此闭合活动就接通一条电路，并使探测系统开动灭火系统。

3）充气式不锈钢管道探测器。当管道中的气体受热时，气体压力的增加会使一个应答器工作，因而接通一条电路，并使探测系统开动灭火系统。

4）Triple IR 火焰探测器是一种高性能和高可靠性的自给式三倍光谱火焰探测器。此探测器采用一种小巧、方便的外壳，以便于在狭窄区域容易地安装。它专门设计为一种通用火焰探测器，适用于不容易发生误报的非道路用（采矿）的工业设施，拥有专利的 Triple IR 设计提供两倍于任何常规 IR 或 UV/IR 探测器的探测距离，因而能够以三个特殊频带扫描振动式红外线辐射（1～10Hz）。已经选择每个传感器带通，以确保实现与火灾辐射能辐射的最大程度的光谱匹配，并实现与非火灾刺激物最低程度的匹配。

LVS 液体灭火剂灭火系统可与 ANSUL A－101 干式化学系统安装在一起，形成两种成分混合剂系统概念，将此概念与 LVS 液体灭火剂的冷却作用相结合，能够快速灭火。此系统包含干式化学灭火剂和湿式化学灭火剂。此系统的干式化学灭火剂一侧是 ANSUL LT－A－101 型系统，而湿式化学灭火剂一侧则由含有预混合 LVS 灭火剂溶液的湿式化学灭火剂箱组成。

（6）固定架（10 磅（4.54kg）、20 磅（9.07kg）、30 磅（13.61kg）和 50 磅（22.68kg））。灭火剂箱固定架包含一个坚固耐用的焊接钢背板和夹紧臂组件。此固定架可在安装这些系统的正常环境下夹持并保护灭火剂贮藏箱。它用红色瓷漆油漆，可通过螺栓连接或焊接方式进行固定。

（7）装配环（125 磅（56.70kg）和 250 磅（113.4kg））。适用于 125 磅（56.70kg）和 250 磅（113.4kg）灭火剂贮藏箱的装配环是用 0.5in（12.7mm）钢材制成，此环与灭火剂贮藏箱组件底部的外形相一致。此环可焊接到固定面，然后使用此环中预先车了螺纹的孔，将灭火剂贮藏箱用螺栓连接到此环。

d 应用实例

现以某地下装载机为例说明 ANSUL A－101 灭火系统的应用，ANSUL A－101 灭火系统原理图如图 4-98 所示。

该 A－101/LT－A－101 型系统由三个主要部分组成：一个储存干化学灭火剂的容器、一个手工操作或自动操作驱动系统、灭火剂配送系统。它把灭火剂从贮藏箱通过液压胶管和固定喷嘴（图 4-98、图 4-99）输送到危险区。该系统的布局设置使所有火灾危险区都被灭火喷雾覆盖，这些危险区是油/热管路靠近热表面和电线的区域。受保护的地方包括发动机、燃料过滤器/管路、齿轮箱、变矩器和中间铰链。该手工操作模块设置在机舱和机器的右后方。该灭火系统的激活导致发动机自动关闭（当压力下降，压力开关 S345 打开）。

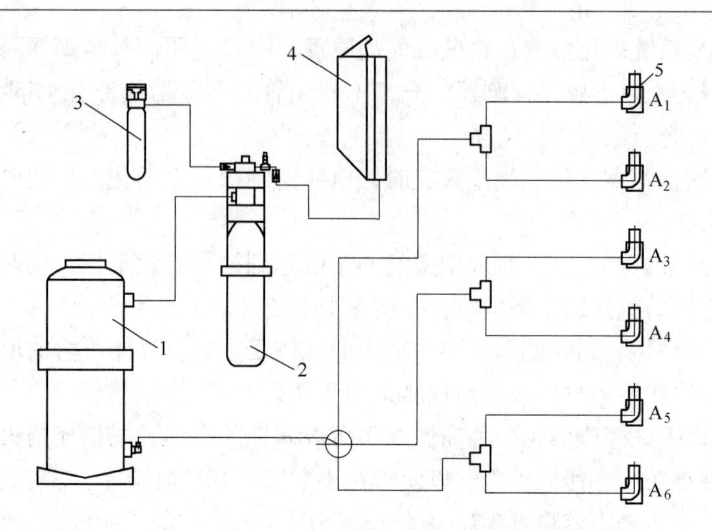

图 4-98　ANSUL A－101 灭火系统原理图

1—灭火剂贮藏箱；2—氮气筒；3—仪表盘致动器；4—遥控致动器；5—喷嘴；

A_1—发动机左侧；A_2—变矩器；A_3—发动机右侧；A_4—燃油过滤器/燃油管路；A_5—变速箱；A_6—中间铰接

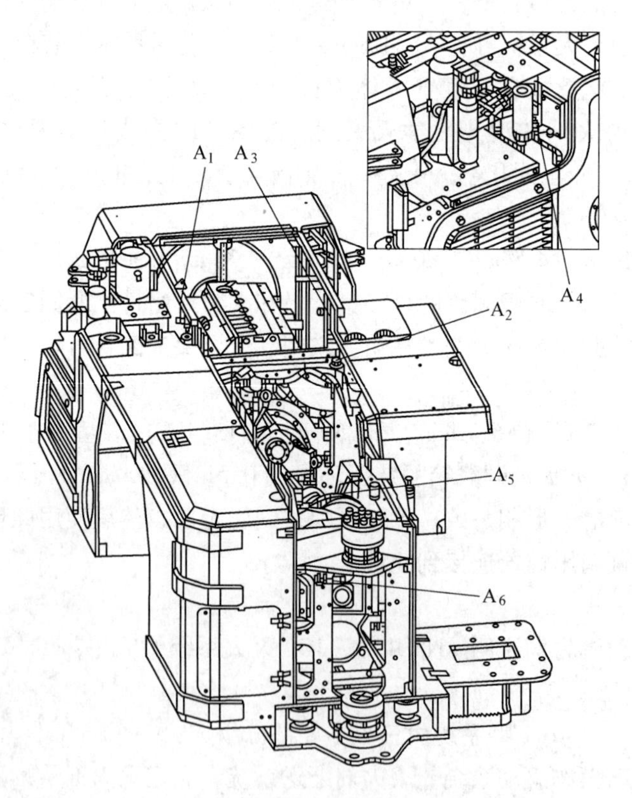

图 4-99　ANSUL A－101 灭火系统喷嘴实际布置图

A_1—发动机左侧；A_2—变矩器；A_3—发动机右侧；A_4—燃油过滤器/燃油管路；A_5—变速箱；A_6—中间铰接

4.6.4　防护装置

防护装置是指单独的或与机器其他零件组合的保护装置。设计并安装防护装置，使接触存在潜在危险机器零部件的可能性最小，从而保证在对地下轮胎式采矿车辆进行操作和日常维修时，避免操作人员接触到由机械、流体或热源产生的危险，防止危险因素引起人身伤害，保障人身和车辆安全。它对人机系统的安全性起着重要作用。因此，科学地设计防护装置有着重要的意义。

国际标准化组织于2003年专门制订了防护装置标准ISO 3457：2003，欧洲也采用该标准，标准号为BS EN ISO 3457：2008。我国于2010年也等效转化成GB/T 25607—2010国家标准，并已正式执行。

4.6.4.1 对防护装置的一般要求

（1）如果运动零部件、发热件或液体存在重大伤害危险，这种危险应通过设计、防护、安全距离定位或警告方式提出。机器部件为执行其预期的功能必须暴露时，应提供正确操作或使用允许范围的防护，在机器制造商的规定操作条件下防护不能消除危险时，应按照GB 20178的规定提供适当的安全警告。

（2）防护装置应用通用的闭锁装置或其他有效方法安装在机器上。通道入口和防护装置应在日常或定期维修、检查或清洗时打开。

1）应易于打开和关闭；

2）用铰链、绳索或其他适当的方法应能保持牢固；

3）可保持关闭，需要时打开；

4）如果防护装置需要拆除且超过20kg，应提供手动控制或提升手动控制或提升点或两者兼有。

（3）维修时需要打开防护装置使棱角和棱边（见4.6.1.1节）与突出部分有空间，且在预期气候与操作条件下实现预期用途。

（4）每种防护装置（软管护板除外）应有足够的刚度，避免偏转到危险零部件里，并应避免在以下负载下直径为125mm的圆周范围内产生有害的永久变形：

1）如果人能触摸到防护装置，接触点应能承受250N的力；

2）如果人能够向下或倾斜倚靠防护装置，接触点应能承受500N的力；

3）如果防护装置作为通道装置的台阶或平台，在其表面的任何位置应能承受2000N的力。

（5）旋转轴产生的危险应通过护栏、防护距离或警告方式防护。

4.6.4.2 护栏

为避免触摸机器零件或其他暴露部分类似的危险，限制身体或身体部分运动的防护设置，如扶手、车架、覆盖件或围栏。

（1）安全距离是由危险零部件到护栏的距离，其测量是从人能接近的最近点位置到该危险部件。

（2）操作中限制司机可视性的护栏，开口尺寸不应大于40mm×80mm或相当的开口面积。

4.6.4.3 挡泥板

罩住机器的车轮或履带的防护装置，限制由车轮或履带甩起的物体，且限制操作人员接触动的部件。

（1）在没有司机室的机器上，如果存在司机意外接触运动的车轮或履带而受到伤害的风险，制造商应提供挡泥板。制造商应给出可选确定最小危险的距离。

（2）如果车轮抛起的物体，存在使司机受伤害或破坏重要信息显示器的危险时，应提供挡泥板。保护区域包括司机活动空间（GB/T 8420），见 4.5.1.1 节 D。

（3）若安装挡泥板，覆盖件的长度与宽度的确定按（1）和（2）的规定，也应考虑一些因素，如司机对车轮必要的可视性、司机活动空间相对车轮的纵向与横向位置、车轮的圆周速度和必要的保护区域。

（4）作为通道装置一部分的挡泥板应符合 GB/T 17300 的规定。

4.6.4.4 风扇护罩

发动机冷却风扇保护结构，防备因不注意触及旋转叶片。

（1）当发动机不工作，按照制造商的推荐进行日常维修时发动机机罩应能满足风扇防护的要求。应给出安全警告标志（见 GB 20178）并包含在操作手册里。

（2）如果人站立在地面或平台上能触及到发动机冷却风扇，应提供防护，以保护人避免意外接触到风扇。从护罩至风扇的距离与防护装置开口尺寸应按照表 4-26 的规定执行。

表 4-26 距离与开口尺寸

护罩至风扇的距离/mm	最大开口宽度/mm
≤90	12
91 ~ 140	16
141 ~ 165	19
166 ~ 190	22
191 ~ 320	32

4.6.4.5 隔热罩

保护身体由机器发热零部件上的防护装置，也可以是一种使用提供易燃物与受热零件之间的热障。

（1）在正常的操作条件下，为防止在操纵位置手可及范围（见 4.8.2.5 节）内接触到温度大于 75℃的金属表面（油漆或涂层），应提供隔热罩。

（2）在通道装置路径中和在通过按制造商建议的日常维修点时，为防止接触热表面应考虑用隔热罩或其他方法。

4.6.4.6 软管护罩

软管护罩是一种保护软管泄漏发生造成潜在爆裂伤害的防护装置。当软管工作压力大于 5MPa 或工作温度在 60℃以上，并位于司机正常操作位置 1m 以内时，应对软管加以防护，防止软管突然爆裂直接喷射到司机位置。

软管护罩包括软管遮盖件，在软管突然破裂时，应有效地阻止分散或转移流体，以避免直接接触到司机。

在机器运行期间不能满足这些要求时，司机室的门或窗能够被打开。

4.6.4.7 距离防护

A 基本假定

安全距离（表 4-27）基于下列假定得出：

（1）防护结构及其开口形状和位置保持不变；

（2）从人体受限制表面或人体相关部位测量安全距离；

（3）人们可能迫使身体某部位越过防护结构或通过开口企图触及危险区；

（4）基准面是人可在其上正常站立的水平面，该面不一定是地面，如工作平台也可作为基准面；

（5）不能借助凳子或梯子等改变基准面；

（6）不能借助棍棒或工具等延长上肢的自然可及。

表 4-27 向下或侧向安全距离 （mm）

危险区高度	护栏高度①								
	1000	1200	1400	1600	1800	2000	2200	2400	2500
	至危险区的水平距离								
2500	—	—	—	—	—	—	—	—	—
2400	100	100	100	100	100	100	100	100	—
2200	500	500	500	500	400	350	250	—	—
2000	1100	900	700	600	500	350	—	—	—
1800	1100	1000	900	900	600	—	—	—	—
1600	1300	1000	900	900	500	—	—	—	—
1400	1300	1000	900	800	100	—	—	—	—
1200	1400	1000	900	500	—	—	—	—	—
1000	1400	1000	900	300	—	—	—	—	—
800	1300	900	600	—	—	—	—	—	—
600	1200	500	—	—	—	—	—	—	—
400	1200	300	—	—	—	—	—	—	—
200	1100	200	—	—	—	—	—	—	—
0	1100	200	—	—	—	—	—	—	—

① 防护高度小于 1000mm 的不包括在内，因其不能有效地限制身体运动。

B 要求

危险零部件如没有独立的防护装置应远离安全距离。开口不能超过从这个零部件到防护装置适当的距离尺寸。

C 上伸可及

上伸可及安全距离应为人站立的基准平面以上 2.5m。

D 越过护栏可及

（1）图 4-100 表示从防护装置到危险部件的距离测定规则。安全距离在表 4-27 中给出。危险区高度，护栏高度或至危险区的水平距离

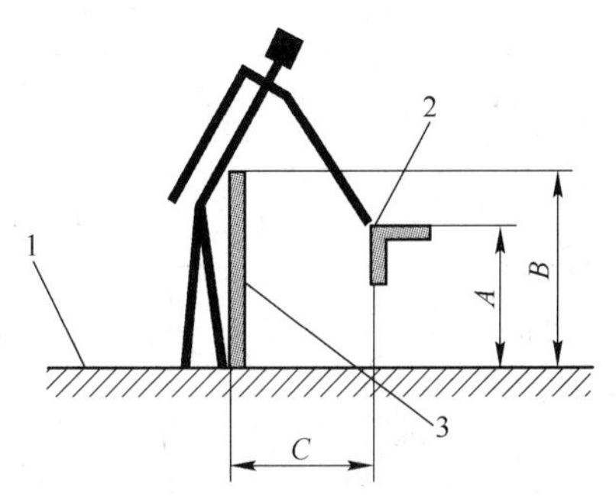

图 4-100 防护装置到危险部件的距离

A—危险区高度；*B*—护栏高度；*C*—危险区水平距离；1—基准面；2—危险区；3—防护结构

两值在表4-27中给出，应选用较大的距离数值。

（2）越过护栏的最小高度成为1m。

E　护栏周围或向下可及

（1）考虑到与其他障碍物的间隙或距离，人在护栏周围的可及范围在表4-28中给出。对于开口大于120mm的，安全距离应符合表4-27的规定。

（2）在考虑护栏向下可及时，手指、手和手臂可及的安全距离尺寸应符合表4-28和表4-29的规定。

表4-28　可及安全距离　　(mm)

运动限制	安全距离 S_r	图　示
只在肩部和腋窝运动受限制	≥850	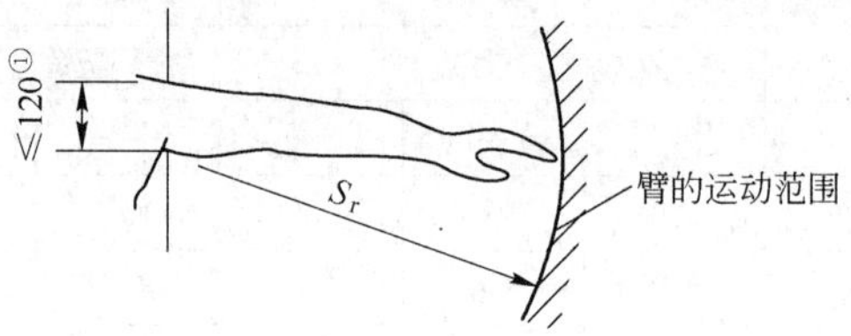
臂被支承至肘部	≥550	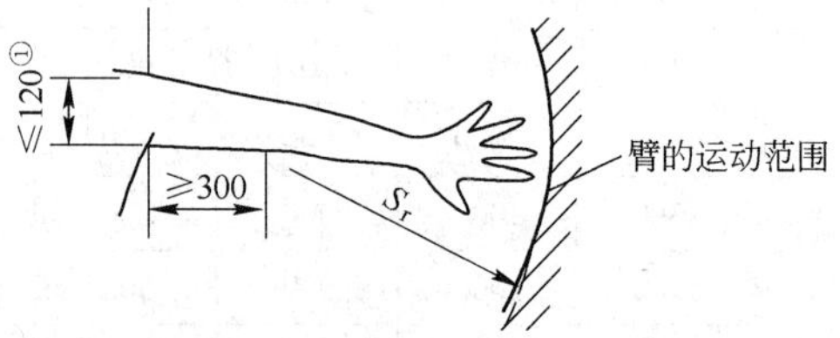
臂被支承至腕部	≥230	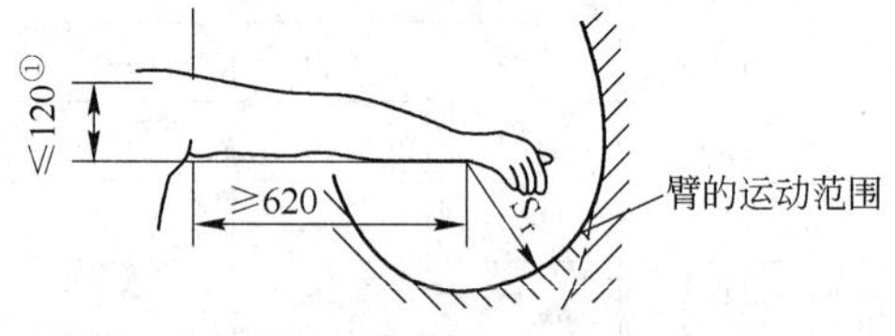
臂和手被支承至指关节	≥130	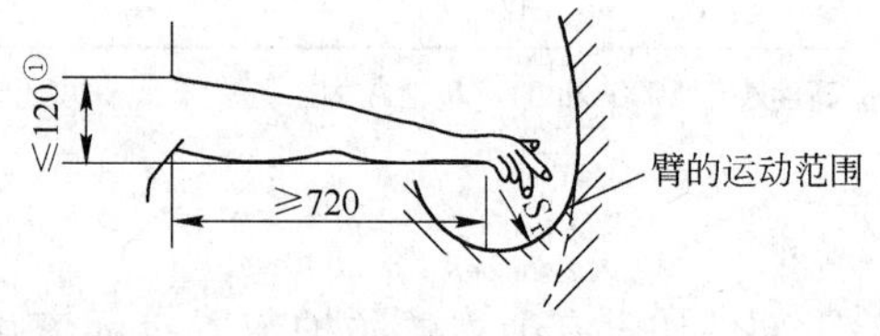

① 圆形开口的直径或方形开口的边长，或槽形开口的宽度。

表4-29　通过可及的安全距离　　(mm)

身体部位	图　示	开　口	安全距离 d_s		
			槽　形	方　形	圆　形
指尖	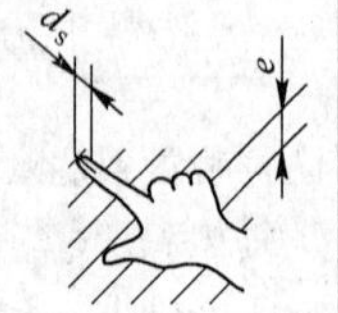	$e \leqslant 4$	≥2	≥2	≥2
		$4 < e \leqslant 6$	≥10	≥5	≥5

续表 4-29

身体部位	图　示	开　口	安全距离 d_s		
			槽　形	方　形	圆　形
指至指关节或手		$6 < e \leqslant 8$	≥20	≥15	≥5
		$8 < e \leqslant 10$	≥80	≥25	≥20
		$10 < e \leqslant 12$	≥100	≥80	≥80
		$12 < e \leqslant 20$	≥120	≥120	≥120
		$20 < e \leqslant 30$	≥850①	≥120	≥120
臂至肩关节		$30 < e \leqslant 40$	≥850	≥200	≥120
		$40 < e \leqslant 120$	≥850	≥850	≥850

① 如果槽形开口长度不大于 65mm，大拇指将受阻滞，安全距离可减少到 200mm。

F　通过开口可及

（1）槽形、方形或圆形开口。到达通过的安全距离见表 4-29。开口尺寸 e 应符合方形开口边长、圆形开口直径和槽型开口最窄部分尺寸。开口尺寸超过 120mm 时，安全距离应符合表 4-27 的规定。

（2）不规则开口（图 4-101）。

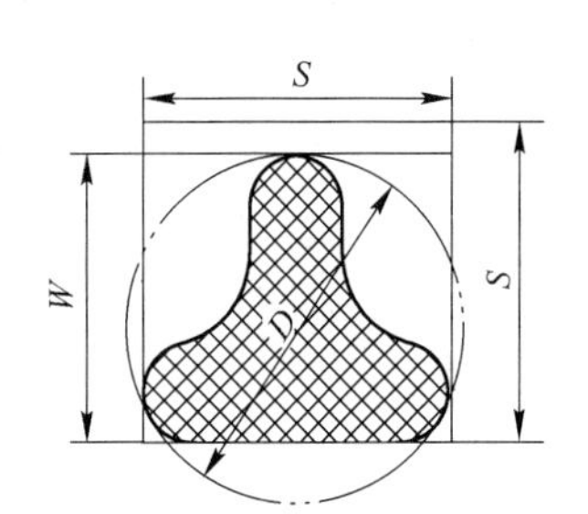

图 4-101　不规则开口示意图
S—长；W—宽；D—直径

1）最小圆形开口的直径；

2）最小方形开口的边长；

3）能完全嵌入不规则开口的最窄槽形开口的宽度。

根据表 4-28 或表 4-29 选择相应的三项安全距离，应选用三项数值中最短的安全距离。

G　挤压

避免人体部分受挤压的安全距离（最小间隙）应符合表 4-30 的规定。

表 4-30　挤压最小间隙

身　体　部　位	最小间距 a/mm	图　　示
身　体	500	

续表 4-30

身体部位	最小间距 a/mm	图示
头部（最不利位置）	300	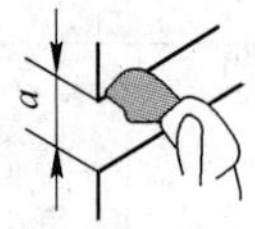
腿	180	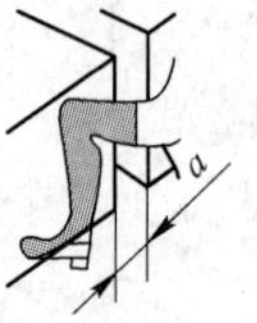
脚	120	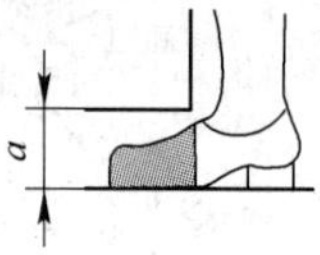
脚趾	50	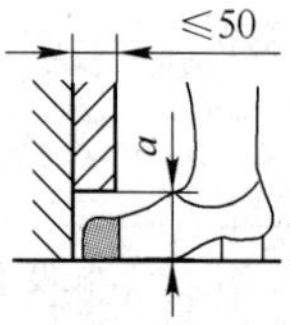 ≤50
臂	120	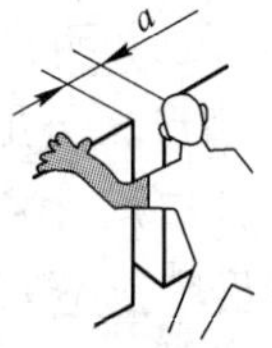
手、腕或拳	100	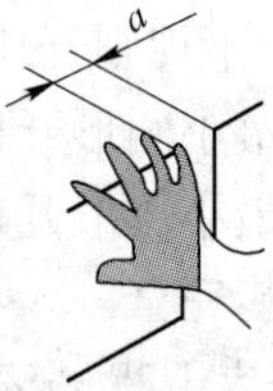
手指	25	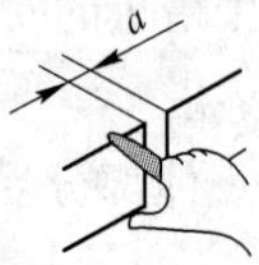

4.6.5 防止下肢触及危险的安全距离

4.6.5.1 下肢通过开口触及

表 4-31 中的安全距离 S_r 适用于防止人们试图通过开口触及危险区的保护。

表 4-31　通过规则开口防止下肢触及危险区的安全距离　　(mm)

下肢部位	图　示	开　口	安全距离 S_r	
			槽　形	方形或圆形
脚趾尖		$e \leqslant 5$	0	0
		$5 < e \leqslant 15$	$\geqslant 10$	0
脚趾		$15 < e \leqslant 35$	$\geqslant 80$①	$\geqslant 25$
脚		$35 < e \leqslant 60$	$\geqslant 180$	$\geqslant 80$
		$60 < e \leqslant 80$	$\geqslant 650$②	$\geqslant 180$
腿（脚趾到膝）		$80 < e \leqslant 95$	$\geqslant 1100$③	$\geqslant 650$②
腿（脚趾到胯部）		$95 < e \leqslant 180$	$\geqslant 1100$③	$\geqslant 1100$③
		$180 < e \leqslant 240$	不允许	$\geqslant 1100$③

注：$e > 180$mm 的槽形开口及 $e > 240$mm 的方形或圆形开口允许全身进入。

① 如果槽形开口长度不大于 75mm，该距离减至不小于 50mm。

② 其值表示从脚尖至膝部。

③ 其值表示从脚尖至胯部。

A　规则开口

表 4-31 中的 e 表示方形开口的边长、圆形开口的直径或槽形开口的窄边长。

槽形开口的窄边大于 180mm，方形开口边长和圆形开口直径大于 249mm 时，整个身体可以进出。

表 4-31 中的数值与是否穿戴衣着鞋袜无关。

B　不规则开口

在不规则开口的情况下，应按以下步骤确定安全距离：

（1）首先确定可以完全插入不规则开口的：

1）最小圆形开口的直径；

2）最小方形开口的边长；

3）最窄槽形开口的宽度。

（2）根据表4-31选择相应的三个安全距离。

（3）可采用（2）项中所选取的三个数值中最小的安全距离。

4.6.5.2　阻止下肢自由进入的距离

防护结构可用于限制下肢在其下面的自由动作。当必须使用该方法时，与防护结构高度有关的距离可参照图4-102和表4-31。

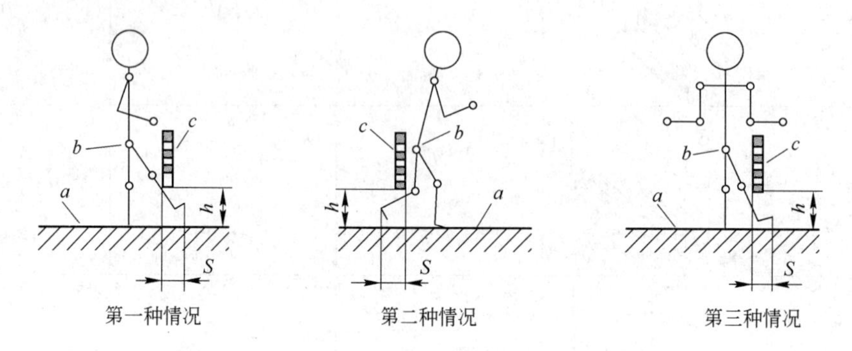

图4-102　防止下肢自由活动的防护结构示意图

a—基准面；*b*—髋关节；*c*—保护结构

表4-32中距离*S*适用于人在无支撑时保持站立姿时（图4-102），限制下肢进入的特定情况。

表4-32中的数值不能用在有滑倒风险的场合。

表4-32中的数值之间没有任何插入值。如某防护结构的高度*h*在两个数值之间，则应选用较高*h*值的距离。

表4-32　防护结构高度与限制下肢进入距离　（mm）

防护结构高度 *h*	距离 *S*		
	第一种情况	第二种情况	第三种情况
$h \leqslant 200$	≥340	≥665	≥290
$200 < h \leqslant 400$	≥550	≥765	≥615
$400 < h \leqslant 600$	≥850	≥950	≥800
$600 < h \leqslant 800$	≥950	≥950	≥900
$800 < h \leqslant 1000$	≥1125	≥1195	≥1015

4.6.6　防止烧伤的安全距离

由于地下轮胎式采矿车辆大都使用柴油机、液力和液压传动系统、制动器、电气系统，这些零部件大都是一些高温零部件。因此，作业人员稍不留神就会被烧伤。为了防止被烧伤，在国际标准和国家标准中都规定了防止烧伤的安全距离。

在ISO 13732《机械安全　可接触表面温度确定热表面温度限值的工效学数据》标准中（见4.6.6）规定了防止烧伤的安全距离，在使用期间，人能接触的或是可能触摸的车辆（物体）的热表面，规定了适用于成年健康皮肤的人类工效学数据，及其在确定热表面温度限值和评价烧伤风险时的应用。它提供了用于确定防止皮肤烧伤的热表面温度值的数据，该数据适用于相对人体皮肤有较高热容量体表面，该数据也可以用于指导产品设计。ISO 13732 不适用于大面积皮肤（大约占全身皮肤的 10% 或更多，头部 10% 以上皮肤）与热表面接触的情况。当皮肤同热表面接触时，如果未超过标准所规定的烧伤阈值，通常是没有烧伤风险的，但是，可能出现疼痛。

4.6.6.1 烧伤阈

烧伤阈是指在规定的接触时间内，以皮肤与热表面接触无烧伤和引起表层部分烧伤时间的温度界限定义的表面温度。烧伤阈的表面温度数据，可用来对热表面做出烧伤风险的评价，用于防止烧伤和确定车辆表面温度的限值。皮肤同热表面接触时，导致烧伤的表面温度与组成表面的材料有关。图 4-103 所示为在皮肤接触几类材料的热表面时，烧伤阈和接触时间的关系。图中曲线的阴影线部分是烧伤阈的温度范围。曲线以下的表面温度值，不会导致皮肤的烧伤；曲线以上的表面温度值，会导致烧伤。

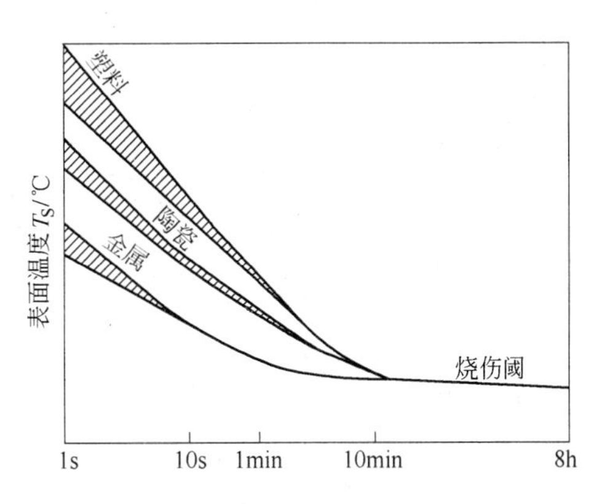

图 4-103 皮肤接触热表面时烧伤阈和表面温度 T_S 关系示意图

（摘自 ISO 13732－1：2006）

4.6.6.2 烧伤阈数据

A 接触时间在 0.5～10s 时间的烧伤阈

（1）通则。在短时间接触情况下（接触时间在 0.5～10s 之间），不是以数据来规定烧伤阈分布，而是以曲线反映烧伤阈分布与接触时间的关系。

（2）无涂敷光滑金属热表面（图 4-104）。

（3）涂敷虫胶厚度分别是 50μm、100μm、150μm 金属热表面（图 4-105）。

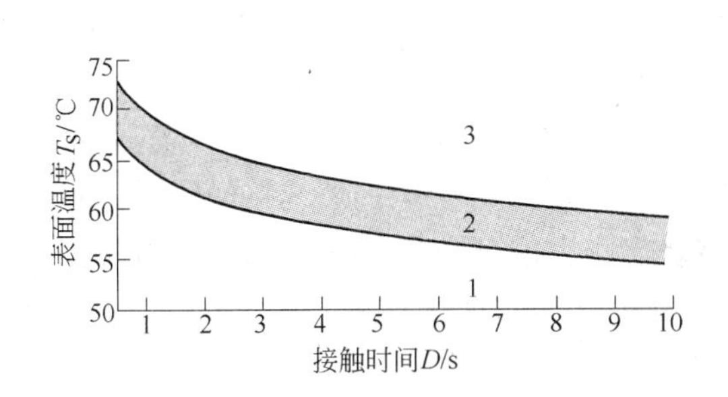

图 4-104 皮肤接触无涂敷光滑金属热表面的烧伤阈

1—没烧伤；2—烧伤阈；3—烧伤

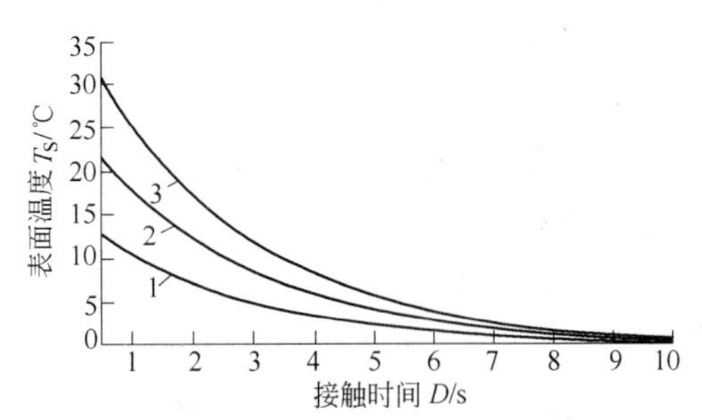

图 4-105 皮肤接触涂敷虫胶厚度分别是 50μm、100μm、150μm 金属热表面的烧伤阈分布在图 4-104 基础上的增量

1—50μm；2—100μm；3—150μm

（4）涂粉末/搪瓷（60μm 和 90μm）、搪瓷（160μm）和尼龙 11 或 12（400μm 厚）后的金属热表面（图 4-106）。

（5）陶瓷、玻璃和石材（图 4-107）。

（6）塑料（图 4-108）。

（7）木材（图 4-109）。

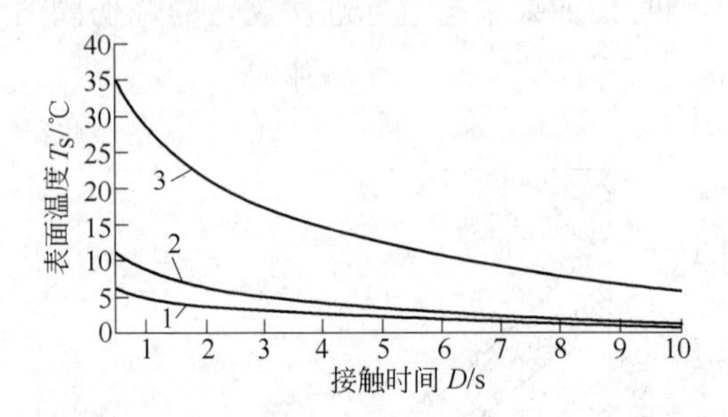

图 4-106　涂粉末/搪瓷（60μm 和 90μm）、搪瓷（160μm）和尼龙 11 或 12（400μm 厚）的金属热表面后的烧伤阈分布在图 4-104 基础上的增量

1—粉末/搪瓷（60μm 和 90μm）；2—搪瓷（160μm）；3—尼龙 11 或 12

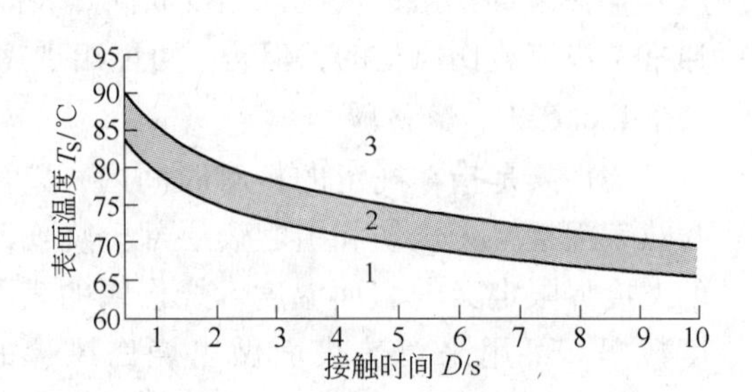

图 4-107　皮肤接触的陶瓷、玻璃和石材热光滑表面的烧伤阈

1—没烧伤；2—烧伤阈；3—烧伤

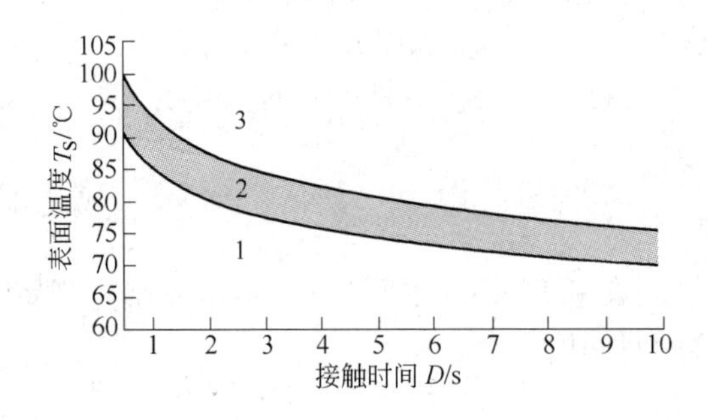

图 4-108　皮肤接触塑料热光滑表面的烧伤阈

1—没烧伤；2—烧伤阈；3—烧伤

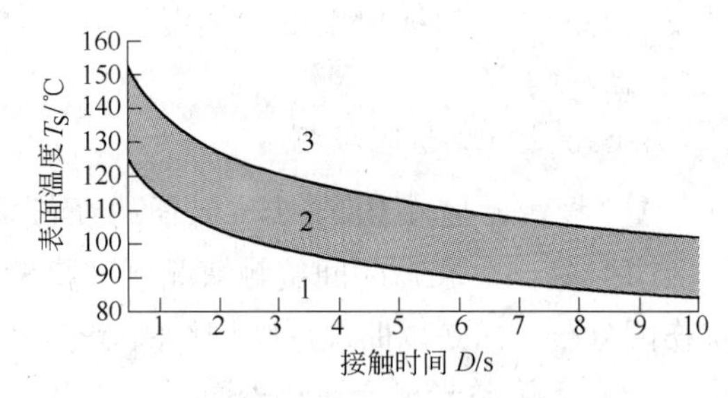

图 4-109　皮肤接触热的木材热光滑表面的烧伤阈

1—没烧伤；2—烧伤阈；3—烧伤

B　接触时间在 10s 与 1min 之间的烧伤阈

对于接触时间在 10s 到 1min 之间，在接触 10s 时的图 4-104 ~ 图 4-109 中表明烧伤阈分布在最低和最高界线之间的材料可采用线性插入法，表 4-33 中的值与接触时间 1min 一致。根据接近 10s 以上接触时间的分布得到该烧伤阈，该分布集中在接触 1min 时间上的单一值。

C　接触时间大于或等于 1min 的烧伤阈

与表面保持接触时间大于或等于 1min 的烧伤阈见表 4-33。

表 4-33　与表面保持接触时间大于或等于 1min 的烧伤阈　　（℃）

<table>
<tr><th rowspan="2">材　料</th><th colspan="3">接　触　时　间</th></tr>
<tr><th>1min</th><th>10min</th><th>8h 或更长</th></tr>
<tr><td>无涂敷金属</td><td rowspan="2">51</td><td rowspan="2">48</td><td rowspan="2">43</td></tr>
<tr><td>涂敷金属</td></tr>
</table>

续表 4-33

材　料	接　触　时　间		
	1min	10min	8h 或更长
陶瓷、玻璃和石材	56		
塑料	60	48	43
木材	60		

注：1. 接触时间 1min 的 51℃数值也适用于表中未给出的高热导率其他材料。

2. 43℃对于接触时间是 8h 或更长的所有材料适用，只有在人体的较小部分（小于人体总皮肤表面的 10%）或是头部较小部分（小于头部皮肤表面的 10%）接触热表面时才允许；如果接触面积不仅是局部或如果是面部致命部分接触热表面（如导气管），即使表面温度不超过 43℃，也可能发生严重损害。

4.6.6.3　烧伤防护措施

A　表面温度低于烧伤阈

如果热表面温度小于烧伤阈，一般不需要防烧伤的措施。

B　表面温度大于或等于烧伤阈

如果热表面温度大于或等于烧伤阈，当皮肤同热表面接触时，有烧伤的风险，下述情况会烧伤的风险增大：

（1）测量表面温度在烧伤阈之上越高。

（2）表面温度超过烧伤阈的时间越长。

（3）易遭受烧伤的人（例如儿童）了解烧伤风险越少。

（4）迅速脱离接触热表面的反应性越小。

（5）接触热表面越容易。

（6）根据预期使用，接触风险越高。

（7）发生接触可能越频繁。

（8）预期使用者对安全操作具有热表面的机器的基本知识越少。

C　烧伤防护的具体措施

如果存在烧伤的风险，可以单用或联用以下措施，并推荐优先采用工程措施：

（1）工程措施。

1）降低表面温度；

2）绝热（如以木材、软木、纤维材料包覆）；

3）保护装置（屏障或栅栏）；

4）表面结构（如粗糙化或散热片）。

（2）组织措施。

1）警示标志（报警信号、视觉和听觉报警信号）；

2）指导，培训；

3）技术文件，使用说明。

（3）个人防护措施：个人防护装备。

D　防止烧伤设计程序

（1）车辆热表面分析。对新制造的车辆，应分析并估计车辆正常工作时，可能由电、光、机械摩擦、气体压缩等产生的热（非有意加热），以及相关表面的表面温度。对于现有车辆则可实测各发热表面的表面温度。

（2）可能接触热表面的人群分析。确定出有可能接触热表面的人，包括将来使机器的人和有可能触摸到热表面的人（如操作人员、清洁人员、保养人员、其他人员）。

（3）估计出可能的、最长的接触时间。

1）应该区别，发生接触是无意识，还是有意识（如接触控制器）；

2）即使无意识接触的偶然事件，应使用最短接触时间 1s；如果有意识延长作用时间（如在限制活动范围的环境工作，老年人），应选择较长的接触时间；

3）对有意识与热表面接触的情况接触时不短于 4s；

4）皮肤与热表面接触时间的估计，见表 4-34。

表 4-34　选择皮肤与热表接触时间指南

接触时间	接触热表面举例	
	无意识的	有意识的
0.5s	接触热表面并且在运动无阻碍情况下尽可能快排除接之而来的痛觉	
1s	接触热表面并且很快排除接之而来的痛觉	
4s	接触热表面并且延长了作用时间	开关动作，揿按钮
10s	迎着热表面跌落而未复原	开关的延迟动作，手轮、阀门的微调
1min		手轮、阀门等的旋转
10min		使用控制元件（控制器、手柄等）
8h		连续使用控制元件（控制器、手柄等）

摘自 ISO 13732－1：2006。

（4）选择合适的烧伤阈。

1）根据已确定的接触时间，按图 4-104 ~ 图 4-109 和表 4-34 确定烧伤阈，对于表 4－34 中未列出的接触时间，可取较长的接触时间的烧伤阈值，也可直接查阅 GB/T 18153（ISO 13732－1）中的有关曲线，或作插值计算；

2）在烧伤阈值范围内确定温度限度值时，如果接触热表面概率高，可取下端温度值；接触热表面概率低时，可选取上端温度值；

3）对于图 4-104 ~ 图 4-109 和表 4-34 中未提到的材料，可以根据其热传导性能估算。如将有关材料的热惯性与表 4－34 中所列材料的热惯性作准确估算，即可从表中所列材料的烧伤阈值导出该材料的烧伤阈值。

（5）温度限值的确定示例。由图 4-104 ~ 图 4-109 可知，裸（无涂敷）金属的烧伤阈值，对于接触时间为 4s，该温度范围为 58 ~ 63℃，低于 58℃ 不会引起烧伤，高于 63℃ 就会出现烧伤。

如果在该表面涂敷 160μm 搪瓷，接触时间为 4s，则烧伤范围为 60 ~ 65℃。确切的限值需按具体情况综合考虑。

1）对于非专业人员限值可定为 60℃；

2）用于工业的车辆，可取较高限值，因为专业人员对快速反应有思想准备，接触时间较短，并如该表面涂敷160μm搪瓷，对于作业人员，接触时间可取1s，烧伤阈值范围为70～75℃。在某些工业应用中，当充分考虑了综合风险评价和相关因素时，75℃是可以接受的。

（6）确定防护措施。综合考虑上述因素，在风险评价的基础上，根据对车辆不同发热表面的温度的估计和可能的接触时间，对不同发热表面分别采取不同的防护措施。可采用各种工程设计措施，例如，选择材料或金属表面的涂敷材料，设置屏障或栅栏，降低发热表面温度等，同时考虑相应的组织措施，以确保安全。

E 防止烧伤安全距离

在正常工作条件下，对车辆中不需接触的表面，当它处于手可及范围内时，其热表面温度即使有短时间超过图4-104～图4-109可知规定的限值，也必须采取防止意外接触这些表面的措施，其表面温度限值可取图4-104～图4-109可知接触时间1s的烧伤阈值的上限（例如对热的塑料表面可取93℃）。对这些热源可以采取防护措施。防止触及危险区的安全距离见GB 12265.1、GB 12265.2或见本书4.6.4节、4.6.5节相关内容。

4.6.7 司机保护的其他安全措施

司机保护的其他安全措施如下：

（1）在全封闭司机室内设计一个紧急停车按钮，在车辆后端也有两个紧急停车按钮，以便在突发事故时能及时紧急停车。

（2）紧急转向泵。当发动机出现故障，主转向泵无法工作时，可立即接通电动紧急转向油泵供给转向油缸液压油，从而保证车辆临时紧急转向，防止事故发生。

（3）若车辆配置动臂机构，它应配置动臂锁紧销。当操作人员在提升的动臂下面维修时，能防止动臂因故突然落下。

（4）铰接机架锁紧装置。防止车辆在运输过程和维修过程中，前车架、后车架发生转动发生事故和挤压到人。

（5）后退报警器。防止车辆碰到后面的行人与车辆。

（6）可锁的主开关。防止旁人未经允许私自操作。

（7）安全皮带。防止车辆倾翻时伤害司机。

（8）防滑垫。防止作业人员滑倒。

（9）警告信号，提醒人们注意。

（10）操作人员应配备必要的防护装备。

4.7 方便的入口与出口

车辆的入口与出口是司机需进行日常维修的区域及司机出入司机室提供适当的通道装置，它包括踏脚、梯子、阶梯、扶手、抓手、平台、走道、护栏和挡脚板。车辆的入口与出口设计的好坏直接影响司机与维修人员的安全。例如：

（1）碰撞风险。由于司机在司机室内的视野被车辆入口和其他结构限制，碰撞到路上行人、车辆或巷道壁。

（2）滑倒和跌倒风险。由于缺少高处跌落保护，踏脚与走道表面光滑，灰尘或其他材料的堆积或者照明不足，到维修点的通道和工作平台存在滑倒和跌倒风险。

（3）扭伤和拉伤风险。当进入车辆和保养点离地面太高或太低时，由于身体难以符合人机工程学的要求而产生。

（4）滞留风险。正常的通道被火或机器事故堵塞。

（5）材料从平台上掉落风险。从1.8m上落下，砸到下面的人。

（6）受伤风险。由于过道上突出的紧固件、托架锐边和接头造成。

据有关国家统计，在2001～2003年土方机械发生的1125件意外事件中，因为通道装置而产生的意外事故占整个意外事故的79%（图4-110）。由此可见正确设计通道装置对于土方机械（包括地下轮胎式采矿车辆）的安全十分重要。

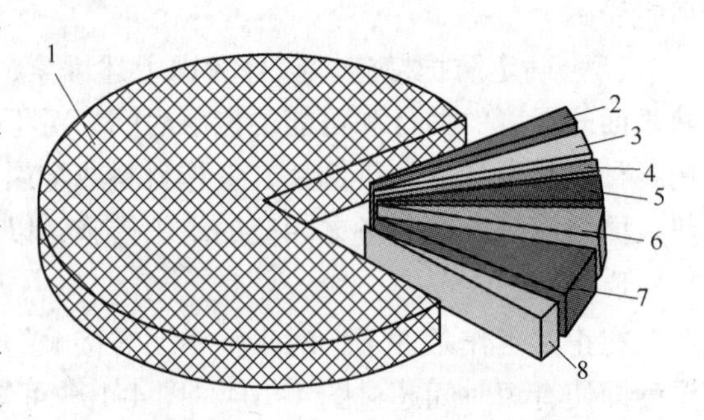

图4-110　土方机械事故原因分析

1—通道装置，79%；2—司机室，2%；3—窗户、开口，3%；4—其他，2%；5—视野，3%；6—转向与控制系统，3%；7—门，3%；8—装载工具斗齿，2%

4.7.1　一般要求

对司机位置和司机手册中描述的司机需进行日常维修的区域（见4.6.4节）及司机出入司机室应提供适当的通道装置。通过适当的设计应使泥土对通道装置的影响尽可能小。通道装置应符合以下规定：

（1）基本通道装置。

1）通道装置中关于手和脚放置的正确位置应一目了然，无需专门训练；

2）对于钩挂肢体或衣物而造成危险的通道装置凸出部分，应使其最小；

3）对绊倒使用者或增加其跌落伤害程度的凸出部分，应使其最小；

4）应尽量避免使用者接触到如过热或过冷、带电、运动部件和尖锐物体等，以减少潜在的危险；

5）所有用于行走、踏脚或爬行的通道装置表面（包括作为通道装置一部分的任何装置或结构部件）都应是防滑的；

6）当高出地面1m以上，通道装置部件的正确布置应允许并利于作业人员在上、下和在通道中移动时使用三点支承，对于阶梯、斜坡、走道和平台可以使用两点支承，在使用所有梯子时宜使用三点支承；

7）如果司机或服务人员需要携带物品到司机位置或日常维修点，应提供下述之一的装置（如果不明显要提供说明）：

① 阶梯或斜坡通道，只需要两点支承时，一只手可以携带物品；

② 每隔2m应设置一个能够暂时放置物品的平台或平面，使得在通道装置中移动时能够保持三点支承；

③ 能够将物品运到司机位置或日常保养点的位置，使得在通道装置中能够一直保持三点支承。

（2）可移动的基本通道装置。为方便存放在机器中，基本通道装置可以是移动的，但应保证在使用或存放时安全牢固。为防止动力出现故障，装备有动力驱动通道装置的机器应有备用出口通道。

（3）备用出口通道。备用出口通道应设置在机器上不同于通向司机平台基本通道的位置。如果备用出口不明显，应对其进行标识。备用出口通道用于紧急情况（如机器倾翻），因此，不需要满足（1）中对基本通道的要求。

4.7.2　行走和站立表面的要求

行走和站立表面的要求包括：

（1）通道装置的行走和站立表面应能承受下列与该表面垂直的最小作用力而无永久变形：

1）在表面的任何位置以直径为125mm圆盘上应能集中作用2000N的力；

2）4500N的力应均匀分布在每平方米的表面区域上，如果表面区域面积小于$1m^2$，允许使用按比例折算的载荷。

1)和2)中规定的力应先后施加，不能同时施加；检查过程中用于支承人员的机壳顶篷，如司机室和机棚的顶篷，只需要满足1)的要求。

（2）在走道和平台表面上的孔，不允许直径大于或等于40mm的球形物通过。在人员行走、站立或作业区域之上的走道和平台表面上的开孔，不允许直径大于或等于20mm的球形物体通过。在必须防止通过的物料可能对该表面上部或下部的人员造成伤害的时候，应使用无开孔的表面。对于吊臂走道和其他仅在检查或日常保养使用的类似区域，站立或踏脚表面的开孔可以增大到上述数值的两倍。

（3）扶手、抓手、护栏在任何点任何方向应能承受来自任意方向的不小于1000N的力，而无明显的永久变形。柔性装置在试验载荷的作用下，不应偏离正常位置80mm以上。

4.7.3　踏脚的要求

踏脚的要求包括：

（1）踏脚应符合图4-111和表4-35给出的尺寸要求。所有踏脚宜有足够容纳两只脚的宽度，梯子和单级或多级踏脚尺寸参见表4-35。对于在机器工作时容易受到损坏的暗角，允许设置可容纳一只脚的踏脚。

（2）如果从梯子的顶部或底部的踏脚迈向临近的踏脚表面，且身体需侧向移动时，踏脚与支承面最近边缘的距离应在球形半径$SR \leqslant 300$mm之内（图4-111）。

（3）一般考虑以下方面：

1）在有可能脚伸出踏脚之外且会与运动部件接触的地方，应在踏脚与运动部件之间设置护罩；

2）踏脚的设计应尽量减少脚侧向滑出踏脚的危险；

3）踏脚的踩踏面不应被用作抓手；

4）踏脚的设计应尽量减少异物积存，并有助于清除鞋底的泥土和碎块；

5）踏脚的设计应便于使用者自然放脚，或让使用者清楚可见的。

（4）最好避免安装柔性踏脚（或串接两个或多个柔性踏脚），除非该踏脚在机器作业过程中容易受到损坏。安装单级的柔性踏脚，当施加250N的水平力，且该力作用于柔性踏脚外缘的中心并向内推时，在任一平面内的移动不应超过80mm。当对任何一个柔性踏脚施加相同的水平力时，串接的两个或多个柔性踏脚组合布置的反向斜度不应大于30°。

（5）阶梯踏脚跨距应为梯级高度的两倍加上跨步距离，应符合表4-35中符号 J 规定的尺寸要求。

（6）单级的踏脚可以缩进如图4-111和表4-35中符号 Q 规定的尺寸。这种情况下，由于出来时视野的限制，踏脚的宽度应至少为建议的两脚宽度。

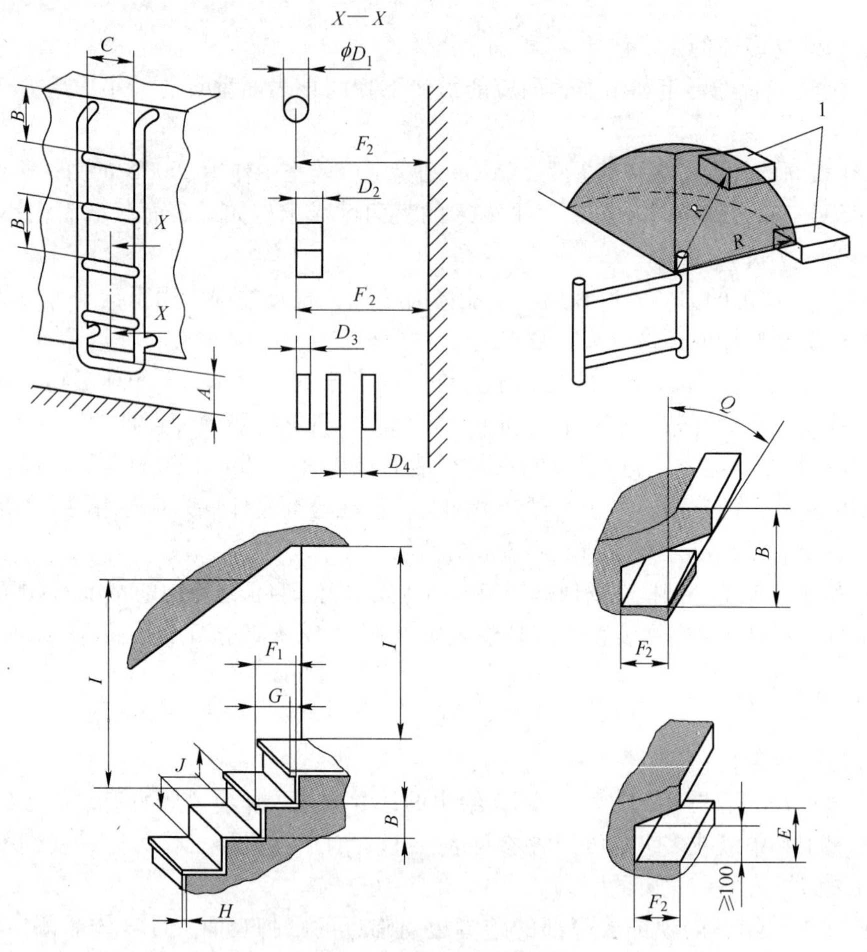

图4-111　踏脚、梯子和阶梯

（图中符号意义见表4-35）

表4-35　踏脚、梯子和阶梯的尺寸　　（mm）

符号（见图4-111）	说　明	尺　寸		
		最小值	最大值	基本值
阶　梯				
A	地面或平台之上第一个踏脚的高度		700④	400
B	梯级高度		250	180
C	踏脚宽度	320		400
F_1	踏面深度	240	400	300

续表 4-35

符号（见图 4-111）	说明	尺寸		
		最小值	最大值	基本值
阶梯				
G	跨步距离	130		
H	自梯级到踏面所突出的部分		25	0
I	通过走道，踏脚之上至顶部的间隙	2000		>2000
J	踏脚跨距①		800	600
梯子和单级或多级踏脚				
A	地面或平台之上第一个踏脚的高度		700④	400
B	梯级高度	230②	400③	300
C	踏脚宽度 适于一只脚 适于两只脚	 160 320		 200 400
D_1 D_2 D_3 D_4	踏面深度——圆形 踏面深度——正方形或矩形 踏面组合深度——组合踏脚 踏面组合间距——组合踏脚	19 6 3 	60 50⑤	 50 50⑤
E	足背间隙	150	—	190
F_2	足尖间隙（踏脚前缘或圆形踏脚中心后面的自由空间）	150		200
I	通过走道，踏脚之上至顶部的间隙	2000		>2000
Q	一个踏脚/一段楼梯的最大倾斜度		15°	
R	梯子至下一个踏脚位置的球形半径		300	0

① 计算公式：$J=G+2B$。

② 梯子踏脚的顶部至平台 150mm。

③ 如果将履带用作踏脚，从履带板至平台之间的梯级高度可以增加到 500mm。

④ 实际应用中，尺寸不宜超过 600mm。

⑤ 如果脚放置位置平行于踏面的组成部分则为 40mm。

4.7.4 梯子的要求

梯子的要求包括：

（1）梯子踏脚应符合 4.7.3 节和表 4-35 中对踏脚的一般要求。

（2）在地面以上垂直延伸超过 5m 的梯子应装备梯子限落装置，优先采用不活动型装置（如梯子护栏）。这种装置不应要求使用者在上、下梯子时频繁操作，如果使用，梯子护栏或其他类似装置的底边应位于地面或平台以上最大 3m、最小 2.2m 处，梯子护栏的内表面至踏脚距离不应超过 700mm，其内部宽度也不应超过 700mm。

（3）垂直高度大于 2m 的环绕或螺旋形梯子应在开放侧装备护栏。

（4）对于特定梯子，梯子梯级高度要一致。

4.7.5 阶梯的要求

阶梯的要求包括：

（1）阶梯的踏脚应符合 4.7.3 节和表 4-35 的要求。

（2）阶梯中踏脚踏面深度应大于或等于梯级高度。相邻的梯级高度和踏脚踏面深度应一致。

（3）阶梯应至少安装一个扶手。

（4）自地面或平台以上垂直距离大于 3m 的阶梯应在开放一侧或两侧安装护栏。

4.7.6　扶手和抓手的要求

扶手和抓手的要求包括：

（1）扶手和抓手应符合图 4-112 和表 4-36 中规定的尺寸要求。

（2）扶手和抓手应沿着通道装置适当地放置，为正在移动的人员提供连续的支承，帮助使用者保持平衡。

（3）扶手和抓手的横截面应为圆形，也可使用带有圆角的正方形或矩形横截面。

（4）任何扶手或抓手，若其手抓面超出支承点时，应对手抓面的末端形状进行改变，以防止手从该端滑落。

（5）在梯子装置中使用扶手优于抓手，扶手或抓手可能是梯子中的整体部件或是分别独立的。

（6）抓手的设计和布置应使其受到损坏的风险尽可能小。

（7）扶手和抓手的表面应避免粗糙、尖角或凸出物对手引起的伤害。

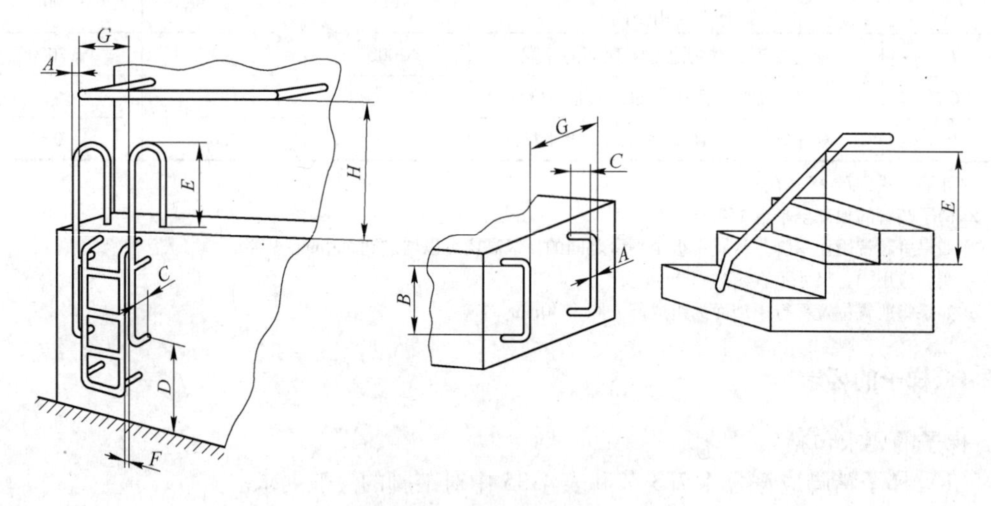

图 4-112　扶手和抓手
（图中符号意义见表 4-36）

表 4-36　扶手和抓手的尺寸　　（mm）

符号（见图 4-112）	说明		尺寸		
			最小值	最大值	基本值
A	宽度（直径或横向平面）	梯子、踏脚或走道	15①	38	25
		阶梯和斜坡扶手		80	50
B	抓手支腿弯曲半径之间的距离		150		250

续表 4-36

符号（见图 4-112）	说　明		尺　寸		
			最小值	最大值	基本值
C	放手部位至安装表面间的间隙		50		75
D	站立表面之上的距离			1700	900
E	扶手延长部分在踏脚、平台、阶梯或斜坡以上的垂直距离		850	960	900
F	梯级边缘与扶手或抓手之间的偏移（如果梯子与扶手是独立的部件）		50	200	150
G	平行扶手之间的宽度	梯子		600②	400③
		阶梯和斜坡	460		700
H	走道、走廊、踏脚或阶梯踏脚以上的距离		850	1400④	900

① 如果是垂直方向且扶手或抓手的固定位置在地面以上超过 3m 时为 19mm。

② 如果扶手/抓手与门口是一个整体部件时，最大为 950mm。

③ 如果要求臂部有空隙时为 600mm。

④ 对于位于司机室门上的扶手和抓手，可能增加至 1700mm。

4.7.7　平台、走廊、走道、护栏和挡脚板的要求

平台、走廊、走道、护栏和挡脚板的要求包括：

（1）平台、走廊、走道、护栏和挡脚板应符合图 4-113 和表 4-37 中规定的尺寸要求。

（2）护栏的顶部栏杆与走道或平台之间的中间位置应安置栏杆。

（3）如果平台或走道表面的开放侧在地面或其他平台以上，垂直距离大于 3m，则平台和走道应安装护栏。

（4）如果可以保持三点支承，仅用于日常保养点的走道最小宽度可以为 230mm。

（5）当护栏中有出入口时，除了用于梯子或踏脚的通道外，还应在该出入口上安装符合 4.7.2 节（3）中规定的要求装置。

（6）在脚有可能从走道或平台上滑落的地方，应安装挡脚板。

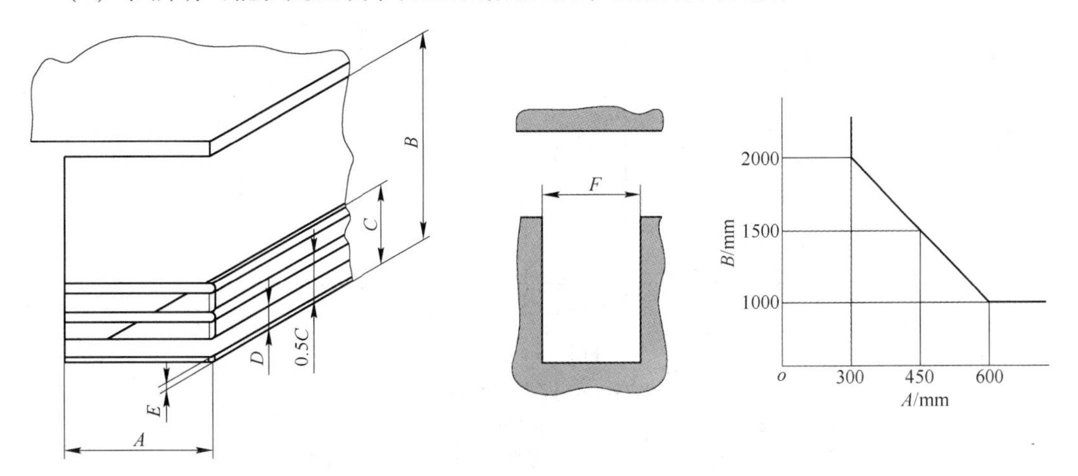

图 4-113　平台、走廊、走道、护栏和挡脚板

表 4-37　平台、走廊、走道、护栏和挡脚板的尺寸　(mm)

符号 (见图 4-113)	说　明		尺寸		
			最小值	最大值	基本值
A	宽度①	平台	300		600
		走道	300②		600
B	空间高度	站立	2000		
		跪姿③	1500		
		爬行③	1000		
C	护栏高度		1000	1100	1100
D	挡脚板高度		50		100
E	挡脚板至地板间隙		0	10	0
P	走廊宽度	使用者正前通道④	550		650
		使用者侧向通道	350		450
		使用者相互反向通行	900		1300

① 该宽度如图 4-113 所示，取决于空间高度。

② 见 4.7.7 节中（4）。

③ 仅用于检查和日常保养。

④ 爬行时用基本尺寸作为最小值。

4.7.8　机壳出入口的要求

4.7.8.1　基本出入口

机壳应提供一个基本出入口，其尺寸应符合如下规定：

（1）机壳出入口尺寸应符合图 4-114 和表 4-38 中规定的尺寸要求或满足下列（2）和（3）的要求。

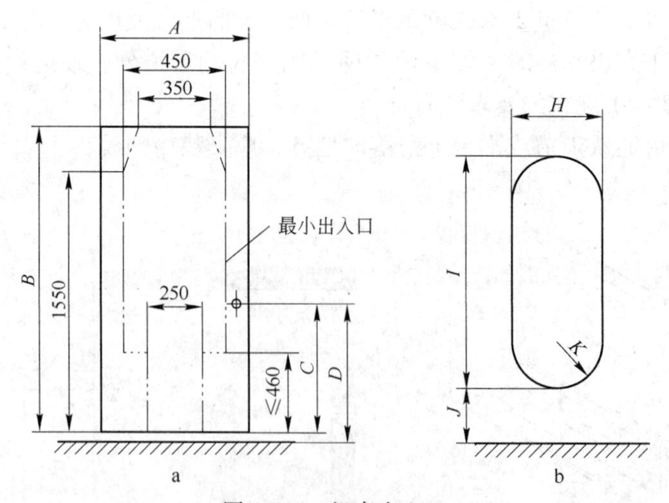

图 4-114　机壳出入口

a—基本出入口；b—维修出入口

注：1. 对头部的锥度只允许用于站姿司机室；

2. 改变最小出入口的形状，不需要对称，符号意义见表 4-38；

3. 尺寸为最小值，除非另有注明

表 4-38　机壳出入口尺寸　（mm）

符号（见图 4-114）	说　明		尺　寸		
			最小值	最大值	基本值
1. 基本出入口					
A	宽　度		450		680
B	高　度	坐姿司机室	1300		>1300
		站姿司机室	1800		>1800
C	地板至门内把手高度	坐姿司机室	350	850	>350
		站姿司机室	800	1000	>800
D	站立面之上门外把手的高度		500	1500①	900
2. 备用出入口（最好与基本出入口同样大小）					
	圆形（直径）		650		>650
	正方形		600×600		>600×600
	矩形		450×650		>450×650
3. 维修出入口					
H	宽度		450		680
I	高度②		760		1100
J	底边至地板			500	250
K	圆角半径			0.5*H*	150

① 如果距离从地面算起则为 1700mm。

② 如果 $H<680$mm、$J>250$mm，则 $I>1100$mm。

（2）对于设计要求有前入口或走下来进机壳的机器，如滑移转向装载机，当不能满足图 4-114 和表 4-38 规定的尺寸要求时，应至少符合下列要求：

1）基本出入口：出入口宽度（*A*）应大于 500mm，门槛以上的出入口高度（*B*）应大于 875mm；

2）备用出入口：出入口的尺寸应能通过 380mm×550mm。

（3）如果不能实现矩形出入口，最小出入口区域可减小至图 4-114 中所示的最小尺寸。另外，距离最小出入口低处（窄处）从地板算起的垂直距离可由 460mm 最大增加到 770mm，相应的最小宽度由 250mm 增加到 300mm。

（4）基本出入口应从通道踏脚或从平台、走道或地面直接出入。

（5）机壳的门应能由人力打开，还要维持三点支承要求的支承作用。打开门时与门的接触不能作为支承点之一。

（6）打开或关闭带铰链的基本机壳门的力不应越过 135N。打开和关闭所有其他带铰链通道门或盖的力不应超过 245N。此要求适用于门的打开和关闭，不适用于门锁的启用。

（7）在机器操作期间为使机壳门能始终开着，应提供一个使其固定在开启位置的装置，并且该装置应能承受 300N 的关闭力。

（8）铰链门一般应向外开启。滑动门的设计应避免由于机器操作产生的惯性力作用使门移动。

(9) 至少应留有 50mm 的手间隙：

1) 铰链门的外部垂直边与门架之外的其他固定物体之间；

2) 需要时，为打开或拆下其他类型的机壳门或盖。

(10) 在重力作用下就位的可拆装的机壳出入口盖，设计时应避免其从出入口处掉落。

(11) 可手拆的机壳出入口质量不应超过 25kg。

(12) 基本和备用出入口的圆角半径不应超过 150mm。

4.7.8.2 备用出入口（紧急出口）

应提供一个区别于主要出入口方向的备用出入口，其尺寸应符合表 4-38 规定。可以采用一个无需钥匙或工具即可开启或移动的窗户或另一个门，如果该出入口可以在无需钥匙或工具情况下从里面开启，可以使用插销。具有合适尺寸的可打碎的门窗玻璃面也可以视为适合的备用出入口。在此情况下，应在司机室内提供必要的逃生锤，该逃生锤应放在司机可及范围内。

当窗户用作紧急出口时应在上面做相应的标记。

4.7.9 设计实例

4.7.9.1 三点支承

司机登上车辆进入全封闭司机室，必须配置抓手和踏脚。为了保证安全，尽可能保持抓手与立脚点三点支承（图 4-115），即司机两个抓手一个踏脚或一个抓手，两个踏脚。

图 4-115 三点支承

4.7.9.2 抓手的尺寸与位置

抓手必须有安全抓紧的尺寸。抓手应设计在很容易达到的地方。

太窄的抓手可能只有 2 个或 3 个手指能抓住。太大的抓手要防止手指靠得太紧和引起握手松开。所有的抓手都应该能够使司机小手可全部抓紧。

当考虑最小的手握紧的尺寸时，也必须考虑戴手套的大手握的宽度和深度。当转动身体下部到驾驶位置时，受限制入口可能要求司机使用司机棚作为抓手和支承，该特性的任何要求应保证：足够的抓手设计成司机棚结构，如图 4-116 所示。

抓手的截面应是圆的，没有任何棱角和其他产生伤害的特征，如图 4-117 所示。

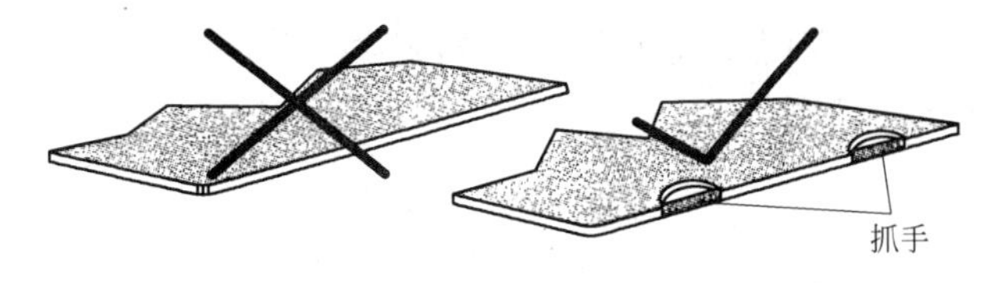

图 4-116 司机棚抓手

抓手不应该超过车辆外形或使它布置在损伤最小的一侧，以防止阻碍其他物体和行人。抓手应采用扶手结构，横截面最小直径为 25mm 光滑圆形钢管。小个司机在入口处能够达到最低位置的抓手及维持紧握直到达全封闭司机室这点十分重要。这可以通过扶手最低部分离地面距离不高于 900mm 来保证。扶手的最高点在全封闭司机室地板以上不低于 900mm，利用两平行扶手帮助司机进入到司机室，两平行扶手之间的距离 $C=450\sim660$mm，如图 4-118 所示。

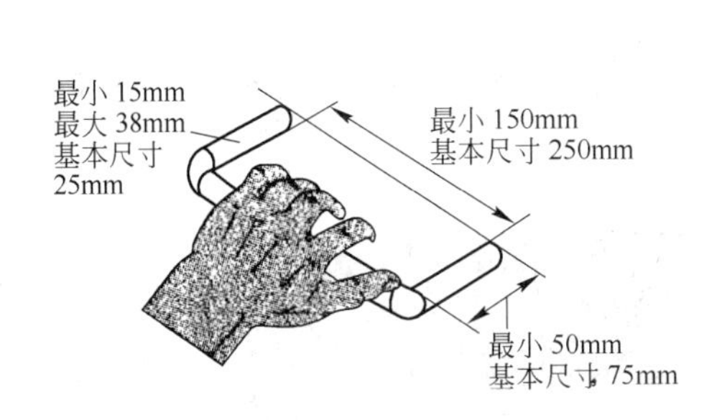

图 4-117 抓手尺寸

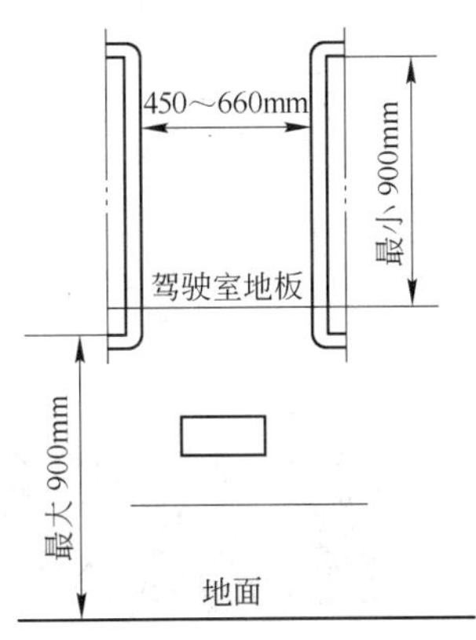

图 4-118 扶手位置

4.7.9.3 踏脚的形状、尺寸与位置

踏脚应设计在很容易达到的地方。踏脚的尺寸太小可能引起打滑，踏脚的尺寸要足够大以适应高个最大的脚，踏脚的尺寸与位置如图 4-119、图 4-120 所示。

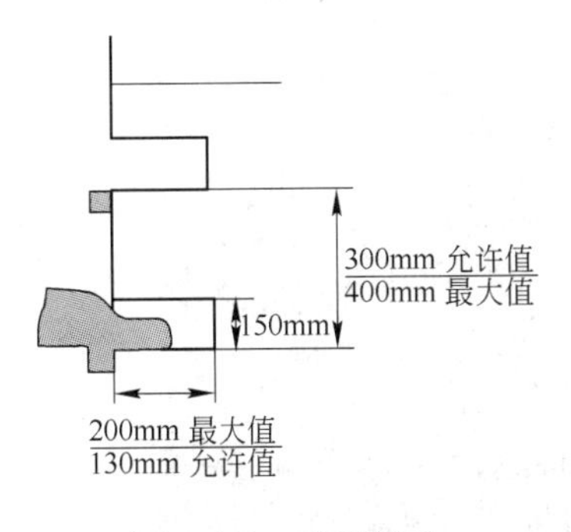

图 4-119 踏脚尺寸

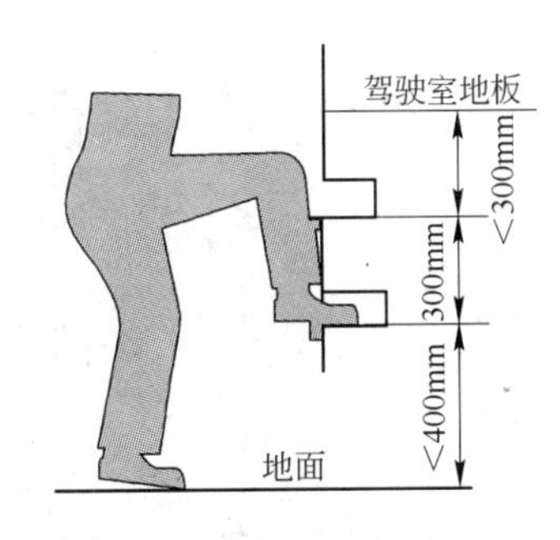

图 4-120 踏脚位置

为了防止灰尘积聚在踏脚上，踏脚可以做成图 4-121 所示的形状。踏脚太小可能会产生滑动，若踏脚深度尺寸不够，可采用焊接辅助支持的办法解决。如果踏脚整个宽度不够的话，那么单个踏脚可以做成左右交替模式。第一个台阶和高度最理想的是不大于

400mm。若地面间隙不允许时，离地间隙不得超过700mm，踏脚间距理想的距离是300mm，最大是400mm，如图4-122所示。

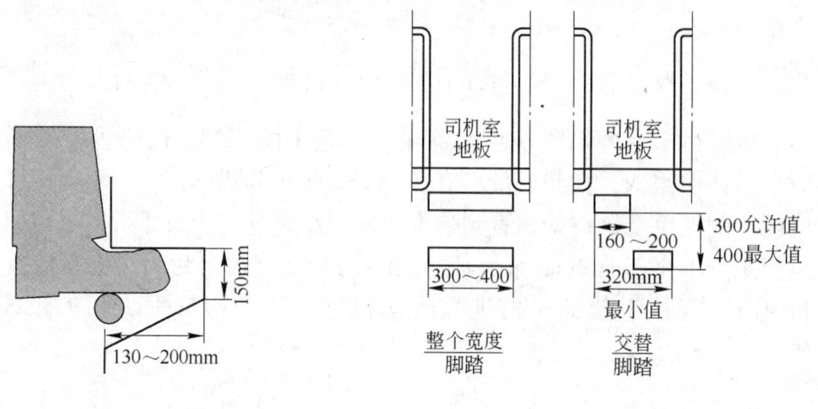

图4-121 防止灰尘积聚的踏脚

图4-122 交错踏脚

4.7.9.4 车辆底板踏脚

由于地下轮胎式采矿车辆外形低矮，往往采用车辆底板或在底板下面设计一个踏脚如图4-123所示。

图4-123 底板角形踏脚

4.7.9.5 不同车辆其抓手和踏脚位置与形状不同

图4-124～图4-127是地下轮胎式采矿车辆常见的抓手和踏脚的示例。

图4-124 地下汽车入口抓手与踏脚

图4-125 地下运人车入口抓手与踏脚

图4-126 油料运输车入口抓手与踏脚

图4-127 地下装载机入口抓手与踏脚

4.7.9.6 平台、护栏和挡脚板

对地下剪式升降台车（图4-128）平台、护栏和挡脚板的要求。

（1）台面四周要有保护栏杆或其他防护结构，其高度不应小于900mm，栏杆经得住静集中载荷900N而无损坏，工作台表面应能防滑。

（2）沿工作台四周应有高出台面最小为50mm的挡脚板。

（3）工作台进出口处的门不得向外开，此门可以用栏杆、挡链或其他有效设施代替，并设有最大垂直质量的醒目标志（包括伸缩工作台的进出口处）。

（4）应设有上下工作台的梯子、梯子的踏脚、工作台的阶梯。梯子和阶梯的踏脚应符合4.7.3节的规定，且必须防滑。

4.7.9.7 进入司机室的路线

进入全封闭司机室的路线一般选择在侧面进入，而且选择在没有控制器的那一侧，如图4-129所示。侧入口走廊的最小尺寸如图4-130所示。为了保证司机进出座位有足够的脚部运动，应保证座位基础和任何突出部分或司机前面的故障物之间有至少250~320mm的间隙，如图4-131所示。

图 4-128　地下剪式升降台车

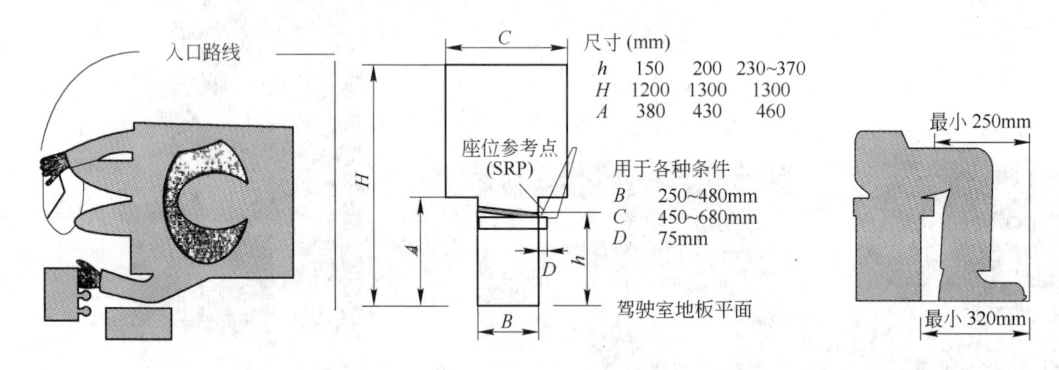

图 4-129　进入司机室路线　　图 4-130　进入司机室路线尺寸　　图 4-131　司机腿与前面障碍物最小距离

4.8　操纵系统

4.8.1　操纵系统的安全与可靠性

操纵系统的设计和制造必须使其能防止产生危险状况。最重要的是它们的设计和制造必须按以下方式进行：

（1）操纵系统能承受预期操作压力和外部影响；

（2）操纵系统的硬件或软件故障不会导致危险状况；

（3）操纵系统逻辑错误不会导致危险状况；

（4）操作期间，可合理预见的人为错误不会导致危险状况。

必须要特别注意以下几点：

（1）机械必须不能意外启动；

（2）机械的参数必须不能以不可控的方式改变，此种改变可能导致危险状况；

（3）如果已经给出停机命令，必须不能妨碍机械停机；

（4）必须不能有机械的运动部件或机械夹持的工件坠落或弹出；

（5）不管什么样的运动部件，其自动或手动停机必须不受阻碍；

（6）保护装置必须保持完全有效或给出停机命令；

（7）操纵系统有关安全部件的应用必须与机械或半成品机械的装配整体协调一致；

（8）对于无线控制，当没有收到正确的控制信号或通信中断时，必须启动自动停机功能。

4.8.2 控制器

控制器又称操作装置、控制装置。在人机系统中，控制器是指通过人的动作来使车辆启动停车或改变运动状态的各种元件、器件、部件、机构及它们的组合。其基本功能是把司机的响应输出转换成车辆的输入特性，控制车辆的运行状态。

人在操纵控制器时，出现差错的现象是不可避免的。许多操作错误的发生，其实是因为在设计控制器时，没有充分考虑到人机的因素而造成的。因此要特别重视控制器的布置和设计。图4-132所示为典型地下轮胎式采矿车辆控制器布置。

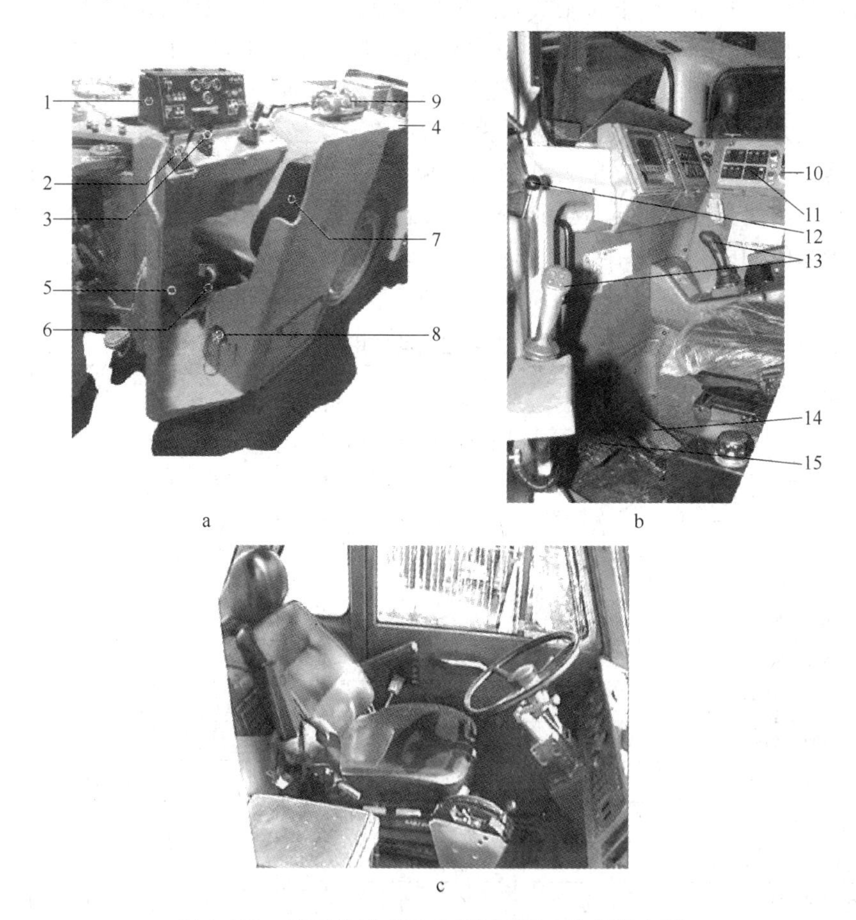

图4-132 地下轮胎式采矿车辆司机室控制器布置

a—无司机室地下装载机；b—带司机室地下装载机；c—地下汽车司机室

1—仪表盘；2—换挡杆；3—转向控制杆；4—大臂/铲斗控制杆；5—行驶制动器踏板；6，14—油门踏板；7—操作手座椅；8—电源主开关；9—灭火器按钮（如果装上）；10—按钮；11—按键；12—操纵杆；13—多功能操纵杆；15—制动踏板

4.8.2.1　控制器的分类

（1）按人体执行操纵的器官控制器可分为手控、脚控和声控多种类型。

（2）按司机频繁连续使用程度控制器可分为主要控制器、次要控制器和司机遥控控制器。

主要控制器是司机频繁连续使用的控制器，如：主机中的转向、脚踏板、换挡、速度、行驶、制动、回转/旋转运动控制器，工作装置中举升/下降操作、动臂的伸缩或铰接操作、返回/向前运动、附属装置的操作、翻斗车厢、回转/旋转操作的控制器。

次要控制器是司机偶尔使用的控制器，但其是机器的特有功能所必需的操作，例如停车制动、照明的控制器。

司机遥控控制器是借助于有线控制器或无线控制器，由与地下轮胎式采矿车辆有一定距离的司机对地下轮胎式采矿车辆进行的操作，包括遥控操纵方式时自有的控制器。

（3）其他控制方式。随着地下轮胎式采矿车辆计算机技术的应用，声控方式表现出良好的发展前景，但目前仍处于个别领域的尝试阶段。

从图4-132中可知，地下轮胎式采矿车辆控制器多为脚控操纵器和手控。手控操纵器有线位移（如操纵杆、按钮和按键）和角位移（如旋钮、手轮）两种。由于手比脚的动作更精细、快速、准确，所以，手控控制器占有重要位置。脚控操纵器适用于动作简单、快速且需较大力的情况，一般只作为手控方式的补充。

控制器的设计应考虑到功能、准确性、速度和力的要求，与人体运动器官的运动特性相适应，与操作任务要求相适应；同时，还应考虑由于采用个人防护装备（如防护鞋、手套等）带来的约束。

地下轮胎式采矿车辆常用控制器及其使用功能对比见表4-39。

表4-39　控制器及其使用功能对比

使用功能	脚踏板	手轮	手摇把	操纵杆	按钮	旋转选择开关
开关控制					适合	
分级控制（3～24个挡位）						适合
粗调节	适合	适合		适合		
细调节						
快调节			适合			
需要的空间	大	大	中－大	中－大	小	中
要求的操纵力	大	大	小－大	小－大	小	小－中
编码的有效性	差	中	中	好	好	好
视觉辨别位置	差	可以	差	好	可以	好
触觉辨别位置	可以	可以	差	可以	差	好
一排类似操纵器的检查	差	差	差	好	差	好
一排类似操纵器的操作	差	差	差	好	好	差
在组合式操纵器中的有效性	差	好	差	好	好	中

4.8.2.2　对控制器的一般要求

（1）控制器的设计、选用和配置应与人体操作部分的特征（特别是功能性）以及控制任务相适应，并应符合 GB/T 8595—2008 或（ISO 10968：2005）标准的规定。

（2）清晰可见、易于识别，适当时使用象形图。

（3）安装位置便于安全操作，确保不会耽误或浪费时间，且明确无误。

（4）在设计上使控制器的运动与其控制效果一致。

（5）除某些必要的控制器之外，如急停装置或示教盒，控制器都应位于危险区外。

（6）安装位置能保证其运行不会引起附加风险。

（7）在设计或防护上使期望的效果存在风险时，只有通过有意操作才能实现。

（8）使其能承受预期的应力，特别要注意急停装置很有可能承受相当大的力。

（9）每台地下轮胎式采矿车辆应配备一个装置，用来防止未经许可的人员启动车辆。

（10）控制器应保证当动力源发生异常（偶然或人为切断或变化）时，不会造成危险。

（11）控制器应保证即使系统发生故障或损坏时，不会造成危险。

（12）重要的控制器应有防止意外操作的保护装置。设有多个挡位的控制机构，应有可靠的定位措施，防止操作越位、意外触碰移位、因振动等原因自行移动。

此外，控制器还必须符合以下要求：

（1）当控制器设计和制造控制器用来执行几个不同动作，即非一一对应关系时，则必须清楚显示将要执行的动作，必要时还需确认；

（2）考虑到人类工效学原则，控制器的布置必须使其布局、行程和操作阻力与其执行的动作相匹配；

（3）机械必须配备安全操作所要求的指示装置，司机必须能在控制位置就能读取信息；

（4）在任一操作位置，司机必须能确保没有人员位于危险区，或者操纵系统的设计和制造必须使其在有人员处于危险区时不能启动；

（5）若不可能做到上述要求，在机械启动前，必须给出可听或可视的报警信号，暴露人员有时间离开危险区或防止机械启动；

（6）如有必要，必须提供确保仅能从一个或多个事先确定的区域或位置控制机械的方法；

（7）如果有多个控制位置，操纵系统的设计必须做到使用其中一个控制位置时，不能使用其他的控制位置，但停机控制和急停除外；

（8）当机械有两个或两个以上的操作位置时，每个位置在没有司机干扰或不会使其他控制位置处于危险状况的情况下，必须提供所有必需的控制器。

4.8.2.3 控制器和它相邻部件之间的间隙

为了避免误操作，在同一平面相邻相互平行的控制器必须保持一定的、不产生干涉的内侧间隔，每个控制器和它相邻部件之间的间隙应符合表 4-40、表 4-41 中的规定。

表 4-40 仪表板或相类似表面上控制器间隔距离

控制器形式	操纵方式	间隔距离/mm		图示
		最小	推荐	
按钮	单指随意操作	13	50	
	单指依次连续操作	6	25	
	各手指都操作	6	13	

续表 4-40

控制器形式	操纵方式	间隔距离/mm		图示
		最小	推荐	
板钮开关	单指随意操作	19	50	
	单指依次连续操作	13	25	
	各手都操作	16	19	
曲柄和操纵杆	单手随意操作	50	100	
	双手依次连续操作	75	125	
旋钮	单手随意操作	25	50	
	双手依次连续操作	75	125	
脚踏板	单脚随意操作	100	150	
	单脚依次连续操作	50	100	

摘自 ISO 9355－4：2004。

表 4-41 不同型号控制器之间最小间隔距离 (mm)

项目	按钮	板钮开关	控制器连续转动	转动选择开关	单个拇指旋转控制器
按钮		13	13	13	13
板钮开关	13		19	19	13
控制器连续转动	13	19		25	19
转动选择开关	13	19	25		19
单个拇指旋转控制器	13	13	19	19	

摘自 ISO 9355－4：2004。

4.8.2.4 控制器的操作力

操作力是为实现控制器功能，在控制器接触表面的中心及表面移动的方向上所施加的(操作力未必代表司机通常施加的力)。操作力是影响司机疲劳和准确性的重要因素，因此要加以限制，见表 4-42。

表 4-42 控制器的操纵力

操纵动作		操纵力③/N		
		最大	正常（频繁操作）	最小①
手	杆，前/后	230	80	20
	杆，侧向	100	60	15
	制动杆，向上	400	60	15
脚	踏板	450	40②	30
	中间铰接踏板	230	50	30

续表 4-42

操纵动作		操纵力③/N		
		最大	正常（频繁操作）	最小①
脚尖	踏板	90	50	4
手指	杆或开关	20	10	2

注：1. 摘自 GB/T 8595—2008。

2. 正常操作时，操纵力不应超出表中规定的最大操纵力，但在紧急操作时，可以超出这些力。

① 仅供参考，因为沿着操纵杆行进，操作力是可变的，标示值是动作期间（尤其是接合至棘爪位置之前）预期达到的值。

② 有背面支撑时为 150N。

③ 表中的操纵力不适用于制动系统和转向系统。

不论手动控制器还是脚动装置均应有一定的操作阻力。操作阻力的存在，一方面能让司机的控制力传递给控制器，对机器施加影响；另一方面能向司机提供控制反馈信息，改善操作准确性和速度，减少由于意外碰撞、重力、振动等引起偶发启动。控制阻力不宜过小也不宜过大，因为阻力过小，会使司机失去通过触觉或本体感觉提供操作反馈信息，阻力过大则影响操作速度并容易引起操作疲劳，引发事故。

控制器的最小机械强度应至少承受 5 倍于表 4-42 中规定的正常操纵力，当对控制器进行操作时，操纵力方向是以司机的位置为参考基准的。

手动控制器的最大操纵力/扭矩与操纵类型有很大关系。

手动控制器的操作类型见表 4-43。手动控制器的最大操纵力/扭矩见表 4-44。

表 4-43 手动控制器的操纵类型

触摸操纵	抓捏操纵	抓握操纵
一个手指	两个手指 二指相对 二指成直角	
大拇指	三个手指 三指对等捏 与拇指相对	多个手指
整个手	整个手	整个手

表 4-44 手动控制器的最大操纵力/扭矩

操纵方法	手的施加部位	其他因素	推荐的最大直线操纵力/N	推荐的最大操纵线性扭矩/N·m
触摸式	手指	任何方向	10	0.5
	拇指		10	0.5
	手		20	0.5

续表 4-44

操纵方法	手的施加部位	其他因素	推荐的最大直线操纵力/N	推荐的最大操纵线性扭矩/N · m
抓捏式	手指/一只手	任何方向	10	1
		X 轴方向	10	2
		Y 轴方向	20	2
		Z 轴方向	10	2
抓握式	一只手	X 轴方向	35	—
		Y 轴方向	55	—
		Z 轴方向	35	—
	两只手	0.25m 半径	—	20
		0.25m 半径	—	30

摘自 ISO 9355 -3：2006。

手动控制器的最大操纵力/力矩是在简易操作的最佳作用力的基础上给出的，已考虑频繁或连续操作的要求。

当确定司机的操作力或力矩时，考虑速度、使用频率和作用时间是必要的（见 EN 1005 -3）。

在需要防止无意操作的地方，操作力应不小于 5N。

然而，单独操作的阻力并不是避免误操作的可靠措施，因此，这项措施还应考虑其他措施（屏蔽，正确的位置、正确的选择等）。

4.8.2.5　控制器位置

控制器是通过人的身体器官来操作的，因此必须首先考虑司机操作时使用身体部位的可及范围及舒适区，以及这一范围大小与人的操作姿势有关。

在地下轮胎式采矿车辆中，司机一般是坐姿操作，手、足操纵的舒适区与可及范围如图 4-133 ~ 图 4-135 所示。若超过上述范围，司机需付出更大力气，更易疲劳。从而导致生产效率下降。

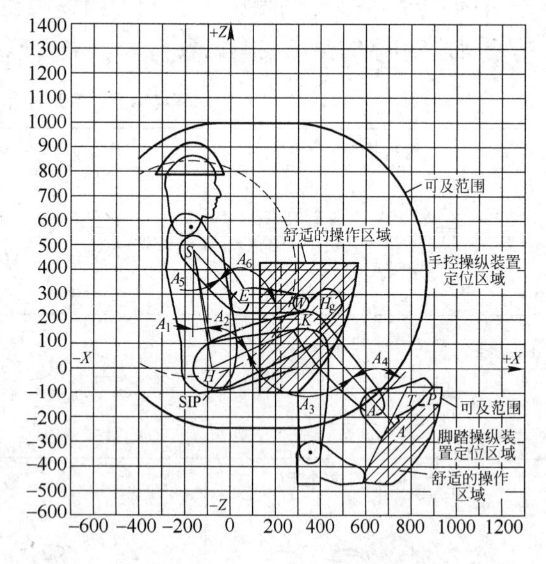

图 4-133　操纵的舒适区与可及范围侧视图

注：图中代号见表 4-45 和表 4-46

表 4-45　身体关节尺寸　（mm）

缩　写	身 体 部 位	高大身材司机	矮小身材司机
SH	肩 - 臀	480	396
HK	臀 - 膝	452	372
KA	膝 - 足腕	445	367

续表 4-45

缩 写	身体部位	高大身材司机	矮小身材司机
AA′	足腕－足后掌（足跟）	119	98
AP	足腕－足前掌（当 A_4 =90°时）	150	124
SE	肩－肘	300	247
EW	肘－手腕	267	220
EH_g	肘－拳	394	325
AT	足腕－脚趾（当 A_4 =90°时）	243	200
—	臀－臀（横向）	185	152
—	肩－肩（横向）	376	310

表 4-46 身体角度范围

标 记	部位（右侧关节）	动 作	角度/(°)	
			舒适	最大
A_1	躯体（椅背角度）	扭曲	10	5～15
	躯干	外展	0	－20
A_2	臀	扭曲	75～100	60～100
		内收	10	10
		外展	－22	－30
A_3	膝	扭曲	75～160	75～170
A_4	足腕	扭曲	85～108	78～115
A_5	肩	扭曲	－35～85	－50～180
		内收	20	20
		外展	－70	－120
		锁骨摇转	20	20
A_6	肘	扭曲	60～180	45～180

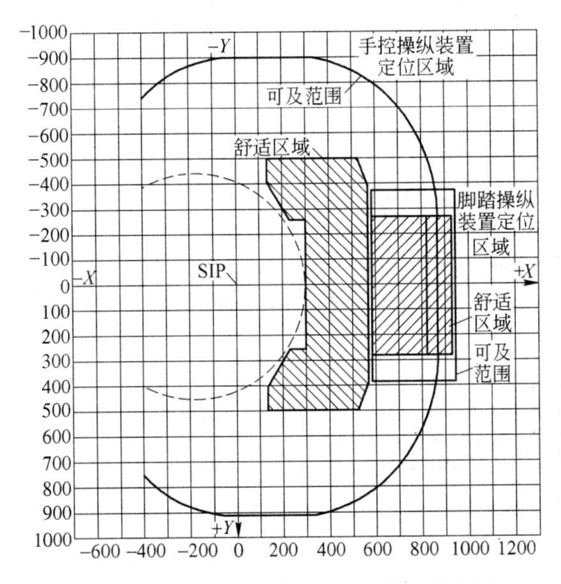

图 4-134 操纵的舒适区与可及范围俯视图

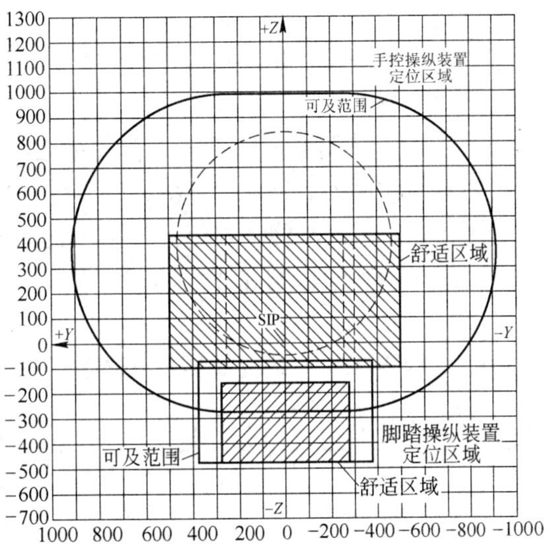

图 4-135 操纵的舒适区与可及范围正视图

控制器的定位区域确定方法：

（1）以 SIP 为基准点确定操纵的定位区域。

（2）手、脚操纵的舒适区及可及范围（图 4-133 ~ 图 4-135）与 GB/T 8420 中给出的人体尺寸相适应。

（3）操纵定位区域由身材不同的司机共有的可及范围确定，确定这些操纵定位区域的特定条件如下：

1）椅靠背垫的额定倾斜角为 10°，宽度为 500mm，倾斜角相对 10°的变化应不超过 ±5°，靠背垫宽度应不超过 550mm，否则操纵的定位区域会受到影响。

2）对高矮不同身材的司机，应配置具有标准高度调节装置的座椅，其垂直方向调整值为 75mm，该调节装置是考虑到为适应个别人身材的长腿短臂、长躯短腿体形而设置的。

3）座椅的前后调整量为 150mm。对矮小身材的司机，可把座椅调整至最前端的位置；对高大身材的司机，可把座椅调整至最后端的位置。

4）当座椅前后调整量为 100 ~ 150mm 时，操纵的定位区域应按下列方法确定：

① 采用图 4-133 ~ 图 4-135 规定的手控操纵的定位区域；

② 修正图 4-133 ~ 图 4-135 规定的脚踏操纵的定位区域，修正方法是在其前后方向上都压缩 25mm。

（4）当确定司机需在座椅上转身操作设在后部的工作装置时，其手控操纵的舒适范围可以围绕通过 SIP 的垂直轴旋转到 30°范围内变动。

（5）对于用手指的操纵，其手控操纵的舒适区域和可及范围可以增加 75mm。

4.8.2.6　控制器的排列

控制器的排列需考虑如下因素：

（1）位置安排的优先权。当有许多控制器时，不可能把它们都安排在最佳操作区内，因此应根据控制器的重要性、使用频率来确定它们的优先排列顺序。

（2）功能组合与排列顺序。为了减少记忆控制器位置的负荷和搜索时间，控制器的位置可按功能组合或使用顺序排列。功能组合包括两个方面：一是具有相同功能的控制器或所有与某一子系统相联系的控制，在位置上构成一个功能整体；二是所有同类功能相近的控制器应放在相对一致的位置上。

（3）与显示器的位置关系。在许多系统中，各控制器往往对应着不同的显示器，此时就要考虑控制器与其相联系的显示器的位置关系。最好两者紧密相邻；为便于右手操作又不遮住显示器的视线，控制器应位于相联系的显示器的正下方或右侧；若控制器不能与相联系的显示器紧密相邻，控制器的排列应与显示器排列相一致，或至少具有某种逻辑关系。

（4）地下采矿车辆控制器一般位置见表 4-47。

表 4-47　地下无轨采矿车辆控制器一般位置

手控制	只用左手控制	只用右手控制	双手控制
转向	✓		✓
换挡	✓		

续表 4-47

手控制	只用左手控制	只用右手控制	双手控制
换向	✓		
手制动			其中之一
铲斗倾翻或收回		✓	
动臂上升或下降		✓	
启动			其中之一
发动机停车		✓	
喇叭	✓		
无线电/电话	✓		
脚控制	左脚	右脚	
加速踏板		✓	
脚制动	✓		

4.8.2.7 地下无轨采矿车辆控制器运动方向与功能之间的关系

控制器运动方向与功能之间的关系一般规定如下：

(1) 除非是组合控制器或用户要求，控制器的运动相对于它们的中位应与机器响应的方向相一致。

(2) 如果一台机器安装了可替换的司机位置，并有相同的控制器布置，则两套控制器的操纵方式应相同，一套控制器起作用时，另一套控制器不应起作用，起作用的那套控制器应具有清晰的可视指示识别。

机器的转向控制器动作与行驶方向的运动应保持一致，即使在倒退驱动位置也应如此。

(3) 当司机释放操纵件时，所有操纵件应回到它们的中位，除非控制器具有棘爪，或保持在固定位置或连续作用位置。

(4) 在动力源或发动机运行、启动或停止期间，不应存在危险的运动。启动系统应符合 GB/T 22356 的规定。

(5) 如果用电信号传递操作信号，控制器应符合 GB/T 22359 和 ISO 15998 的规定。

(6) 控制器应通过布置、锁定或屏蔽等方式，使其不可能被误触动，尤其是当司机根据制造商的说明书进出司机位置时。

(7) 表 4-48 规定了主机的主要常见控制器的操作类型、位置和方法。没有进行规定的工作装置和其他控制器同样应遵循表 4-48 给出的原则。

(8) 标志符号应处于控制器上或附近。如果空间受到限制，允许用一个图表表示主要控制器，图表应位于司机易见处，图形符号应符合 GB/T 8593.1 和 GB/T 8593.2 的规定。

地下采矿车辆控制器运动方向与功能之间对应关系要符合常规习惯，以减少培训时间和操作错误，见表 4-48、表 4-49。

表 4-48　主机主要常见控制器

序号	控制器	位置①	操作要求
1 转向			
1.1	方向盘	司机前方	顺时针转动产生右转向，而逆时针转动产生左转向
1.2	手操纵：单杆操纵装置		操纵杆左移时产生左转向，操纵杆右移时产生右转向
1.3	手操纵：两杆操纵装置		向前移动左操纵杆或向后移动右操纵杆应产生右转向； 向后移动左操纵杆或向前移动右操纵杆应产生左转向
2 脚踏板			
	脚操纵	司机的左脚可及的位置	向前或向下踩踏板应产生脱开
3 挡位选择/换挡			
3.1	手操纵		换挡方式应简单并有明显的标识，尤其是中位应能明显辨别并很容易选择
3.2	手指操纵	司机可及处	向上或向右推按钮应产生加速挡； 向下或向左推按钮应产生减速挡
4 速度——发动机或行驶速度			
4.1	脚操纵：加速/减速	司机右脚可及的位置	加速：向前或向下运动应加速； 减速：向后或向上运动应减速
	脚操纵减速器	司机右脚可及的位置	向前或向下运动应减速
4.2	手操纵杆装置		加速：向前或向下运动应加速； 减速：向后或向上运动应减速
4.3	手指操纵	司机手可及的位置	加速：推加速按钮或开关应加速； 减速：推减速按钮或开关应减速； 加速：向右旋转杆、旋钮或转盘应加速； 减速：向左旋转杆、旋钮或转盘应减速
5 机器行驶			
5.1	方向操纵——前进、后退（无速度变化）		
5.1.1	手操纵或手/手指操纵	司机可及处	向前、向上或向右移动控制器或操纵杆时应产生向前运动； 向后、向下或向左移动控制器或操纵杆时应产生后退运动
5.1.2	手指操纵	司机可及处	向上推按钮应产生向前运动，向下推按钮应产生后退运动
5.2	速度与方向的组合——连续可变地组合操纵		
5.2.1	手操纵	司机可及处	从中位向前或向上操纵时应产生向前运动和增加前进速度； 从中位向后或向下操纵时应产生后退运动和增加后退速度
5.2.2	脚操纵：一块踏板	司机的右脚可及处	踏板在司机的脚下应能转动，并应静止在中位； 踏板前端向前或向下运动时应产生向前运动和增加前进速度； 踏板后端向下运动时应产生后退运动和增加后退速度

续表 4-48

序号	控制器	位置①	操　作　要　求
5.2.3	脚操纵：两块踏板	司机的双脚可及处	右踏板向前或向下运动时应产生向前运动和增加前进速度； 左踏板向下运动时应产生后退运动和增加后退速度
5.3	速度、方向和转向的组合——连续变化地组合操纵		
5.3.1	手操纵：单杆操纵	司机可及处	操纵杆向前运动应产生向前和加速前进； 操纵杆向后运动应产生向后和加速后退； 操纵杆向左运动应产生左转，向右运动应产生右转
5.3.2	手操纵：两杆操纵	司机可及处	两根操纵杆同时向前应产生向前和加速前进， 两根操纵杆同时向后应产生后退和加速后退； 左操纵杆向前或右操纵杆向后应产生右转向， 左操纵杆向后或右操纵杆向前应产生左转向
5.3.3	脚操纵：两块操纵踏板	司机前方可及处	踏板应在司机的脚下转动并静止在中位； 两踏板的前端向下运动时应产生前进和加速前进， 两踏板的后端向下运动时应产生后退和加速后退； 左踏板前端向下运动和右踏板后端向下运动时应产生右转向；右踏板前端向下运动和左踏板后端向下运动时应产生左转向
6 制动器			
6.1	行车制动		
6.1.1	脚制动		制动时，通常的运动方向应向前或向下
6.1.2	手制动		最好用拉的方式
6.2	停车制动		
6.2.1	脚制动		制动时，通常的运动方向应向前或向下
6.2.2	手制动		最好用拉的方式
6.3	转向和制动的组合		
6.3.1	脚操纵，两块交叉踏板		右踏板向下运动应产生右转向， 左踏板向下运动应产生左转向， 两块踏板（叠叉部位）同时向下运动时应产生停止
6.3.2	脚操纵：三块操纵踏板		右踏板向下运动时应产生右转向，左踏板向下运动时应产生左转向，中间踏板向下运动时应产生停止
6.3.3	手或手指操纵	司机手可及处	右操纵杆向后运动时应产生右转向，左操纵杆向后运动时应产生左转向，拉双操纵杆应产生停止
6.4	旋转/回转制动		
	脚操纵	司机的左脚可及处	制动时，运动方向应向下

续表 4-48

序号	控制器	位置①	操 作 要 求
7 旋转/回转运动			
7.1	手操纵——可转动的操纵杆	司机可及处	顺时针运动时，应产生顺时针的转动
7.2	上部结构的旋转/回转		
7.2.1	手操纵：单功能操纵杆	司机的左手可及处	操纵杆向前运动应产生顺时针转动
7.2.2	手操纵：多功能操纵杆	司机的左手可及处	操纵杆向右运动应产生顺时针转动

① 控制器的位置既应符合 GB/T 8420 中的规定，还应考虑 GB/T 21935 给出的指南。

表 4-49 工作装置主要控制器

序号	控制器	位置①	操 作 要 求
1 提升/下降			
1.1	手操纵	司机的右手可及处	向后移动操纵杆应提升工作装置，向前移动操纵杆应下降工作装置
1.2	脚操纵：一块踏板操纵	司机的脚可及处	踏板应在司机的脚下转动，并在中位保持静止； 踏板后部向下运动时，应提升工作装置； 踏板前部向下运动时，应下降工作装置
1.3	脚操纵：两块踏板操纵	司机的双脚可及处	右踏板向下运动时，应提升工作装置； 左踏板向下运动时，应下降工作装置
1.4	自卸车车厢 起升/下降 手操纵	司机的手可及处	操纵杆向后或向上运动应起升车厢，操纵杆向前或向下运动应下降车厢； 对于前卸式自卸车，操纵杆向前运动应起升车厢，操纵杆向后运动应下降车厢
2 伸出/缩进			
2.1	手操纵	司机的左手可及处	操纵杆向前或向左运动，应伸出工作装置； 操纵杆向后或向右运动，应缩进工作装置
2.2	手指操纵	司机的左手可及处	上推或左推按钮，应伸出工作装置； 下推或右推按钮，应缩进工作装置
2.3	脚操纵：一块踏板操纵	司机的右脚可及处	踏板应在司机的脚下转动，并在中位保持静止； 踏板的前端向下运动时，应伸出工作装置； 踏板的后端向下运动时，应缩进工作装置
2.4	脚操纵：两块踏板操纵	司机的双脚可及处	右踏板向下运动时，应伸出工作装置； 左踏板向下运动时，应缩进工作装置
3 向后/向前运动			
3.1	手操纵	司机的左手可及处	操纵杆向后运动，应产生向后运动； 操纵杆向前运动，应产生向前运动
3.2	手指操纵	司机的左手可及处	上推或左推按钮，应产生向前运动； 下推或右推按钮，应产生向后运动

续表 4-49

序号	控制器	位置①	操 作 要 求
3.3	脚操纵：一块踏板操纵	司机的左脚可及处	踏板应在司机的脚下转动，并在中位保持静止； 踏板前端向下运动时，应产生向前运动； 踏板后端向下运动时，应产生向后运动
3.4	脚操纵；两块踏板操纵	司机的双脚可及处或见 4.1	右踏板向下运动时，应产生向前运动； 左踏板向下运动时，应产生向后运动
4 工作装置/附属装置的响应			
4.1	手操纵：单功能操纵杆	司机的右手可及处	操纵杆向后移动应产生启动作业
4.2	手操纵：多功能操纵杆	司机的右手可及处	操纵杆向左移动应产生启动作业
4.3	手指操纵	司机的右手可及处	操纵杆向后移动应产生启动作业
4.4	脚操纵：一块操纵踏板	司机的右脚可及处	踏板应在司机的脚下转动，并在中位保持静止； 踏板的后端向下运动应产生启动作业
4.5	脚操纵：两块操纵踏板	司机的右脚可及处	左/右踏板向下运动应产生启动作业
4.6	脚操纵：带铰轴装置的一块操纵踏板	司机的右脚可及处	踏板应在司机的脚下转动，并在中位保持静止； 踏板的前/右端向下运动应产生顺时针转动； 踏板的后/左端向下运动应产生逆时针转动
5 旋转/回转操作			
5.1	手操纵：单功能操纵杆	司机的左手可及处	操纵杆向前或向右运动，应产生顺时针转动
5.2	手操纵：多功能操纵杆	司机的左手可及处	操纵杆向右运动，应产生顺时针转动
5.3	手操纵：可转动的操纵杆	司机可及处	操纵杆顺时针运动，应产生顺时针转动
5.4	手指操纵	司机的左手可及处	右推按钮，应产生顺时针转动
5.5	脚操纵：一块操纵踏板	司机的左脚可及处	踏板应在司机的脚下转动，并应在中位保持静止； 踏板的前端向下运动，应产生顺时针转动； 踏板的后端向下运动，应产生逆时针转动
5.6	脚操纵：两块操纵踏板	司机的左脚可及处	右踏板向前和/或向下移动，应产生顺时针转动； 左踏板向前和/或向下移动，应产生逆时针转动

注：土方机械的类型很多，其工作装置的运动方向依赖于工作装置离地高度及其与附属装置的位置，因此用中间高度和中间位置规定各操作。

① 控制器的位置既应符合 GB/T 8420 中的规定，还应考虑 GB/T 21935 中给出的指南。

4.8.2.8　控制器尺寸选择

控制器的大小必须与人手尺度相适应，以使操纵活动方便、舒适而高效，据有关资料介绍，合适的控制器尺寸见表 4-50 和表 4-51。

表 4-50　控制器尺寸

控　制　器				直径/mm		位移/mm（位移角/(°)）	
				最小值	最大值	最小值	最大值
方向盘	转向轮		尺寸	350	450	—	—
	轮缘		尺寸	20	35	—	—
手指操作	按钮		尺寸	10	20	3	15
	封闭		尺寸	20	30	10	15
未封闭	蘑菇按钮		尺寸	30	50	5	15
	手操作 T 形杆		尺寸	10	15	25	100
			长度	80	100		
	球头杠杆	手指抓握	尺寸	25	35	10°	45°
		手抓握	尺寸	25	35	10°	45°
	整个手操纵杆——握紧		顶	25	35	10°	45°
			底	25	30		
			长	100	100		

表 4-51　手动控制器推荐的最小尺寸

操纵方法	手着力部位	控制器的宽度或直径 r/mm	控制器轴向运动或绕轴转动的长度 s/mm
触摸式	食指 大拇指 整个手（平）	$r=7$ $r=20$ $r=40$	$s=7$ $s=20$ $s=40$
抓捏式	食指/大拇指 手/大拇指	$7\leqslant r\leqslant 80$ $15\leqslant r\leqslant 60$	$7\leqslant s\leqslant 80$ $60\leqslant s\leqslant 100$
抓握式	手指/整个手	$15\leqslant r\leqslant 35$	$s=100$

摘自 ISO 9355－3：2006。

4.8.2.9　控制器的设计

A　脚踏板的设计

脚踏板主要用于双手已被占用、要求操纵力较大（手难以适应）和某些固定用途（如车辆上的制动器踏板）。脚踏板位置在不改变体位和人的体能限度之内，用脚操作踏板达到最大位移，其位置应使司机的脚能够“休息”和“稳定”。脚踏板在操纵操纵器后应能自动返原（零）位，应给脚跟提供搁脚或踏板能提供充分阻力，以防脚的重量意外触动控制器。

地下轮胎式采矿车辆一般有两个脚踏控制器。一个是脚制动器踏板，控制行车制动与减速，一般放在司机中心线左侧；另一个是加速控制器踏板，一般放在司机中心线右侧（图 4-136）。踏板应有防滑表面，以便能适合多泥、多油的鞋操作。控制油门大小或控制变速箱离合器压力，从而改变车速。踏板设计（图 4-137）宽度一般为 70～80mm；长度一般为 250～300mm，一般为 280mm 左右；踏板与水平面之间夹角一般为 25°～45°；踏板行程为 15°～20°；制动踏板力为 300～800N。两踏板之间的距离为 65mm 左右。司机的左脚一般控制制动踏板，因为制动不是经常的，右脚控制加速踏板，因为加速踏板动作频繁。两个踏板均布置在操纵舒适区内，左右位置应设计在人体中线两侧各 10° ~15°范围内，应当使脚和腿在操作时形成一个施力单元，为此大小腿之间的夹角应在 105° ~135°范围内，以 120°为最佳。座椅 SRP 点与制动踏板位置见图 4-138 与表 4-52。

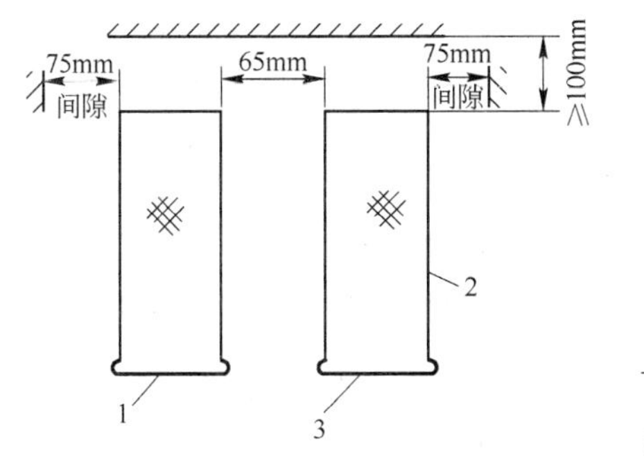

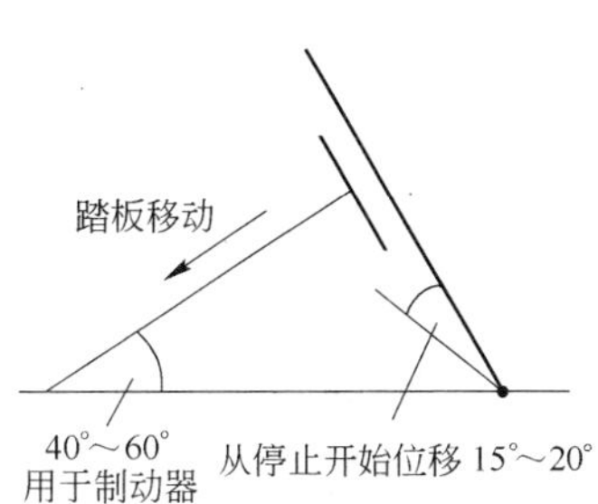

图 4-136 踏板位置

1—制动踏板；2—加速踏板；3—枢轴

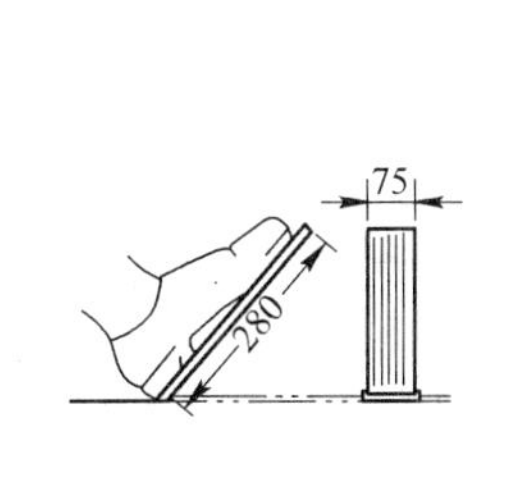

以后跟为支点操作的脚踏板

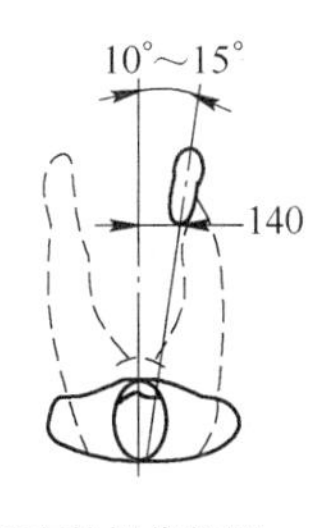

适宜的操作位置

图 4-137 踏板操作位置

SRP 移动范围
SRP 中间位置
A
B
制动踏板
制动踏板角度

图 4-138 座椅 SRP 点与制动踏板位置

表 4-52 座椅 SRP 点与制动踏板位置尺寸 (mm)

$A\pm10$	230	250	270	290	310	330	350	370
$B\pm10$	884	862	840	818	796	774	752	730

B 手轮设计

地下轮胎式采矿车辆手轮又称为方向盘或转向盘，它主要用于控制车辆转向，是地下轮胎式采矿车辆最重要的零部件，如图 4-139 所示。手轮还有带柄手轮。手轮和带柄手轮手柄的尺寸见表 4-53 和表 4-54。手轮一次转动角度不得超过 120°，如图 4-140 所示。

表 4-53　方向盘尺寸　（mm）

操纵方式	手轮直径 D		轮缘直径 d	
	尺寸范围	优先选用	尺寸范围	优先选用
双手扶轮缘	140 ~ 630	320 ~ 400	15 ~ 40	25 ~ 30
手握手柄	125 ~ 400	200 ~ 320		

表 4-54　带柄手轮手柄的推荐尺寸　（mm）

公称尺寸 d_1	偏差	L	D	D_1	d_2	L_1	L_2	R
6	+0.080	50	16	12	8	25	40	20
8	+0.100	65	18	14	10	32	50	25
10		80	22	16	12	40	60	28
12	+0.120	90	25	18	14	45	70	32
16		100	30	22	18	50	80	40

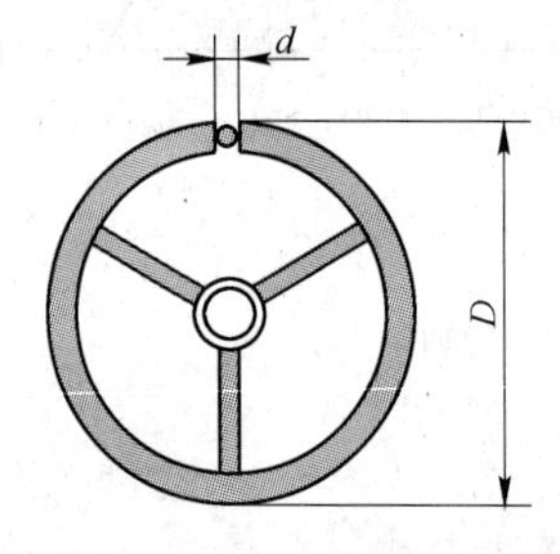

图 4-139　方向盘

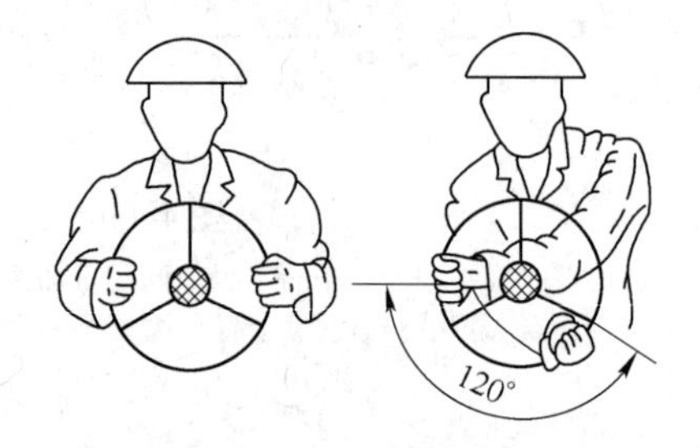

图 4-140　手轮一次转动角度

C　操纵杆设计

操纵杆的自由端装有抓手或手柄，另一端与机器的受控部件相连。操纵杆可设计成较大的杠杆比，用于阻力较大的操纵。操纵杆常用于一个或几个平面内的推、拉式摆动运动，如图 4-141 所示。由于受行程和扳动角度的限制，操纵杆不适宜作大幅度的连续控制，也不适宜作精细调节。

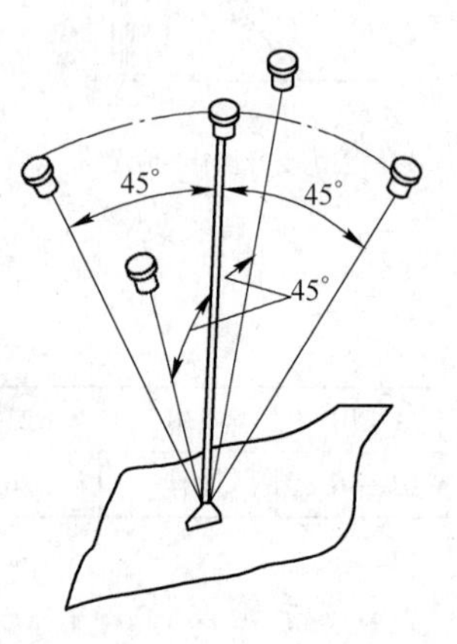

图 4-141　操纵杆

（1）操纵杆的形态和尺寸。操纵杆的粗细一般为 22 ~ 32mm，球形圆头直径为 32mm。若采用手柄，则直径不宜太小，否则会引起肌肉紧张，长时间操作容易产生痉挛和疲劳。常用操纵杆执握手柄的直径一般为 22 ~ 32mm，最小不得小于 7.5mm。操纵杆的长度与其操纵频率有很大关系，操纵杆越长，动作频率应越低。当操纵杆长度为30mm、40mm、60mm、100mm、140mm、240mm、580mm时，对应的最高操纵频率应为26min^{-1}、27min^{-1}、27.5min^{-1}、25.5min^{-1}、23.5min^{-1}、18.5min^{-1}、14min^{-1}。

（2）操纵杆的行程和扳动角度应适应人的手臂特点，尽量做到只用手臂而不移动身躯就可完成操作。对于短操纵杆（150～250mm），行程约为150～200mm，左右转角不大于45°，前后转角不大于30°；对于长操纵杆（500～700mm），行程约为300～350mm，转角约为10°～15°。通常操纵杆的动作角度为30°～60°，不超过90°。

（3）操纵杆的操纵力最小为30N，最大为130N。使用频率高的操纵杆，操纵力最大不应超过60N。

（4）操纵杆的位置。当采用坐姿操作时，操纵杆手柄的位置应与人的肘部等高。

（5）如果操纵杆的布置不与操作顺序相匹配的话，按固定顺序操纵的操纵杆可任意操作；如果相邻操纵杆定位太靠近的话，操纵杆也可能无意地操作；如果有6个或更多操纵杆紧密地排在一起，手握紧操纵杆，其尺寸、颜色及杠杆的长度应做相应的改变，以保证控制外观视觉，使控制错误通过感觉有意控制到最小。如图4-142a所示一排相同的控制器操作错误比较高，而作简单的改变（图4-142b）将大大降低可能的选择性错误。

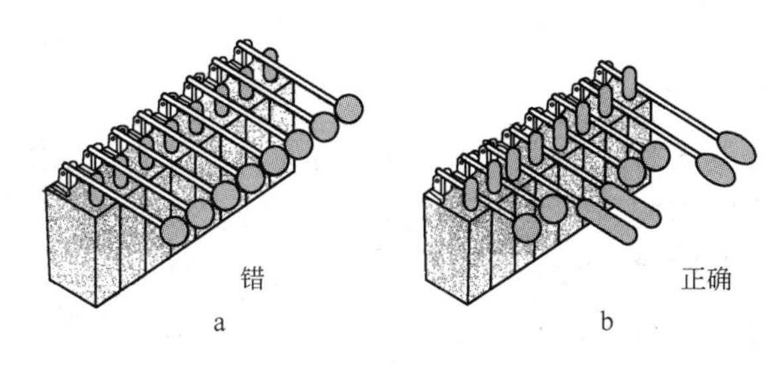

图4-142　多杠杆控制阀体

D　多功能操作装置

由于地下轮胎式采矿车辆全封闭司机室十分狭窄，操作对象和操作内容十分复杂，若在操纵杆端部的空间设计多功能操作杆，它不仅可以节省许多空间，而且还可以简化操作，减轻司机的劳动强度，提高操作效能。因此，国内、国外许多公司在最新开发的地下轮胎式采矿车辆大都采用多功能操作装置。

（1）用于主机或工作装置或附属装置操作的多功能控制器，采用4.8.2.7的规定。

（2）多功能控制器的基本动作包括下列操作动作（或其组合）：向前/向后、向左/向右、回转/旋转（如高低挡选择）、向上/向下（提升/下降）。

允许的操作功能的组合动作（如向前左或向前右、向后左或向后右），如图4-143所示。

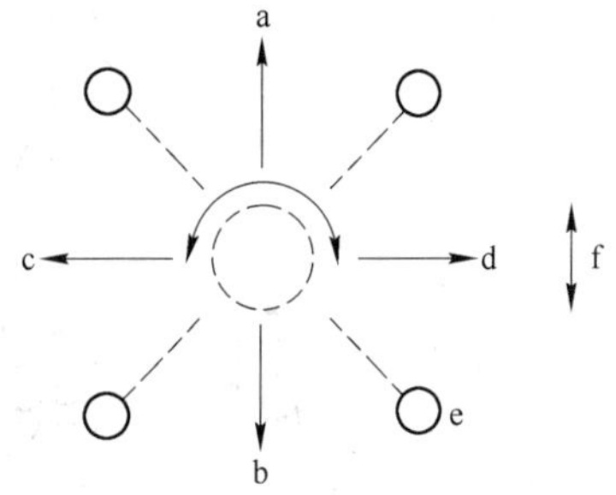

图4-143　多功能控制器的基本功能

a—前；b—后；c—左；d—右；
e—组合操作；f—向上和向下（提升/下降）

（3）操作转变的机器响应。如果操纵机构标签或视觉指示器对司机提供操作动作和在基本位置及转变位置时机器响应的信息，则允许改变从多功能操作动作到其他主要功能的机器响应。

（4）多功能操作时附加的控制器位置。附加的操

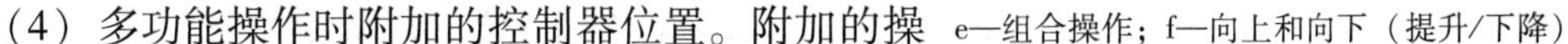

纵机构（如旋钮或开关）可位于多功能控制器上，以启动主要控制器或次要控制器，然而，在控制器上不应存在多于四个附加操作机构（如行驶的向前/中位/向后、摆动轴锁止/解锁、支腿上/固定/下）。

附加操作机构和响应的控制器应由操作机构标签或视觉指示器指示说明。

手指尖作用的控制器（如钥匙或触摸板）不包括这些要求。

（5）实例。CAT公司在最新开发的所有的地下装载机上，采用了转向换挡集成控制系统——STIC系统（steeting & transmision intergrated control），该系统取消了常规的方向盘，转向、换挡及前进、后退合用一个操纵杆控制（图4-144）。操纵杆左右倾斜实现装载机左右转向，其转向速度由倾斜量来控制。前进、后退由操纵杆腹部的扳机式开关操纵。操纵杆上部的两个按钮用来换挡，左上钮的升挡按钮，按一下升一个挡位；右下钮为降挡按钮，按一下降一个挡位。这种全新的操纵控制系统操作强度极小，司机劳动强度低。

图4-144　CAT公司新型多功能操作杆

E　手柄的形状和尺寸设计

对手柄设计的基本要求是：手握舒适，施力方便，不打滑，动作可控制。因此，手柄的形状和尺寸应根据手的结构和生理特征进行设计。当执握手柄时，施力和转动手柄，都是依靠手的屈肌和伸肌共同完成的。手的解剖特征是，指球肌和大、小鱼际肌的肌肉最丰厚，手掌心的肌肉最少，指骨间肌和手指部分则布满神经末梢。因此，手柄的形状应当设计成使其被握住的部位与掌心和指骨间肌之间留有适当间隙，以减轻掌心和指骨间肌的受力，改善手掌的血液循环状况，保证神经不受过强的压迫。如掌心长期受压受振，可能引起难以治愈的痉挛，或者引起疲劳和操纵定位不准确。图4-145a、图4-145b、图4-145c三种形式的手柄符合上述要求，操作效果较好；图4-145d、图4-145e、图4-145f三种形式的手柄，执握时掌心对掌心与手柄贴合面太大，操作效果不好，只适合作为瞬间和受力不大的操纵柄。

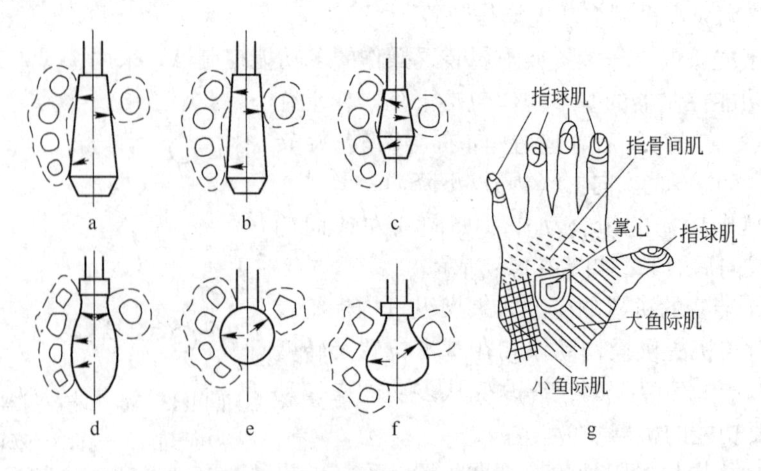

图4-145　手柄形状及其解剖学分析

F 按钮式控制器设计

a 按钮式控制器的类型

按钮式控制器按其外形和使用情况，大体上分为按钮和按键两类。小型按钮式控制器是按钮，多个连续排列在一起使用的按钮称为按键。它们一般只有两种工作状态，如“接通”与“切断”，“启动”与“停车”等。其工作方式则有单工位和双工位两种类型。若被按下处于接通状态，按压解除后，自动恢复到断开状态，或反之，称为单工位按钮。若被压到一定状态，按压解除后自动继续保持该状态，需经再一次按压才转换为另一状态，称双工位按钮。

b 按钮和按键的基本尺寸

按钮和按键的截面形状通常为圆形或矩形，其尺寸大小即圆截面的直径为 d，或矩形截面的两个边长为 $a \times b$。对于这两种形式按钮的特点，在使用时应注意到它们之间的区别。按钮的形态，一般应为圆形或方形。为使操作方便，按钮表面宜设计成凹形。按钮的尺寸应根据人的手指端的尺寸和操作要求而定。用食指按压的圆形按钮，直径为 8 ~ 18mm，方形按钮的边长为 10 ~ 20mm，矩形按钮以 10mm × 10mm、10mm × 15mm，15mm × 20mm 为宜，压入深度 15mm × 20mm，压力为 5 ~ 15N；用拇指按压的圆形按钮，直径为 25 ~ 30mm，压力为 10 ~ 20N；用手掌按压的圆形按钮，直径为 30 ~ 50mm，压入深度为 10mm，压力为 100 ~ 150N。按钮应高出台面 5 ~ 12mm，行程为 3 ~ 6mm，按钮间距为 12.5 ~ 25mm，最小不得小于 6mm。

使用按键的优点是节省空间、便于操作、便于记忆。使用熟练后，不用视觉也能快速操作。按键有机械按键、机电式按键和光电式按键，各种形式的按键设计都必须适合人的使用。按键的尺寸应按手指的尺寸和指端的弧形进行设计，才能操作舒适。

按钮和按键的基本尺寸应符合图 4-146 和表 4-55 中的规定。

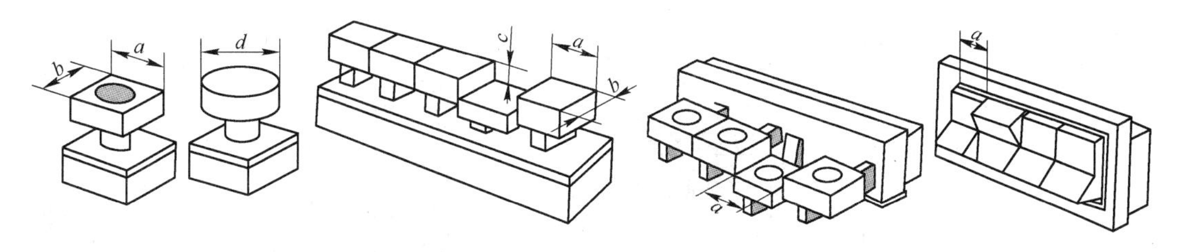

图 4-146 按钮和按键的基本尺寸示意图

表 4-55 按钮和按键的基本尺寸

操纵方式	按钮按键基本尺寸/mm		行程 c/mm	按动频率 /次 · min⁻¹
	d	$a \times b$		
用食指按动按钮	3 ~ 5	10 × 5	<2	<2
	10	12 × 7	2 ~ 3	<10
	12	18 × 8	3 ~ 5	<10
	15	20 × 12	4 ~ 6	<10
用拇指按动按钮	30		3 ~ 8	<5
用手掌按动按钮	50		5 ~ 10	<3

续表 4-55

操纵方式	按钮按键基本尺寸/mm		行程 c/mm	按动频率/次 · min^{-1}
	d	$a \times b$		
手指按动按键	10		3 ~ 5	< 10
	15		4 ~ 6	< 10
	18		4 ~ 6	< 1
	18 ~ 20		5 ~ 10	< 1

注：戴手套操作时最小直径为 18mm。

G　钥匙开关

在地下轮胎式采矿车辆中大都采用柴油发动机为动力，为了防止未经批准就启动发动机，通常钥匙开关以通（ON）与不通（OFF）两种状态来控制系统工作。它的尺寸、位移量和阻力不得超过图 4-147 给出的最大、最小值。当开关处在 OFF 位置时，操纵 ON – OFF 开关钥匙应处在垂直位置，钥匙应顺时针从垂直 OFF 位置转到 ON 位置。当钥匙处在 OFF 位置时，维修人员才能把钥匙从锁上拔下来。

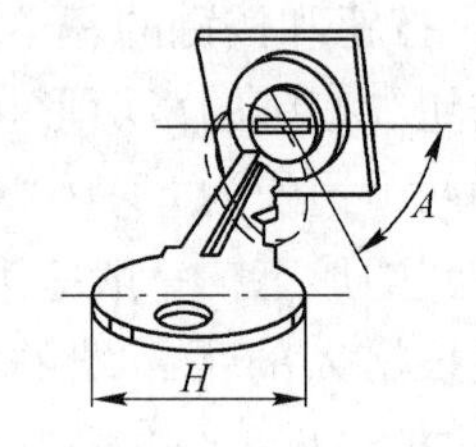

	位移量 A	高 H	阻力
最小	30°	13mm	115mN
最大	90°	75mm	680mN

图 4-147　钥匙开关规范

H　旋转选择开关

开关必须有三个或三个以上锁止位置时，才采用旋转选择开关。如果只有两个位置就没有必要采用旋转选择开关，除非瞬时观察开关位置十分重要，控制速度不是关键。旋转选择开关移动指针，固定刻度盘，如图 4-148 所示。

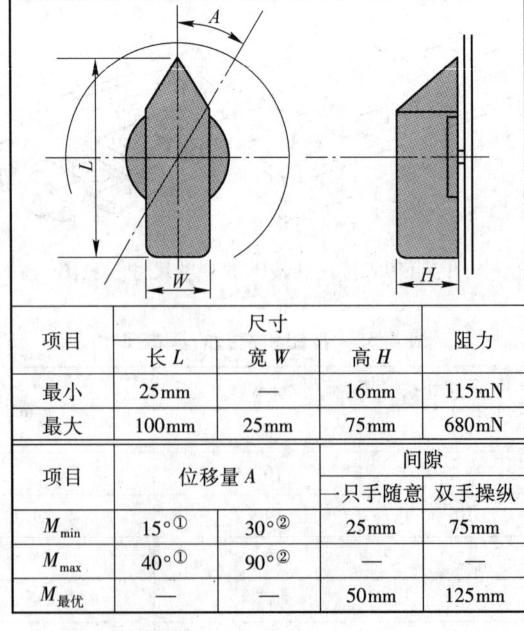

项目	尺寸			阻力
	长 L	宽 W	高 H	
最小	25mm	—	16mm	115mN
最大	100mm	25mm	75mm	680mN

项目	位移量 A		间隙	
			一只手随意	双手操纵
M_{min}	15°①	30°②	25mm	75mm
M_{max}	40°①	90°②	—	—
$M_{最优}$	—	—	50mm	125mm

① 用于设备性能；
② 当特殊工程要求需要大的间隙或当要求触觉定位控制器时

图 4-148　旋转选择开关

旋转选择开关可用于需要三个以上独立锁定功能之处（不用于二位置功能），应设计成指针转动、标尺固定的形式。开关以两边平行的长条形为佳，以便于手指抓捏。调节位置：在正常操作情况下，司机看不到旋转开关时，其调节位置不超过 12 个；经常能看到的不超过 24 个。开关的阻力应有一定弹性，在接近每个调节位置时，阻力先增大而后逐渐减少，然后一下到位，不会停留在两个调节位置之间。视差：旋钮的指针应尽可能贴近标尺，其视差引起的误差不超过标尺刻度间距的 25%。

如果把开关位置旋转 180°或 360°以上，没有两个位置是彼此相反的，除非指针的形状能很清晰地指出它所选择的位置。

旋转选择开关其尺寸、阻力、位移量、旋转选择开关扫过面积调节边之间分隔应不超过图 4-148 中的规定。

4.9　显示器

显示器是人机系统中功能最强大、使用最广泛的人机界面元素。它通过可视化的数值、文字、曲线、符号、图形、图像向人传递信息。

显示器是显示机械运行状态的装置，是人们用以观察和监控系统过程的手段。显示器的设计、性能和形式选择、数量和空间布局等，均应符合信息特征和人的感觉器官的感知特性，使人既能迅速、通畅、准确地接受信息，又能考虑到系统整体的需要和美观。

显示器的设计、选择和安装位置不当将会导致许多重大事故的发生，显示器的设计和布置十分重要。因而，它成为地下轮胎式采矿车辆的重要内容之一。

根据人接受信息的途径不同，显示可分为视觉、听觉、触觉装置。其中，由于视觉信号容易辨识、记录和储存，因而视觉装置得到广泛应用；听觉装置常用于报警；触觉装置一般很少使用。

按照显示的视觉信息形式划分，视觉显示又可分为数字式、模拟式和屏幕式。

（1）数字式显示的特点是直接用数字来显示信息，如数码显示屏、数字计数器等。数字显示的认读过程比较简单，速度较快，准确度较高，但不能给人以形象化的印象。对于数字识读的情况，其目的是获取准确的数据，则选择具有精度高、识读性好等特点的数字式显示装置，如数字万用表、里程表等。

（2）模拟式显示是通过指针和刻度来指示参量的数值或状态。模拟式显示器给人以形象化的印象，能连续、直观地反映变化趋势，模拟量在全量程范围内所处位置及其变化趋势一目了然，但其认读速度和准确度均低于数字显示器。对于状态识读的情况，显示装置只需向司机显示被测对象参数变化趋势的信息，常选用模拟式显示器。

（3）屏幕式显示是在屏幕上显示信息的，不但可以显示数字和模拟量，还可以显示工作过程参数的变化曲线或图形、图像，使模拟量的信息更加形象化，认读速度、准确度都较高。

按照显示信息的时间特性划分，屏幕式显示可分为动态显示器和静态显示两类。前者所显示的信息随时间变化，如车速、车载地图；后者所显示的信息在较长时间内保持不变，如交通标记牌。

按照显示信息的特点划分，可以分为定性显示和定量显示。前者只显示信息的性质、趋势，如用红色标志灯表示出现危险情况，用绿色表示设备正常运行，用红色箭头表示温度升高的方向等；后者用数量信息表示物理量的水平，主要用于表示动态信息。视觉显示器的选取，必须根据所显示信息的类型、时间特性、人的作业特点、人机系统的特点来合理选择。

4.9.1 显示器设计

4.9.1.1 一般要求

（1）信息显示器的设计应满足人机工程学的设计要求。

（2）每一个显示都要用文字或 GB/T 8593.1 和 GB/T 8593.2 中规定的符号清晰地标出。与此相关的正常操作的限值也应清晰地标出。

（3）信号与显示清晰可辨，准确无误，并可消除眩光、频闪效应，与司机的距离、角度相适应。

（4）当多种视觉信号与显示放在一起时，背景及相互之间的颜色、亮度与对比度相适应。

（5）在地下轮胎式采矿车辆上易发生故障或危险性较大的区域，应配置声、光或声光组合的报警装置。事故信号宜能显示故障的位置与种类。危险信号应具有足够强度并与其他信号有明显区别，其强度应明显高于生产车辆使用现场其他声、光信号强度。

（6）司机应能从司机位置查看到必要的机器正常功能的指示。

4.9.1.2 显示器设计人机工程学要求

ISO 9355 -2：1999 中给出了显示的选择、设计和定位指南，以避免与其使用有关的潜在人机工程学危险。它规定了人机工程学要求，包括视觉、听觉和触觉显示器装置，控制盘及可视化操作。ISO 9355 -4：2004 中给出了符合人机工程学的要求的显示器位置和布置，以避免与其使用有关的潜在危害。该标准已被露天土方机械与地下轮胎式采矿车辆安全标准所广泛采用。

A 视觉显示

视觉显示可以以各种不同的方式给司机传输大量信息。

a 视觉显示的觉察要求

定位显示 在工作效能决定视觉显示器相对司机的定位时，可利用司机生理与功能及视线通畅。司机视野范围是有限的，因而限制需要关注的显示数量。

觉察作业和监测作业是两种不同的视觉作业，前者是由系统警告司机；后者是指那些司机主动寻求信息的作业。

对觉察作业和监测作业来说，从使用功能出发，在头部静止、眼睛正常活动状态下，按人眼对视觉信号觉察效果优劣分三区，即为“推荐”、“允许”和“不适合”（表 4-56）。“推荐”、“允许”区中心线所在平面和对应的视线如图 4-149 和图 4-150 所示。视线取决于主要关注中心，对监测作业来说，显示可能低于水平线一个角度，这对司机来说是比较舒适的，也是司机视力正常的角度，是能够保持一个轻松和稳定的（最好坐着）位置，去观察显示。

表 4-56 适宜等级

适宜等级	意　义
A 区：推荐	只要有可能，就应优先选用该区。这是最重要或需频繁观察的显示信号区
B 区：允许	如果 A 区不可能采用时，才使用该区。不常观察的或次要信号区
C 区：不适合	一般不选择这个区，仅在不得已的情况下才使用，是一些与安全无直接关系的信号

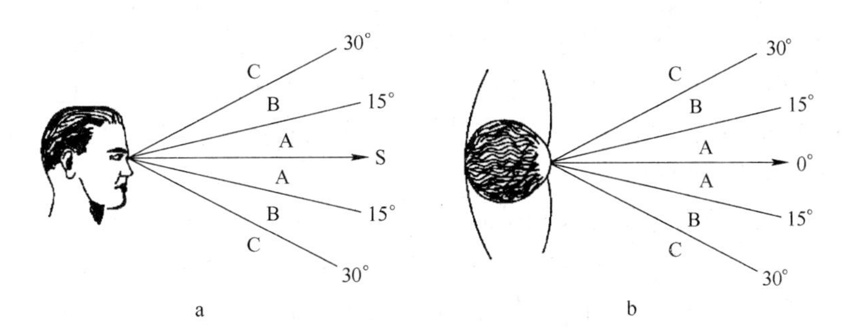

图 4-149 觉察作业视野区划分
a—垂直方向的觉察视野；b—水平方向的觉察视野
S—视线，外部作业要求采用的方向

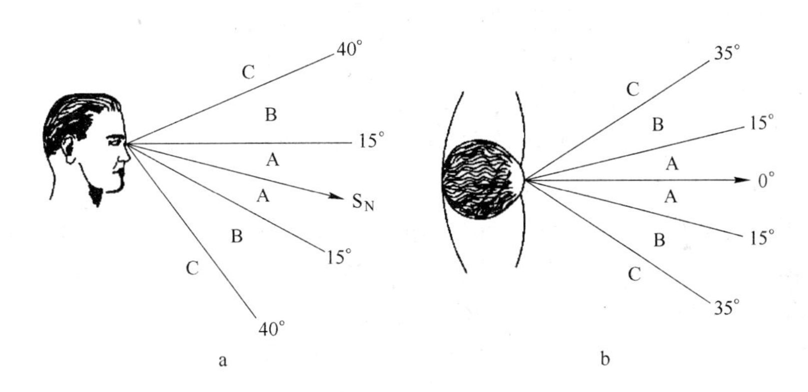

图 4-150 监测作业视区的划分
a—垂直方向监测区；b—水平方向监测区
S_N—正常视线，低于水平 15°～30°

视觉显示不得定位在“推荐”和“允许”的区域之外，除非由设计者提供适当的辅助设备，如辅助听觉显示或不需要司机姿势有大变化的其他装置。“不适合区”仅用于不危及操作安全的显示。

司机能够区分颜色对正确使用显示十分重要，必须减少“允许区”的限制，这是因为中央视野（它对颜色敏感）范围小于对白光敏感范围。

显示与司机之间的功能关系　在一般情况下，这些关系有两种类型。第一种是监测作业，即司机主动寻找并观察显示屏。第二种是觉察作业，显示信号本身需要司机注意（如闪烁的报警或音响报警），或由一种或多种显示信号对司机发出报警（如视觉和听觉显示的组合）或系统状况提醒司机注意检查显示。

对于这两个功能的关系，最常用的和最重要的显示应优先放在 A 区。较低优先显示可位于B区或C区（如有必要）。视觉显示一般不应布置在C区，除非设计者已提供了一些适当的辅助手段，如附加的显示，或其他不需要司机大幅度地改变姿势的装置，C区仅用于对安全运行非关键性的显示。

环境因素　最重要的环境因素是照明和振动。显示设计应该采取特殊措施来补偿这些因素造成的不利影响。

（1）无源显示（不发光）的工作场合，照明强度至少200lx。如果达不到上述条件，则需采取补偿措施，例如放大显示信息，提供局部照明，或者使用有源（发光）显示。高对比度或反射的阴影应该予以避免。因此操作室内在显示上产生反射的灯应该根据显示方向按一定的照明角度安装。补偿措施是倾斜显示和安装抗反射的显示表面。应该选择能够区分彩色显示和背景的光源。

（2）阅读的执行受显示器、司机的连续振动或者振动峰值的影响。数字显示器的低频垂直振动（1~3Hz）将导致很大的阅读误差。当加速度大于$5m/s^2$时，该读数误差正比于加速度。频率为3~20Hz，阅读错误随频率增加而上升。当司机显示受垂直振动的同步影响时，阅读受低于3Hz频率的影响，但是随频率升高而减少。

频率为3~20Hz，垂直加速度大于$5m/s^2$时，降低阅读效果，并且两个参数之间存在线性关系。多重单轴正弦振动能够引起阅读效果恶化，因为干扰影响。双轴振动将导致旋转运动。阅读错误和阅读时间将随着振动频率增加而增加。

补偿措施：

1）高亮度的显示可以提高对比度，超过正常水平；

2）振动方向上的笔画宽度是字符高度的5%~7%；

3）显示与司机振动频率匹配。

方便信号觉察观察的其他条件　司机的视线，对于所有人机工程学允许的工作位置和用户群体人体特征都不应间断。为了便于识别，黑色和白色表示方法是首选。然而，在信号密度高或者司机必须搜索特定信息的情况下，有颜色的编码显示更有助于察觉。周围单色的相关显示也有助于加强显示之间的联系（详见IEC 61310-1和IEC 61310-2中的规定）。

b　视觉显示的识别要求

在所有正常和紧急情况的观测条件下，显示的图像质量都应该是很高的，对比度也应尽可能高。通过不同形状、颜色、标签或者任何其他合适的方法来区分不同的显示，把混乱显示降到最低。

符号、字母、数字、点、线及其背景以及环境之间的对比度充分，并满足任务要求的感知速度和精度，达到易理解性和可分辨性水平。在发光（有源）显示情况下，对比度（前景和背景的亮度比率）至少为3：1才符合要求，6：1的比率是推荐的比例。发光显示的表面不能反射任何光源（即反射光和环境的对比度尽可能的低），否则显示在未开启时看起来像开启的或者将很难阅读。

显示使用的符号　建议使用的字母和数字要简单，最好是大家熟悉的形式。避免字母和数字之间混淆是必不可少的（如字母B与数字8、5、6）。因此，如果使用只限于代表数字，七线段数字显示方法（LED或LCD）是唯一可以接受的。根据通用的感知条件，5×7和7×9点阵符号分辨率是允许的（最好是7×9点阵），但应优先考虑较大点阵。在采用图形符号的地方，图形符号应形式简单，使利用显示的人群容易识别和理解。

图 4-151 详细说明了与字符大小和比例相关的重要尺寸。注意观察距离（d）仅是用于决定字符尺寸的重要参数中的一个。照明水平、字符和背景之间的对比度，以及字符的易认性都将影响这些尺寸。

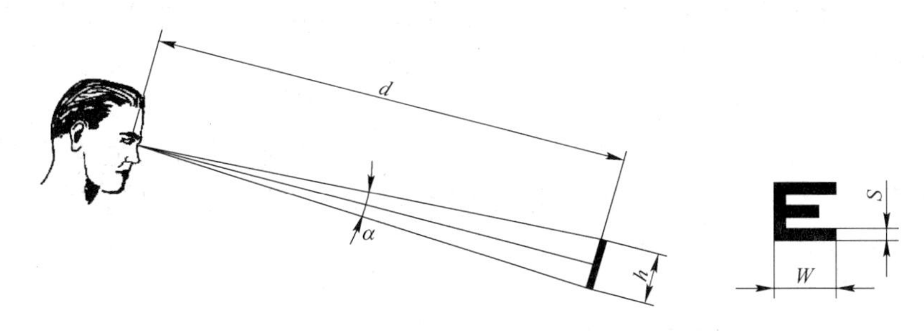

图 4-151 尺寸的定义

d—视距，眼睛离开字符的距离；α—视角字符识别角度；h—字符高度；W—字符宽度；S—字符笔划宽度

（1）字符识别角度 α。

推荐值：$\alpha = 18' \sim 22'$。

可接受的：$\alpha = 15' \sim 18'$。

不适宜的：$\alpha < 15'$。

汉字识别视角：$\alpha \geqslant 20'$。

汉字的判读效果随字高的增加而提高，汉字增到 20′的视角时，可达到完全正确辨认水平。

（2）字符宽度。字符宽度（W）推荐的范围是字符的高度 60% ~80%。只有在显示表面是弯曲的，或者视角是倾斜的，字符宽度才采用字符高度的 80% ~100%。字符高度小于 50% 的宽度是不可用的。

表 4-57 给出了字符不同笔画宽度（图 4-151）的适用范围。建议提供适当的字母间隔（字符宽度的 20% ~50%）和字与字之间（1 ~1.5 个字符宽度）的间距。

表 4-57 字符不同笔画宽度的适用性

显示器类型	以字符高度（h）表示的字符笔划		适用性等级
	正像显示①	负像显示②	
有源显示器	17 ~20	8 ~12	推荐
	14 ~17	6 ~8 12 ~14	可接受
	12 ~14	5 ~6 14 ~15	有条件接受③
无源显示器	16 ~17	12 ~14	推荐
	12 ~16	8 ~12 14 ~16	可接受
	10 ~12 17 ~20	16 ~18	有条件接受③

① 正像显示：亮背景上的暗字符。

② 负像显示：暗背景上的亮字符。

③ 在特别良好的观察条件下。

数字显示　数字的设计及其与背景的对比度，应满足上述视觉显示的识别要求。如果数字显示是机械显示（数字被印刷在旋转轮子的边缘上），数字在显示窗口上能充分可见，不能因为显示轮子旋转（例如通过快速动作）而被遮盖。

由于数字显示需要的空间不大，应优先考虑采用大体数字。如果需要显示许多数字，应该通过把数字分为小块组来降低误读率。首选每块只包含两个或三个数字，除非每块有更多的数字有利于说明显示内容。

模拟显示　模拟显示的指标（如指针、液位）在全部时间应是可见的，甚至指标已离开刻度本身，也应是可见的。推荐使用移动指标和固定刻度。图4-152举例说明了指针运动的恰当方向。

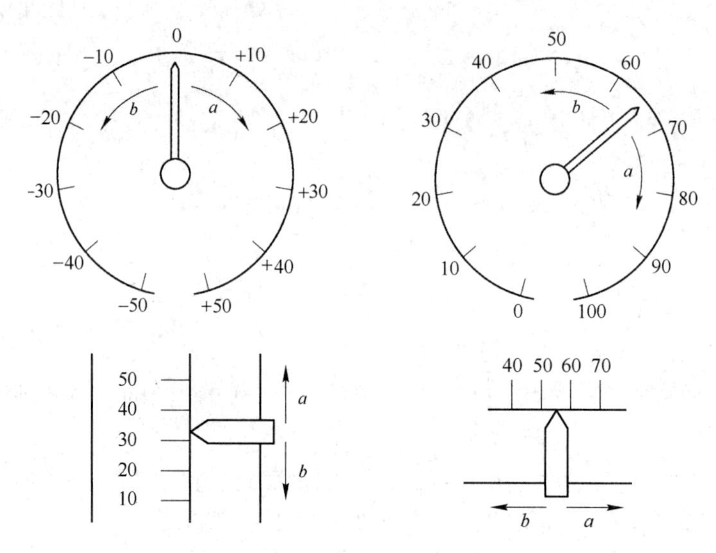

图4-152　指针运动的恰当方向

a—增大；b—减小

图中刻度的零位指针从左到右顺时针或向上移动时代表增加。指针从右到左逆时针或向下移动时代表减小。

模拟量显示的刻度选择　为达到良好理解以及减少错读率的目的，设计上要考虑到刻度的尺寸、等级、标签以及指针等。

应该根据阅读距离和环境亮度来确定不同刻度的尺寸(图4-153)。表4-58给出了推荐的刻度尺寸在不同的照明条件下典型的阅读距离为700mm。对于其他阅读距离应按式(4-2)计算：

$$x = d\tan\frac{\alpha}{60} \qquad (4\text{-}2)$$

式中　x——表4-58中$A \sim G$的尺寸；

d——从刻度到眼睛的距离；

α——视角，(′)。

为了便于计算，可取$x \approx d\ L/700$，其中L可用表4-58中$A \sim G$的尺寸取代（表4-58中的阅读距离d为700mm）。

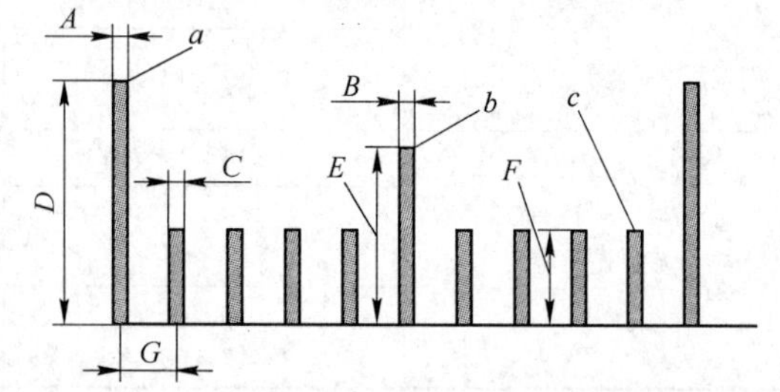

图4-153　刻度线示意图

a—主刻度线（长刻度线）；b—中间刻度线（中刻度线）；c—次要刻度线（短刻度线）

表 4-58 不同照度（正常/高/低）和阅读距离为 700mm 下刻度线尺寸

图 4-153 中符号	符号说明		高/正常照度		低照度（<100lx）	
			视角/(′)	尺寸/mm	视角/(′)	尺寸/mm
A	长刻度线宽度		1.5	0.3	4.5	0.9
B	中刻度线宽度		1.5	0.3	3.5	0.7
C	短刻度线宽度		1.5	0.3	3	0.3
D	长刻度线高度		24	4.0	24	4.9
E	长刻度线高度		18	3.7	18	3.7
F	长刻度线高度		12	2.4	12	2.4
G	相邻刻度线间最小距离	无分度或 2 分度	4	0.8	6	1.2
		5 分度	12	2.4	12	2.4

刻度的分度是提高刻度值辨识的一个重要方法。刻度的分度应符合测量精度要求，并且应与传感器的精度相一致。分度应该有三个刻度等级，即主要、中等和次要，如图 4-153所示。两个主要刻线之间的中等刻线应不多于 4 条（即 5 分度），两条中等刻线之间的次要刻线应不多于 4 条（即 5 分度）。两条次要刻线间的测量间隔值可以是 1、2、5 或十进制的倍数。所有刻度的等级识别是不同的。表 4-59 给出了一些适当刻度分度的例子。两条次要刻线间的刻度值不必用插值来进行刻度估算。如果需要插值，要求精度应不小于间隔的 1/5，如果必要的话，间隔应扩大。

表 4-59 刻度分线表示法

刻 度	不 适 当	推 荐
线性刻度	0 2.5 5 7.5 10 0 5 10 15 20 0 4 8 12 16	0 1 2 3 4 5 6 7 8 9 10 0 10 20 0 5 10 15
角度刻度	0 30 60 90 120	0 30 60 90 120

数字标签的形状和尺寸应遵循“显示使用的符号”给出的建议。在刻线全部位置所使用的数字符号应是直立的，以便于准确辨认。数字符号不应被指针遮盖，应位于指针相反方向的刻线的一侧；在两条有数字标号刻线之间，没有标号的刻线应不多于 9 条。

数字标记刻度的形状和大小应该符合“显示使用的符号”中推荐的。所使用的符号应该跟所有的刻度位置垂直，并且不能被指针遮挡。应该放置于与指针相反的刻度一侧。两个有标签的标记之间不能超过 9 个没有标签的标记。

指针的顶部形状应该递减，并且指针仅可以达到刻度的基线。为避免视差造成的错误，圆形刻度的中心应该凹陷，减小视差，以确保司机即使在不利的视角情况下也能获得正确的读数。

应该选择刻度范围与测量期望范围近似的显示。例如，刻度范围是 -5 至 +5，那么

图 4-154b 的显示更合适。

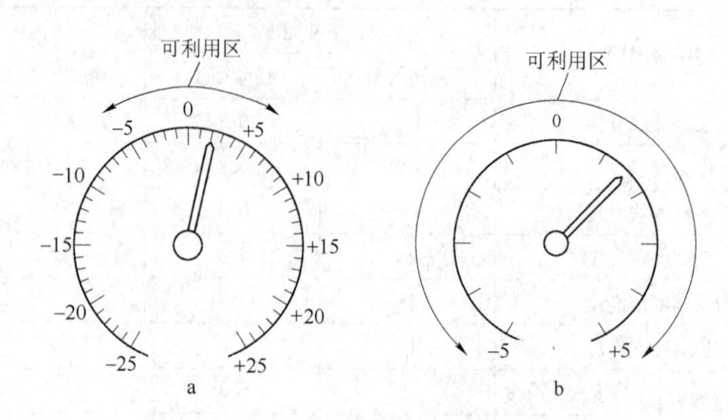

图 4-154　刻度盘的正确和不正确使用

a—不适用；b—推荐

根据不同类型的任务选择显示　显示的选择取决于怎样使用显示，与主要任务有关。

当使用显示时，对显示的观察任务有三个基本类型，即：读取测量值、检查读数、监视测量值的变化。

（1）读取测量值（定量观察）是一种感知任务，其目的是要确定显示的数值。为了这个目的，它要求显示值的变化速度足够低，以便进行精确的观察。数字显示上的数字变化速度不得超过每秒两次。

（2）检查读数任务中，检查是通过短暂一瞥的方式进行，看显示值与规定值是否相同，或看显示值是否在允许的范围内。

（3）监测实测值的变化任务中，观察者注意实测值变化方向和速率。这种观察形式是控制任务的特征。并非所有类型显示都能适合上述各项任务类型。表 4-60 概要地介绍了各种显示对不同感知任务的适应性。因此，选择显示类型将减少感知错误，并有助于快速识别，从而促进正确地实现感知。

表 4-60　显示对各种感知任务的适用性

显示类型	感知任务			
	读取测量值	检查读数	监视测量值变化	感知任务组合
数字显示 0 1 2 3 4	推荐	不适合	不适合	不适合
模拟显示 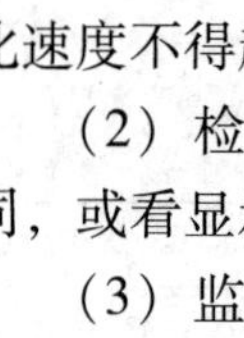 360°刻度 270°刻度 180°刻度	允许	推荐	推荐	推荐
90°刻度 	允许	推荐	允许	允许

续表 4-60

显示类型	感知任务			
	读取测量值	检查读数	监视测量值变化	感知任务组合
水平线性刻度 垂直线性刻度	允许	允许	允许	允许

选择水平或垂直的线性刻度将取决于相应的控制运动的协调性。例如，对于一个液面的高度，建议使用一个垂直的线性刻度尺。当控制运动在水平面（左右）进行时，应采用水平的刻度尺；当控制运动在垂直平面（上下）进行时，应采用一个垂直的刻度尺。

分组显示 为了便于观察反常情况，显示应该放置成所有指针在显示正常状况时指向相同角度的位置（图 4-155）。

如果需要按照预定次序读数的动作依次发生，或与机器的有限次序相关，显示应该按照相同的次序放置，并且在面板上从左到右或从上到下运行。

在各种显示位置很接近的地方（如在一个面板上），设计者应该避免显示之间相混淆的可能，例如通过颜色编码，或空间排列（如分组），或通过其他合适的方法。

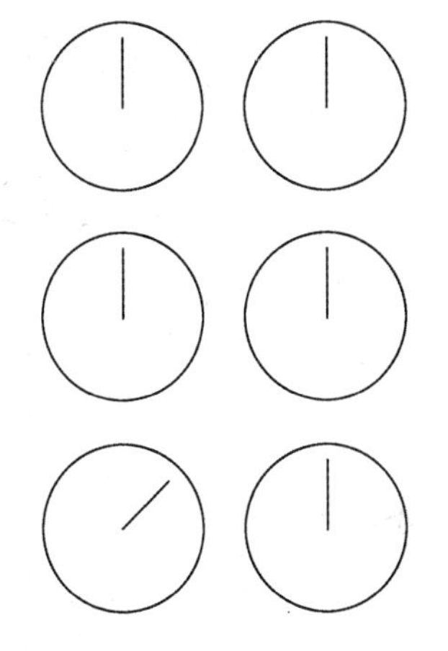

图 4-155 指针显示同类分组以改善视觉偏差

c 视觉显示的解释要求

显示给出信号的解释是由视觉作业中的观察功能决定的。每个人可以由显示以不同的方法解释信号，这取决于他们所执行的任务、观察显示原因（如紧急状态或正常状态）和经验与培训等。如果没有关于使用显示的情况（条件）的详细知识，设计适用的显示将是很困难的。任务分析可以提供进行成功的设计所需要的信息，因此，显示应尽可能在任务分析的基础上进行设计。

设计者帮助司机以下述方法迅速、安全和正确地判读显示是很重要的：

（1）显示司机所需要的最简单的信号，以作出正确判断（如二状态显示开/关）。

（2）当不可能采用二状态显示时，显示简单的定性信息将是充分的（如空/低/正常/高/满）。

（3）只有当（1）和（2）不能提供充分信息时，才选用连续的定性信息（如气温以℃、压力 Pa）显示。

（4）当（3）被采用时，在保持有效控制的限度内，显示刻度尺上的分度数尽可能少。

（5）在采用（3）的情况下，使用着色刻度、参考标记或可调标志，以帮助辨认临界显示值，如利用上、下限标志表示正常运行的极限。

（6）彼此相关的显示（如根据功能或过程）应成组布置，以强调它们的联系。

B　听觉显示

构成听觉显示的声音应该有不同强度、频率、持续时间、音色，或者不连续的声音中间间隔的持续时间。对于与安全相关的或紧急的任务，同时利用视觉和听觉取代仅使用一种显示。显示最好单独使用这两种类型显示中的任意一个。在视觉显示（消息）停留时，司机觉察后可关闭听觉显示，而视觉显示（消息）仍存在。

听觉显示允许全方位与司机通讯，即使司机正在从事其他任务，也可以接受信息。当司机视觉完全被占用时，显示信息需要立即采取行动时，消息简单且很短时，或者司机在工作场所走来走去时，应该使用听觉显示。

为避免附近的司机工作时被打扰，听觉显示应该采取措施减小对其他工作区的打扰。为确保听觉显示满足这些要求，应对显示进行司机工作条件下的适合性试验。不提倡使用过多的听觉显示，因为容易困扰司机。根据使用环境来区别对待和决定听觉显示的数量，还要根据司机的培训和经历。决定听觉显示数目时这些因素都要考虑进去。当需要很多听觉显示时，需要考虑使用声音报警系统。

a　听觉显示的觉察要求

环境声音模式的改变，因为变化将引起司机的注意。因此，短促而重复的声音是很好的警报，并且即使在很嘈杂的环境中也可以察觉到。

信噪比是影响察觉的另一个重要因素。这个比例是到达司机耳朵的显示声压级与干扰显示的噪声（包括语音）的比。如果声音作为警报使用，参考本书 4. 14. 5 节的规定。对于其他应用，推荐的声压级为超过周围环境噪声至少 5dB，但不超过 10dB。

然而，信噪比不是唯一需要考虑的。人耳对声音的敏感度还与频率相关，对 500 ~ 3000Hz 的声音信号最敏感。因此，主要的显示频率应该在这个范围内，并且区别于各种噪声的主要频率。如果信号必须穿过一定距离才能被察觉（例如控制室的长度），推荐信号频率为 500 ~ 1000Hz，除非噪声的主频掩盖了信号。

b　听觉显示的识别要求

为确保正确识别，听觉显示应该不同于环境中其他声音。识别主要取决于听觉显示产生的现有声音模式的特殊变化、显示声压级与环境噪声的关系（包括语音和其他听觉显示）、显示频谱与噪声的关系、振幅和频率根据特定模式的变化（包括显示特性）以及显示位置与周围环境声学属性的关系。另外音色、循环、节奏和音调将进一步帮助识别。

察觉紧急事件是另一个影响识别的因素。可以被紧急察觉的程度与声音信号的结构和其他特征有关，也与训练以及信息对司机是否可用有关。表达显示的紧迫可以通过更高的频率，更快的节拍来实现。察觉紧急显示应该符合显示的优先级。

c　听觉显示的解释要求

听觉显示可用的声音范围相当宽，因此应该注意司机必须解释的显示数量要尽量少。会吓到司机的显示或者引起高度警惕的显示，在用来指示系统紧急情况时是受限制的。

听觉显示在需要司机立即采取行动时（例如报警）是最有效的，对于简单信息（如只是一两种状态，开/关，高/低等），或者有关时间事件的信息（如引起司机注意一个过程的开始或者结束），或者有关系统状态改变的信息（如引起司机注意其他显示，通常是视觉显示）。无论哪种可能的情况，听觉显示都是受限制的。

语音输出在解释听觉显示上可以灵活且容易使用。在使用这种系统的场合，设计者应该考虑信息自动重复多少次是必要的以及是否让提供的信息可以被控制取消和重复。

C 触觉显示

触觉显示用于表面情形，通过起伏或者可触及（通常用手和手指）的表面轮廓来传递信息。

能用触觉显示来传递主要信息，除非其他显示不可用，或者触觉显示用来引导有感官障碍的人（如盲人）。

触觉显示通常用来补充其他显示。如控制器做成特殊形状以便能够用触摸识别，从而空出视觉系统去执行其他感知任务。当视觉不可用（通常以驾驶工作为例）时，通过触觉来传递信息是很有用的，例如通过控制器相对于被控制物体的同比振动。

a 触觉显示器的检测要求

手对触觉显示的敏感度特别高，多数情况下，触觉显示设计成用手来操作，并且在司机可触及的范围内。这种显示不能有尖锐的边或角。如果司机操作时戴着手套，那么敏感度将大幅下降，这个因素需要在设计中考虑到。

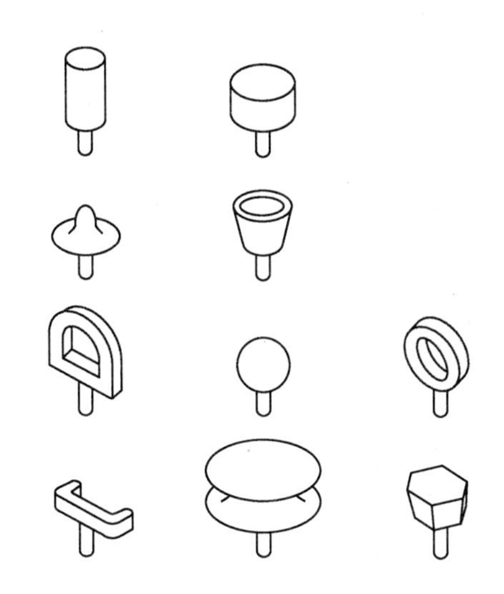

图 4-156 仅用触觉可识别形状图示设置

b 触觉显示的识别要求

触觉显示仅用于只需司机按顺序区分不同显示时（如触觉编码定位控制）。触觉显示不能用于需要司机同时区分他们的时候。触觉编码控制器或目标物体应该形状简单，易于区分（图 4-156），即使控制和目标分在一组也是。

c 触觉显示的解释要求

在某种情况下，可以通过触觉编码显示信息值的增加。在这种情况下，触觉编码应该符合控制器或者目标编码。触觉的敏感度分布于很窄的范围内，这个也应该考虑到。

D 数字形状

阿拉伯数字的每一个偏差，导致可读性恶化。不同的数字，形状必须有明显不同。他们共同之处应尽可能少。在数字内完全和部分封闭的空间必须尽可能大。当数字形状如图 4-157 所示，就能确保良好的识别。

1 2 3 4 5 6 7 8 9 0

图 4-157 数字形状

4.9.2 仪表板的总体设计

仪表板总体设计的人机工程学问题主要是仪表板的位置、仪表的排列等。

4.9.2.1 仪表板的空间位置

为了保证工作效率高并减轻司机的疲劳，仪表板的位置应在司机最佳视野内，所谓视野，就是头部和眼睛在规定的条件下，人眼可觉察到的水平面与铅垂面内所有空间范围，常以角度表示。它是显示器布置范围的重要设计依据。视野按眼球的工作状态可分为静视野、注视野和动视野三种状态。静视野是指在头部固定、眼球静止不动状态下自然可见的范围；注视野是头部固定不动而转动眼球注视某中心点时所见的范围；动视野是头部固定而自由转动眼球时的可见范围。静视野、注视野和动视野的角度数值范围，以注视野为最小，静视野与动视野比较接近。人机工程学中，通常以人眼的静视野为依据设计视觉显示器等有关部件以减少人眼的疲劳。每种视野最佳值如图 4-158 所示。

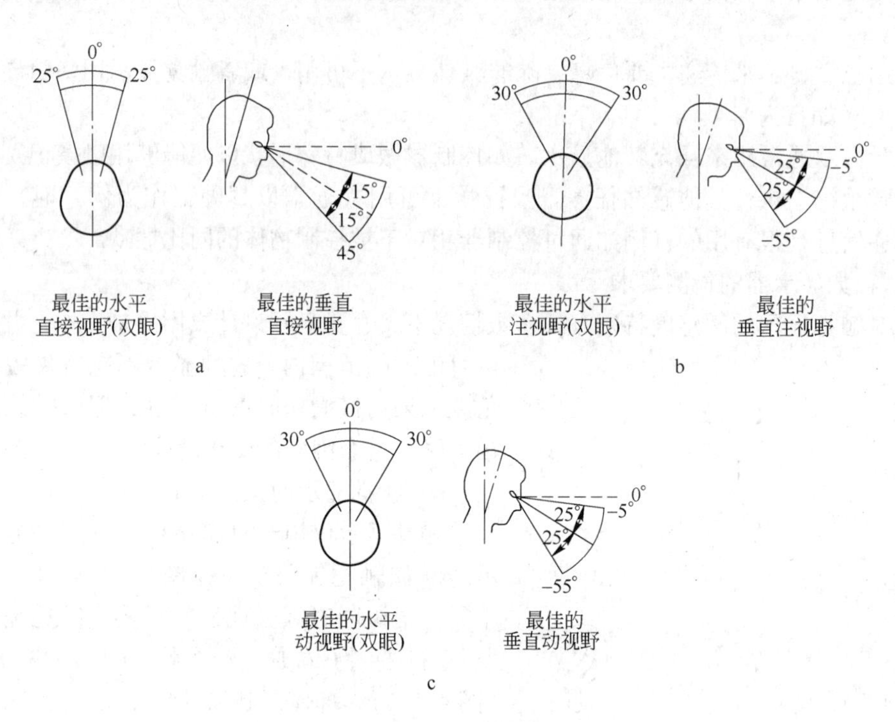

图 4-158　最佳视野

a—最佳静视野；b—最佳注视野；c—最佳动视野

色觉视野的范围与颜色有关，不同颜色对人眼刺激有所不同，所以视野也不同。图 4-159 示出了水平和垂直方向的几种主要颜色的色觉视野范围，水平方向的色觉视野从大到小依次为：白色 180°，黄色 120°，蓝色 100°，红色和绿色 60°；垂直方向的色觉视野从大到小依次为：白色 120°～130°，黄色 95°，蓝色 80°，红色 45°，绿色 40°。色觉视野的大小还同被看物体的颜色与其背景衬色的对比情况有关，黑色背景上的色觉视野见表 4-61。

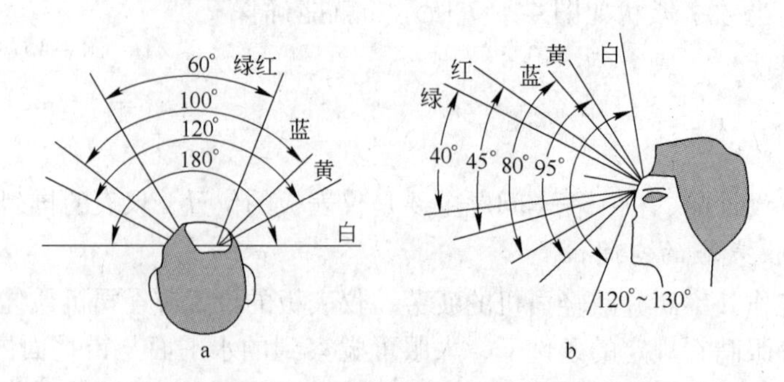

图 4-159　水平和垂直方向的几种主要颜色的色觉视野范围

a—水平面内色觉视野；b—垂直面内色觉视野

表 4-61 黑色背景上的色觉视野

视野方向	视野/(°)			
	白色	蓝色	红色	绿色
从中心向外侧（水平方向）	90	80	65	48
从中心向内侧（水平方向）	60	50	35	25
从中心向下方（垂直方向）	75	60	42	28
从中心向上方（垂直方向）	50	40	25	

仪表板在空间位置最好是不必运动头部和眼睛，更不需要移动身体位置就能看清全部仪表。为此仪表盘一般布置在司机正前方（图 4-160a），但对地下轮胎式采矿车辆来说，由于空间限制，许多仪表正前方布置不下，只能布置在侧面（图 4-160b），且仪表板的位置不得妨碍司机对周围环境的观察。

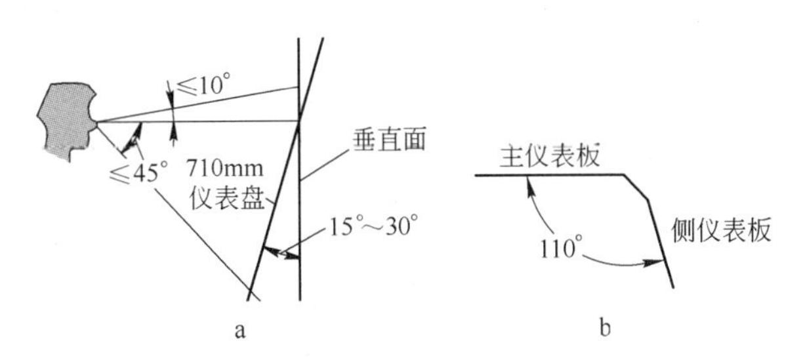

图 4-160 仪表板空间位置

视距是指眼睛至被观察对象的距离，人在观察各种仪表时，若视距过远或过近，对认读速度和准确性都不利，一般应根据观察的大小和形状确定在 380 ~ 760mm 之间。一般选择最佳视距为 710mm 左右。

如图 4-160a 所示，其高度最好与眼睛平齐，板面上边缘的视线与水平视线夹角不大于 10°，下边缘与水平视线夹角不大于 45°。仪表板应与司机的视线成直角，至少不应少于 60°，当人在正常坐姿下操作时，头部自然前倾，所以布置仪表板时应使板面相应前倾，仪表板与垂直面的夹角为 15° ~ 30°。当仪表板侧面布置时，主仪表板与侧仪表板的夹角约为 110°，如图 4-160b 所示。当前司机室内最新的仪表盘布置如图 4-161 ~ 图 4-163 所示。

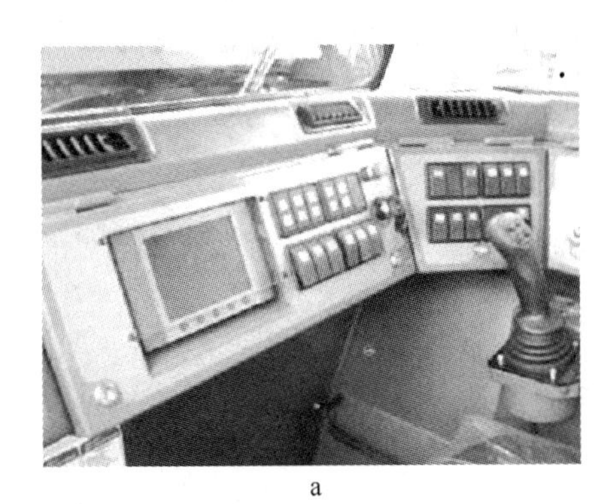

a

b

图 4-161 最新地下无轨采矿车辆仪表布置

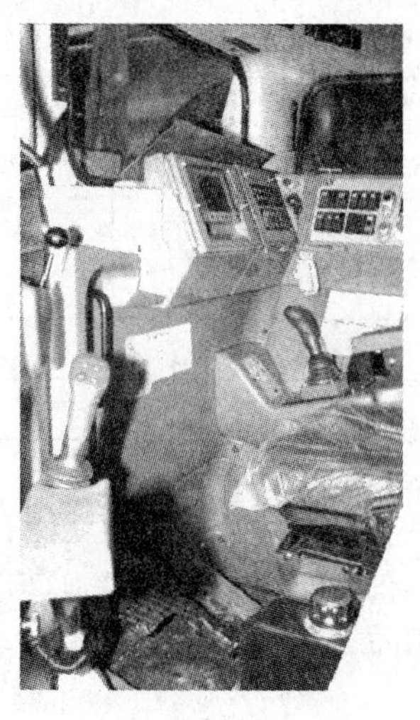

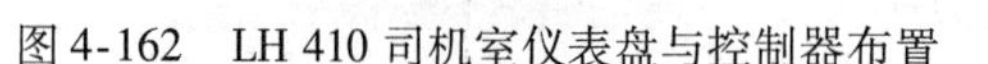

图 4-162　LH 410 司机室仪表盘与控制器布置　　图 4-163　LF10/11 司机室仪表盘与控制器布置

4.9.2.2　仪表板上仪表的排列

根据视觉运动规律，仪表板面一般呈左右方向为长边的长方形，板面上仪表排列顺序最好与它们认读顺序相一致。相互联系越多的仪表应尽量靠近，仪表的排列顺序还应考虑到它们的逻辑关系。

最常用、最主要的仪表应尽可能安排在视野中心 3°范围内，这是人的最优视区。一般性的仪表允许安排在 20° ~40°视野范围内。40° ~60°范围内只能安排次要仪表。

仪表的设计和排列还需照顾到它们与控制器之间的相互协调关系。当仪表很多时应按照它们的功能分区排列，区与区之间有明显的区别。图 4-164 所示为 ST710 地下轮胎式采矿车辆仪表布置，图中 1 区左边主要是发动机仪表，右边主要是传动系统仪表；2 区主要是驾驶操作仪表；3 区主要是电气控制元件。

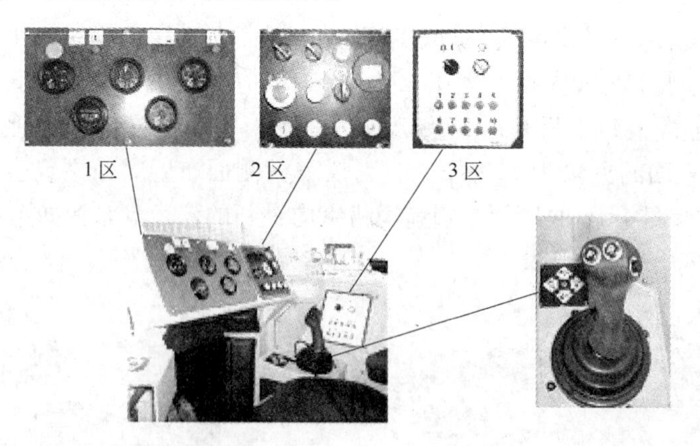

图 4-164　ST710 地下轮胎式采矿车辆仪表布置及图形符号

4.10　图形符号与标志

4.10.1　图形符号

图形符号是以图形或图像为主要特征的视觉符号，它用绘画、书写、印刷或其他方法制作，用来传递事物或概念对象的信息，而不依赖语言。图形符号以直观、精练、简明、易懂的形象表达一定的涵义，传达信息，可使不同年龄、不同文化水平和不同国家、使用不同语言的人群都能够较快地理解，图形符号可以作为语言与文字交流的替代物。随着向经济的全球化方向发展，现代产品中使用各种图形和符号来指示产品的功能、运行状态和操作指示信息已成为一种趋势，并且这些在产品上通常使用的符号正逐渐形成一种国际化符号。这些经过对指示内容的高度概括和抽象处理而形成的指示图形标志，其传递的信息量大、抗干扰能力强、易于接收。这是因为人在知觉图形和符号信息时，辨认的信号和辨认的客体有形象上的直接联系，其信息接收的速度远远高于抽象信号，并且图形和符号具有形、意、色彩等多种刺激因素，因此，在地下轮胎式采矿车辆中特别是进口的地下轮胎式采矿车辆中获得广泛应用。

在地下轮胎式采矿车辆司机室内的控制器与显示器适当的位置粘贴上耐用图形符号和说明，指出控制运动的方向及显示器显示的内容，便于不同国家司机识别、维护和操作。

当人们在操纵不熟悉的机器或他们从一台机器转移到操纵另一台机器时，不同制造厂制造的车辆上的控制器与显示器的布置是不同的，若没有清楚图形符号或说明，就可能会发生操作错误。

好的图形符号不仅有助于减少司机的操作错误，而且有利于新司机的培训。图形、图形符号还具有形象、直观的优点。设计精良的图形、图形符号能够简化人对编码信息的识别和加工过程，从而提高信息传递效率。图4-164所示为ST710地下轮胎式采矿车辆仪表布置及图形符号，图4-165所示为某型地下轮胎式采矿车辆司机室内监视模块图形符号，图4-166所示为某型地下轮胎式采矿车辆无线电遥控发射机及面板图形符号。表4-62列出了图4-164～图4-166中所采用的图形符号及说明。

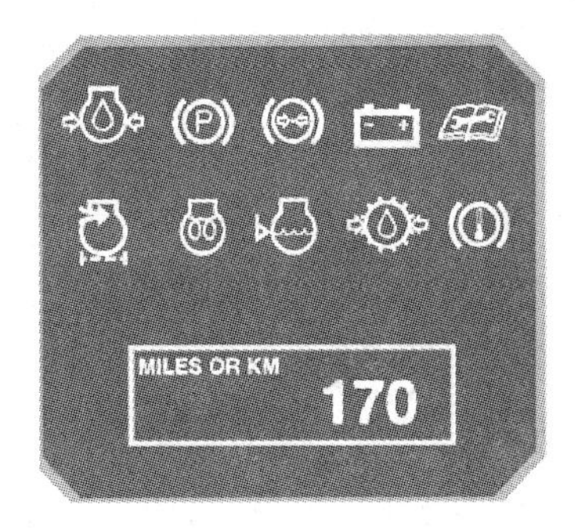

图4-165　某型地下轮胎式采矿车辆司机室内监视模块图形符号

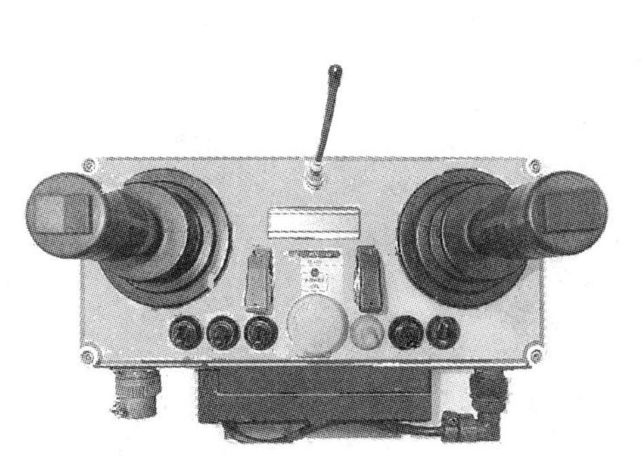

a

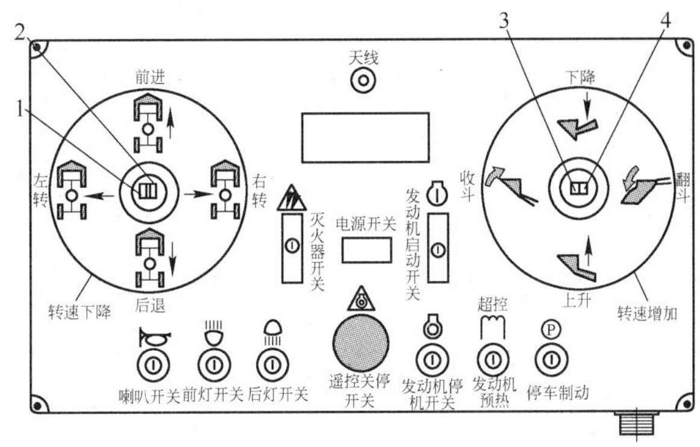

b

图4-166　某型地下轮胎式采矿车辆无线电遥控发射机及面板图形符号

a—无线电遥控发射机实物照片；b—无线电遥控发射机面板图形符号

1，2—降速开关；3—升速开关；4—自动装料启动开关

表 4-62　地下轮胎式采矿车辆部分操纵仪表常用的图形符号

符　号	名　称	符　号	名　称
STOP	发动机停机		发动机润滑油滤清器
!	发动机故障/失灵		发动机冷却液液位
	发动机切断/接通启动开关		发动机冷却液
	电预热		发动机润滑油
	铲斗－浮动		发动机润滑油油温
	铲斗控制		空容器
	液压油		喇叭
	液压油位		液压油压
− +	蓄电池	P	制动系统
	前照灯		起吊处
	后照灯		传动油油压
	燃油油压		传动油油位

根据人的视觉和认知特性，图形符号设计的一般原则应遵循以下原则：

（1）图形符号含义的内涵不应过大，使人们能够准确地理解，不能产生歧义；

（2）图形符号的构形应该简明，突出所表示对象主要的和独特的属性；

（3）图形符号的构形应该醒目、清晰，做到易懂、易记、易辨、易制；

（4）图形的边界应该明确、稳定；

（5）尽量采用封闭轮廓的图形，以利于对目光的吸引积聚；

（6）用于控制器和其他显示器的符号应符合 GB/T 8593.1 或 GB/T 8593.2 中的规定。

图形符号（表4-62）在地下轮胎式采矿车辆应用十分广泛，它常粘贴在司机室内控制器附近适当位置，如在显示器上方或下方。遥控地下轮胎式采矿车辆遥控发射机面板上，也可在车辆工作状况监视器的屏幕上显示。

4.10.2 标志

标志也称为标识、标记。性能参数标志是用来说明机器或机器零部件的性能、规格、型号和技术参数标牌。

（1）机器和机器零部件标牌。机器和机器零部件标牌必须具有以下内容：制造厂的名称与地址；所属系列或形式；系列编号或制造日期（如有的话）等。标牌在产品的位置与内容如图 4-167 所示。

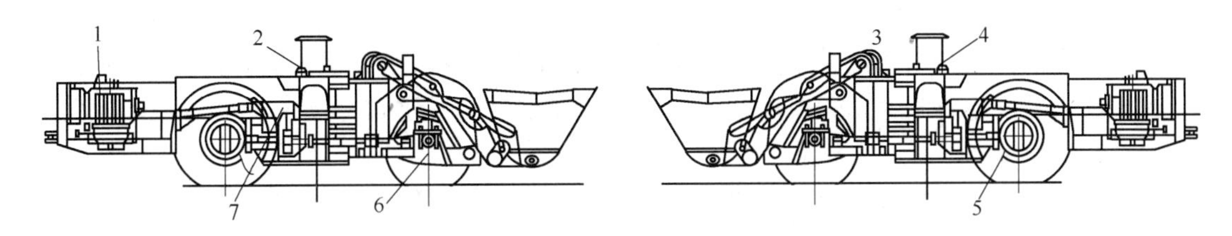

图 4-167 产品/零部件标牌位置和内容示例

1—发动机标牌，如型号名称、产品和序列号；2—司机防护装置标牌，如型号、认证标识和司机防护装置序列号；3—产品标牌，如类型/型号名称；4—座椅标牌；5—后驱动桥部件标牌，如产品和序列号；6—前驱动桥部件标牌，如产品和序列号；7—变速箱部件标牌，如产品和序列号

（2）机器安全使用参数。机器安全使用参数包括旋转件的限制最高转速、可移动部分的质量、防护装置的调整数据（对可调防护装置）、检验频次等。

（3）零件性能参数标记。对于机械安全有重要影响的、易损坏的零件必须有性能参数标记。

4.10.2.1 认证标志

认证标志是指证明某机械符合有关标准要求，并得到认证机构确认的符号标记，如“KA”（图4-168）、“CE”符号（图4-169）。

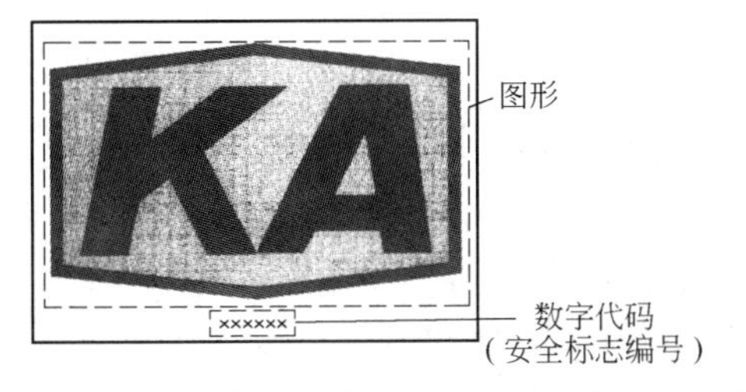

图 4-168 金属非金属矿山矿用产品安全标识图形

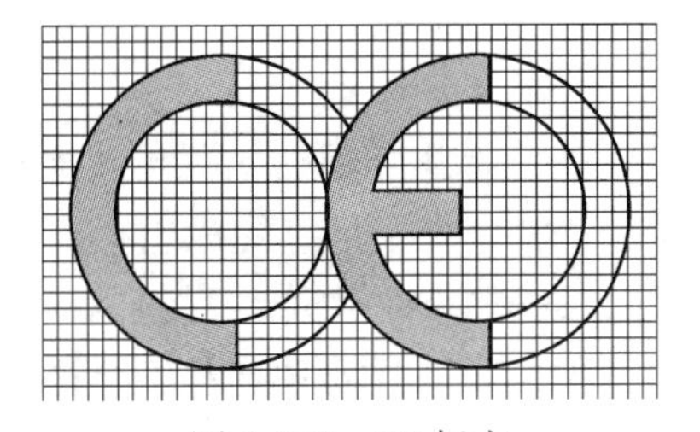

图 4-169 CE 标志

金属非金属矿山矿用产品安全标识“KA”是我国矿用产品安全标志管理制度对涉及作业场所安全和作业人员健康的矿用产品所采取的强制性的管理制度。凡纳入安全标志管理的矿用产品，只有取得矿用产品安全标志后方可生产、销售和使用。

矿用产品安全标志是确认矿用产品符合国家标准、行业标准，准许生产单位生产和销售，使用单位采购和使用的凭证。矿用产品安全标识是表明矿用产品符合国家标准、行业标准和矿山安全生产有关规定的专用标识。凡生产纳入安全标志管理的矿用产品，只有取得矿用产品安全标志后，方可使用标识。取得矿用产品安全标志的产品，只有加施标识后生产单位方可销售，使用单位方可采购和使用。

CE 标志是欧洲共同市场安全标志，是一种宣称产品符合欧盟相关指令的标识，被视为制造商打开并进入欧洲市场的护照。

用 CE 缩略词为符号表示加贴 CE 标志的产品符合有关欧洲指令规定的主要要求，并用以证实该产品已通过了相应的合格评定程序和制造商的合格声明，真正成为产品被允许进入欧共体市场销售的通行证。有关指令要求加贴 CE 标志的工业产品，没有 CE 标志的，不得上市销售。已加贴 CE 标志进入市场的产品，发现不符合安全要求的，要责令从市场收回。持续违反有关 CE 标志规定的，将被限制或禁止进入欧盟市场或被迫退出市场。

4.10.2.2　安全标志

为了使传递安全信息的系统能被理解，并尽可能少地依赖文字，需要对其进行标准化。随着贸易、旅游和劳动力流动的持续增长，非常有必要建立一种通用的传递安全信息的方式。

传递安全信息的系统缺乏标准化，可能会导致混乱甚至事故。宣传教育在任何传递安全信息的系统中都是必不可少的组成部分。

在国际上，安全标志用于警告操作维修人员和其他人员有可能遭受到危险。这些危险一般由功能部件产生，一般有可能在设计时加以解决或装上保护罩，最好是使用专用的安全标志，用以表达特定的安全信息，使具有不同文化程度的或不同语言的人易于理解。随着全球贸易一体化进程的加快，贯彻应用安全标志的新标准，使我国机械产品与国际接轨，有着现实而长远的意义。欧洲和美国及世界其他地区地下采矿车辆或说明书上都采用了安全标志，我国 GB 20178—2006 标准修改采用了 ISO 9244：1995 标准。GB 2894—2008 规定了传递安全信息的标志及其设置、使用的原则。2008 年，国际标准化组织又公布了 ISO/FDIS 9244：2008（E），在国内外地下轮胎式采矿车辆中，这些标准作为强制性安全标准已被广泛采用。

这里关于标志的定义与前面关于图形符号的定义进行对比后可知，标志与图形符号是有密切关系、又不完全相同的两个概念。图形是图形标志的主要构成部分，而标志也可能以文字为构成的主体。

A　术语与定义

（1）安全标志：通过颜色与几何形状的组合表达通用的安全信息，并且通过附加图形符号表达特定安全信息的标志。

（2）安全标签：由弹性材料制成的安全标志的载体。

（3）警示语：用于使产品安全标签引起注意并标明风险类别的词语。

（4）产品安全标签：用在产品上，向观看者告知潜在的一个或多个危害并描述避免危害所需采取的安全措施或行动的标签。产品安全标签用于传递危害、避免危害的预防措施和危害不能避免时将导致的结果等信息。

（5）分离产品安全标签：由不在同一标签上的一个安全标志与一个辅助安全信息区所形成的产品安全标签。

（6）组合产品安全标签：在同一个矩形标签上组合有安全标志、辅助安全信息区、危害程度区的产品安全标签。一个组合产品安全标签只传递一个安全信息。

（7）多重产品安全标签：在同一个矩形标签上包含两个或多个安全标志的产品安全标签。多重产品安全标签中可包含辅助安全信息区和危害程度区。

（8）通用警告标志：表示常规危害的安全标志。通用警告标志可用于引起人们对产品安全标签的注意。

（9）危害程度区：产品安全标签上的一个区域，用于传达与某个危害相伴的风险类型。危害程度区包含通用警告标志、一条警示语和相应的衬底色。

（10）辅助安全信息区：产品安全标签上的一个区域，用于提供起附加说明作用的安全信息文字或安全信息符号。辅助安全信息主要用于介绍危害的后果或危害的预防措施等信息。

（11）安全色：被赋予安全意义而具有特殊属性的颜色。

B 安全标志基本类型和要求

a 安全标志基本类型

安全标志的分类为禁止标志、警告标志、指令标志、提示标志四类，还有文字辅助标志（表4-63）。

表4-63 安全标志的分类、含义、几何图形、颜色、数量

安全标志类型	安全标志含义	安全标志几何图形	安全标志颜色	安全标志数量
禁止标志	禁止人们不安全行为的图形标志	带斜杠的圆环	其中圆环与斜杠相连，用红色；图形符号用黑色，背景用白色	禁止标志有40个，其中有：禁止吸烟、禁止烟火、禁带火种、禁止用水灭火、禁放易燃物、禁止启动、禁止合闸、禁止转动、禁止入内、禁止跨越、禁止乘车、禁止攀登等
警告标志	提醒人们对周围环境引起注意，以避免可能发生危险的图形标志	正三角形	警告标志的几何图形是黑色的正三角形、黑色符号和黄色背景	规定的警告标志有39个，其中有：注意安全、当心触电、当心爆炸、当心火灾、当心腐蚀、当心中毒、当心机械伤人、当心伤手、当心吊物、当心扎脚、当心落物、当心滑倒、当心车辆、当心弧光、当心挤压、当心高温、当心低温、当心塌方、当心坑洞、当心电离辐射、当心裂变物质、当心激光、当心微波、当心跌落等
指令标志	强制人们必须做出某种动作或采用防范措施的图形标志	圆形	蓝色背景，白色图形符号	命令标志有16个，其中有：必须戴安全帽、必须穿防护鞋、必须系安全带、必须戴防护眼镜、必须戴防毒面具、必须戴护耳器、必须戴防护手套、必须穿防护服等
提示标志	向人们提供某种信息（如标明安全设施或场所等）的图形标志	方形	绿、红色背景，白色图形符号及文字	提示标志有8个，其中有：紧急出口、避险处、应急避难场所、可动火区、击碎板面、急救点、应急电话、紧急医疗站

续表 4-63

安全标志类型	安全标志含义	安全标志几何图形	安全标志颜色	安全标志数量
说明标志	向人们提供特定提示信息（标明安全分类或防护措施等）的标记，由几何图形边框和文字构成	说明标志基本形式是矩形边框。该标志有横写和竖写两种。横写的为长方形，写在标志的下方，可以和标志连在一起，也可以分开；竖写的写在标志杆上部	说明标志的颜色：竖写的，均为白底黑字；横写的，用于禁止标志、指令标志用白色字。警告标志的用黑色字。禁止标志、指令标志衬底色为标志颜色。警告标志衬底色为白色	

b　安全标志应满足的要求

（1）含义明确无误。标志、符号和文字警告应明确无误，不使人费解或误会；使用容易理解的各种形象化的图形符号应优先于文字警告，文字警告应采用使用机器国家的语言；确定图形符号应做理解性测试，标志必须符合公认的标准（见 ISO 7000）。

（2）内容具体且有针对性。符号或文字警告应表示危险类别，具体且有针对性，不能笼统写“危险”两字。例如，禁火、防爆的文字警告，或简要说明防止危险的措施（如指示佩戴个人防护用品），或具体说明“严禁烟火”、“小心碰撞”等。

（3）标志的设置位置。机械车辆易发生危险的部位，必须有安全标志。标志牌应设置在醒目且与安全有关的地方，使人们看到后有足够的时间来注意它所表示的内容。不宜设在门、窗、架或可移动的物体上。

（4）标志应清晰持久。直接印在机器上的信息标志应牢固，在机器的整个寿命期内都应保持颜色鲜明、清晰、持久。每年至少应检查一次，发现变形、破损或图形符号脱落及变色等影响效果的情况，应及时修整或更换。

（5）有关电气设备的标志见 GB 5226 标准。

C　产品安全标签——应用、说明和一般要求

a　产品安全标签的作用

（1）提醒人们存在或有潜在的危险；

（2）指明危险；

（3）描述危险的性质；

（4）说明危险可能造成的后果；

（5）指示人们如何规避危险。

b　产品安全标签的位置

（1）位于机器上危险区附近或机器上预防危险的监控区内；

（2）位于设备有特色的地方；

（3）应位于清晰可见的位置；

（4）应尽可能地进行防护使其不被损坏和擦伤；

（5）考虑环境因素，应具有相当长的期望寿命。

c　产品安全标签的有效使用

只使用与危险有关的产品安全标签。为了防止混淆，禁止在机器上过度使用产品安全标签，过度使用会降低其效果。

d 司机手册

产品安全标志应按照 GB/T 25622—2010（ISO 6750）在司机手册和服务及其他技术手册中再现，使用数量不受 4.10.2.2 节过度地使用的约束。

e 产品安全标签的形式

产品安全标签由边框围成的两个或更多个矩形带构成，用来传递有关产品操作中的危险信息。允许采用横向和竖向排列方式。安全标志形式和排列方式的最终选定，应由可有效利用的面积来确定。

产品安全标志可能有两带式（符号带、文字带）或三带式（符号带、图示带、文字带）。当多个规避措施适用于一个危险，或多个危险适用于一个避免措施时，可增加辅助区（多重产品安全标签）。

（1）带警示语的产品安全标签，包括警示语（用于使产品标签引起注意并指明风险类别的词语）的产品安全标签有两带式组合产品安全标签（图 4-170）、三带式组合产品安全标签（图 4-171）两种。

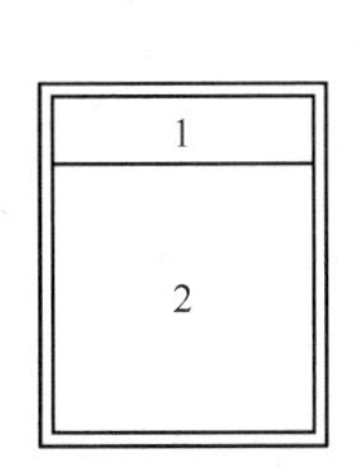

图 4-170 两带式组合产品安全标签（带警示语）

1—危害程度区；2—辅助安全信息区

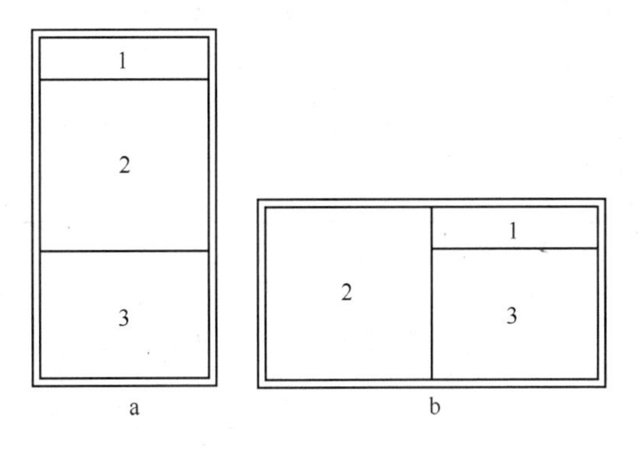

图 4-171 三带式组合产品安全标签（带警示语）

a—竖向排列；b—横向排列

1—危害程度区；2—安全标志；3—辅助安全信息区

（2）不带警示语的产品安全标签如图 4-172 所示。

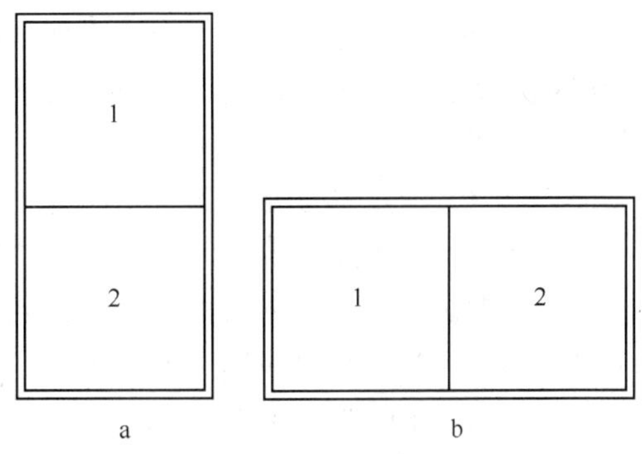

图 4-172 两带式组合产品安全标签（不带警示语）

a—竖向排列；b—横向排列

f 危害程度区

如果需要识别危害的严重程度，应在产品安全标签上使用危害程度区。危害程度区的形状应为长方形。危害程度区应同时包含以下三个要素：

（1）通用警告标志；

（2）警示语；

（3）对应的安全色。

三个警示语为危险、警告和注意；提醒观察者存在危险及危险的相应严重程度。

它们专用于人身伤害危险。标定“危险”的标志应谨慎使用，仅用于存在最严重危险情况。标定“警告”的标志，表示受到伤害和死亡危险的程度比标定“危险”标志的危险程度要低。

为了使人们对周围存在的不安全因素（如环境、车辆）引起注意，需要涂以醒目的安全色，以提高人们对不安全因素的警惕。统一使用安全色，能使人们在紧急情况下，借助所熟悉的安全色含义，识别危险部位，尽快采取措施，提高自控能力，有助于防止发生事故。但安全色的使用不能取代防范事故的其他措施。GB/T 2893.2 标准对产品安全标签的安全色和安全标志的设计与使用做了具体的规定，见表 4-64。

表 4-64 危害程度区颜色的含义和用途

衬底色	对比色	含义或用途	危害程度区示例
红色	白色	危险：表示如不避免则将会导致死亡或严重伤害的某种紧急危害情况的警示语。“危险”危害程度区表示高等级风险	⚠危险 ⚠DANGER
橙色	黑色	警告：表示如不避免则可能导致死亡或严重伤害的某种潜在危害情况的警示语。“警告”危害程度区表示中等级风险	⚠警告 ⚠WARNING
黄色	黑色	注意：表示如不避免则可能导致轻微或中度伤害的某种潜在危害情况的警示语。“注意”危害程度区表示低等级风险	⚠注意 ⚠CAUTION

注：1. 通用警告标志外缘的黄色衬边是可选的。

2. 危害程度区示例中包含的安全标志是在 GB 2894 中注意中规定的“注意安全”标志。

3. 表中中文示例取自 GB 2893.2—2008，英文示例取自 ISO/FDIS 9244：2008。

安全色有红色、黄色、蓝色、绿色、红色与白色相间隔的条纹、黄色与黑色相间隔的条纹、蓝色与白色相间的条纹。对比色有白色和黑色。

（1）红色。红色表示禁止、停止、消防和危险的意思。凡是禁止、停止和有危险的器件、车辆或环境，应涂以红色标记。如禁止标志、消防车辆、停止按钮和停车、刹车装置的操纵抓手、仪表刻度盘上的极限位置刻度、机器转动部件的裸露部分（飞轮、齿轮、皮带轮的轮辐、轮毂）、危险信号旗等。

（2）黄色。黄色表示注意、警告的意思。凡是警告人们注意的器件、车辆和环境，应涂以黄色标记。如警告标记、皮带轮及其防护罩的内壁、砂轮机罩的内壁、防护栏杆、警告信号旗等。

（3）蓝色。蓝色表示必须遵守的意思，如命令标志。

（4）绿色。绿色表示通行、安全和提供信息的意思。凡是在可以通行或安全情况下，应涂以绿色标记，如机器的启动按钮、安全信号旗以及指示方向的提示标志如安全门、安全通道、紧急出口、安全楼梯、可动火区、避险处等。

（5）红色与白色相间隔的条纹。它比单独使用红色更为醒目，表示禁止通行、禁止跨越的意思。主要用于公路、交通等方面的防护栏杆及隔离墩。

（6）黄色与黑色相间隔的条纹。它比单独使用黄色更为醒目，表示特别注意的意思。

常用于移动式起重机的排障器、外伸支腿、旋转平台的后部、起重臂端部、起重吊钩和配重、动滑轮组侧板等。

(7) 蓝色与白色相间隔的条纹。它比单独使用蓝色更为醒目，表示指示方向，主要用于交通上的指示导向标。

g 图示区

(1) 描述危险图示。一个设计良好的描述危险图示应清晰地标识出危险，并描述出如不按说明去做可能导致的后果。在不带警示语的产品安全标签上，描述危险图示应在安全标志区（见表 4-64），如果使用，描述危险图示应符合 ISO 9244 中规定的目标和原则。

(2) 规避危险图示。一个设计良好的规避危险图示应清晰地标识出人们为规避面临的危险时所必需相互配合的动作。规避危险图示在辅助安全信息区可用于补充图示或替代文字信息。如果使用，规避危险图示应符合 ISO 9244 中规定的目标和原则。

(3) 通用禁止标志。

(4) 安全警告符号。描述危险图示应由安全警告三角形所围成，以指明该标志为安全标志。安全警告符号如图 4-173 所示。如在安全警戒三角形内没有使用描述危险图示，则把一个惊叹号位于该三角形内，形成基本安全警告符号，如图 4-174 所示。

图 4-173 安全警告符号

图 4-174 基本安全警告符号

h 辅助安全区内文字

在辅助信息安全区内使用的文字应包含危险特性，可能的后果和规避措施。如果图形可以传达足够的信息，1 个或 1 个以上文字要素可以删去。

i 语言、译文和多语种安全标志

(1) 包含警示语和文字信息的产品安全标签应为产品使用国的语种之一。

(2) 无文字的产品安全标签不需要语言翻译。使用无文字产品安全标签应满足下列两条要求：

1) 在司机手册中以适当的语言给出与无文字安全标志相关的适当文字信息；

2) 一般警告标志与图示组合，指示司机去阅读司机手册中适用于该机器的安全标志说明（图 4-175）。

图 4-175 无文字的产品安全区——阅读司机手册

j 描述危险图示、规避危险图示和无文字产品安全标签示例

表 4-65 给出了用于安全标志上的一些描述危险图示的图例。图例可用其他适当的危险描述图示替代，并可按需要制定其他的描述危险图示。

表4-65　危险图示的图例

序号	危　险	说　明	图　示
1	化学（吸气/灼烧）危险	毒性的烟雾或毒性的气体——使人窒息	
2	电的（电击/灼烧）危险	电击/触电	
3	跌落危险	从高处跌落	
4	流体（注射、泄漏/喷射）危险	高压流体——喷射入身体	
5	流体（注射、泄漏/喷射）危险	高压流体——肌肉伤蚀	
6	热的（灼烧或接触）危险	热表面	
7	机械的——挤压危险	挤压全身——从上部施加的压力	
8	机械的——切割危险	手指或手掌的切割——发动机风扇	
9	机械的——缠绕危险	手和臂缠绕——链条或齿带传动装置	
10	机械的——抛射或飞散物危险	抛射或飞散物——脸部敞露	

续表 4-65

序号	危 险	说 明	图 示
11	前碾压/后碾压/撞击危险	见图 a 和图 b，允许其他机器外形	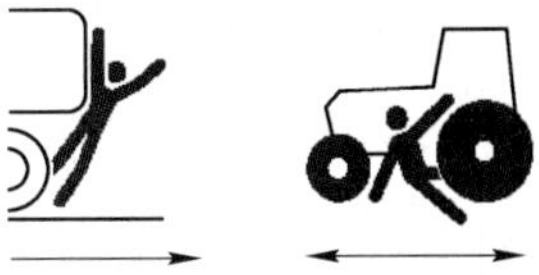 a b
12	稳定性（翻车/倾翻，滑移/跌落）危险	机器滚翻	
13	热的（点燃/爆燃）危险		
14	热的（点燃/爆燃）危险	蓄电池爆炸	
15	热的（点燃/爆燃）危险	蓄电池爆炸——跨接启动	

摘自 ISO 9244：2008。

表 4-66 给出了用于安全标志上的一些规避危险图示的图例，图例可用其他适当的危险规避图示替代，并可按需要制定其他的规避危险图示。

表 4-66 规避危险图示

序号	规避危险	说 明	图 示
1	读手册	读司机手册	
		查阅技术手册中正确的操作程序	
2	避开机器一段安全距离	与危险保持一段安全距离	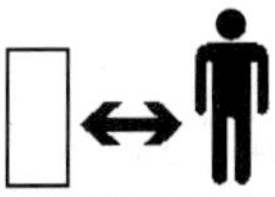
3	避开机器一段安全距离	与装载机举升臂和铲斗保持一段安全距离	

续表 4-66

序号	规避危险	说　明	图　示
4	避开机器一段安全距离	与铰接区保持一段安全距离	
5	避开机器一段安全距离	保持双手远离危险	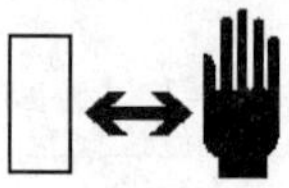
6	安全升降或锁定装置	在进入危险区之前，用锁紧装置锁定住提升液压缸	
7	安全升降或锁定装置	进入危险区域前，连接好支撑	
8	请不要跨接启动发动机	请不要跨接启动发动机，只能自司机室座位处启动发动机	
9	在进行保养和维修前，关闭发动机并取出钥匙	在进行保养和维修前，关闭发动机并取出钥匙	
10	请不要站在危险区之内	请不要站在铲斗下面	
11	禁止	请勿踩踏	
12	禁止	请勿脚踏	
13	抛射或飞散物	抛射或飞散物——需要眼睛防护	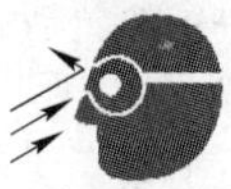

续表 4-66

序号	规避危险	说 明	图 示
14	抛射或飞散物	抛射或飞散物——需要脸部防护	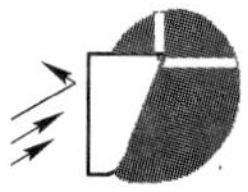
15	系好安全带	系好安全带	

摘自 ISO 9244：2008。

表 4-67 给出了一些危险的无文字安全标志示例。所示的安全标志为竖向排列的两带式（无符号带、无文字带、两图示带），对于其他危险可按需要制定其他的安全标签。

表 4-67 无文字产品安全标签示例

序号	危险与规避危险	说 明	图 示
1	避开危险一段安全距离	避开危险一段安全距离——通用	
2	全身挤压	与装载机举升臂和铲斗保持一段安全距离	
3	全身挤压	与铰接区保持一段安全距离	
4	安全锁紧装置	在进入危险区之前，用锁紧装置锁定住提升液压缸	

续表 4-67

序号	危险与规避危险	说　明	图　示
5	从司机座位上启动发动机	挤压危险——碾压——请不要跨接启动发动机——只能从司机座位上启动发动机	
6	关闭发动机	一般安全报警——在进行保养和维修前，关闭发动机并取出钥匙	
7	避开热表面	保持双手远离危险	
8	避免在压力状态下排放液体	高压液体——避免在压力状态下排放液体。查阅技术手册中的操作程序	
9	规避爆炸	蓄电池爆炸——查阅司机手册	
10	避开挤压区	脚挤压——保持脚离开危险一段距离	

续表 4-67

序号	危险与规避危险	说　　明	图　　示
11	避开挤压区	由于机器翻滚产生挤压危险——系好安全带	

摘自 ISO 9244：2008。

k　地下轮胎式采矿车辆安全标志应用实例

安全标志的位置、内容和其他说明见图 4-176 和表 4-68。

图 4-176　某型地下装载部分安全标志的位置

表 4-68　安全标志的内容和说明

序号	安全标志	安　全　说　明
1	CAUTION	注意： 温度危险：热表面可能产生伤害，勿接触
2	WARNING	警告： 高压油喷射危险：可对身体产生危害。在拆卸螺塞或接头前，应释放液压系统压力
3	WARNING	警告： 滑倒危险：可对身体产生危害。当爬上车辆或从车辆下来需小心
4	WARNING	警告： 挤压危险：可引起严重伤害，请不要站在该范围内

续表 4-68

序号	安全标志	安 全 说 明
5	WARNING	警告： 挤压危险：可引起严重伤害。当安装锁紧装置时，需小心
6	WARNING max.	警告： 翻车危险：可引起严重伤害或死亡。当运输时，铲斗要保持在运输位置。当在举升位置的铲斗接近卸载点时，要小心和缓慢驾驶，避免大臂在举升位置突然上升或下降，特别是铰接车辆。严禁在超过允许的坡度角上操作
7	WARNING	警告： 举升臂运动危险：可能导致人身伤害，在维修液压系统前，确保举升臂安全
8	CAUTION	注意： 飞溅的危险：热的液体可能会导致烫伤。压力下的热冷却液。不要取下加油口盖，直至发动机冷却。慢慢拆除加油口盖

注：安全标志中下面三条细横线代表文字带，文字带的内容见安全说明。

4.11 司机座椅

地下轮胎式采矿车辆座椅作为车身附件，是人与地下轮胎式采矿车辆接触得最多的部件。座椅用于支承司机的重量，缓和、衰减由车身传来的冲击和振动，为司机创造舒适和安全的乘坐条件。座椅设计的好坏，将对司机乘坐舒适性、安全性和操纵方便性等产生很大的影响。

大多数工业应用座位一般包括可调整的靠背，悬浮系统，座位前后、高低调整等装置，有时还包括扶手、脚凳、腰部支承。不幸的是许多因素的组合使得地下轮胎式采矿车辆座椅的设计十分困难。由于其司机室高度的限制，致使座位高度调节在露天工程机械中广泛采用悬浮，而地下无轨采矿车辆受到限制，座位的前后移动也受到限制。同时，地下轮胎式采矿车辆由于地下矿山路面很差，再加上座位大都没有悬浮，司机承受的全身振动暴露水平也远比 GB/T 13441.1—2007（ISO 2361－1：1997）中的标准高，因此司机常常受到振动伤害。而且，司机的头还会碰到全封闭司机室顶，司机的手与肩碰到司机室的侧壁。由于司机长期以固定的姿势操作易造成腰、头、颈部肌骨疾病，再加上司机视线很差，道路和车辆维护与司机的培训不到位，使司机操作更易疲劳。因为上述原因，地下轮胎式采矿车辆要得到像露天工程机械那种满意的座位十分困难。一个设计不良的座位会使司机受到局部损伤，脚部血液循环不畅；而一个设计良好的座位可为司机提供舒适的操作姿势而大大减轻司机的疲劳程度，提高生产效率。因此，人们一直在研究在地下采矿条件下如何采用人机工程学原理设计出较为理想的座位。

本节从人机工程学角度来阐述相关的设计内容和要求。

4.11.1　地下轮胎式采矿车辆座椅的功能和要求

座椅的坐垫、靠背对人体形成支撑，使人体保持一定的驾驶和乘坐姿势。这种静态姿势的好坏，直接影响人体不同部位肌肉群的紧张度。良好的静态驾乘姿势能够使人体重量合理地分布于坐垫和靠背上，使血液循环保持良好；减小脊椎的椎间盘压力，腰背肌肉松弛；人体上肢能够灵活地完成驾驶和其他活动。对于司机来说，安全、舒适的座椅能给他提供一个良好的工作环境，使他集中精力进行操作，并长时间保持良好的工作状态，从而避免事故的发生。

地下轮胎式采矿车辆行驶过程中，座椅会将车身传来的载荷（加速度）通过坐垫、靠背、扶手等传递给司机，这就要求座椅能够对传递过来的载荷进行有效地阻隔、衰减和过滤，以减小传递给司机的载荷。此外，人—座椅—车身—底盘组成了一个复杂的振动系统，设计中要求临近相互连接的各子系统振动的固有频率分布必须错开，以避免引起共振，而且要求人体界面上的子系统（座椅、转向盘）的固有频率要与人体敏感频率范围区分开。

座椅对于安全性具有重要意义。当发生正面碰撞事故后，座椅首先能够对乘员起到保护作用，防止其他物品侵入司机的生存空间。而且，座椅能使司机保持一定的姿态，以保证司机约束系统（安全带）有效地发挥作用，防止司机与车内其他零件发生二次碰撞而受到伤害或被甩出车外。另外，座椅要能够吸收司机与其碰撞时的动能，使司机伤害降到最低。

地下轮胎式采矿车辆座椅的设计应满足如下要求：

（1）对路面有很好的视线，以保证司机安全有效地完成各项操作活动。

（2）司机座椅必须使司机保持在稳定位置，所有的脚踏和手控制器都必须处在司机操作舒适区及可及范围，方便司机顺利进行操作，以减少司机的疲劳。

（3）设计应符合人体舒适坐姿的生理特征，使司机身体有很好支承，有舒适而稳定的操作姿势。

（4）应符合人体生物力学原理，座位的结构与形状要有利于人体重量的合理分布，有利于减轻背部和脊柱的疲劳与变形。

（5）为了适应第5百分位数到第95百分位数人群身体尺寸，座位前后、高度、靠背角度尽可能可调；若司机室内部空间有限制时，座位的水平面高度也可以不调节。

（6）座椅的设计和制造必须使传递到司机的振动尽可能减到合理的最低水平。

（7）座椅的设计要便于司机出入工作位置。

（8）座椅外露部分不得有伤人的尖角、锐边、突出物。

（9）座椅结构材料应无毒且天然、耐用，坐垫、腰靠、扶手的覆盖层材料应柔软、防滑、透气、吸汗、不导电。

（10）为了提高司机的人身安全，当发生翻车撞车等事故时，应将司机约束在座椅上，在司机座位上应安装安全带与固定器，安全带与固定器应符合GB/T 17921中的规定，见本书4.11.4.1D。

（11）座椅固定装置必须能承受其受到的全部应力，如果司机的脚没有踩到地板，则必须提供具有涂有防滑材料的搁脚板。

（12）座椅设计应有良好的结构工艺性，做到结构紧凑，外形与色彩美观、大方，与车身内饰相协调，并尽可能减轻质量、降低成本。

4.11.2　地下轮胎式采矿车辆座椅的结构与特点

根据地下轮胎式采矿车辆的类型和大小，司机的座椅有如下几种：

（1）普通型地下轮胎式采矿车辆司机座椅（图4-177）。普通型地下轮胎式采矿车辆司机座椅一般由头靠、扶手、坐垫、靠背（有高、中、低之分）、腰部支承、空气悬浮（或机械悬浮）、座位皮带与固定器，其中座位前后、高度可调，靠背倾角可调。图4-177所示的座椅适合于大中型标准型地下轮胎式采矿车辆；对于小型地下轮胎式采矿车辆由于受司机室空间的限制，一般没有悬浮、头靠、扶手，甚至座位是固定的，前后、高度方向、靠背倾角都不可调。

（2）低矮型地下轮胎式采矿车辆司机座椅。低矮型地下轮胎式采矿车辆最初的座椅有两种，一种是T形座椅（图4-178a），另一种是全靠背座椅（图4-178b）。两者唯一的区别是T形座椅靠背两侧各切去了一块，其作用是给司机矿灯电池和救援设备留出放置空间。该座椅座位可配机械悬浮或固定座位可调扶手，配有安全腰带，可左右操作滑动机构，座位面料是聚氨酯制造，美学设计，座位高在200mm左右，从地面到座位靠背顶只有670mm，这种座椅是专门按人机工程学原理设计的一种适合于低矮型地下轮胎式采矿车辆用的座椅，也可应用于普通型地下轮胎式采矿车辆。

图4-177　普通型地下轮胎式采矿车辆司机座椅

a

b

图4-178　低矮型地下轮胎式采矿车辆司机座椅

（3）超低矮型地下轮胎式采矿车辆司机座椅（图4-179）。由于超低矮型地下轮胎式采矿车辆适用于超薄矿层的开采，司机室很矮，致使座椅椅面高度十分低，只有弹性的坐

图4-179　超低矮型地下轮胎式采矿车辆司机座椅

垫，而没有座位悬浮。司机无法坐着操作，只能斜躺着操作，靠背较长，头靠可沿着靠背移动，头靠与坐垫一般宽，坐垫与地板角度在15°～30°之间，坐垫与靠背之间的角度为100°～165°。

4.11.3 司机座椅设计人机工程学

座椅的设计合适与否，直接影响到司机能否有一个舒适而稳定的坐姿和合适的操作位置。

司机坐姿的舒适性包括静态舒适性、动态舒适性和操作舒适性。静态舒适性主要研究根据人体测量数据设计舒适的座椅尺寸和调整参数。动态舒适性主要研究司机承受的振动。操作舒适性主要研究座椅与控制器之间相对位置的合理布局和操作姿势问题。

由于标准型、低矮型、超低矮型地下轮胎式采矿车辆全封闭司机室的空间差别很大，因而司机的坐姿大不相同，本节只介绍标准型地下轮胎式采矿车辆司机坐姿的舒适性。

4.11.3.1 静态舒适性

座椅的尺寸、形状和调节功能应使人体具有合适的坐姿和良好的体压分布，保证乘坐稳定、舒适、触感良好。对于司机座椅，要求具有与整车相适应的尺寸和位置，以保证司机操作方便、视野良好。

舒适的坐姿应保证腰部曲线弧形处于正常自然状态，腰部肌肉处于松弛状态，从上体流向大腿的血管不受压迫，保证血液正常循环，因此，最舒适的坐姿是臀部稍离靠背向前移，使上体略向后倾，使 B 角保持在40°～100°之间，其他舒适的坐姿关节角度见图4-180和表4-69。

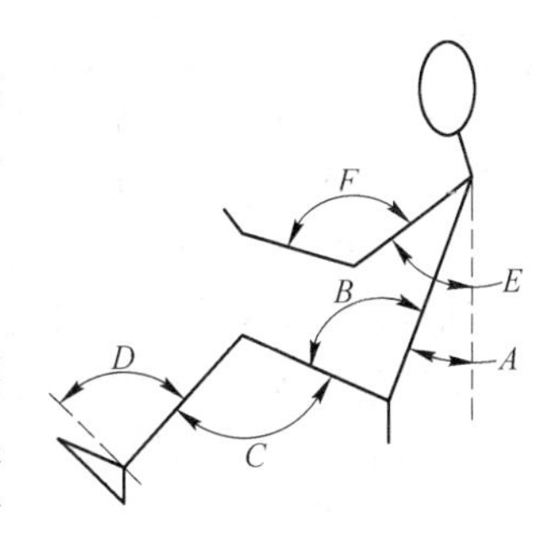

图4-180 司机舒适坐姿的关节角度定义

表4-69 人体舒适坐姿基本姿势与关节角度推荐范围

角度定义	推荐范围/(°)	角度定义	推荐范围/(°)
A：背	10～30	D：踝关节	90～100
B：躯干/大腿	100～110	E：上臂	10～45
C：膝	105～140	F：肘	100～110

4.11.3.2 动态舒适性

一方面，座椅要能缓和、衰减由车身传来的冲击和振动，司机长时间工作而不感到疲劳，乘客能感到乘坐舒适愉快；另一方面，座椅系统要与周围系统的振动频率匹配良好，避免共振。

由于地下轮胎式采矿车辆恶劣的作业环境，使地下轮胎式采矿车辆作业时颠簸很厉害，致使地下轮胎式采矿车辆司机长年累月承受手臂振动和全身振动，这不仅严重影响了司机的作业效率，而且严重影响了司机的安全与健康，因此，引起了各国政府普遍重视，我国和欧盟纷纷制订了这方面的标准，以减少振动对人的安全与健康的危害（详见4.13.2.4节）。

为了满足上述标准，座椅必须采取防振、隔振措施，如尽可能采用座位悬浮；改变坐垫填充材料的厚度与硬度；修改在座位和靠背里横向充填物的尺寸、形状和硬度等。

4.11.3.3　操作舒适性

操作舒适性主要包括座椅在司机室内的安装位置和各种操作姿势对司机操作疲劳和健康的影响。

A　座椅的合理布置

座椅安装位置、尺寸十分重要，它直接影响司机的舒适性。座椅的布置应体现人机工程学的要求，它的基本要求是布置合理、操作方便。司机乘坐时司机对方向盘、操纵杆和踏板有良好的可及性。方向盘、操纵杆和踏板的可及性又决定了人体乘坐的姿势。姿势是由座椅的安排位置和形状设计所决定的。司机驾驶姿势不理想司机容易劳损。因此座椅的安装位置十分重要，不能随意布置。

B　操作姿势

操作姿势包括与地下轮胎式采矿车辆的司机有关的工作姿势和运动、风险评价方法、风险评价。

与地下轮胎式采矿车辆的司机有关的工作姿势和运动有：躯干向前/向后弯曲，躯干侧弯或扭转，上臂伸展，头与颈静态姿势和运动，颈侧弯或扭转及其他身体部位分静态姿势和运动等。司机在操作过程中，如果躯干、肩、颈部长期移动过度，必将会对司机的身体健康带来不良影响。为了避免该现象出现，良好的座椅设计与座椅的布置是一个很重要的问题。

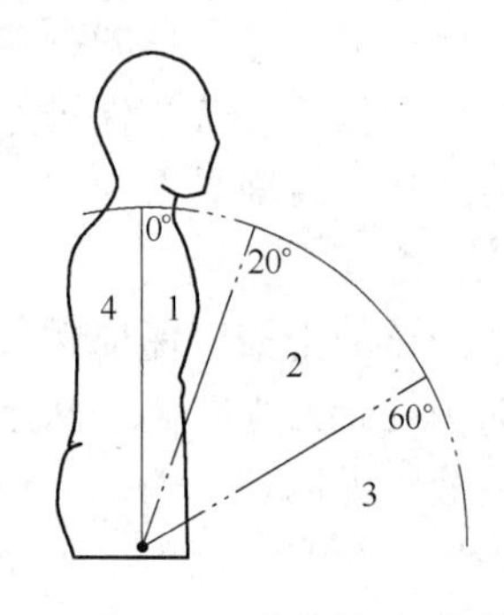

图 4-181　躯干向前/向后弯曲区

a　躯干向前/向后弯曲区

躯干向前/向后弯曲区和评估见图 4-181 和表 4-70。

表 4-70　躯干向前/向后弯曲评估

区　域	静态姿势	运　动	
		低频率（<2 次/min）	高频率（≥2 次/min）
1①	可接受	可接受	可接受
2	有条件接受②	可接受	不可接受
3	不可接受	有条件接受④	不可接受
4	有条件接受③	有条件接受④	不可接受

① 推荐躯干直立的工作姿态，特别是如果同一个人用静态姿势去长时间操作这台机器，又没有足够的恢复时间或身体支撑，或这个人用静态姿势长时间高频率地操作这台机器。

② 如果躯干充分支持，可接受；如果躯干没有充分支持，可否接受取决于姿势和重复周期的持续时间。躯干向前弯曲的时候，躯干充分支持是不能接受的，除非已经证明：在机器操作期间已考虑了几乎所有健康成年人的健康风险较低或可忽略不计。

③ 如果躯干充分支持，可接受。

④ 如果同一个人长时间操作机器，则不能接受。下述情况例外：如果躯干充分支持，进入 4 区的低频率运动是可接受的。躯干向前弯曲的时候，躯干充分支持是不能接受的，除非已经证明：在机器操作期间已考虑了几乎所有健康成年人的健康风险较低或可忽略不计。

当躯干向后弯曲，可以由高座椅靠背充分支持躯干重量，当躯干向前弯曲，可以由安全带或靠着稳定物体，即利用手臂作为支持物直接或间接充分支持躯干重量。躯干充分支持可能妨碍人的呼吸，导致过度的局部压力，或引起肩膀和手臂肌肉疲劳。

b　躯干侧弯或扭转

躯干侧弯或扭转分区与评估见图4-182、图4-183和表4-71。

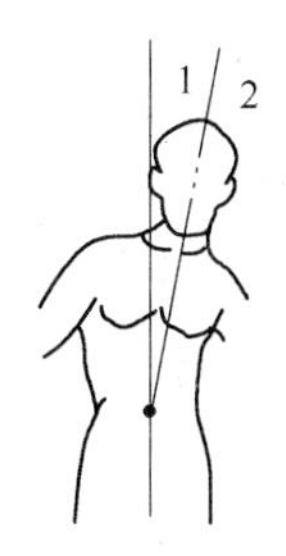

图4-182　躯干侧弯区

1—躯干侧弯或扭转不清晰可见（约为10°或更少）；
2—躯干侧弯或扭转清晰可见（约为10°或更大）

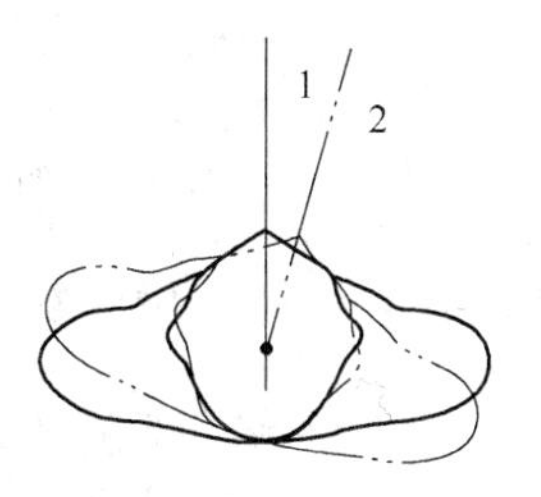

图4-183　躯干扭转区

1—躯干侧弯或扭转不清晰可见（约为10°或更少）；
2—躯干侧弯或扭转清晰可见（约为10°或更大）

表4-71　躯干侧弯和扭转的评估

区　域	静态姿势	运　　动	
		低频率（<2次/min）	高频率（≥2次/min）
1	可接受	可接受	可接受
2	不可接受	有条件接受①	不可接受

① 如果同一个人长时间操作机器，则不能接受。

c　上臂伸展

上臂姿势分区和评估见图4-184和表4-72。

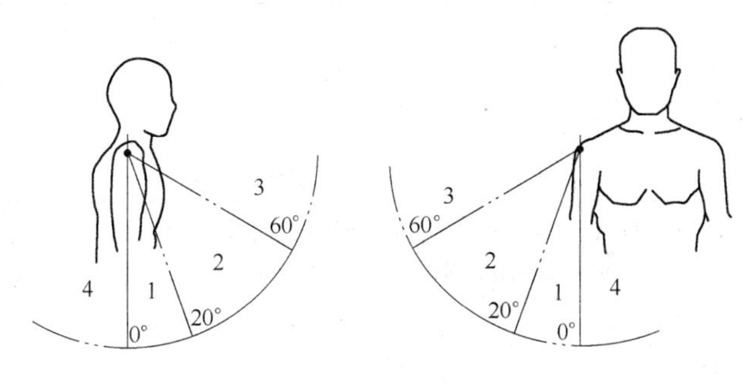

图4-184　上臂姿势范围

表4-72　上臂伸展评估

区域（见图4-184）	静态姿势	运　　动	
		低频率（<2次/min）	高频率（≥2次/min）
1①	可接受	可接受	可接受
2	有条件接受②	可接受	有条件接受④

续表 4-72

区域 （见图 4-184）	静态姿势	运　动	
		低频率（<2 次/min）	高频率（≥2 次/min）
3	不可接受	有条件接受③	不可接受
4	不可接受	有条件接受③	不可接受

① 推荐上臂下垂工作姿态，特别是如果由同一个人用静态姿势去长时间操纵这台机器，又没有足够的恢复时间或身体支撑，或这个人用静态姿势长时间高频率地操作这台机器。
② 如果手臂充分支持，是可以接受的；如果手臂不能充分支持，是否可以接受取决于姿势和重复周期的持续时间。
③ 如果同一个人长时间操作机器，则不能接受。
④ 如果操作频率大于 10/min，或同一个人长时间操作机器，则不可接受。

应当指出，任何形式的支持（如把上肘/前臂放在机器），可能会限制自由运动，并引起局部压力点。

d　头与颈静态姿势和运动

头与颈静态姿势伸展和运动分区和评估见图 4-185 和表 4-73。

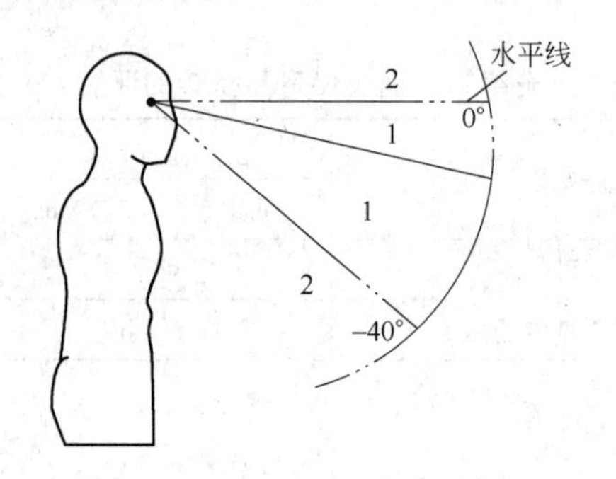

图 4-185　向上/向下视线区（注视方向）

表 4-73　向上/向下视线的评估（注视方向）

区　域	静态姿势	运　动	
		低频率（<2 次/min）	高频率（≥2 次/min）
1①	可接受	可接受	可接受
2	不可接受	有条件接受②	不可接受

① 在躯干直立的情况下，推荐视线（注视方向）稍低于水平线，特别是如果同一个人用静态姿势去长时间操作这台机器，又没有足够的恢复时间或身体支撑，或这个人用静态姿势长时间高频率地操作这台机器。
② 如果同一个人长时间操作机器，则不能接受。

e　颈部侧弯或扭转

颈部侧弯或扭转（头相对于躯干上面部分）分区与评估见图 4-186、图 4-187 和表 4-74。

表 4-74　颈部侧弯与扭转评估

区　域	静态姿势	运　动	
		低频率（<2 次/min）	高频率（≥2 次/min）
1①	可接受	可接受	可接受
2	不可接受	有条件接受①	不可接受

① 如果同一个人长时间操作机器，则不能接受。

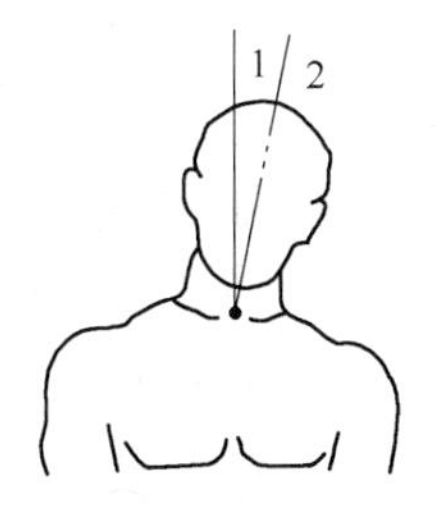

图 4-186 颈部侧弯区

1—弯曲不明显（近似 10°或小于 10°）；
2—弯曲明显（近似 10°或大于 10°）
实线表示颈部处在没有侧弯姿势或运动

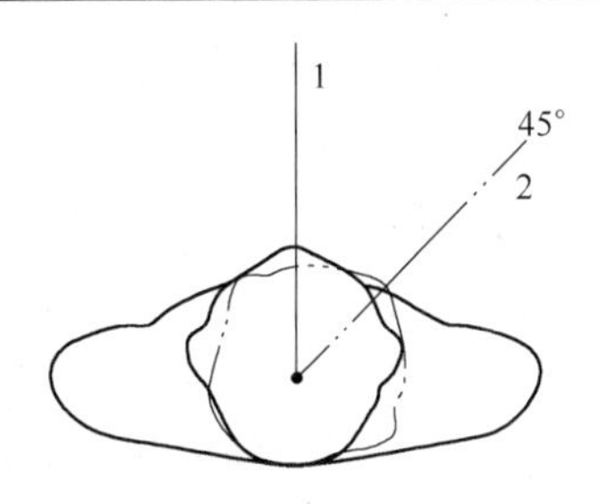

图 4-187 颈部扭转区

实线表示颈部没有扭转；
实线和双点划线通过鼻子；
实线向右扭转 45°可用作保持颈部扭转到 1 区

f 其他身体部分静态姿势和运动

对静态姿势来说，所有身体其他部分，即在 a ~ d 没有评估的身体部位，如图 4-188 和图 4-189 所示，无论采用低频率运动，还是高频率运动，在表 4-75 均给出了评估结果。该程序应用到坐姿和立姿，除非另有说明。

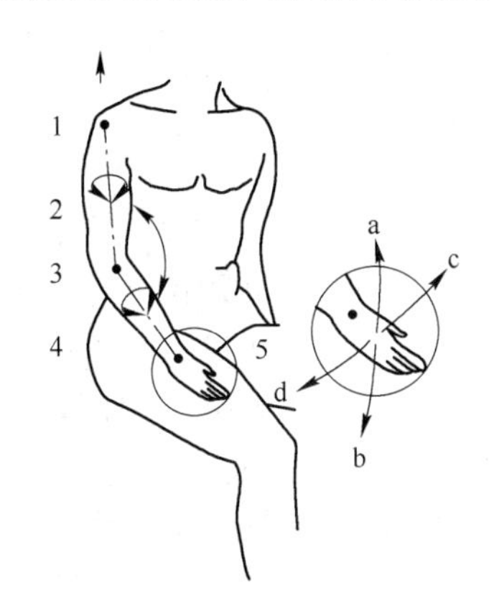

图 4-188 上肢

a—手背移向前臂；b—手掌移向前臂；
c—拇指移向前臂；d—小指移向前臂；
1—肩；2—上臂；3—肘；4—下臂；5—腕关节

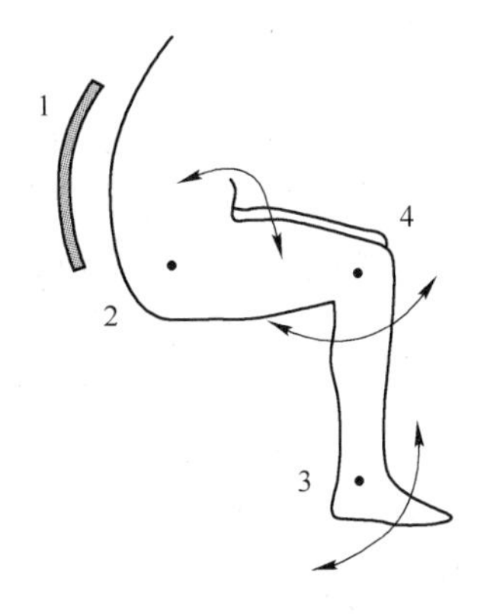

图 4-189 腰背及下肢

1—腰背；2—髋关节；
3—踝关节；4—膝关节

表 4-75 其他身体部分的评估

静态姿势	运 动	
不正确的姿势，如凸腰背（当坐着时），伸展膝关节或抬起膝盖，而躯干没有向后倾斜（当坐着时）；膝关节弯曲（当站立时），肩抬高，身体质量甚至没有分布在两只脚上（当站立时）和关节位置接近它运动极限范围（参见图 4-188 和图 4-189）	如膝关节弯曲（当站立时），肩抬起和关节接近它运动极限范围①（参见图 4-188 和图 4-189）	
	低频（ <2 次/min）	高频（≥2 次/min）
不可接受	可接受	不可接受

① 对关节，建议低频率运动远离它能达到的运动极限范围。

C 与地下轮胎式采矿车辆司机有关的工作姿势和运动评价方法

大多数地下轮胎式采矿车辆司机每天有 50% 以上工作时间是处在费力和容易疲劳的

姿势之中。50%以上的司机都暴露在重复作业之中，重复作业往往伴随痛苦和引起疲劳的运动。

痛苦和疲劳会导致肌肉疾病、生产率下降，使姿势和运动控制更困难。后者更有可能增加错误风险，导致质量下降及危险情况发生。在机器整个寿命周期内，所有机器——相关活动都要求一定的姿势和运动。机器设计者的作用就是在机器设计过程中应尽量避免机器司机不正确的操作机器的姿势和运动。

为了评估作为机器设计过程的一部分的姿势和运动，应采用逐步风险评价方法（图4-190）。

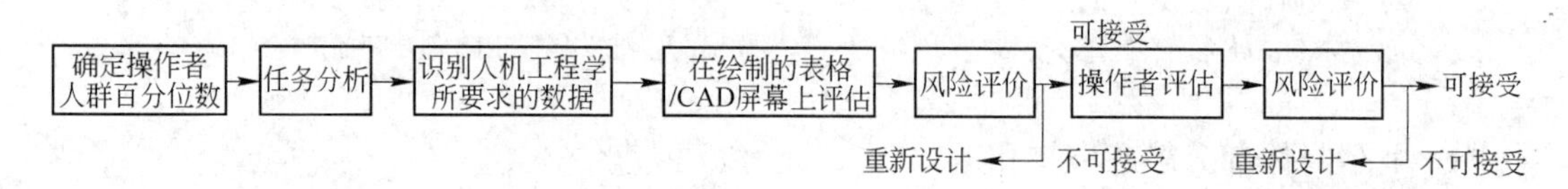

图4-190　风险评价方法流程

从图4-191中可知，长期以不变的姿势操作或司机以大于2次/min的高频率的移动对司机的健康影响最大。以适当的移动频率（小于2次/min）操作，则对司机的健康影响较小。

4.11.3.4　座椅的安全性

座椅安全带是在地下轮胎式采矿车辆一旦翻车时可将司机束缚在司机座椅上，起到保护司机生命安全的作用。安全带只能用在具有防倾翻保护结构（ROPS）的司机室内。

由于地面不平，座位的高度要求司机周围有足够的空间，使得上体能充分的运动，戴安全帽的高个司机头不能碰到司机室顶棚，且至少有50mm的间隙（图4-192）。为此要求座椅能根据人的不同身材可调整座高、座深与靠背夹角。座椅能防振则更受司机的欢迎。因为防振装置能减轻对人的脊柱冲击负荷，同时又能使上体自由运动。以保持司机有最适宜的操作姿势。

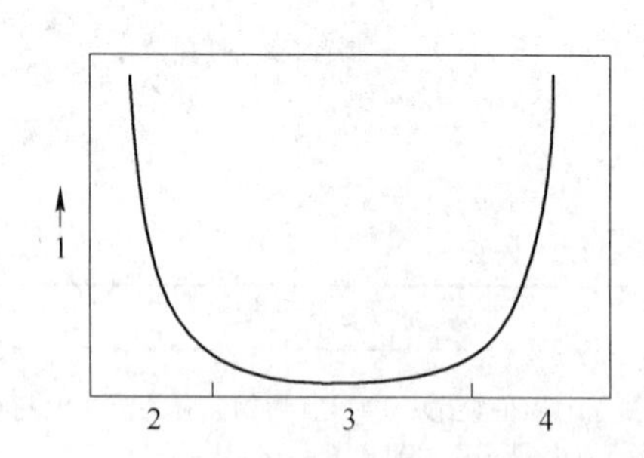

图4-191　与姿势和运动有关的健康风险模型
1—健康风险；2—静态姿势；
3—运动频率低；4—运动频率高

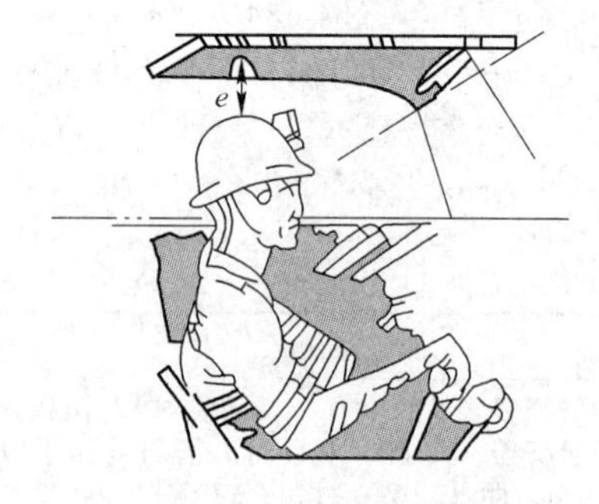

图4-192　司机头顶的安全距离

目前，一般座位底下装有减振弹簧，特别是德国GRMMER AG公司设计了一种全方位可调节且装有液压减振器的机械式和空气悬浮司机座椅，效果奇佳；另一家德国REXROTH公司研制成功所谓稳定模块，不仅使司机很舒适，而且还能改善车辆性能。

4.11.4　标准座椅设计

4.11.4.1　一般要求

当机器需司机坐着操作时，应安装一个可调节的座椅，该座椅能在允许司机按预期工作条件下控制机器的位置上支撑司机。

A　尺寸

座椅的尺寸应符合 GB/T 25624—2010 的规定（图 4-193 和表 4-76）。

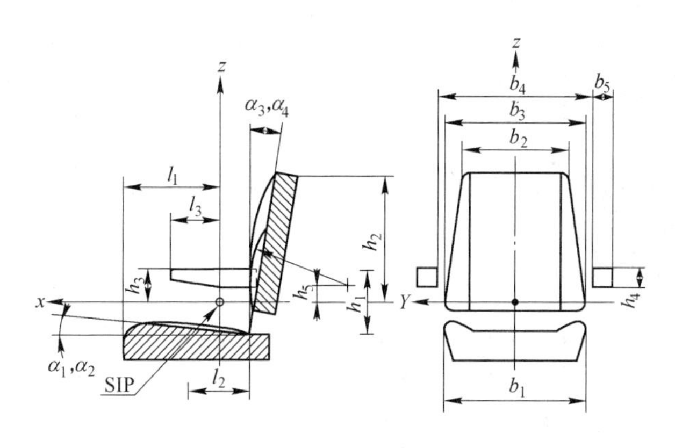

图 4-193　座椅的尺寸

表 4-76　司机座椅的尺寸和有关调节尺寸　　（mm）

符号（见图 4-193）	项目名称	尺　寸①		
		最小值	正常	最大值
l_1	坐垫长度	215	265	315
b_1	坐垫宽度	430	500	
l_2	前后调节量②,⑪	100	150	
h_1	垂直调节量②,⑫	0	75	
h_2	座椅靠背垫高度③	150	400	
b_2	座椅靠背垫上部宽度④	300		500
b_3	座椅靠背垫下部宽度④	300		500
h_3	扶手高度⑤,⑥	95	140	160
l_3	扶手长度⑥	90	140	190
b_4	扶手间的宽度⑥	450	500	550
b_5	扶手宽度⑥	50	75	
h_4	扶手厚度⑥	50	100	
h_5	从 SIP 到腰部支撑物重心的高度	115	130	145
r	腰部半径⑦	150	300	
α_1	坐垫倾角⑧	5°	10°	15°

续表 4-76

符号 （见图 4-193）	项目名称	尺　寸①		
		最小值	正常	最大值
α_2	坐垫倾角的调节量⑨	0°	±5°	
α_3	座椅靠背垫倾角⑩	5°	10°	15°
α_4	座椅靠背垫倾角的调节量⑪	0°	±5°	

① 基于人类工效学的要求，为司机提供更舒适的操作空间，可以改变最大值和最小值，正常值是普遍或一般能接受的值。它们不是平均值或中间值。

② 调节量是整个的调节，垂直调节应是悬挂装置独自的调节。

③ 当肩膀和手臂必须在座椅靠背垫顶部上方自由活动时，或倒车和操纵后置装置时为保护更好的视野，座椅靠背的最大高度应为 300mm。

④ 肘部需要向后自由回转时，最大宽度应为 330mm。座椅可以有一个较大的或较小的座椅靠背。

⑤ 座椅上的扶手应随座椅垂直和水平调节时移动，扶手宜在垂直方向调节到 h_3 所要求的最大值或最小值。h_3 是 SIP 到扶手顶部的垂直测量值。

⑥ 参考值。

⑦ 在垂直平面内，腰部支撑物曲率半径的正常值应为 300mm，最小值为 150mm。

⑧ 按 GB/T 8591 中规定的 SIP 测量装置和步骤定位并加载后，SIP 坐垫顶部的角度。

⑨ 如果提供，就是基于中间位置的角度调节量，而不是一个锁定位置。

⑩ 座椅靠背的中线测量角。如果有腰部支撑物，则应处于中间位置，并且在腰部支撑物以上的靠背的中线处测量靠背倾角。对于有腰部支撑物的座椅靠背，其角度可以增加 5°或更大。

⑪ 对于小型机器（见 GB/T 8498），前后调节量至少应为 ±35mm，或者对司机频繁使用的操纵装置进行相应的调整。

⑫ 对于小型机器（见 GB/T 8498），垂直调节不作要求。

B　调节

为适应司机身材而做的所有调节应符合 GB/T 25624—2010 中的规定，且在无需使用任何工具时，所有的调节操作应易于完成。

C　振动

司机座椅的减振能力应符合 GB/T 8419—2007 中的要求。

D　约束系统

约束系统包括一个可调节的座椅安全带总成，或一个卷收器的可调节式座椅安全带总成。装有 ROPS 或 TOPS（倾翻保护结构）的机器应配备满足如下规定的司机约束系统。

（1）织带。织带的最小宽度为 46mm。考虑到穿防寒服装的司机，带子的长度应能调节，以适应 GB/T 8420 中规定的身材为第 5 百分位 ~ 第 95 百分位的司机。织带应抗磨损、耐热、耐弱酸、抗碱、抗发霉、耐老化、耐潮、耐阳光，其性能应至少不低于未处理的聚酯纤维性能。

（2）带扣。应能用戴手套的单手一次就可以解开带扣，带扣在扣紧状态下不应自动脱开。当安全带上作用有 670N ±45N 的拉力时，解开带扣的力应不超过 130N。

（3）约束系统性能要求。

1）扣紧的约束系统应能承受不小于 15kN 的持续增加的拉力，最短受力时间不小于 10s，最长不超过 30s。

2）在承受不小于15kN的持续增加的拉力的情况下，座椅安全带的长度增长不应大于20%。

3）在承受不小于15kN的持续增加的拉力的作用下，安全带总成中的任何部件及其固定部位允许有永久变形，但约束系统、座椅组件、座椅调整锁紧机构都不应松脱。

4）带扣在承受不小于15kN的持续增加的拉力以后，解开带扣的力应符合（2）的规定。

4.11.4.2 附加座椅

A 教练座椅

如在司机位置旁安有教练用附加座椅，应给该座椅垫上衬垫并且该座椅应提供给教练足够大的空间，同时应为教练设置触手可及的扶手。

B 副驾驶座椅

对于特定的机器，如果需要安装副驾驶座椅，司机经常性和选择性的使用该座椅来完成机器的应用，则该座椅应满足座椅的要求及ROPS和FOPS的安全结构要求。

4.11.4.3 设计说明

（1）座位参考点。所有座位尺寸的关键点就是座位参考点（SRP）。所谓“参考点”就是被压缩的坐垫平面与被压缩的靠背平面的交点。

（2）只有司机自带安全帽电池时才采用T形座椅。

（3）座位的高度取决于现有司机室的高度和所要求的司机视线。在座位高度不可调的位置能使大多数司机都能操纵到踏板，不管怎样，应保证司机的视线不受低座椅影响。

（4）靠背。由于地下轮胎式采矿车辆大都采用侧向驾驶（垂直车辆纵轴方向），为了能看清前后道路，司机常需转动躯干与头颈环顾。另外在需要用矿灯照明的目标，头也将需要转向矿灯光束方向。因此，该座椅不应太多限制司机躯干的转动，为此必须使靠背的最高高度低于肩胛的高度，提供一个宽的曲线靠背使得司机能够在车辆任何方向运行时在座椅内改变躯干的位置，或使用窄而高的靠背，或座椅转动在±15°的范围内，并能锁紧在可以安全使用踏板的地方。

靠背两边凸出主要是为了提高坐姿的稳定性。

靠背如有可能应满足如下要求：

1）靠背高度应可调整；

2）靠背应提供腰部支承；

3）可允许肩胛移动。

（5）坐垫。

1）为了提高面向前面司机坐姿的稳定性，坐垫的前缘应升高约5°。

2）为了提高司机横向稳定性，坐垫两侧应比中心高出30mm左右。

3）为了减轻司机所受到的全身振动，座椅尽可能采用机械和空气悬浮。若采用有困难，至少应采用厚度100mm左右的弹性缓冲垫。

4）现在坐垫表面平的多于成型面。坐垫的前缘设计成圆弧形以减轻大腿下部的压力。

（6）扶手。扶手可帮助司机站立或坐下。扶手同样支承前臂，还可提供可靠的侧向支承，以免司机臂部侧滑。侧向支承不宜太高，自靠背向前伸出的长度不宜超过座面深的一半，以免影响司机手臂的操作动作。扶手结构最好能翻转朝下，腾出空间以便于司机上下车出入座位。对于地下轮胎式采矿车辆来说，由于司机室空间的限制和方便入座，大都不采用扶手。

(7) 座椅深度。座椅的深度应使司机腰背自然地倚靠在靠背上，膝盖后面与座椅前缘表面有一定间隙，以防止血管与神经受压。

(8) 司机座椅的坐垫与靠背。

1) 椅垫的软硬性能。硬椅面使人体的局部体压过于集中，肯定会造成不舒适的感觉(图4-194a)；而椅面过软，在人体压力下发生很大变形，甚至顺应人体轮廓形成“包裹”人体的形态，使人也感觉到不舒服(图4-194b)；既能缓解局部体压过于集中，又能适当地增大与人体接触面积，又不形成对人体轮廓“包裹”形态，才是椅垫较好的软硬特性(图4-194c)。

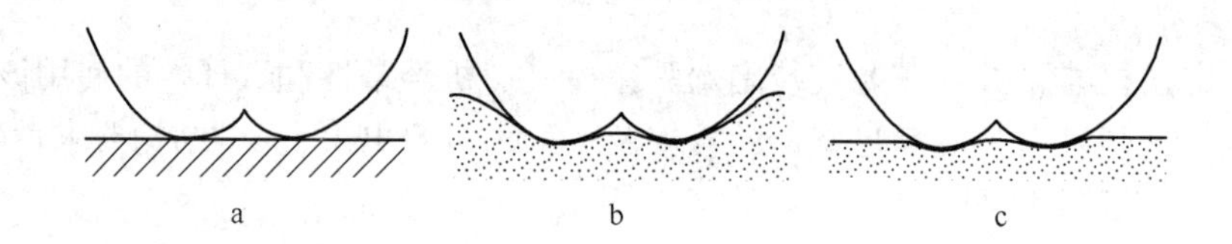

图4-194　椅垫的软硬特性

a—硬椅面，局部体压过于集中；b—椅垫过软，不利于生理调节；c—软硬性能适宜的椅垫

正因为如此，在椅垫的设计中必须考虑椅垫的硬度要求。形成软硬性能适中的椅垫结构主要靠一层耐磨面料，装稍厚一层泡沫塑料，根据不同情况，坐垫厚度一般为40～100mm，靠垫则应比坐垫薄一些，一般为25～40mm。

2) 椅垫材质。目前常用的椅垫材质有人造革、乙烯聚酯、纤维织物、聚氨酯。由于聚氨酯具有良好的吸湿性、透气性，很适合地下轮胎式采矿车辆采用。

4.11.5　低矮型和超低矮型司机室座椅设计

4.11.5.1　低矮型司机室座椅设计

低矮型司机室高度 H 有两种尺寸，$H \geqslant 914$mm；$610\text{mm} \leqslant H \leqslant 914$mm。其座椅尺寸也有两种尺寸，如图4-195和图4-196所示。

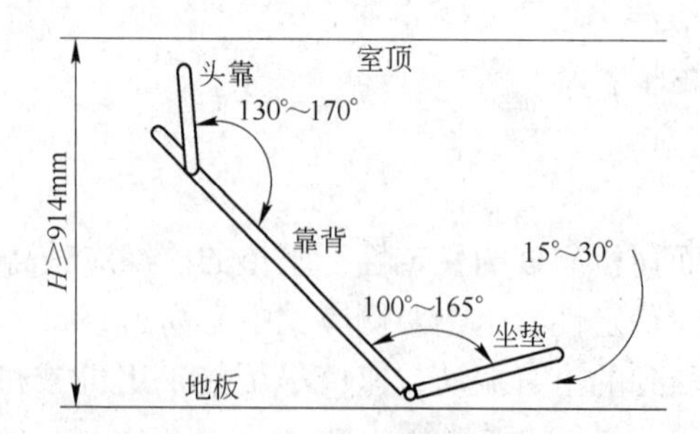

司机室内部空间高度/mm	坐垫与地板夹角/(°)	靠背与坐垫夹角/(°)	头枕与靠背夹角/(°)	头枕后移距离/mm	座椅和头枕宽度/mm	坐垫长度/mm	靠背高度/mm
≥914	15～30	100～165	130～170	178	457～508	305～610	406～610（可调）

图4-195　$H \geqslant 914$mm 的低矮型司机室座椅

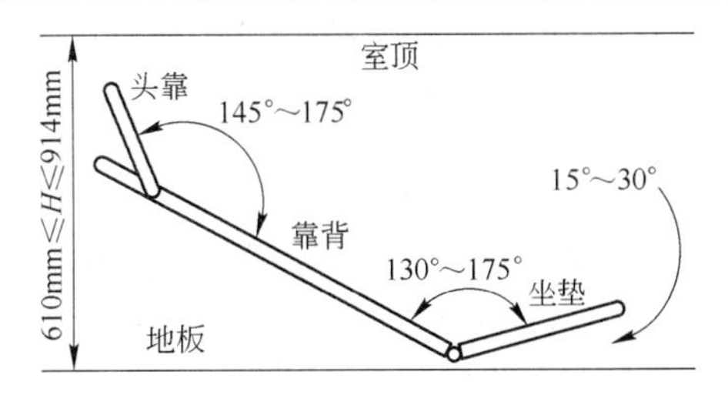

司机室内部空间高度/mm	坐垫与地板夹角/(°)	靠背与坐垫夹角/(°)	头枕与靠背夹角/(°)	头枕移动距离/mm	座椅和头枕宽度/mm	坐垫长度/mm	靠背高度/mm
610~914	15~30	130~175	145~175	178	457~508	305~610（可调）	406~610

图 4-196 914mm > H≥610mm 的低矮型司机室座椅

4.11.5.2 超低矮型司机室座椅设计

超低矮型司机室座椅设计如图 4-197 所示。

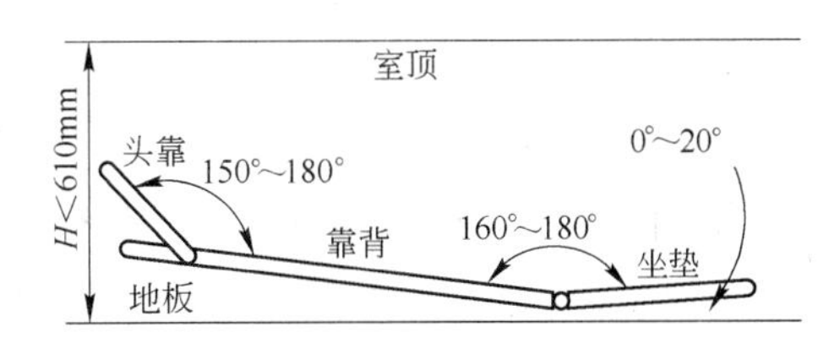

司机室内部空间高度/mm	坐垫与地板夹角/(°)	靠背与坐垫夹角/(°)	头枕与靠背夹角/(°)	头枕后移距离/mm	座椅和头枕宽度/mm	坐垫长度/mm	靠背高度/mm
≤610	0~20	160~180	150~180	178~305	508~559	305~356	406~610（可调）

图 4-197 司机室高度 H < 610mm 的座椅

4.11.6 座椅与控制器、仪表盘的布置

座椅与控制器、仪表盘的布置见图 4-198 和表 4-77。

表 4-77 地下轮胎式采矿车辆司机座椅与控制器的布置尺寸

序号	项 目	数值/mm	说 明
1	司机室内部宽度（图中未标）	875~1000	最佳 920mm，对于小型的地下轮胎式采矿车辆来说，全封闭司机室内部蒙皮之间的宽度可从 920mm 降到 650mm
2	座椅标定点至顶棚高	≥1050	指高大身材司机穿工作服、戴安全帽。当空间有限制时，司机室内部空间高度可适当降低，但不得低于 SIP 以上 900mm
3	座椅上表面至地板距离	264~366	小身材司机取小值，高大身材司机取大值
4	座椅上下调整范围	90	当司机室空间尺寸受到限制时，可以不调整
5	坐垫深度	385~410	
6	座椅前后最小调整范围	±50	最好 ±70mm，当司机室空间尺寸受到限制时，可以不调整

续表 4-77

序号	项　目	数值/mm	说　明
7	坐垫宽度（图中未标）	≥420	
8	靠背高度	711～889（带头靠）、508～635（不带头靠）	带头枕靠背此尺寸可增加，但增加部分宽度应减小
9	靠背宽度（图中未标）	≥310	在最宽处测量
10	坐垫前端角度（与水平面）（图中未标）	5°	
11	背与坐垫夹角（图中未标）	90°～105°	
12	靠背下缘至油门踏板距离（图中未标）	550～650 或 750～850	
13	制动器踏板行程（图中未标）	15°～20°	
14	方向盘至座垫上表面距离	>230	采用高度和倾角可调方向盘是发展趋势
15	方向盘至靠背距离（图中未标）	>400～500	
16	方向盘至制动器距离（图中未标）	>650	
17	制动器踏板中心至油门踏板中心距离（图中未标）	135～250	
18	油门踏板中心至最近障碍物距离（图中未标）	>75	
19	制动器踏板中心至座椅中心面距离（图中未标）	75～300	
20	上视角	15°	
21	下视角	30°	
22	过座椅标定点的横轴线至前围内侧距离（图中未标）	>860	
23	靠背下缘至仪表板距离（图中未标）	>650	
24	仪表板下缘至地板的距离	>550	即膝盖间隙，它必须适合长腿司机，该尺寸对防止意外事故很重要
25	过座椅标定点中心的横轴线距后壁内侧距离（图中未标）	>450	
26	方向盘中心与座椅中心面偏移量（图中未标）	<40	
27	操作手柄在所有工作位置都应位于方向盘下面（无方向盘除外）和座椅两侧，不低于坐垫表面，距后背表面的距离不小于100mm（图中未标）		

注：表中所列相关数值仅供参考。

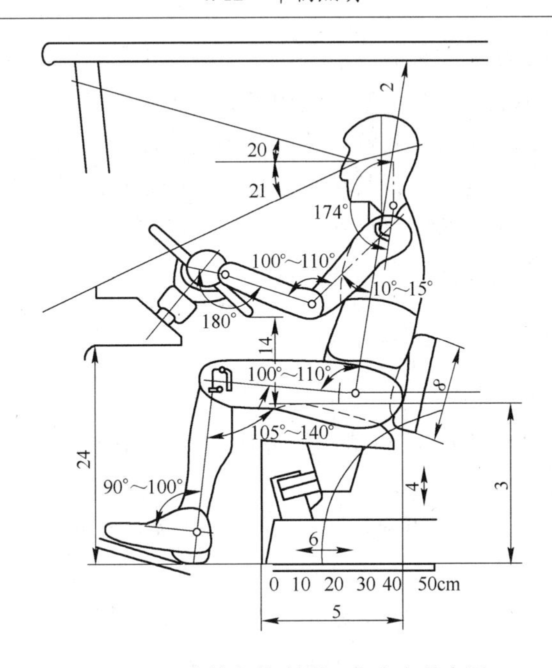

图 4-198 座椅与控制器、仪表盘的布置

4.12 车辆照明

随着采矿业的发展，地下轮胎式采矿车辆成了地下采矿必不可少的工具，有车就有安全问题，地下轮胎式采矿车辆安全和照明是密不可分的，可以说有地下轮胎式采矿车辆就有灯具（用来照亮道路或场地或散发一个光信号（信号灯）的装置）。灯具对地下轮胎式采矿车辆来说，如人的眼睛一样重要。在黑暗的环境中，如果没有灯具，地下轮胎式采矿车辆将寸步难行。司机的视力再好也无法看清周围有无其他车辆、行人或障碍物存在，即使相撞前一刻，也全然不知，这种状况是不可想象的，可见灯具对地下轮胎式采矿车辆有多么重要。所以，地下轮胎式采矿车辆从诞生之日起，就没有离开过灯具。而且灯具结构越来越复杂，功能越来越完善，制造也越来越讲究。特别是在地下矿山由于没有自然光，完全靠灯具装置来照明行驶。

4.12.1 灯具的分类、作用

就灯具作用而言，地下轮胎式采矿车辆灯具可分为照明装置（照明灯）、信号装置两大类。

现代地下轮胎式采矿车辆照明装置可分为车外照明装置和车内照明装置两类。车外照明装置（如前照灯）是为了在黑暗环境中照亮地下轮胎式采矿车辆行驶前方的路面（倒车灯照亮地下轮胎式采矿车辆后方，在倒车时也是照亮行驶方向），保障车辆行驶安全，提高运输效率而设置的。车内照明装置有室内灯、仪表灯等。不同种类的地下轮胎式采矿车辆车外照明装置在某些国家的法规中对其照明灯的数量、安装位置尺寸、光色、功率及配光性能等都有不同的规定。这些法规中的要求是地下轮胎式采矿车辆制造厂和灯具生产厂必须遵守的。车内照明装置是为了方便司机而设置的，在地下轮胎式采矿车辆灯具的法规中，对这些灯具没有具体的严格要求。

光信号装置包括地下轮胎式采矿车辆倒车灯、转向信号灯、制动灯、危险报警信号和回复反射器。信号灯的功能是向其他道路使用者表明本车的存在，以及本车将要转向某一方向或正在制动减速等，以引起对其特别关注。事实上，为改善车辆前部道路照明和使迎面而来的车辆易于发现车辆的灯具，某种程度上讲，倒车灯也兼有照明和信号两种功能。

回复反射器是通过外来光源照射后的反射光向位于光源附近的观察者表明车辆存在的信号装置，它包括后反射器、前反射器和侧反射器。

4.12.2 对车辆灯的一般要求

对车辆灯的一般要求包括：

（1）所有灯具应安装牢固，完好有效，不允许因地下轮胎式采矿车辆振动而松脱、损坏，从而失去作用或改变光照方向。

（2）所有灯具应开关自如，不允许因地下轮胎式采矿车辆振动而自行开关，开关的位置应便于司机操作。

（3）在适当位置安装两盏24V远/近光前照灯两盏，其发光强度不小于75/70W。在适当位置安装两盏24V后照灯，其发光强度不小于70W。所有灯应进行适当保护，以防因落下岩石和与巷道壁发生接触而损坏。在车辆后边适当位置安装两盏红色制动灯，当操作行车制动器时，两盏红色制动灯就被接通。司机室内应设置顶灯、工作灯和仪表灯，其发光强度一般为：顶灯5W、24V；工作灯20W、24V；仪表灯2W、24V。

（4）为了保证地下轮胎式采矿车辆与井下工作人员的安全，在运输巷道、巷道交岔点及装载区都应有照明，其灯光照度值控制分别为2.5lx、10lx和40lx以上。

（5）地下轮胎式采矿车辆设计和制造必须确保照明不会产生可能有碍操作的阴影区，以及刺激性眩光和因为照明在移动部件上产生的危险频闪效应。

4.12.3 主要灯具及控制

4.12.3.1 前照灯

前照灯（驾驶灯）是地下轮胎式采矿车辆在矿井行驶时，为照明道路、辨认前方障碍物的照明灯具。它安装在车辆前端的两侧。前照灯的光束有两种：一种是在没有对开车的道路行驶时的行驶光束（前照灯远光），另一种是在照明条件好的道路上或者在有对开车的道路上行驶时的会车光束（前照灯近光）。为了保证地下轮胎式采矿车辆行驶安全，对前照灯的主要要求是：

（1）地下轮胎式采矿车辆行驶时，前照灯的远光能照亮车前处一定范围内、一定高度的物体，这样才能保证司机发现前方有障碍物时，及时采取制动或绕行措施，让停车距离在视距以内，确保行车安全。

（2）在使用前照灯近光时，不但应保证车前方一定距离处司机能看清障碍物，而且不能让迎面对开车司机或行人产生眩目，以确保地下轮胎式采矿车辆在矿井交会车行驶时的安全。

它在司机室内用按钮控制灯的关闭与打开。在启动发动机时，这些灯是关闭的。用于前、后近光灯的关开按钮彼此是独立的。

4.12.3.2 停车灯

停车灯是表明在某区域内有一静止车辆存在的灯具。

机器的行驶方向，通过在某个时刻只由机器一端显示停车灯接通来显示。当机器驾驶方向是向前的（向铲斗），后停车灯亮。当机器是后退的，前停车灯亮。当挡位在空挡时，停车制动器制动，或机器主电源开启，前后停车灯都亮。

4.12.3.3 制动灯和闪光灯

当机器处在后退挡或空挡时及制动踏板压下时，机器前面的制动灯亮起，当机器处在前进挡或空挡时及制动踏板压下时，机器后面的制动灯亮起，闪光灯的功能是由司机室内一个开关控制的，制动灯当作闪光灯工作。如果制动灯和闪光灯同时接通，显示闪烁方向的制动灯和另一边制动灯不断接通。在主窗口的符号显示闪光灯是否开启。在发动机启动时间，该灯是不亮的。当闪光灯亮时，符号从灰色到暗灰色闪烁。

4.12.3.4 装载灯

当动臂举升到装载极限传感器以上时，装载灯亮。如果前照灯不亮，装载不能进行，发动机启动时，该灯不亮。

4.12.3.5 方向指示灯

当机器正在运行，方向指示灯（可选）的功能如下：

（1）当在前进挡时，机器的前面红色指示灯亮，在机器的后方绿色方向指示灯亮起。

（2）当在后退挡时，在机器的后面红色指示灯亮，在机器的前面绿色方向指示灯亮起。

（3）当在空挡时，前方和后方的方向指示灯都不亮。

4.12.3.6 倒车灯和报警信号

倒车灯是为了车辆正在倒车或者即将倒车时，向行人或其他司机发出警告信号，并且给车后道路提供照明的一种灯具。

在有些法规中规定了车辆后部必须装置一只或两只灯光颜色为白色的倒车灯。并且对其在车辆上的具体安装位置尺寸也有明确规定。

倒车灯的配光在每个国家的汽车安全法规中都有规定，但当车辆安装上符合法规要求的倒车灯时，都不需要进行配光调整。法规中还规定了倒车灯可与其他所有的车辆后部灯组成组合灯，但不能与其他后部灯组成复合灯或混合灯。

倒车灯的电路连接必须保证只在车辆处于倒挡工作状态和点火系统接通电源时才能点亮。

后退指示的报警信号表示倒车挡被选中。声音信号的反复警告说明机器正在倒车，并在同一时间，倒车灯亮起。如果声音信号的脉冲持续时间参数设置为零，声音信号的声音不断响起。

4.12.3.7 警示和报警条件

在司机室仪器仪表盘上一般有一个红色警报灯和黄色警示灯，指示机器的状态。这些指示灯会一目了然显示与传统的仪表相同的信息。如果任何信号或测量操作处在任何警告或报警条件之中及需要任何的动作，警示和报警灯就会发出信息。

4.12.3.8　转向灯

转向灯是用来向其他使用道路者表明车辆将向左或向右转向的灯具。灯泡功率为21W。如果需要，还可配备2只侧转向灯。控制转向灯的开关应独立于其他灯具，在车辆同一侧的转向灯应由一个开关控制同时打开和关闭，并同步闪烁，闪烁频率为90次/min±30次/min。

前后转向灯必须配备工作指示灯，可以是指示灯（视觉的）或发声器（听觉的），也可以两者兼有。若是指示灯，应为闪烁的。

4.12.4　灯光布置

由于制造商不同，灯光布置也略有不同，现举两个例子供参考。车辆主要灯光前后布置可参考图4-199～图4-202。

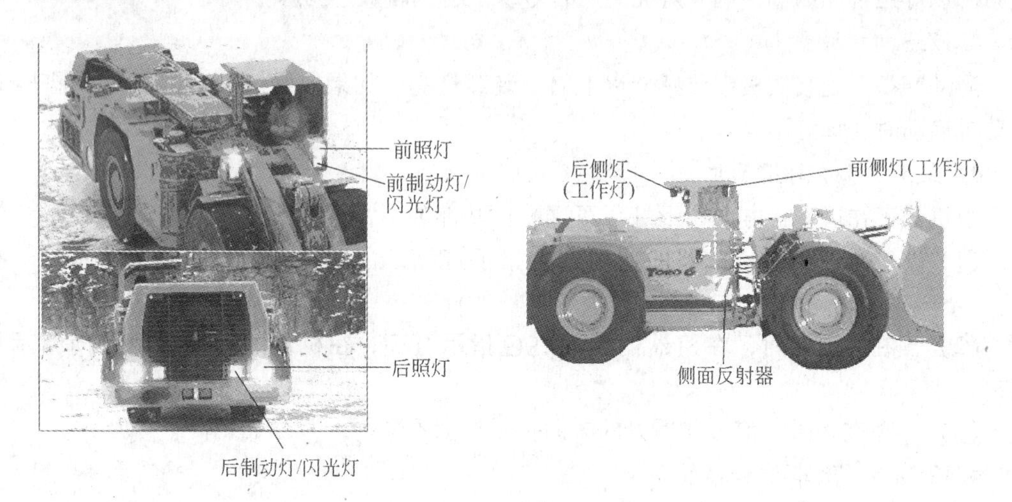

图4-199　某型地下装载机主要灯光布置

图4-200　某型侧向与后反射器位置

图4-201　某型地下汽车前照灯、照明灯前布置

注：为了照明机器的前后区域和机器周围，四盏前照灯安装在机器前方。一盏照明灯安装在机器司机室伸出屋顶的下方，面向右侧，以照亮机器右侧，一盏照明灯安装在挡泥板上，面向车体安装

图 4-202 某型地下汽车后照灯、照明灯后布置

注：两盏照明灯安装在机器后方，一盏照明灯安装在机器司机室伸出屋顶的下方，面向车体安装

4.12.5 车灯光源特点及使用

车灯光源有白炽灯、卤素灯、LED 灯、氙气灯四种。各种灯光源的特点及使用分别介绍如下：

（1）白炽灯。白炽灯灯丝用钨做成，它的熔点高（3683K）、蒸发率很低、机械性能好、加工容易。为减少钨丝与灯中填充气体的热交换，从而减少由于热传导所引起的热损失，常将直线钨丝绕成螺旋状，采用双重螺旋灯丝的白炽灯，光效更高。为了减少灯丝的蒸发，从而提高灯丝的寿命，必须在灯泡中充入合适的惰性气体。白炽灯的光效在 8 ~ 15lm/W，100W 以上可达到 15lm/W，100W 以下功率越小效率越低。光效之所以很低，主要是由于它的大部分能量都变成红外辐射，可以辐射所占的比例很小，不到 10%。白炽灯色温较低，约为 2800K，与 6000K 的太阳光相比，白炽灯的光线带黄色，显得温暖，但显色性是最好的，显色指数为 100。白炽灯有个特点，就是它的寿命和光效是相互矛盾的。由于其成本低廉、亮度容易调整和控制、显色性好等特点，在国内地下轮胎式采矿车辆得到了广泛的应用。

（2）卤素灯。卤素灯其实就是一类特殊的白炽灯，其原理就是电阻上有电流通过时会发热，当温度足够高时发出波长在可见光频段的黑体辐射。卤素灯一般有两种：碘钨灯和溴钨灯，其原理是一样的。白炽灯点亮时，虽然其灯丝温度不超过钨的熔点和沸点，但是仍然会有少量的钨在高温下挥发。当挥发出来的钨原子遇到较冷的灯泡外壳时，就会凝结沉淀，久而久之灯泡外壳就会堆积一层发黑的钨膜。普通白炽灯用久了外壳发黑就是这个缘故。如果在灯泡里充入一些碘，当灯泡点亮时，碘会挥发成气体，碘蒸气遇到较冷的钨，就会与其反应，生成低沸点的化合物——碘化钨，从而使灯泡外壳沉淀的钨挥发。碘化钨气体遇高温会分解。当碘化钨气体遇到灯丝时就会分解，将钨留在灯丝上，而碘则继续以气体形式在灯丝与外壳之间游离，当它再次来到灯泡外壳时，它又会与外壳上的钨反应这样，一方面灯丝不停地将钨挥发到灯泡外壳上，另一方面碘又不停地把钨搬运回灯丝，这样灯丝挥发消耗的速度大大降低了，灯泡寿命得以延长。在相同功率情况下，卤素灯的亮度是白炽灯的 1.5 倍，而寿命是白炽灯的 2 ~ 3 倍。卤素灯泡从外形上分 H_1、H_2、H_3、H_4 四种，其中 H_3、H_4 双灯丝灯泡广泛用于前照灯。卤素灯目前在国外已广泛应用于地下轮胎式采矿车辆前照灯。

（3）LED灯。LED灯是一种利用电子发光原理发光的照明冷光源，具有微发热、低功耗的特点，广泛应用于通信、交通、航天等高科技领域；国外率先运用于汽车仪表及信号照明上，它的发光波长，穿透力强，瞬态响应好，点亮无延时，使用寿命长，一般无人为外力损坏，可与汽车报废年限相当，工作电流是传统灯泡的十二分之一，既保护了供电线路，又减轻了全车的供电负载，降低了发动机的磨损和油耗。LED与白炽灯比较有显著的优点：

1）寿命长，一般可达几万乃至十万小时。

2）非常节能，比同等亮度的白炽灯节电一半以上。

3）光线质量高，基本上无辐射，属于“绿色”光源。

4）LED的结构简单，内部支架结构，四周用透明的环氧树脂密封，抗振性能好。

5）无须热启动时间，亮灯响应速度快（纳秒级），适用于移动速度快的物体使用。

6）适用电压在6～12V之间，完全可以应用在地下轮胎式采矿车辆上。

7）LED占用体积小，设计者可以随意变换灯具模式。

LED灯在地下轮胎式采矿车辆方面多应用于车内照明、系统状态指示灯，但在近两年新开发的地下轮胎式采矿车辆中也开始用于前照灯，例如Atlas Copco公司新开发的ST－7地下装载机和MT－42型地下采矿汽车均采用LED车灯。

（4）氙气灯。氙气灯是高压气体放电灯（high intensity discharge，HID）可称为重金属灯或氙气灯。它的原理是在抗紫外线（UV－cut）水晶石英玻璃管内，以多种化学气体充填，其中大部分为氙气与碘化物等惰性气体，然后再透过增压器将车上12V的直流电压瞬间增压至23000V的电流，经过高压振幅激发石英管内的氙气电子游离，在两电极之间产生光源，这就是所谓的气体放电。而由氙气所产生的白色超强电弧光，可提高光线色温值，类似白昼的太阳光。

氙气灯泡有两个显著优点：一是氙气灯泡拥有比普通卤素灯泡高3倍的光照强度，耗能却仅为其三分之二，使用寿命比传统卤素灯泡长10倍；二是氙气灯泡采用与日光灯近乎相同的光色，为驾驶者创造出更佳的视觉条件。氙气灯具使光照范围更广，光照强度更大，大大地提高了驾驶的安全性和舒适性。

氙气灯已广泛应用于汽车照明领域，在地下轮胎式采矿车辆已开始使用。

上述各种灯源特征比较见表4-78。

表4-78 各种灯源特征比较

灯泡种类	白炽灯	卤素灯	氙气灯	LED灯
发光体	钨灯丝	卤钨灯丝	气体放电柱	半导体PN极
发光方式	燃烧灯丝	燃烧灯丝	电子激发气体放电	电子激发半导体放电
功率	12～24V，45～100W	12～24V，55～100W	12～24V，35～55W	12～24V，35～55W
光通量/lm	860～1000	800～1500	3300	3600
色温/K	2700～3100	3000	4200～12000	2700～6500
光色（视觉）	白色或黄色	黄色光泽	白色光泽	黄色～白色可选
寿命/h	1000	2000～3000	3000	50000

续表 4-78

灯泡种类	白炽灯	卤素灯	氙气灯	LED 灯
紫外线渗透	少	少	无	无
光线照射特点	热光源	热光源	热光源	冷光源
灯壳温度/℃		>150	105	<60
眩光	不可调	不可调	不可调	发光方向可调

4.13 作业环境

人机系统中，作业环境对系统的影响是不可忽视的一个重要方面。对人与司机室系统产生影响的环境因素主要有噪声、振动、空气质量、矿井通风、矿井气候，除此之外，照明、粉尘的影响也应有足够重视。根据作业环境对人体的影响程度，可以把人的作业环境分为四类。第一类是舒适的作业环境，这是一种理想的环境模式，各项影响指标最佳，完全符合人的生理、心理要求，人的主观感受满意；第二类是较舒适的作业环境，各项环境影响指标符合要求，环境对人健康无损害，人不会感到不适应与疲劳；第三类是不舒适的作业环境，作业环境的某种条件与舒适性指标相差很大，如高噪声、高湿、多粉尘等环境，长期工作在该环境中不仅影响工作效率，而且会损害人体健康；第四类是不能忍受的工作环境，如不运用技术手段防治，在该环境下人将难以生存，如放射性环境、有毒环境等。在司机室设计中，最佳方案是第一类作业环境，最低限度应保证不危害人的健康。

4.13.1 噪声

随着工业化程度的不断提高，噪声污染日趋严重。国际标准化组织将噪声污染列为环境污染的首位。它与大气污染和水污染被并称为现代社会的三大公害。尤其对地下矿山来说，由于是在封闭的空间作业，因此其噪声的污染更严重，影响了工作人员的身心健康。正因为如此，国内外主管机构对噪声的防治与控制特别重视，先后制定了噪声标准。由于地下轮胎式采矿车辆是地下采矿的主要车辆，也是主要的噪声源，因此加强地下轮胎式采矿车辆的噪声控制，全面提高产品质量，增强产品在国内与国际市场的竞争力，保护人民的身心健康，已成为地下轮胎式采矿车辆设计、制造与使用企业需要解决的十分重要而又迫切的任务。

进入21世纪后，人类为了实现可持续发展，提出了地下轮胎式采矿车辆的环保技术(包括降低噪声技术)，使地下轮胎式采矿车辆发展进入了新的发展阶段。欧美市场对地下轮胎式采矿车辆产品的噪声实施了更加严格的要求。因此地下轮胎式采矿车辆的环保技术是今后国际地下轮胎式采矿车辆发展趋势之一。为配合国际化战略，以国际先进产品标准为指导，提升产品技术水平，尤其为进一步开拓国际市场，地下轮胎式采矿车辆下一步发展思路和主要目标之一就是开展环保技术（包括降噪技术）等的研究，使地下轮胎式采矿车辆成为真正的“绿色车辆”。

4.13.1.1 噪声的危害

噪声对人体的影响是全身性的，既可以引起听觉系统的变化，也可以对非听觉系统产生影响。这些影响的早期表现主要是生理性改变，长期接触噪声可引起病理性变化。

A 噪声对工作效率的影响

关于噪声对不同性质工作的影响，许多国家做过大量的研究。研究成果表明，噪声不但影响工作质量，同时也影响工作效率。如果噪声级达到 70dB（A），对各种工作产生的影响表现在以下几个方面：

（1）通常将会影响工作者的注意力，对于脑力劳动和需要高度技巧的体力劳动等工种，将会降低工作效率；

（2）对于需要高度集中精力的工种，将会造成差错；

（3）对于需要经过学习后才能从事的工种，将会降低工作质量；

（4）对于不需要集中精力进行的工作，人将会对中等噪声级的环境产生适应性，如果要对噪声进行适应，同时又要求保持原有的生产能力，就要消耗较多精力，人就会加速疲劳；

（5）在对能够遮蔽危险报警信号和交通运行信号的强噪声环境下工作，容易引发事故。

研究还指出，噪声对人的语言信息传递影响最大。交谈者相距 1m 在 50dB 噪声环境中可用正常声音交谈，但在 90dB 噪声环境中应大声叫喊才能交谈。由此还将影响交谈者的情绪，在上述情况下，交谈者情绪将由正常变为不可忍耐。

B 噪声对听觉的影响

（1）暂时性听力下降。在噪声作用下，可使听觉发生暂时性减退，听觉敏感度降低，可听力阈值提高。当人离开强噪声环境而回至安静环境时，听觉敏感度不久就会恢复，这种听觉敏感度的改变是一种生理上的“适应”，称为暂时性听力下降。

不同的人，对噪声的适应程度是不同的，但暂时性听力下降却有明显的特征，即受到噪声作用后听觉有较小的减退现象，约 10dB，回到安静环境中听觉敏感度能迅速恢复；通常以在 4000Hz 或 6000Hz 处比较显著，而低频噪声的影响较小。

（2）听力疲劳。在持久的强噪声作用下，听力减退较大，恢复至原来听觉敏感度的时间也较长，通常需数小时以上，这种现象称为听力疲劳。

噪声引起的听力疲劳不仅取决于噪声的声级，还取决于噪声的频谱组成。频率越高，引起的疲劳程度越重。

（3）持久性听力损失。如果噪声连续作用于人体，而听觉敏感度在休息时间内又来不及完全恢复，时间长了就可能发生持久性听力损失。另外，如果长期接触过量的噪声，听力阈值就不能完全恢复到原来的数值，便造成耳感受器发生器质性病变，进而发展成为不可逆的永久性听力损失，临床上称噪声性耳聋，它是一种进行性感音系统的损害。

研究表明，94dB（A）的连续噪声或 105dB（A）的断续噪声都可以引起耳聋。表 4-79 为在不同噪声级下 40 年工龄患噪声耳聋的发病率统计结果。从表中可以看出，80dB（A）以下噪声不会引起噪声性耳聋，而 90dB（A）以上噪声大约会有 20% 的人患噪声性耳聋。

表 4-79 噪声级与耳聋发病率关系

噪声级/dB（A）	噪声性耳聋的发病率/%	
	国际标准化组织统计结果	美国统计结果
80	0	0
85	10	8
90	21	18
95	29	28
100	41	40

噪声性耳聋的特点是，在听力曲线图上以4000Hz处为中心的听力损失，即V形病变曲线。噪声性耳聋的另一特点是先有高音调缺损，后是低音调缺损。

（4）爆震性耳聋。上面介绍的都是缓慢形成的噪声性听力损失。如果人突然暴露于极其强烈的噪声环境中，如高达150dB时，人的听觉器官会发生鼓膜破裂出血，迷路出血，螺旋器（感觉细胞和支持结构）从基底膜急性剥离，一次刺激就有可能使人双耳完全失去听力，这种损伤称为声外伤或爆震性耳聋。

C 噪声对人体的其他影响

噪声对中枢神经系统、心血管系统、呼吸系统、消化系统、内分泌系统和视觉器官均产生不良影响。

（1）噪声对中枢神经系统的影响。研究表明：在超过85dB（A）的噪声作用下，大脑皮质的兴奋和抑制失调，导致条件反射异常，出现中枢神经功能障碍，表现为头痛、头晕、失眠、多汗、恶心、乏力、心悸、注意力不集中、记忆力减退、神经过敏、惊慌以及反应迟缓等。噪声对人的睡眠质量和数量的影响甚大，使人多梦、缩短熟睡时间。研究认为，睡眠时40～50dB噪声所产生的影响与清醒状态时100dB（A）噪声的影响相当。噪声强度越大，对神经系统的影响就越大，130dB（A）以上的噪声，可引起眩晕。

（2）噪声对心血管系统的影响。噪声对心血管系统的影响主要表现为心跳过速、心律不齐、心电图改变、血压高以及末梢血管收缩、供血减少等。噪声对心血管系统的慢性损伤作用，一般发生在80～90dB（A）噪声强度情况下。许多专家认为，20世纪生活中的噪声是造成心脏病的一个重要原因。

（3）噪声对呼吸系统的影响。噪声刺激时，呼吸系统与脉搏、血压的改变同时出现。90dB（A）噪声影响下，呼吸频率加快、呼吸加深。

（4）噪声对消化系统的影响。噪声会引起消化系统障碍，使胃的收缩机能和分泌机能降低，表现为经常性胃肠功能紊乱，引起代谢过程的变化，食欲不振，甚至闻声呕吐，导致溃疡病和胃肠炎发病率增高。研究表明，噪声在80～85dB（A）时，胃在1min内收缩次数可减少37%，而肠蠕动减少则持续到噪声停止。噪声还可使唾液量减少。大于60dB（A）的噪声，有时可使唾液量减少44%。随着噪声强度增大，唾液量有进一步减少的趋势。据统计，噪声大的工矿企业的司机溃疡症的发病率比安静环境高5倍。

（5）噪声对内分泌系统的影响。在噪声刺激下，导致甲状腺功能亢进，肾上腺皮质功能增强等症状。两耳长时间受到不平衡噪声刺激时，会引起前庭反应、暖气、呕吐等现象发生。

（6）噪声对视觉器官的影响。用115dB（A）、800～2000Hz范围的较强声音刺激听觉，可明显降低眼对光的敏感性。研究表明，一定强度的噪声还可使色视力改变。长期暴露于强噪声环境中，引起持久性视野同心性狭窄。

4.13.1.2　影响噪声对人健康的因素

影响噪声对人健康的因素包括：

（1）噪声的强度。噪声强度大小是影响听力的主要因素。强度越大听力损伤出现得越早，损伤就越严重，受损伤的人数越多。经调查发现语言听力损伤的阳性率随噪声强度的增加而增加，噪声性耳聋与工龄有关。

（2）接触时间。接触噪声的时间越长，听力损伤越重，损伤的阳性率越高。听力损伤的临界暴露时间，在同样强度的噪声作用下由各频率听阈的改变表现也是各不相同的。4000～6000Hz出现听力损伤的时间最早，即该频段听力损伤的临界暴露时间最短。一般情况下接触强噪声前10年听力损伤进展快，以后逐渐缓慢。

（3）噪声的频谱。在强度相同条件下，以高频为主的噪声比以低频为主的噪声对听力危害大，窄频带噪声比宽频带噪声危害大。研究发现，频谱特性可影响听力损伤的程度，而不会影响听力损失的高频段凹陷这一特征。

（4）噪声类型和接触方式。脉冲噪声比稳态噪声危害大。持续接触比间断接触危害大。

（5）个体差异。机体健康状况和敏感性对听力损伤的发生和严重程度也有差异。在现场调查中常发现有1%～10%特别敏感及特别不敏感的人。

（6）其他有害因素的共同存在。若振动、寒冷及某些有毒物质共同存在时，会加强噪声的不良作用。

因此，世界各国及我国都十分重视噪声的危害，都制定了强制执行的噪声标准。不仅考虑了噪声的强度，而且考虑了噪声的接触时间及防护措施。

4.13.1.3　噪声的标准

为了避免噪声的危害，各国对不同环境、不同条件下不同声源的噪声强度作了限制。噪声控制标准是在各种条件下为各种目的而规定的允许噪声级的标准。这些标准主要是为了保护听力，所以它表达了人们对噪声的容忍程度，暴露于强噪声下的活动时间，在背景噪声中语言通信的可靠性。这类标准能够保护绝大多数的劳动者，但不包括敏感者，对于个别对噪声敏感的人需要及时采取其他保护措施。由于科学技术的发展，机械车辆的质量及水平不断提高，人们对限制噪声的要求逐渐提高，而噪声的标准也在不断修改与完善。

A　国外噪声标准

世界各国的听力保护标准起点大都以8h工作允许暴露声级为90dB（A）。有的国家起点为85dB（A），见表4-80。

表4-80　国外噪声标准

连续噪声暴露时间 t/h	允许等效连续声级 L/dB(A)								
	ISO－1996－1971E	OSHA－1926.52①	MSHA－30 CFR－62部分②	ACGIH③	NIOSH④	美国工业卫生医师协会	澳大利亚AS 204－1990⑤	加拿大OHS⑥	2003/10/EC⑦
16	87	85	85	82	82				82
8	90	90	90	85	85	85	85	90	

续表 4-80

连续噪声暴露时间 t/h	允许等效连续声级 L/dB(A)								
	ISO - 1996 - 1971E	OSHA - 1926.52①	MSHA - 30 CFR - 62 部分②	ACGIH③	NIOSH④	美国工业卫生医师协会	澳大利亚 AS 204 - 1990⑤	加拿大 OHS⑥	2003/10 /EC⑦
6		92	92						
4	93	95	95	88	88	90	88	95	88
3		97	97						
2	96	100	100	91	91	95	91	100	91
1.5		102	102						
1	99	105	105	94	94	100	94	105	94
0.5	102	110	110	100	100	105	97	110	
0.25	115max	115	115	103	103	110		115	100

① OSHA—美国职业安全与卫生管理局。
② MSHA—美国矿山安全与卫生管理局。
③ ACGIH—美国政府工业卫生医师协会。
④ NIOSH—美国职业安全与卫生研究所。
⑤ AS 204 - 1990 土方机械发射的空气噪声的测量。
⑥ 加拿大 BC 安全工作局职业健康和安全法规。
⑦ 机械指令 2003/10/EC（噪声）。

从表 4-80 和其他一些资料分析可知，大多数国家采用 8h 噪声许用级，分别是 85dB（A）和 90dB（A）。

1994 年 ACGIH 就推荐 85dB(A)作为 8h 最低限度极限值（TLV）。10 年后，欧盟（EC）在 2003/10/EC 指令中修改了相类似的法规，把 8h 噪声暴露值从 85dB(A)和 90dB(A)分别下降到 80dB(A)（lower expsure action value—低暴露行动值）和 85dB(A)(upper expsure action value—高暴露行动值)，并提出 8h 暴露极限值（exposure limit value）为 87dB(A)。提出噪声极限值的目的是工作人员不能在高于此值下工作，否则必须采用某些措施以降低噪声的危害。

表 4-80 列出了连续工作暴露时间标准，如果间歇暴露在稳定噪声中，则当他不暴露在噪声中时，听力有可能恢复，所允许的声压级可以略高。ISO/R 1996：1971 间歇性暴露的噪声允许声压级见表 4-81。

表 4-81 间歇性暴露的噪声允许声压级 [dB(A)]

8h 内总暴露时间/h	8h 工作中噪声暴露（段数）						
	1	3	7	15	35	75	>150
8	90						
6	91	92	93	94	94	94	94
4	93	94	95	96	98	99	110
2	96	98	100	103	106	109	112
1	99	102	105	109	114	(115)	

续表 4-81

8h 内总暴露时间/h	8h 工作中噪声暴露（段数）						
	1	3	7	15	35	75	>150
0.5	102	106	110	114	(115)		
0.25	105	110	(115)				
0.133（8min）	108	(115)					
0.067（4min）	111	(115)					

如果一天声压级不是固定不变，它由两个或更多的不同级别噪声暴露时间组成，即每种声压级的暴露时间被该允许的时间去除，最后加起来不超过1便为合格，即：

$$F_e = \frac{T_1}{L_1} + \frac{T_2}{L_2} + \cdots + \frac{T_n}{L_n} < 1 \tag{4-3}$$

式中 F_e——等效暴露系数；

T_n——任何一个不变噪声声压级时间；

L_n——在表4-80中允许暴露噪声声压级的时间。

例：如果按MSHA标准计算，8h内110dB(A)的暴露时间为0.25h，100dB(A)的暴露时间为0.5h，90dB(A)的暴露时间为1.5h，则等效系数 F_e 为：

$$F_e = \frac{0.25}{0.5} + \frac{0.5}{2} + \frac{1.5}{8} \approx 0.938 < 1$$

从上述计算例子可以看出，虽然噪声声压级很大，等级也很多，但由于作用时间很短，还是允许的。

在生产或工作场所，经常有一个以上的声源存在，这些声源可以是相同的，也可以是不同的。因为声源的声压级是按照对数计算的，在多个声源存在情况下，作业场所的声压级并非是各个声压级的总和，而是按照对数法则相互叠加的。如果在一个作业场所各声源的声压级是相同的，合成后的声压级可按式(4-4)计算：

$$L_{总} = L + 10\lg n \tag{4-4}$$

式中 L——单个声源的声压级，dB(A)；

n——声源的数目。

根据式（4-4）可以看出，如果有两个相同的声源存在，则 $n=2$，总声压级比单个声源的声压级增加3dB（A），如果 n 为10，则总声压级增加10dB(A)。

在同一作业场所的各种声源，其声音强度经常是不相同的，在这种情况下计算合成后的声压级时，需将声源的声压级从大到小按顺序排列，按照两两合成的办法计算出合成后的声压级。对于两个不同声压级的声源，先要计算出声压级的差值即 $L_1 - L_2$，根据差值在表4-82中查出增值 ΔL，较高的声压级与增值 ΔL 之和，即为合成的声压级 $L_{总} = L_1 + \Delta L$。如某作业场所有三个声源，声压级分别为90dB(A)、88dB(A)、85dB(A)，则合成的声压级为92.9dB(A)。采用上述方法进行计算时，当合成的声压级比其他待计算的声压级高10dB(A)以上时，其他声源声压级可以忽略不计，因为 $\Delta L \leqslant 0.3$dB(A)对总声压级影响不大。

表 4-82 升级差 L_1-L_2 与相对增值 ΔL

升级差 L_1-L_2	0	1	2	3	4	5	6	7	8	9	10
增加值 ΔL/dB(A)	3.0	2.5	2.1	1.8	1.5	1.2	1.0	0.8	0.6	0.5	0.4

B 国内噪声标准

我国于1979年8月31日由卫生部和国家劳动局颁布了《工业企业噪声卫生标准》（试行草案）通知全国从1980年1月1日起试行，其标准号为TJ 36－79。2002年卫生部正式发布CBZ 1－2002《工业企业设计卫生标准》。2006年又把该标准列入GB 16423—2006中。由表4-83与表4-80对比可知，我国的噪声标准与国外标准基本同步。

表 4-83 CBZ 1—2002 噪声卫生标准

日接触噪声时间/h	卫生极限值[①]/dB(A)
8	85
4	88
2	91
1	94
0.5	97
0.25	100
0.125	103

① 最高不得超过115。

除了上述噪声标准化外，还有许多零部件的噪声标准，见表4-84。

表 4-84 其他噪声标准

序号	零部件名称	噪声限值/dB(A)	采用标准	测量方法
1	发动机	$L_{wl}=10\lg(P_b n_b)+C$ L_{wl}——柴油机标定工况下的噪声声功率极限值（精确到0.1），dB（A）； P_b——柴油机标定功率，kW； n_b——柴油机标定转速，r/min； C——常数，dB（A）。 对第Ⅰ阶段： 多缸直喷空冷发动机（不包括冷却风扇）$C=62$ 多缸直喷水冷发动机（不包括冷却风扇）$C=65$	GB 1409（报批稿）	GB 1859—2000
2	动力换挡变速箱	≤92	GB/T 25627—2010	在输入转速为2000r/min ± 5r/min，测量点距传动装置外壳垂直距离为1m，测得的传动装置最高噪声
3	液力传动装置	发动机功率/kW　噪声允许值/dB（A） ≤90　≤94 90～160　≤96 160～300　≤98 注：不能有异常声	JB/T 10135—1999	

续表 4-84

序号	零部件名称	噪声限值/dB(A)	采用标准	测量方法
4	驱动桥总成	计算静桥荷/kN　噪声限值/dB(A) ≤125　80 125～250　85 250～500　95 >500　100	JB/T 8816—1998	
5	液压齿轮泵	额定压力　公称排量 　10～25mL/r　25～50mL/r　50～100mL/r 2.5MPa　≤75　≤76　≤78 10～25MPa　≤85　≤85　≤90	JB/T 7041—2006	在额定压力，转速1500r/min以下（当额定转速 < 1500r/min时，在额定转速下）

C　有关车辆的其他标准

a　地下轮胎式采矿车辆

JB/T 5500—2004《地下铲运机》标准 5.3.1 条中“地下铲运机应符合 GB 16424—1996 中 4.13 节中的规定：‘作业场地的噪声，不宜超过 90dB（A）。应积极采取防止噪声的措施，消除噪声危害。达不到噪声标准规定的作业场所，工作人员应佩戴防护用具’”。

b　机动车辆

根据 GB 7258—2010《机动车运行安全技术条件》，汽车（低速汽车除外）司机耳旁的噪声声级不应大于 90dB(A)。

c　工程机械

土方机械机外发射噪声限值及实施阶段见表 4-85。

表 4-85　土方机械机外发射噪声限值及实施阶段

机器类型	发动机净功率 P[①②]/kW	发射声功率级限值/dB(A)	
		Ⅰ阶段（2012-01-01 起实施）	Ⅱ阶段（2015-01-01 起实施）
压路机（振动，振荡）	$P \leqslant 8$	110	107
	$8 < P \leqslant 70$	111	108
	$70 < P \leqslant 500$	$91 + 11\lg P$	$88 + 11\lg P$
履带式推土机、履带式装载机、履带式挖掘装载机、履带式吊管机、挖沟机	$P \leqslant 40$	108	106
	$40 < P \leqslant 500$	$87 + 13\lg P$	$87 + 11.8\lg P$
轮胎式装载机、轮胎式推土机、轮胎式挖掘装载机、自卸车、平地机、轮式回填压实机、压路机（非振动、非振荡）、轮胎式吊管机、铲运机	$P \leqslant 40$	107	104
	$40 < P \leqslant 500$	$88 + 12.5\lg P$	$86 + 12\lg P$

续表 4-85

机器类型	发动机净功率 P①② /kW	发射声功率极限值/dB(A)	
		Ⅰ阶段（2012-01-01 起实施）	Ⅱ阶段（2015-01-01 起实施）
挖掘机	$P \leqslant 15$	96	93
	$15 < P \leqslant 500$	$84.5 + 11\ \lg P$	$81.5 + 11\ \lg P$

注：公式计算的噪声限值圆整至最接近的整数（尾数小于 0.5 时，圆整到较小的整数，尾数大于 0.5 时，圆整到较大的整数）。

① 发动机净功率 P 按 GB/T 16936 确定。

② 发动机净功率是机器安装发动机净功率的总和。

4.13.1.4 地下轮胎式采矿车辆噪声源

随着地下轮胎式采矿车辆功率加大，其噪声也越来越严重，因此人们为了有效地控制整车的噪声，通过声源分析，测定车辆各主要噪声源的声级和噪声频谱，对较强的噪声源重点采取降低噪声措施，这是噪声控制的有效办法。车辆主要噪声源如图 4-203 所示。

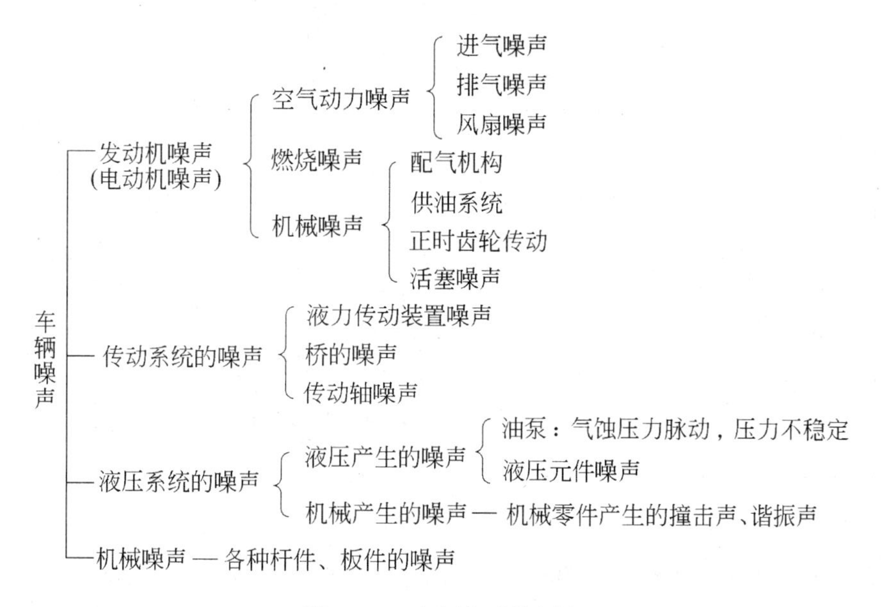

图 4-203 车辆主要噪声源

A 发动机噪声

发动机的噪声随功率与转速的变化情况十分复杂，因为不同种类的机械车辆，其变化也不相同。

排气噪声是内燃机中最强的噪声源。噪声产生的机理是：当发动机排气门打开出现缝隙时，排气以脉冲形式从缝隙冲出，形成能量很高、频谱复杂的噪声。

排气噪声 L 与发动机转速 n(r/min)、平均有效压力 p_e(kPa)、排量 V_h(L) 及发动机结构常数 K 有很大关系，即：

$$L = 25 + 10\ \lg n + 20\ \lg p_e + 13\ \lg V_h + K \tag{4-5}$$

风扇噪声也是发动机重要的噪声源之一。它主要由旋转噪声和涡流噪声组成。旋转噪声是由旋转的叶片周期性打击空气质点，引起空气压力脉动而激发的噪声。涡流噪声是风扇旋转时引起周围空气产生涡流激发的噪声。

风扇的噪声与叶片直径、叶片角度、叶片顶隙、叶片数量之间的关系，如图 4-204 ~ 图 4-207 所示。如果在相同转速下进行比较，直径小、叶片角度小以及叶片数量少的风扇产生的噪声就小，在相同空气流量下，其结果正好相反。

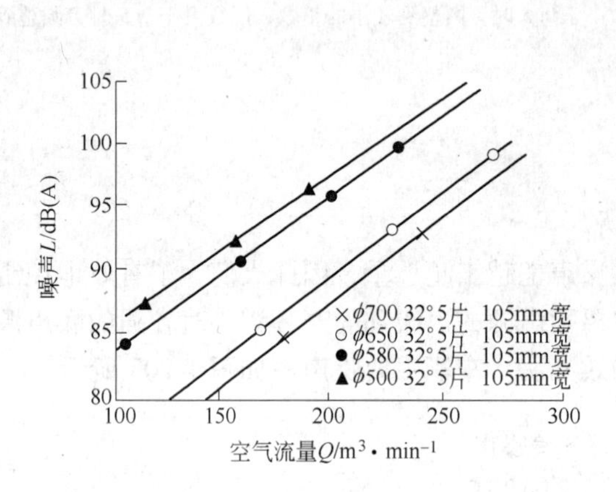

图 4-204　叶片直径对噪声的影响

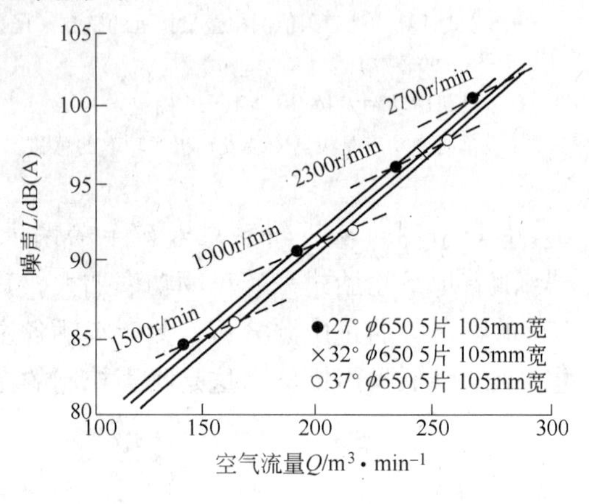

图 4-205　叶片角度对噪声的影响

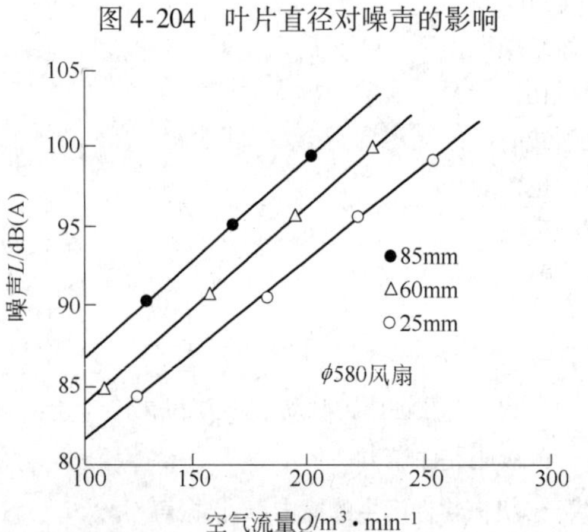

图 4-206　叶片顶隙对噪声的影响

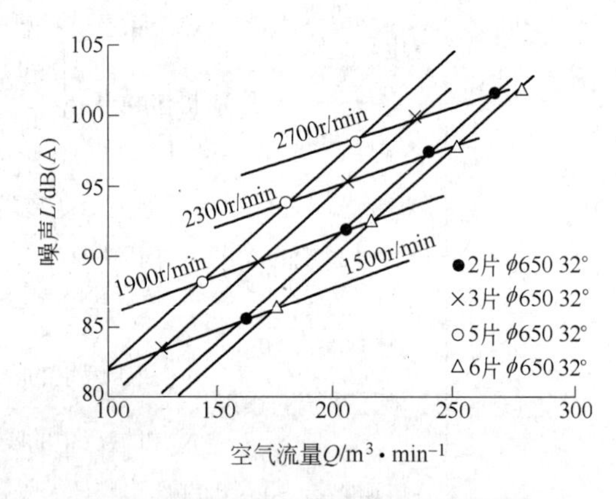

图 4-207　叶片数量对噪声的影响

发动机的进气噪声、燃烧噪声及机械噪声，由于对发动机总的噪声影响不大，或降噪很困难，因此这里就不介绍了。

B　传动系统噪声

传动系统的噪声主要是由齿轮和轴承产生的。一对齿轮在传动过程中产生的噪声主要与齿轮的几何参数、齿轮的结构、制造精度及安装误差有关；轴承的噪声与轴承类型、精度、预紧力、轴承刚度及形状等因素有关。无论是齿轮噪声还是轴承噪声都与传递功率与运行转速有关（图 4-208 和图 4-209）。

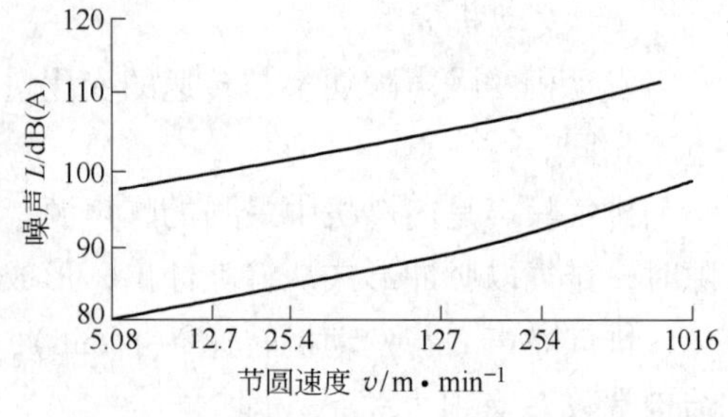

图 4-208　两种不同传动装置噪声随速度的增加而增加

对大多数传动装置而言，设计时不能为了降低噪声而降低输入功率与速度，但在高速和高负荷运行的传动装置噪声必须通过设计来减少。最简单的方法是采用斜齿轮而不是正齿轮。假定中心距、齿宽、齿数、负荷与速度不变，由于齿接触面随螺旋角的增加而增加，噪声将随螺旋角的增加而减少，如图4-210所示。但是，用加大螺旋角减少噪声有一定限制，因为大于45°的螺旋角无法制造。

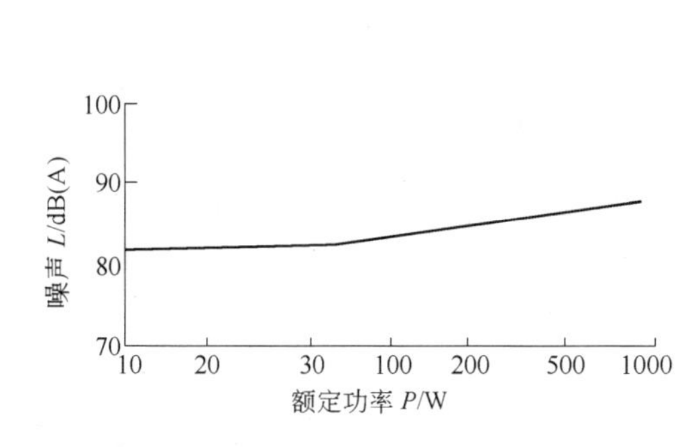

图4-209 传动装置噪声随功率的增大而增大

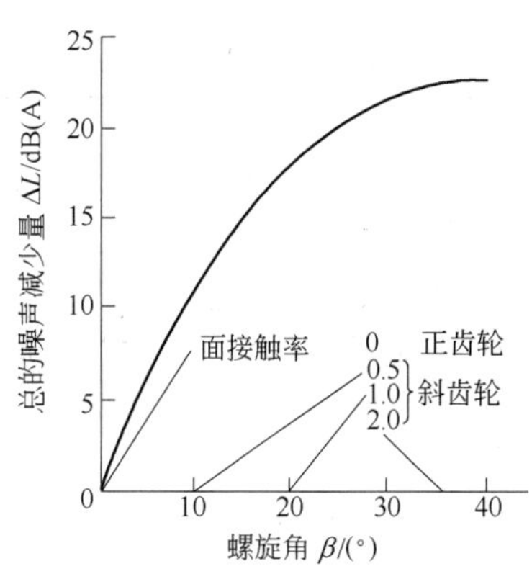

图4-210 齿轮噪声与螺旋角之间的关系

C 液压系统噪声

随着地下轮胎式采矿车辆向着大流量、高压方向发展，其噪声也相应提高。液压系统噪声是由液压油泵、控制阀、液压缸等元件产生的，但主要的声源是油泵。由于油泵的类型不同、流量与压力不同，噪声的大小也是不同的。油泵噪声见表4-86。

表4-86 油泵噪声

油泵类型	噪声/dB(A)①
螺杆泵	72~78②
叶片泵（工业）	75~82
轴向柱塞泵	76~85
齿轮泵（粉末材料）	78~88
叶片泵（机动车辆）	84~92
齿轮泵（机械加工的坯件）	96~104

① 低值在油压为3.45MPa时，高值在油压为6.9MPa时；

② 1200r/min，37.8L/min。

4.13.1.5 噪声的控制

矿山企业要高度重视噪声标准，根据井下噪声的强度，采取相应降低噪声的措施（表4-87）。

表4-87 降噪措施

噪声强度/dB(A)	降噪措施
<85	一般不需要降噪措施
85~90	将矿工纳入听力保护计划①中。给矿工提供听力保护装置，如果矿工按标准临界值换班或工作时间长于6个月，要保证矿工使用听力保护装置

续表 4-87

噪声强度/dB(A)	降　噪　措　施
>90	从技术上与行政上采取措施把噪声降低到 90dB(A) 以下，必须向矿工提供听力保护并保证每个矿工能使用
>105	给矿工提供耳塞或耳罩，并保证矿工能戴上
>115	不允许在该噪声下工作

①“听力保护计划”即由矿工的管理者制定的矿工总噪声接触时间、听力试验和使用听力保护装置，以及培训和噪声记录的保存。

A　控制噪声源

根据具体情况采取适当措施控制或消除噪声源，是从根本上解决噪声危害的一种办法。

a　动力系统噪声控制

（1）动力装置噪声控制。

1）采用低噪声发动机可降低发动机噪声 2 ~ 5dB(A)，如德国道依茨公司新开发的 FL914 发动机的总噪声就比 FL912 低 2dB(A)。

2）在车辆上对动力装置噪声隔离可降 3 ~ 5dB(A)。

3）在动力装置上，对表面噪声隔离可降低 2 ~ 4dB(A)。

4）采用电动地下运输车辆比相同型号的地下柴油运输车辆噪声要低 10dB(A)左右。

（2）柴油机排气系统的噪声控制。

1）采用新型结构排气消声器。据报道，加拿大 Nett 公司开发了一种新型消声器，降低发动机噪声 20dB(A)。

2）采用一般结构排气消声器可降低发动机噪声 7 ~ 15dB(A)，如 Nett 公司、ECS 公司生产的消声器。

3）排气管系统合理悬挂和减振可降低噪声 1dB(A)左右。

（3）进气系统噪声控制。采用阻性或阻抗复合式进气消声器，可降低发动机噪声 1 ~ 2dB(A)。

（4）风扇噪声控制。选择适当的风扇断面形状及安装角，设计高效低噪声风扇。合理配置冷却系统各部件之间的相对位置，可降低发动机噪声 1 ~ 2dB(A)。

b　传动系统噪声控制

采用螺旋斜齿轮传动，增加齿轮重合系数，提高齿轮轴和轴承的刚性与精度，合理调整齿轮传动侧隙和轴承预紧力，可降低传动噪声 1 ~ 2dB(A)。

c　液压系统噪声控制

降低液压系统主要噪声的措施：

（1）选用和设计低噪声泵；

（2）降低液压声波传播速度，为此必须排除系统空气，以降低气穴噪声；

（3）避免使用直接作用式溢流阀；低压时发出噪声的单向阀，采用缓冲油缸或在缸盖（缸头）安装减速节流缓冲装置；采用活塞式蓄能器；油箱安装高出液压泵；采用防噪声油箱等。

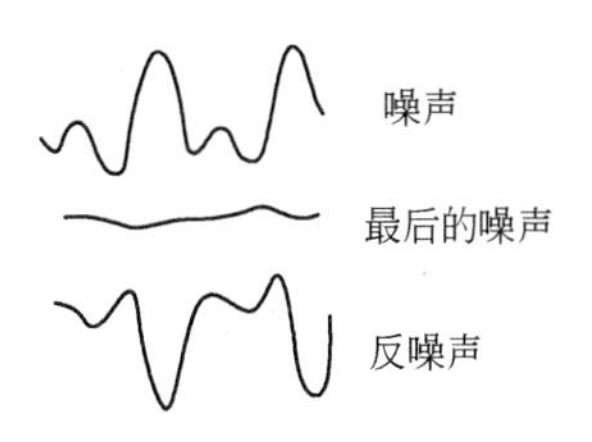

图 4-211　反噪声原理图

随着科学技术的发展，各种反噪声技术也随之得到发展。所谓反噪声技术，是建立在声波的频率与振幅原理基础上的，即发出一个与从液压系统发出的噪声频率与振幅相同但相位刚好相反的声波，从而抑制液压系统总噪声的一门新的噪声控制技术，如图 4-211 所示。

反噪声系统由噪声探测器、微处理控制器和噪声频率分析仪三部分组成。它们的作用分别是：监视噪声系统；接收信号并反馈给微处理控制器，通过它分析噪声波形及产生相反噪声波形；信号发射器则发射反噪声信号去抵消原噪声，从而达到降噪的目的。如在油泵内装有发射器，它可以抵消油泵的噪声。

d　机械噪声控制

消除各种板件、杆件及各部件总成之间的振动声和碰撞声，有时这些噪声仅次于或大致相当动力系统的噪声。在司机室底座与机架之间、发动机（或电动机）座与机架之间、变速箱安装支架与机架之间安装适当弹性和阻尼元件，可减振或消振，如图 4-212 和图 4-213 所示。

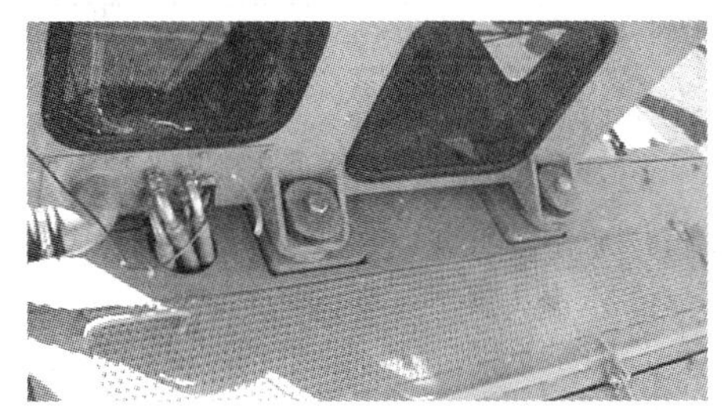

图 4-212　司机室弹性支承

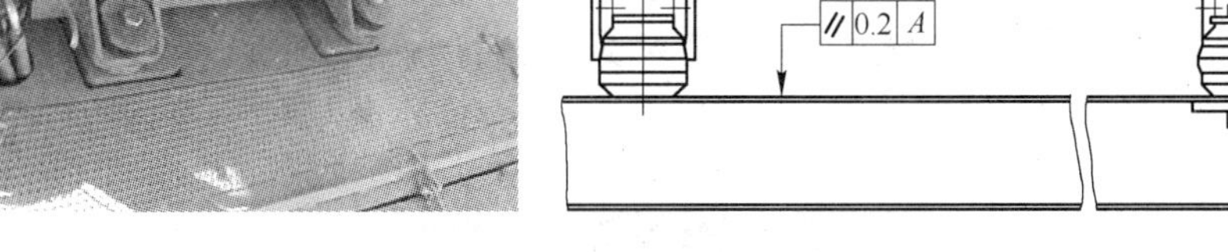

图 4-213　发动机弹性支承

B　吸声、隔声和减振

目前地下轮胎式采矿车辆向着大功率、大流量、高油压、小尺寸方向发展，从技术可行性与经济性来看，要大幅度降低噪声是很困难的，甚至是不可能的。因此可适当采取吸声、隔声和减振及全密封司机室措施，以降低传到司机耳边的噪声，保护司机身体健康。吸声、隔声和减振的具体说明见表 4-88。

表 4-88　吸声、隔声和减振

声学材料类型	示 意 图	说　　明
吸声		吸声材料是指具有较强的吸收声能减低噪声性能的材料与结构，在噪声的传播途径中吸收一部分声能，以降低传到司机耳旁的噪声。当声波遇到一个物体表面时，其一部分能量被反射，另一部分能量被吸收。如果在噪声源周围布置一些能吸收声能的材料，就会降低声源周围壁面反射回来的声能，从而达到降低噪声的目的。如在司机室与发动机之间，挡板面向发动机一侧的板面上装有由多孔材料构成的吸声结构等。 吸收材料有泡沫、玻璃纤维等。它可用于在全封闭司机室机壳内墙，以防止声波混响

续表 4-88

声学材料类型	示 意 图	说　　明
隔声		隔声是利用一些具有一定质量的坚实材料，隔离声音传播通路，降低噪声。如将发动机或油泵封闭在一个较小的空间中，与其他周围环境隔绝起来，或采用隔声室、隔声罩等。但此时必须考虑通风冷却问题，否则会顾此失彼。 隔声材料有乙烯基窗帘、铅、玻璃、胶合板、钢板等
吸声和隔声复合		复合材料既吸收又阻隔声音。它可为外壳提供另外的高质量隔板或作为全封闭司机室吸收辐射声波。 复合材料有泡沫、塑料、玻璃纤维和铅的组合
隔振/阻尼/减振		噪声除了通过空气传播外，还可通过地板、金属结构等固体传播，降低噪声的基本措施是隔振。隔振是使用隔振材料或隔振元件，如弹簧、橡胶、软木和毡类等制成的隔振器，安装在产生振动的零部件上面或下面，吸收振动，降低噪声。阻尼是利用某些胶状材料涂在机器表面上，增加材料的内摩擦，消耗机器板面振动能量，使振动减小。减振是采用高阻尼合金或在金属表面涂阻尼材料，降低金属结构传声产生的振动

当前较大中型地下轮胎式采矿车辆，普遍采用全密封式司机室（图 4-214）。司机室内采用吸声、隔声和减振措施，以增强隔声能力。带司机棚的车辆则在安全框架的适当部位安装吸声结构。试验证明，全密封式司机室或部分封闭司机室比没有封闭的司机室可降噪 3 ~ 22.6dB(A)（表 4-89）。

图 4-214　LHD 全封闭司机室

表 4-89　发动机高怠速时不同测试条件不同测量位置噪声

测量位置	司机室外面/dB(A)	司机室里面/dB(A)
所有窗户打开	99.9	96.9
左窗户关闭	98.2	93.8
后和左窗户关闭	98.4	92.9
后、左和右窗户关闭	99.9	89.1
全部窗户关闭	100.3	77.7

C 个体保护

当噪声强度大于90dB(A)时，必须让矿工佩带个人防护用品，以保护听觉器官。一般可带上耳塞（图4-215），它的隔声效果可达20～35dB(A)。此外还有耳罩（图4-216和图4-217），其隔声效果优于耳塞，可达30～40dB(A)，但佩戴时不够方便，成本也较高。

图4-215 耳塞

图4-216 耳罩

图4-217 挂安全帽式隔声耳罩

D 噪声监视与合理安排劳动和休息

企业的管理者应定期检测环境噪声，监督检查企业的管理者应定期检测环境噪声，监督检查预防措施执行情况与效果，以保护地下工作人员的健康。同时还要合理安排噪声作业工人的工间休息，休息时应离开噪声环境以恢复听觉疲劳。

E 车辆的总噪声

知道了各主要噪声源大小，可计算出车辆的总噪声。通过用对各个噪声源的控制，可以大大改善车辆的总噪声，如图4-218所示。

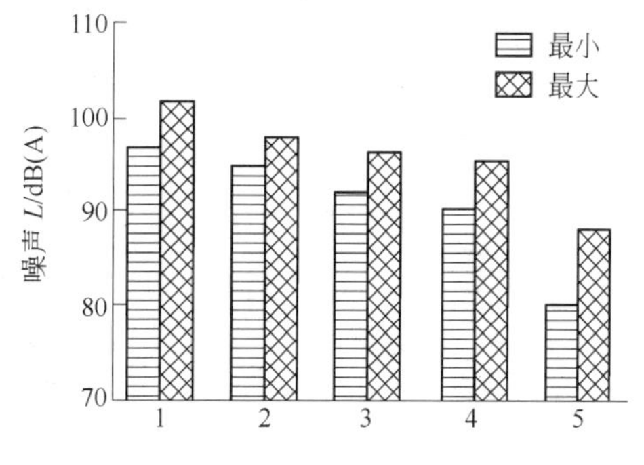

图4-218 车辆的总噪声

1—未处理；2—带消声器；3—部分密封；4—完整的发动机机壳；5—隔声驾驶室

4.13.1.6 噪声的测量

噪声测量结果与测量所采用的方法有关。为了取得比较可靠的数据，就要测量者必须按照规定的条件，统一的测试方法进行测量和仪器标定。

我国目前采用的有关噪声试验的标准是GB/T 25612—2010、GB/T 25613—2010、GB/T 25614—2010、GB/T 25615—2010，替代老的标准 GB 16710.1—1996 ~ GB 16710.5—1996。

该标准定置试验条件下的两个测量方法，即机外辐射噪声和司机耳边噪声测定，基本上等效采用国际标准ISO 6393—2008 和 ISO 6394—2008，动态条件下的两个测量方法等效采用国际标准ISO 6395—2008 和 ISO 6396—2008。

在地下轮胎式采矿车辆噪声测量常采用GB/T 25612—2010 和 GB/T 25615—2010 两个标准。

4.13.1.7 国内外地下轮胎式采矿车辆噪声实测数据

A Atlas Copco 公司地下装载机实测噪声

ST－3.5 地下装载机测量噪声见表4-90。ST－6C 地下装载机测量噪声见表4-91。

ST－8B 地下装载机测量噪声见表 4-92。

表 4-90　ST－3.5 地下装载机测量噪声

测 试 条 件		阵雨，风速 8.05km/h，气温 23℃
采用标准		89/292/EEC
测试区环境噪声/dB(A)		64
司机耳边噪声/dB(A)	低怠速	79～80.5
	高怠速	97.5～98.5
	失速	98.5
	泵最大速度运转	99
距离缸体 3.048m 远的地方噪声/dB(A)	低怠速	81～82
	高怠速	100～101
	失速	101～102
	泵最大速度运转	99～100.5

表 4-91　ST－6C 地下装载机测量噪声

测 试 条 件		阴天，风速 8.05km/h，气温 13℃
采用标准		89/292/EEC
测试区环境噪声/dB(A)		59
司机耳边噪声/dB(A)	低怠速	68.5～70
	高怠速	79.5～82
	失速	82.5
	泵最大速度运转	80.5～81.5
距离缸体 3.048m 远的地方噪声/dB(A)	低怠速	85.5～87.5
	高怠速	100～102.5
	失速	101
	泵最大速度运转	100～102

表 4-92　ST－8B 地下装载机测量噪声

测 试 条 件		晴，风速 8.05km/h，气温 15℃
采用标准		89/292/EEC
测试区环境噪声/dB(A)		58
司机耳边噪声/dB(A)	低怠速	83～85.4
	高怠速	96.8～98.6
	失速	96.8～100.2
	泵最大速度运转	96.8～98.6
距离缸体 3.048m 远的地方噪声/dB(A)	低怠速	85～86
	高怠速	99.5～100
	失速	100.5～102
	泵最大速度运转	99.5～100

B Tamrock 公司 Toro 6 型柴油地下装载机实测噪声

司机位置噪声发射和噪声水平的测量是根据欧盟机械指令 98/37/EC 来测量的。

在发动机高怠速时测量，司机位置噪声水平为 98dB(A)。

C 美国 Caterpillar 公司地下装载机、地下汽车噪声

（1）R1700G、R2900G 柴油地下装载机。

1）噪声不大于 90dB(A)，测试条件是在带空调司机室条件下，门窗关闭，发动机额定转速，空载；

2）噪声不大于 93dB(A)，测试条件是敞开式司机室（如客户需要），发动机低怠速，空载。

（2）按照 ISO 6394 和 98/37/EC 标准规定的测试条件和方法，测得全封闭司机室内司机位置的噪声值：AD30 和 AD55 型地下汽车为 81dB(A)，AD45 型地下汽车为 82dB(A)。

由上可知，美国 ST－3.5 地下轮胎式采矿车辆测试的司机耳边噪声最低 92dB(A)，最高 97dB(A)。其他机型也有类似的检测。我国制造的地下轮胎式采矿车辆也有相当部分噪声超过 90dB(A)，产生该情况的主要原因：一是中小型地下轮胎式采矿车辆受空间限制，基本上配置的是司机棚，而不是密封的司机室；二是地下矿山是一个封闭空间，声音辐射不出去；三是发动机或电动机本身噪声就比较高，如美国底特律 50 系列柴油机的噪声就达 103dB(A)，德国道依茨 104 柴油机噪声达 93dB(A)、1015 柴油机噪声达 96.5dB(A)、104 柴油机噪声达 93dB(A)。我国柴油机噪声就更高，再加上变速箱、车桥、液压系统的噪声，即使加了消声器，仍有相当部分地下轮胎式采矿车辆司机耳边的噪声超过 90dB(A)。

从上面的标准、检测与分析可以看出：就目前的技术水平和现场使用情况来看，有相当多的地下轮胎式采矿车辆的噪声水平超过 90dB(A)或 92dB(A)。因此，单纯地限制地下轮胎式采矿车辆噪声水平在 90dB(A)或 92dB(A)以下，不符合当前情况，也不科学。因为噪声对人的危害，除了与噪声强度有关之外，还与噪声的作用时间等因素有关。根据前面的标准可以看出，若降低噪声水平，技术上、经济上都有困难。适当缩短连续工作时间或给矿工提供保护，合理安排矿工劳动与休息，即使噪声不小于 92dB(A)，矿工仍可在井下工作，而听力仍不受影响。

目前，大中型地下轮胎式采矿车辆往往采用全封闭司机室，司机耳边噪声一般在 85dB(A)，最低者大约是 80dB(A)。随着科学技术的发展，噪声值还会进一步降低。

4.13.2 振动

4.13.2.1 生产性振动的分类及影响振动的因素

由于地下矿山恶劣的作业环境和地下轮胎式采矿车辆的特殊结构（如车桥无悬挂、座椅大多数无悬浮等），致使地下轮胎式采矿车辆在作业时颠簸、振动很厉害。地下轮胎式采矿车辆司机长年累月处于这种环境中，这不仅严重影响了司机的健康与安全，而且也严重地影响了司机的作业效率。此外，振动还会严重影响机械、车辆、仪表的正常工作，严重时还会大大增加车辆的故障率，甚至会缩短机器的使用寿命。正因为如此，国内外广大学者对地下轮胎式采矿车辆的振动源、振动对司机的健康与安全的影响、振动的测量与评估标准、振动控制进行了大量的研究，取得了许多成果。

A 基本概念

（1）振动：一个质点或物体在外力作用下沿直线或弧线围绕一平衡位置来回重复的运动。

（2）振幅：振动物体离开平衡位置的最大距离（mm），振幅越大，危害越大。

（3）频率：单位时间内完成的振动次数（Hz）。

（4）加速度：振动物体在单位时间内的运动速度变化值（m/s^2），加速度越大，危害越大。

B 生产性振动的分类

振动作用于人体的部位和传导方式如图4-219所示。

局部振动是指施加于或传递到人体某一特定局部、区域或部位，如手臂系统或头部（通常用来区别于全身振动）的机械振动（冲击）。对地下轮胎式采矿车辆来说局部振动就是手臂振动（hand - arm vibration，HAV），即通过握持方向盘或操作阀手柄传递到手臂系统的机械振动（冲击）。手部接触振动源，通过手臂传导至全身。

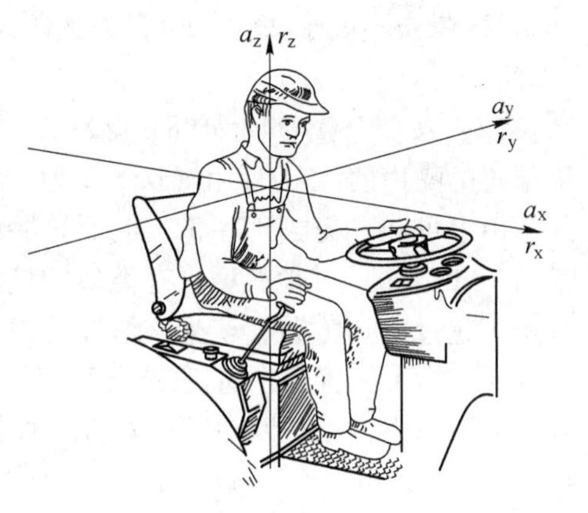

图 4-219 振动作用于人体的部位和传导方式

全身振动是指传向整个人体的机械振动（冲击），通常是通过与振动的支撑表面相接触的人体区域（如臀部、脚底、背部）传递，如司机坐着驾驶车辆所承受的振动等。

C 影响振动危害的因素

（1）频率。振动对人体的不良影响中，频率起着主要作用。不同频率的振动所引起的感受和病变特征是不同的。人体能感知的振动频率范围是1～1000Hz。对于环境振动，人们所关心的是人体反应特别敏感的1～80Hz的振动，这主要是由于各种组织的共振频率集中在这个范围。站立的人对4～8Hz的振动最为敏感，躺卧的人对1～2Hz的振动最为敏感。

低频振动，人感受到振动或撞击；高频振动，人感到疼痛，甚至有烧灼感。2Hz以下的振动可引起振动病，即乘晕症。20Hz以下的低频振动可引起肌肉萎缩、疼痛和工作能力低下。40Hz以下的振动，30～300Hz的高频振动损伤最明显，可引起典型的局部振动病。

（2）加速度。加速度的大小和振动病症状的发生率有密切关系。加速度大，其危害性也大。加速度大的手臂振动引起的白指发病率、皮温低下程度、手麻症状出现率等都高于加速度低的情况。

（3）接振时间。接振时间越长对机体的不良影响越大。振动病的发病率有随工龄延长而增加的趋势。间断接触或适当安排工间休息对减轻危害有利。

（4）体位和操作方式。人对振动的敏感程度和身体所处的位置以及操作方式有关。立位时对垂直振动敏感，卧位时对水平振动敏感。如采用将胸、腹或下肢紧贴振动体，或用手紧握振动部件的操作方式，受振动的影响更大。

（5）环境条件。气温在振动的致病作用中是一个重要条件。环境寒冷会引起血管收缩、血流量减少，并能直接刺激平滑肌收缩，使血液黏稠度增大、血液循环改变，引起机能障碍，促使振动病的发生。

D　人体的振动特性

人体可视为一个多自由度的振动系统。由于人体是具有弹性的组织，因此，对振动的反应与一个弹性系统相当。尽管将人体作为振动系统研究时，出现的情况十分复杂，但是对于坐姿人体承受垂直振动时的振动特性，某研究结果基本一致。人体对4~8Hz的振动能量传递率最大，其生理效应也最大，称作第一共振峰。它主要由胸部共振产生，因而对胸腔内脏影响最大。在10~12Hz的振动频率时出现第二共振峰，它是由腹部共振产生，对腹部内脏影响较大，其生理效应仅次于第一共振峰。在20~25Hz的频率时出现第三共振峰，其生理效应稍低于第二共振峰。以后随着频率的增高，振动在人体内的传递逐步衰减，其生理效应也相应减弱。显然，对人体影响最大的是低频区。当整体处于1~20Hz的低频区时，人体随着频率不同而发生的不同反应，如图4-220所示。

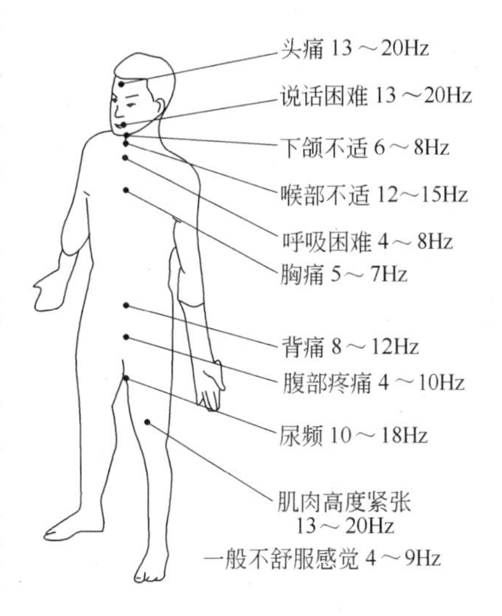

图4-220　人体对振动敏感范围

4.13.2.2　振动及对人体健康的危害

A　人体全身振动及对人体健康的危害

人体全身振动暴露是指人体承受着传输到整个身体的机械振动。全身振动是由振动源通过身体的支持部分（足部或臀部）将振动沿下肢或躯干传布全身，振动所产生的能量通过支承面作用于坐位或立位操作的人身上，引起一系列病变。

人体不同部位和系统有各自的固有频率。当人体受到的振动频率在某一固有频率附近时就会产生共振。如振动频率为3~6Hz时，与头部和胸、腹腔的固有频率接近，容易造成头痛、脑胀、眩晕、呕吐等症状。长此以往还会造成失眠、记忆力减退、高血压、胃溃疡等疾病。振动频率为15~50Hz时，会引起眼球共振、视力下降。高频小振幅振动主要作用于神经末梢，低频较大振幅振动会使前庭器官受刺激。中等振幅的全身性振动由前庭器官传递，会发生恶心、眩晕等不良反应和运动疾病。较大振幅的振动会对人体产生病理影响。振动对人体产生的影响与振动频率之间的关系见表4-93。

表4-93　振动对人体的影响

频率/Hz	对人体的影响
<1	容易引起运动病，引起晕船、晕车等
1~4	干扰呼吸、神经系统
4~10	引起人的胸口、腹痛，皮肤温度下降，手指活动无法控制
10~20	肌肉紧张、眼睛发胀、咽喉痛、语言模糊、脑电波异常
20~300	手指血管和神经损伤

振动对人体的影响在不同的频段时起主要作用的物理量也不相同。

低频范围内，振动的加速度起主要作用。当加速度为 0.0035 ~ 0.0196m/s² 时，人体刚能感觉到振动。在 15 ~ 20Hz 范围内，当加速度小于 0.49m/s² 时，对人体不会造成伤害；但随着加速度的增大会引起前庭器官反应，甚至造成内脏、血液位移。若承受振动时间极短，则人体能够忍受的加速度会大得多。例如持续时间在 0.1s 以下时，人体能够承受 392m/s² 的横向加速度。但极短时间内若加速度超过人体承受限度，会造成皮肉青肿、骨折、器官破裂、脑震荡等伤害。

高频范围时，主要是振幅起作用。当作用于全身的振动频率在 40 ~ 102Hz 时，即使振幅在 0.05 ~ 1.3mm 时也会对全身有害。高频振动主要对神经末梢起作用，引起末梢血管痉挛的最低频率是 35Hz。在人体受到全身振动引起的病理效应中，长期坐姿操作的地下轮胎式采矿车辆司机所受的乘坐振动更为严重。研究和调查表明，这些司机普遍患有脊柱损伤和胃病。

B　手臂振动及对人体健康的危害

造成手和手臂损伤的因素当然首先是振动强度。在同等振动强度下，作用于手掌掌心的振动会导致振动损伤的加重。手部振动引起的病变主要有白指病和手臂振动综合症。掌心是手掌受力的敏感部位，血管和神经末梢比较丰富，且处在皮下浅层（掌心肌肉层薄）。若强振，操纵杆头的形状不合理，使手掌掌心长期受振动压迫，阻碍正常的血液循环，造成局部间歇性缺血，刺激和损伤神经，就会引起白指病。症状发展过程为：开始不定期地出现手指指尖缺血发白，伴随着指尖触觉迟钝、有麻木感、针刺感；若掌心所受的外界振动持续较久，上述症状将逐渐频繁出现，且每次延续时间加长，“白指”的范围向指根方向延伸，症状也加重，甚至使几个手指活动和工作都很困难。手臂振动综合症的症状包括手与前臂感觉迟钝、疼痛、肌力减退、活动能力失调以及引起肘部腕部的关节炎。

除此之外，手臂振动还会对人体其他系统带来严重影响：

（1）神经系统。暴露于手传振动的工人可以感到手和手指麻刺和麻木。如果振动暴露继续，这些症状趋于恶化，并能妨碍工作能力和日常活动。振动暴露工人在临床检查时表现为手的熟练性受损害，同时正常的触觉和温度感觉降低。手传振动的另一个影响是还可以发现指尖皮肤的振动感觉下降。

（2）心血管系统。暴露于手传振动的工人可能抱怨经常由于受冷激发的手指阵发性颜色变浅或变白。

（3）肌肉系统。长期暴露于振动的工人可能陈述手和臂部肌肉无力、疼痛及肌力减弱，还发现振动暴露伴随着手的握力下降。在一些个体中，肌肉疲劳可导致劳动能力丧失。直接的力学伤害或周围神经损伤已被建议作为这类肌肉症状可能的病因学因素。

（4）骨组织。引起骨和关节改变，出现骨质增生、骨质疏松等。

（5）听觉器官。低频率段听力下降，如与噪声结合，则可加重对听觉器官的损害。

（6）其他。可引起食欲不振、胃痛、性机能低下等。

C　振动对地下轮胎式采矿车辆司机的影响

地下轮胎式采矿车辆在行驶过程中由于路面不平，司机总是处于颠簸的振动环境中，同时发动机、动力传动总成以及车身也直接或间接向司机传递振动。在这样的环境中，司机除了会受到一般振动的影响之外，还由于地下轮胎式采矿车辆独特的振动环境而受到影响。颠簸使司机承受垂直振动，在频率较低时，出于对振动的同步反应，躯干部的肌肉系统紧张和放松交替进行。但地下轮胎式采矿车辆行驶中司机大多数承受的是无规律的垂直振动，肌肉系统不能很快地对单个振动刺激做出反应。持续地肌肉紧张而没有放松，会对椎间盘产生附加力，甚至间接伤害椎间盘。垂直振动对脊柱和相关神经系统的危害最大，其原因是机械振动使脊柱负荷过大，并且使椎间盘物质交换受阻。司机手臂经常承受转向盘、变速杆等造成的局部振动，容易引起相关身体部位麻木、僵硬。剧烈而无规律的振动可加速疲劳，降低操纵机能，使工作错误率增加。当通过坐垫和靠背传递给司机的振动频率达到 20～30Hz 并影响到头部时，其视力将受影响而减退。振动负荷还会延长司机眼睛对信号和标志的理解时间。

4.13.2.3 地下轮胎式采矿车辆的振动源

A 全身振动的振动源

要想严格控制振动，就必须要知道振动源在什么地方，从理论上，降低振动的最好方法就是消除或减少振动源。实际上，由振动源产生的振动很复杂，不可能完全消除，只能局部控制。那么在地下轮胎式采矿车辆中产生人体“全身振动暴露”的振动源在什么地方呢？总的来说，主要的振动源有三个：恶劣的道路、车辆作业、发动机的振动。除此之外，还有许多因素对人体全身振动暴露有很大影响，如图 4-221 所示。

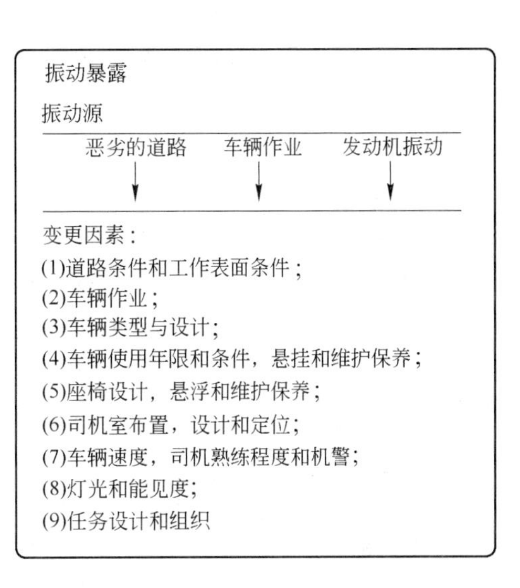

图 4-221 全身振动的振动源

（1）道路条件和工作表面条件。差的路面使车辆产生颠簸，使司机不舒服，但它不会产生严重的伤害。若好的路面，如果以一定车速运行的车辆遇到意外的坑洼将对司机的颈和背产生严重的伤害。另一方面，差的运行路面还会使司机长时间地受到身体损害。

虽然道路维护管理是所有矿山普遍存在的问题，但是道路维护并没有像生产那样受到关注。

（2）车辆的作业。车辆作业和重负荷作业对司机的振动暴露有很大影响。例如地下 LHD，其工作范围很广，各种工况十分复杂，如铲掘、载荷运输、装卸矿物、巷道顶的清理，都使司机暴露在十分颠簸的环境中。

（3）车辆的类型与设计。在过去，选择地下轮胎式采矿车辆只考虑它的功能、成本、强度、动力和维修性，很少考虑司机的舒适性。长时间强烈地使用这些机器，特别对年长的司机来说，会发生背和颈部疼痛或其他骨骼、肌肉或关节疾病。特别是在没有足够的悬挂的情况下，人体振动暴露更会增加。

地下轮胎式采矿车辆大都没有悬挂系统，它常常暴露在恶劣的工作环境下，司机因看不到前面的路面更容易受到意外的颠簸和振动。

另外，高的轮胎气压也会造成车辆颠簸。

（4）车辆使用年限和使用条件、悬挂和维护保养。同一厂家制造同一型号的车辆，新的车辆就比旧的车辆振动小。在恶劣的采矿条件下，作业的车辆比不是采矿条件下作业车辆振动大。即使有悬挂的车辆，悬挂的性能很可能迅速变坏。

（5）座位设计、悬浮与维修。座位设计、安装、调整与维护的好坏，对人体全身振动有很大影响，特别是人体的颈和下背的疼痛。地下轮胎式采矿车辆司机室受到地下巷道空间的限制一般很矮，司机的视线一般由司机座位调整来改善。同时，由于地下轮胎式采矿车辆司机大都是侧坐，面对车辆中心，当司机向前或向后看时，司机座位最好能回转。特别是全封闭司机室的空间受到限制，使座位的调整也受到限制。从座位坐垫到司机室顶部距离达 1m 的这种最低要求，也因司机室空间的限制而难以达到。根据这种情况，司机的颈与背部的伤害就会有明显的增加。

传统的车辆司机座位在垂直方向（Z 轴），频率大约在 4Hz 处共振，结果振动的频率被放大，这是因为人体对 Z 轴方向上 4 ~ 8Hz 范围内的振动最敏感。座位悬浮对减振有帮助，但不能完全解决问题。座位也可以把 X 轴（前到后）、Y 轴（后到侧后）的振动放大。

当座位不维护或定期更换，它就能增加振动，因为座位悬浮随着时间推移而变坏。座位降到最低或不可能充分调节，对所有用户来说可能引起严重伤害。

（6）司机室的布置、设计与方向。很差的司机室的设计增加了司机的不舒服感，降低了他的座位的效果及工作效率。在一些车辆中司机要扭曲着身体去看人行道和后面、向下去看发生了什么，这就易导致下背和颈部更加不舒服。

在许多车辆中，司机室中个子高的司机伸腿的空间不够，没有调节座位的空间或者个子矮的司机接触不到踏板。如果司机室空间不足，那么司机就在很差的位置上进行控制。如果数据显示，司机读起来很困难，司机就有可能采用不正确的有潜在危险的姿势，他们也不可能更好地使用这些座位。如果长期反复采用不正确的坐姿就有可能导致背与颈的疼痛，从而增加司机工作时的不舒服感，年长的司机在这种条件下工作影响特别大。

（7）车辆的速度、司机的技能和机警。车辆和司机在恶劣的作业环境下通常短时间不舒服完全可以承受，但长时间的损伤可能在 10 ~ 20 年之后才能暴露出来。

提高车速增加了颠簸。对于各种不同的作业条件，有一个最佳的速度，既不慢又不快。司机的技能和对条件的敏感性，在确定最佳速度方面是十分重要的。特别当极限速度与安全联系起来时，乘坐矿工的运输车，车辆后排的矿工颠簸比前排的大，特别是坐在后桥后面的矿工。司机都希望能有很好的判断力，但是不同的人有不同的认识，经验不足的司机特别是处在该情况危险的时候，许多人看不到车辆颠簸同背与颈部伤害的联系。

（8）灯光与视线。司机特别是在运输时，需要警惕道路条件和障碍物。如地洼、软点、水和路面物。在地下轮胎式采矿车辆运行需要有好的大灯和适当的速度。在车辆观察盲点和道路视线很差时，更要特别小心。

（9）任务设计与组织。长期坐着和工作安排不改变，可能导致背与颈的疼痛。在一些情况，长时间坐着，缺乏任务变化，很有可能引起不适，颈与背的疼痛，这是地下轮胎式采矿车辆司机的通病。

B　手臂振动振动源

手握方向盘、操纵杆操作地下轮胎式采矿车辆，是某些人体承受局部振动的主要来源

(图 4-222 和图 4-223)。振动传递路线是方向盘—手、先导阀手柄—手。

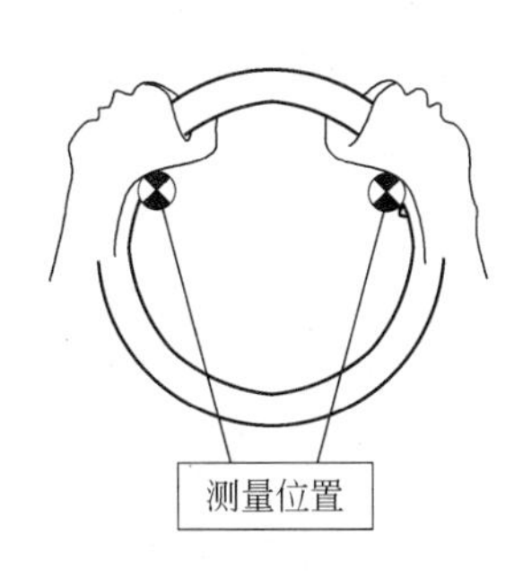

图 4-222 操纵方向盘

图 4-223 操纵操纵杆

4.13.2.4 振动暴露评价标准

A 人体全身振动暴露评价标准

a ISO 2631－1：1997

地下轮胎式采矿车辆人体全身振动暴露评价大都采用 ISO 2631－1：1997 标准，我国 GB/T 13441.1—2007 标准等同采用该标准。该标准是一个通用标准。根据该标准，地下轮胎式采矿车辆将振动传递给司机的路径为：地板—脚、地板—座椅—臀部及背部。

人在机械上操作通常有三种姿势：坐姿、站姿和仰卧姿势，根据人体结构及人体组织对振动的响应定义，脚—头方向为 z 方向，背—胸方向为 x 方向，右—左方向为 y 方向。此三种姿势下人体振动输入点及振动方向如图 4-224 所示。

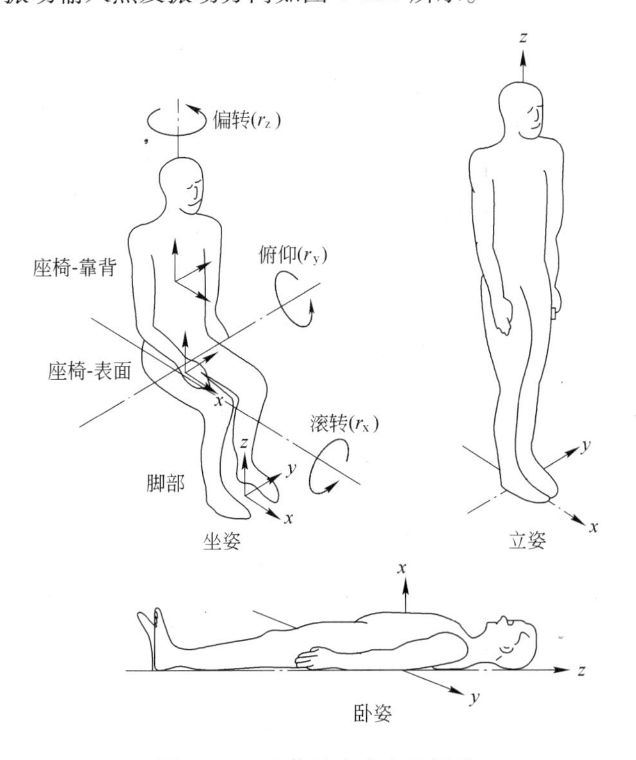

图 4-224 人体基本中心坐标系

在地下轮胎式采矿车辆上操作人员大多采用坐姿操作，这种姿势的振动输入点有三个：坐垫→臀部、靠背→背部和地板→脚。对于坐垫→臀部，由于座椅的 L 形支承面还约束了绕 x、y、z 方向的自由度，所以除了位移振动 $a_{ws(x,y,z)}$，还有旋转振动 $a_{ws(r_x,r_y,r_z)}$ 共六个方向的振动；对于靠背→背部，三个方向的位移振动 $a_{wB(x,y,z)}$；对于地板→脚，三个方向的位移振动 $a_{WF(x,y,z)}$。所以坐姿振动需要在三个测量点共 12 个方向上测量。

采取坐姿时人体对振动响应是如何取决于强度、频率及作用方向的呢？当评估平顺性（舒适性）与健康影响时，如果实际操作中不存在较高的峰值因子、间歇冲击和瞬时振动，可以使用全身振动强度 a_w 进行评估，这是基本评估方法；最大瞬时振动值 MTVV 或者四次方振动量 VDV 属于附加评估方法，当 $\frac{MTVV}{a_w}>1.5$ 或者 $\frac{VDV}{a_w T^{1/4}}>1.75$ 时（式中 T 为测量时间），应当同时使用 MTVV 或者 VDV 进行评估；当 $\frac{MTVV}{a_w}>9$ 时，a_w 不再适用，而只能用 MTVV 或者 VDV 进行评估，因为在这种情况下，a_w 低估了间歇冲击及瞬时振动的影响。

（1）全身振动强度 a_w 计算法。a_w 在频域内的计算 $a_w=\left[\sum_i (W_i a_i)^2\right]^{1/2}$ 需要确定频率计权 W_i，根据国际有关组织大量的研究试验，用 1/3 倍频带法测量拟合出在 0.02 ~ 400Hz 范围内，人体在三个测量点共 12 个方向上的基本频率计权曲线 W_k、W_d、W_f，和附加频率计权曲线 W_c、W_e、W_j 这六个频率计权曲线并不重合，如图 4-225、图 4-226 所示。

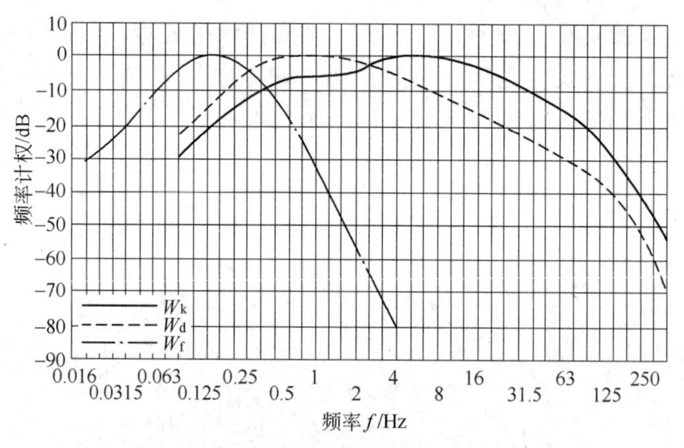

图 4-225　基本计权值的频率计权曲线

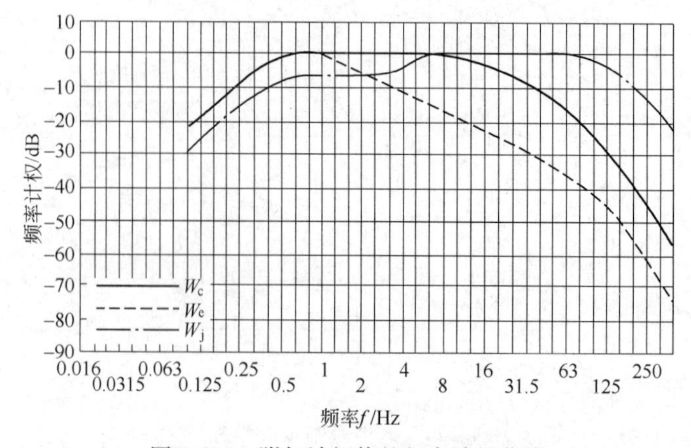

图 4-226　附加计权值的频率计权曲线

此外，在评估平顺性和健康影响时，$a_w(x, y, z)$，$a_w(r_x, r_y, r_z)$ 测试值按方向不同需要各自乘上方向因数 k，其在 12 个方向上也是各不相同；在评估眩晕时，x、y 向振动几乎对眩晕没有影响，只需要测量 z 向的眩晕振动量 MSDV，对应的频率计权因子是 w_i、MTVV、VDV、MSDV（运动病剂量值）的测定都需要使用这些频率计权函数和乘积因子。

这就是人体振动响应与振动强度、频率、作用方向之间，以及强度、频率和作用方向相互之间的关系，见表 4-94。

表 4-94 坐姿振动方向、频率计权与方向因数之间关系

操作姿势	评估范畴	测量点	方向	频率计权	方向因数	备 注
坐姿	健康影响	臀部—坐垫	x	W_d	$k=1.4$	
			y	W_d	$k=1.4$	
			z	W_k	$k=1$	
		背部—靠背	x	W_c	$k=0.8$	允许不测量，但最好能够测量
	舒适与感知（平顺性）	臀部—坐垫	x	W_d	$k=1$	
			y	W_d	$k=1$	
			z	W_k	$k=1$	
			r_x	W_e	$k=0.63\text{m/rad}$	
			r_y	W_e	$k=0.4\text{m/rad}$	
			r_z	W_e	$k=0.2\text{m/rad}$	
		背部—靠背	x	W_c	$k=0.8$	
			y	W_d	$k=0.5$	
			z	W_d	$k=0.4$	
		脚—地板	x	W_k	$k=0.25$	
			y	W_k	$k=0.25$	
			z	W_k	$k=0.4$	
	运动病（眩晕）	臀部—坐垫	z	W_f	$k=1$	

（2）计权均方根加速度的基本评价法。依据 ISO 2631－1：1997，振动评价应总是包括计权均方根（r. m. s.）加速度的测量。

对平移振动，计权均方根加速度用 m/s² 表示，而对旋转振动则用 rad/s² 表示。计权均方根加速度应按下式或其频域的等价式计算。

$$a_w = \left[\frac{1}{T}\int_0^T a_w^2(t)\,\mathrm{d}t\right]^{\frac{1}{2}} \tag{4-6}$$

式中 $a_w(t)$——作为时间函数（时间历程）的计权加速度（平移的或旋转的）；

T——测量时间长度，s。

图 4-225 和图 4-226 示出了不同方向上以及不同应用条件下推荐和使用的频率计权曲线。近年来的研究指出在振动暴露中的加速度峰值是重要的，尤其对健康的影响。

某些实验已经表明评价振动的均方根方法对于具有重要峰值振动的影响估计过低。对于具有这种高峰值特别是对于峰值因数大于9的振动，提出了补充的或另一种测量程序，而均方根方法适用于峰值因数小于或等于9。

峰值因数定义为在某一测量时间内，频率计权加速度信号的最大瞬时峰值与其有效值之比的模。对于高峰值因数（大于9）的振动使用运行均方根评价方法或四次方振动剂量法进行附加评价。

（3）运行均方根评价法。运行均方根评价方法通过使用一短积分时间常数来评价偶然冲击和瞬态振动。振动幅度定义为最大瞬态振动值（MTVV），由 $a_w(t_0)$ 的时间历程上的最大值给定，$a_w(t_0)$ 的定义式为：

$$a_w(t_0) = \left\{\frac{1}{\tau}\int_{t_0-\tau}^{t_0}[a_w(t)]^2 dt\right\}^{\frac{1}{2}} \tag{4-7}$$

式中　$a_w(t)$——瞬时频率计权加速度；

τ——运行平均的积分时间；

t——时间（积分变量）；

t_0——观测时间（瞬时时间）。

这一定义线性积分的公式可根据 ISO 8041 中定义的指数积分来近似确定：

$$a_w(t_0) = \left\{\frac{1}{\tau}\int_{-\infty}^{t_0}[a_w(t)]^2 \exp\left(\frac{t-t_0}{\tau}\right)dt\right\}^{\frac{1}{2}} \tag{4-8}$$

式(4-8)应用到与 τ 相比很短持续时间的冲击时，产生的结果误差很小，如应用于较长时间的冲击与瞬态振动时误差则略大（最大到30%）。

最大瞬态振动值 MTVV 定义为：

$$\text{MTVV} = \max[a_w(t_0)] \tag{4-9}$$

也即在一个测量周期内所读得 $a_w(t_0)$ 的最大值。

建议在测量 MTVV 时，取 $\tau=1$s，这相应于声级计中慢挡的积分时间常数。

（4）四次方振动剂量值法。四次方振动剂量值法通过使用加速度时间历程的四次方代替平方作为平均基础，使得四次方振动剂量值法比基本评价方法对峰值更敏感。四次方振动剂量值（VDV），单位用米每1.75次方秒（$m/s^{1.75}$）或弧度每秒1.75次方秒（$rad/s^{1.75}$），定义为：

$$\text{VDV} = \left\{\int_0^T [a_w(t)]^4 dt\right\}^{\frac{1}{4}} \tag{4-10}$$

式中　$a_w(t)$——瞬时频率计权加速度；

T——测量持续时间。

当振动暴露包括两个以上不同幅度的持续时间段 i 时，总暴露的振动剂量应由单个振动剂量值的四次方和四次方根来计算：

$$\text{VDV}_{\text{total}} = \left(\sum_{\tau}\text{VDV}_i^4\right)^{\frac{1}{4}} \tag{4-11}$$

经验认为，当使用补充方法且超过以下比例时，将附加评价方法用于评价振动对人体健康或舒适性影响将是重要的。

$$\frac{\text{MTVV}}{a_w}=1.5 \tag{4-12}$$

$$\frac{\text{VDV}}{a_w T^{\frac{1}{4}}}=1.75 \tag{4-13}$$

应该将基本评价方法用于评价振动。在附加方法也使用时，基本评价值和补充评价值都应报告。

（5）振动对健康影响的评价。振动对健康影响的评价提供了与健康有关的全身振动的指南。主要适用于规律性地暴露于振动的正常健康人群，且适用于沿人体 x、y 和 z 轴方向的直线振动。振动对健康影响的评价不适用于如交通事故和对人体造成损伤的事故引起的高振幅单次瞬态振动。

振动对健康影响的评价允许评估人员针对一定方向的振动（x、y 和 z 轴方向的直线振动）加速度，分别计算频率计权之 a_w 及 VDV，并分别依据健康警告区域所制定的暴露限制求每日允许的暴露时间，如图 4-227 所示。

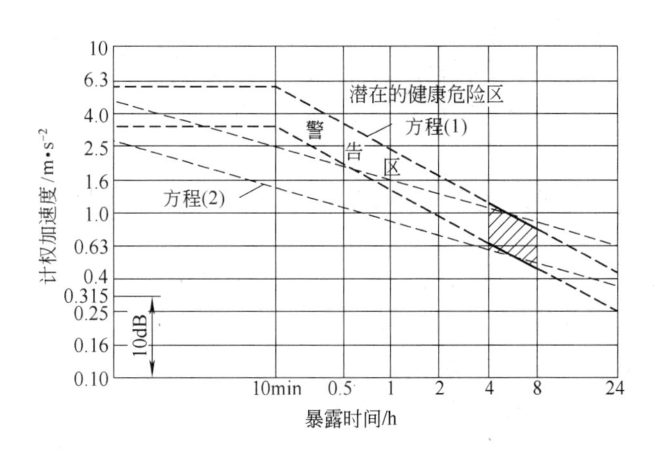

图 4-227 健康指南警告区域

方程(1)：$a_{w1}\cdot T_1^{\frac{1}{2}}=a_{w2}\cdot T_2^{\frac{1}{2}}$；方程(2)：$a_{w1}\cdot T_1^{\frac{1}{4}}=a_{w2}\cdot T_2^{\frac{1}{4}}$

在图 4-227 中，振动暴露分为下述几个区：

1）潜在的健康危险区。健康警告区以上的区域，该区的振动级可能危害人的健康。

2）健康警告区。两粗虚线（细虚线）之间区域，该区的振动级对人有潜在健康危险。

3）警告区以下区。警告区以下区还没有清晰地记载或客观地观察到对健康的影响；在该区域中表示出与潜在的健康危险相关的警告；处于该区域以上健康危险是相似的。这个建议主要是基于 4h 到 8h 的暴露，如图 4-227 中阴影部分所示。更短的持续时间宜用严重警告来处置。

图 4-227 中两根虚线之间分区来评价振动称为基本评价方法，为采用基本评价方法，出现低估的结果，可采用两细虚线分区的附加评价方法。

从图 4-227 可以得到全身振动在 x、y、z 方向，每天暴露时间分别为 4h 与 8h 的暴露极限值（见阴影线）。

b　GBZ1—2010 工业企业设计卫生标准

我国振动控制标准 GBZ1—2010 对全身振动的作业，其接振作业垂直，水平强度则要求不超过表 4-95 中的规定。

表 4-95　全身振动强度卫生限值

工作日接触时间 t/h	卫生限值/m · s^{-2}
$4 < t \leqslant 8$	0.62
$2.5 < t \leqslant 4$	1.1
$1.0 < t \leqslant 2.5$	1.4
$0.5 < t \leqslant 1$	2.4
$t \leqslant 0.5$	3.6

c　欧盟标准 Directive 2002/44/EC

2002/44/EC 是欧盟振动标准。全身振动暴露值分为振动暴露极限值（exposure limit value）和振动暴露行动值（exposure action value）。前者是司机承受的全身振动值在任何情况下都不能超过。后者是表示振动计权加速度均方根最低限值，若实际振动计权加速度均方根值超过此值，必须采取切实可行的措施，降低振动计权加速度均方根值，以减少振动对司机的危害。

该欧盟标准是工作者暴露在全身振动中对安全和健康的最低要求。

在 2002/44/EC 标准中规定：

（1）该标准规定每天 8h 全身振动暴露行动值为 $0.52 m/s^2$ 或振动剂量值为 $9.1 m/s^{1.75}$。

（2）每天 8h 全身振动暴露极限值为 $1.15 m/s^2$ 或振动剂量值为 $21 m/s^{1.75}$。

2002/44/EC 标准中对全身振动暴露评价是基于日暴露时间为 8h 计算的，A（8）表示 8h 等效连续加速度，它根据最高 r. m. s 值计算或根据频率计权加速度最高剂量值（VDV）计算。r. m. s 和 VDV 是在三个坐标轴上（工作者坐着的 $1.4a_{wx}$，$1.4a_{wy}$，a_{wz}），根据 ISO 2631－1：1997 第 5～7 章和附录 B 确定。

在原标准中，全身振动暴露极限值是 $0.63 m/s^2$，事实上该值要求太严，在很多工作环境下难以达到，因此后来才把 $0.63 m/s^2$ 提高到 $1.15 m/s^2$。

d　加拿大 Work Safe BC 标准

加拿大 Work Safe BC 标准全身振动暴露在 x、y、z 方向极限值见表 4-96。

表 4-96　全身振动暴露在 x、y、z 方向极限值

每天暴露时间/h	频率加速度均方根分值/m · s^{-2}		
	不清楚效果	警告区	健康危险区
4	<0.6	0.6～1.1	>1.1
8	<0.5	0.5～0.9	>0.9

e　美国 ACGIH WBV TLV 暴露值

美国 ACGIH WBV TLV 暴露值见表 4-97。

表 4-97 美国 ACGIH WBV TLV 暴露值

每天暴露总时间/h	主加权加速度均方根分值/m·s^{-2}
8～16	2.2
4～8	3.4
2.5～4	4.8
1～2.5	8.1
0.417～1	4.1
0.267～0.417	14.3
0.017～0.267	19.2

全身振动暴露 ACGIH TLV 值与 ISO 2631 相同。

f 澳大利亚 AS 2670—2001 标准

澳大利亚 A52670—2001 标准《人体暴露于全身振动的评估》于 2001 年出版，它包含两个稳定状态的评估方法——r. m. s 评估方法和 VDV 评估方法。

（1）计权均方根加速度（r. m. s）评价方法。A52670—2001 标准适用于坐着的人，因为振动对站立人，卧或斜躺着的人的健康的影响是不知道的。评价方法同于 ISO 2631－1：1997。

（2）四次方振动剂量（VDV）评估方法。VDV 在振动暴露评估中是一个有用的工具，特别适合采矿车辆人体暴露于全身振动的评价，因为采矿车辆的作业条件十分恶劣，车辆常常承受间歇性冲击振动，即使在 r. m. s 水平不高，这种现象也可能会出现。这对识别和控制高颠簸与剧烈摆动尤其重要，而不仅仅是依靠减少暴露时间。如果超过下列比值时，应采用 VDV 附加的评估方法：

$$\frac{\mathrm{VDV}}{a_{\mathrm{w}}T^{\frac{1}{4}}}=1.75$$

四次方振动剂量（VDV）评估方法如图 4-228 所示。图 4-228 中纵坐标表示测量振动剂量值 VDV，横坐标表示路面的平整度。从图 4-228 可以看出，路面越差，VDV 越高，乘载特性越差。因为 VDV 是不平路面乘载特性很灵敏的指标，当路面条件很差时，VDV 就很高。当 VDV＞17m/s$^{1.75}$时，暴露于振动中的司机就可能处在潜在健康危险区。当路面条件较好时，8.5m/s$^{1.75}$＜VDV＜17m/s$^{1.75}$，暴露于振动中的司机就处在警告区。

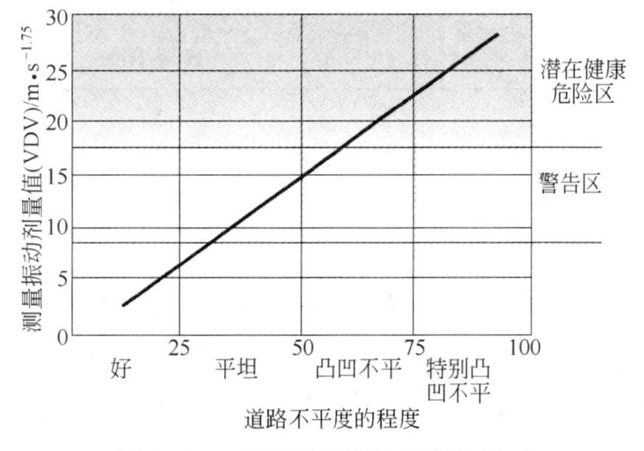

图 4-228 道路不平度的程度与振动剂量值（VDV）之间的关系

g 我国 GB/T 13441.1—2007 标准

我国最新发布的 GB/T 13441.1—2007 标准是等同采用现在国际上通用的 ISO 2631－1 标准，从 2007 年 4 月 1 日开始实施。

从上面的分析可知，世界上许多国家都采用 ISO 2361－1：1997 标准作为本国振动暴露极限值，只是采用的数值不同而已。表 4-98 列出了上述各标准的全身振动暴露极限值。

表 4-98 国外全身振动暴露极限值标准比较 （m/s^2）

每天暴露总时间/h	2002/44/EC①②	ISO 2631 -1：1997 AS 2670 -2001③ GB/T 13441.1—2007②	GBZ1—2002	Work Safe BC②	ACGIH
8	1.15	0.86	0.62	0.9	2.2
4	1.63	1.21	1.1	1.1	3.4
2	2.3	1.72	1.4（2.5h）		4.8
1	3.3	2.43	2.4		8.1
0.5	4.6	3.44	3.6		
0.25	6.5	4.86			4.3

① 在 ISO 2631 -1 标准中（图 4-227）8h 健康警告区是在 0.43 ~ 0.86m/s^2 之间，这就是说，EC 标准中 1.15m/s^2 已处在 ISO 健康危险区。在 EC 1994 年的这个标准中，行动值为 0.5m/s^2，限值为 0.63m/s^2。

② 表中数值是根据 8h 全身振动暴露极限值按 ISO 2631 -1 中 $a_{w2} = a_{w1}\sqrt{\frac{T_1}{T_2}}$（$B_1$）公式计算，其中 a_{w1} 为 8h 全身振动暴露极限值，$T_1 = 8h$，T_2 为实际全身振动暴露时间。

③ 表中数值是潜在健康危险区与警告区分界线上的值。

B 手臂振动暴露评价标准

（1）ACGIH 手臂振动 TLV 暴露值，见表 4-99。

表 4-99 ACGIH 手臂振动 TLV 暴露值

每天总的暴露时间/h	主要 r. m. s 加速度分量值/$m \cdot s^{-2}$
4 ~ 8	4
2 ~ 4	6
1 ~ 2	8
<1	12

（2）Directive 2002/44/EC，见表 4-100。

表 4-100 手臂振动暴露值

项　目	手臂振动/$m \cdot s^{-2}$
8h 暴露行动值	2.5
8h 暴露极限值	5

（3）ANSI S2.70—2006 手臂振动标准。

1）对 8h 一个工作班，如果最终值低于 2.5m/s^2，可操作该工具一个工作班。如果最终值超过 2.5m/s^2，即已超过了行动值，司机就必须采取手臂振动保护性措施。

2）如果最终值超过 5m/s^2，司机不能使用该试验工具，直到 ISO 频率计权加速度总值降低到 8h 5m/s^2 以下。

超过上述卫生限值应采取减振措施，若采取现有的减振技术后仍不能满足卫生限值的，应对司机配备有效的个人防护用具。

（4）GBZ2.2—2007。手传振动4h等能量频率计权振动加速度限值5m/s²。

4.13.2.5　振动暴露测量

全身振动测量是根据GB/T 13441.1—2007（ISO 2631－1：1997）进行的，手振动暴露试验是根据GB/T 14790.1—2009（ISO 5349－1：2001）和ISO 5349－2：2001进行的。

ISO 2631－1：1997、ISO 5349－1：2001、ISO 5349－2：2001标准提供了振动信号处理指南。处理信号最通用的方法是计权均方根值r.m.s加速度值。在计算出三个轴向（图4-229和图4-230）计权均方根值加速度值后，按全身振动ISO 2631－1：1997和手臂振动ISO 5349－1：2001标准或按Directive 2002/44/EC标准来评估振动对人身体健康的影响。

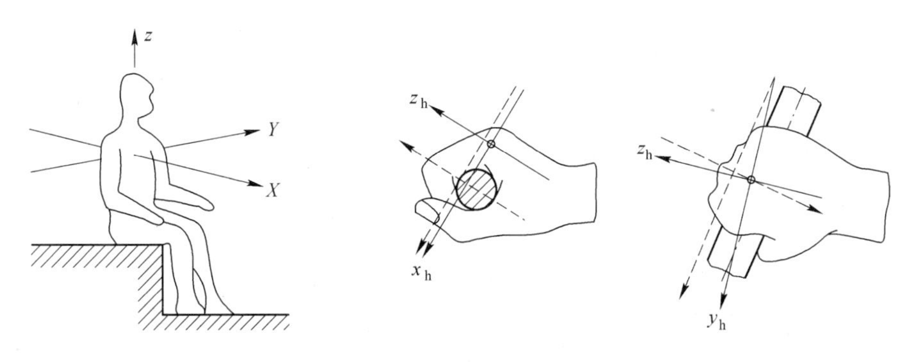

图4-229　人体坐姿中心坐标系

图4-230　基本中心坐标系和生物动力学坐标系

——生物动力学坐标系；----基本中心坐标系

A　测试仪器与方法

振动典型的测量仪器与测量方法如图4-231所示。

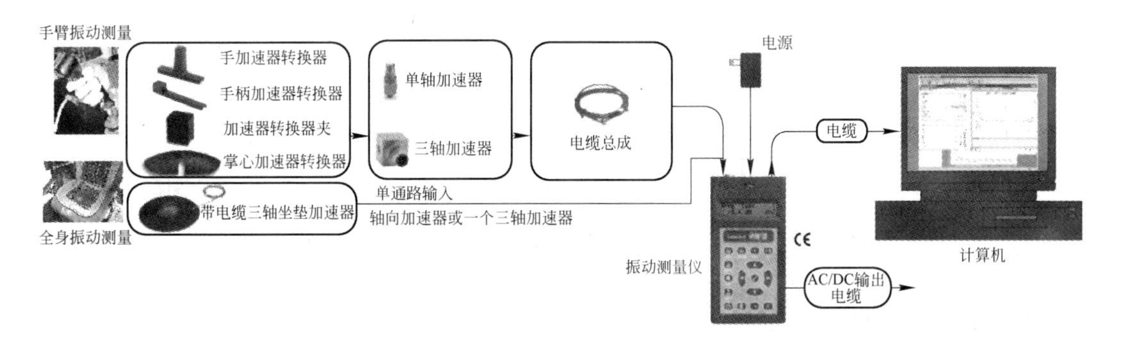

图4-231　振动典型的测量仪器与测量方法

测量仪器一般包括传感器、放大器、振动测量仪（记录仪）和数据分析计算机。全身振动传感器放在座椅上，主要收集通过司机身体传递来的振动信号，检测三个轴向振动：人体背—胸轴为x轴，右侧—左侧为y轴，脚—头轴为z轴。振动信号经放大后被记录下来，以用于后来分析。手臂振动传感器安装信息在GB/T 14412和ISO 5349－2中给出。主要收集通过方向盘—手，操作手柄—手传递来的振动信号，检测三个轴向振动：

x_h、y_h、z_h（图 4-232），振动信号经放大后分别被记录下来，以用于后来手的振动分析。

图 4-232 手臂振动测量及测量点位置与方向

为了充分保证合理的数据统计精度，并且能保证所测振动对拟评估的暴露具有典型性，测量振动的时间要足够。当完整的暴露包括具有不同特性的时间段时，可以要求分别对不同时间段做单独分析。

B 全身振动暴露试验结果实例

a 加拿大两种型号 16 台 LHD 地下装载机

2004 年，在加拿大安大略（Antario）8 个不同情况的矿山，两种型号 16 台 LHD，三个不同工况——装、卸和铲取进行人体全身振动暴露 10h 的试验，试验结果见表 4-101。

表 4-101 人体全身振动暴露试验结果

LHD 型号	运输能力（斗容）与工况	频率加权加速度均方根值/m · s⁻²						基于 ISO 2631－1 健康指南警告区的建议
		LHD 地板与座位底接触面			LHD 坐垫与司机接触面			
		x 轴	y 轴	z 轴	x 轴	y 轴	z 轴	
A 型	10 立方码（7.65m³）满载运输	0.54	0.43	0.86	0.51	0.61	0.89	与健康危险有关，需小心，应改进
	10 立方码（7.65m³）空载运输	0.51	0.46	0.78	0.57	0.58	1.00	可能影响健康，司机不应暴露在这个级别的振动下 8h，因此应降低振动暴露时间，或者减弱振动级别
	10 立方码（7.65m³）铲取	0.65	0.61	1.47	0.64	0.78	1.18	影响健康是可能的，司机不应暴露在这个级别的振动下 8h，因此应降低振动暴露时间，或者减弱振动级别
B 型	6 立方码（4.59m³）满载运输	0.39	0.24	0.44	0.51	0.30	0.55	与健康危险有关，需小心，应改进
	6 立方码（4.59m³）空载运输	0.81	0.56	1.07	0.59	0.46	0.46	与健康危险有关，需小心，应改进
	6 立方码（4.59m³）铲取	0.41	0.34	0.73	0.64	0.55	0.54	，与健康危险有关，需小心，应改进

从表 4-101 可以看出，A 型 LHD 在 z 轴上可以看到最大的振动强度，受到影响的座位使各个轴向的振动强度信号增加，最大振动强度处在 0.89～1.18m/s² 之间。此值正好落

在健康指南的警告区上，这不仅说明振动强度会影响司机的健康，还说明了供采矿条件下振动试验的座位不合适。对B型LHD在x轴上可看到最大的振动强度，受到影响的座位使振动信号强度增加，最大振动强度落在0.51～0.64m/s^{2}之间，试验振动水平落在影响健康的警告区内，供采矿条件下振动试验的座位也不适合。

b 芬兰 Tamrock TORO 6 地下装载机

试验中，手臂振动值为a_{8hw} = 2.0m/s^2；全身振动加权加速度均方根值为a_{8hw} = 0.85m/s^2。振动值对行车速度和地形高度敏感，以上数据是Tamrock在测试环境和测试工作周期条件下测得的。

上面给出的振动发射水平是按照全身振动标准ISO 2631－1：1997测量的。该振动发射水平可能因为车辆行驶的道路不同或驾驶车速和地面状况不同会有所区别，很可能会高于此值。

c Atlas Copco EST6C 电动地下装载机

试验条件：第三挡，全油门，Atlas Copco Wagner 试验设施。

采用标准：ISO 2631－1 和 SAE J1013。

试验结果：测试振动频率分析表明，最大振动水平为0.55m/s^2。略高于8h疲劳工作效率界限。

d Atlas Copco ST1030 柴油地下装载机

Atlas Copco ST1030 柴油地下装载机全身振动测量见表4-102。

表4-102 ST1030柴油地下装载机全身振动测量

项　目	测量结果
采用标准	ISO 2631－1：1997
发动机低怠速（700r/min）/m·s^{-2}	0.114
发动机高怠速（2160r/min）/m·s^{-2}	0.058
变矩器失速发动机转速（2110r/min）/m·s^{-2}	0.099

e Caterpiller AD30 型地下汽车

手臂振动加速度的加权平方根值为1.6m/s^2；全身振动的加速度的加权均方根值为1.7m/s^2。

以上数据是按照ISO 2631－1和ISO 5349两个标准所规定的步骤在机器上测得的。

f Caterpiller AD45 型地下汽车

手臂振动加速度的加权平方根值为2.1m/s^2；全身振动的加速度的加权均方根值为1.6m/s^2。

以上数据是按照ISO 2631－1和ISO 5349两个标准所规定的步骤在机器上测得的。

g Caterpiller R1600 型柴油地下装载机

手臂振动加速度的加权平方根值为1.7m/s^2；全身振动最大加速度的加权均方根值为1.3m/s^2。

以上数据是按照ISO 2631－1和ISO 5349两个标准所规定的步骤在机器上测得的。

4.13.2.6 地下轮胎式采矿车辆振动评估

目前，欧美发达国家已经意识到振动会产生各种职业病和对人体造成伤害，如欧盟制定了机械指令 98/37/EC（对于自行机动机械，对应标准为 EN 1032：2003、EN 12096：1997）和振动指令 2002/44/EC（包括 ISO/TR 25398：2006《土方机械　土方机械上人体振动评估指南　利用国际机构组织和生产商合作测量数据》、ISO 2631－1：1997、ISO 5349－1：2001 和 ISO 5349－2：2001）。

机械指令是机械产品加施 CE 标识覆盖指令，其要求为如果在典型工况中的日暴露值 a_w 和 a_{hv} 分别超过 $0.5m/s^2$ 和 $2.5m/s^2$ 时，在产品说明书里应当写明具体的值；如果没有超过 $0.5m/s^2$ 和 $2.5m/s^2$，也应当在产品说明书里注明。

振动指令约束对象为机械操作人员的劳动契约方（即顾主），目的是为了保护操作人员每天承受的振动量少超过一定的范围，考察的参数为 A（8）（世界通行每天工作时间为 8h），每日等效振动量 $a_{hv.e}$，通常写成 A（8）。典型工况试验及工地试验得到 a_{hv} 都作为计算 A（8）的依据。

根据实际情况，对振动暴露评估可用两种评估标准：一种可根据检测结果按前面介绍的 ISO 2631－1 标准中健康指南警告区进行评估；另一种是根据检测结果按 2002/44/EC 标准进行评估。下面介绍它的计算法、图解法及典型时间法。

A　计算法

a　全身振动评估

（1）用频率计权均方根加速度（r. m. s）评估。当振动暴露只有一种振动状况和持续时间暴露时段组成时，每日等效振动量值可用式（4-14）~式（4-16）计算：

$$A_x(8)=1.4a_{wx}\sqrt{\frac{T_{exp}}{T_0}} \tag{4-14}$$

$$A_y(8)=1.4a_{wy}\sqrt{\frac{T_{exp}}{T_0}} \tag{4-15}$$

$$A_z(8)=a_{wz}\sqrt{\frac{T_{exp}}{T_0}} \tag{4-16}$$

式中　T_{exp}——每日暴露于振动的时间，h；

T_0——基准时间（8h）。

取
$$A(8)=\max\{A_x(8),A_y(8),A_z(8)\} \tag{4-17}$$

a_{wx}、a_{wy} 和 a_{wz} 由制造厂给出，或现场测量，或其他来源给出。

当振动暴露由两个以上振动状况组成时，相对于总暴露持续时间的等效振动量值［$A_{xi}(8)$，$A_{yi}(8)$，$A_{yi}(8)$］可用式（4-18）~式（4-20）计算：

$$A_{xi}(8)=\sqrt{\frac{1}{T_0}\sum_{i=1}^{n}(1.4a_{wxi})^2\times T_i} \tag{4-18}$$

$$A_{yi}(8)=\sqrt{\frac{1}{T_0}\sum_{i=1}^{n}(1.4a_{wyi})^2\times T_i} \tag{4-19}$$

$$A_{zi}(8)=\sqrt{\frac{1}{T_0}\sum_{i=1}^{n}(a_{wzi})^2\times T_i} \tag{4-20}$$

式中　T_i——振动状况 i，暴露于振动的时间，h；

T_0——基准时间（每日工作时间，8h）；

a_{wxi}，a_{wyi}，a_{wzi}——分别为暴露持续时间 T_i 的振动量（用 m/s^2 表示的均方根加速度），由制造厂给出，或现场测量，或其他来源给出，m/s^2；

n——振动状况的数量。

取
$$A(8)=\max\{A_x(8),A_y(8),A_z(8)\} \tag{4-21}$$

则每一个 j 轴（分别为 x、y、z 轴）每日总等效振动量值可用式（4-22）计算：

$$A_j(8)=\sqrt{A_{j1}(8)^2+A_{j2}(8)^2+A_{j3}(8)^2+\cdots} \tag{4-22}$$

式中 $A_{j1}(8),A_{j2}(8),A_{j3}(8),\cdots$——分别为同一坐标轴不同机器每日总等效振动量值。

取
$$A(8)=\max\{A_x(8),A_y(8),A_z(8)\} \tag{4-23}$$

若 $A(8)$ 值超过暴露行动值 $0.5m/s^2$，在产品说明书里应当写明具体的值，如果没有超过 $0.5m/s^2$，也应当在产品说明书里注明。

（2）用四次方振动剂量值（VDV）评估。当振动暴露由一个振动工况组成时，每个坐标轴 j 每日四次方振动剂量值可用式（4-24）~式（4-26）计算：

$$\mathrm{VDV}_{\exp,x,i}=1.4\times\mathrm{VDV}_x\times[T_{\exp}/T_{\mathrm{meas}}]^{1/4},\mathrm{m/s^{1.75}} \tag{4-24}$$

$$\mathrm{VDV}_{\exp,y,i}=1.4\times\mathrm{VDV}_y\times[T_{\exp}/T_{\mathrm{meas}}]^{1/4},\mathrm{m/s^{1.75}} \tag{4-25}$$

$$\mathrm{VDV}_{\exp,z,i}=\mathrm{VDV}_z\times[T_{\exp}/T_{\mathrm{meas}}]^{1/4},\mathrm{m/s^{1.75}} \tag{4-26}$$

式中 $T_{\exp}$——每日暴露于振动的时间，h 或 min；

T_{meas}——测量振动的时间，h 或 min。

$$\mathrm{VDV}_x=\left\{\int_0^T[a_{wx}(t)]^4\mathrm{d}t\right\}^{1/4} \tag{4-27}$$

$$\mathrm{VDV}_y=\left\{\int_0^T[a_{wy}(t)]^4\mathrm{d}t\right\}^{1/4} \tag{4-28}$$

$$\mathrm{VDV}_z=\left\{\int_0^T[a_{wz}(t)]^4\mathrm{d}t\right\}^{1/4} \tag{4-29}$$

式中 $a_w(t)$——瞬时频率计权加速度；

T——测量时间长度。

取
$$\mathrm{VDV}_{\exp}=\max\{\mathrm{VDV}_{\exp,x},\mathrm{VDV}_{\exp,y},\mathrm{VDV}_{\exp,z}\} \tag{4-30}$$

当振动暴露由几个振动工况组成时，每个坐标轴 j 每日四次方振动剂量值可用式（4-31）~式（4-33）计算：

$$\mathrm{VDV}_{\exp,x}=1.4\times\mathrm{VDV}_x\times(T_{\exp}/T_{\mathrm{meas}})^{1/4} \tag{4-31}$$

$$\mathrm{VDV}_{\exp,y}=1.4\times\mathrm{VDV}_y\times(T_{\exp}/T_{\mathrm{meas}})^{1/4} \tag{4-32}$$

$$\mathrm{VDV}_{\exp,z}=\mathrm{VDV}_z\times(T_{\exp}/T_{\mathrm{meas}})^{1/4} \tag{4-33}$$

对每个坐标轴 j，总的每日四次方振动剂量值可用各部振动剂量值计算：

$$\mathrm{VDV}_j=(\mathrm{VDV}_{j1}^4+\mathrm{VDV}_{j2}^4+\mathrm{VDV}_{j3}^4+\cdots)^{1/4}$$

式中 VDV_{j1}，VDV_{j2}，VDV_{j3}，…——分别为不同工况各部分振动剂量值。

$$\mathrm{VDV}=\max\{\mathrm{VDV}_x,\mathrm{VDV}_y,\mathrm{VDV}_z\}$$

VDV 每天全身暴露 8h 行为振动剂量值为 $9.1m/s^{1.75}$，VDV 每天全身暴露 8h 极限振动剂量值为 $21m/s^{1.75}$。

b 局部振动—手臂振动评估

评估振动对手臂的健康影响，特别是造成的长期健康影响，其中接振时间是重要因素之一。人体在一定时间内平均承受的振动量用等效振动量 $a_{hv.e}$ 表示。确定方法如下：

当只使用一台车辆时，每日等效振动量 $A(8)$

$$A(8) = a_{hv}\sqrt{\frac{T}{T_0}} \tag{4-34}$$

式中　a_{hv}——现场试验手传递振动量值，m/s^2；

T——每日实际接振时间，h；

T_0——每日 8h 接振时间，h。

当使用多台车辆时，日振动暴露值：

$$A(8) = \sqrt{A_1(8)^2 + A_2(8)^2 + A_3(8)^2 + \cdots} \tag{4-35}$$

式中　$A_1(8)$，$A_2(8)$，$A_3(8)$，…——分别为用于不同振动工况的部分振动暴露值；

若 $A(8)$ 值超过暴露行动值 $2.5m/s^2$，在产品说明书里应当写明具体的值，如果没有超过 $2.5m/s^2$，也应当在产品说明书里注明。

B　图解法

a　全身振动

在求全身日振动暴露值的图中（图 4-233）不需要计算，就很容易查到每日振动暴露

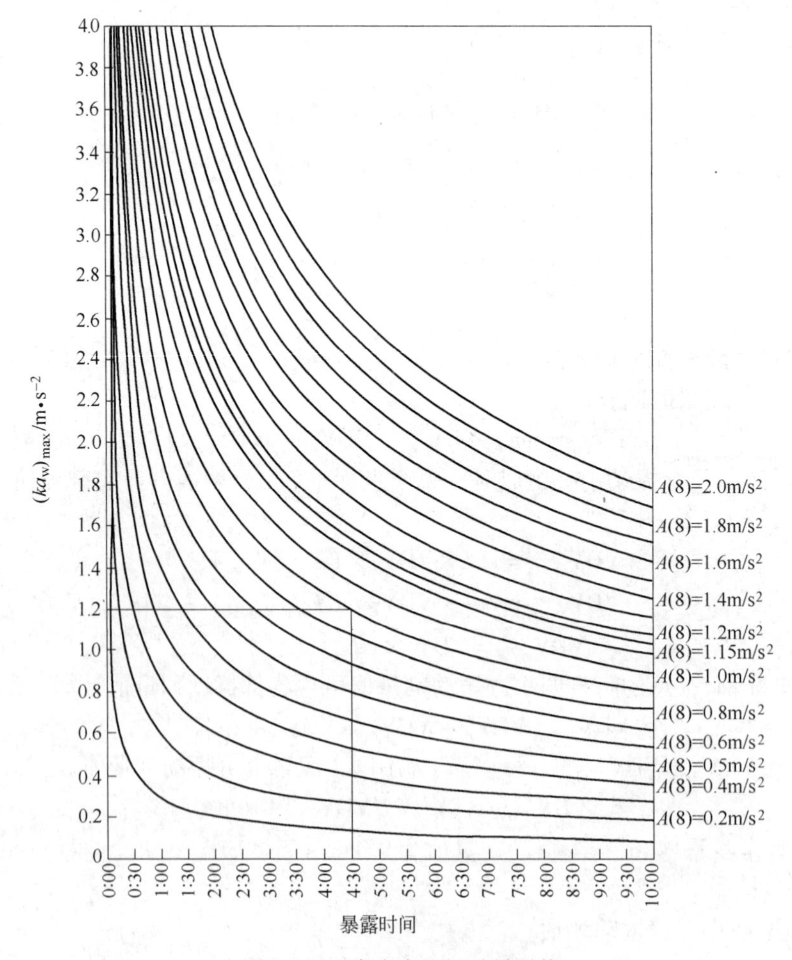

图 4-233　求全身日振动暴露值

值或部分振动暴露值。若已知 $a_{w(x,y,z)}$，在纵坐标上找到 $\max\{k_x a_{wx}, k_y a_{wy}, k_z a_{wz}\}$，其中方向因数 $k_x = 1.4$，$k_y = 1.4$，$k_z = 1.0$。在横坐标上找到暴露时间，然后分别过这两点作平行水平轴和垂直水平线，其交点就可以找到 $A(8)$。该值可能处在图 4-233 中低于 $A(8) = 0.5\text{m/s}^2$ 线以下区域，即处在振动行动值以下区域，振动暴露绝对不能说是安全的。只能说全身振动暴露损伤的风险有可能低于暴露行动值风险。

暴露在图 4-233 中 $A(8) = 0.5\text{m/s}^2$ 线以下区域内，也可能有一些司机会引起振动损伤，特别是振动暴露若干年后。

在图 4-234 求全身日振动 $A(8)$ 值的诺模图中，不需要利用方程式就可以得到日振动暴露值。在左纵向标尺上找到相应 x 轴向和 y 轴向以及 z 轴向计权加速度值的点，在右尺上找到暴露时间的点，两点连线与中间纵向标尺相交，其交点即得部分振动暴露值 $A_i(8)$。

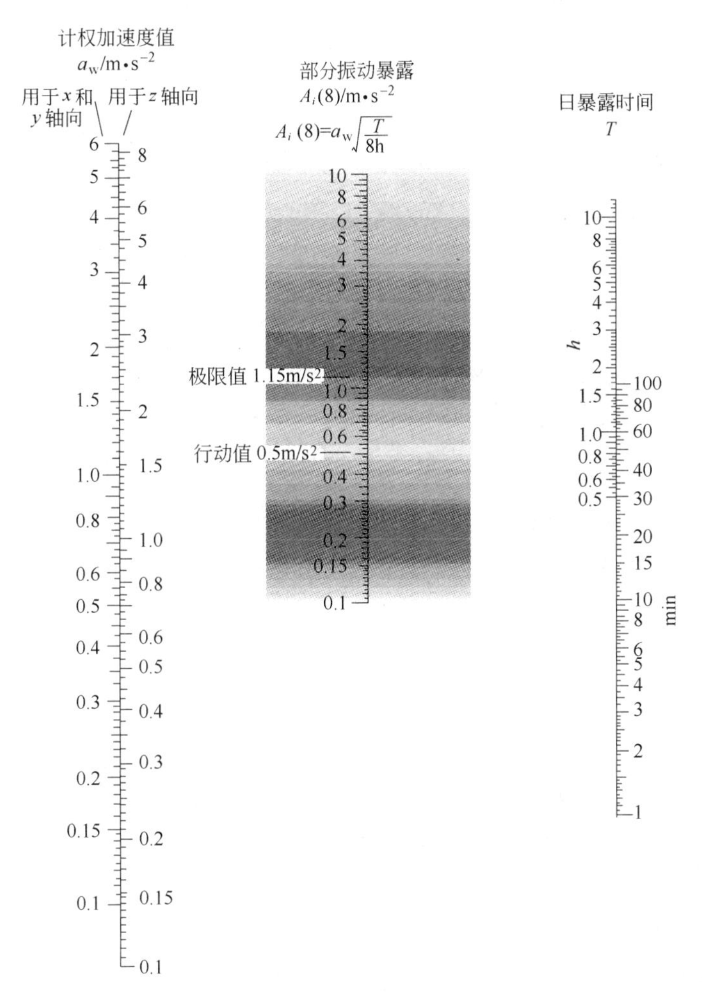

图 4-234 求全身日振动 $A(8)$ 值的诺模图

b 手臂振动

在图 4-235 求手臂日振动暴露值的图中，不需要计算，就很容易查到每日振动暴露值或部分振动暴露值。该暴露值可能处在图 4-235 中低于 $A(8)=2.5\text{m/s}^2$ 线以下区域，即处在振动行动值以下区域，振动暴露不能说是绝对安全的。只能说全身振动暴露损伤的风险有可能低于暴露行动值风险。

暴露在图 4-235 中 $A(8)=2.5\text{m/s}^2$ 线以下区域，也可能有一些司机会引起振动损伤，特别是振动暴露若干年后。

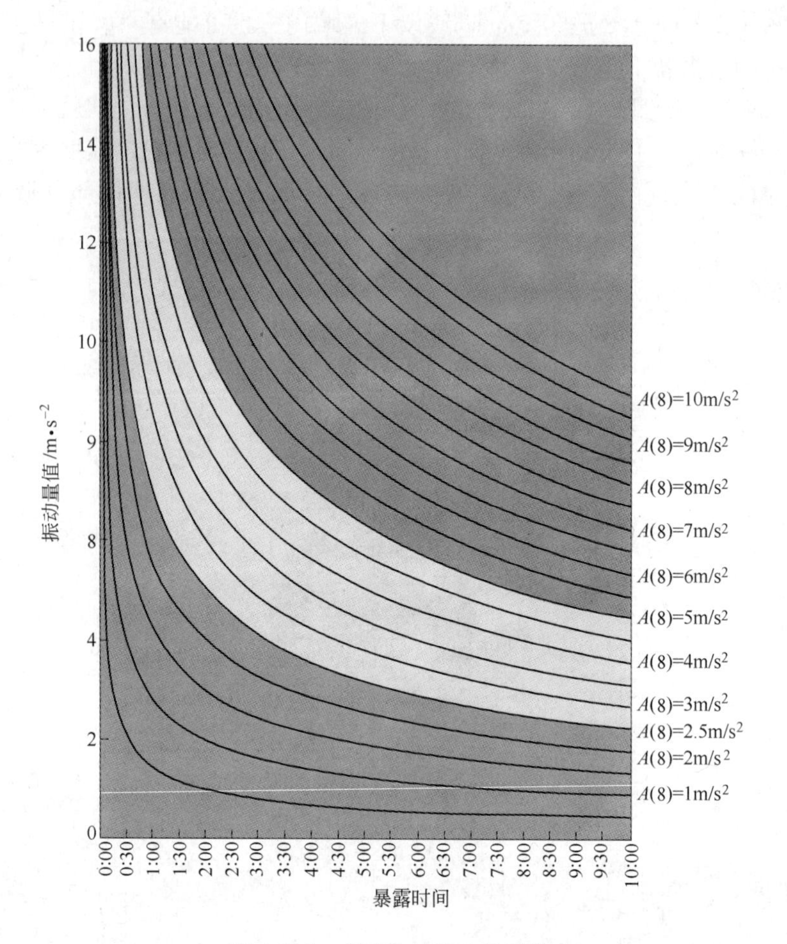

图 4-235　求手臂日振动暴露值

在图 4-236 求手臂振动 $A(8)$ 值的诺模图中，不需要利用方程式就可以得到日振动暴露值。在左纵向标尺上找到相应计权加速度值的点，在右纵向标尺上找到暴露时间的点，两点连线与中间标尺相交，其交点即得部分振动暴露值 $A_i(8)$。对每个 $A_i(8)$ 值平方后相加再开平方即可求得 $A(8)$。在中间标尺的右侧是用振动暴露点来进行振动评估，其评估方法可参考有关资料。

c　地下轮胎式采矿车辆达到振动警告区和健康危险区典型时间

在《A handbook on whole-body vibration exposure in mining》2009 年第 2 版中，Barbara Mcphee 等作者根据 AS 2670—2001 标准，按不同地下采矿车辆类型，提出分别达到振动警告区和健康危险区典型时间，见表 4-103。该方法对评价全身振动有一定的参考价值。

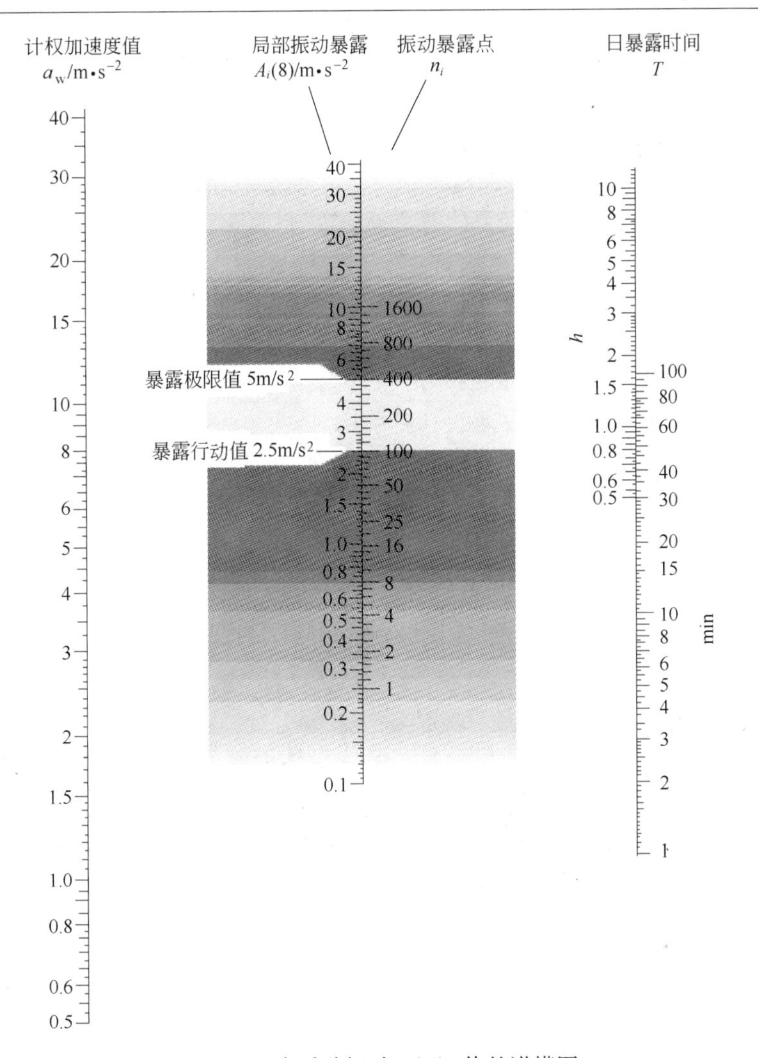

图 4-236 求手臂振动 $A(8)$ 值的诺模图

注：对每一个暴露，在计权加速度与暴露时间之间画直线，从此直线与中心刻度线交叉点，读出局部振动暴露 $A_i(8)$，或暴露点 n_i，并填入下面表格适当位置

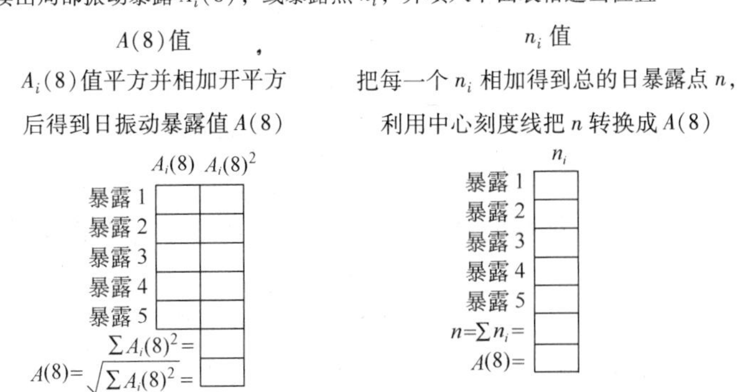

4.13.2.7 降低振动暴露的措施

A 降低手臂振动暴露的措施

除前面介绍振动暴露与振动幅值、频率特性、工作日的暴露时间和调查时的累计暴露

表 4-103　地下轮胎式采矿车辆达到振动警告区和健康危险区的时间

车辆类型		AS 2670—2001 到警告区时间	AS 2670—2001 到潜在健康危险区时间
4WD 人车（司机）	平均	5h	18h
	范围	3 ~ 10h	12 ~ 24h 以上
4WD 人车（乘客）	平均	2h	7h
	范围	1 ~ 4h	4 ~ 14h
无悬挂运输设备	平均	24min	2h
	范围	7min ~ 2h	26min ~ 8h
1 型 LHD	平均	2h	8h
	范围	1 ~ 4h	5 ~ 16h
2 型 LHD	平均	46min	3h
	范围	17min ~ 4h	1 ~ 9h

时间之外，在工作条件下，还可通过以下措施降低手臂振动暴露：

（1）消除或减少振动源；

（2）改善振动作业环境；

（3）加强个人防护：如戴防振手套，保持身体温暖和干爽（必要时戴手套、帽子、雨衣和使用热敷垫）；

（4）医疗保健措施：坚持就业前体检，凡患有就业禁忌症者，不能从事该作业；定期对工作人员进行体检，尽早发现受振动损伤的作业人员，采取适当预防措施及时治疗振动病患者；戒烟或减少抽烟，因为抽烟会减缓血液流动；休息时，按摩和运动手指；

（5）职业卫生教育和职业培训；

（6）严格执行卫生标准：对于超过卫生标准的手臂振动，要采取措施消除或减少手臂振动的危害；

（7）在暴露期间，正确摆放手和臂及身体的姿势（腕、肘和肩关节的角度）；

（8）限制作业时间或减少一次作业时间；

（9）采用自动化、半自动化控制器，减少接振时间。

B　降低全身振动暴露的措施

前面已分析了全身振动暴露的振动源，针对这些振动源采取以下措施降低司机全身振动暴露：

（1）加强对司机的培训。加强对司机的培训是减少有害振动最有用和成本最低的措施之一。

（2）加强对路面的维护。从理论上讲，降低大部分振动最好的方法是控制产生振动的源头，即通过保证所有路面和工作地面的平整来实现。

（3）合理的车辆司机室设计、布置。车辆悬挂在减少有害振动对司机的影响特别重要，司机好的操作姿势对舒适操作也特别重要。因此，设计的司机室应使司机能以舒适的姿势去操作控制并有良好的视线和足够的头、脚活动空间。

（4）良好的座位设计与座位悬浮。良好的座位设计与座位悬浮可减少司机的疲劳，还可隔振、阻尼和吸振。

（5）正确的车辆维护保养。正确的车辆维护保养，能使车辆保持正常的工作状态，可防止车辆产生过渡的振动与冲击。

（6）合理限制司机接触振动的时间。

（7）限制车辆的速度。

由上述分析可知，只有振动源、振动传播途径和受振对象三个因素同时作用，振动才会造成危害。因此要降低全身振动暴露的措施，也必须从这三个环节进行振动治理。再结合技术、经济和使用等因素分别采取合理的措施。

由于各种原因，地下轮胎式采矿车辆司机承受着全身振动，由于强烈的振动会严重影响人的身心健康，因此人们十分关心人体全身振动暴露的测量、评价与降低振动措施的研究，国际标准化组织和我国先后制订了这方面的标准，这些标准是研究和评价地下轮胎式采矿车辆司机全身振动暴露舒适性的根据。从一些对地下轮胎式采矿车辆司机全身振动的暴露研究表明，由于地下采矿作业环境十分恶劣，再加上地下轮胎式采矿车辆的特殊结构，致使地下轮胎式采矿车辆司机全身振动比较严重，这应引起地下轮胎式采矿车辆设计者、制造者、使用者和管理者的高度重视，并应采取措施降低振动。

4.13.3 空气质量

矿井的空气主要来自地面空气，地面空气进入井下后，会发生一些物理、化学的变化，所以，矿井空气的组成成分无论在数量上还是质量上和地面空气都有较大的差别。

4.13.3.1 地面空气组成成分

地面空气是干空气和水蒸气的混合体。地面干空气的组成成分见表4-104。

表4-104 地面干空气的组成成分

气体名称	N_2	O_2	CO_2	Ar	H_2	Ne	He	Kr	Xe
体积分数/%	78.03	20.90	0.03	0.93	0.01	1.6×10^{-3}	4.6×10^{-4}	1×10^{-4}	8×10^{-6}
质量分数/%	75.53	23.14	0.05	1.28	6×10^{-6}	1.2×10^{-3}	7.0×10^{-5}	4×10^{-4}	4×10^{-5}

在混合气体中，除水蒸气外，还有尘埃和烟雾等杂质。水蒸气的浓度随地区和季节而变化。

4.13.3.2 矿井空气组成成分

地面空气进入矿井后，因发生一些物理、化学的变化，使其组成成分发生较大变化。特别是地下采矿车辆发动机工作时排出的大量废气，使地下矿井空气质量越来越差，这不仅使井下空气的成分种类和浓度发生变化，而且各种化学变化都要消耗空气中的氧气而产生二氧化碳，使地下空气中的氧含量减少，二氧化碳含量增加。矿井空气的主要成分见表4-105。

表4-105 矿井空气的主要成分

气体名称	N_2	O_2	CO_2	CO	H_2	NO_x	HCHO	CH_4	SO_2	炭烟
体积分数/%	76~78	2~18	1~10	0.01~0.5	0~0.05	0.001~0.04	0~0.002	0.002~0.02	0~0.003	—
质量浓度/$g\cdot m^{-3}$	950~970	30~260	20~200	0.21~6.25	0~0.004	0.02~8	0~0.03	0.01~0.1	0~86	0.01~1.5

地下矿井空气中含有大量对人体有害的气体，对人身体健康有极大影响，因此，各国都制订了许多地下作业地点——有害物质的最高允许浓度标准。我国卫生部在2010年发布并实施的GBZ 2.1—2010就规定了地下作业地点有害物质的最高允许浓度，见表4-106。

表4-106　地下作业地点有害物质的最高允许浓度　　（mg/m^3）

<table>
<tr><th colspan="4">作业地点/物质名称</th><th>MAC
（最高允许浓度）</th><th>PC－TWA
（时间加权平均浓度）</th><th>PC－STEL
（短时间接触允许浓度）</th></tr>
<tr><td rowspan="10">有害有毒物质</td><td rowspan="3">一氧化碳（CO）</td><td colspan="2">非高原</td><td>—</td><td>20</td><td>30</td></tr>
<tr><td rowspan="2">高原</td><td>海拔2000～3000m</td><td>20</td><td>—</td><td>—</td></tr>
<tr><td>海拔>3000m</td><td>15</td><td>—</td><td>—</td></tr>
<tr><td colspan="3">一氧化氮（NO）</td><td>—</td><td>15</td><td>—</td></tr>
<tr><td colspan="3">二氧化氮（NO_2）</td><td>—</td><td>5</td><td>10</td></tr>
<tr><td colspan="3">二氧化硫（SO_2）</td><td>—</td><td>5</td><td>10</td></tr>
<tr><td colspan="3">硫化氢（H_2S）</td><td>10</td><td>—</td><td>—</td></tr>
<tr><td rowspan="3">矽尘</td><td colspan="2">10%≤游离SO_2含量SO_2≤50%</td><td></td><td>1（总尘）；0.7（吸尘）</td><td></td></tr>
<tr><td colspan="2">50%<游离SO_2含量≤80%</td><td></td><td>0.7（总尘）；0.3（吸尘）</td><td></td></tr>
<tr><td colspan="2">游离SO_2含量>80%</td><td></td><td>0.5（总尘）；0.2（吸尘）</td><td></td></tr>
</table>

4.13.3.3　*矿井粉尘*

在生产过程中，由于爆破和地下轮胎式采矿车辆作业产生和形成的、能较长时间在空气中悬浮的固体微粒称为生产性粉尘。悬浮于空气中的粉尘称为浮尘，已沉落的粉尘称为积尘。粉尘的危害是多方面的，首先是对人体的危害；其次是造成大气环境的污染；再次是影响产品质量、加速机械部件的磨损。粉尘除造成经济上的损失外还有些易燃易爆的粉尘，可能会引起爆炸事故发生，不利安全生产。

根据国务院颁布的《关于防止厂矿企业中矽尘危害的决定》中规定，我国作业地点空气中粉尘允许浓度按粉尘中游离二氧化硅含量确定，见表4-107。

表4-107　空气中粉尘允许浓度

粉　尘　类　别		最高允许粉尘浓度/$mg \cdot m^{-3}$
生产性粉尘	含游离二氧化硅10%以上的粉尘	2
	含游离二氧化硅10%以下的粉尘	10
	水泥粉尘（锚喷作业）	6

4.13.4　矿井通风

利用机械或自然通风动力，使地面空气连续不断地送往井下，并在井巷中作定向和定量地流动，同时连续不断地把井下污浊空气排出矿井外的全过程称为矿井通风。

（1）矿井通风对井下工作人员的身体健康、工作效率、舒适性有很大影响。

1）供给井下人员足够的新鲜空气，满足人员呼吸需要（因为空气中含氧低于19.5%

即将影响操作人员的健康，高于23.5%则不安全）；

2）冲淡、排除井下有毒气体和粉尘，保证工作人员安全生产；

3）稀释、排除井下的热量和水蒸气，更重要的是通过通风来稀释有害气体的浓度，以达到人的健康卫生标准；

4）如果井下由于通风不足，致使柴油机吸气不足，影响发动机的输出功率和排放；

5）调节井下所需的温度与湿度，创造良好的井下工作环境。

在保证人身安全和矿井安全生产，以及井下工作人员的工作效率、舒适性的措施中，矿井通风有着非常重要的意义。

（2）在AQ 2013—2008标准特别制订了《金属非金属地下矿山通风技术规范》，该规范提出了矿井需风量计算方法。

1）按井下同时工作的最多人数计算，供给新鲜风量不得少于4m^3/(min·人)。

2）井下作业场所需风量，按下列要求分别计算，并取其中最大值。

① 按排尘风速计算，硐室型采场最低风速不得小于0.15m/s，巷道型采场和掘进巷道不得小于0.25m/s，装运机作业的工作面不得小于0.4m/s，电耙道和二次破碎巷道不得小于0.5m/s。箕斗硐室、破碎硐室等作业地点，可根据具体条件，在保证作业场所空气中有害物质的接触限值符合GBZ 2规定的前提下，分别采用计算风量的排尘风速。

② 按同时爆破使用的最多炸药量计算，每千克炸药供给的新鲜风量不得少于25m^3/min（或按不同类型采掘工作面参照有关计算公式进行需风量计算）。

③ 有柴油设备运行的作业场所，可按同时作业台数供风量4m^3/(min·kW）计算。

④ 对高温矿床按降温风速计算，采掘工作面风速可取0.5~1.0m/s。

3）矿井总风量等于矿井需风量乘以矿井风量备用系数K_b。后者是考虑到漏风、风量不能完全按需分配和调整不及时等因素。K_b值为1.20~1.45，可根据矿井开采范围的大小、所用的采矿方法、设计通风系统中风机的布局等具体条件进行选取。

4.13.5 矿井气候对人的影响

4.13.5.1 矿井气候及要素

矿井气候是指矿井工作场所的气候条件，主要包括空气的温度、湿度、通风风速和作业场所中的设备和岩石的热辐射等。这几个要素对人体的热平衡都会产生影响，而且各要素对人体的影响是综合的。

A 空气温度

气温是影响人体热舒适性的主要指标。人体在新陈代谢过程中不断地产生热量，同时也不断地通过传导、对流、辐射和蒸发等方式与外界环境进行热交换。如果环境温度较高，人体余热难以散发出来，就会蓄存在体内，使人体内热平衡遭到破坏，感到不舒适；周围温度偏低时，人体散热增多，也会感到不舒适。人体对气温的感觉相当灵敏，能对环境温度做出敏锐的判断。应当指出，人感受到的气温要受到湿度和空气流速的影响。我国规定气温的单位为摄氏度(℃)。温度是构成井下气候条件的主要因素，最适宜于人们劳动的温度是15~20℃。按规定，金属矿山和化学矿山井下采掘地点温度一般不超过28℃。

但是，由于岩石温度、机电车辆放热、空气的压缩与膨胀及通风强度等原因，有些矿山的矿井空气温度会超过此温度，从而对人的健康和安全带来威胁。

a 岩石温度

地下岩层温度有三带，即变温带（随地面气温的变化而变化的地带）、恒温带（地表下地温常年不变的地带）、增温带（恒温带以下的地带）。

不同深度处的岩层温度可按式(4-36)计算：

$$t = t_0 + G(D - D_0) \tag{4-36}$$

式中 t_0——恒温带处岩层的温度,℃；

G——地温梯度，即随深度变化率,℃/m，常用百米地温梯度，即用℃/100m 表示；

D——岩层的深度，m；

D_0——恒温带的深度，m。

由于长期和大规模开采，浅层矿资源在逐渐减少，许多地下矿山也已关闭，因而将逐步转入深部开采。随着矿山开采的数量和深度不断增加，地下采矿的作业条件会越来越差（噪声、振动、灰尘、通风不良、潮湿等），采矿环境温度会越来越高，开采难度也越来越大，不安全的诸多因素也会随之增加。

由式(4-36)可知常温带以下，随着矿井开采深度逐渐增加，岩石温度越高，从恒温带以下垂深每增加 100m 的岩温增量（地温梯度或地温增温率）各地区不同，一般将以 1～3℃/100m 的梯度上升，最高可达4℃/100m。如抚顺矿区约为3.3℃，吉林石嘴子铜矿区约为2℃。联邦德国鲁尔煤田采深1000～1200m 处岩温已达 50～60℃。1000m 左右的深井，由于岩壁和空气间的热交换，地层散发的热量可占矿井总热源的 40%～50%。当地下水通过断层、裂隙与地层深部热源发生联系时，地下热水活动可形成局部地热异常区。矿井建设和生产时，除岩层放热外，涌出的热水也大量放热，此类矿井称为热水型高温矿井。平顶山八矿 -273m 东石门断层出水水温为 37℃；岫岩铅矿西山一坑 60m 中段，距地表 95m 处水温 48℃；日本常磐煤矿位于温泉地带，涌水的温度高达 75℃；印度某镍金矿 3000m 深时，地温达 70℃。地温升高，深井突发事故，井筒破裂、自燃发火、深井涌水等工程灾害有加剧趋势。入风气温过高是小型浅井和大型深井建井时期夏季高温的主要原因，我国南方大部分地区 7 月平均最高气温超过 33℃，有时高达 40℃以上。

b 机电车辆放热

机电车辆放热也是机械化矿井的一个重要热源。机电车辆的全部无用功均转化为热，部分有用功除在破碎岩体和提升矿石中转化为势能外，其余部分也转化为热能。如地下轮胎式采矿车辆发动机大约有 60%～70% 发动机功率转变为热，变矩器、液压系统也产生大量的热散发到空气中，或硫化矿石氧化放热也是采掘工作面高温的一个原因。有时这种放热量可占工作面风流带出热量的 20% 以上。巷道壁面每小时每平方米氧化放热量称为单位氧化放热量。前苏联顿巴斯矿区，采准巷道的平均单位氧化放热量为 12.55～16.74kJ/(m^2·h)。我国向山硫铁矿，分层崩落法采矿的工作面，单位氧化放热量约 66.944kJ/(m^2·h)，个别高温工作面达 224.68kJ/(m^2·h)。

c 空气的压缩与膨胀

空气向下流动时，空气受压缩产生热量，一般垂直每增加 100m，温度升高 1℃，相反空气向上流动时，则因膨胀而降温，平均每升高 100m，温度下降 0.80℃。

d 通风强度

通风强度是指单位时间进入井巷的风量。温度较低的空气流经巷道或工作面时，能够吸收热量，供风量越大，吸收热量越多。因此，加大通风强度是降低矿井温度的主要措施之一。

矿内高温高热，严重影响井下作业人员身体健康和生产效率，已造成灾害——热害。矿井热害最终将成为制约开采深度的决定因素。

B 空气湿度

空气湿度指空气的干湿程度。湿度是与温度不可分离的环境因素。

空气湿度也是影响人体热平衡的主要因素之一，它对施加于人体的热负荷并无直接影响，但却决定着空气的蒸发力，从而决定着排汗的散热效率，直接或间接地影响人体热舒适度。人们生活在温湿度适宜的环境里能提高作业效率；反之，不适宜的温湿度环境会给正常的工作和生活带来极大的不便。空气中的相对湿度偏高时，人体会感到不舒服，那是由于相对湿度高时，空气不易容纳更多的水分，使汗液的蒸发率降低，于是降低了体热经汗液蒸发而排出的速率。相对湿度较低时，由于空气相对干燥，易于容纳更多的水分，加速了皮肤表面排出汗液的蒸发，从而使人觉得舒爽；但相对湿度过低时，即使热感觉处于良好状态，也会使人感觉到眼、鼻、喉咙等发干，有人甚至还会流鼻血，且干燥的空气更易产生静电作用，会形成更多的浮尘。相对湿度对人体热舒适的作用与气温有关。在一定温度下，相对湿度越小水分蒸发越快。在高温时，高湿度使人感到闷热。低温时，高湿度使人感到阴冷。相对湿度一般使用通风干湿表或干湿温度计来测定。

地下矿山一般十分潮湿，甚至有深积水。一般用空气湿度即空气中所含水蒸气量的多少来表示井下潮湿程度。它分为绝对湿度和相对湿度。绝对湿度指每立方米空气中所含水蒸气量（g/m^3），相对湿度指空气中所含蒸汽量与同温度下饱和水蒸气量之间的百分比。矿井空气的湿度一般指相对湿度。相对湿度在70%以上称高气湿，低于30%称为低气湿。人体最适宜的相对湿度一般为50%～60%。井下采掘工作面和回风路线上，有些相对湿度接近100%。

C 通风风速

空气的流动速度称为气流速度，简称风速（m/s）。风速对人体散热有很大影响，与人体散热速度呈线性关系，是影响作业环境温度的重要因素，工作场所的空气流速与通风设备、温差、风压形成的气流等有关。空气流速从两方面影响人体的舒适感觉：一方面，空气流速决定着人体的对流散热量；另一方面，它还会影响空气的湿交换系数，从而影响人体蒸发散热。当气温低于皮肤温度时，流速增大则产生散热效果；当气温高于皮肤温度时，流速增加会造成较高的对流换热，人体被加热。另外，风速过大会使人产生吹风感，影响热舒适性。研究表明，空气流速大于0.1m/s时，需要更高的气温来实现同等的热舒适。

井内空气沿着既定井巷流动，不断地将新鲜空气送至用风地点，将乏风排出矿井，就必须使风流起末两端存在压差，在压差的作用下克服风流流动阻力，促使风流流动。风速除对人体散热有着明显影响外，还对矿井有毒有害气体积聚、粉尘飞扬有影响。风速过高或过低都会引起人的不良生理反应。因此，各产业部门的安全规程都对矿井下各主要工作点的风速做了明确规定。

井巷断面平均最高风速不应超过表4-108的规定。

表4-108 井巷断面平均最高风速规定

井巷名称	最高风速/$m \cdot s^{-1}$
专用风井，专用总进风道、回风道	15
提升物料和人员的井筒，中段主要进风道、回风道，修理中的井筒，主要斜坡道	8
运输巷道，采区进风道、回风道	6
采场	4

D 热辐射

物体在绝对温度高于绝对零度时的辐射能量称为热辐射。任何温度不同的两物体之间都存热辐射。当周围物体表面温度超过人体表面温度时，会向人体辐射热能使人体受热，称为正辐射；反之称为负辐射。

平均辐射温度为矿井内对人体辐射换热有影响的各表面温度的平均值，它主要取决于人体周围结构表面的温度。平均辐射温度的改变主要对人体辐射散热造成影响。当环境平均辐射温度提高后，人体辐射散热量下降，为了保持热平衡，必然要加大蒸发散热和对流散热的比例，人的生理反应和主观反应向热的方向发展。在不同条件下，人体热感觉和热舒适度随平均辐射温度变化的程度有很大差别，当温度较高时，人体热感觉和热舒适度受到的影响比低温时更明显。

4.13.5.2 衡量热环境基本参数

A 空气温度

空气温度t_a也称为干球温度，是用干球温度计测量得到的空气温度，测量时应该把温度计与附近的热辐射源加以隔离。之所以称为干球温度，是因为测量时温度计的感温部分不加处置地置于空气之中，因此有别于下面即将讲到的湿球温度。

干球温度是我国现行的评价矿井气候条件的指标之一。

空气温度t_a在一定程度上直接反映出矿井气候条件的好坏。指标比较简单，使用方便。但这个指标只反映了气温对矿井气候条件的影响，而没有反映出气候条件对人体热平衡的综合作用。

B 湿球温度

湿球温度t_w用浸湿的吸水性织物覆盖在温度计感温部分的外层，悬挂着使转动起来，形成强制性的水蒸气蒸发，这样得到的温度读值称为湿球温度。

与之相应，还有一个略有不同的参量称为自然湿球温度。这是用湿纱布把温度计的感温部分包裹起来，让它暴露在空气的自然流动中（只与附近的热辐射源加以隔离），在无强制性的自然蒸发状态下得到的温度读值。

C 黑球温度

黑球温度t_g又称为平均热辐射温度。黑球温度计的感温部分置于黑色铜质薄球壳的中心，由于黑球吸收辐射，所以球内的温度能够定量地反映热辐射的影响。

4.13.5.3 热环境综合评价指标

为了反映人们的热环境舒适感和耐受程度，研究者们提出了多种评价指标，下面仅介绍等效温度、湿球黑球温度和卡他度。

A　等效温度

为了综合反映人体对气温、湿度、气流速度和热辐射的感觉，美国采暖通风工程师协会研究提出了等效温度 t_{ET}（感觉温度）的概念。等效温度是指根据人体在微气候环境下，具有同等主诉温热感觉的最低气流速度和气温的等效温标。它是根据人的主诉温度感受所制定的经验性温度指标。C. P. Yaglou 以干球温度、湿球温度、气流温度为参数，进行了大量实验，绘制成等效温度图，只要测出干球温度 t_a(℃)、湿球温度 t_w(℃) 和不同的斜向曲线表示不同的空气流速 v(m/s)，就可以求出等效温度。图 4-237 所示为穿正常衣服进行轻劳动时的等效温度图。

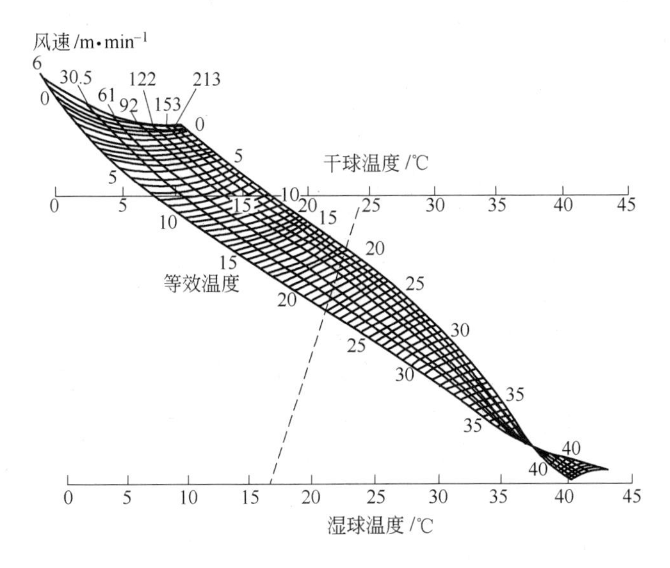

图 4-237　等效温度图

例如，测得某室的干球温度为 24.5℃，湿球温度为 16.5℃，风速为 30.5m/min，求在该环境中从事轻劳动的等效温度。从等效温度图 4-237 上，分别找出干球温度为 24.5℃和湿球温度为 16.5℃点，通过连接这两点间虚线，得到与风速为 30.5m/min 曲线的交点，即可求出等效温度为 21.5℃。

虽然等效温度对人的影响还不完全清楚，但大家都知道过低或过高的等效温度对人的工作效率有很大的影响，因为过低或过高的等效温度会使人心理过程减慢、反应迟钝，错误增加。等效温度对人工作错误数的影响如图 4-238 所示。随着等效温度增加，工作错误数也增加。

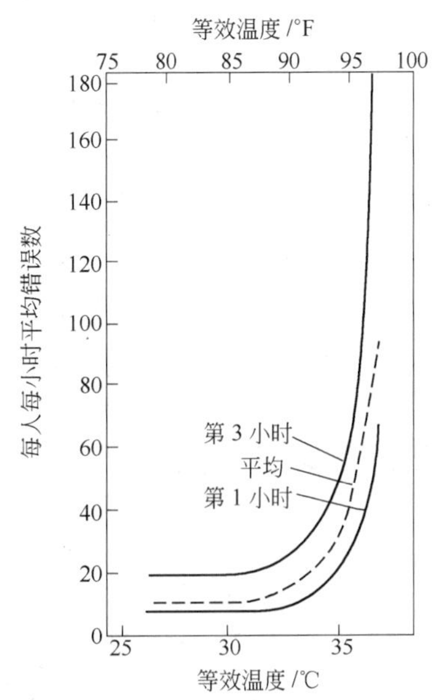

图 4-238　等效温度对人工作错误数的影响

最低等效温度取决于在规定的使用中所执行的任务。在永久和半永久设施里，应采取措施保持等效温度不低于18℃。

在封闭工作场所长时间工作，最高等效温度应保持或低于29.5℃（已考虑了人可靠性能的最大限值）。

为了保证工作者身体健康、安全和高效，工作者工作环境的等效温度应保持在人允许的范围之内，最好在舒适区之内。图4-239所示的中央部分表示使人感到舒适的温度带，冬季偏下，夏季偏上。如其等效温度在舒适带内，则为良好状态，反之则为不良，应对造成不良感觉的诸因素进行综合改进。等效温度高时，人的判断力减退，当等效温度超过32℃时，作业者读取误差增加，到35℃左右时，平均误差会增加21%以上。表4-109介绍了等效温度对人体热感觉的影响。

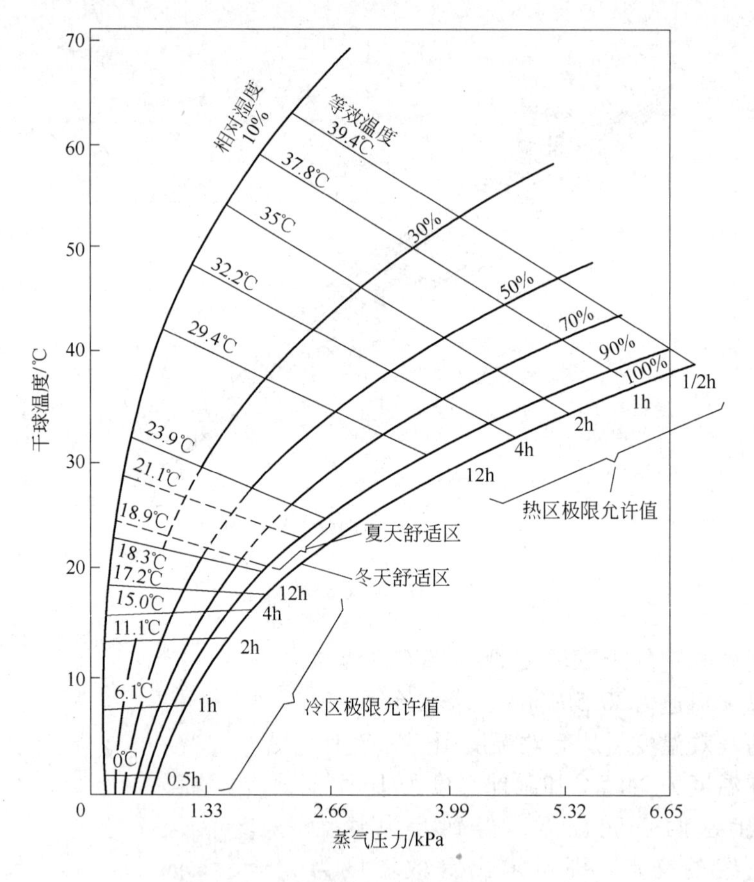

图4-239　舒适性范围

表4-109　等效温度对人体热感觉的影响

等效温度值/℃	热感觉	生理学作用	机体反应
41～40	很热	强烈的热反应影响汗和血液循环	受到极大的热打击①，妨碍心脏血管的血液循环
35	热	随着劳动强度增加，出汗量迅速增加	心脏负担加重，水盐代谢加快
30	暖和	以出汗方式进行正常的温度调节	没有明显不适感
25	舒适	靠肌肉的血液循环来调节	正常

续表 4-109

等效温度值/℃	热感觉	生理学作用	机体反应
20	凉快	利用衣服加强显热散热调节作用	正常
15	冷	鼻子和手的血管收缩	黏膜、皮肤干燥
10	很冷		肌肉疼痛，妨碍表皮的血液循环

① 出现威胁生命的突发事件，身体本身不能充分凉下来。

B 湿球黑球温度

湿球黑球温度（WBGT 指数）是综合考虑了自然湿球温度 t_{nw}、黑球温度 t_g 和干球温度 t_a 三个参数，也是综合评价人体热强度的一个经验指数，由下述计算公式计算：

当无太阳光辐射时 $$WBGT = 0.7t_{nw} + 0.3t_g \tag{4-37}$$

当有太阳光辐射时 $$WBGT = 0.7t_{nw} + 0.2t_g + 0.1t_a \tag{4-38}$$

根据工作地点 WBGT 指数和接触高温作业的时间将高温作业分为四级，级别越高表示热强度越大，见表 4-110。湿球黑球温度详细介绍请参考 GBZ 2.2—2007。

表 4-110 工作场所不同体力劳动强度 WBGT 限值 （℃）

接触时间率①	体力劳动强度			
	Ⅰ	Ⅱ	Ⅲ	Ⅳ
100%	30	28	26	25
75%	31	29	28	26
50%	32	30	29	28
25%	33	32	31	30

① 劳动者在一个工作日内实际接触高温作业的累计时间与 8h 的比率。

C 卡他度

卡他度是指由被加热到 36.5℃时的卡他温度计的液球，在单位时间、单位面积上所散发的热量。卡他度是一种评价作业环境气候条件的综合指数，它采用模拟的方法，度量环境对人体散热强度的影响。

卡他度 H 可通过测定卡他温度计的液柱由 38℃降到 35℃时所经过的时间（T）而求得。

$$H = F/T \tag{4-39}$$

式中 H——卡他度，mcal/(cm^2·s)；

F——卡他计常数；

T——由 38℃降到 35℃所经过的时间，s。

卡他度分为干卡他度和湿卡他度两种。干卡他度包括对流和辐射的散热效应。湿卡他度则包括对流、辐射和蒸发三者综合的散热效果。一般 H 值越大，散热条件越好。工作时感到比较舒适的卡他度见表 4-111 和表 4-112。

表 4-111 较舒适的卡他度 [mcal/(cm^2·s)]

卡他度类型	轻劳动	中等劳动	重劳动
干卡他度	>6	>8	>10
湿卡他度	>18	>25	>30

表 4-112　不同卡他度下的人的感觉　　[mcal/(cm² · s)]

热感觉	干卡他度	湿卡他度
很热	3	10
热	3 ~ 4	10 ~ 4
令人愉快	4 ~ 6	4 ~ 18
凉爽	8 ~ 9.5	18 ~ 20
冷	>9.5	>20

4.13.5.4　矿山气候对人的影响

在偏离舒适热环境不很严重的较热、较冷环境里，对人体的安全和健康还没有太大影响，但对工作（包括脑力的、精细的工作和体力的工作）却会产生不良影响。热得舒适、不断出汗时，除了逐渐产生热应激生理反应外，心理烦躁也使工作中注意力分散、反应渐趋迟钝。环境的等效温度若超过 27℃，运动神经机能的警戒性、决断性操作能力明显下降。低温的影响则主要不在脑力和神经机能，而在手指的精细动作。当手部皮肤温度降到 15.5℃时，手部操作的灵活性、肌力和肌动感觉反应都急剧下降。过热、过冷环境对工作影响的表现有：效率下降、出错率升高、事故增加。体力劳动效率与热环境的关系如图 4-240 所示。从图 4-240 可以看出，从湿球温度 30℃左右开始，工作效率明显降低；而温度到达 35℃时，工作效率降低到 50% 以下。

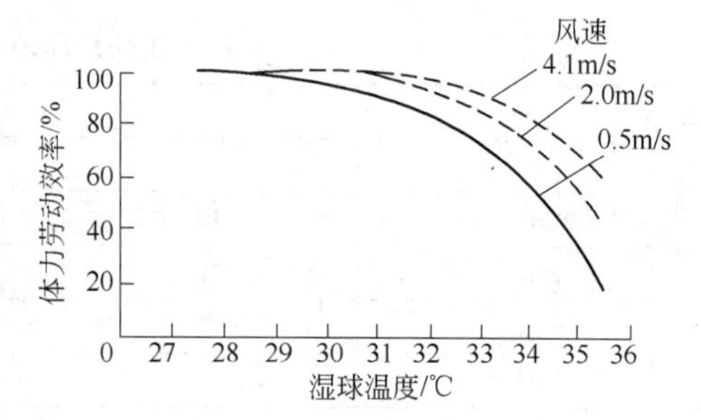

图 4-240　体力劳动效率与热环境的关系

在热环境对体力劳动效率的影响中，这种关系具有代表性。

图 4-241a 所示为热环境与脑力工作相对差错率研究的统计结果，图 4-241b 所示为热环境与作业事故率研究的统计结果。

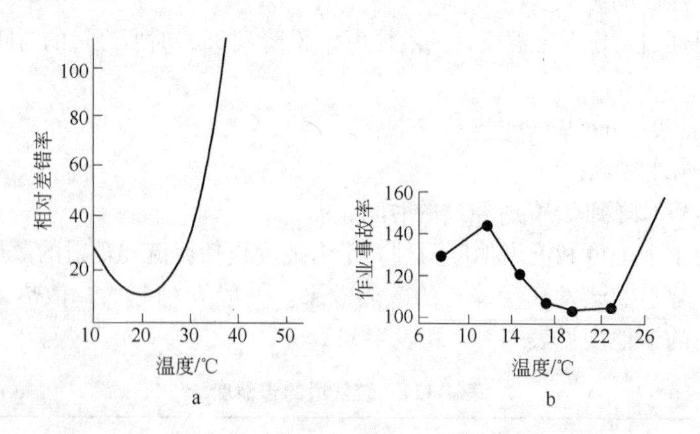

图 4-241　热环境与脑力工作相对差错率和作业事故率的关系

从图 4-241 可以看出，环境温度在 20℃ ±5℃的条件下工作差错和作业事故都比较少，而温度更高和更低，工作差错和作业事故一般都呈上升的趋势。

4.13.5.5 矿井气候条件的安全标准

我国现行评价矿井气候条件的指标是干球温度。2006 年国家标准 GB 16423 中第 6.4 条规定：采掘作业地点的气象条件应符合表 4-113 的规定，否则，应采取降温或其他防护措施。

表 4-113 采掘作业地点气象条件规定

干球温度/℃	相对湿度/%	风速/$m \cdot s^{-1}$	备　注
≤28	不规定	0.5～1.0	上限
≤26	不规定	0.3～0.5	至适
≤18	不规定	≤0.3	增加工作服保暖量

井巷断面平均最高风速，对运输巷道，采区进风道是 6m/s，对采场是 4m/s。

4.13.5.6 地下轮胎式采矿车辆适应高温条件下的措施

地下轮胎式采矿车辆适应高温条件下的措施包括：

（1）采用带空调的全封闭司机室。为了改善司机的作业条件，避免司机暴露在高温条件下作业，一般地下轮胎式采矿车辆采用带空调的全封闭司机室。如 Atlas Copco 公司新开发的 ST14 型地下轮胎式采矿车辆装备了带空调的全封闭司机室，从而可使司机能在 52℃的环境下作业。又如 Sandvik 公司新开发的 LH 307 型、LH 410 型、LH 514 型、LH 517 型、LH 621 型等轮胎式地下装载机均采用带空调的全封闭司机室，从而可使司机能在 55℃的环境下作业。

（2）提高发动机和液压系统的冷却能力，防止发动机爆燃与轮胎爆炸，防止液压系统过热。

（3）采用适用高温的润滑油、润滑脂、燃油等。

（4）电气系统也应选用适合高温的电气元件，特别是蓄电池随环境温度上升，起动性能下降，因为国家标准 GB 5226.1 中规定电气车辆最低要求是在空气温度 5～40℃范围内正常工作。对于非常热、非常冷的环境需要提出额外要求。

（5）要充分考虑材料受热膨胀的特性，在机械零件配合、螺纹密封材料连接处，要适当选材，配合面留出一定间隙。

（6）合理安排操作人员的工作时间和休息时间。

4.14 报警系统

在生产过程中，由于各种原因，地下轮胎式采矿车辆常会发生故障，进而引发人或机器的安全事故。故障可由生产系统的内部因素引起，如机器质量不好或部件老化而出现的故障等；故障也可由外部因素引起，如不良的或突变的环境条件、误操作或管理不善导致系统失调等，随时有可能发生车辆或人身事故。为保证系统的安全，对系统各部分的运行状况，均有自动监视和报警设施及紧急控制系统，以提醒工作人员注意，并采取相应措施避免事故发生。

4.14.1　报警系统及技术要求

4.14.1.1　报警系统的构成及功能

A　报警系统

在车辆控制站，报警已不是一些孤立的要素，而是构成为一个报警系统，并作为一个相对独立的实体，而成为整个监控系统的一个重要组成部分。

报警系统由音响报警系统、视觉报警系统、司机响应系统（即报警控制系统）构成。

B　报警系统的类型

a　地下轮胎式采矿车辆控制站中的报警系统

通过音响报警系统和视觉报警系统显示车辆运行中的异常和故障状态，通过司机响应系统，对相关参数进行调整，排除故障，使系统恢复正常运行状态。

b　警报系统

当系统运行处于不良状态、失控时，有可能直接危及人身安全，警报系统发出警报，要求处于危险区域的人员紧急疏散或撤离。

图 4-242 所示为 Sandvik 公司用于 LH410 地下装载机其中之一的警告与警报系统。该警告与警报系统是一个很先进的系统：警告与警报的信息来自发动机控制模块（ECM）；液压系统油的温度、压力、油位；中央集中润滑系统故障；控制系统元件故障；连接故障；过滤器堵塞等。所有这些信息都存储在逻辑文件里，并可在显示器上浏览，还可用标准手提电脑下载所有存储在文件里的信息。

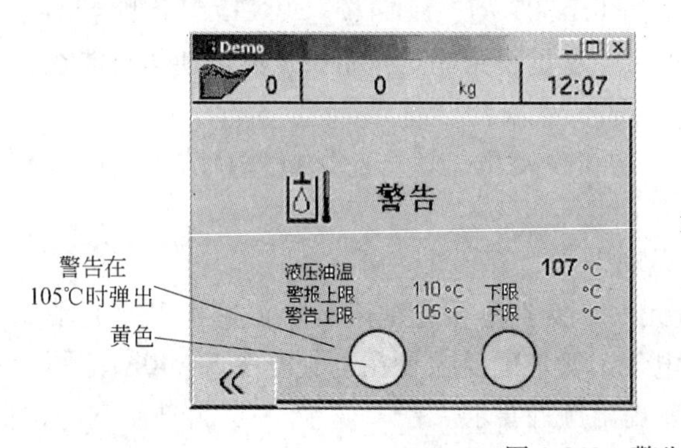

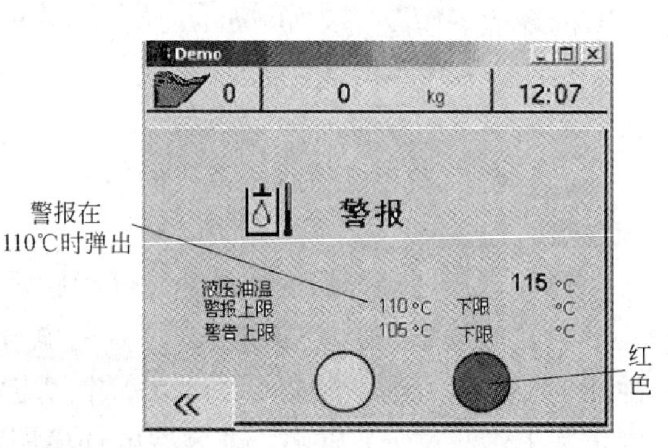

图 4-242　警告和警报显示

4.14.1.2　报警系统的功能

报警系统的功能是告诫作业人员车辆出现不安全的工况，这些工况包括：

（1）以超过物理参数阈值（如过程超出允许极限）表示的或车辆异常状态表示的故障；

（2）司机未觉察有故障而产生的自动动作；

（3）自动动作未实现，或未完全实现；

（4）车辆指令状态与车辆的真实情况不符合。

4.14.2　报警信号要求

4.14.2.1　基本要求

报警信号的基本要求包括：

(1) 在危险事件出现前发出；

(2) 含义确切；

(3) 能被明确地觉察到，并能与所用的其他信号相区分；

(4) 容易被使用者和其他人员明确；

(5) 必须符合关于颜色和安全信号要求。

警示装置的设计以及配置布局应便于查看。使用信息应对警示装置的定期查看做出规定。

设计者应注意，由于过多的视觉或听觉信号引起“感觉饱和”造成的风险，它也会导致警示装置失去作用。

4.14.2.2 信号优先次序

地下轮胎式采矿车辆经常出现大量的报警信号，而且很可能有大批报警信号同时进来，应运用某种逻辑优先次序，以使司机把重要的或严重的报警信号与不太重要的报警信号区分开来，应对同优先级进行编码。下面以 Caterpillar 地下装载机和地下汽车 CMS 计算机监视三级警告系统（图 4-243）为例，说明信号优先次序具体含意：一级警告只需要司机注意，二级警告需要操作机器或改变机器的保养程序，三级警告需要立即安全地关停机器，见表 4-114、表 4-115。

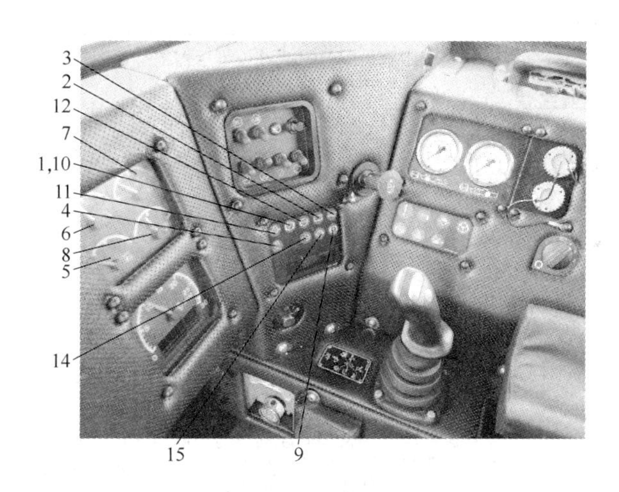

图 4-243 Caterpillar 地下装载机和地下汽车操作站
（图中序号名称见表 4-115）

表 4-114 Caterpillar CMS 计算机监视三级警告系统

警告级别	警告指示器[①]			需要驾驶员采取措施	可能出现的结果[②]
	警告指示器闪亮[③]或仪表将显示在红色区	行动灯闪亮[④]	行动警报响起		
1	×			不需要即刻行动，系统需要即刻留意	不发生伤害或损坏的结果
2	×	×		改变对机器的操作方式或对系统进行保养	将发生机器零部件的损坏

续表 4-114

警告级别	警告指示器①			需要驾驶员采取措施	可能出现的结果②
	警告指示器闪亮③或仪表将显示在红色区	行动灯闪亮④	行动警报响起		
2-S	×	×	×⑤	立即改变对机器的操作方式	严重损坏部件
3	×	×	×⑥	立即对发动机进行安全停机	可能伤害司机或造成机器部件严重损坏

① 激活的警告用×表示；

② 如果没有采取所需措施，那么将产生③～⑥的结果；

③ 指示器闪亮频率为10Hz；

④ 行动灯闪亮频率为1Hz；

⑤ 报警器持续鸣响；

⑥ 行动警报频率为1Hz。

表 4-115　Caterpillar 地下装载机和地下汽车 CMS 计算机监视三级警告系统

标志符号	含　意	说　　明
第1警告：在这一级别中，只有相应的警告指示器闪烁。此警告指示器提醒司机机器系统需要注意。机器系统的状况不应危及司机。同样，机器系统的状况不应损坏机器		
(P)	停车制动器（1）	指示停车制动器接合，变速箱在空挡，启动期间该警告指示灯应闪亮。当停车制动器分离时，警告指示应熄灭
− +	电气系统（2）	指示电气系统中的故障。如果这个警告指示器闪亮，则说明对于机器的正常运转，系统的电压太高或太低。 如果电气负载（空调或照明）高，发动机转速低，则应提高发动机转速。这会使发电机的输出增加。如果电气系统警告指示灯在1min内熄灭，说明电气系统工作正常，发动机在低速运转期间，电气系统会发生过载。 改变操作循环，以便避免电气系统过载。电气系统可能造成蓄电池放电。必须正确调整低怠速。调整低怠速到低怠速的高速侧。减少电气负载也将会有助于解决问题。不使用高风扇转速，取而代之，使用中风扇转速。如果该步骤没有使警告灯熄灭，应停止机器，调查故障原因。故障可能是由松动或断裂的交流发电机皮带造成，也可能在蓄电池上。 如果在发动机接近正常工作转速运转，并且电气负载轻的情况下，该灯依然亮起，停止机器，查明故障原因。故障可能是由松动或断裂的交流发电机皮带造成的，也可能出在蓄电池或交流发电机上
	需要保养（3）	当机器需要保养时，该警告指示器连续发亮。用带电子技师（ET）软件的笔记本电脑复位警告指示器和改变保养周期
	燃油压力（3）	如果燃油滤清器堵塞，该警告指示器将发亮。如果工作时该指示器亮，就在当天维修燃油滤清器
	空气滤清器堵塞（4）	指示发动机空气滤清器堵塞。在操作过程中，如果该指示器亮，在当天维修滤清器

续表 4-115

标志符号	含 意	说 明
	油位计（5）	如果仪表指针进入红色区域，指示燃油油位低（低于燃油箱容量的5%）。在几小时内重新加注燃油，避免油用尽

第2级警告：在这一级中，将发生下列状况：警告指示器和行动灯将闪亮。仪表指针在红色范围内显示，行动灯将闪亮。本级警告要求司机改变机器的工作，以便降低机器上一个或多个系统的过高温度。移动机器到方便的地方停放机器并停止发动机。查明警告指示器或表的故障原因，并立即报告问题

标志符号	含 意	说 明
	发动机冷却液温度（6）	指示发动机冷却液温度过高。如果仪表指针进入红色区域，将机器开到方便位置，停放机器，停止发动机。查明故障原因，如果仪表指针保持在红色区域且行动灯继续闪亮，不准操作机器
	变速箱油温（7）	指示变矩器/变速箱油温过高。如果仪表指针处于红色区域，应降低机器负载。如果仪表指针处于红色区，而且行动灯持续闪亮大约5min，停止机器，查明故障起因
	液压油温度（8）	指示液压油温度过高。如果仪表指针处于红色区，降低系统负载。如果仪表指针保持在红色区域，而且行动灯持续闪亮，停止机器，查明故障起因
	车桥油温度（9）	指示前后车桥油温过高。如果工作时警告指示器闪亮，降低机器的负载。变速箱降挡，降低制动系统的负载。如果警告指示灯仍然闪烁，停止机器。保持发动机运行以冷却并循环车桥油，查明故障起因

2－S警告级别：2－S警告级别包括持续的警告，所有2级警告；2－S警告级别是严重状况。司机应立即改变机器的操作程序，以防损坏机器。当采取改正措施时，警报停止，一个2－S警告将被记录

标志符号	含 意	说 明
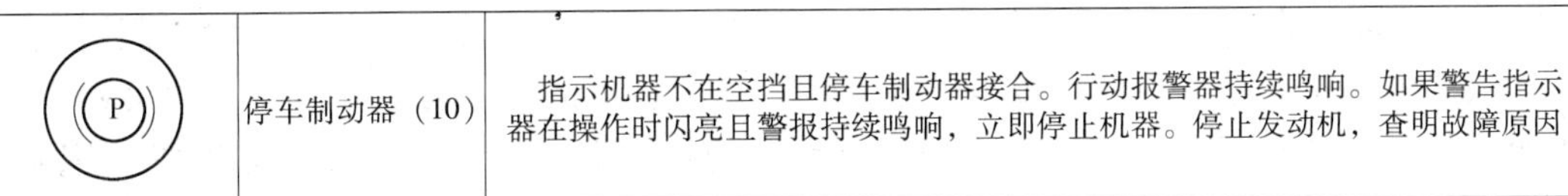	停车制动器（10）	指示机器不在空挡且停车制动器接合。行动报警器持续鸣响。如果警告指示器在操作时闪亮且警报持续鸣响，立即停止机器。停止发动机，查明故障原因

第3级警告：在这一级警告中，警告指示器和行动灯都会闪亮，且行动报警器会鸣响。本级警告要求立即安全关停机器，以免伤害司机或严重损坏系统和机器

标志符号	含 意	说 明
	发动机机油压力（11）	指示发动机机油压力低。如果该警告指示灯闪亮，应立即停止机器，并接合停车制动器。停止发动机，查明故障原因
	制动蓄能器油压（12）	指示制动蓄能器油压低。如果制动器油压进一步降低，停车制动器将自动接合。如果该警告指示灯闪亮，应立即停止机器，并接合停车制动器。停止发动机，查明故障原因
	电气系统（13）（图上未标）	指示电气系统中的严重故障。如果操作过程中该警告指示灯闪亮，应立即停止机器，并接合停车制动器。停止发动机，查明故障原因
	发动机冷却液液位（14）	指示发动机冷却液液位低。如果该警告指示灯闪亮，应立即停止机器，并接合停车制动器。停止发动机，查明故障原因

续表 4-115

标志符号	含　意	说　　明
	变速箱油压（如有配备）(15)	指示机器变速箱油压低。如果变速箱油压进一步降低，停车制动器将自动接合。如果操作过程中该警告指示灯闪亮，应立即停止机器，并接合停车制动器。停止发动机，查明故障原因

注：如果变速箱油压指示器亮，停车制动器可能接合，停止操作。将机器快速开到安全区，以接合停车制动器并停止发动机。机器恢复工作前，检查并排除故障起因。

4.14.3　报警系统工作原理

地下轮胎式采矿车辆上的警告系统，根据所监视车辆状态信号不同（如载荷、速度、温度、压力和液位等），有相应的各种报警器，如过载报警器、超速报警器、超压报警器等。报警的方式有机械式、电气式等。但其作用原理基本是一样的，可用图 4-244 来表示。

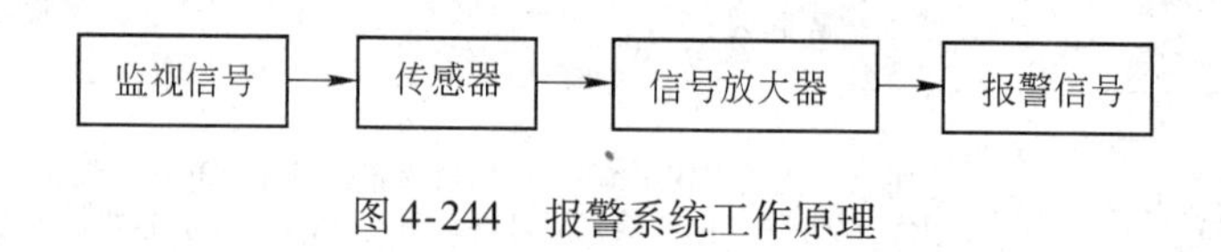

图 4-244　报警系统工作原理

随着监测技术的发展，各种先进传感器层出不穷，而且灵敏度、可靠性越来越高。如过载报警器使用的测力传感器、温度报警器采用的测温传感器等，它们都是报警器的核心部件。将如温度（发动机润滑油温、冷却液温、变矩器油温、液压油油温、制动器油温等）、压力（发动机润滑油压、变矩器进油压力、变速箱离合器压力、制动器制动压力、进气压力、排气压力、转向压力、轮胎充气压力及各种空滤、油滤堵塞信号等）、速度（发动机、变矩器涡轮转速、车速等）、各种液位（发动机冷却液液位、柴油、润滑油油位、液压油油位）等监视信号转换成电信号，然后以声或光信号发出警报。报警器发出的警报信号主要是音响，其次是光信号。重要的报警器最好利用音响和光组成“视听”双重警报信号。

4.14.4　音响及报警装置的设计要求

4.14.4.1　音响和报警装置的类型及特点

蜂鸣器是音响装置中声压级最低，频率也较低的装置。蜂鸣器发出的声音柔和，不会使人紧张或惊恐，适合于较宁静的环境。它常配合信号灯一起使用，为提示性听觉显示器，提示司机注意，或提示操作者去完成某种操作，也可用于指示某种操作正在进行。例如，车辆司机在操纵车辆转弯时，司机室的显示表板上就有信号灯闪亮和蜂鸣器鸣笛，显示车辆正在转弯，直至转弯结束。

报警器的声音强度大，可传播很远，频率由低到高，发出的声调有上升和下降的变化，可以抵抗其他噪声的干扰，特别能引起人们的注意，并强调性使人们接受，它主要用作危急状态报警。

4.14.4.2　音响和报警装置的设计原则

音响和报警装置的设计原则包括：

（1）音响信号必须保证使位于信号接收范围内的人员能够识别并按照规定的方式做出反应。因此，音响信号的声级必须超过听阈，最好能在一个或多个倍频程范围内超过听阈 10dB（A）以上。

（2）音响信号必须易于识别，特别是有噪声干扰时，音响信号必须能够明显地听到并可与其他噪声和信号区别。因此，音响和报警装置的频率选择应在噪声掩蔽效应最小的范围内。例如，报警信号的频率应在 500～600Hz 之间。其最高倍频带声级的中心频率同干扰声中心频率的区别越大，该报警信号就越容易识别。当噪声超过 110dB（A）时，最好不用声信号来作报警信号。

（3）为引起人注意，可采用时间上均匀变化的脉冲信号，其脉冲声信号频率在 0.2～5Hz 之间。其脉冲持续时间和重复频率，不能与随时间周期性起伏的干扰声脉冲的持续时间和重复频率重合。

（4）报警装置最好采用变频的方式，使音调有上升和下降的变化，如紧急信号，其音频应在 1s 内由最高频（1200Hz）降低到最低频（500Hz），然后听不见，再突然上升，以便再次从最高频降低到最低频。这种变频声可使信号变得特别刺耳，可明显地与环境噪声和其他声信号相区别。

（5）显示重要信号的音响装置和报警装置，最好与光信号同时作用，组成视听双重报警信号，以防信号遗漏。

（6）为了警告危险发生前在作业区内的人员与车辆，地下轮胎式采矿车辆应在每个司机的位置点都能操作的位置安装可人工控制的音响警告系统。

（7）险情听觉信号设计。在 GB/T 1251.1 中规定了险情听觉信号的技术要求、测试方法和设计准则。它适用于工作场所，特别是高声级环境噪声工作场所。

（8）在倒车时，为了防止车辆碰到后面的行人与车辆，地下轮胎式采矿车辆应配置一个前进和倒退音响报警装置或可视警告信号装置。前进和倒退音响报警装置试验方法应满足 ISO 9533：2008《土方机械　前进和倒退音响报警　声响试验方法》标准要求。

4.14.5 险情听觉信号

4.14.5.1　险情听觉信号分类

根据险情的紧急程度及其可能对人群造成的伤害，险情听觉信号分为紧急撤离听觉信号、紧急听觉信号和警告听觉信号三类。每类的定义及需做出的反应见表 4-116。

表 4-116　险情信号类型

险情信号类型	定　义	需做出的反应
紧急撤离听觉信号	标示已经开始或正在发生且有可能造成伤害的紧急情况的信号，此信号指示人们按已确定的方式立即离开危险区	立即离开危险区域
紧急听觉信号	标示险情开始的信号。必要时，还包括标示险情持续和终止的信号	紧急行动寻求救护
警告听觉信号①	标示即将发生或正在发生、需采取适当措施消除或控制危险的险情信号	采取预防或准备措施

① 也可提供人们采取行动或措施的信息。

设计恰当的险情信号可有效提示人们注意隐患或危险环境（即使在佩戴护耳器的情况下），且不会引起恐慌。

4.14.5.2　险情听觉信号安全要求

险情听觉信号安全要求包括：

（1）险情听觉信号应具有使信号接收区内的任何人都能听见并做出预期反应。如果有听力缺陷（耳聋）或佩戴护耳器（头盔、耳塞等）的人在接收区内，宜给予特别考虑。可听信号的特性应与相关的环境特性相匹配。

（2）为了可靠地识别险情信号，险情信号应清晰可听，且与环境中其他声音明显不同。

任何紧急撤离信号应优先于其他所有险情信号，险情信号应优先于其他所有听觉信号。

（3）要定期检查险情听觉信号的有效性。每当启用新的听觉信号或出现新的噪声源时，必须及时复查险情听觉信号的有效性。

（4）为了可靠地识别险情听觉信号，该信号必须具备 3 个条件，即清晰可听性、可分辨性、含义明确性。

1）清晰可听性。信号必须清晰可听且明显超过有效掩蔽阈值。通常用 A 计权声压级分析时，信号的 A 计权声压级应超过背景噪声的 A 计权声压级 15dB 以上即可。使用倍频程分析或 1/3 倍频程分析，均能得到更为精确的结果。在大多数情况下使用倍频程分析已经足够精确。

做倍频程分析时，信号在 300 ~ 3000Hz 频率范围内，有一个倍频程或多个倍频程的信号频带声压级应至少超过所考虑的倍频带的有效掩蔽阈 10dB。

做 1/3 倍频程分析时，信号在 300 ~ 3000Hz 频率范围内，有一个 1/3 倍频程或多个 1/3 倍频程的信号频带声压级应至少超过所考虑的倍频带的有效掩蔽阈 13dB。

必要时，还需评估并考虑信号接收人群中存在听力损失者的可能性，佩戴护耳器时，应了解其衰减级，并在估算中予以考虑，为确保险情信号的可听性，在信号接收区的任何位置，险情信号的 A 计权声压级都不应低于 65dB；当信号的 A 计权声压级低于 65dB，接收区的人员确实都能识别，则该信号也可以采用。此时人员应做收听检验（见 4.14.5.3 节）。信号接收区的人员中，如有中度耳聋及重度耳聋人员时，则在做收听检验时，一定要有上述代表参加，否则不能认为该信号已被识别。

2）可分辨性。声级、频率特性和瞬时分布是影响辨别险情听觉信号的三个声学参数。在接收区内，险情听觉信号至少有两个声学参数与环境噪声相比有显著区别。

3）含义明确性。险情听觉信号的含义必须明确，该信号不与用于其他目的信号相似。

从移动的险情信号源发出的险情听觉信号必须是可听到的，并且是可识别的，不考虑该信号源的移动速度和转动次数。

4.14.5.3　测试方法

A　声学测量

使用测量仪器检验险情听觉信号是否符合 4.14.5.2 中的识别险情听觉信号的三个条件：

（1）测量险情听觉信号和环境噪声的A计权声级，当前者大于后者15dB即可识别。

（2）当用A计权声级测量不能得到适宜结果时，应做频率分析。

（3）测量险情听觉信号的A计权声级瞬时分布。

测量仪器要符合GB/T 3785.1（IEC 61672）和GB/T 3241《倍频程和分数倍频程滤波器》的规定。

测量背景噪声和信号时，应采用“慢挡”时间计权的最大读数，应基于有一定代表性数量的被测样本进行计算。

B 收听测试

在无客观声学测量检查险情信号的可听性时，应进行收听测试。在信号接收区内任何地方进行收听测试时，均应采用以下步骤：

（1）从信号接收区挑选至少10个被试者，组成具有代表性的测试组。被试者应佩戴其工作模式下使用的个人护耳器。

（2）如果信号接收区内人员总数不足10人，则所有人都应参加典型情况下的测试。

（3）测试前不应事先通知被试者。应在接收区内最不利于收听的情形下（例如，在背景噪声声级最高，并且可能同时伴有其他信号时）发送险情信号。该测试应至少重复5次。每个被试者应单独接受测试，以避免测试中受到其他被试者的影响。

（4）要求每个被试者根据清晰可听、非清晰可听两个选项评估信号的可听性。

在全部5次测试中，如果所有的被试者都确认信号清晰可听，则认定该信号的可听性足以满足要求。

4.14.5.4 险情听觉信号设计准则

设计险情听觉信号时，应遵守以下准则：

（1）声压级。在信号接收区内，险情听觉信号的A计权声压级不低于65dB，且超过背景噪声至少15dB就必然清晰可听，这两个要求是可靠识别信号的充分条件，而非必要条件，如果险情信号的频率或时间分布明显地区别于背景噪声，则也可以采用较低声压级的险情信号，但此时声压级应满足4.14.5.2节中“可听性”的规定。

险情信号的最大声压级宜适当设计，以确保信号清晰可听。但声压级过高可能会引起恐慌反应，非预期的声压级的急剧增加（如0.5s内增加30dB以上）也可能会引起恐慌。

如果信号接收区内的环境噪声A计权声压级大于110dB，不能单独使用险情听觉信号，而要附加其他信号，如险情视觉信号等。

（2）频谱特性。险情信号的频率宜包括在500～2500Hz范围内的频率分量，但一般推荐500～1500Hz范围内的两个主要频率分量。

险情信号与背景噪声相比，其各自最大声级处的倍频带中心频率相差越大，险情信号越易于识别。在人们佩戴护耳器和有听力损失的情况下，险情信号在1500Hz以下的频率范围宜有足够的声强。

（3）时间特性。

1）险情信号的时间分布。一般情况下，宜优先考虑脉冲险情信号而非稳态险情信号，脉冲重复频率应在0.5～4Hz范围内，险情信号与信号接收区内周期性变化的背景噪声相比，两者的脉冲持续时间和脉冲重复频率不应相同。

在信号接收区内，当更高的脉冲重复频率与长混响时间同时存在时，脉动将被平滑掉，因此，频率相似但脉冲重复频率不同的信号之间的可分辨性将降低。

紧急撤离听觉信号（GB/T 12800《声学紧急撤离听觉信号》）是专用的险情信号。所有其他险情听觉信号的时间模式都必须与其有显著区别。

2）频率的时间分布。一般来说，宜选择具有交变基频的信号作为险情信号。如基频扫频范围在500～1000Hz、具有四个谐波的险情信号能充分满足可听性的要求。

3）险情信号的持续时间。在某些情况下（如背景噪声有短暂变化时），允许背景噪声暂时掩蔽险情信号，但此时应确保在险情信号开始后，掩蔽时间不得大于1s，且信号符合4.14.5.2的要求，即至少持续2s。险情信号的时间特性宜取决于险情的持续时间和类型。

（4）需从供应商获取的信息。险情信号声源的制造商和代理商在产品数据手册上至少应给出以下信息：

1）A计权声功率级（$L_{w,A}$）的最大值和最小值，或自由声场中声源主要辐射方向1m处测量的A计权声压级（$L_{s,A}$）；

2）在声源主要辐射方向1m处，中心频率从125～8000Hz范围内时，倍频程或1/3倍频程的频谱成分；

3）一个典型周期内险情信号的时间包络线。

4.15　可维修性人机工程学设计

4.15.1　维修工作对地下轮胎式采矿车辆的重要意义

随着科学技术的发展，地下轮胎式采矿车辆越来越先进，机、电、液、信一体化，物理作用、化学作用相互影响，硬件、软件不断更新。在车辆的使用和运行过程中，由于磨损、腐蚀、振动、老化、运行环境的变化以及不正确操作（这一点常常被忽略）等因素，必然导致车辆性能下降，甚至发生故障，不能满足运行和使用的要求。车辆发生严重故障时，不仅物质财富遭到破坏，作业中断，严重影响企业的经济效益，甚至会发生人身和车辆安全事故，此时必须及时正确科学地对其进行维修，以恢复它原来的各种性能。由于维修的质量与车辆的利用率、车辆的使用寿命（图4-245）、系统的运行安全息息相关，维修的速度则直接影响企业的经济效益。由图4-245还可以看出，车辆的使用寿命除了与车辆本身的设计、制造质量及司机驾驶的方法有关之外，在很大程度上还决定维修工人的保养和维修水平。因此，为了保证维修工作的质量与效率，保证维修工作的安全，在地下轮胎式采矿车辆设计时，就必须考虑其可维修性，当出现故障时，又能用先进科学手段即刻发现，快速诊断，及时排除。目前，易于维修，这已经成为地下无轨采矿车辆市场竞争的焦点，也成为用户决定选购与否的重要因素。因此越来越多企业对产品的维修性的意义已有充分的认识。地下无轨采矿车辆的作业条件、维修条件十分恶劣（零部件布置十分紧凑，接近性差，维修空间狭窄，起重车辆有限，光线很暗，维修十分困难），车辆因维修而产生的事故频繁发生。因此，易于

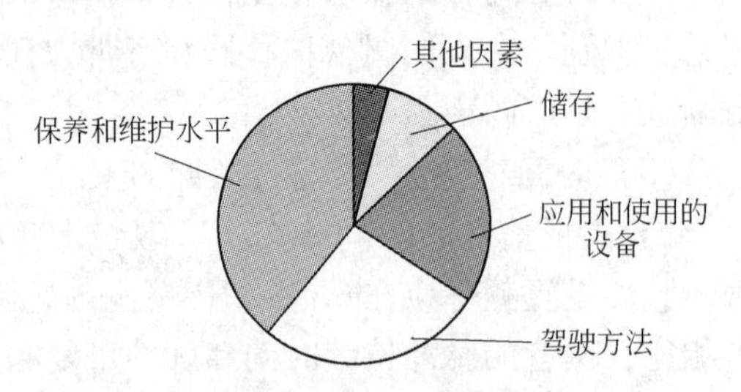

图4-245　保养和维护对车辆寿命的影响

维修对地下无轨采矿车辆来说显得更为突出。

4.15.2 地下轮胎式采矿车辆维修性设计和维修性人机工程学设计

4.15.2.1 地下轮胎式采矿车辆维修性与维修性设计

地下轮胎式采矿车辆修对企业的生产能力有重要影响，同时它消耗巨大资源。因此，如何实现科学、安全、及时、快速、有效、经济地维修，就不仅是使用阶段需要考虑的问题，而且也是研制、设计阶段应仔细考虑的问题。

简单说来，维修性是指在规定的时间、条件、程序和方法等约束下完成维修的能力。所谓“规定的条件”，主要是指维修的机构和场所以及相应的资源条件（包括维修人员、设施、车辆、工具、备件、技术资料等）。所谓“规定的程序和方法”，是指按规程规定的维修工作类型、步骤和方法等。而“维修”作为维护与检修的统称，则是为保持、恢复或改善设施或车辆的规定技术状态而进行的全部活动。

维修性设计就是在地下轮胎式采矿车辆设计中除了满足性能、强度、刚度、使用要求外，还要使地下轮胎式采矿车辆具有实现上述维修能力。维修性设计的任务是：一旦地下轮胎式采矿车辆发生故障，要保证能安全地尽快修理好，甚至能在未出故障前就已经采取措施来消除故障产生的条件。所以，维修性设计显然是实现科学、安全、及时、快速、有效、经济这个总要求的前提条件。

4.15.2.2 地下轮胎式采矿车辆维修性人机工程学设计

地下轮胎式采矿车辆维修性人机工程学设计应是维修性设计的一个重要部分，因为任何维修作业都离不开人的直接参与，人的因素理应成为维修性设计的中心问题。把人机工程学应用到维修性设计中，从“便利于人维修”、“科学地维修”和“安全地维修”出发来进行设计，这就是维修性人机工程学设计的主要要求，它使维修工作系统中“人—机—环境系统”整体协调，以有利于提高人的维修工作效绩、减少维修差错、实现维修安全。在科学、安全、及时、快速、有效、经济地维修这个总要求的六个方面中，与人机工程学设计关系最密切的是安全和有效两个方面。虽然这六个方面是互相联系、不可绝对分开的，然而有时这六个方面是协调一致的、相互促进的，有时却会出现某一方面与其他方面发生矛盾。人机工程学虽应同时考虑这六个方面，但更多考虑的还是维修人员的安全和操作方便，因而这六个方面的综合平衡则有赖于维修性设计的全面权衡来最终确定。

4.15.3 维修性人机工程学设计要求

4.15.3.1 确保维修安全

维修安全是指通过设计、管理和维修实践来消除和控制维修过程中可能产生的各种危险，避免发生损害维修人员健康、导致人员伤亡和设备损坏的各种意外事故。

维修活动的安全在一定意义上比使用、运行时的安全更复杂，涉及的问题更多。如在维修对象处于部分分解状态又带故障的情况下，维修人员使之作部分运转以检查、排除故障，这时必须保证维修人员不会遭受电击、机械损伤以及有害气体、辐射、燃烧、爆炸等伤害，保证车辆不会被破坏，环境不会受危害，维修人员才能消除顾虑放心大胆地进行维修工作。

A　地下采矿车辆要维修的部件

根据维修用途部件可分为液体和气体、机械部件两类。液体和气体包括燃油、冷却液、润滑油（发动机、变矩器、变速器、轴、终传动、回转机构）、液压油箱、进气系统、制动储气罐、雨刷器、司机室通风系统（过滤器）、空调器（制冷剂、过滤器）；机械部件包括：风扇皮带、液压缸/液压阀、轮胎/车轮、转向液压缸/连杆、转向机构、切削刃/斗齿、空调器/空压机/冷凝器的皮带。

B　测试和维护点

（1）用于检查操作正确性和判断故障的测试点要设计得便于接近。

（2）在可能的地方，测试点应被组合布置在一起，这可表示出正在被测试的单元的分布。

（3）测试点应布置得靠近检查操作中所使用的控制装置和显示装置，以便司机能够操作这些控制装置并同时观察到显示装置。

（4）当有些设备被组装并安装到机器上时，测试和维护点要布置在这些设备上更易接近的零件上。

（5）测试点和维护点应尽可能布置在不需要拆卸任何部件或零件就能接近的地方。

（6）测试点和维护点应布置在所给定的程序中打开一个就能接近的地方。

（7）测试点和维护点应布置得远离带防护物或没带防护物的运动的零件或其他危险的区域。

（8）润滑点应位于容易接近的地方，需要时可利用导管或延长的油嘴。尽量使用集中润滑。

（9）接近润滑点应尽可能不拆卸罩盖。

（10）润滑油嘴应符合 GB/T 25618. 1—2010《土方机械　润滑油杯　第 1 部分：螺纹接头式》的要求。

（11）油尺及其他液位指示器应布置在可接近的地方，而且应能够被完全取出而不必接触到设备的其他部分。

（12）液体的补充点应布置在因溢出而造成设备损坏的可能性最小的地方。

（13）排液点应可见并可接近作业，而且布置在人员可触到且泥浆或其他杂质不会堵塞到的地方。

（14）排液点不应置于会排放到人员身上或敏感设备上的地方。

（15）排液点应布置在可以使液体直接排放到废液容器中的地方。

（16）排液、加液和液位螺塞应符合 GB/T 14780—2010《土方机械　排液、加液和液位螺塞》的要求。

C　维修层次和等级

需要做维修的部件，要考虑不同层次下的不同等级，例如：

（1）作业位置。

第 1 级：站在或坐在机器上方或旁边；

第 2 级：站在或坐在机器下方；

第 3 级：躺在机器之上或在机器旁边；

第 4 级：在机器下方查找。

（2）作业类型。

第1级：不需要拆卸盖板和盖子的维修；

第2级：拆卸盖板和盖子时不需使用任何工具的维修；

第3级：只使用GB/T 8593.1和GB/T 8593.2规定的工具的维修；

第4级：使用其他特殊工具或设备的维修。

（3）安全性。

第1级：没有运动的零件和没有危险的维修；

第2级：有运动的零件且有安全保护装置（如在动臂下作业）的维修；

第3级：没有安全装置且如果没有正确地遵守指令的说明会有被伤害的危险的维修（如对内部压力、高温时的维修）；

第4级：没有安全装置且如果不正确地按照指令的说明有可能发生严重伤亡的危险的维修。

D 维修对象、层次、位置、类型和安全性

维修的对象、维修部件的位置和类型的不同，其安全性也不同，见表4-117和表4-118。维修人员应根据不同的维修安全性采取相应预防措施，以防事故发生。

表4-117 维修对象、维修部件的位置类型和安全性

维修对象、层次		需要维修的部件													
液体和气体		燃油	冷却液	润滑油						液压油箱	进气系统	制动储藏罐	雨刷器	空调器	
				发动机	变矩器	变速器	桥轴	终传动	回转机构					制冷液	过滤器
1. 维修检查	1.1 作业位置	1	1	1	1	1	2	2	1	1	1	1	1	1	1
	1.2 作业类型	1	2	2	2	2	3	3	2	1	2	2	2	2	2
	1.3 安全性	1	3	2	2	2	2	2	2	2	2	2	2	2	2
2. 排放	2.1 作业位置	2	2	2	2	2	2	2	2	2	–	–	–	–	–
	2.2 作业类型	3	3	3	3	3	3	3	3	3	–	–	–	–	–
	2.3 安全性	2	3	3	3	3	3	3	3	3	–	–	–	–	–
	2.4 环境保护：排放的部分应被设计成将排放的全部机油排入容器中而不会洒到周围	+	+	+	+	+	+	+	+	+	–	–	–	–	–
	2.4 环境保护：排放口的下方要有足够的空间放置可以容纳所有排放机油的容器	–	+	+	+	+	+	+	–	+	–	–	–	–	–
3. 灌注	3.1 作业位置	1	1	1	1	1	2	2	1	1	–	1	1	–	–
	3.2 作业类型	2	2	2	2	2	3	3	3	2	–	1	1	–	–
	3.3 安全性	2	2	2	2	2	3	3	2	2	–	2	2	–	–
4. 过滤器的更换	4.1 作业位置	1	–	1	3	3	–	–	–	1	1	–	–	–	1
	4.2 作业类型	3	–	3	3	3	–	–	–	3	3	–	–	–	2
	4.3 安全性	2	–	2	2	2	–	–	–	2	2	–	–	–	2

注：+—需要维修或应该考虑维修，但难度不确定；–—不需要维修；1—难度最低；2—难度中等；3—难度最高。

表 4-118 维修部件的位置、类型和安全性

维修对象层次		需要维修的部件							
		风扇皮带	液压缸阀	轮式轮胎	转向（轮胎式）	转向液压缸连杆	斗齿切削刃	空调器	
								空压机皮带	冷凝器
1. 检查	1.1 作业位置	1	–	1	1	2	1	1	1
	1.2 作业类型	4	–	3	1	3	1	4	2
	1.3 安全性	2	–	4	1	2	1	2	1
2. 调整	2.1 作业位置	1	–	1	–	–	–	1	–
	2.2 作业类型	3	–	3	–	–	–	3	–
	2.3 安全性	2	–	4	–	–	–	2	–
3. 更换	3.1 作业位置	1	–	–	–	–	1	1	–
	3.2 作业类型	3	–	–	–	–	4	3	–
	3.3 安全性	2	–	–	–	–	3	2	–
4. 注脂	4.1 作业位置	–	3	–	–	2	–	–	–
	4.2 作业类型	–	3	–	–	1	–	–	–
	4.3 安全性	–	3	–	–	2	–	–	–
5. 清洁	5.1 作业位置	–	–	1	1	2	–	–	1
	5.2 作业类型	–	–	1	1	1	–	–	2
	5.3 安全性	–	–	2	1	1	–	–	1

注：+—需要维修或应该考虑维修，但难度不确定；-—不需要维修；1—难度最低；2—难度中等；3—难度最高。

4.15.3.2 简化产品及维修操作一般要求

过分复杂的系统结构和车辆结构必然增加维修难度，增加维修人员负担，影响维修性。所以，在满足功能要求和使用要求的前提下，地下轮胎式采矿车辆尽可能简化日后维修人员的工作，降低对维修人员技能的要求。为此，应遵守以下导则：

（1）尽可能简化地下轮胎式采矿车辆各系统、机具，零部件功能，增强兼容性，合并相同或相似功能，去掉不必要的功能，以简化产品和维修操作；

（2）执行相似功能的硬件适当集中，以便维修人员一次完成几项维修任务；

（3）设计时，应在满足规定功能要求的条件下，使其构造简单，尽可能减少产品层次和组成单元的数量，并简化零件的形状；

（4）将车辆设计成很少需要预防性维修的结构（如设置自动检测、自动报警装置，改善润滑、密封装置，防止锈蚀，减缓磨损等）；

（5）尽可能减少复杂的维修操作步骤和修理工艺要求（如采用换件修理或其他简易检修方法等），车辆拆装方便、机动灵活，维修工具尽量少而简单；

（6）尽量减少零部件的品种和数量，使相似零部件、材料和备件具有互换性；

（7）要合理安排各组成部分的位置，减少连接件、固定件、使其检测、换件等维修操作简单方便，尽可能做到在维修任一部分时，不拆卸、不移动或少拆卸、少移动其他部分，以降低对维修人员技能水平的要求和工作量；

(8) 产品应尽量设计简便而可靠的调整机构，以便于排除因磨损或飘移等原因引起的常见故障；对易发生局部耗损的重要件，应设计成可调整或可拆卸的组合件，以便于局部更换或修复，避免或减少互相牵连的反复调校。

4.15.3.3 维修和检测的可达性

A 改善维修和检测的可达性设计导则

可达性是指对系统、设施或车辆进行维修或检测时，维修人员能接近维修部位的难易程度，包括视觉可达（看得见）、实体可达（够得着）和有足够的操作空间。合理的结构设计是提高设施或车辆可达性的途径。例如，合理地设置维修窗口和维修通道是解决“看得见、够得着”的办法。可达性不好，往往耗费很多维修人力和时间。在实现了机内测试和自动检测后，可达性不好甚至成为延长维修时间的首要因素。因此，可达性良好可以说是车辆维修性的首要要求。

可达性设计的主要原则是“统筹安排、合理布局”，具体设计导则分述如下：

(1) 把故障率高或维修空间需求大的部件尽可能安排在车辆的外部或容易接近的地方。

(2) 为避免各部分同时维修、交叉作业与干扰，可采用专舱、专柜或其他适用的形式布局。

(3) 尽量做到在维修任何部分时，不拆卸、不移动或少拆卸、少移动其他部分。

(4) 车辆各部分（特别是易损件和常用件）的拆卸、安装要简便，拆装时零部件进出路线最好是直线或平缓的曲线，不要使拆下的部件拐弯或颠倒后再移出。

(5) 维修时，一般应能看见内部的操作，其通道除了能容纳维修人员的手和臂外，还应留有适当的余隙以供观察。

(6) 在不降低设施或车辆性能的条件下，可采用无遮盖的观察孔；需遮盖的观察孔应采用透明窗或可快速开启的盖板。

(7) 需要维修的机件周围，要有足够的空间以便进行测试或拆装（如螺栓、螺母的安排应留有扳手余隙）。

(8) 地下轮胎式采矿车辆的检查点、测试点、润滑点、添加口以及燃油、液压、气动等子系统的维修点，都应布局在便于接近的位置上。如维修人员不需登高，站在地面上就能对所有油箱、滤清器、润滑点、和排气管道完成维修保养、阀的拆装、阀的调整。而且尽量在一侧完成（图 4-246）。这无疑简化了维修服务，并可减少用于例行保养的工作时间，增加维修安全。

冷却风扇位于铰接装置外面，容易清洁发动机冷却器（图 4-247）。采用组装式 V 形芯管散热器和中冷器，清洁保养和更换损坏的芯管，变得很方便（图 4-248）。

(9) 维修通道口的设计应使维修操作尽可能方便简单。

B 维修通道的分类

维修通道是指那些供观察和工具、零件、组件以及人的肢体进出的开口和通路。如检查口、检查窗、测量口、进出口等。

通常有三种维修通道：

(1) 修理通道。修理通道用于零件调整、修复或更换时，工具、人的肢体、零件的进出。

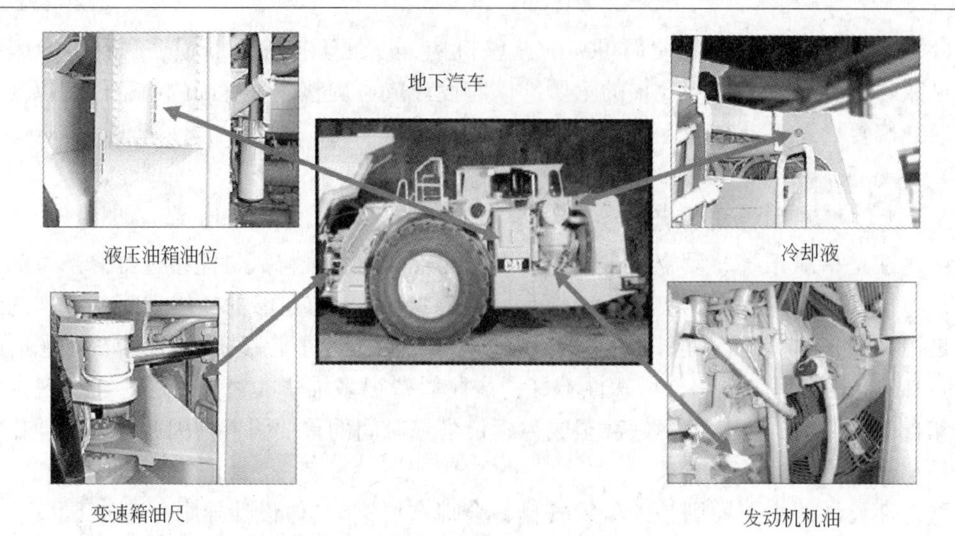

图 4-246 地面的日常维护

图 4-247 便于冷却风扇保养的铰接防护装置

图 4-248 可拆卸的散热器芯

（2）视觉检查通道。视觉检查通道用于目视或触摸。

（3）车辆测试通道。车辆测试通道用于工具和检测设备进出。

表 4-119 给出了该三种维修通道的类型和相关的决策准则。在应用该表时对要求触摸而不是目视的那些检查列在“修理通道”一栏中。

表 4-119 推荐的装备维修通道

优选顺序	修理通道	视觉检查通道	车辆测试通道
最好	拉出式机架或抽屉	敞开，无盖	敞开，无盖
好	铰链门（如果必须防止脏物、潮气或其他外物进入时）	抗擦伤塑料透明窗口盖（如果必须防止脏物、潮气或其他外物进入时）	装有弹簧的滑动盖（如果必须防止脏物、潮气或其他外来物进入时）
差	带有系留式快卸紧固件的可拆卸盖板（如果没有足够的空间装铰链盖板时）	抗碎玻璃盖板（如果塑料不能承受擦伤或与溶剂接触时）	带有系留式快卸紧固件的可拆卸盖板（如果没有足够的空间装铰链盖板时）
最差	螺钉大而数量最少且能满足要求的金属盖板（如果应力、压力或安全原因需要时）	螺钉大而数量最少且能满足要求的金属盖板（如果应力、压力或安全原因需要时）	螺钉大而数量最少且能满足要求的金属盖板（如果应力、压力或安全原因需要时）

C　设计通道应当了解的信息

在设计适当的维修通道，确定通道的类型、尺寸、形状和位置时，应当了解：

（1）产品的位置和周围环境；

（2）使用该通道的频率；

（3）通过该通道要完成的维修工作；

（4）完成维修任务所要求的时间；

（5）通过该通道的工具和零件的类型、尺寸；

（6）维修活动要求的工作间隙或空间；

（7）使用人员和维修人员可能穿着的衣服类型；

（8）使用人员和维修人员（身体或部分肢体）必须进入通道内多远；

（9）维修工作的目视要求；

（10）在通道里面的产品的安装情况；

（11）使用通道的安全程度；

（12）必须进入通道的人员随身携带品、工具、器械等的合理组合的尺寸、形状、质量和间隙的要求。

D　对设计通道的要求

a　检查通道

检查通道常称检查口（窗），通常检查口应是敞开的。如果脏物、潮气或其他外来物会引起不良后果时，则可使用透明的塑料窗口盖。如果因擦伤或溶剂作用和环境有可能降低塑料盖的透明度，那么可以使用抗碎玻璃窗口盖。如果透明材料不能满足应力或其他要求，那么就应当使用能快速打开的金属盖。目视检查应当考虑物体和背景的亮度对比，以及来自工作区光源的眩光。如果使用外部光源，那么窗口的透明度必须允许充足的光线通过。若检查口附近有危险零部件，而检查时又要求进入，那么检查口的口盖应设计成打开时内部照明灯自动接通。另外，在检查口盖上应当贴上醒目的危险警告标志。

b　测试通道

用于工具和测试车辆通过的测试通道，应尽可能做成敞开的。如果脏物、潮气或其他外来物可能引起不良后果时，可以使用弹簧加力的滑动盖，或铰链门。对于不要求严格密封的小通道口，小滑动盖特别有用。弹簧加力盖或罩内应有一个掣子以保证盖或罩保持敞开。只有弹簧加力盖或铰链门不能满足承受应力、压力或安全要求的标准，才可采用带有快速解脱紧固件的盖板或采用最少数量的最大适用尺寸的螺钉固定的盖板。大滑动门可能会带来结构问题，但当回转门的空间受到限制时，大滑动门特别有用。如果门非常大或非常重时，应提供抓手以增大力臂作用。通道门的设计应注意：

（1）使它们能确实锁住；

（2）不被卡住或粘住；

（3）操作方便并要求不用工具；

（4）对电线、运动件或车辆的其他零部件不阻碍、不损伤，也不会引起有潜在危险的接触；

（5）足够显眼，不会因疏忽而未关闭。

c　修理通道

修理通道开口的尺寸、形状应使肢体和零部件容易通过。因此，必须注意与通道相匹配的空间内部零部件的布局，否则会造成肢体或零件通过困难。

如果由于场所或环境因素（灰尘、下落物体或雨雪的侵入）而无法使用无盖通道时，可使用铰链门或滑动盖，铰链门比盖板要好。铰链应装在底部（图 4-249）或侧方，使门向下或向左（向右）开，这样不用人力就可以操作敞开。

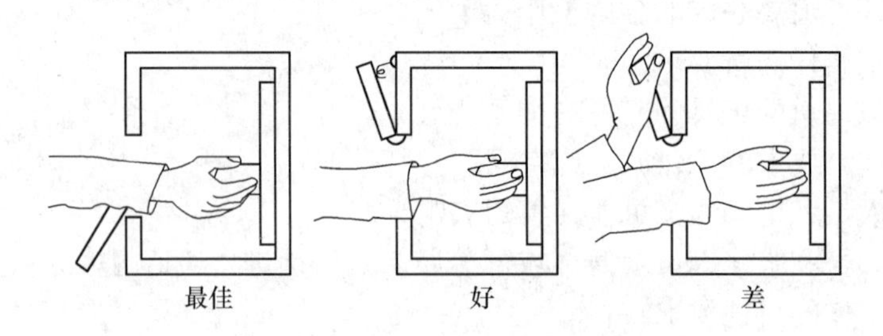

图 4-249　安全铰链盖安装方法

如果这种方法不可行，还可以使用卡子或托架（最好是自动的）。任何情况下都不应该采用靠人工保持通道门敞开的设计方案。为提高可达性，机体或箱柜的开口应能满足使用可拉出的、可旋转的和滑动的抽屉、架子以及导轨或其他铰链的或滑动的组件的要求，以便能够：

（1）优化工作空间和容纳工具；

（2）减少维修人员拆装那些易碎的或敏感的产品的工作；

（3）便于笨重产品的装卸或定位；

（4）便于接近需要经常从安装位置拆下进行维修的产品。

E　通道口位置确定原则

产品的装填口往往也可以作为维修通道使用，在维修通道设计时尽量加以利用。维修通道口的位置决定于产品安装的方式。先确定在正常安装情况下，产品上有哪些面是可达的，然后把各个通孔安排在可达的一个面上。

通道口的位置要最有利于操作。要确定维修人员通过该通道口需做什么工作，然后把该通道安排在适合操作的位置上。对于某些操作来说，把通道口安排在侧方可能要比正对着操作好些。通道口位置应：

（1）只安排在设备正常安装状态下可达到的作业面上；

（2）能直接达到并最便于操作；

（3）与通道有关的显示器、控制器、测试点、电缆等都安排在设备的同一个面上；

（4）要远离高压或危险的运动部分，或在这些部分的周围加适当的绝缘、遮蔽物等以防伤人；

（5）使笨重的部件能从通道口中拉出而不是提出；

（6）便于频繁调整或维修作业使用；

（7）避开妨碍维修和使用人员的框架、隔板、支架和结构件，以便接近必须维修或操作的零部件；

（8）从地面或工作岗位台算起，通道口下缘不低于 600mm，上缘不高于 1500mm；

（9）工作台的高度要考虑与通道的使用相配合。

F 通道尺寸的大小

通道口不宜过多，能用一个大通道口解决问题的，不要用两个或更多的通道口。通道口的大小应根据要维修的车辆和完成的工作确定。这就要求在决定通道口尺寸以前必须确定使用人员或维修人员要看到或做到什么，考虑视线、所用的工具类型、光线强度。在某些情况下，能容得下螺丝刀（又称改锥）的小孔就已足够了；而在另外一些情况下，维修人员可能不得不将手或整个身体进入到某一部件中去。此外，维修的频率也是一个重要因素。电子器材70%的维修活动是用螺丝刀、钳子、扳手以及烙铁完成的。显然，通道口应当能保证这些工具的进入和操作。

通道口的尺寸还决定于要求接近的产品的形状尺寸。当产品必须通过该口拆卸或更换时尤为如此。通道盖板尺寸的大小应当避免为接近面板后面的任一产品而在另一个盖板上再开通道口。盖板尺寸的大小和产品的布局应允许被拆卸的产品沿着直线的或略有曲线的路径取出。这将使拆卸变得方便并降低产品在取出过程中被损坏的可能性。

通道的尺寸也与人体某一部分或某些部分的运动，如转身、拉、推、扭转等动作有关。一旦确定了通道，它的尺寸还必须考虑通过该入口的身体某一部分的尺寸及其运动时需要的空间。这两个因素由动态的或静态的身体测量确定。人的因素分析也考虑了在系统功能中人体测量的尺寸。使用人员或维修人员在进行维修活动时可能要穿戴御寒衣服，这也将影响通道尺寸（表4-120～表4-128）。

表4-120 入口尺寸 (mm)

1. 手入口尺寸（第95百分位数）

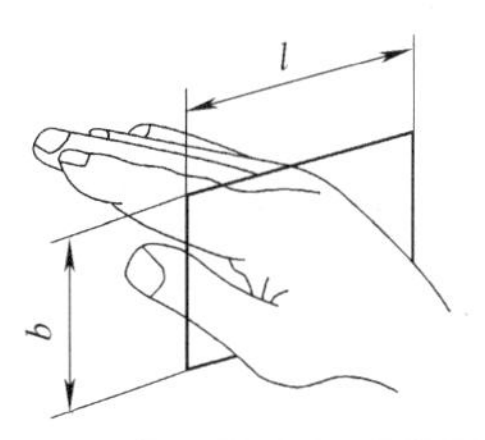

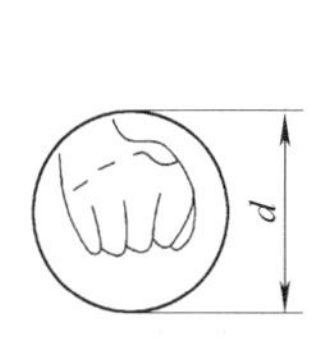

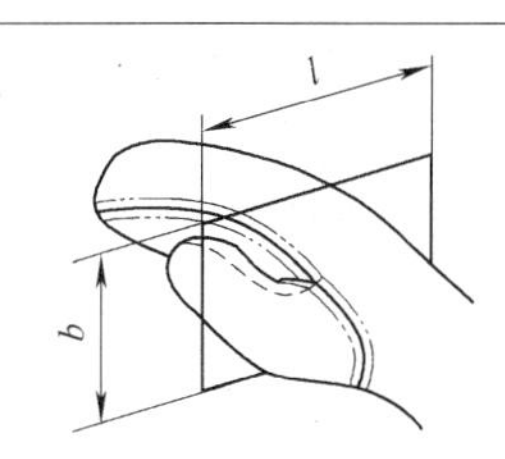

最小尺寸	圆形	矩形	
	d	*b*	*l*
不带手套	110	65	110
带连指手套	150	100	150

2. 头入口尺寸（第95百分位数）

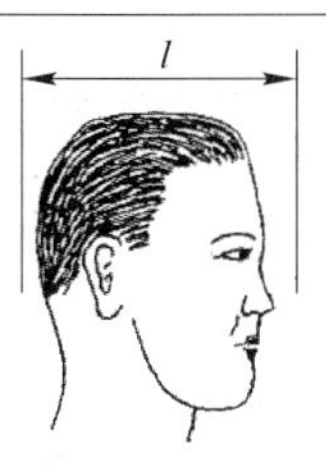

最小尺寸	圆形	矩形	
	d	*b*	*l*
光头	230	210	230

续表 4-120

最小尺寸	圆　形	矩　形	
	d	b	l
着御寒衣服①	300	280	300
戴有边的帽子、安全帽	330	290	330

3. 身体入口尺寸（第 95 百分位数）

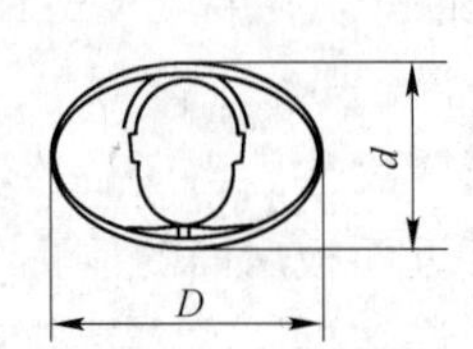

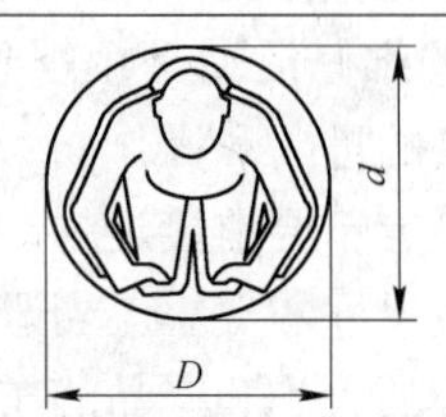

最小尺寸		椭　圆	
		d	D
上下入口	着普通衣服	330	580
	着御寒衣服	470	690
侧向入口	着普通衣服	660	760
	着御寒衣服	740	870

4. 维修人员穿普通服装时的通道口最小尺寸

通过的身体部分或体位		尺寸/mm
通过头的宽度		170
通过肩膀的宽度		470
通过身体的宽度		250
以爬行姿势通过通道	高　度	830
	宽　度	470
跪姿（背直着）通过通道	高　度	1325
	宽　度	470
两人（立姿）并列通过通道	高　度	1780
	宽　度	840

摘自 GB/T 17299—1998《土方机械　最小入口尺寸》。

① 御寒衣服包括连衣帽。

表 4-121　双手、单只手、手指检修孔的最小尺寸　　(mm)

最小尺寸		宽	高	示意图
1. 双手检修孔的最小尺寸（看不见检修孔）				
双手达到的深度 150～490	薄手套	200	125	
双臂整个长度（至肩）可达到的距离	薄手套	125～200		

续表 4-121

最小尺寸		宽	高	示意图
双手握紧箱子前面抓手，假设抓手周围间隙足够，箱子周围间隙 13				
双手夹紧盒子两侧	薄手套	盒子宽加 115	125 或盒子周围 13，取两者大者，双手在盒子底部弯曲，高度还要加 38	
2. 单手检修孔的最小尺寸（看不见检修孔）				
空手，至腕关节	裸手，转动	95	95	
		或孔径 95		
	裸手，平手	100	55	
		或孔径 100		
	紧握手，至腕关节	125	95	
		或孔径 125		
手臂至肘	薄衣服	115	100	
手臂至肩	薄衣服	125	125	
		或孔径 125		
3. 手指至第一关节的入口尺寸				
按钮口	裸手	孔径 32		
	热带手套的手	孔径 38		
两手指旋转入口尺寸	裸手	物体尺寸加 50		
	热带手套的手	物体尺寸加 65		

表 4-122　检修孔尺寸（一）

开口尺寸	尺寸/mm		任　务
	A	*B*	
	105	120	利用普通螺丝刀，在 180° 范围内自由拧动
	130	115	使用钳子或类似工具
	135	155	利用 T 形扳手，在 180° 范围内自由拧动

续表 4-122

开口尺寸	尺寸/mm		任　务
	A	*B*	
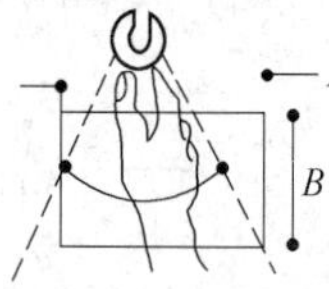	265	205	利用固定扳手，在 60°范围内自由扳动
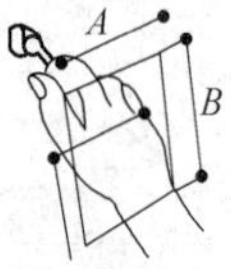	120	155	利用六角形扳手使手自由旋转 60°
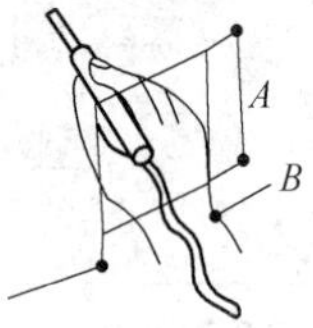	90	90	利用测试探针
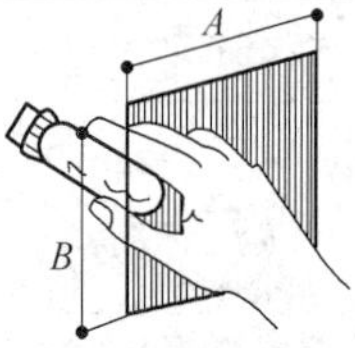	110	120	用一只手夹住小的物体（宽度 < 50mm）
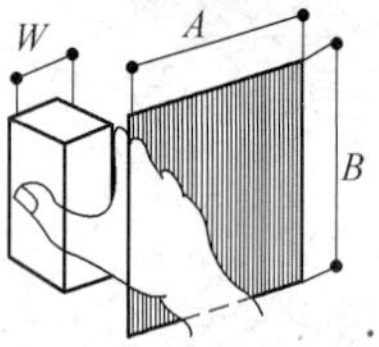	*W* + 45	125①	用一只手夹住大的物体（宽度 ≥ 50mm）
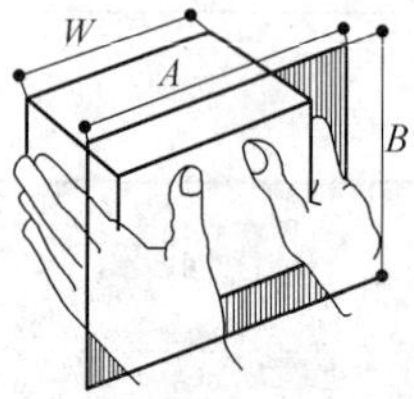	*W* + 75	125①	用两只手夹住大的物体直到整个手指进入开口
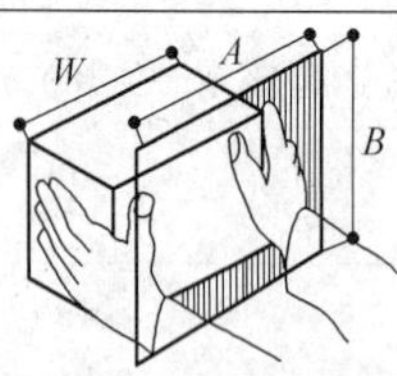	*W* + 150	125①	用两只手夹住大的物体，手臂伸进开口直到腕关节进入为止
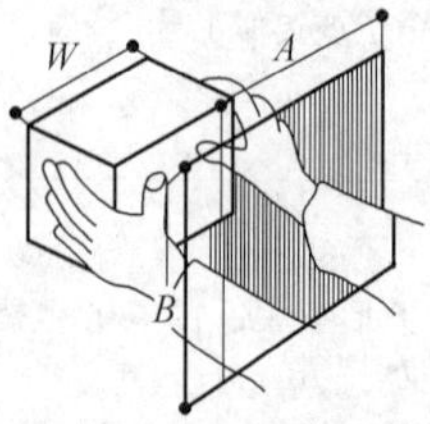	*W* + 150	125①	用两只手夹住大的物体，手臂伸进开口直到肘进入为止

① 如果零件尺寸大于 125mm，*B* 尺寸应足够清洁零件。

表 4-123 检修孔尺寸（二）

开口尺寸	尺寸/mm			使用工具
	A	*B*	*C*	
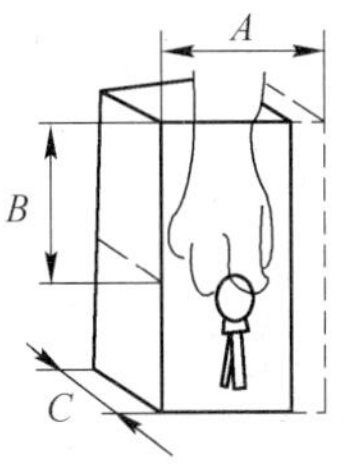 *A*, *B*, *C*	135	125	145	可使用螺钉旋具
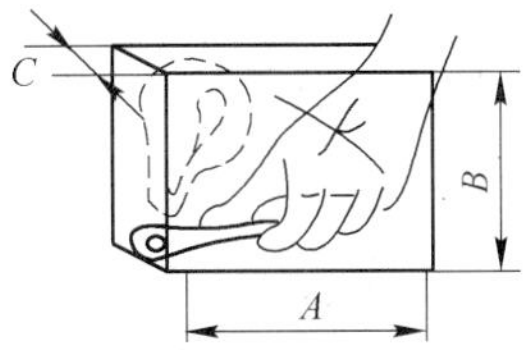 *C*, *B*, *A*	160	215	115	可用扳手，从上旋转60°
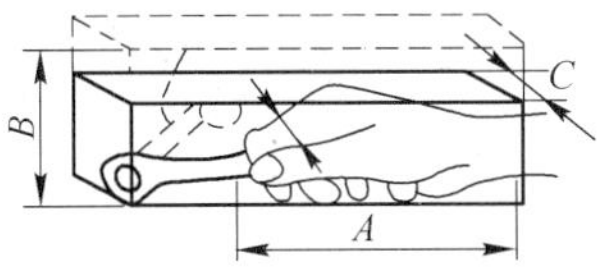 *C*, *B*, *A*	215	165	125	可用扳手从前面旋转60°
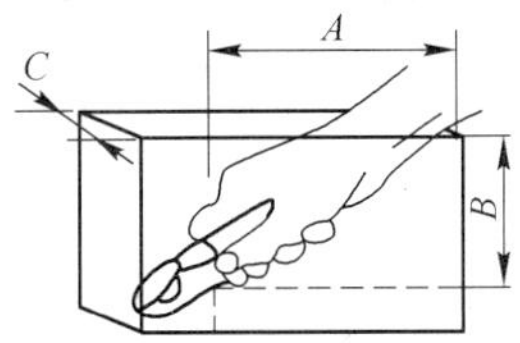 *A*, *C*, *B*	215	130	115	可使用钳子、剪线钳等
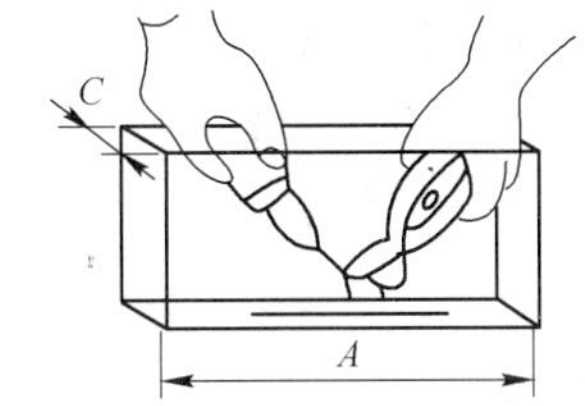 *C*, *A*	305		150	可使用钳子、剪线钳等

注：1. 表中维修口尺寸一般是不需目视作业条件下的最小空间尺寸，维修时如需目视，尺寸需相应加大。

2. 表中维修口尺寸适用于赤手作业，如需戴手套作业，孔的纵横边长各需加大45～50mm；如需戴防寒手套作业，孔的纵横边长各需加大85～90mm。

3. 穿厚服装作业时，维修口尺寸纵横边各需加大60～65mm。

表 4-124　男人手套尺寸（第 95 百分位数）　（mm）

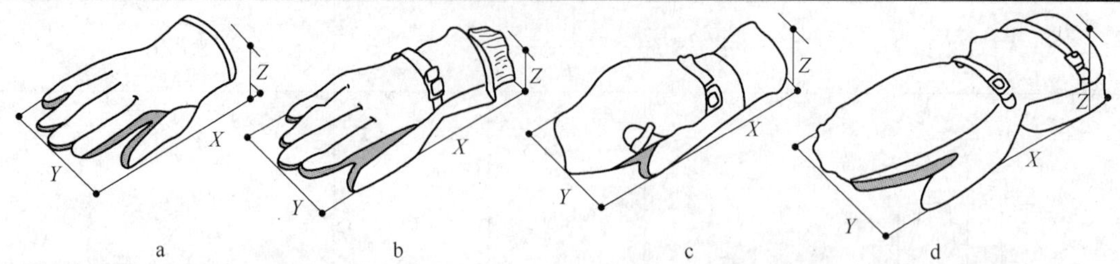

手的位置		a 防接触手套			b 湿冷手套			c 湿冷连指手套			d 防寒连指手套		
		X	Y	Z	X	Y	Z	X	Y	Z	X	Y	Z
平伸		267	43	64	272	145	76	361	152	81	122	137	91
握成拳头		178	127	84	185	147	94	292	147	97	363	132	137
抓把手直径	6	178	127	89	185	140	89	279	145	107	356	140	114
	25	178	127	89	185	135	102	279	132	114	356	132	114
	50	191	97	109	203	119	102	305	132	119	381	137	127
抓旋钮直径	6	203	97	109	229	117	102	292	127	197	394	122	114
	25	229	89	102	229	114	102	305	127	107	401	122	122
	50	241	94	94	234	114	107	318	117	112	406	119	122

表 4-125　抓手尺寸　（mm）

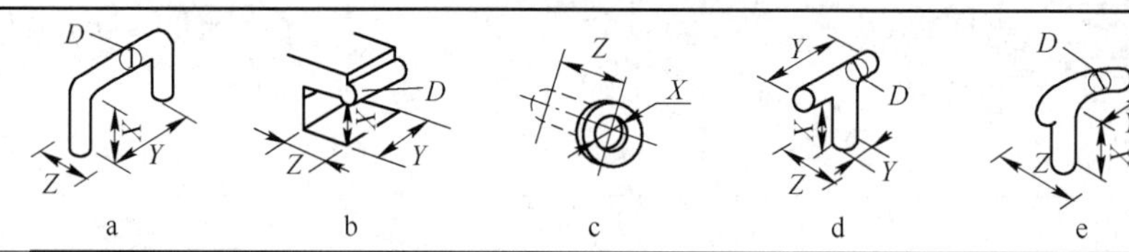

把手形式		裸　手			戴手套的手			戴连指手套的手		
		X	Y	Z	X	Y	Z	X	Y	Z
a	双指杆	32	61	76	38	76	76	不采用		
	单手杆	50	111	76	89	133	102	89	13	152
	双手杆	50	216	76	89	267	102	89	279	152
b	双指凹槽	32	61	50	38	76	50	不采用		
	单手凹槽	50	108	89	89	133	102	89	133	127
c	指尖凹槽	19	—	13	25	—	19	不采用		
	单指凹槽	32	—	50	38	—	50	不采用		
d	T 形杆	38	102	76	50	114	102	不采用		
e	J 形杆	50	102	76	50	114	102	76	127	152

注：1. 圆形把手或边界：

单件质量/N	<67	67～89	89～178	>178	T 形杆
最小直径/mm	6	13	19	25	13

2. 圆形把手或边界并不排除椭圆把手；

3. 如果手指沿把手或边界卷曲 120°或更大，抓紧效果最好。

表 4-126 全身进入机械的开口尺寸

章条	图示	符号	说明
1	直立水平向前走动用开口 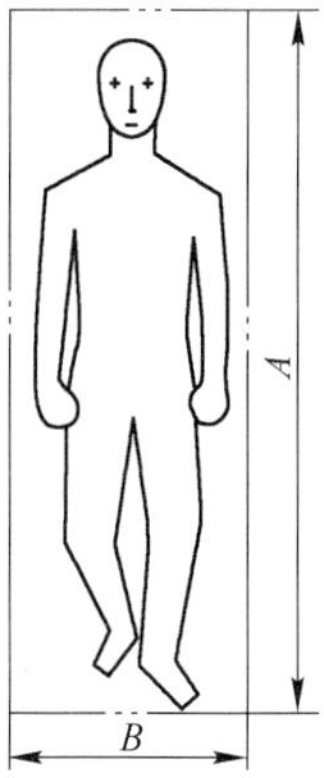	 A B h_1 a_1 x y	$A=h_1(P_{95}或P_{99})+x$ $B=a_1(P_{95}或P_{99})+y$ 开口高度 开口宽度 身高 两肘间宽 高度裕量 x：身体活动的基本裕量为50mm；鞋或厚鞋袜为40mm；使人增加高度的个体防护装备，如头盔等为60mm；快走或跑，或频繁或长时间使用为100mm。 宽度裕量 y：身体活动的基本裕量为50mm；工作服为20mm；避免衣服被管道壁损坏为100mm；厚实的冬装或个体防护服为100mm；快走或跑，或频繁或长时间使用为100mm
2	直立水平侧向短距离通过用开口 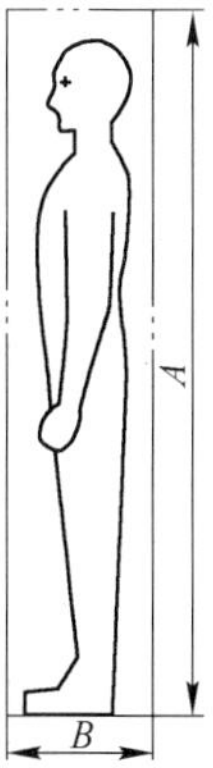	 A B h_1 b_1 x、y	不适应于紧急出口通道 $A=h_1(P_{95})+x$ $B=b_1(P_{95})+y$ 开口高度 开口厚度 身高 体厚 如果存在1中所述的裕量 x 和 y 的条件，则应使用1中相应的裕量
3	用梯子通过竖直通道 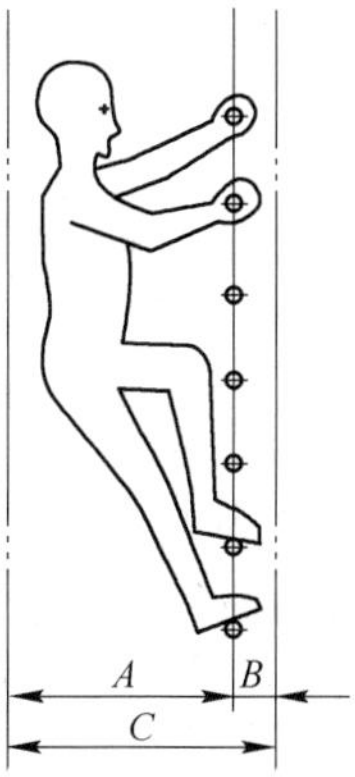	 A B C c_1 c_2 x y	$A=c_1(P_{95}或P_{99})+x$ $B=0.74\times c_2(P_{95})$ $C=A+B$ 人体净空长① 足净空长 开口边长 臀—膝距 足长 厚度裕量 宽度裕量 身体活动的基本裕量为100mm；工作服为20mm；厚实的冬装或个体防护服为100mm；个体防护装置（吸氧器械除外）为100mm

续表 4-126

章条	图　示	符号	说　明
3	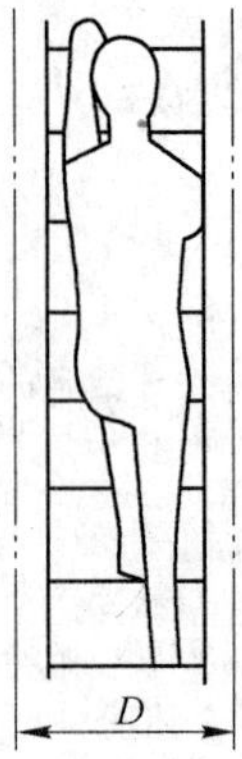 D	 D a_1 y	$D = a_1(P_{95}或P_{99}) + y$ 开口宽度 两肘间宽 宽度裕量
4	可能需要快速运动用人孔 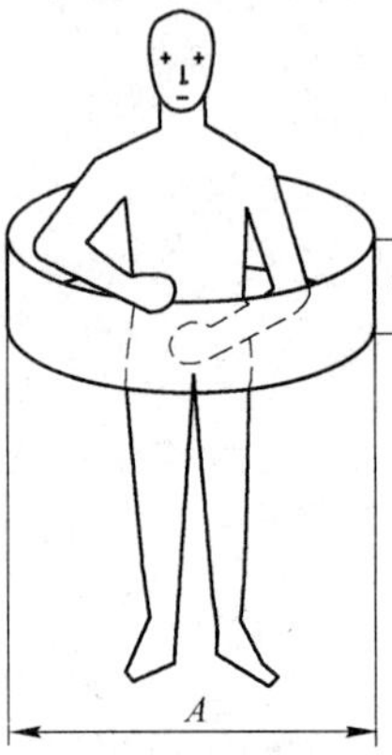 B A	 A B a_1 x	$A = a_1(P_{95}或P_{99}) + x$ 开口直径 通道长度（应小于500mm） 两肘间宽 直径裕量 如果存在3中的条件，则应使用3中厚度和宽度裕量
5	跪姿通过用开口 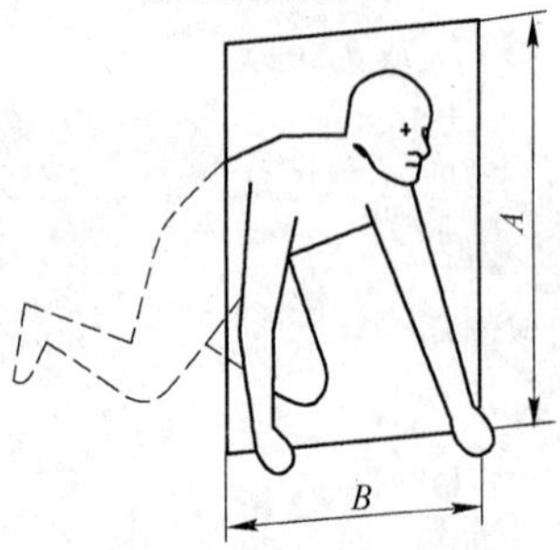 A B	 A B b_2 a_1 x y	$A = b_2(P_{95}或P_{99}) + x$ $B = a_1(P_{95}或P_{99}) + y$ 开口高度 开口宽度 上肢执握前伸长 两肘间宽 高度裕量 宽度裕量 如果存在3中所述裕量 x 和 y 的条件，应使用3中相应的裕量

注：1. 从安全的观点出发，只要可能，开口尺寸均宜增大。此外，紧急通道开口应足够大，万一发生危险时，以便人员能迅速逃逸。

2. 摘自 GB/T 18717.1。

① 未考虑跌落防护需要。

表 4-127 人体局部进入机械的开口尺寸

章条	图 示	符号	说 明
1	上身及双臂用进入开口 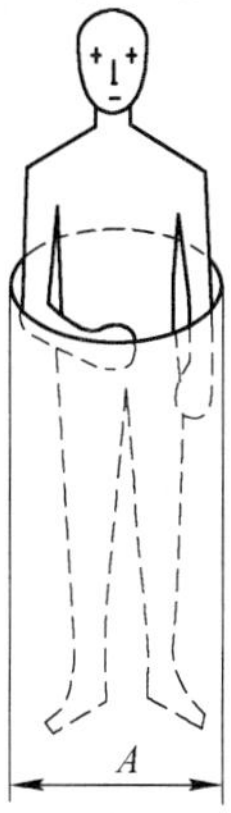	 A a_1 x	$A=a_1(P_{95})+x$ 开口直径 两肘间宽 裕量 下列条件的裕量 x: 进入开口用的净空为 50mm；工作服为 20mm；厚实的冬装或个体防护服为 100mm；服装与进出口壁接触将受到损害为 100mm；个体防护设备（供氧器械除外）为 100mm
2	检查用头部（止于肩）进入开口 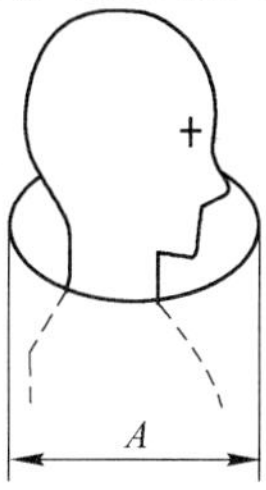	 A c_3 x	应尽可能避免使用此种进入开口 $A=c_3(P_{95})+x$ 开口直径 鼻尖处头发长 裕量 下列条件的裕量 x: 头部活动净空为 50mm；个体防护装备（如头盔、护耳器、护目器和防毒面具）为 100mm；避免触及进出口壁，例如化学、污物和油脂等原因为 100mm
3	双臂（向前、向下）用进入开口 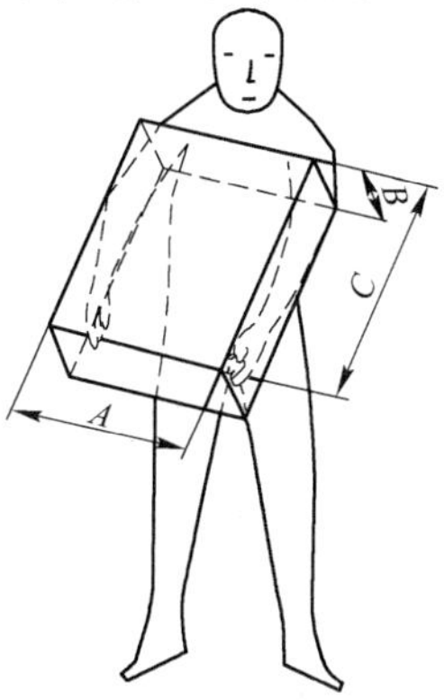	 A B C a_1 d_1 t_1 x y	$A=a_1(P_{95})+x$ $B=d_1(P_{95})+y$ $C=t_1(P_5)$ 开口宽度 开口厚度 开口深度 两肘间宽 上臂直径 操作臂长 宽度裕量 厚度裕量 宽度裕量 x 和厚度裕量 y: 活动基本裕量为 20mm；工作服为 20mm；厚实的冬装或个体防护服为 100mm；服装与进出口壁接触将受到损害为 100mm

续表 4-127

章条	图　示	符号	说　明
4	双前臂至肘（向前、向下）用进入开口 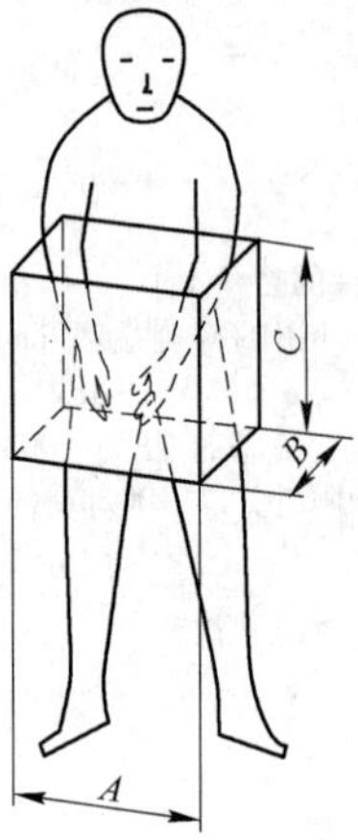	 A B C d_2 t_2 x y	$A=2d_2(P_{95})+x$ $B=d_2(P_{95})+y$ $C=t_2(P_5)$ 开口宽度 开口厚度 开口深度 前臂直径 前臂可及 宽度裕量 厚度裕量 宽度裕量 x 和厚度裕量 y： 动作基本裕量为120mm。如果存在3中述及的裕量条件，则应使用3中相应的裕量
5	单臂（至肩关节）向同侧用进入开口 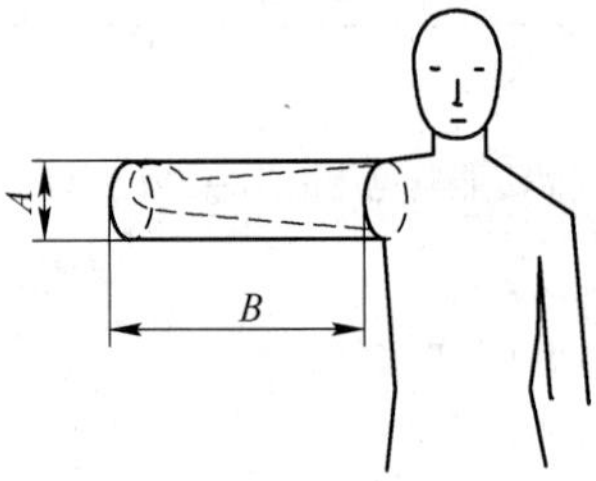	 A B d_1 t_3 x	$A=d_1(P_{95})+x$ $B=t_3(P_5)$ 开口直径 开口深度 上臂直径 臂同侧可及 裕量 如果存在3中所述裕量条件，则应使用3中相应的裕量
6	单前臂（至肘）用进入开口 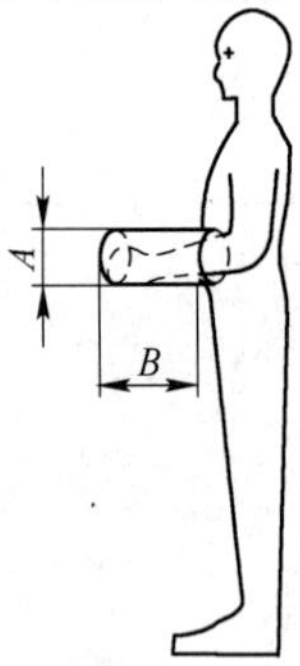	 A B a_3 t_2 x	$A=a_3(P_{95})+x$ $B=t_2(P_5)$ 开口直径 开口深度 拇指处手宽 前臂可及 裕量 如果存在3中所述裕量条件，则应使用3中相应的裕量
7	拳用进入开口 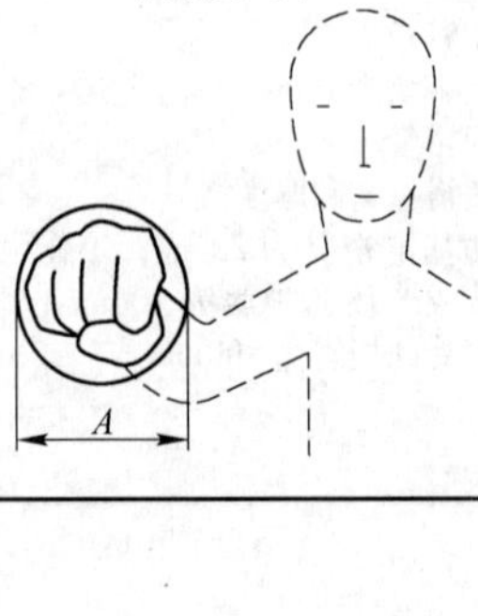	 A d_3 x	$A=d_3(P_{95})+x$ 开口直径 拳的直径 裕量 下列条件的裕量：活动基本裕量为10mm；使用手防护装备为20mm

续表 4-127

章条	图示	符号	说明
8	五指（平伸至腕）用进入开口 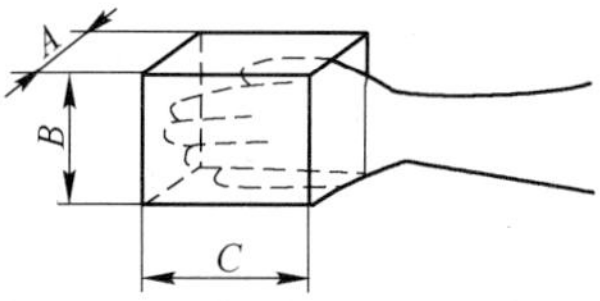	 A B C a_3 b_4 t_4 x y	$A=b_4(P_{95})+x$ $B=a_3(P_{95})+y$ $C=t_4(P_5)$ 开口宽度 开口厚度 开口深度 拇指处手宽 拇指处手厚 手长 宽度裕量 高度裕量 如果存在7中所述裕量条件，则应使用7中相应的裕量
9	四指（平伸至拇指根）用进入开口 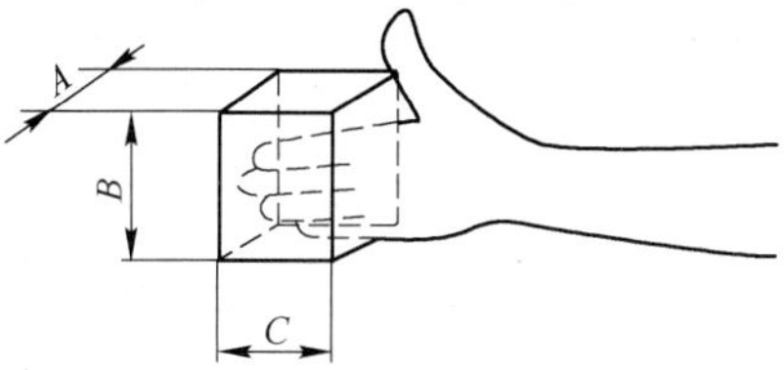	A B C a_4 b_3 t_5 x y	$A=b_3(P_{95})+x$ $B=a_4(P_{95})+y$ $C=t_5(P_5)$ 开口宽度 开口厚度 开口深度 手宽 掌厚 至拇指根手长 宽度裕量 高度裕量 如果存在7中所述裕量条件，则应使用7中相应的裕量
10	受其他手指限定的食指用进入开口 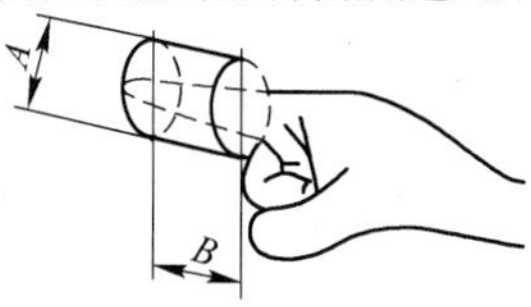	A B a_5 t_6 x	$A=a_5(P_{95})+x$ $B=t_5(P_5)$ 开口直径 开口深度 食指近位宽 食指长 裕量 如果存在7中所述裕量条件，则应使用7中相应的裕量
11	单足（至踝骨）用进入开口 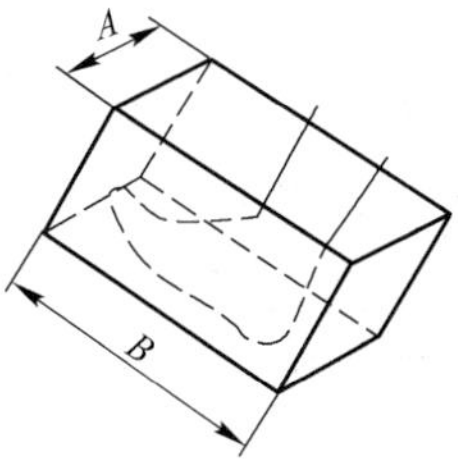	A B a_6 c_2 x y	$A=a_6(P_{95})+x$ $B=c_2(P_{95})+y$ 开口宽度 开口长度 足宽 足长 宽度裕量 长度裕量 下列条件宽度裕量x和长度裕量y：动作基本裕量为10mm；鞋袜为30mm

续表 4-127

章条	图　示	符号	说　明
12	前足操纵控制致动机构用进入开口		$A=a_6(P_{95})+x$ $B=h_8(P_{95})+y$ $C\leqslant 0.74c_2(P_5)$
		A	开口宽度
		B	开口厚度
		C	开口深度
		h_8	内踝点高
		a_6	足宽
		c_2	足长
		x	宽度裕量
		y	高度裕量
			下列条件宽度裕量 x 和长度裕量 y：动作基本裕量为10mm，鞋袜为40mm

注：1. 表中未规定开口最佳功能尺寸，而是开口最小功能尺寸和触及的最大尺寸，只要可能，开口尺寸都应该增大，而触及用的最大尺寸都应该减小。

2. 表中 P_5 为第 5 百分位数的使用群体。

3. 摘自 GB/T 18717. 2。

表 4-128　确定开口的人体尺寸数据

符　号	说　明	数据/mm
h_1	身高 P_{95}	1881
	身高 P_{99}	1944
h_8	内踝点高 P_{95}	96
a_1	两肘间宽 P_{95}	545
	两肘间宽 P_{99}	576
a_3	拇指处手宽 P_{95}	120
a_4	手宽 P_{95}	97
a_5	食指长 P_{95}	23
a_6	足宽 P_{95}	113
b_1	体厚 P_{95}	342
b_2	上肢执握前伸长 P_5	607
	上肢执握前伸长 P_{95}	820
	上肢执握前伸长 P_{99}	845
b_3	掌厚 P_{95}	845
b_4	拇指处手厚 P_{95}	30
c_1	臀—膝距 P_{95}	687
	臀—膝距 P_{99}	725
c_2	足长 P_5	211
	足长 P_{95}	285
	足长 P_{99}	295
c_3	鼻尖处头发长 P_{95}	240

续表 4-128

符　号	说　明	数据/mm
d_1	上臂直径 P_{95}	121
d_2	前臂直径 P_{95}	120
d_3	拳的直径 P_{95}	120
t_1	操作臂长 P_5	340
t_2	前臂可及 P_5	156
t_3	臂同侧可及 P_5	487
t_4	手长 P_5	162
t_5	至拇指根手长 P_5	88
t_6	食指长 P_5	59

注：1. 供全身进入的通道开口（表 4-126）和供人体局部使用的进入开口（表 4-127）都应加到本表给出的相应的人体尺寸数据上。

2. 摘自 GB/T 18717.3。

G　通道设计的其他建议

除位置、尺寸外，关于标志、安全等方面的通道设计的建议如下：

（1）在每个通道口上既要标明所要达到的零部件，又要标明进入通道的辅助设施。

（2）每个通道口标以专门的数字、字母或其他记号，使每个人都能从使用说明书或修理手册上清楚地加以识别。

（3）进入小通道孔的插件接头的位置应有指示标记。可以在柜上或插件上用匹配的条纹、圆点或箭头作标志。许可时，可以画出管脚的位置。

（4）通道的位置应能防止人体伸入的部分接触烫的部分或锐边。

（5）大的通道门应能自锁以防止自行落下关闭造成伤害。

（6）通道口的边缘锐利可能碰伤手或臂部时，应覆以橡胶、纤维、塑料层或倒圆。

（7）在必须靠近危险电路的区域进行维修作业时，应设有观察孔。如不可能开孔，则所有暴露的电线要彻底绝缘并提供位置图供维修人员参考。位于高压电附近的调整点，所用的改锥应有导向装置以防触及高压电。

（8）在通道位于可能伤人的危险产品附近时，通道门的设计应使在打开时门内有灯自动照明。门上还应有显著的警告标志。

（9）在安装零部件时必须有保证能容纳手提取螺帽螺钉的空间。螺帽螺钉的位置不能太靠近零部件壁，也不能互相靠得太近，以致无法方便地使用扳手等工具。

4.15.3.4　尽量采用模块化的设计要求

模块是一种具有相对独立功能和整体结构、能从装配件上整个拆下来的部件。设计具有这种模块或由这类模块组成的车辆，是提高维修效率的一个办法。因为修理这类车辆时，只需找出发生故障的模块，直接更换模块即可，不必在小的零部件这一级上进行，使拆装作业大大简化，从而缩短诊断时间和拆装时间，并且可提高维修质量，降低对维修人员的技能要求。

模块化的设计原则是：

（1）根据车辆功能的分割，尽可能将车辆设计成由若干个能够置换的模块组成的完整车辆；

（2）每个模块都便于单独进行测试；

（3）模块安装后，一般应不需要进行调整；若必须调整，则应能单独进行；

（4）成本低的器件可制成弃件式的模块，并加标志；

（5）模块的大小与质量一般应便于拆装、携带或搬运。质量超过5kg不便握持的模块，应设有人力搬运的抓手。必须用机械提升的模块，应设有便于装卸的吊孔或吊环。

为了扩大一机多用的目的，以节省车辆投资，缩短辅助车辆研制周期，方便使用单位的维护管理，大多数地下辅助车辆都采用模块化设计，如一台辅助车辆工作范围往往是固定的，为了扩大工作范围，必须另购一台新车，这无疑增加采矿成本，采用了模块化设计后，在同一台车上采用不同的模块，就可以很方便的扩大它的工作范围，这不仅节约了资金，而且也简化了维修。例如，NORMET公司新型铵油炸药装药车（图4-250），有9种不同功率模块组成66～170kW的功率输出，在车辆的中部可安装全封闭司机室或司机棚，5种不同型号的吊篮大臂可使工作高度从6m到12m。吊篮也可以配三种型号。

图4-250　新型模块式铵油炸药装药车

4.15.3.5　尽量采用标准化、通用化设计的要求

从简化维修的角度，应优先选用符合国际标准、国家标准或专业标准的硬件和软件，尽量减少元器件、零部件的品种和规格。

提高互换性和通用化程度的设计导则是：

（1）在不同地下轮胎式采矿车辆中最大限度地采用通用的组件、元器件、零部件，并尽量减少其品种。元器件、零部件及其附件、工具应尽量选用满足或稍加改动即可满足使用要求的通用件。

（2）设计时，必须使故障率高、容易损坏、关键性的零部件或单元具有良好的互换性和通用性。

（3）能安装互换的产品，功能必须能互换。能功能互换的产品，也应实现安装互换，必要时可另采用连接装置来达到安装互换。

（4）采用不同工厂生产的相同型号成品件必须能安装互换和功能互换。

（5）功能相同且对称安装的部、组、零件，应设计成可互换的。

（6）修改零部件或单元的设计时，不要任意更改安装的结构要素，以免破坏互换性。

（7）产品需作某些更改或改进时，要尽量做到新老产品之间能够互换使用。

例如，为了做到一机多用的目的，以节省车辆投资，缩短辅助车辆研制周期，方便使用单位的维护管理，大多数地下辅助车辆都采用标准化、通用化设计，即在通用底盘（一般采用以低污染柴油机为动力，四轮驱动，铰接车体，液压转向和制动）装备不同的工作装置，可构成不同的辅助车辆（图4-251、图4-252），或在某专用的车辆上，外购别人的车体装上自己的工作装置构成多种地下辅助车辆。如PAUS公司在通用底盘Univers50上配置大量不同的附件构成混凝土搅拌车、升降平台、油车、装药车、人车、吊车和服务车。

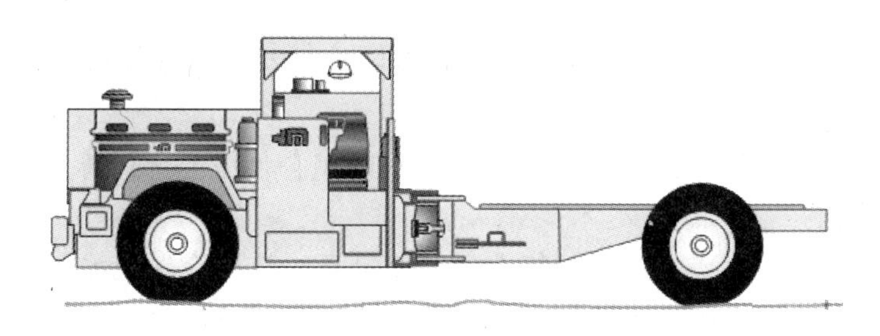

图4-251　通用底盘

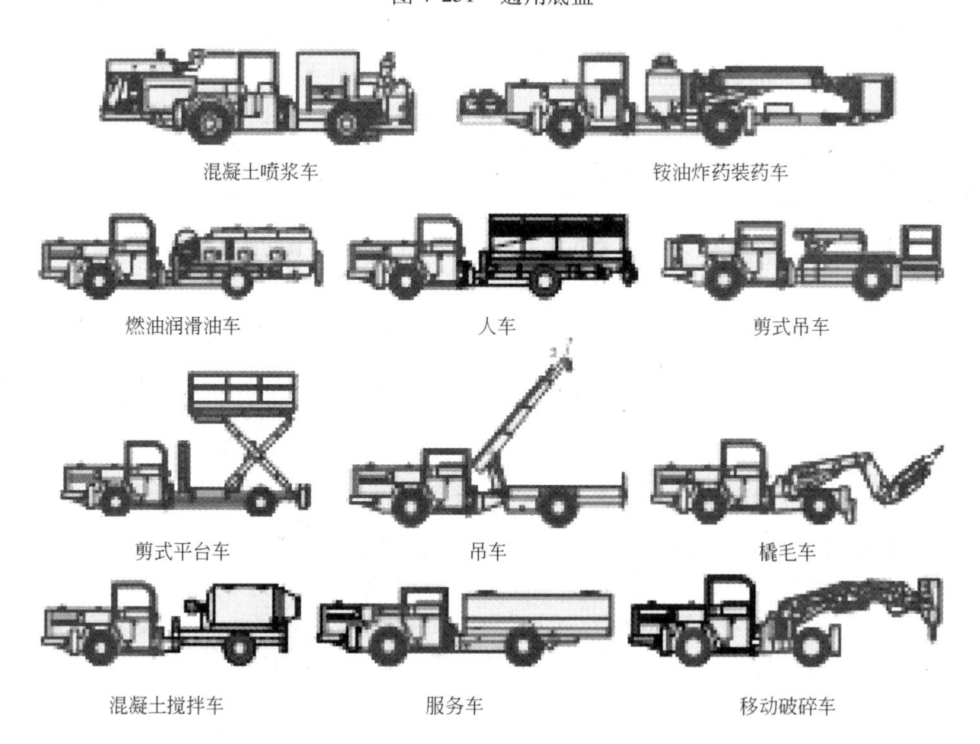

图4-252　同一底盘配置的11种辅助车辆

4.15.3.6　增强易识别性与防错容错能力的设计要求

维修工作中，难免会发生漏装、错装或其他操作差错，轻则延误工作，重则危及安全。因此，应当从车辆结构上采取措施消除发生维修差错的可能性，或者具有允许差错的能力。设计时就考虑在结构上只允许装对了才能装得上，装错了就装不上；或发生差错，就能立即发觉并纠正；或即使出了差错，也不会造成严重后果。具体的设计导则如下：

（1）对于外形相近而功能不同的零部件、重要的连接部件、安装时容易出错的零部件，应从结构上加以区别或有明显的定位标志。例如，只允许一个方向插入的插头或元器件，可采取加定位销或使各插脚粗细不一或不对称等办法，防止插错。

（2）车辆或零部件上应设置必要的防止差错，提高维修效率的标志。例如：

1）车辆与其他有关车辆连接的接头、插头和检测点，均应标明名称或用途以及其他必要的数据；

2）需要进行保养的部位，应设置永久性标志（如注油孔可用与底色不同的颜色显示），必要时设置标牌。

3）操作时可能出错的装置，应有操作顺序标志、不许触动部件标志等醒目的防错标志；

4）间隙较小、周围机件较多、安装定位困难的组合件或零部件等，应有安装位置的标志（如刻线、箭头等）。

（3）标志应根据车辆或零部件的特点和维修需要，按照有关标准的规定以文字、数据、形象图案、符号、数码、颜色等不同的编码方法予以表示。

（4）标志的大小、位置要适当，鲜明醒目，容易看到和辨认，而且要能经久保存。要极力避免含混不清的维修标志和编码。

（5）采用能减轻故障后果的故障保险机构。

（6）考虑车辆寿命周期内使用和磨损的最坏情况，采用相应的技术和容限进行设计。

（7）设计中对于故障或性能退化难以被检测出的情况，尽量减少或避免。

（8）设计中采取能避免疏忽、滥用或误用的措施。如维修规程中在易于疏忽、滥用或误用的地方及时给予警示，在车辆的易于疏忽、滥用或误用的地方设置醒目的标志等。

4.15.3.7　测试与故障综合诊断

A　地下轮胎式采矿车辆故障诊断的意义

随着现代大生产的发展和科学技术的进步，现代地下轮胎式采矿车辆的结构越来越复杂，功能越来越完善，自动化程度也越来越高，由于恶劣的采矿条件及许多无法避免的因素的影响，有时地下轮胎式采矿车辆会出现各种故障，以致降低或失去其预定的功能，甚至造成严重的灾难性的事故，人员伤亡，产生了严重的社会影响；即使是生产中的事故，也因生产过程不能正常运行或机器设备损坏而造成巨大的经济损失。

地下轮胎式采矿车辆各个系统也不可能总是工作在正常状态，必须经常进行监控、检查和测试，以判断其有无故障或何处发生了故障，发生什么样的故障，查出故障原因，确定修理范围，以便准确、快速、简便对故障做出诊断。故障诊断的难易程度，对维修活动有重大影响。

车辆运行中，司机要随时掌握机械的情况，表示机械状况的仪表和指示灯在布置时要很好的考虑，集中易见。采用电子安全监视装置，可尽早发现异常，预知危险，通过灯光显示器和声音报警装置告知司机进行及时处理，如制动系统制动油压下降、制动油液量减少时自动报警等。

现代地下轮胎式采矿车辆广泛采用故障诊断技术、监视系统。

地下轮胎式采矿车辆运行的安全性与可靠性取决于两个方面，一是地下轮胎式采矿车辆设计与制造的各项技术指标的实现，为此设计中要采用安全设计方法满足地下轮胎式采矿车辆安全要求；二是实施地下轮胎式采矿车辆安装、运行、管理、维修和诊断措施。现在，地下轮胎式采矿车辆诊断技术、修复技术和润滑技术，已成为推进地下轮胎式采矿车辆管理现代化，保证地下轮胎式采矿车辆安全可靠运行的重要手段。

计算机技术、通信技术和传感器技术的发展使得在线数据采集、远程监视技术、故障诊断和故障预诊断技术日益完善。从而使地下装载机故障率大大下降，安全可靠性大大提高。

B 地下轮胎式采矿车辆故障诊断的目的

地下轮胎式采矿车辆故障诊断的目的包括：

（1）能及时地、正确地对各种异常状态或故障状态做出诊断，预防或消除故障，对地下轮胎式采矿车辆诊断的运行进行必要的指导，提高地下轮胎式采矿车辆诊断运行的可靠性、安全性和有效性，以期把故障损失降低到最低水平。

（2）保证地下轮胎式采矿车辆诊断发挥最大的设计能力，制订合理的检测维修制度，以便在允许的条件下充分挖掘设备潜力，延长服役期限和使用寿命，降低地下轮胎式采矿车辆诊断全寿命周期费用。

（3）通过检测监视、故障分析、性能评估等，为地下轮胎式采矿车辆诊断结构修改、优化设计、合理制造及生产过程提供数据和信息。

总之，地下轮胎式采矿车辆故障诊断既要保证地下轮胎式采矿车辆诊断的安全可靠运行，又要获取更大的经济效益和社会效益。事实上，如果加强状态监测与故障诊断工作，有许多事故是可以防患于未然的。

C 车辆故障诊断的任务

车辆故障诊断的任务是监视车辆的状态是否正常、预测和诊断车辆的故障、指导车辆的管理和维修。

a 状态监测

状态监测的任务是了解和掌握车辆的运行状态，包括采用各种检测、测量、监视、分析和判别方法，结合系统的历史和现状，考虑环境因素，对设备运行状态进行评估，判断其处于正常或非正常状态，并对状态进行显示和记录，对异常状态做出报警，以便及时加以处理，并为设备的故障分析、性能评估、合理使用和安全工作提供信息和基础数据。通常车辆的状态可分为正常状态、异常状态和故障状态几种情况。正常状态指车辆的整体或其局部没有缺陷，或虽有缺陷但其性能仍在允许的限度以内；异常状态指缺陷已有一定程度的扩展，使设备状态信号发生一定程度的变化，设备性能已劣化，但仍能维持工作，此时应注意设备性能的发展趋势，即车辆应在监护下运行；故障状态则是指车辆性能指标已有大的下降，车辆已不能维持正常工作。设备的故障状态也有严重程度之分，包括已有故障萌生并有进一步发展趋势的早期故障；程度不很重、车辆尚可勉强带病运行的一般功能性故障，已发展到设备不能运行必须停机的严重故障，已导致灾难性事故的破坏性故障，以及由于某种原因瞬间发生的突发性紧急故障等。对不同的故障，应有相应的报警信号，一般用指示灯光的颜色表示，绿灯表示正常，黄灯表示预警，红灯表示报警。对设备状态演变的过程均应有记录，包括对灾难性破坏事故的状态信号的存储、记忆功能（俗称

“黑匣子”记录)，以利事后分析事故原因。

b　故障诊断

故障诊断的任务是根据状态监测所获得的信息，结合已知的结构特性和参数以及环境条件，结合该车辆的运行历史（包括运行记录和曾发生过的故障及维修记录等)。对车辆可能要发生的或已经发生的故障进行预报和分析、判断，确定故障的性质、类别、程度、原因、部位，指出故障发生和发展的趋势及其后果，提出控制故障继续发展和消除故障的调整、维修、治理的对策措施，并加以实施，最终使车辆复原到正常状态。设备上不同部位、不同类型的故障，引起车辆功能的不同变化，导致车辆整体及各部位状态和运行参数的不同变化。故障诊断的任务，就是当车辆上某一部位出现某种故障时，要从这些状态及其参数的变化推断出导致这些变化的故障及其所在部位。由于状态参数的数量浩大，必须找出其中的特征信息，提取特征量，才便于对故障进行诊断。由某一故障引起的设备状态的变化称为故障的征兆。故障诊断的过程就是从已知征兆判定车辆上存在的故障类型及其所在部位的过程。因此故障诊断的方法实质上是一种状态识别方法。

故障诊断的困难在于故障和征兆之间不存在简单的一一对应的关系，一种故障可能对应多种征兆，而一种征兆也可能对应着多种故障。如旋转机械转子的不平衡故障引起振动增大，其中相应于转速的工频分量占主要成分，是其主要征兆，同时还存在一系列其他征兆。反过来工频分量占主要成分这一征兆不只是不平衡的独特征兆，还有许多其他故障也都对应这一征兆，这就为故障诊断增加了难度。因此通常故障诊断有一个反复试验的过程：先按已知信息提取征兆，进行诊断，得出初步结论，提出处理对策，对设备进行调整和试验，甚至停机维修，再启机进行验证，检查设备是否已恢复正常，如尚未恢复，则需补充新的信息，进行新一轮的诊断和提出处理对策，直至状态恢复正常。

c　指导设备的管理维修

设备的管理和维修方式的发展经历了三个阶段，即早期的事后维修方式、定期预防维修方式、视情维修。定期维修制度可以预防事故的发生，但可能出现过剩维修或不足维修的弊病。视情维修是一种更科学、更合理的维修方式，但要能做到视情维修，其条件是有赖于完善的状态监测和故障诊断技术的发展和实施。这也是国内外近年来对故障诊断技术如此重视的一个原因。随着故障诊断技术的进一步发展和实施，我国的车辆设备管理、维修工作将上升到一个新的水平，我国工业生产的车辆完好率将会进一步提高，恶性事故将会进一步得到控制。

D　地下轮胎式采矿车辆诊断技术的内容

地下轮胎式采矿车辆故障诊断的内容包括状态监测、分析诊断和故障预测三个方面。其具体实施过程（图 4-253）可以归纳为以下四个方面：

(1) 信号采集。地下轮胎式采矿车辆在运行过程中必然会有力、热、振动、噪声及能量等的变化，由此会产生各种不同信息。根据不同的诊断需要，选择能表征地下轮胎式采矿车辆工作状态的不同信号（如振动、压力、温度、速度、噪声等)，这些信号一般是用不同的传感器来拾取的。

(2) 信号处理。信号处理是将采集到的信号进行分类处理、加工，获得能表征机器特征的过程，也称为特征提取过程，如对振动信号从时域变换到频域进行频谱分析即是这个过程。

(3) 状态识别。将经过信号处理后获得的地下轮胎式采矿车辆特征参数与规定的允许参数或判别参数进行比较、对比，以确定地下轮胎式采矿车辆所处的状态，是否存在故障及故障的类型和性质等，为此应正确制定相应的判别准则和诊断策略。

(4) 诊断决策。根据对地下轮胎式采矿车辆状态的判断，决定应采取的对策和措施，同时应根据当前信号预测地下轮胎式采矿车辆状态可能发展的趋势，对趋势进行分析。

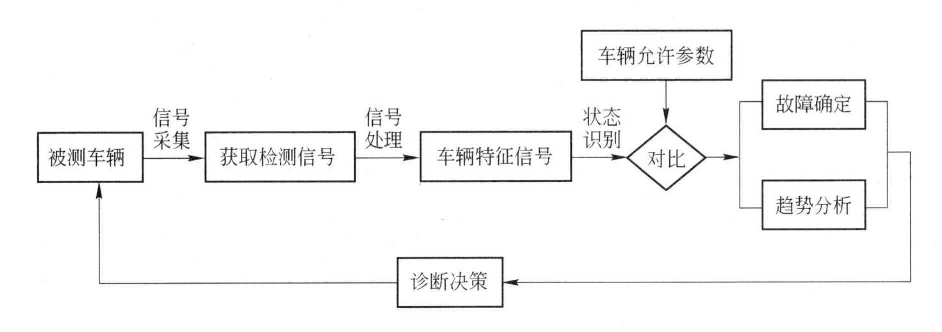

图 4-253 地下轮胎式采矿车辆诊断过程

E 设备故障信息的获取方法

前面已经提到，要对设备故障进行诊断，首先应获取有关信息。信息是向人们提供判断或识别状态的重要依据，是指某些事实和资料的集成，信号是信息的载体，因而设备故障诊断技术在一定意义上是属于信息技术的范畴。充分地检测足够量的能反映系统状态的信号对诊断来说是至关重要的，一个良好的诊断系统首先应该能正确地、全面地获取监测和诊断所必需的全部信息。

下面介绍信息获取的几种方法：

(1) 直接观察法。应用这种方法对机器状态做出判断主要靠人的经验和感官，且限于能观测到的或接触到的机器零部件。这种方法可以获得第一手资料，更多的是用于静止的设备。在观测中有时使用了一些辅助的工具和仪器，如倾听机器内部声音的听棒，检查零件内孔有无表面缺陷的光学窥镜，探查零件表面有无裂纹的磁性涂料及着色渗透剂等，来扩大和延伸人的观测能力。

(2) 参数测定法。根据设备运行的各种参数的变化来获取故障信息是广泛应用的一种方法。地下轮胎式采矿车辆运行时由于各部件的运动必然会产生各种信息，这些信息参数可以是温度、压力、振动或噪声等，它们都能反映地下轮胎式采矿车辆的工作状态。为了掌握地下轮胎式采矿车辆运行的状态，可以利用一种或多种信号，如根据地下轮胎式采矿车辆外壳温差的变化可以掌握其变形情况，根据轴瓦下部油压变化可以了解轴与轴瓦对中情况；又如分析油中金属碎屑情况可以了解轴瓦磨损程度等。在运转的设备中，振动是最重要的信息来源，在振动信号中包含了各种丰富的故障信息。任何机器在运转时工作状态发生了变化，必然会从振动信号中反映出来。对旋转机械来说，目前在国内外应用最普遍的方法是利用振动信号对机器状态进行判别。从测试手段来看，利用振动信号进行测试也是最方便、实用的方法。要利用振动信号对故障进行判别，首先应从振动信号中提取有用的特征信息，即利用信号处理技术对振动信号进行处理。目前应用最广泛的处理方法是进行频谱分析，即从振动信号中的频率成分和分布情况来判断故障，其他如噪声、温度、压力、变形、胀差、阻值等参数也是故障信息的重要来源。

（3）磨损残渣测定法。测定机器零部件如轴承、齿轮、活塞环等的磨损残渣在润滑油中的含量，也是一种有效的获取故障信息的方法。根据磨损残渣在润滑油中含量及颗粒分布可以掌握零件磨损情况，并可预防机器故障的发生。

（4）设备性能指标的测定。设备性能包括整机及零部件性能，通过测量机器性能及输入、输出量的变化信息来判断机器的工作部件性能的测定，主要反映在强度方面，这对预测机器设备的可靠性，预报设备破坏性故障具有重要意义。如柴油机耗油量与功率的变化、车辆性能变化等均包含着故障信息。

F　现代地下轮胎式采矿车辆采用故障诊断技术、监视系统实例

a　Detroit 公司的电子控制 DDEC

DDEC（detroit diesel electronic controls）是一种完全集成的发动机管理与控制系统。它由电子控制组件（electronic control module，ECM）、电控泵喷嘴（EUI）和各种传感器三大部件组成。

ECM 是系统的“大脑”。它实际上是一台功率很大的计算机。系统从司机、发动机和装在机器上的各种传感器（温度、润滑油、燃油、冷却液、进气歧管、冷却液液位、涡轮增压压力、冷却器入口压力、曲轴箱压力、中冷管温度、曲轴位置、油门位置）传来的信号传递到 ECM。经过分析后，就知道司机要做什么、机器正在做什么及了解了发动机的温度、转速、油压、负载系数等。ECM 将这些输入的信息与存储器内的数据（Detroit 柴油机设计的各项极限值）比较后，输出信号，用来即时调节发动和车辆的性能，提供故障诊断信息和启动发动机保护系统。信息传递过程如图 4-254 所示。

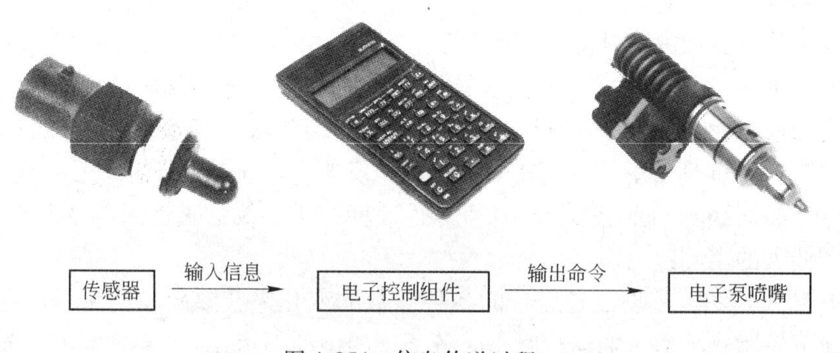

图 4-254　信息传递过程

在发动机仪表盘上有两盏指示灯：一盏是黄色灯，另一盏是红色灯。当故障较小时，亮黄灯，说明换挡后要检查发动机；当故障较大时则亮红灯，此时要立即停机，这样就可避免发动机的损坏。DDEC 自动监视发动机的故障，如冷却液液位低、冷却液温度高、机油油温高、燃油油温高、燃油压力低、喷嘴响应时间慢、曲轴箱压力过高、蓄电池电压低、发动机超速等。

为了能尽快确定故障，常采用三种方法：

（1）诊断开关。简单的诊断开关装在仪表盘上。只要司机轻轻按一下按钮，发动机检查灯即闪烁数码。将数码与故障小卡片一对照，就清楚问题所在。

（2）电子显示器（图 4-255）。Detroit 柴油机提供的电子显示器可替代典型机械仪表

盘，电子显示器能显示与脚本信息有关的任何问题，如发动机转速、冷却液温度、油温、油压、电压、传动系负载率、发动机工作时间等。

该发动机 ECM 还可把每个重大事件记录在机内存储器内。

(3) 手提式诊断工具（图4-256）。只要将手提式工具插到 DDEC 系统中就能很快识别问题区域。此工具价格便宜，使用方便。同一工具可用于改变所有用户的规定选择，如怠速、机器最大速度等。

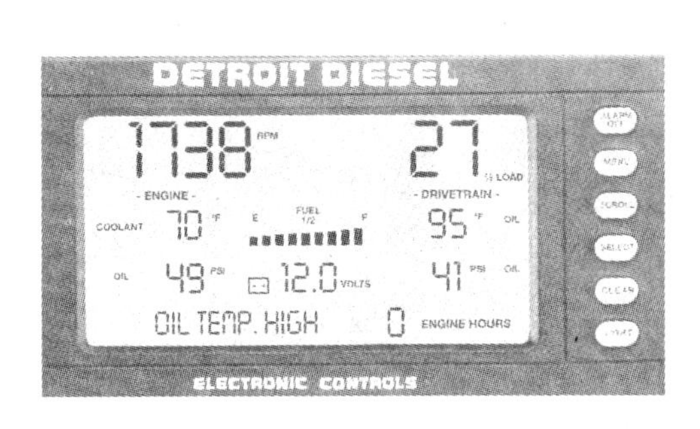

图4-255 电子显示器

图4-256 手提式诊断工具

b GHH 公司新开发的 LF10/11 型地下装载机远程数据记录系统

GHH 公司 LF-10/11 型地下装载机配备 CAN 总线和数据记录系统（图4-257），该系统把机器运行数据通过无线连接发送到单独计算机站上，以便 GHH 服务人员对收集到的这些数据进行快速分析和故障诊断，把停工时间降到最小，使机器一直运行在最佳状态，以提高生产率。

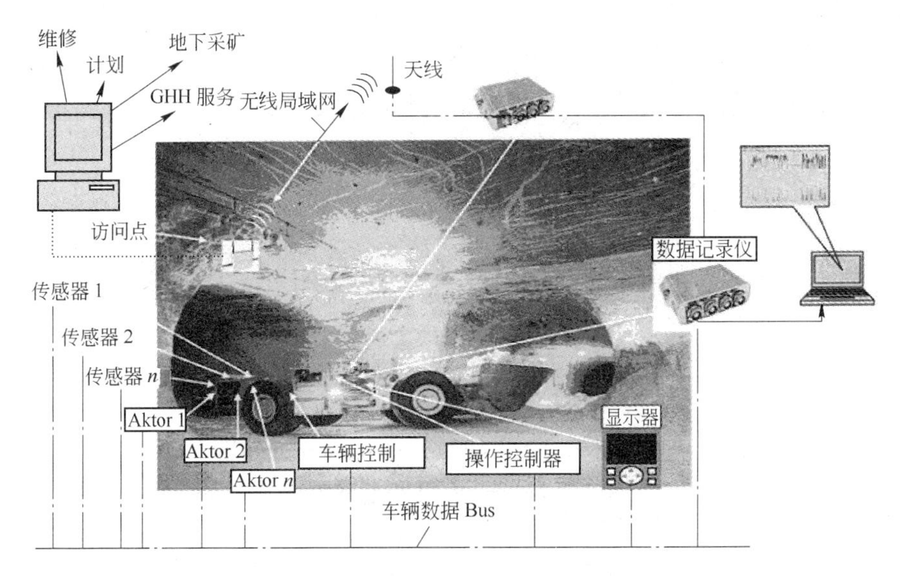

图4-257 GHH LF10/11 新型地下装载机数据记录系统

c LH410 型地下装载机故障诊断技术

Sandvik 公司 LH410 型地下装载机所有信息用一个 5.7in LCD 显示器显示（图

4-258)，从而容易检查和排除故障。它的主要特点是：不需要模拟表；零部件少，备件少；有机内诊断工具；不需要电气图和万用表去寻找故障；液压和电子故障能很快隔离；全部功能链在一个窗口上；不需要专用工具去进行故障检查；

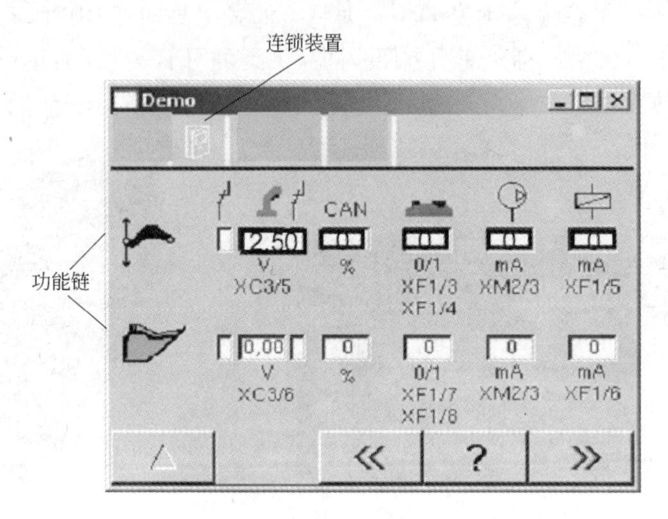

图 4-258　功能窗口

d　Caterpillar CMS 计算机化监视系统

Caterpillar CMS 计算机化监视系统如图 4-259 所示。

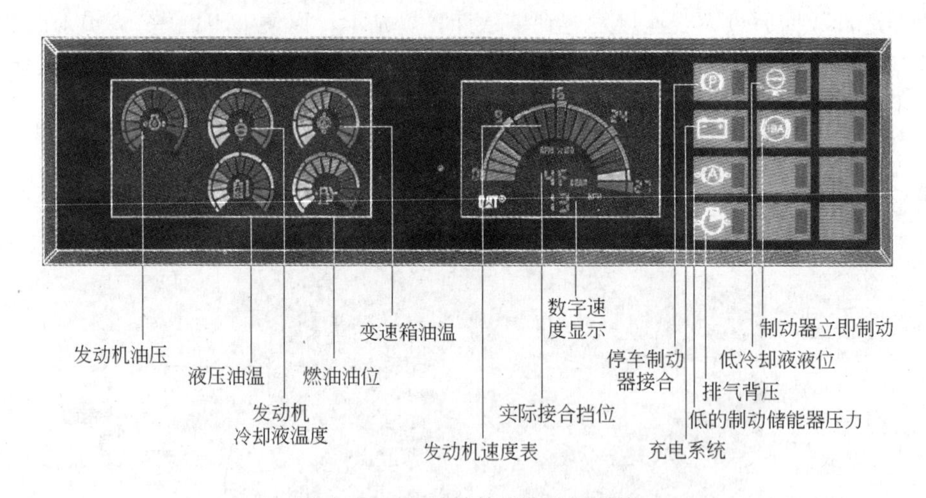

图 4-259　CMS 计算机化监视系统

Caterpillar CMS 计算机监视系统（computerised monitoring system）是一个连续监视机器功能，详细显示出系统操作状态，提醒司机机器上有一个或多个系统马上或即将出现问题及严重性，除了显示实际结合的挡位外，还显示出发动机油压、停车制动器、制动器油压、燃油液位、充电系统、发动机冷却液温度与液位等，同时记录下诸如仪表读数超高或超低的性能数据，以便帮助诊断问题，降低停工时间。

e　有效载荷控制系统

为了防止地下轮胎式采矿车辆因超载而损坏，因没有装满而未充分发挥它的能力，也为了统计工作日的生产量，一般新开发的地下轮胎式采矿车辆中都配备有效载荷控制系统又叫称重系统，如图 4-260 所示。

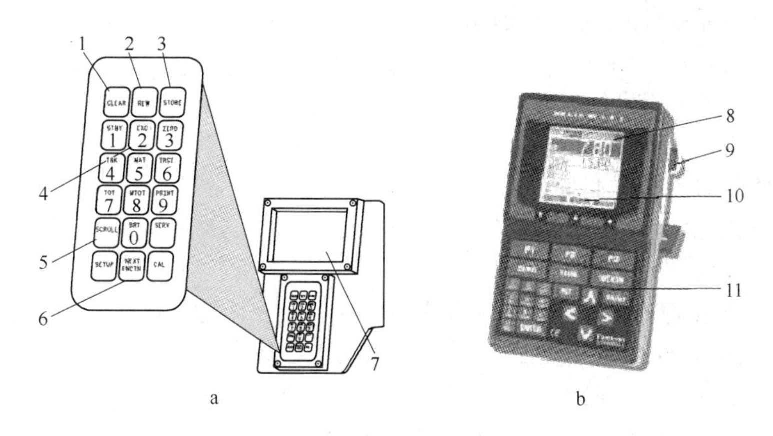

图 4-260 有效载荷控制系统

1—清除键；2—重新称重键；3—存储键；4—将部分负载倒到卡车上，再使用该键，系统将自动计算新的卡车载荷；5—滚动键；6—下一功能键；7—显示屏（显示装载重量）；8—符号区；9—电源开关；10—信息线，该行提供有关下一步做什么，或现在发生了的信息；11—键盘

4.15.4 日常维护保养制度

地下轮胎式采矿车辆日常维护保养对保证车辆正常运行，提高设备使用寿命，降低生产成本，减少故障发生起着极为重要的作用。虽然地下轮胎式采矿车辆种类繁多，维护保养项目各有不同，但仍有许多共同之处。因此，下面的地下装载机日常维护保养内容对其他车辆仅供参考。

在执行任何操作或任何保养程序之前，应当阅读和了解所有的安全资料、警告和说明。

在进行每个后续周期的保养之前，必须先进行前一个周期的所有保养要求。

（1）需要时即进行的保养：

1）蓄电池——回收；

2）蓄电池、蓄电池电缆或蓄电池断路开关——更换；

3）制动摩擦片——检查；

4）发动机空气滤清器细滤芯——更换；

5）发动机空气预滤器——清洁；

6）排气净化器——检查/清洁；

7）燃油系统——加油；

8）保险丝——更换；

9）机油滤清器——检查；

10）散热器芯——清洗；

11）车窗冲洗器储液罐——加注；

12）车窗雨刷器——检查/更换。

（2）每10个工作小时或每天的保养：
1）铰接连接件轴承——润滑；
2）自动润滑系统油脂箱——充填；
3）倒车报警器——测试；
4）皮带——检查/调整；
5）制动系统——测试；
6）铲斗枢轴轴承——润滑；
7）中央润滑系统——润滑；
8）冷却系统液位——检查；
9）发动机空气滤清器粗滤芯——清洗/更换；
10）发动机机油油位——检查；
11）灭火系统——检查；
12）燃油箱中的水和沉渣——排放；
13）液压系统油位——检查；
14）指示灯和仪表——测试；
15）提升臂和油缸的轴承——润滑；
16）后车桥耳轴承——润滑；
17）座椅安全带——检查；
18）维修——检查；
19）转向油缸轴承——润滑；
20）转向锁定机构——测试；
21）倾翻油缸和活塞杆轴承——润滑；
22）倾翻连杆机构轴承——润滑；
23）变速箱油油位——检查；
24）车窗——清洁。
（3）每50个工作小时或每周一次的保养：
1）自动润滑系统加注口滤清器——清洁；
2）司机室空气滤清器——清洗/更换；
3）燃油系统粗滤器（油水分离器）——排放；
4）轮胎充气压力——检查。
（4）每125个工作小时的保养：
1）轮胎螺母预紧力矩——检查；
2）全封闭司机室、发动机室——清洁；
3）司机棚/全封闭司机室门和锁——检查；
4）电缆——检查；
5）仪表盘——检查；
6）万向节和万向节中间轴承——润滑；
7）自动集中润滑系统——检查。
（5）初次250个工作小时（或第一次换油时）的保养：

发动机气门间隙——检查。

(6) 每250个工作小时或每月的保养:

1) 铰接连接件轴承——检查;

2) 蓄电池电解液液位——检查;

3) 冷却系统冷却添加剂(DEAC)——添加;

4) 差速器及最终传动油位(带车桥油冷却器)——检查;

5) 差速器及最终传动油位(无车桥油冷却器)——检查;

6) 传动轴万向节、花键和轴承——检查/润滑;

7) 发动机机油和滤清器——更换;

8) 风扇传动轴承和皮带张紧器——润滑;

9) 燃油系统粗滤器(油水分离器)滤芯——更换;

10) 燃油系统细滤清器——更换;

11) 压力传感器(变速箱油)——测试;

12) 后车桥耳轴承——检查;

13) 转向挡块——检查。

(7) 每500个工作小时或每3个月的保养:

1) 差速器止推销——检查/调整;

2) 燃油箱盖和滤网——清洁;

3) 液压油滤清器——更换;

4) 油滤清器(先导)——更换;

5) 变速箱油滤清器——更换。

(8) 每1000个工作小时或每6个月的保养:

1) 制动蓄能器——检查;

2) 差速器和终传动油(带车桥油冷却器)——更换;

3) 差速器和终传动油(不带车桥油冷却器)——更换;

4) 行驶控制蓄能器——检查;

5) 翻滚保护结构(ROPS)和坠落物保护结构(FOPS)——检查;

6) 电磁阀(停车制动器)——测试;

7) 变速箱油——更换。

(9) 每2000个工作小时或1年的保养:

1) 制动器松闸系统——测试;

2) 曲轴减振器——检查;

3) 发动机安装基座——检查;

4) 发动机气门间隙——检查;

5) 发动机气门转子——检查;

6) 液压油——更换;

7) 液压油箱安全阀——清洁;

8) 涡轮增压器——检查。

(10) 每3000个工作小时或每2年的保养:

1）冷却系统冷却液［柴油发动机防冻剂/冷却液（DEAC）］——更换；
2）冷却系统长效冷却液（ELC）延长剂——添加；
3）冷却系统压力——清洗/更换；
4）发动机后冷却器——检查。
（11）自安装之日后每3年或自制造之日后每5年的保养：
座椅安全带——更换。
（12）每6000个工作小时或每4年的保养：
1）冷却系统冷却液——更换；
2）冷却系统水温调节器——更换；
3）发动机水泵——检查。

4.16 培训

4.16.1 人员全面培训的重要性

从人机工程学的观点来看，在人—机—环境的关系中，人是最重要的，只有不断提高人的素质才能处理好人—机—环境三者的关系。正因为如此，现在企业越来越重视对人的培训。

地下轮胎式采矿车辆事故大量统计资料表明，系统运行中发生的事故，大部分是人失误引起的，而在这些人失误事件中，又大约有50%与作业人员的态度、知识、技能直接相关。如日常维护人员没有及时发现故障征兆，使车辆的小毛病扩大成为故障或导致事故；操作人员不能及时诊断故障，而延误了维修时机；操作人员在维修时额外引入了潜在故障（如装配时没有拧紧螺帽，或拧紧过度，润滑不及时，加润滑油和润滑脂过多或不足等）或违章维修，操作人员不按安全操作规程操作，违章作业等。所以，必须对操作人员进行培训，而且不仅知识、技能培训，更是包括态度在内的全面培训，它将从整体上提高操作人员的素质。

随着现代化进程，车辆越来越复杂，技术含量越来越高，常常是机—电—计算机一体化。所以，要求操作人员不但专业基础知识扎实，还要有比较广的知识面，成为多面型、复合型的操作人员；同时，还要求有维修经验的高素质维修管理人员，所以必须对操作人员进行与时俱进的、持续的培训，使操作人员的水平始终适应现代化进程，让学员掌握基础知识和正确操作以及维修车辆的基本技能。

4.16.2 司机培训

4.16.2.1 培训内容

A 一般要求

各独立培训项目宜与所有培训内容结合，循序渐进，保证学员从了解基本原理到掌握复杂机器的操作技能。在遵守整个培训程序中，可根据不同情况对各项目的实际内容进行调整。

对司机进行实际机器操作培训时，在每台机器上同时参加培训的学员不宜超过两名。每个教练员最多可管理三台机器。在实际操作培训的最初阶段，最好每台机器配一名教练员。在最初4h内，一名教练员不宜同时指导四名以上的学员操作两台机器。

B 安全

在整个培训期间，应反复强调机器操作和维修中最重要的环节——安全（见4.16.2.2B和4.16.2.4中C（16））。

C 培训阶段

培训阶段主要内容包括：

（1）基本培训。培训的目的是为了让学员掌握基础知识和正确操作机器的基本技能。包括：

1）启动和停车；

2）主要机构如发动机、变速箱等的保养；

3）基本尺寸数据如长度、宽度、质量、接地比压、速度等；

4）影响机器生产率的各种因素；

5）各种图表和载荷表；

6）司机手册（重要性及其使用）；

7）常用机器的操作，如基本工况的小型自卸车、轮胎式机器（见4.16.2.2中B～D）。

（2）司机培训记录手册。记录手册可发给所有完成基本培训的学员，以便连续记录培训课程的详细内容和现场操作经历（见4.16.2.3）。

（3）特定机种的专门培训。特定机种培训只安排已顺利完成基本培训的学员进行，其内容包括操作某机种的特定机器（见4.16.2.4中B～D）。

（4）多种机型操作。多种机型操作培训适用于已完成某机种专门培训的具有一定经历的司机。司机能够在某一组机器内，从一种型号的机器转换成操作另一种型号的机器。此类培训一般在施工工地进行（见4.16.2.5）。

（5）进修培训。进修培训应安排在工地或适合于操作培训的培训中心，使司机能够适应机器的发展及改进。对长期没有操作某种机器的司机应重新进行培训（见4.16.2.5）。

（6）培训结业证书。对顺利完成培训课程的学员，应发给列出培训课程的证书（见4.16.2.6）。

（7）要点。司机的操作能力需在工地上的正规操作以及在监督指导下从实际经历中获得进一步提高。这是一个可获得培训经历的连续过程。培训不包括培训项目细节，但4.16.2.4C中（15）的内容可用于在现场生产作业期间，指导司机进一步提高操作水平。

4.16.2.2 基本培训

A 一般要求

地下轮胎式采矿车辆必需的基本操作技巧及最低限度的机器维修保养，包括了解司机手册中各主要技术参数、术语和资料的重要性。培训的内容应兼顾课堂教学（示范）与工地（车间）实际操作。因为具体条件和设备不同，所以不规定实际的培训方法或所使用的培训设备。

B 安全操作

在培训过程中，应经常强调安全操作和事故预防。在司机操作培训期间，首先应进行安全教育。在初期培训阶段要特别注意避免形成不安全操作的习惯。应对司机强调司机手册规定的安全规程和数据，使其注意机器安全标志和符号，特别是认可的 ISO 或其他符号。应充分强调机器安全装置（如滚翻保护结构）、视觉和听觉报警装置的重要作用，懂得如何保持其不出故障和随时都能正常使用的重要性，还应包括手势和其他标志的正确使用问题。

C　主要内容

（1）关于司机操作指南、润滑和安全方面的司机手册的使用（见 GB/T 25622）；

（2）充分了解简图和符号所代表的相关意义并能够使用（见 GB/T 8593.1 和 GB/T 8593.2）；

（3）基本性能数据，如质量、接地比压和速度等；

（4）机器在基本工况的实际操作，包括了解影响机器最大生产率的因素；

（5）与机器性能和稳定性有关的载荷表的应用；

（6）机器的保养项目，如发动机、变速器、冷却系统、润滑系统、电气、轮胎、履带、制动器等，包括工具的使用（见 ISO 4510－1）、保养和司机手册（见 GB/T 25622）；

（7）机器启动、停车及注意事项；

（8）机器上各种仪表的功用；

（9）与司机职责相关的气动和液压操纵系统的原理及使用；

（10）司机的一般职责，特别是机器装配及拆卸、更换配件及维修保养等职责范围；

（11）正确安全地操作，避免发生事故；

（12）常规检查司机手册中所规定的项目（见 GB/T 25622）。

D　培训时间和培训地点

最短培训时间是对有文化和接受能力比较强的学员，对文化水平较低的学员（特别是那些不熟悉专业术语的）可根据实际需要适当延长。

培训课程宜在培训中心进行，或在有适当监督管理的制造商或承包商的试验场或施工工地上进行。

培训大纲的内容及培训时间与学员的文化基础有关。培训时间应不少于 40h，必要时可适当增加培训时间。培训课程宜有足够的课堂教学时间，以便能达到操作所需要的技术水平。其余时间宜结合实际机器进行操作。

实际指导可在培训基地或在适当的施工工地进行。

4.16.2.3　司机培训记录手册

A　一般规定

司机完成基本培训后，可发给培训记录手册，用于记录以后各种地下采矿机器的操作经历。此记录手册分为两部分，第一部分记录参加培训的内容，第二部分逐年记录其操作经历。

B　正式培训课程

应在记录手册上记录所参加培训的详细情况及授课人和培训部门的意见。可由一些空页组成，填写授课人签署的正式证明。

C　逐年记录的操作经历

记录手册上这部分的用途是记录每个人在施工工地上实际操作的机器型号，并按下列标题填写：

（1）工地或工程名称；

（2）机器组别；

（3）所操作的机器的详细情况；

（4）操作某特定机器的开始和结束日期；

（5）责任人签字。

4.16.2.4 特定机种的专门培训

A 一般要求

培训内容适用于完成基本培训后已获得一定操作经历的司机，可使其进一步提高操作技能。单项教学大纲只包括所列出的一个机种，而其他机种另有相应的标准课程。机器应按其功用相似程度来划分。

在整个培训期间，应反复强调基本培训（见4.16.2.2B）中的“安全操作”。在课程即将结束时，学员们可能只是理解了安全操作的一些要点，此时应再重复强调安全操作。

B 组别

对主要地下轮胎式采矿车辆建议分类如下：

（1）A组：地下装载机；

（2）B组：地下轮胎式运矿车；

（3）C组：地下轮胎式运人车；

（4）D组：其他地下辅助车辆。

C 特定机种的主要培训内容

（1）一般要求。应对特定机组，详细、深入地讲授4.16.2.2C的项目。

（2）机器介绍。通过课堂教学与实物观察介绍机器的用途、主要设计性能、参数、功能和使用范围。

（3）操纵装置。操纵装置应包括以下内容：

1）操纵装置的使用和说明；

2）操纵装置相对司机位置的布置；

3）仪表的识别。

（4）启动、起步和停车。启动、起步和停车包括启动机器前的各项检查、操作规程和安全操作，如：

1）在启动机器之前应进行的检查和确认，如：

① 液位和泄漏检查；

② 零件有无松动、磨损和丢失；

③ 清除履带、传动轴和下部总成上的障碍物；

④ 轮胎气压和履带状况，并察看机器周围以保证人员安全。

2）启动发动机的操作程序：

① 检查操纵装置的位置；

② 在各种环境温度和不利气候条件下启动发动机。

跨接启动时也应遵守司机手册中的有关安全措施。

3）停车操作顺序：

① 停车操作；

② 停放机器操作（注意操纵装置和工作装置的位置，应释放转向蓄能器等的残留压力）；

③ 发动机怠速；

④ 发动机熄火操作；

⑤ 安全锁紧。

（5）日常操作。日常操作说明各种操纵装置的作用及如何使用，如：

1）机器操作前的日常检查：

① 调整司机座椅和方向盘（如配备），清扫司机室并擦净玻璃，保证出入口畅通无阻；

② 仪表检查（油压表等）；

③ 预热；

④ 系统检查（转向器、制动器等）。

2）机器操作时的检查：

① 仪表检查；

② 报警装置功能检查；

③ 司机安全报警检查。

3）高效操作的建议：

① 换挡；

② 转向；

③ 工作装置的操作；

④ 操作技巧；

⑤ 停车与停放；

⑥ 工作装置调整；

⑦ 班后日常保养；

⑧ 紧急操作；

⑨ 制动或转向失灵时的应急措施。

（6）工作装置的安装：

1）操作方法；

2）采取的防护措施。

（7）机器在巷道之间的转移：

1）巷道行驶；

2）公路或铁路转运时在其车辆上的安装和固定方法；

3）起吊方法，包括起吊点和拖挂装置等。

（8）特殊环境下的使用：

1）在寒冷气候条件下应采取的措施：

① 按制造商提供的手册中有关寒冷气候下的保养建议；

② 按司机手册（见 GB/T 25622）中有关润滑油、液压油、冷却液等的使用说明；

③ 专门的保护措施（如对电气设备、起动机等）；

④ 机器的预热。

2）在高温或潮湿气候下应采取的措施；

3）在泥泞、沼泽等条件下使用时应采取的措施；

4）在多尘天气条件下使用时应采取的措施；

5）在其他恶劣条件下（如高原气候或腐蚀性空气）使用时应采取的措施。

（9）燃油、润滑油、液压油、冷却剂等。应包括制造商提供的司机手册规定的燃油、润滑油等的使用说明：

1）所用燃油、润滑油、液压油、冷却剂等的牌号规格；

2）油路等系统清洁的预防措施及重要性；

3）油箱和油路系统容量（L）；

4）按制造商的说明加油及加注压力。

（10）润滑方法和保养措施：

1）检查小时计日常读数（以确定润滑周期）；

2）制造商提供的手册中适当间隔润滑时间表的使用；

3）润滑机器时的安全注意事项（如机器未按制造商要求停放时不得润滑以及防火措施）；

4）其他注意事项：

① 避免润滑油混用，在重新加油前应进行冲洗；

② 在向润滑油槽加油前，应使机器水平停放；

③ 在机器油温升高时换油；

④ 仔细清洗所有的润滑油杯、通气孔、视油孔等；

⑤ 定期清洗或更换所有滤油器；

⑥ 检查密封圈状况（不要忘记将其放回）；

⑦ 当发动机机油放净后应做出明显标记，不要无油启动。

（11）液压系统和气动系统的日常保养，应着重强调这些系统的特殊保养措施。

（12）日常保养和预防措施，包括制造商提供的维修手册规定的维修保养操作和保养周期（见 GB/T 25622）。

（13）现场修理与故障排除：

1）司机利用随机工具（见 ISO 4510－1）对机器进行修理和调整，可参考制造商提供的维修手册；

2）查找故障位置，参考制造商提供的维修手册分类信息。

（14）常用零部件识别。正确使用制造商提供的零部件手册的重要性。

（15）机器最佳性能和最高生产率。考虑到安全操作，应在授课各阶段结合实践经验讲解如何提高劳动生产率、减少无谓劳动，降低燃油消耗以及减轻零件磨损。在课程最后应再强调生产率管理，如：

1）选择挖掘机或类似机器的工作位置，应使回转角度最小（以缩短循环时间）；

2）平整作业、岩石剥离、挖掘土方和在坡道上作业（包括横坡）时操作技巧的改进，当在斜坡转弯时的注意事项；

3）对公认的评价方法制定关于熟练程度的标准。

（16）安全。在课程即将结束时，要再次强调司机应注意的安全操作，主要包括：

1）机器的停放安全（如停放机器时需楔住车轮等）；

2）作业场地的安全（如机器不在陡坡上或易于塌陷凹坑处作业）；

3）不要在悬空的堤坝或凹陷下作业；

4）工作完成后，应将铲斗、铲刀等工作装置降落到地面上；

5）树枝和高压线；

6）确保所有安全装置完好无损，如应急制动系统和转向系统、倒车报警器、座椅安全带等；

7）发动机运转时不应进行润滑保养和修理工作；

8）安全标志和符号的识别；

9）培训及机器操作中最重要的内容是安全。

D　培训时间和地点

培训时间应取决于机器的种类及复杂程度，可根据需要增加培训时间：

（1）培训应包括足够的课堂教学，以达到所需的技术水平，其余培训应结合实际机器进行。实际培训可在培训机构或在适当的工地上进行；

（2）多数机种的专门培训课时不应低于70h，可根据需要适当调整课程。

4.16.2.5　多种机型操作和进修培训

培训一般应安排在施工工地进行。但特殊情况下，在培训中心进行进修培训更方便。

（1）多种机型操作培训是对具有一定经历的司机进行的，通过培训，以掌握多种机型的操作技巧；

（2）进修培训的目的是为了保证司机跟上机器的改进与发展，不断提高操作技术，包括对长时期没有上机操作的司机重新培训；

（3）课程内容可以从4.16.2.4中C（2）~（16）的大纲中选择，并可适当补充其他有关内容；

（4）培训时间应根据培训内容确定。

4.16.2.6　培训结业证书

在顺利完成培训课程时，可发放证书。培训课程的详细内容可记录在司机培训记录手册上（见4.16.2.3节）。

建议证书包括下列内容：

（1）结业证书注册编号（如适用）；

（2）司机姓名及身份证明；

（3）培训内容和机组，必要时写明机器型号；

（4）培训时间与起止日期；

（5）加盖培训部门公章。

4.16.3　操作、维修和技工培训

4.16.3.1　培训计划的构成

A　总则

最短的常规培训期限应按国家的相关规定，但是最好不要少于三年。当适宜于更高级

或更专业化的培训时，可选设第四年培训。如果在培训开始之前，能够确定培训过程的长短，特别是如进行第四年培训，能确定有关性质和内容，则在决定个别培训或成组培训方面，通常是有益的。

B 安全性

整个培训期间，应不断的强调机器操作和使用最重要的一个方面就是安全。安全措施应与培训过程的各个方面结合起来，并且应包括：

（1）对国家安全规程的理解和应用；

（2）明确关于安全措施、事故预防、防火、个人卫生以及使用机器防护装置和护罩，使用个人防护装备，使用用以保护眼睛、头部、耳部和脚的安全服装的必要性等方面的责任；

（3）在操纵土方机械设备和附件时，观察其防护措施情况，并安全正确地使用所有液压工具、气动工具、专用工具和装备；

（4）手动起重的安全方法和机械、液压控制设备的使用；

（5）液体、溶剂（特别是那些易燃的）的安全使用和储存，包括油、燃油和酸类；

（6）总开关的安装和固定机械的方法，包括各种类型地下轮胎式采矿车辆的主机和设备；

（7）与高压系统有关的危险性；

（8）拆卸车轮的安全方法和轮胎充气、液压系统加油时防护罩的使用等。

C 培训时间

据以上所述，下面叙述的培训时间是有代表性的，而实际的培训时间应按国家的相关规定执行。

（1）选拔和试用期。应选拔报名参加培训人员中那些受过良好的一般教育，包括在手工工具的基本使用方面有实践基础的人员，他们受教育期间的理论成绩应能足以接受培训课程中所特有的技术教育。在任何可能的地方，培训第一年的起初三个月，都应认为是一个试用期。

（2）基础培训（建议期限为一年）（见 4.16.3.2 节）。计量制的应用和简单图样的识别。

（3）综合培训（建议期限为两年）（见 4.16.3.3 节）。这一阶段为主要的综合培训阶段，应包括机械操作方面所必需的更进一步的教育内容，为普通的成组土方机械排定保养、定期维修和现场维修的时间，应讲授书写简单报告、绘草图等内容。

（4）可选的高级培训（建议期限为一年）（见 4.16.3.4 节）。这种可选的更长期限的培训仅仅是为已经圆满地完成基础和综合培训的人员而设置的。这种高级培训应包括关于一组或多组机械的更为详细和更高级的讲授，以提高培训人员的技能和知识水平，以便使其有能力进行重要工作和车间的修理和大修工作。在知道一个正在接受综合培训的人员想要并且有能力接受高级阶段的培训时，对其综合培训有所侧重是合理的。

（5）进一步提高专业水平和复习课程（见 4.16.3.5 节）。维修能力的进一步提高只能由在正常的工地条件和对机械充分检查之下靠工作经验来实现。这是一个延续的过程，这种活动需要大量的培训经验。该培训应按国家的相关规定，不包括专门的计划。

D　培训的方法和场所

属于该培训的车间类型如下：

（1）培训车间只用于基础技能培训，以使培训人员在规定的操作车间工作时能够得到最大的收获；

（2）修理站（修理车间），为进行机械的重要修理和保养，并作为对许多独立工地提供支援的常设基地；

（3）现场维修车间（或野外车间），设在施工现场，以提供就地维修和救急修理。在规模大、工期长的工地，这些车间的规模可能接近于修理站（修理车间）。

在任何有可能的地方，全部或者一部分的第一年培训教学大纲应在得到认可的培训车间执行；如不具备条件，培训应在修理站或适宜的现场维修车间里，在得到认可的培训管理人员监督之下进行。

除第一年培训外，培训工作应按规定在工地或修理车间进行。

技术培训应与取得认可的技术院校结合起来，并在那里举办。举办天数以不少于培训过程中每年40个工作日为宜（但可选的第四年培训则不必如此）。

4.16.3.2　基础培训——第一年（或按适当时间）

第一年的培训目标是要向培训人员介绍生产情况，特别是关于机械设备，使其熟悉基本情况，启发其兴趣，为以后几年的培训教育打下基础。培训应采用讲课、示范表演和实际工作相结合的方法。培训可以在培训车间里进行，也可在适当的监督之下，在修理站或现场维修车间里进行。实际的培训方法或使用的培训手段应按国家的相关规定执行。

培训的起初三个月（可能更长）按规定应作为试用期，以使培训人员适应土方机械的维修工作。

培训的典型内容包括以下几个方面（其顺序与重要性和时间的先后无关）：

（1）维修工作的安全。在整个培训教育期间，安全规程的实施和事故的预防必须始终作为重点。这种教育在实际维修作业期间，不仅应强调安全概念，还应强调维修作业执行高标准的重要性，以确保实际生产操作中机械的安全。在培训初期，必须特别注意制止违反安全规程的做法和习惯，应着重强调各种机械手册，尤其是与维修和操作相关的、包含安全信息和数据资料的手册；应注意机械上的安全标志，特别是使用了已认可的国家标准和符号的安全标志。所有的安全装置保养的重要性以及视觉、听觉的警告信号，无论何时总是处于高效能的工作状态等，这些都应进行充分解释。

（2）熟悉机械设备。培训人员应尽可能广泛地掌握各种类型机械的全面知识，包括其用法和性能（见GB/T 8498）。应熟悉与机械保养有关的操作技术，以及观察熟练司机的工作情况，还应了解使用说明书。

（3）机械的基本原理。应尽量地使培训人员懂得基本机械的工作原理，如发动机、变速箱、齿轮、冷却和液压系统等，使他们在培训第一年中懂得维修和保养的重要性。

（4）机械的保养。在机械的一般保养方面，特别是对普通类型的润滑装置和工具的用法，及生产商的专用工具或辅助工具的用法方面，应给予充分的教育并使之能够掌握和应用。

培训人员对下述各方面应充分熟悉：

1）保养程序及实际运用；

2）机械的操作；

3）维修日程和记录，

4）润滑图表；

5）维修和润滑手册的用法；

6）维修期间正确而安全地使用机械，保证连续无故障地使用，如使用清洗液等易燃溶剂时必须特别小心；在油的容器、管路、涂有润滑脂的表面上或其附近进行焊接时，要防止发生危险。

应举出不良或不当维修后果的特别实例。

（5）材料的基础知识。应讲授土方机械所用的普通材料的性质，如材料的成分和密度。

（6）基本的装配与焊接。应讲授培训人员所不熟悉的手工工具的用法，包括锉刀、手锤、錾子、锯、刮刀、钻头、铰刀、丝锥、板牙等其他一些常用的维修工具。应讲授包括低碳钢的气焊、电焊、锡焊和铜焊的原理和实践的基本内容，包括在监督下进行简单焊接修理。应指明安全工作规程，例如着重指出焊接燃油箱时的爆炸危险，以及任何焊接工作开始之前，必须断开蓄电池或其他电源。

（7）尺寸及测量器具。应初步讲解工作图，至少应满足需要，使培训人员迅速而准确地学会普通的车间测量器具用法，特别是以下器具：

1）千分尺；

2）塞规、卡尺及深度千分尺；

3）卡钳和游标卡尺；

4）塞尺；

5）汽缸压力计；

6）扭矩扳手；

7）检查蓄电池及冷却液的比重计；

8）其他适用器具（GB/T 14917）。

（8）简单机床的使用。培训的第一年，在机床的使用方面将技巧提高到高水平也许是不现实的，如同有关的机械操作要求那样。在简单地使用钻床、车床、铣床等方面，应给以足够的测量器具。

（9）备件的鉴别与采购。应从制造厂提供的零件手册中确定所要求的尺寸，使培训人员能够予以辨认并按要求订购备件。要指明确认磨损的零件应整修还是更换的重要性，特别注意各处的公差。更换的零件或构件所取得的数据可以在进一步培训时供培训者本人使用。

（10）关于机械修理的介绍。起初的基本教育，一般是在监督之下的机械修理当中进行的。其教育的典型内容如下：

1）修理原因的基本分析，是由于使用不当、过载还是磨损；

2）轮胎和车轮的拆卸和修理，包括防护罩的使用；

3）清洗堵塞的燃油管路和滤清器；

4）根据需要，检查、调整和更换软管、皮带和电缆；

5）涂漆修补。

此外，如有条件，培训人员应作为助手协助有经验的机械工，在部件中拆卸、清洗和更换零件，如发动机、齿轮箱以及传动装置部件等。

4.16.3.3 综合培训——第二年和第三年（或按适当时间）

综合培训应有计划地进行，在机械操作方面，到培训的第三年年末，把第一年中所获得的初步技能提高到实际应用的水平。对于接受第四年培训的培训人员，培训的重点如包括下面（3）中2）所涉及的内容，可能是有利的。要点应包括以下典型内容（其顺序与重要程度或时间先后无关）：

（1）安全。在整个综合培训期间，以及以后的培训中，继续进行全面的安全教育，特别是有关保养和使用中的安全问题的安全教育是必不可少的。

（2）第二年培训。

1）典型内容如下：

① 简单的燃油系统的保养和修理；

② 发动机的保养，如汽缸盖的拆卸、更换活塞环等；

③ 在无需监督的情况下，拆下、清洗和更换零件；

④ 工作装置的安装和拆卸；

⑤ 车架、司机室等部件的小修，包括焊接、钎焊技术的应用等；

⑥ 简单故障的发现以及电、气、液压系统的调整。

2）除上述内容外，培训人员还应受到机械检查过程的训练，以检查下列内容：

① 外部损伤或故障的程度和状况，特别是关于结构件和承载零件；

② 各系统的正常功能（如电器系统、液压系统、气路系统）；

③ 轮胎、软管、电缆、钢丝绳、制动装置、离合器等的状况；

④ 转向车轮的校正；

⑤ 故障的原因（如轴承等），根据损坏零件的外观进行检查；

⑥ 零件的尺寸，与图纸或技术要求对比进行检查。

3）尽一切努力使培训人员得到以下方面的教育和经验：

① 安全规程，特别是车间工作方面，例如正确地顶起机器，支撑重的部件以及焊接时的防火措施等；

② 看懂与解释图样；

③ 写简短报告，为零件画草图或拍照；

④ 帮助修复损坏了的机器；

⑤ 用测试装置判断故障；

⑥ 作简单的修理预算，特别是对与修理有关的效益进行比较；或是更换零件并重新装配；或是安装制造商的维修更换部件；

⑦ 材料的基本构成特性。

（3）第三年培训。第三年培训的目的，应使培训人员了解正确的工作程序和有计划的预防性保养的必要性，以及应包括使用诊断技术的训练，以判断故障和性能上发生问题的原因。机械保养的重点应是预防性的，而不是补救性的。培训人员应受到训练以认清其所需起到的重要作用。这一年的大部分时间，培训人员应在他所熟练的机器旁从事日常的生产，而他的工作应受到适当的监督。在培训的第三年年末，按培训计划应使培训人员在规定的范围内，能够不受监督地进行工作，应有能力操纵机器，能够确认修理的效果（或其他方面），还应能够对现场工作程序提出意见，以防对机器的不合理使用。

1）对不参加第四年培训人员的培训。对不参加第四年培训的培训人员，第三年的典型内容如下：

① 拆卸并更换经选择的重要部件，如齿轮箱、发动机、液压马达或油泵（“选择”是指不需要彻底拆卸来达到更换部件的目的）；

② 燃油系统的大修，包括汽化器或喷射器通过油泵和过滤器到油箱的完全分解，并且重新装配和试验；

③ 发动机冷却系统的大修；

④ 车辆制动系统的大修；

⑤ 拆卸和重装绞车的钢丝绳、滑轮系统等；

⑥ 坚持保养、维修记录和监视司机的操作；

⑦ 弥补机械结构上的不足。

2）对预期参加第四年培训人员的培训。培训应包括（2）中1）所列的项目，但培训的水平按规定应达到更高的标准，特别是要加上下述典型内容：

① 拆卸、检查、重装并试验重要的部件，包括发动机、齿轮箱、履带；

② 工作装置的全面检查、安全方面的检查；

③ 评价机械的质量情况并写出报告；

④ 不重要零件的加工制造；

⑤ 按标注尺寸的草图和其他图样制造零件；

⑥ 简单零件的机械加工，如整修制动鼓等。

4.16.3.4 可选的高级培训——第四年（或按适当时间）

这个阶段的培训是要训练培训人员完全独立地从事地下轮胎式采矿车辆更复杂的需专门操作技术的工作。此外，应进一步提高进行检查和准备简短报告的能力。

（1）安全。关于安全问题应重新强调已经进行的教育。此外，培训应集中于进一步提高检查和评定全部机械和附件安全工作状况的技能（包括地下轮胎式采矿车辆），这些都是培训人员在其今后工作时可能遇到的。

（2）培训计划。这个阶段，尽管对更复杂更不熟悉的工作需要一些监督指导，除性能方面外，培训人员可能被要求承担无人监督的工作。以下是这种培训的典型内容：

1）更复杂的机械试验与修理（如行星或多片离合器、变速器），可使用所提供的必需的专用试验装置等；

2）用最新的设备和技术诊断一般的机械故障；

3）使用各种形式的测试设备和仪器，判定机械的实际状况；

4）使用过程中的检查方法和技术；

5）预防性的计划保养制度，包括机械的使用计划和记录；

6）事故损害和故障的调查；

7）书写报告和生产中绘制工作草图技能的提高；

8）临时解决方法，包括修理中的修复方法；

9）事故或损坏之后的机械修复；

10）日常操作中机械的用法和一般安全问题；

11）固态的其他电子设备适当的使用，包括故障的诊断和调整。

4.16.3.5 进一步提高专业水平与复习课程

为使所有的维修人员都保持最新技术，整个培训范围还应包括较短的课程，这种课程在地下轮胎式采矿车辆使用期限内，任何阶段都能够采用。这种课程应分为两种类型：一种是具有复习性质的课程，为的是重新熟悉原来的培训活动；而第二种的目的是使机修工人熟悉发展起来的新机械和新方法。

这样课程的确切性质和方向应按国家的相关规定执行，但建议为每一科目在“模式”的基础上制订出标准的教学大纲，这样可在任何方便的时候讲授课程（“模式”课程可以包括一门有标准教学大纲的课程，如为期一周到半年）。这个大纲是在一种模式基础上与过去的培训相结合而制定的，在将来可能被采用。

这些课程的内容应按国家的相关规定，其规定的方式可被任何组织以适当的方法通过，或由专门机构起草。这类课程的讲授常由专门的制造商和其他商业组织，以及更正规的培训部门来举办。

4.16.3.6 培训科目结业的确认

关于培训科目的结业，在有条件的地方，都应颁发合格证书，但是建议包括下列内容：

（1）证书注册的顺序号（培训组织的印章）、适用场合；

（2）培训人员的姓名和其他识别内容；

（3）课程的性质和内容；

（4）课程期限（包括开始和结束日期）；

（5）审定签署。

4.16.3.7 培训检查记录表

根据需要及国情，在培训部门内部可以使用培训检查记录表（表4-129）。

4.16.3.8 典型的培训检查记录表——动力传动系统技能评估（轮胎式机器）

培训检查记录表是为培训人员能独立地进行操作记录而使用的。

管理人员应：

（1）为说明培训人员的工作所需的技能做出标记，其方法是在所要求的技能的方框处画圈（表中的长方形）；

（2）在培训人员的合作下，在为各项技能所画圈的方框内记入年份（如2012）。在这些技能方面，已经表明他鉴定合格；

（3）根据需要通过画方框做标记来为培训人员制订计划，但不标注日期，在鉴定合格时增加日期。

画出阴影线（剖面线）的方框（表4-129），表示对应的操作不适用。

表4-130列出了培训人员能够独立进行的操作。

表 4-129 培训检查记录表

零件或部件		故障的检查和排除 A	诊断性试验/性能试验 B	测量/调整/校准 C	修复 D	分解/装配/评定 E	拆/装/更换 F	清洗 G	维修/直观检查 H
传动系统/驱动桥	1								
万向节传动轴	2					▨	▨	▨	
弹性联轴节	3					▨		▨	
传动系统/轴	4					▨	▨	▨	
小齿轮	5					▨		▨	
换挡装置	6							▨	
差速器(标准的)	7							▨	
桥体总成	8					▨	▨	▨	
变矩器	9							▨	
差速锁	10							▨	
无自转差速器	11							▨	
等角速万向传动轴	12					▨		▨	
传动系统装置	13								
终传动(轮胎式车轮)	14								
驱动桥轮毂/轮边减速器	15							▨	
平衡箱传动装置	16							▨	
平衡箱传动、锥齿轮传动、终传动	17							▨	
铰接轴、轴座、链轮、车轮轴	18							▨	
轮辋与轮胎	19					▨		▨	
转向节总成	20					▨		▨	
压路机车轮	21							▨	
车轮总成	22					▨		▨	
轮边制动器	23								
制动鼓	24							▨	
制动蹄	25							▨	
停车制动器	26								
制动驱动装置	27					▨		▨	
转向系统	28								
方向盘	29					▨			
转向油缸	30					▨	▨		
转向杆系	31					▨			
转向阀	32					▨			
伺服系统联动装置	33					▨			
转向器及转向阀	34					▨			
拉杆	35					▨			

表 4-130 培训人员能够独立进行的操作

操作代号(见表 4-129)	规定	
A	故障的检查和排除	为零件或系统做出分析以找出故障原因
B	诊断性试验/性能试验	为校正性能做试验，包括为了诊断使用仪器和工具（需要的地方）查看运转是否正常
C	测量/调整/校准	为评定或调整而做必需的测量，做静态调整或操作中调整
D	修复	修理或使零件翻新
E	分解/装配/评定	拆开、组装，包括再用零部件的分析
F	拆/装/更换	拆卸并取下，装上并连接好，按需要装上新件
G	清洗	从零件上除去污物和异物
H	维修/直观检查	润滑和维修手册中规程的运用。同时还要寻查渗漏和损坏的零件

5 地下轮胎式采矿车辆安全要求和安全措施

5.1 一般要求

除了按 ISO 12100：2010（或第2章）的风险评价原则对地下轮胎式采矿车辆的重大危险、危险状况和危险事件（表2-1、表2-2）进行风险评定外，其设计和制造还必须考虑风险评价结果，来决定是否需要采取措施来消除或减少这些风险。

（1）全身进入机械的开口尺寸应符合 GB/T 18717.1 标准要求，见表4-126。

（2）人体局部进入机械的开口尺寸应符合 GB/T 18717.2 标准要求，见表4-127。

（3）人体尺寸数据应符合 GB/T 18717.3 标准要求，见表4-128。

（4）挤压与剪切的防护装置。在有挤压与剪切的地方，应根据 GB 8196 标准的要求提供防护装置。作为维修的一部分需要拆除的固定防护装置应在操作手册中加以说明，而且只能采用工具才能打开或拆除。如果拆除固定防护装置的附件有风险，这些附件可以仍连接在固定防护装置上，当固定防护装置也需拆除时，也可连接到机器上。为维修需要拆除和重新组装的固定防护装置的操作程序应补充到操作或维修手册中。

（5）防护设备的存放设施。机器应有存放个人所有防护设备（如矿灯帽、过滤器及个人救援设备）的设施，以确保这些个人防护设备不因机器的意外移动而产生危险。

（6）稳定装置。稳定装置或类似装置在机器行驶时应能返回到收回位置并锁紧。

（7）吊运与捆扎。吊运与捆扎应符合 ISO 15818 标准要求。

5.2 便于搬运的设计

5.2.1 搬运的危险

搬运的危险主要有：

（1）用力过度，如搬运、提升、推或拉导致的受伤风险；

（2）机械提升过程中，由于夹在不安全的负荷和设备之间导致的受伤风险；

（3）由于吊装工具不足或吊法不妥，物料坠落导致被砸伤的风险；

（4）当未提供机械搬运的方法而打算人工搬运一个重型部件时，出现用力过度、笨拙姿势和滑倒情况带来的受伤风险；

（5）不恰当接近导致的受伤风险；

（6）采用不适当工具导致的受伤风险。

5.2.2 降低搬运危险措施

地下轮胎式采矿车辆及其组成部分必须有便于安全搬运的设计。

5.2.2.1 地下轮胎式采矿车辆及各个组成部件的搬运要求

（1）能安全搬运和运输；

（2）在包装或设计上能使地下轮胎式采矿车辆及各个组成部件安全而无损伤的储存。

5.2.2.2 地下轮胎式采矿车辆和组成部件在运输期间搬运要求

在地下轮胎式采矿车辆和组成部件的运输期间，只要按照说明书搬运地下轮胎式采矿车辆和组成部件，绝不可能产生突然移动和由于不稳定引起的危险。

5.2.2.3 无法用手搬运的地下轮胎式采矿车辆各类组成部件要求

如果地下轮胎式采矿车辆因其各类组成部件的质量、尺寸和形状无法用手搬运，则地下轮胎式采矿车辆或每个组成部件应配备供吊运的适当的附属装置。

5.2.2.4 需用手工搬运的地下轮胎式采矿车辆组成部件要求

如果地下轮胎式采矿车辆或其组成部件之一需用手工搬运，则必须：

（1）移动方便；

（2）可以安全地提起或移动。

当搬运工具或运人车部件可能造成危险时，即使质量很轻，也必须对其做出特别的安排。

5.2.2.5 铰接机架锁紧装置

铰接机架锁紧装置即连杆、型钢、销或类似零件，包括与机器机架连接的零件和铰点，用于防止具有铰接机架的地下轮胎式采矿车辆在运输或维修时的意外摆动（机器依靠自身移动或行驶时，不需要使用铰接机架锁紧装置）。

铰接机架锁紧装置的一般要求：

（1）安装位置。铰接机架锁紧装置应能确保机器处于向前直行的状态，应安装在司机位置常用的进出口的一侧，或安装在制造商规定的位置。

如果在进行例行的维修保养时必须使机器转向，则铰接机架锁紧装置应同样能确保机器处于所需的转向位置。

设计的铰接机架锁紧装置应在固定时不需频繁调节机器机架的两部分。

（2）机器连接。在使用和储存期间，铰接机架锁紧装置应连接在机器上，不能与机器脱开。

（3）颜色。铰接机架锁紧装置的连杆应是红色，使其在存放和安装位置处明显可见；当机器自身为红色时，连杆应使用有明显对比的其他颜色。

（4）性能试验要求。性能试验应在转向系统的左右两个铰接转向位置上进行。

当铰接机架锁紧装置承受两倍于机器制造商规定的机器转向系统产生的最大力时，其各处都不应出现任何永久的结构变形。

对于铰接机架的自卸车，铰接机架锁紧装置应能承受1.2倍于机器转向系统产生的最大力。

如果铰接机架锁紧装置仅使用在机器起吊和运输期间，要求其承受的力等于两倍于在机器起吊和运输时产生在铰接机架锁紧装置上的最大力（可由制造商计算得出）。

5.3 牵引装置

牵引装置即安装在地下轮胎式采矿车辆上的连接装置，该装置提供一种将拖拽绳、链条或拖拽杆连接在操纵失灵或陷入困境的地下轮胎式采矿车辆上的方法。

5.3.1　一般要求

（1）用作牵引或被牵引的地下轮胎式采矿车辆必须配置牵引或连接装置。这些装置的设计、制造和布置，应确保牵引或连接装置方便、安全地连接和断开，并在使用中能防止意外断开。如果地下轮胎式采矿车辆配置了牵引或连接装置（如钩子、凸耳等），其制造商应向用户提供允许的最大拖车总质量及相应路面条件的信息。最大拖车总质量是相对于制动和非制动车辆而言的。

拖车的总质量是以地下轮胎式采矿车辆空载和规定的路面条件下静摩擦力为基础的，制造商应根据需要规定配重。

（2）地下轮胎式采矿车辆牵引装置应具备不小于拖车总质量 3 倍的抗断强度。

（3）在最大牵引角时，安装在地下轮胎式采矿车辆的牵引装置应能承受上述（2）规定的能力。

所谓最大牵引角即受机器零件的限制，牵引绳或杆与水平轴线所成的最大为 20°的锥角，该水平轴线通过牵引绳或杆与安装在地下轮胎式采矿车辆上的牵引装置的连接点，且平行于机器的纵轴。

（4）安装在机器上的牵引装置应设计成可连接钢丝绳吊索或 U 形卸扣，其承受力的大小应符合上述（2）规定的能力。

（5）如果采用牵引销式的拖拽装置，在使用过程中应保持该销就位，并且该装置不使用时应具有预防该销脱落的措施。

（6）安装在机器上的牵引装置可以安装在机器的前面或后面，该装置应安装在易于接近的用于连接牵引绳、牵引杆的位置。

5.3.2　牵引方法

如果不能正确牵引不能行驶的机器，就会引起人员伤亡。

为了能正确执行牵引程序，应遵循以下建议：

（1）地下轮胎式采矿车辆的停车制动器是用弹簧制动、油压松放的制动器。如果发动机或制动器油系统出现故障，停车制动器接合，机器不能开动。如果系统油压不足，停车制动器可手动分离。

（2）利用牵引来短距离移动不能开动的机器，机器的牵引速度不能超过 2km/h。把机器移到适当的地点，便于修理。这些指南仅用于紧急情况。如果需要长距离转移，必须装运机器。

（3）两台机器上都必须装有护板，以便在牵引过程中一旦出现牵引索或牵引杆断裂时保护司机。

（4）不允许有驾驶员待在被牵引的机器上，除非该驾驶员可以操作转向和制动。

（5）在牵引机器以前，应仔细检查牵引索或牵引杆的状况，确保牵引索或牵引杆足够坚固，能牵引不能开动的机器。牵引索或牵引杆的强度不得小于被牵引机器总质量的 3 倍。用此等强度的牵引索或牵引杆把困在泥泞中丧失动力的机器拖出，也可用此等强度的牵引索或牵引杆将失去动力的机器牵引上坡。不要将链条用于牵引，链环可能会断裂，这会造成人身伤害，应使用带有绳套或端环的钢缆，并在安全的地方设置观察人员。如果发现钢缆开始散开或断裂，观察人员应立即叫停牵引工作。如果牵引机器移动时没有拉动被牵引的机器，也应立即停止牵引工作。

（6）牵引索要保持最小的牵引角度。与正前方位置不得超过20°角，机器的突然移动会使牵引索或牵引杆过载，从而导致牵引索或牵引杆断裂；逐渐而平稳移动机器更为有效。

（7）通常，牵引机器应与丧失行驶能力的机器一样大。牵引机器必须要有足够的制动能力、足够的质量和足够的动力，以应付牵引中遇到的坡度和牵引距离。

（8）有必要时，可将一台更大的机器或额外的机器与丧失行驶能力的机器相连接，以提供充分的操纵和制动能力，这样能够防止丧失行驶能力的机器在坡道上溜放失控。

（9）所有不同情况的要求不可能一一尽述。在平坦地面，只需使用相对最小的牵引能力即可。在坡道或恶劣的地面条件，则需使用相对最大的牵引能力。如果可能，在企图拖引机器前，倾卸负载。如果被牵引的机器上带有负载，则它必须配备可从其驾驶室内进行操作的制动系统。

5.4 液压动力装置

5.4.1 液压系统

5.4.1.1 液压系统的设计和安装要求

液压系统的设计和安装应符合ISO 4413：2010中规定的要求。

5.4.1.2 液压系统安全要求

液压系统（静液压和液力）应设计能使用无毒液体，以减少对司机健康的危害。

车辆上的液压系统（静液压和液力）应设计能使用难燃液压油以减少火灾危害（GB/T 16898）或对总量超过10L的液压系统，采取以下保护措施：

（1）液压管路（金属硬管或软管）应与无保护的电缆或设备或车辆所有部件分开，因其表面发热足以达到液压系统设计的液压油闪点的80%。

（2）为防止易燃液体在压力下从渗漏处或裂缝处喷射到如(1)所述的热表面或车辆的外表面，所有液压管路应进行遮挡。

（3）液压胶管的温度性能与环境温度一致。

5.4.1.3 对充气式蓄能器的要求

充气式蓄能器应符合ISO 4413：2010标准的要求。

（1）充气式蓄能器应安装在便于检查、维修的地方，并远离热源。

（2）必须将充气式蓄能器牢牢地固定在托架上，以防止充气式蓄能器从固定处脱开时发生飞射伤人事故。

5.4.1.4 对液压油箱要求

（1）液压油箱应有防腐保护，并将其牢牢地固定到车辆上（如固定到车辆钢结构件里面），以防受到机械损害。

（2）液压油箱的注油孔应让人们站在地面上就能够得着。否则，应提供容易够得着的装置和设备。注油孔的设计和定位应为无论车辆在所设计的任何坡度上，液压油都不会溢出或漏出。

(3) 全部加油盖都应紧固，防止在使用时松动，并要求只有人为作用才能松开。拆开后的加油盖应能永久地附在车辆上。

(4) 任何液压系统加油点位置和标记的设计都应考虑避免其他物质（如燃油、水、沙子）偶尔进入液压系统。

(5) 油箱应在其最低点有一个排油装置，油在不需要进入热部件或电气设备附近就能自由流动和安全排出。设计时要考虑防止油渍沉淀积聚到液压系统外边车辆部件里。

(6) 液压安全阀只允许液压油排回到油箱。

(7) 液压油箱应配备一个机械保护的液位计，能分别显示最高和最低工作液位。

5.4.1.5 软管或金属管

软管应由耐油、耐水的合成橡胶内衬层、钢丝增强层和耐油、耐水、耐气及耐磨的合成橡胶外覆层组成。在内衬层或在钢丝增强层上可加一层适宜的织物层或织物编织层以保证合成橡胶层与钢丝的粘合固定。每一钢丝编织层或钢丝缠绕层都应用一橡胶层隔离。

液压管路的设计应考虑车辆的转动或移动、接近管接头处管道的弯曲和软管/管路的期望寿命。

当软管内的液体压力在5MPa以上、工作温度在50℃以上且距司机操作位置在1m以内时，应根据4.6.4节中（GB/T 25607）的规定对其进行保护，使司机免受软管突然爆破而产生伤害。

液压软管及其零件的材料应符合GB/T 5947（ISO 6805）标准并应是难燃材料。按照GB/T 15907（ISO 8030）标准，该材料在火焰清除30s内自行熄灭。软管总成（包括末端管接头）的安全系数至少是爆破压力的4倍。

限制液压管路数量，液压管路的设计应减少操作时泄漏的可能性。

5.4.1.6 液压流体温度的监视

提供监控液压流体温度的监视装置，在流体温度接近制造商规定的最大值时向司机报警。

5.4.1.7 液压系统温度

液压系统的设计不会使流体的过热超过流体和元件制造商所规定温度。

5.4.2 气动系统

5.4.2.1 对气动系统的设计和安装要求

气动系统的设计和安装应符合ISO 4414：2010标准的要求。

5.4.2.2 对压缩机的安全要求

压缩机的设计可使用抗碳化的润滑剂（合成油），或配备温度监控装置。

每个压缩机空气吸入口都应安装1个过滤器，以防外来物进入。

5.5 电气设备

5.5.1 一般要求

(1) 电气设备的选择、保护、实际运行环境、电击的保护、配线技术应符合GB

5226.1—2008（IEC 60204-1）中的规定，以保证地下轮胎式采矿车辆更安全，更可靠。

（2）除柴油动力车辆的起动蓄电池和起动电动机之间的电缆外，所有电气线路应依据 GB/T 5226.1—2008 标准中 7.2 采用合适的保险丝或其他保护装置进行保护。

（3）如果利用底盘和车架作为电流载体时，限制车架最大电压（AC 为 25V、DC 为 60V）来防止直接接触时遭电击（参照 GB/T 5226.1—2008 标准中 6.4）。

5.5.2 电线电缆

据国家安全生产监督管理总局统计，90% 火灾是由于电线电缆引发的。随着经济和社会的发展，对电线电缆的阻燃、耐火、低烟、无卤等性能提出了越来越高的要求。由于地下矿山是一个通风的封闭空间，因此要求电缆能延缓燃烧速度，正因为如此，所以对地下轮胎式采矿车辆所用的电缆要求较高。地下轮胎式采矿车辆必须采用矿用电缆并对电线电缆进行燃烧试验。由于地下轮胎式采矿车辆作业环境恶劣，电缆移动卷放频繁，经常受到拉、弯、压、扭等机械力的作用。因此要求电缆具有较高的机械强度而又柔软易弯。在井下采矿区，由于岩石、矿石经常掉落而冲砸电缆，大的矿石和其他设备也会挤压电缆，以致造成事故（在电缆事故中，这种事故率最多），因此要求电缆能经受一定的冲击、挤压而不会被破坏。

对电线电缆的要求如下：

（1）电缆必须采用矿用电缆。矿用电缆与普通电缆主要区别在于矿用电缆需要有国家煤矿安全资质才可使用。矿用电缆里比普通电缆多了阻燃成分。矿用电缆必须满足 GB/T 12972.1—2008 和 GB/T 12972.5—2008 标准要求。

（2）燃烧试验。燃烧试验是指电缆在规定试验条件下，试样被燃烧，在撤去试验火源后，火焰的蔓延仅在限定范围内，残焰或残灼在限定时间内能自行熄灭。它的根本特性是：在火灾情况下有可能被烧坏而不能运行，但可阻止火势的蔓延。通俗地讲，电缆万一失火，能够把燃烧限制在局部范围内，不产生蔓延，保住其他的各种设备，避免造成更大的损失。

电缆的燃烧试验包括单根电缆燃烧试验和成束电缆的燃烧试验，单根电缆燃烧试验的标准有 GB/T 18380.11—2008（IEC 60332-1-2：2004）、GB/T 18380.12—2008（IEC 60332-1-2：2004）；带有绝缘结构的燃烧试验标准有 GB/T 18380.21—2008（IEC 60332-2-1：2004）、GB/T 18380.22—2008（IEC 60332-2-2：2004）。用于评价在危险性高场合下（如煤矿），采用成束电缆的燃烧试验的标准。在非煤矿矿山，常采用前者。

（3）依据 GB/T 5226.1—2008 标准中 12.1 规定，电线电缆对油和电解溶液等应具有耐化学性等特点。

（4）安装电缆应使得机械振动不会磨损绝缘体或不会因弯曲疲劳而导致密封的导线损坏。使用与车架监控装置相连接的屏蔽电缆，可在绝缘失效时预先报警。因为绝缘失效会导致电力电线短路。

（5）用于控制、通信和监控电路的电缆应具有足够的机械强度，使用铜导线的场合，铜导体截面的拉应力不应超过 15MPa。使用要求拉应力超过 15MPa 限值时，应选用有特殊结构特点的电缆，允许的最大拉力强度应与电缆制造厂达成协议。软电缆导体采用非铜材质时，允许的最大应力应不超过电缆制造厂的规范。

（6）所有电源线应与燃油、润滑或液压管路隔离开（如设置机械障碍或间隔至少150mm），除那些电缆进行了铠装或受到机械保护的地方，或那些液压油或燃油管路和电缆终端都处在同一零件上，或在液压管路中使用了防火液体之外。

（7）所有在电缆中采用的电力导线应用多股绞合铜线或至少具备同等挠性和导电性能的材料来制造。

5.5.3 蓄电池动力车

5.5.3.1 蓄电池动力车主开关

蓄电池动力车应安装一个切断电源的主开关。通常通过下述措施可以达到要求：

（1）在蓄电池的外壳上安装一个隔离器或隔离开关；

（2）在车辆一个带正负极插头的装置里安装隔离器或隔离开关组合；

（3）同时使用安装在蓄电池外壳上的一个中点隔离开关（或隔离器）及安装在同一个蓄电池外壳上正负极单独的插头和插座。更换蓄电池时，应断开引线。在中点隔离开关断开后，只能使用一种专用工具来断开插头和插座。因此，在这种情况下，也应提供一个安装在车辆上的单独隔离开关。

在更换蓄电池和蓄电池充电时，必须注意以下几点：

（1）隔离开关断开后才能断开电池插座和插头；

（2）接好插座和插头后才能合上隔离开关；

（3）允许自动断开蓄电池。

5.5.3.2 对使用牵引用蓄电池的车辆要求

使用牵引用蓄电池的车辆时应满足以下要求：

（1）应保护好蓄电池终端和电池的其他带电体，避免互相接触，如利用绝缘盖或罩进行保护。

（2）提供切断蓄电池电源的方法。如果蓄电池切断开关在司机坐着够不着的位置时，应提供可供司机能坐着操作的电子遥控自动断开装置。切断操作也会使车辆辅助制动器或停车制动器自动制动。

（3）如果发生外部电路短路，或者蓄电池与车辆之间形成刚性连接时（即刚性导向插头和插座），如果在分离触点前拆除了蓄电池时，切断开关或装置可自动操作。

（4）车辆上的所有电路应与隔离开关的输出侧连接，电压未超过24V的控制和照明电除外。

本节的要求不会妨碍车辆和拖车上的辅助设备使用辅助切断开关。

5.5.3.3 对蓄电池箱要求

蓄电池箱应满足以下要求：

（1）蓄电池应放置在一个坚固、通风和耐火的箱内。蓄电池箱应配备起吊装置，便于吊装或从车辆上取下而不会损坏电池。蓄电池箱和盖子都应有相应的通风孔，以便司机按制造商说明书操作时不会出现有害气体积聚的危险。判定通风的适合程度应为：在空气中积聚的电解气应保持在2%以下，避免起火危险。

（2）蓄电池箱的光洁内表面应具有抗电解的作用。

（3）在车辆操作期间，应采取防止蓄电池箱移动的措施，该措施应能经得起在正常使用时可能产生的外部机械压力的作用。

（4）蓄电池要进行遮盖。金属盖的内表面离蓄电池带电部分至少应有30mm的空气间隙。

1）金属盖结构应牢固，以致当一个980N的外力作用在盖子上超过200mm×200mm面积时而不会使金属盖接触到电池单元或蓄电池连接器。金属盖装配后只能人为作用才能更换。

2）蓄电池箱应锁定在一个封闭空间内。

3）蓄电池箱盖的设计应能够防水或防止坚硬物质进入或能防止堵塞通风孔。

要有一个坚固的顶盖，防止顶部水和掉落硬物。侧面和底面至少应符合GB 4028标准中IP23的要求。

4）蓄电池单元顶部或外壳内积聚杂质或电解液存在风险。蓄电池箱的设计应便于清洁。

5）温度达到或超过300℃的点火元件或高温元件不应设在可能出现易爆电解气体与空气混合的地方。只要蓄电池接线端子不是用作紧急开关装置，只作为非点火元件是允许的。

5.5.3.4 蓄电池充电量的显示装置和报警装置

如果蓄电池电荷低于满载条件下电压的50%时应报警。

高的放电水平取决于当地条件。

如果在给出放电警告后司机仍继续操作车辆时，应提供一个装置在预定时段后自动与蓄电池断开。

5.5.3.5 安全装置

如果因电力不足，应有一种措施能使机器在电力不足的情况下向蓄电池充电，应有一种装置在机器行驶超出电缆安全范围或达到电缆全长之前刹车。

5.5.4 电缆或电缆卷筒动力车

矿用卷绕电缆与电缆卷筒是电缆或电缆卷筒动力车的重要零部件，也是事故较多、危险性较大的零部件。电缆卷缆速度与车辆行驶速度不同步，会导致电缆卷取过紧被拉断或卷取过松导致电缆被车轮压坏，产生漏电，造成人员伤害事故；电缆的选型不对，电缆卷筒尺寸设计不合理，也会造成电缆在卷缆过程中外层橡胶绝缘层起泡起皱而不能使用；如果电缆卷筒上的限位开关失灵，电缆卷筒转空，那么就会产生电缆与卷筒分离；电缆卷筒卷缆超过卷筒所允许的最大直径，使电缆跑出卷筒而产生损坏等。因此，电缆或电缆卷筒动力车电缆和电缆卷筒必须满足一定的要求。

（1）卷筒及其卷绕电缆的额定参数。装设在电缆卷盘上的圆形截面电缆的最大载流量不超过以下规定（以自由空间电缆额定电流的百分数表示）：

1）辐射型电缆卷盘：通风的85%，不通风的75%。

2）通风的圆筒形电缆卷筒电缆载流量符合GB/T 12826的规定。

（2）电缆张力限度。在正常工作条件下，缆芯承受的张应力上限不超过15MPa，应力瞬时峰值不超过 25MPa。

(3) 软电缆卷筒直径。采用金属屏蔽等措施以减少接触电压和阶跃电压制造的电缆，电缆卷盘直径与电缆直径比值最小为 25，否则为 15。

电缆馈送装置使电缆弯曲时受压缩，馈送装置的半径应随卷盘直径而加大。

(4) 允许的卷筒直径减小。当卷盘受某些设备的空间限制，可以牺牲电缆寿命，减小卷盘直径。

(5) 电缆 S 形弯曲和方向变更的要求。从一平面到另一平面的 S 形弯曲或类似弯曲的两个弯曲部位间的直线部分，至少应等于电缆直径的 20 倍。

(6) 直径超过 25mm 的软电缆的弯曲半径。用金属屏蔽等措施以减少接触电压和阶跃电压制造的软电缆，其移动的最小弯曲半径应取电缆直径的 8 倍，否则为 6 倍。

电缆卷筒除了满足以上要求外，还应满足以下要求：

1) 电缆进入电缆卷筒后，应用压紧装置固定牢，以防电缆从电缆卷筒内集电环上被拉脱。应为车辆的电缆进入点上第一个终端盒配备一个接地端子，以便连接挠性拖曳电缆内的接地导线。

2) 在紧靠车辆的电缆进入点、电缆卷筒滑环输出侧应配置一个容易接近的隔离开关。

3) 为司机提供一个切断装在车辆上电缆电源的装置。

4) 电缆卷筒芯直径根据电缆制造商建议的最小弯曲半径确定。

5) 设计的电缆卷筒在所有工作状态下都不会使电缆超过电缆制造商推荐的最高温度值。

6) 电缆卷筒应有一个限制装置，用以防止电缆过紧或欠紧。

7) 电缆卷筒应能以车辆各种运行速度直至最高速度情况下，正常卷取电缆时应配备一个装置，用以在电缆卷筒转空或者超过了它所允许的最大直径（以防对电缆的损害）时中断对机器的驱动，同时应考虑车辆的自动刹车。

8) 剩余电流保护装置。电气应提供一个剩余电流保护装置，剩余电流保护装置剩余动作电流与分断时间的乘积不大于 30mA · s。

5.5.5 架空线动力车

(1) 应提供一种方法，无需司机离开驾驶室，就能确保集电环安全地降落到安全位置。

(2) 集电环适用于双向行走无需倒车和横向限制来维持运行。

(3) 架空线动力车运行不使用电车滚轮。

(4) 集电环带电体需绝缘，与架空线直接接触的部件，并有一个磨损允许值的部件除外，所有不带电的其他金属部件都应焊接到车辆车架上。

(5) 司机室的顶棚设计应能防止司机在驾驶室内与带电导体意外碰触。

(6) 牵引电缆的过电流保护装置应尽可能地靠近集电环。使过电流保护装置动作时，集电环能自动从电源上落下。

(7) 对于架空电缆动力车辆、蓄电池动力组合的车辆，牵引电路的设计应使得在任何情况下蓄电池都不能给集电环或高架导电体供电。

5.5.6 电磁兼容性

地下轮胎式采矿车辆应符合 GB/T 22359（ISO 13766）中规定的电磁兼容性（EMC）要求。

电气安全关系到使用者的人身安全和财产安全，因而是各国市场监督管理部门关注的焦点，也是各国电子电气产品市场准入的基本要求。

EMC 测试是一项检测电子电气产品是否具有抗电磁干扰能力及其产生的电磁干扰是否会影响环境的重要测试。大多数国家都对电子电气产品的电磁兼容性有严格的法律要求。

地下轮胎式采矿车辆电磁干扰有着很大的危害。地下轮胎式采矿车辆电子设备和电子产品中产生的电磁干扰（EMI）会向四周发射电磁波，影响其他通信设备和电子设备的正常工作及计算机电路控制系统的正常工作。此外，地下轮胎式采矿车辆产生的电磁干扰不但能影响外界的电子设备正常工作，而且还会影响自身电气系统的正常工作。同时，外界的电磁干扰也会影响地下轮胎式采矿车辆上电子设备的正常工作。

在大多数地下轮胎式采矿车辆控制系统设计中，电磁兼容技术变得越来越重要。专家认为，为了防止电磁环境干扰对电子产品的性能产生不利影响，避免地下轮胎式采矿车辆电子产品功能的丧失，保证大量其电子设备能在同一个电气系统中彼此互无影响并可靠工作，就必须确定一个合适的干扰极限，以保证电磁干扰辐射和电磁灵敏度（EMS）极限之间存在足够的安全容量限制。所以解决地下轮胎式采矿车辆电气系统的电磁兼容性已成为一个重要课题。

EMC 就是机械、元件、电气电子系统或电子部件在其电磁环境中能正常工作，且不对该环境中任何事物构成不能承受的电磁干扰的能力。这里包含着两个方面的要求：一是要求产品对外界的电磁干扰具有一定的承受能力；二是要求产品在正常运行过程中，该产品对周围环境产生的电磁干扰不能超过一定的限度。

随着电子装置在地下轮胎式采矿车辆操作领域的增加，这就需要确保在外部电磁区域里对地下轮胎式采矿车辆提供足够的抗扰度。当在更多的机器安装电气和电子装置时，应使机器在电磁区域内的发射满足限值要求。

在地下轮胎式采矿车辆的装置和系统的某些部分正常操作过程中会形成电子和高频干扰。在一个大的频率范围内，通过传导和辐射可产生带有不同电子特性的干扰，且该干扰能传给其他机器的电气电子系统。由机器内部或外部干扰源产生的宽窄带信号能和影响电气电子装置正常功能的电气电子系统耦合在一起。

由于控制元件位于司机位置的外部且在接触点可形成电位差，因此静电放电是与地下轮胎式采矿车辆有关的。

由于地下轮胎式采矿车辆为开放式系统，且几个装置和工作装置就可组成另一个机器，应考虑电源供给线束的传导瞬态，虽然对于各种产品和系统有很多现有的标准，但 GB/T 22359 标准提出的试验方法提供了对地下轮胎式采矿车辆及其电气电子系统或电子部件的特殊试验条件。在试验设备对这些机器类型的操作特性敏感的情况下，由于地下轮胎式采矿车辆的型号和用途，该试验方法认可机器的配置。考虑到地下轮胎式采矿车辆特有的特性和操作参数，GB/T 22359 标准提供了它可接受的试验方法和基准。

由于地下轮胎式采矿车辆拥有若干系统（由部件组成），而这些系统被用到不同类型的机器上，因此对于抗扰度和发射的试验方法，采用定义这些部件的电气电子系统或电子部件的方法是可行的。允许这些部件采用在现有的试验设备（该设备是由特殊装备屏蔽的试验室组成）下，通过试验方法来进行评价。当对电气电子系统或电子部件进行试验时，有必要考虑用于连接地下轮胎式采矿车辆内部部件线束系统的影响，也可在地下轮胎式采矿车辆上进行该试验。

在遵守政府电磁性能法律、指令、规则和规章下，GB/T 22359 标准提供用于评价电磁性能所必要的技术规范。

标准 GB/T 22359（ISO 13766）虽规定了 GB/T 8498 所定义土方机械的电磁兼容性的评估试验方法和验收准则，但对地下轮胎式采矿车辆也适用，如 EN 1889 - 1 标准和正在讨论的这方面国际标准也被采用。GB/T 22359 标准可评价下面的电磁现象：

（1）宽带和窄带电磁干扰；

（2）电磁场抗扰度试验；

（3）电气电子部件的宽带和窄带电磁干扰；

（4）电气电子部件的电磁场抗扰度试验；

（5）静电放电；

（6）传导瞬态。

地下轮胎式采矿车辆的电磁兼容性的评估试验方法和验收准则直接参看 GB/T 22359（ISO 13766）。

5.6　柴油动力车辆

5.6.1　一般要求

（1）柴油机的功率、燃料消耗和机油消耗的标定及试验方法应符合所采用标准（GB/T 6072.1、ISO 3046 - 1、SAE J1349、SAE J1995）中的要求；

（2）柴油机技术条件应符合 GB/T 1147.1 中的规定 ；

（3）柴油机安全性必须符合 GB 20651.1 中的规定；

（4）柴油机应根据 GB/T 8190.1 排放测量和 GB/T 8190.4 中循环 C1 的试验工况进行气体和颗粒排放物的试验台测量，柴油机在台架上试验废气排放限值必须满足 GB 20651.1—2006 中表 2 的要求；

（5）在可以到达的并在操作、出入和维修期间可能接触到的排气系统应考虑 ISO 13732 - 1 规定的可触摸的表面温度按 GB/T 25607 标准设置防护装置，见 4.4.6 节；

（6）发动机排气系统排出的废气应远离司机室的司机及空气进气口。

另外，作业时排气管所处方向应尽可能避免对司机及周边人员的危害。

5.6.2　机舱

（1）在机舱内，任何燃油、润滑油、液压油管路应用耐高温材料制造，远离热的表面或在钢管、胶管与热的表面之间安装隔热板或护罩，但隔热板或护罩的安装不得影响机舱空气的流动。

（2）在机舱内，排气系统不得有火焰或灼热的颗粒物逸出。

（3）燃油、液压油和电气的维护保养位置应尽量避免在机舱内。

5.6.3 启动蓄电池

为启动或给其他电路供电而配置的蓄电池，应注意以下几个方面：

（1）蓄电池的技术要求应符合 GB 5008.1 中的规定。

（2）蓄电池的定位和固定要能防止机械损害。蓄电池应放置在坚固、通风及防火的蓄电池箱内。蓄电池箱应安置在远离热源、振动最小、离起动电动机最近、方便维修的地方。

（3）未密封的蓄电池应放置在蓄电池箱内。蓄电池箱盖或蓄电池箱上应有保证蓄电池内外足够通风的通气孔，以防止地下轮胎式采矿车辆正常操作时，电池内氢气与氧气的积蓄而引发的爆炸危险。金属箱盖内表面应离蓄电池带电部分至少 30mm 以上。

（4）蓄电池箱的设计、制造必须尽量避免其翻滚或翻倒时电解液溅射到司机。

（5）蓄电池接线端子应加绝缘盖或防护罩以防碰触。

（6）蓄电池外壳的光洁内表面应具有抗电解化学的作用。

（7）应能便于断开蓄电池，如采用快速连接器或便于接近的切断开关。标识用的符号应使用 GB/T 8593.1（ISO 7000：2063）中规定的符号如图 5-1 所示。

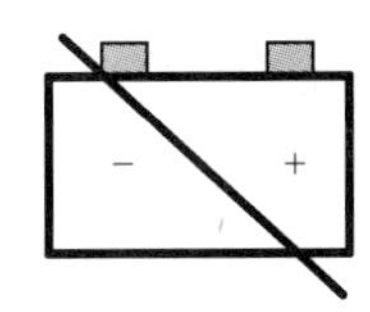

图 5-1 蓄电池切断开关符号

5.6.4 燃油系统及燃油质量

5.6.4.1 对非金属材料燃油箱的要求

A 性能要求

（1）防护。燃油箱和连接到燃油箱的油管及附件应由机器机架部分或外部结构进行防护，以避免与机器下部或周围的障碍物接触。无防护的燃油箱部件应通过冲击性能试验。连接燃油箱的油管及附件应由护罩、护板或固定的位置进行防护。

（2）耐腐蚀性。燃油箱装置在设计、制造和安装时，应使其能经受所接触的任何内部和外部环境的腐蚀。

（3）安装。燃油箱装置应能适应机器的扭转、弯曲运动和振动，在设计和制造中，软管与燃油箱装置刚性件的连接在动态条件下应保持其密封性。

燃油箱应安全固定，在没有被动排油措施时，安装布置或制造时应能确保燃油箱及其注油口或接头的任何泄漏的燃油不污染油箱内。

如果燃油箱装置储存汽油，在机器设计和安装上应避免由静电引起的任何点燃危险。

如果燃油箱注油口位于机器的侧面，注油盖盖紧时，凸出部分不应超出机器外轮廓面。

燃油箱宜固定于机器上，它既不能直接接触，也不能位于机器点燃温度区表面的 20mm 范围以内。如果燃油箱位于机器点燃温度区表面的 20mm 范围以内，则燃油箱上应采用一些防护。燃油箱材料耐高温性要满足高于机器点燃温度区的最高表面温度。

（4）燃油箱不应位于司机室的侧面。位于司机活动范围（按 GB/T 8420 的规定）外的燃油箱表面或燃油箱的某部分可靠近司机位置。燃油箱注油口不能位于司机位置处。

（5）性能要求。在燃油箱加注燃油时，应把任何可能泄漏的燃油与所有机器点燃温度区分离或隔开。

B　试验方法

a　燃油箱压力和机械强度试验

（1）机械强度试验。燃油箱装置及标准燃油箱接头、注油口颈和注油盖安装完成后，应进行压力和机械强度试验，燃油箱加注的水至额定容量。试验期间水的温度应为53℃。所有连接燃油箱的接头应封闭。燃油箱应能承受5h内部温度在53℃ ±2℃时的0.03MPa的内部压力，试验期间燃油箱可能会产生永久变形，但不应有渗漏或裂纹。

（2）温度和压力的升高。如果燃油箱预期在高于（1）规定的压力和温度的条件下应用时，则试验压力和温度应升到可反映机器燃油箱装置的压力和温度的状态。

（3）真空性能试验。如果燃油箱没有避免负压或超压的阀，燃油箱装置及标准燃油箱接头、注油口颈和注油盖安装完成后应进行真空试验，燃油箱应是空的，所有连接燃油箱的接头应封闭，在53℃ ±2℃温度下，真空压力逐渐增加至0.02MPa燃油箱密闭5h。试验期间燃油箱可能会产生永久变形，但不应有渗漏或裂纹。

（4）冲击性能试验。燃油箱应注入额定容量的水和乙二醇的混合物或不改变燃油箱材料性能的低冰点的液体，然后在 -40℃ ±2℃的温度下应能经受得住冲击试验。

燃油箱固定在试验装置上进行摆锤冲击试验，摆锤侧面应为等边三角形，底面为正方形，顶点和棱之间的过渡圆角半径为3mm的钢制冲击体，摆锤撞击中心应与锥体的重心一致，摆锤旋转轴至摆锤撞击中心应为1m。

撞击中心上的摆锤总质量应为15kg，摆锤瞬间碰撞的能量不应小于或接近30N · m。燃油箱上易损坏部分（即无遮掩部分）的试验应选择放置在最严格的要求下进行，燃油箱上最不牢固的部分（或点）应是由燃油箱的基础形状和燃油箱在机器上的安装位置决定的，试验点或所选的各试验点应在试验报告中标注。

在试验期间燃油箱应被固定在侧面位置或冲击侧面的对面位置，试验结果燃油箱不应有渗漏，制造商可选择在一台燃油箱或在每种不同燃油箱上进行所有冲击试验。

b　燃油渗透性试验

（1）试验燃油。渗透性试验应使用制造商推荐的燃油箱用燃油。

（2）试验条件。试验前燃油箱应加入50%额定容量的试验用燃油并储存，不进行密封，在环境温度为40℃ ±2℃的环境中放置，直到单位时间的质量损失恒定。

（3）燃油损失。倒空燃油箱后再注入50%额定容量的试验用燃油，将被密封的燃油箱置于试验温度为40℃ ±2℃的稳定环境下储存。当燃油箱达到试验温度，压力应调整到大气压力试验期间，应测定出在试验中由于燃油挥发引起的质量损失。按燃油箱内与试验燃油接触的面积计算，试验时间内允许燃油损失限值为每24h不超过20g/m^2。渗透性试验能用燃油箱材料样品和完成燃油箱试验条件来完成。

c　耐燃油试验

按燃油渗透性试验的规定进行试验后，燃油箱仍应满足机械强度试验规定的要求。

d　耐火试验

非金属燃油箱应由符合下列试验要求的材料制成：

（1）燃烧率小于50mm/min，试验应按GB/T 20953—2007中的规定；

（2）满足ECE R34附录5规定的点火试验要求。

e 耐高温试验

（1）试验装置。试验装置应符合燃油箱在机器上的安装条件，包括燃油箱通风方式。

（2）试验条件。燃油箱注入50%额定容量20℃的水在95℃ ±2℃的环境温度下放置1h。

（3）性能准则。试验完成后如果燃油箱既没有渗漏，也没有产生严重变形（如接头或配件损坏或失效），应认为符合要求。

5.6.4.2 对金属材料燃油箱的要求

（1）燃油箱应经过气密试验，试验压力最小为20kPa，保压至少15min以上，看不到泄漏。

（2）燃油箱的注油口应容易接近。加油孔的设计和定位应为无论车辆在所设计的任何坡度上燃油都不会溢出或漏出。拧紧加油盖，以防在使用中松动，只有人为作用才能松开它。拆开后的加油盖永远不会与车辆分离。

（3）油箱上应有通气孔，使用不大于125μm的空气过滤器，保持油箱内的大气压力。使用不超过250μm加油过滤器防止外来杂质进入油箱。

（4）燃油箱应安装一个供油关闭装置。

（5）在燃油泵吸油侧发生燃油管泄漏时，燃油系统的设计不会使燃油靠重力或虹吸管从油箱吸油。

5.6.4.3 对燃油管路要求

（1）金属管或金属丝编织的挠性软管。

（2）布置燃油管路时要考虑到机械振动、腐蚀和散热影响。接头明显可视。管接头数量尽量少，并设计有可靠的防护措施避免作业期间泄漏。

（3）燃油箱应在其最低点有一个排油装置。燃油在不需要进入热部件或电气设备附近就能自由流动和安全排出。设计时要考虑防止油渍沉淀积聚到燃油系统外边车辆部件里。

5.6.4.4 燃油质量

柴油机应采用闪点不小于55℃的柴油。

5.6.5 废气排放

柴油机排气系统（包括冷却系统）气流方向应充分考虑操作人员和乘员的舒适和健康。排气管的布置应避免朝向操作人员、司机室进气口和乘员车厢，排气管的排气方向不得向上排放，在地下轮胎式采矿车辆作业时应尽可能减少对周边人员的危害。排气管应安装废气净化和消声装置，在地下轮胎式采矿车辆上排气管未装废气净化器之前，其排放的有害气体浓度应符合表5-1中的规定。

表5-1 排气管排放的有害气体允许浓度 （体积分数/%）

有害气体成分名称	CO	NO_x
有效成分浓度极限	≤0.15	≤0.10

注：NO_x指排气中各种氮氧化合物，主要有NO、NO_2、N_2O_4、N_2O_6、HNO_3等，其中NO含量占90%以上。

5.7　灯光强度与数量

5.7.1　一般要求

（1）在机器内或机器上供机器安全使用的照明系统和视觉任务的有效措施的设计和安装可参考 GB/T 20418（ISO 12509）。

（2）在车辆前端至少应配置两盏照明大灯。

（3）在车辆的后端应配置两盏红色尾灯。另外，在机器后面还应配置符合下述条件之一的器具：

1）两个红色的反光器，每个面积至少 $20cm^2$。

2）配备两个边长为 0.15m 的红色三角反光器或至少具有同等面积、相同式样和颜色的反射膜。

（4）任何车辆都应配置至少两盏倒车灯。

（5）在车辆后面应配置两盏制动灯。

（6）双向正常操作的车辆，行走用大灯也应双向配置。

（7）灯的玻璃罩和反光器上安装的任何保护层应易于清洁。

车辆另要配备单独的工作灯，当车辆在作业期间能照明特定部位或工作场所。

5.7.2　照明、信号和标志灯以及反射器

地下轮胎式采矿车辆没有专门的照明、信号和标志灯以及反射器标准，在 EN 1889－1：2010 标准中采用的是 EN 1837 标准，该标准应用于固定机器和移动机器整体照明系统；正在讨论的地下轮胎式采矿车辆安全标准中采用的是 GB/T 20418（ISO 12059），虽然该标准主要是针对露天土方机械照明、信号和标志灯以及反射器。但是对照明、信号和标志灯以及反射器的安装和最低性能方面要求与选择、灯光布置、人机工程学原理和灯光工程原理等在地下轮胎式采矿车辆上也是可以参考的。

土方机械上照明、信号和标志灯以及反射器的安装基本要求如下：

（1）安装在正常使用工况和可能承受特殊的有关振动工况下的照明、信号、标志灯以及反射器，应符合规定的特性，不能将灯接错。

（2）应将无载荷的机器停在平坦的基准地平面上校核各灯的位置（如高度和排列方向）。

（3）成对灯的安装应满足下列要求：

1）除非机器的形状不对称，成对灯的安装应对称于零 y 平面（通过机器纵向中心轴的垂直平面），并且在地平面以上相同的高度；

2）应满足相同的比色特性；

3）具有本质上的相同光学特性。

（4）地平面以上的最大高度（H_1）应从发光面的最高点测量，最小高度（H_2）应从发光面的最低点测量。只有满足高度要求时，才可以查看灯的实际边侧。

（5）宽度（E）位置由地下轮胎式采矿车辆总宽的零 y 平面的发光面最外的边界以及两灯（D）之间发光面的最内侧边界来确定。只有满足宽度要求时，才可以查看灯的实际

边侧。发光面位置示意图如图 5-2 所示。

(6) 向前不应有可见的红光。除了旋转灯的白光或工作灯的白光外，向后不应有可能导致发光混淆的可见白光。根据 ISO 303 和图 5-3 进行试验时应达到以上这些要求。试验期间的机器应安放在基准地平面上，铰接转向的机器应处于直线位置。

1）即使观察者在车轮正前方横截面 25m 处的范围 1 内运动，也不应有直接可见的红光。相对于从车轮轮距两边 15°角开始确定 1 区宽度（图 5-3）。

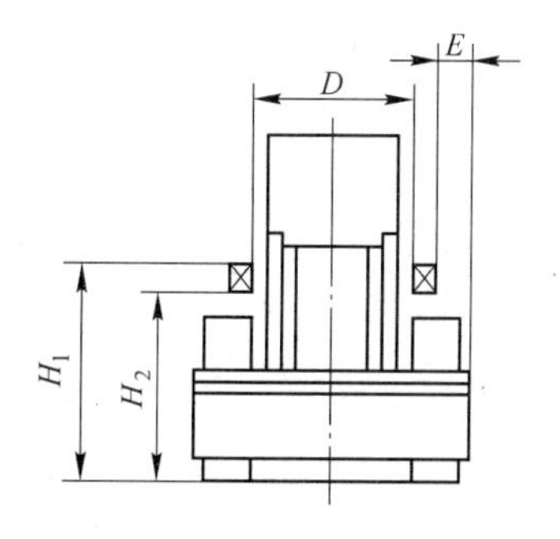

图 5-2　发光面位置示意图

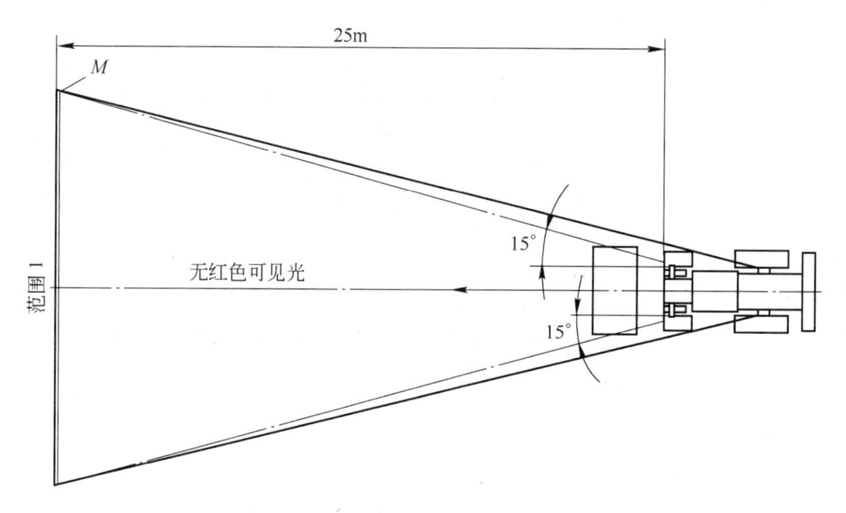

图 5-3　红光的前部可视性

2）即使观察者在车轮后部横截面 25m 的范围 2 内运动，也不应有直接可见的白光。相对于从车轮轮胎轮距两边 15°角开始确定 2 区宽度（图 5-4）。

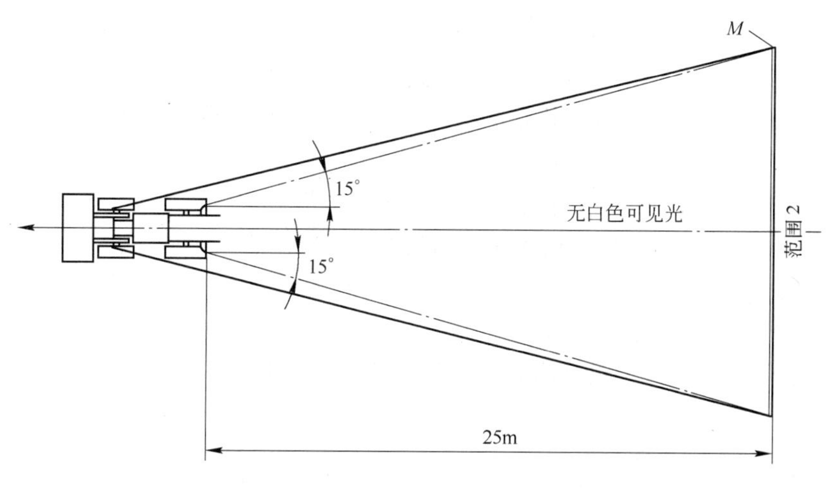

图 5-4　白光的后部可视性

(7) 前、后位灯和后牌照灯（如果有）的电路连接应使其只能同时打开和关闭。

(8) 主（远）光灯（如果有）和弱（近）光灯及后雾灯（如果有）的电路连接应使其只能在 (7) 规定的灯打开时才能打开。信号灯打开时，这些要求就不适用于主（远）光灯或弱（近）光灯。

(9) 机器上安装灯的数量可参考 ISO 12509 附录 E 中表内规定的数量。

(10) 由应用于地下轮胎式采矿车辆上照明、信号、标志灯以及反射器组成的照明组划分见表 5-2 的规定。

表 5-2　照明的组合

适用机器	照明组①	标定的最高行驶速度/km · h^{-1}		
		A $v \leqslant 10$	B $10 < v \leqslant 40$	C $v > 40$
不在公路上行驶的机器②	Ⅰ	如轮胎式（软履带式）推土机、轮胎式装载机、轮胎式挖掘机、轮胎式挖掘装载机、轮胎式/软履带式自卸车、平地机、橡胶轮胎式压路机和轮胎式挖沟机		
准备在公路上行驶的机器	Ⅱ	如轮胎式（软履带式）推土机、轮胎式装载机、轮胎式挖掘机、轮胎式挖掘式装载机、轮胎式/软履带式自卸车、平地机、橡胶轮胎式压路机和轮胎式挖沟机		
由于物理特性超出了道路的限定，不允许在公路上行驶的机器	Ⅲ	如轮胎式（履带式）推土机、装载机、挖掘机、自卸车、自行式铲运机、平地机、吊管机和压实机		

① 照明组（Ⅰ、Ⅱ和Ⅲ）由应用于地下轮胎式采矿车辆上的照明灯、信号灯和标志灯以及反射器组成，见 ISO 12059（GB/T 2045）附录 E；

② 由制造厂和用户确定。

5.8　报警装置及安全标志

5.8.1　报警装置

(1) 地下轮胎式采矿车辆应安装从司机位置人工控制的音响警报信号装置（喇叭），在危险发生前，就能警告在作业区内的人员与车辆。音响报警应符合 ISO 9533：2010 要求。音响报警声音的计权声压级大于 93dB（A），比背景噪声至少高 10dB（A）。当背景噪声超过 110dB（A）时，不应采用声音信号。

(2) 地下轮胎式采矿车辆上装备的报警装置必须明确、易于察觉。司机必须配备工具以便随时检查这些装置的工作状态。

(3) 倒车时，应提供自动音响报警器或可视警告信号。

(4) 每个驾驶位置都能操作音响警报装置。

5.8.2　安全标志

安全标志应按 4. 10. 4 节的要求配置（ISO 9244 和 GB/T 2893. 1）。

5.9　制动

5.9.1　一般要求

(1) 地下轮胎式采矿车辆应配置行车、辅助和停车制动系统，按机器的预期使用，在所有行驶、装载、加速、越野和坡道条件下，各制动系统均应是有效的。

若地下轮胎式采矿车辆行车、辅助和停车制动系统共用部件或功能，则可只需要一个共用制动系统。制动系统不应包含如离合器或变速器等可脱开部件，因为它们会导致制动器失效。用于在寒冷天气启动和制动系统失效情况下的动力脱开部件，在脱开之前应使停车制动器工作。

（2）行车制动器与辅助制动器可以共用某一部件。但如果任一共用部件发生故障，制动系统应能确保地下轮胎式采矿车辆按照辅助制动系统的性能要求停车。

（3）根据 GB/T 15706.1—2007 中 3.17 条的失效—安全的原理，行车、辅助和停车制动系统中至少应设计一个弹簧制动和液压松闸制动系统。那些可实行自动制动的制动器，其系统应设计只能用为此目的而提供的控制器来实现松闸。

（4）制动系统的设计和结构应满足下列要求：

1）车辆在任一方向行走没有明显功能差异；

2）用于牵引时，车辆能自由移动。

3）制动片、制动块和摩擦衬具有防火性能。

4）压力测试点的连接和显示应与液压和气控制动系统相匹配，以便监测制动器工作压力损失。

（5）驾驶员应能在驾驶座上操纵到所有制动系统。辅助制动系统和停车制动系统一经制动就不能解除，除非在驾驶座椅上对制动系统再施加一次解除动作。

（6）使用油池冷却的制动器或使用外循环强制冷却的制动器，若油温高于制造商规定的油温时，应向司机提供视觉或听觉警告信号。

（7）操作制动器的最大操纵力应符合表 5-3 中的规定。

表 5-3 操作制动器最大操纵力

操纵机构类型		施加的最大操纵力/N
手指操作（轻触手柄和开关）		20
手操作	向上	400
	向下、侧向、前后	300
脚踏板（脚踝控制）		350
踏脚板（腿控制）		600

（8）当制动系统使用蓄能器时，应有一个带刻度的压力表放在司机的视野范围内。根据 GB/T 21152 的规定，要求的最小压力值可用红色标记标在压力表上，也可标在警告装置上。

（9）所有制动系统的设计、制造和安装都应把污染或污染所带来的影响降至最低。

（10）除了弹簧制动和液压松闸液控制动系统可采用单回路液控系统外，其他液控制动系统应设计为双回路系统，这样即使在一条回路发生泄漏时，另一条回路仍可至少制动车辆两个车轮。

（11）应有检测制动器摩擦片磨损量和制动器油箱液面的措施。

（12）采用弹簧储能制动器时，应保证在失效状态下能方便地解除制动状态，如需要专用工具应作随车工具提供给用户。

（13）如果辅助制动器或停车制动器全部采用或部分采用，应提供可以防止车辆被驾驶或给司机提供一个视觉或听觉警告的措施。

5.9.2　行车制动

（1）行车制动系统设计车辆的制动减速度至少为 $4m/s^2$。如果测试条件具备，路况较好，建议采用行车制动系统设计的制动力至少应等于车辆最大质量的35%。施加的制动力与所施加的脚踏力或脚踏行程的增加成正比。

（2）依据（1）的要求，行车制动应能在车辆允许的最大坡度上以最小 $1m/s^2$ 的加速度使满载的车辆减速。

（3）如果满足了（1）和（2）的性能要求，行车制动则可以用静液压传动系统来实施。

（4）行车制动系统在切断动力情况下，行车制动系统应能使地下轮胎式采矿车辆在25%坡道上保持停车不动。

（5）如果使用液压和气动储能来实施行车制动，其设计应保证能量供应，而不考虑其他设备需求和以下任一情况下的能量需求：

1）如果供应压力下降到制动器所规定的最小压力值时，辅助制动器应能自动动作。

2）该系统应能承受至少5次单独连续利用储能来实施行车制动。第5次施加制动时，行车制动力应不小于所测的辅助制动器的力。

（6）如果行车制动系统是靠储存的能量进行制动，则应装报警装置。当行车制动系统能量降低到低于制造商规定的最大工作能量的50%时开始报警。这种报警装置应能发出持续灯光或声响信号，使驾驶员容易看到或听到。

（7）行车制动器应能抗热衰退。制造商应在车辆操作手册中规定当满载车辆在各种限制条件发生变化前在规定坡度上下行的最大距离。在预定使用期内，应有合适的措施保持这一特性。

（8）行车制动器制动距离满足式(5-1)的要求：

$$s = vt + \frac{v^2}{2a} \tag{5-1}$$

式中　s——制动距离，m；

v——制动初速度，m/s；

t——制动系统反应时间，s，液压制动器 $t=0.35$，弹簧制动器 $t=0.60$；

a——地下轮胎式采矿车辆制动减速度，m/s^2，行车制动器 $a=4$。

5.9.3　辅助制动系统

（1）辅助制动系统设计车辆的制动减速度至少为 $2.5m/s^2$。如果测试条件具备，路况较好，建议采用行车制动系统设计的制动力至少应等于车辆最大质量的25%。

（2）辅助制动系统也应满足5.9.2（2）的要求。辅助制动系统不能采用静液压传动。

（3）对于用静液压传动作行车制动系统的车辆，参照5.9.2（2），辅助制动系统应能独立完成行车制动所规定的制动性能。

（4）辅助制动可通过操作制动操纵机构，连续地或渐进地增减制动力的性能。

（5）辅助制动系统的能力（储能系统）。

如果行车制动系统储能器用于操作辅助制动系统，那么在切断能源且机器停车情况下，行车制动系统储能器在供给行车制动器进行全制动5次后所剩余的能量，还应满足辅助制动对辅助制动系统制动距离的要求。

（6）辅助制动系统可以与行车制动器与停车制动器组合为一体。

（7）辅助制动系统制动距离按式(5-2)计算：

$$s = vt + \frac{v^2}{2a} = v + \frac{v^2}{5} \tag{5-2}$$

式中，$t = 1\text{s}$；$a = 2.5\text{m/s}^2$。

5.9.4 停车制动器

（1）停车制动器应使地下轮胎式采矿车辆满载时在设计的最大坡度上，无需任何其他制动装置的协助就能使停住的车辆保持不动，或使地下轮胎式采矿车辆满载时至少能在20%设计的坡度上使停住的车辆保持不动（其中还应考虑有1.2的安全系数）。

（2）停车制动器自动制动应用在下列情况：

1）每当司机操纵发动机停机时；

2）每当发动机因某种原因（如发动机保护系统运行）停机时。

（3）发动机停机，停车制动器反应时间从发动机停止转动时间开始不超过2s。

（4）如果停车制动器自动制动，那么松闸必须由司机操作才可松开。

（5）在地下轮胎式采矿车辆的说明书中应说明停车制动器松闸方法。

（6）停车制动器只能由停车制动器控制器松闸。

（7）停车制动器保持性能可以通过实际的斜坡检查，或在地面上通过拉力试验的方法检查。

（8）为了让有故障的机器进行移动而设计的停车制动器脱开装置，应设置在司机座位的外侧，除非停车制动器能直接重新进行操纵控制。

（9）停车制动系统不能采用液压或气压制动，只能采用机械制动。

（10）在机器正常启动或停车制动系统或停车制动器机器控制系统丧失动力时，设计的停车制动器应不得自动松闸。

（11）制动器应直接作用在车轮上。

（12）任何停车制动器只能在司机位置由司机操作，为了牵引操作，任何停车制动器的脱开控制器应位于司机位置范围之外，除非被牵引车辆司机有操作制动器的动力并能完全控制制动器。

（13）在停车制动器松开之前，司机不能驾驶车辆。

5.9.5 制动系统的控制

（1）所有制动系统控制器只能由司机从操作位置上操纵。辅助制动系统和停车制动系统操纵机构应设置为其一经制动就不能脱开，除非对其重新进行操纵控制。

（2）设计的制动系统应避免在正常操作期间任何意外的制动或松闸。若行车、辅助和停车制动系统采用电气、电子和电子机械控制系统（MCS），则应符合 ISO 15998 的要求。

（3）制动系统控制器的布置应符合 GB/T 8595 中的规定，或参考 4.8.2 节。如果控制器的操纵不符合 GB/T 8595 中的规定，应提供符号说明。制动踏板的控制很明显，可不需要说明。

5.9.6　制动器测试

车辆设计者要确定车辆制动系统性能水平是否达到设计要求，用户要知道所选车辆是否适合自己各种使用条件，如制动器必须在所预料到的恶劣工作条件里；当车辆装载最大载荷在最大工作坡度上下行时使车辆安全制动并保持不动。

制动器试验就是定期检查车辆制动器是否保持在不危及人的安全的性能水平上的一种方法。

制动器试验最理想的结果是制动器的性能水平不低于制动器的设计水平。

制动器试验最低限度要求是制动器的性能水平应超过在最恶劣的速度、载荷和坡度的条件下安全工作的要求。

5.9.6.1　试验条件

所有制动器都应按以下规定的试验条件进行前进和后退两个方向的试验：

（1）如果机器传动系统可以选择变速比，应选择与规定的试验速度相应的变速挡位进行制动试验，在完全停车之前可将动力脱开。

在行车制动系统性能试验中，不应使用限速器，但在辅助制动系统性能试验中可以使用。

静液压系统或类似的推进驱动系统不应被认为是限速器。

对具有可选多轴驱动的机器，在进行制动系统性能试验时，应使不制动的可选驱动轴脱挡。

工作装置（铲刀、铲斗、推土板等）应置于制造商规定的运输位置上。

试验前允许对制动器进行磨合与调整。磨合应按机器使用说明书和机器维修手册的规定进行，并应咨询机器制造商进行核实。

在试验前，机器应运转直到机器中的液体即发动机油和传动油达到制造商规定的温度。

机器的试验速度应当是制动操纵机构动作之前的瞬间测定速度。

在切断动力和发动机处在最不利情况下（例如怠速或停机），进行制动保持性能试验，除了使用静液压系统或类似推进驱动系统外（因为该系统在进行制动保持性能试验时，是不切断动力的）。

当利用静压制动作为行车制动的机器，行车制动系统制动与保持性能（如回油节流）同发动机运转同时试验。

所有数据都应按地下轮胎式采矿车辆要求记录在试验报告中。

（2）试验道路应是充分压实的坚硬、干燥的地面。地面的湿度不应对制动试验有不良影响。除了试验机器质量超过 32t 的刚性车架、铰接车架自卸车和牵引式铲运机试验道路的纵向向下坡度为 9% ±1% 之外。试验道路的横向坡度不应大于 3%，纵向坡度应不大于1%，或按试验规定执行。进入试验道路前的引导路段应具有足够的长度，并应平整、坡度均匀，以保证机器在制动之前达到需要的速度。

5.9.6.2 测试方法与内容

A 测试方法

a 测试方法分类

根据制动试验内容，测试方法有以下两种：

（1）仪表测量：制动时，通常根据制动比利用仪器去测量制动器的性能。

（2）简单制动距离测量：测量给定车辆初速度的制动距离。

根据制动试验是在运动状态测量还是静态状态下测量，测试方法又分为以下两种：

（1）动态测量：设计行车和紧急制动器是为了使运动车辆制动，给制动器装上仪表试验和简单制动距离试验是动态试验，此试验只适用于行车和紧急制动器。

（2）静态测量：设计停车制动器是使停住的车辆保持不动，保持性能试验是静态试验，此试验只适用于停车制动器。

b 简单制动距离测量与仪表精确制动距离测量的优点与不足

简单的制动距离试验中，把一系列的标记柱以1m的间隔布置在制动路线上。被测试车辆的司机把车辆加速到试验速度，一直保持达到第一个标记柱，在这点刹车企图尽可能快地使车辆制动。制动距离是超出了第一个标记柱后的距离。

制动距离是由制动距离加上车辆短期滞后时间行驶的距离，短期滞后时间是制动踏板被压下达到全作用力的时间。它包括司机反应时间所行驶的距离。这是车辆通过第一根标记柱后，刹车稍稍滞后。

简单的制动距离试验主要问题是制动距离精度不是很高，例如，车辆以24km/h的速度在地面上行驶，理论制动距离大约是7.5m。如果速度有20%的误差，实际试验速度只有19km/h，实际制动距离将下降到5m左右。如果用10%向下斜坡代替平试验路面，试验速度为19km/h，车辆大约在11.5m后停车。同样，司机的反应也十分重要，如果司机通过第一根标记柱刹车时有0.5s滞后，制动距离就会增加3.5m。因此，在这一系列车辆试验中，对行驶速度在15km/h的车辆，所有试验都期望在相同的试验条件进行，第一次试验，制动距离可能达到7.5m；随后试验，制动距离在5m（20%的速度误差）和15m（即下坡加上司机反应时间）之间。

正常进行测量试验时，仪表试验的精度远比简单制动距离试验方法高，且更有可能显示制动缺陷。

仪表试验可以用作现场风险评估的一部分。

电子制动器试验仪器通常包括单轴传感器，它用来测量减速度。如果该仪器显示出减速度 a 作为分子，g 作为分母，就可以求出制动比 b。

$$b=\frac{\text{车辆施加在车轮上的制动力}}{\text{车辆重量}}=\frac{F_b}{W}=\frac{a}{g} \tag{5-3}$$

这样，如果制造商设计的制动力是实际机器的制动力，就很容易计算出该机器设计的制动比。利用制动试验仪器测量出该机器实际操作制动比，以便把这个制动比同设计的制动比比较，以评估制动器性能。实际上，实际操作制动比很可能少于该全新车辆设计的制动比，这是因为制动器经使用稍有恶化。实际下降幅度是设计制动比的10%，在上例中，可以期待仪器测量的制动至少是34.5%。

有几种试验仪器来测量传动比，其中有惯性仪，如果在平整路面上试验，其测量精度还可以；如果在不平路面试验，颠簸可能影响惯性仪上的读数。在这种试验条件下，它给出的读数可能比实际高。

B 测试内容

（1）操纵机构最大操纵力试验，其操纵力不应大于表5-3中的数值。

（2）行车与辅助制动系统储能能力试验。

（3）保持性能试验。保持性能试验是指车辆在给定的斜坡上驻车看它是否能保持，参看5.9.2（4）和5.9.4（1）的要求。

如果地下轮胎式采矿车辆行车制动系统或停车制动系统规定的试验不能实现，则可用下述方法之一进行试验：

1）在一个有防滑表面的倾斜平台上。

2）在纵向坡度不大于1%的试验车道上，对已制动停车、变速箱空挡的机器施加一接近地面的水平拉力。其最小拉力等效于行车制动系统或停车制动系统规定坡度所产生的力：

① 当坡度为25%时，以牛顿为单位的该等效拉力，数值上等于以千克为单位的机器质量的2.38倍；

② 当坡度为20%时，以牛顿为单位的该等效拉力，数值上等于以千克为单位的机器质量的1.92倍；

③ 当坡度为15%时，以牛顿为单位的该等效拉力，数值上等于以千克为单位的机器质量的1.46倍。

（4）制动性能试验（参看5.9.2节和5.9.3节制动距离或制动比测试及热衰减试验）。

（5）失速试验。在制动器制动情况下，发动机转动，车辆是否不动。

5.10 控制系统和装置

5.10.1 一般要求

（1）执行安全功能的控制系统，它的设计应根据风险评定结果，满足GB/T 16855.1（ISO 13849－1）标准要求；

（2）每台车辆应配置防止未授权人员启动的装置；

（3）控制系统布置应符合GB/T 21935（ISO 6682）标准要求（图4-133～图4-135）；

（4）控制系统的安全性与可靠性，控制系统的设计和制造必须使其能防止产生危险状况。

1）其设计和制造方式必须符合以下条件：

① 能承受预期操作压力和外部影响；

② 控制系统硬件或软件的故障不会导致危险状况；

③ 控制系统逻辑错误不会导致危险状况；

④ 操作期间，可预见人为错误不会导致危险状况。

2）必须注意以下几点：

① 机械必须不能意外启动；

② 机械的参数必须不能以不可控的方式改变，因为这种改变可能导致危险状况；

③ 如果已经给出停机命令，机械不能阻碍停止；

④ 不得有机械的移动部件或机械上固定的工件坠落或弹出；

⑤ 不管是什么样的移动部件，其自动或手动停止必须不受阻碍；

⑥ 保护装置必须一直完全有效。

5.10.2 控制装置

5.10.2.1 一般要求

地下轮胎式采矿车辆控制装置（手动操纵杆、手柄、踏板、开关等）和指示装置的选择、设计、制造和布置应符合 GB/T 8595 中的规定，使得：

（1）它们便于接近，并符合 4.8 节的规定（GB/T 21935 和 GB/T 8595）；

（2）当司机释放操纵件时，所有操纵件应回到它们的中位，除非操纵装置具有棘爪或者保持在固定位置或连续作用位置；

（3）它们在司机位置易于识别（GB/T 8593.1 和 GB/T 8595），并在司机手册中予以说明（见 GB/T 25622）；

（4）触发功能的操纵装置的运动和显示器随时都应和预期的效果或通常做法一致；

（5）正常发动机熄火装置及其他操纵装置应在 GB/T 21935 规定的可及范围内（图 4-133～图 4-135）；

（6）当按钮、手柄控制装置（见 GB/T 8595 给出的手柄要求）等操纵装置被设计和制造成具有执行机器多种功能时，应明确标识触发后的功能（见 4.8.2.9D）；

（7）主要操纵装置之间的距离应符合表 4-40、表 4-41、表 5-4～表 5-6 中的规定；

（8）控制装置正常操作时的操纵力应符合表 4-42、表 4-44 中的规定，最小操纵力应达到能避免无意识的操作动作；

（9）操纵装置应通过布置、锁定或屏蔽等方式，使其不可能被误触动，尤其是当司机根据制造商的说明书进出司机位置时。

表 5-4 操作手柄与相邻零部件之间最小净宽距

操纵力/N	≤50	>50
最小净宽距/mm	≥25	≥50

表 5-5 脚踏板与相邻零部件之间最小净宽距

踏板位置	踏板前方	踏板两侧
最小净宽距/mm	≥100	≥50

表 5-6 按钮与相邻零部件之间最小净宽距

按钮位置	按钮之间	按钮与开关之间
最小净宽距/mm	≥15	≥10

5.10.2.2　其他要求

（1）脚踏板。脚踏板应有合适的尺寸、形状和足够的空间。踏板的表面应防滑和方便清洁（见4.8.2.9A）。

（2）一个以上驾驶位的控制装置布置。在有一个以上驾驶位的车辆上，每个驾驶位上的控制装置布置应尽可能地保持一致。

（3）一个驾驶位操作控制装置。控制装置只能从司机一个驾驶位操作，因此，应提供一种措施确保避免利用其他驾驶位操作控制位置。该措施不适用辅助制动器和停车制动器及灭火系统。

（4）速度控制装置应是止-动控制装置。止-动控制装置是指只有当手动控制装置（制动机构）动作时才能触发并保持具有危险性的机器功能运行的控制装置。

（5）除非是组合操纵装置或用户要求，操纵装置的运动相对于它们的中位应与机器响应的方向相一致（见表4-48）。

（6）司机可及范围。当司机在预定的驾驶位置，用于车辆操作的所有控制装置（如启动、停机、速度控制、喇叭和灯光）都应在GB/T 21935标准考虑的司机可及范围内（图4-133～图4-135）。

（7）遥控。地下轮胎式采矿车辆司机遥控应符合GB/T 25686中的规定。

5.11　转向系统

转向系统的安全要求包括：

（1）转向系统应工作可靠、操纵方便、调整简单、转向灵活。

（2）转向系统应符合ISO 5010：2007中的规定。

（3）地下轮胎式采矿车辆的转向和转向操纵装置（方向盘、操纵杆）的运动方向应符合GB/T 8595的规定，见表4-48。

（4）如果采用辅助动力转向，提供辅助动力转向的动力只能是液压动力。当转向液压系统采用负荷传感液压系统时，转向液压系统动力源可以与其他液压系统动力源合并，但当其他液压系统发生泄漏或故障时，转向液压系统应能保持地下轮胎式采矿车辆的转向能力。

（5）当动力系统或液压系统出现故障时，其转向液压系统要有保持地下轮胎式采矿车辆一定转向能力的措施，如采用紧急转向泵或大容量蓄能器等。

（6）使用地下轮胎式采矿车辆方向盘转向时，转向操纵力应小于50N；使用单杆操纵转向时，转向操纵力应小于60N。当地下轮胎式采矿车辆原地从最右位置转到最左位置（或反之），在高怠速时，方向盘转向时间为6s±1s，单杆操纵转向时间为5^{+1}_{0}s。

5.12　显示器

显示器的安全要求如下：

（1）信息显示器应布置在ISO 9355-2推荐和允许的可视区内（见4.9.1.2节）。

（2）每一个显示器都要用文字或GB/T 8593.1中规定的符号清晰地标出，与此相关正常操作的限值也应清晰地标出。

（3）信号与显示器清晰可辨，准确无误，并消除眩光、频闪效应，与司机的距离、角度相适应。

(4) 当多种视觉信号与显示器放在一起时，与背景及相互之间的颜色、亮度与对比度相适应。

(5) 地下轮胎式采矿车辆上易发生故障或危险性较大的区域，应配置声、光或声光组合的报警装置。事故信号应能显示故障的位置与种类。危险信号应具有足够强度并与其他信号有明显区别，其强度应明显高于生产设备使用现场其他声、光信号强度。

在显示器上应显示如下信息：

(1) 车速；

(2) 气动或液压制动器制动压力；

(3) 停车制动器接合；

(4) 用于辅助车辆的倾斜仪。

此外，还应显示：

(1) 燃油箱油位和蓄电池充电状态；

(2) 液压油箱油位；

(3) 油浴制动器温度；

(4) 冷却水温度；

(5) 液压变速箱温度；

(6) 运行时间或运行距离；

(7) 工作计时表；

(8) 灭火系统工作压力；

(9) 液压油温；

(10) 变速箱油压；

(11) 系统电压；

(12) 发动机润滑油油温；

(13) 发动机涡轮增压器压力；

(14) 液压回油压力；

(15) 在车辆显示设备上，应配置照明。

5.13 驾驶位置与乘员位置

5.13.1 驾驶位置

5.13.1.1 司机保护

如果工作环境需要驾驶室或驾驶棚，应设计安装驾驶室或驾驶棚。

司机室或司机棚若采用落物保护结构或翻车保护结构，落物保护结构和翻车保护结构应分别符合 GB/T 17771 和 GB/T 17922 中的规定见4.6.2节。保护结构不能阻碍司机或操作人员的正常操作活动。

5.13.1.2 司机室或司机棚的内部空间、尺寸与座位

(1) 司机室或司机棚的内部布置、内部空间应符合 GB/T 8420—2011 (ISO 3411: 2007) 中的规定，见4.5.1节。当空间有限制时，司机室内部空间的高度可以适当降低，

但不得小于司机座椅标定点（SIP）以上900mm。

（2）司机位置处的司机工作空间，如天花板、内壁、仪表面板及到司机位置的通道上不应出现任何外露的锐边、锐角或凸出物。锐角、圆角半径和锐边倒钝应符合GB/T 17301中的规定，见4.6.1.1。

（3）司机室或司机棚位置与结构不应干涉司机的视野。

（4）司机室或司机棚内司机操作处应铺设防滑地板或防滑盖板。

（5）司机室及其配套设施的内饰材料应符合GB 8410中阻燃的规定，即燃烧速度不大于100mm/min。

（6）司机室或司机棚的设计应保证司机意外与司机室顶或道路两边、车辆运动部件相接触时所受伤害最小。

（7）保证车辆的工作环境要求，车辆要安装挡风玻璃、雨刷、洗涤器、除雾器等设备。

（8）当采用全封闭司机室时为了保证驾驶员良好的工作环境，要合理解决全封闭司机室热舒适性的设计，即司机室的加压、密封、新鲜空气过滤、空气流动、采暖、降温和隔热问题。

（9）全封闭司机室所有窗户玻璃应采用安全玻璃或与之有相同安全效果的其他材料制造，使用的安全玻璃应符合GB 9656中的规定。

（10）门锁应做到从司机室内外都能开。

（11）座椅及安全带应满足如下要求：

1）司机的座椅应为司机提供一个舒适而稳定的坐姿、良好的视野、方便的操作位置，能适当进行高度和水平调节，座椅调整不需采用任何工具。若司机室内部空间有限制时，座椅的水平面高度见表4-5中尺寸P、图4-51中尺寸R_1，也可以适当降低；

2）若采用翻车保护结构，那么，在司机座位上还应安装座椅安全带和固定器，安全带与固定器应符合4.11.4.1D的要求；

3）座椅尺寸应符合4.11.5节的规定，但不适合低矮型、超低矮型地下采矿车辆；

4）座椅的设计必须保证驾驶员受到的振动减小到尽可能合理的最低限度，并符合GB/T 8149的要求；

5）座椅底座必须能承受它所能承受到的一切压力，特别是在翻倒的情况下；

6）在司机室位置附近应提供操作手册或说明书中规定的安全保护的空间。

5.13.1.3 通道

（1）地下轮胎式采矿车辆应提供通往操作位置和维修点的通道装置。通道装置应符合GB/T 17300—2010中的规定，见4.7节。

（2）应提供一个基本出入口。其尺寸应符合图4-114和表4-38的规定。

（3）应提供一个区别于基本出入口方向的备用出入口（紧急出口），备用出入口一般设计在正常出口的另一边，其尺寸应符合GB/T 17300—2010的规定（见4.7.8.1）。可以采用安装一个无需钥匙或工具即可开启或移动的窗户或另一个门。如果该出入口可以在无需钥匙或工具情况下从里面开启，可以使用一些插销。具有合适尺寸的可打碎的玻璃窗也可以视为适合的备用出入口。在此情况下，应在司机室内提供必要的安全锤，该安全锤应放在司机可及范围内。

当窗户用作紧急出口时，应在上面标有相应的标记。

（4）安装能使门保持开着或关着的装置。

（5）司机室门拉手要设计成室内外都能使用。

5.13.1.4　内部照明

司机室应安装一个固定的内部照明装置，并在发动机熄火后，该装置仍能起作用，以便能对司机位置进行照明和阅读司机手册。

5.13.1.5　能见度

A　一般要求

（1）设计的地下轮胎式采矿车辆应使司机在车辆行驶和作业过程中，从司机位置上对车辆周围具有足够的能见度，如果直接观察受到限制，地下轮胎式采矿车辆应配置闭路电视摄像系统（CCTV）或障碍探测系统（如超声警告装置），或在驾驶室适当位置安装后视镜，以提高司机的能见度，使司机在座位上就能观察到车厢每个出入口乘员情况。司机的能见度按 GB/T 16937 中的要求进行测量。后视镜要符合 GB/T 25685.1 和 GB/T 25685.2 中的规定。

（2）尽量采用可旋转的座椅，以帮助司机提高能见度，减少脖子扭动，防止颈椎疾病发生。

（3）在条件允许的情况下，尽可能提高座椅高度，以提高司机的能见度。

（4）制造商应采取适当技术措施，并在操作手册中做出必要说明，以确保司机的能见度。

B　危险检测系统和视觉装置

适当的现场组织、司机培训及采用相关视野标准［GB/T 16937—2010（ISO 5006：2006）］解决现场人员的安全问题，但有一些情况，现场的视野不可能通过反光镜解决，此时，司机可通过使用危险检测系统（HDS）和视觉装置（VA）提高安全意识。危险检测系统和视觉装置可为司机提供有关车辆行驶路线上（主要是后退的路线）人与物体的有关信息。

危险检测系统是用于检测和警告司机和地面人员的系统，该系统包括传感装置（在检测区检测试验人体的检测系统电子元件）、报警装置（在检测区通过视觉或语音信号把信息传递给司机或其他人员的检测系统电子元件）和评估装置（分析信号和从传感装置传输的信息及转换成报警装置相应信号的检测系统电子元件或部件）三个部分。

视觉装置是只提供视觉而不提供警告的装置。

C　开发危险检测系统和视觉装置的目标

（1）检测在检测区的人；

（2）视觉或声音警告在检测区的司机或人员；

（3）系统运行可靠；

（4）系统兼容性和环境规范。

采用危险检测系统和视觉装置可扩大司机的直接视野或采用反光镜或检测危险区其他方法扩大司机的间接视野，如人机工程学考虑的问题——避免司机头部和上体反复扭转对直接视野效果的限制。

D 检测系统和视觉装置的选择

表5-7中列出了检测系统和视觉装置先进技术的优点和缺点及应用范围，供选择时参考。需要指出的是这些先进技术是在不断发展的，现在的一些缺点在未来可能会得到克服。

表5-7 检测系统和视觉装置的优缺点及应用范围

技术		定义	优点	缺点	应用范围
菲涅尔透镜		一种表面上有同心凹槽的薄、平透镜。凹槽的作用就像棱镜使光折射与聚焦	允许司机看到正常驾驶位置视线以下的目标	靠近机壳边缘图像可能扭曲；外部灯光可能使透镜被光覆盖；需要外部光源；对图像理解和距离判断困难	水平 >90° 垂直：典型：2m；取决于安装位置
反光镜		反射表面提供间接视野	低维护，使用简单	要求很好的灯光条件，安装可能影响性能，易机械损坏	有可能长期取决于光学特性
识别外部报警器		使用传感器去触发报警器	当选择运动车辆时被激活，只有当检测到目标时才能报警	在车辆行驶路线上依赖行人采取回避行动。确定噪声起源困难。如果在车辆附近运行机器不只一台，有混淆的可能	根据噪声输出分贝、频率、安装位置和环境特性变化
超声波		由反射脉冲飞行时间测量目标的距离与存在	精确指出目标距离，给司机LED和声音信号	对低速车辆，时间延误限制车辆使用，性能受不利天气影响；后退运行速度限定于10km/h；要求多个传感器去覆盖车辆整个后面区域；无法识别检测到的任何障碍；限制地面上安装高度	水平：最大6m
雷达	固定频率多普勒雷达	从移动目标发射和反射微波射线，频率差异指明运动	低成本；充分反应大多数危险；雷达表面灰尘不影响；不受雪、风和雨等影响；可设计用来检测目标的速度与方向	传感固定目标困难；距离只能从反射信号的强度来推断；因此，在一个给定的灵敏度下，系统将离得远的大物体与接近传感器的小目标有相同反应；无故障保护；可传感车辆路径外的目标；只能检测在运动的人	范围不受限制；设计的范围可达160°
	开关频率多普勒雷达	见固定频率多普勒雷达定义。除了发射的频率是以两个或多个频率之间的台阶式频率之外	可测量范围，充分反应大多数危险；雷达表面灰尘不受影响；不受雪、风和雨等影响；可设计用来检测目标的速度与方向	测量范围是所有目标计权平均范围，因此，接近传感器小目标可能被远离的大目标屏蔽；无故障保护；可传感车辆路线外边目标	范围不受限制；设计的范围可达160°
	脉冲雷达	由反射脉冲飞行时间测量目标的距离与存在	可以识别多目标范围	可传感车辆外侧目标路线	范围可能受到限制；设计的范围可达160°
频率调制连续波（FMCW）		由反射脉冲飞行时间测量目标的距离与存在 除了发射的频率是从低频向高频扫描外再又从高频返回扫描到低频	可以识别多目标范围，可设计用来检测目标的速度与方向	可传感车辆外侧目标路线	范围不受限制；设计的范围可达160°

续表 5-7

技术		定义	优点	缺点	应用范围
闭路电视（CCTV）		装置利用广角镜头摄像机与司机室内监视器	防止擦伤、水和灰尘；在低亮度条件下工作	失真使得很难判断距离。直射光进入摄像机会导致能见度问题。灯光直射在显示器上会看不清显示器上的图像。 阴影中的目标难以分辨。摄像机镜头上的灰尘、泥土会扭曲图像。这可以通过内置的清洗/擦拭系统清除	水平：达 127° 垂直：达 115°
红外线	被动红外线	从目标发射红外线感应变化	能满意检测人与背景之间的差别	对灰尘、水和振动敏感；不能测量距离；不能辨别靠近远处热的发动机的人	在应用上可能受到限制，只适合部分机器，没有预先检测，没有考虑保护行人安全。只适合用于非常缓慢的速度
电磁（无线电频率）信号发射器		无线电波在车辆和工作人员穿戴的标签或其他危险点之间相互作用	双方相互警告；监视每一个方向	不能监视没有标签的任何目标；辐射功率太弱，不能穿过人体和覆盖所有检测区；具有方向性，如同超声波转发器；可以检测所需检测区域以外的人，需要谨慎选择一个无线电频率	每个方向可调整 20m
激光器		利用脉冲激光和旋转反光镜的可编程序系统软件	可以精确配置检测区，不同功能适用不同区域（如采用制动、声响喇叭等）	可遭受直射灯光干涉；大量蒸气和烟柱可以充当屏障；同样波长的另外一种激光也能触发报警信号。镜头需要经常清洗。二极管具有有限寿命（约 5 年）	最大实际范围 8m，扫描角 180°；光束厚达 50mm
超声波发射器		安装在车辆上的检测装置和工作人员戴的响应器之间双方超声波通信	可调节所需的检测范围。 直接把警报发送给车辆司机和工作人员，给司机产生视觉和音响警告及向工作人员发出音响警告	没有响应器不能监视任何目标	最大检测范围为 12m，该范围可按 1m 步长设定；检测宽度根据发射器选择，如可按 20°、30°、40° 和 60° 方向提供发射器
闭路电视（CCTV）色彩识别		分析 CCTV 图像以便检测工作人员穿戴的特定颜色	当事人相互警告；监视器在摄像机视野范围内图像	没有色彩标识不能检测任何目标	10～15m 宽，该宽度取决于摄像机镜头角度

摘自 ISO 16001：2008。

E 实例

a 闭路电视系统

闭路电视系统是为了帮助地下轮胎式采矿车辆，特别是低矮型、超低矮型地下轮胎式采矿车辆，例如超低矮型 LHD（图 5-5）司机在坑道内驾驶时能看到前面、后面和右侧面，从而提高司机驾驶时的能见度，增加司机与车辆安全。

闭路电视系统是由彩色（或是黑色和白色）监视器、视频开关、前后摄像机、24V 直流电源和电缆组成。其原理如图 5-6 所示。为了有最大的视野，摄像机的镜头应布置在地下装载机的右前方和后左侧。监视器应布置在司机室的中央和司机头部正前方视野最大，障碍最少的地方。

图 5-5　低矮型地下装载司机室内显示屏（监视器）的位置

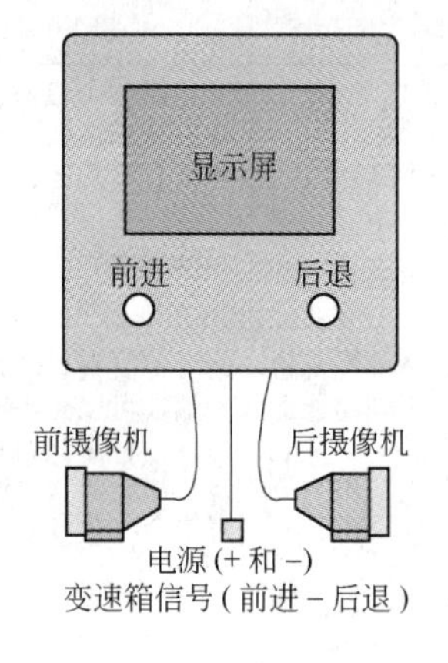

图 5-6　摄像系统原理图

监视器外壳装在车辆仪表板上，它由彩色监视器，“前进”和“后退”手动操作按钮和视频开关继电器组成。继电器是由车辆变速箱“前进”和“后退”信号控制。

按钮亮，说明摄像机在工作。该指示灯是由车辆变速箱或手动操作按钮控制。

在监视器内，调节电位计可用来调节 LCD 监视器、颜色、亮度和对比度。

摄像机应安装在一个十分牢固的、特别设计的壳体内，保护摄像机及镜头以防止碎石和灰尘的破坏。

摄像机电缆绳包括直流电缆和同轴电缆。PMA 柔性管保护直流电缆和同轴电缆。摄像机配置了广角镜头，以扩大司机的视野。电缆有各种长度以备任何 LHD 的需要。

b　后视镜

后视镜的例子如图 4-38 和图 4-39 所示。

5. 13. 2　乘员位置

5. 13. 2. 1　乘员车厢结构

根据矿井地质结构的稳定性和矿井的作业条件，运人车乘员车厢可选择敞开式车厢、带顶棚车箱、带 ROPS/FOPS 结构顶棚车箱、带 ROPS/FOPS 结构全封闭车厢。敞开式车厢四周除出入口之外，应安装高1100mm的护栏或围板，以防乘员跌落；带顶棚车厢必须具有足够的强度与刚度；带ROPS/FOPS结构的车厢必须符合GB/T 17922和GB/T 17771中的规定，见4.6.2节。车厢内装饰材料应符合GB 8410中的规定。

5.13.2.2 乘员座椅

运人车乘员车厢必须配备乘员座椅。座椅必须安全、可靠地固定在车辆上。每个乘员必须配备安全皮带或其他安全装置。座椅的设计必须保证使乘员受到的振动最小。

5.13.2.3 座椅空间

（1）同向座椅：在坐垫上表面最高点所处平面与地板上方620mm高度范围内水平测量，座椅靠背的前面与前排座椅靠背后面之间的距离应不小于650mm（图5-7）。

（2）相向布置的横排座椅，通过坐垫最高点所处平面测量，两相对座椅靠背的前表面之间的最小距离应不小于1200mm，如图5-7所示。

（3）坐垫前缘至障碍物距离，如图5-8所示。

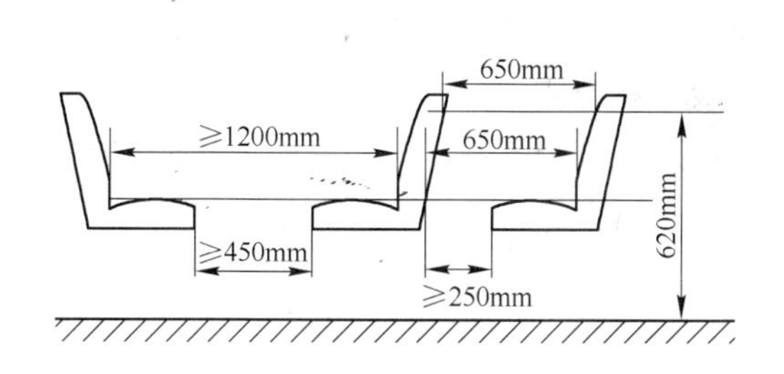

图5-7 座椅空间

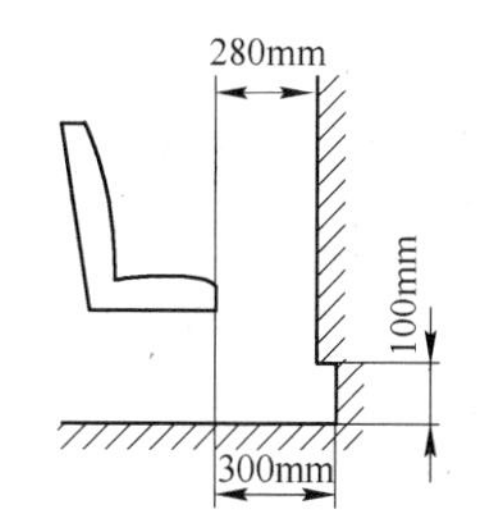

图5-8 坐垫前缘至障碍物距离

（4）座椅尺寸。坐垫高不小于400mm；坐垫深不小于400mm；坐垫宽：单人不小于400mm；双人不小于800mm；其余类推。

（5）过道尺寸。如果车辆承载多位乘员需要过道时，它必须至少有250mm宽的过道，该过道是为从每个座位正常出入大门提供的通道，也是为备用或紧急出口提供的通道，过道地板应防滑。

（6）车厢出入口、踏脚、抓手。为满足紧急情况下的乘员撤离和车外救助，每个分隔舱的出入口至少2个，每个出入口应装设摘挂方便的保护栏杆或安全链，运行中不应自行脱落。机壳出入口、踏脚、抓手形状、尺寸和位置应符合GB/T 17300中的规定。离地面第一个踏脚高度不大于400mm，踏脚表面应清洁、防滑，见4.7.3节。

（7）乘员门。

1）当运人车静止时，乘员门应易于从车内开启。紧急情况时，乘员门还应能从车外开启。即使车外将门锁住时，仍能从车内开启车门。车外开门装置离地高度不大于1800mm。

2）采用铰链或转轴的单扇手控乘员门，当车辆向前移动，打开的车门碰到静止物体时应趋于关闭。

3）若手控乘员门装用的是弹簧锁，则应是双级型的。

4）车门尺寸。门最小宽度450mm，最低高度1524mm。

（8）车窗。若采用全封闭车厢，车窗应装安全玻璃（见GB 9656）或其他具有相同安全性能的材料。当窗户用作紧急出口时，应在上面做相应的标记（见 GB 5209.1—2000 中的图 8），并在窗户附近提供必要的安全锤，该安全锤应放在乘员可及范围内。

5.13.3　三点支承

司机与乘员上下运人车时能同时使用一只脚和两只手，或一只手和两只脚三点着力的装置。

5.14　火灾防护

5.14.1　一般要求

燃油箱、油管、电缆、蓄电池外壳的开口和液压系统，包括相关的管子和诸如此类的零件可能由操作中产生的热量而引燃，所以布置这些零件时要采取防护措施，以防火灾发生。

建议用在车辆结构中的材料为难燃材料，参看该零件或设备具体防火要求。

排气系统设计不得使其引燃燃油系统、液压系统或车辆轮胎。

制动系统设计、安装要确保辐射的热不会点燃燃油系统、液压系统或轮胎。

车辆悬挂系统设计要求一旦系统失效，轮胎不会擦伤车体。

5.14.2　手提式灭火器

提供手提式灭火器，其数量应符合要求，在类型和尺寸上应适应防火的类型和负荷，不受热、机械撞击和振动的影响。

5.14.3　灭火系统

在所有车辆上，应提供灭火系统和灭火器安装空间。灭火系统应覆盖柴油发动机及其他发生火灾的零部件，如变速箱及液压系统等。

一旦发动机上自动灭火系统启动，发动机应自动关闭，根据灭火系统制造商的协议，可能受制于时间延迟。

5.14.4　感应电流

使用单导线电缆时，其设计和安装应避免磁场内的感应电流产生危险。如因涡流电流传入附近的金属件引起危险，导致车辆金属件发热。

5.15　噪声防护

5.15.1　降低噪声

5.15.1.1　设计阶段降低噪声源的措施

设计与制造的车辆应考虑技术进步和降低噪声措施的有效性，特别是降低噪声源噪声的措施，使得导致噪声发射的风险降低到最低水平。

在设计车辆时，应考虑控制噪声源噪声的有用信息和技术措施。在标准 GB/T

25078.1（ISO 11688－1）中给出了低噪声机器设计指南。在 GB/T 25078.2（ISO 11688－2）中给出机器产生噪声机制的有用信息。

地下轮胎式采矿车辆中，主要噪声源是发动机、液压元件和冷却系统。发动机噪声应遵守发动机噪声规则。

5.15.1.2 通过防护措施降低噪声

建议车辆采用防护措施、装置去降低噪声发射，如可采用全封闭司机室、适当封闭发动机和冷却系统、采用排气消声器等措施。

5.15.2 有关噪声发射信息

制造商应在操作手册中给出有关噪声发射信息。

根据 GB/T 25612（ISO 6393）进行噪声功率级测量。

根据 GB/T 25615（ISO 6396）标准测量司机位置噪声声压级。在装有司机室的机器上，司机位置噪声声压级应不超过 85dB。从测量得到的噪声发射值是验证在设计阶段采取降低噪声措施的方法。

5.16 振动防护

设计与制造的车辆应考虑采矿工业技术进步和降低振动措施的有效性，特别是降低振动源振动的措施，将振动发射的风险降低到最低水平。

为降低传递到司机所有与振动有关的特征，司机座椅必须符合 GB/T 8419（ISO 7096）标准要求。如果因为技术原因达不到该标准要求，可采用输入谱类 EM8，司机手臂振动测量与数值应符合 GB/T 14790.1—2009（ISO 5349－1：2001）中的要求。

5.16.1 司机室座椅振动的试验室评价

土方机械司机经常暴露在低频振动的环境中，该低频振动部分是由于车辆行驶在不平坦的路面上和作业环境中引起的。对司机而言，座椅构成了悬挂的最后一级。为了有效地降低振动，悬挂座椅应依据车辆动态性能进行选择。座椅及其悬挂的设计应兼顾减少司机振动和冲击的影响，以及给司机提供有效操纵机器的稳定支撑。

座椅振动是多种因素影响的结果，座椅振动参数的选择还需要考虑对座椅的其他要求。

司机对振动的适应程度与驾驶员的生理、心理状况密切相关，存在个体差异。国内外有关研究表明，可以用量化的方法来评价人体在不同振动加速度下的舒适程度。为了评价人体受到全身振动时所受影响，国际标准化组织于 1974 年提出了国际标准 ISO 2631：1974 后，进行了多次补充和修订。目前，通用的国际标准为 ISO 2631－1：1997。我国于 2007 年颁布了与之等效的 GB/T 13441.1 标准。

ISO 2631 为机械振动方面的通用标准，而对于工程车辆座椅减振性能则有专门标准。可按照 GB/T 18707.1—2002 测量座椅振动，进而根据 GB/T 8419—2007 对工程机械座椅的振动特性进行了评价。

GB/T 8419—2007 标准提供的性能基准是依据目前使用的最佳设计原则而设置的。这些性能基准不一定能完全保护司机不受到振动与冲击，将来可能会根据悬挂设计的发展和改进进行修订。

GB/T 8419—2007 标准中包括的试验输入数据是以大量测试数据为依据的，是在典型恶劣工况下使用土方机械的施工现场中采集的。试验方法依据 GB/T 18707.1，适用于不同类型车辆座椅。

5.16.1.1　试验条件和试验程序

试验条件和试验程序应按照 GB/T 18707.1—2002 的第 7 章和第 8 章中的规定。

A　振动模拟

a　振动设备

（1）物理特性。至少需要一台设备驱动平台在垂直或水平方向振动。激振器应具备按指定的试验输入振动以激励座椅和辅助设备的能力。

应对每个测量方向的频率范围和位移特性加以说明。

平台能承受的最低共振频率和横向运动以及适用的频率范围应在应用标准中给出。

对试验台的尺寸和设备的要求应在应用标准中规定，以确保适合于每一特定试验。

试验表明，某些设备的使用（如方向盘、踏板等）会降低结果的重复性。

（2）控制系统。为了确保基座振动的加速度幅值的功率谱密度函数（PSD）和概率密度函数（PDF）与指定试验输入振动的要求一致，应对振动试验系统的频率响应特性进行补偿。

b　振动器安装

在与土方机械司机平台相当面积的平台上，安装一台能够产生沿垂直轴方向振动的振动器。

在 EM1 和 EM2 的情况下，振动器能够产生振幅最少为 ±7.5cm。频率为 2Hz 的模拟正弦振动。

B　试验座椅

试验用的司机座椅应为批量生产机型，关系到构造、静止和振动的特征以及其他影响振动试验结果的特征。试验之前，悬挂座椅需在制造商规定的条件下跑合，如果制造商没有此规定，则需跑 5000 次循环，每次测量之间有 1000 次循环间隔。

座椅加装 75kg 质量载荷，并按照制造商的规定调整。座椅和悬挂装置安装在带振动器的平台上，对平台施加与悬挂的频率相近的正弦输入振动。该输入振动应有足够的波峰—波峰位移来引起座椅悬挂产生接近全行程 75% 位移。座椅悬挂装置行程约 40% 的平台波峰，波峰位移可达到此要求。为确保悬挂装置减振器运转时不过热，可采用强制冷却设备。

如果在上述条件下进行的 3 次测试成功完成后，垂直传导数值的误差在 ±5% 时，则座椅跑合完成。

在座椅持续跑合时，两次测试时间应间隔 0.5h 或 1000 次循环（取两者中较少者）。

按制造商规定，座椅应随试验人员的体重进行调节。

若座椅的有效行程不受座椅高度和试验人体重变化的影响，应将座椅调节到行程中心时进行试验。

若座椅的有效行程受到座椅高度和试验人体重变化的影响，则将座椅调节到最小有效行程处进行试验。

若靠背斜度可调，应将其调整到大约垂直的位置，再向后轻微倾斜（约 10° ±5°）。

C 试验人与姿势

模拟输入振动试验由两个人进行，较轻的人体重为 52 ~ 55kg，腰上可佩带不重于 5kg 的腰带，较重的人体重为 98 ~ 103kg，腰上可佩带不重于 8kg 的腰带。

所有试验人在座椅上应是自然的竖直坐姿，且在整个试验过程中都应保持该姿势（图 5-9）。

试验人的不同姿势会导致 10% 的试验结果差异，因此膝关节和踝关节应调至图 5-9 所示的适当角度。

D 输入振动

由于各种土方机械的整机结构和实际工况不同，作业过程中整机振动能量在频率上的分布也不同，通过大量的工地实验测试各种土方机械的整机振动（测量点取司机座椅下方地板），得到九类功率谱密度（PSD）曲线：谱类 EM1 ~ EM9，其中铰接自卸车输入谱类为 EM1（图 5-10）；大于 4500kg 的轮胎式装载机输入谱类为 EM3（图 5-11）；不大于 4500kg 的轮胎式装载机输入谱类为 EM8（图 5-12）。

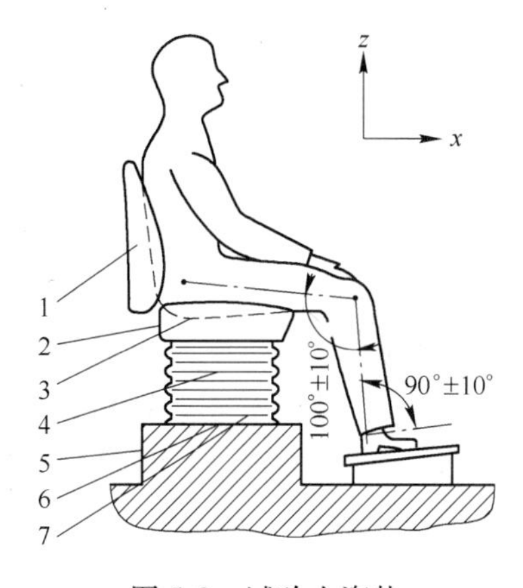

图 5-9 试验人姿势

1—座椅靠背；2—座椅底盘；3—座椅底盘加速盘；4—座椅悬挂装置；5—平台；6—平台加速度计；7—座椅基座（应有便于对膝部和脚踝角度调整的装置）

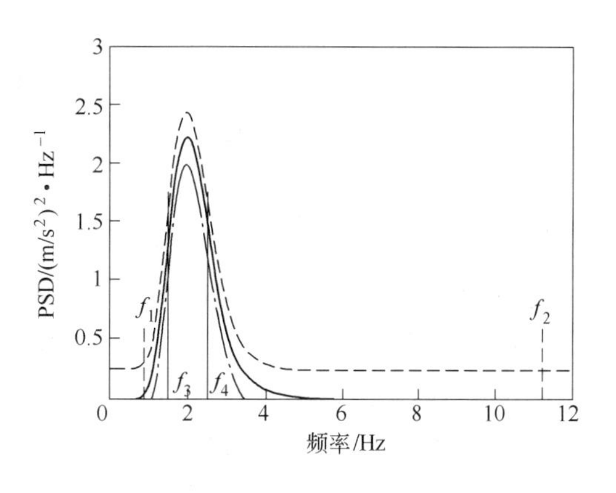

图 5-10 输入谱类 EM1 的 PSD 图

（铰接自卸车）

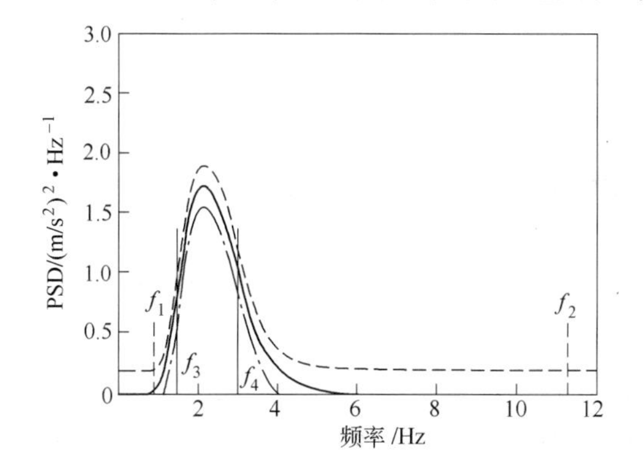

图 5-11 输入谱类 EM3 的 PSD 图

（工作质量大于 4500kg 的轮胎式装载机）

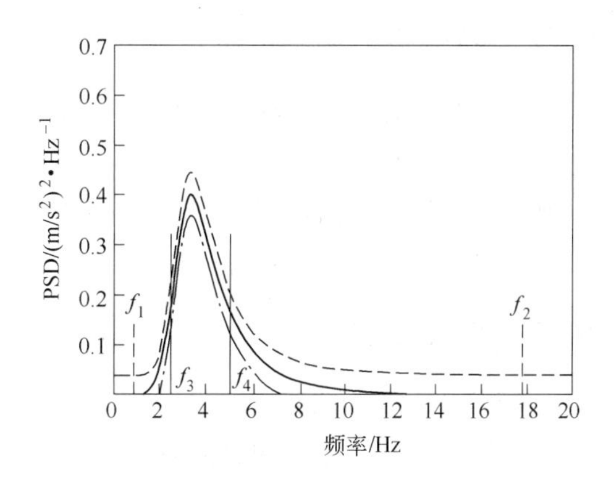

图 5-12 输入谱类 EM8 的 PSD 图

（工作质量不大于 4500kg 的小型装载机）

由于目前的钢架结构座椅的固有频率基本在 2Hz 左右，从 PSD 曲线可以看出，绝大部分座椅在履带式机械、小型机械及推土机上有良好的减振效果，但在大型轮胎式装载机、铲运机、平地机及自卸车上却无法取得令人满意的减振效果。

5.16.1.2 评价座椅两条准则

（1）座椅有效振幅传递率（SEAT）因子。

$$SEAT = a_{ws12}/a_{wp12} \quad (5\text{-}4)$$

式中 a_{ws12}——频率介于 $f_1 \sim f_2$ 之间，在座椅座面测得的垂直加速度的计权均方根值；

a_{wp12}——频率介于 $f_1 \sim f_2$ 之间，测得的试验平台的垂直加速度的均方根值。

对应各种机械，将在座椅附着点具有相似振动特征的机器分为 EM1 ~ EM9 九类。按输入谱类规定的座椅应符合表 5-8 给出的 SEAT 因子。

表 5-8 输入谱类和 SEAT 因子

输入谱类	SEAT 因子
EM1	<1.1
EM3	<1.0
EM8	<0.8

（2）阻尼试验中的共振传递率 H。

$$H(f_r) = a_s(f_r)/a_p(f_r) \quad (5\text{-}5)$$

式中 f_r——座椅悬挂系统的共振频率；

$a_s(f_r)$——在频率 f_r 下测得的座椅座面的垂直加速度均方根值；

$a_p(f_r)$——在频率 f_r 下测得的试验平台的垂直加速度均方根值的算术平均值。

对于输入谱类 EM1、EM3：$H<1.5$；

对于输入谱类 EM8：$H<2.0$。

5.16.2 司机手臂振动的测量

司机手臂振动的测量见 4.13.2.5 节。

5.17 辐射防护

辐射即发射包括电磁波在内的各种能量的过程，或一种能穿过某些物质和空间的电磁波，如无线电波、X 射线等。如果车辆上使用辐射设备，例如，激光器和它的测量设备，放射性辐射量应符合 EN 12254、GB/T 18151（EN 60825－4）标准的安全要求和元件制造商的说明。

5.18 激光辐射防护

在使用激光器的地方，应考虑如下几个问题：

（1）设计和制造车辆上的激光设备必须能防止任何意外的辐射。

（2）车辆上激光设备必须以这样的方式保护，使得由辐射反射或扩散和二次辐射产生的实际辐射不损害健康。

（3）观察光学设备或在车辆上调节激光设备不存在由激光辐射产生的健康风险。

5.19　轮胎及轮辋安全要求

5.19.1　一般要求

地下轮胎式采矿车辆应采用符合其载荷性能和应用的轮胎及轮辋。

轮辋应有符合 GB/T 2883 的清晰标识。

由轮胎和轮辋制造商推荐的使用与维护说明书和安全操作规程必须遵守，以保证地下轮胎式采矿车辆和维修人员安全。

5.19.2　安全要求

轮胎与轮辋是地下轮胎式采矿车辆重要部件。它不仅对地下轮胎式采矿车辆的行驶性能有重要影响，而且对地下轮胎式采矿车辆行驶安全性也有直接的影响。若选择、安装、使用及维修不正确，不仅直接造成轮胎与轮辋的损坏，严重的还会伤害人的生命。因此，必须了解轮胎与轮辋的结构，重视轮胎与轮辋的安全。

5.19.2.1　车轮总成

车轮是为固定轮胎内缘、支承轮胎并与轮胎共同承受整车负荷的刚性轮子（图5-13）。它应保证轮胎充气后具有合适的断面宽度和侧偏刚度，散发轮胎在汽车行驶时所产生的部分热量。轮胎与车轮间是通过充气后形成的轮胎气压及产生的摩擦力来实现力的传递的。

A　矿用轮胎的结构

轮胎的作用主要是解决车辆在地面行走时产生的振动、噪声、负荷、速度和寿命问题。轮胎的种类很多，用于地下无轨采矿车辆的轮胎主要是矿用轮胎。

矿用轮胎外胎包括缓冲层1、胎面2、胎侧3、内衬垫4、帘线层5、胎圈6以及内胎和垫带（内胎和垫带在图5-14中未表示）组成。

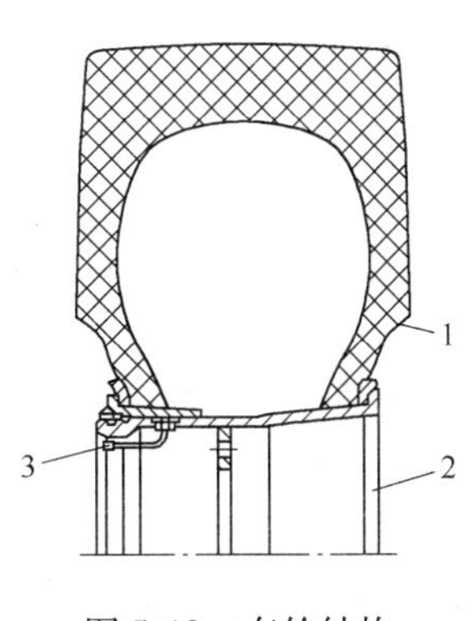

图5-13　车轮结构

1—轮胎；2—轮辋；3—气门嘴

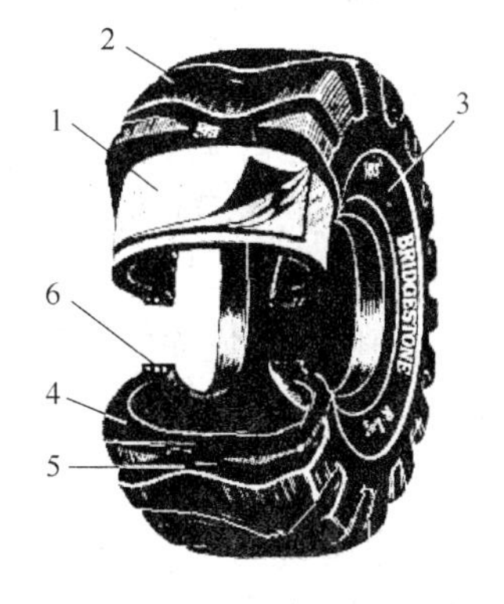

图5-14　矿用轮胎结构

B　轮辋结构

轮辋是车轮支承轮胎的基座（图5-15）。当轮胎装在不同轮辋上时，其变形的位置与大小也会发生变化。因此，轮胎必须装在与其相对应的标准轮辋和允许使用的轮辋上。

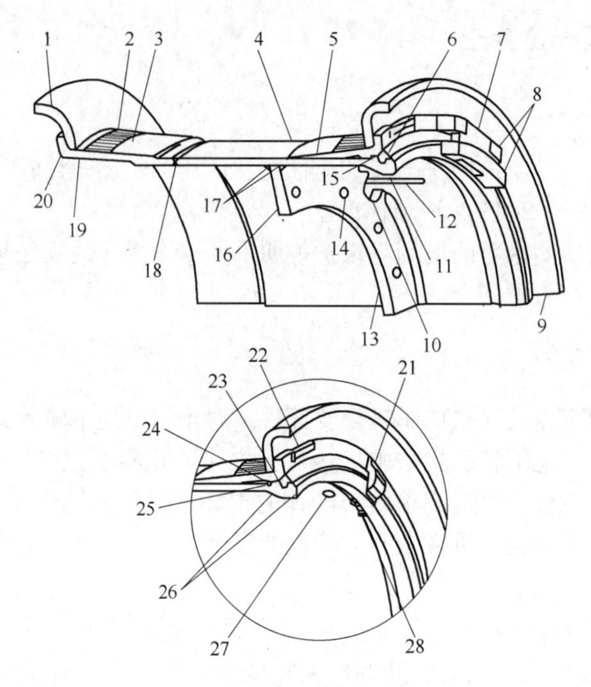

图 5-15　轮辋结构

1，9—轮缘；2—滚花；3—胎圈座表面；4—轮辋体；5—胎圈座圈；6—锁圈；7—传动楔（座圈楔）；8—传动凹槽；10—阀通道；11—锁圈槽；12—阀杆；13—轮辐；14—螺栓孔；15，24，25—O 形圈；16—安装面；17—轮辐焊接；18—轮辋圆周焊接；19—后段；20—后唇；21—锁圈传动；22—撬杆凹槽；23—轮辋锁圈槽；26—锁圈槽面；27—无内胎轮辋阀孔；28—轮辋传动

5.19.2.2　轮胎与轮辋的危险分析

轮胎的使用、拆卸、更换和充气极为普遍，因此它似乎只是一个简单的任务。但若轮胎的使用、拆卸、更换和充气操作不正确，轻者可能缩短轮胎使用寿命，造成财产损失，严重的还会造成人身伤害或死亡。

轮胎与轮辋常见的危险：

（1）在操作和维护期间，释放轮胎和轮缘总成气压失去控制的危险。当试图维修或拆卸轮胎和轮缘总成时，由于轮缘设计，部件互相连接过度复杂，轮胎卸压失败或没有按照正确的程序或顺序进行操作所致。

（2）维护工作期间挤压损伤危险。其原因包括车轮外形尺寸过大及需要员工在轮胎操纵机构机臂下面工作，设备不实用及千斤顶顶起位置不易接近。

（3）维护工作期间拉伤和扭伤危险。

（4）由于十分频繁使用维护工具，对健康产生长期影响的危险。

（5）轮缘状况异常风险。当未松开轮缘紧固系统时，轮缘异常状况显示不出来。

（6）由于匹配错了组件而产生装配故障的风险。

（7）由于车辆其他部件过热引起的轮缘总成轮胎热解、爆炸的风险。

（8）车轮螺母脱落，车轮飞出的危险。由于维修后重新拧紧车轮螺母不到位，使用一段时间后出现松动而导致车轮螺母脱落。

（9）由于对这些部件以前的责任或修复历史没有记载而导致轮胎或轮缘故障的风险。

（10）轮胎运行条件恶劣造成的危险。若轮胎运行条件恶劣，司机又没有操作经验，造成轮胎损坏。

产生危险的主要原因是：

（1）超速。地下无轨采矿车辆不是公路车辆，车速不能过快，车速过快会使轮胎内部的温度升高，产生热裂而损坏；由频繁的快速制动而引起外胎碎裂而损坏；由路面挤压力的增加引起轮胎被割裂而损坏；由急剧拐弯、频繁制动而引起轮胎表面磨损不均匀，加快轮胎磨损；超速也会导致严重的事故发生。因此车辆运行速度不得超过轮胎制造厂规定的速度。

（2）超载。轮胎的额定负载是由轮胎尺寸、轮胎额定层级、车辆速度和充气压力决定。超载会减少轮胎使用寿命，如超载 20%，轮胎寿命将缩短 25%；下沉量过大，帘线断裂和胎面易损坏；超载会使轮胎胎面移动过大，胎面磨损不均；超载会使轮胎帘线张力增加，轮胎因切割和冲击而损坏。因此车辆装载质量不得超过轮胎制造厂规定的车辆装载质量。

（3）过高的充气压力。适当的充气压力是延长轮胎寿命的最重要因素。

若充气压力过大，则：

1）胎面（花纹）中部过多地与地面接触，导致轮胎中部磨损过大；

2）帘线与胎面橡胶过度拉伸，导致轮胎割裂与挤压破裂；

3）减少轮胎胎面与地面接触的面积，导致牵引力大大减少，同时增加了轮胎打滑与空转次数。

4）缓冲性减少，振动增加，车辆乘坐舒适性变差，物料易溅落，车辆其他部件严重损坏。

5）胎面所受的压力过大，胎面花纹损坏。

若充气压力过小，则：

1）轮胎弯曲和下沉量过大，会使胎肩受力过于集中而产生变形，使胎肩产生径向裂纹、增加胎肩径向撕裂，帘线疲劳甚至断裂。

2）增加胎肩与地面接触的压力，造成胎面移动过多，导致磨损不均。气压与轮胎使用寿命之间的关系见表 5-9。

表 5-9 轮胎充气压力与使用寿命之间的关系

轮胎充气压力减少/%	轮胎使用寿命减少/%
10	5
20	5
30	33
40	57
50	78

合适的充气压力需根据轮胎的型号、轮胎规格、线网层层数、车速、轮胎负荷等来

确定。

3）增加胎肩移动，产生过高的内部温度，从而使胎肩热损伤和脱离。

4）轮辋与轮胎胎圈之间摩擦力减少，导致无内胎轮胎泄漏。

因此，轮胎充气压力不得超过轮胎制造厂推荐的压力。

在极端寒冷的温度下，充气压力将不同于标准条件下列出的压力值。一般要咨询地下轮胎式采矿车辆制造厂，在没有资料情况下，可参考下面说明。

在把机器从5～21℃温暖车间里开到冰寒温度的环境时，轮胎压力会显著改变。如果在温暖车间里轮胎有正确的充气压力，到了冰寒温度下，轮胎就会变得充气不足。充气不足会缩短轮胎的寿命。

建议使用干燥氮气充气轮胎，用干燥氮气充气轮胎的目的是为了消除冰晶。因为冰晶可使轮胎内阀杆打开。

表5-10列出了机器在5～21℃的温度环境里正确的轮胎充气压力。对于在较低的工作环境温度作业的机器来说，这些压力是要调整的。

表5-10　用于特定的环境温度下推荐的调整充气压力　(kPa)

推荐的充气压力	用于特定的环境温度下推荐的调整充气压力			
	-10℃	-5℃	-29℃	-40℃
205	230	250	270	285
240	260	290	310	325
280	305	330	350	370
310	340	365	395	415
345	380	405	430	460
380	415	450	470	500
415	450	490	510	550
450	490	520	550	590
480	520	570	590	630
520	560	610	630	670
550	600	640	680	720
590	630	680	720	760
620	670	725	760	800
660	710	760	800	840
690	745	800	840	890
725	780	840	885	930
760	820	885	925	980
795	855	925	965	1030
830	890	965	1005	1060

轮胎应在温暖环境里充气。热的胎圈，将更好贴合胎座。在温暖环境里充气，最初的轮胎气压应比工作压力高15%～20%，以使胎圈座更好对正轮辋。操作机器前，应使轮

胎放气到作业压力。当一台机器在寒冷的天气停车时，轮胎的接触面将变平。为了使轮胎返回到正常形状，应逐渐移动机器。

（4）过热。一个充气不足或过载的轮胎弯曲变形得太厉害，会引起内剪力以及织物层的分离，这种机械效应破坏性已是非常严重的，而由此引起的热量增加更具有毁灭性。橡胶是不良导热体，轮胎弯曲容易引起发热，如果温度超过120℃，橡胶将会失去强度，而编织物纤维强度将下降。如果温度达到180℃，轮胎就会达到硫化翻新的温度，这时线层可能分离，轮胎可能爆炸。因此必须防止轮胎过热，降低胎热的办法是停车休息、减速。

一般资料推荐的轮胎充气压力应为“冷态”压力，也就是轮胎工作不超过24h的压力。在使用过程中，轮胎内部空气受热膨胀，致使轮胎内部压力增加。如果“热压”超过“冷态”压力的25%，轮胎内部温度就可能超过安全的温度极限，轮胎各零件就会产生热裂，从而毁坏轮胎。超过推荐的“冷态”压力的25%这个值为临界值，只要保持在25%的这个临界值范围内，还属安全操作范围。如果“热压”超过“冷态”压力的25%，其负载与速度一定要降下来。切忌将轮胎内的空气排出以达到轮胎压力减少的目的，这会使轮胎过度弯曲，使轮胎温度更加上升，从而造成轮胎永久性损坏，唯一安全办法就是停车休息或减载、减速。

（5）驾驶损坏了轮胎的车辆。轮胎的损坏会导致严重的人身伤害或死亡事故。

（6）驾驶不当修复的轮胎的车辆。不当修复的轮胎可能会进一步损坏，轮胎可能会突然失效，造成严重的人身伤害或死亡。

（7）驾驶不当的轮胎组合（即不同尺寸、不同型号或不同额定速度）的车辆，可能导致车辆失控等严重的人身伤害或死亡事故。

（8）不要拆除、移动或储存充足气的加压轮胎，因为搬运过程中轮胎可能爆裂，并导致严重的人身伤害或物质损失。

（9）在搬运大型轮胎时，轮胎翻倒也会压伤人。

总之，由于轮胎与轮辋是地下无轨采矿车辆的事故源之一，它对设备和人员安全影响极大，见表5-11。因此人们要重视轮胎、轮辋的使用、拆卸、更换的安全。

表5-11 轮胎、轮辋事故影响

序 号	影响对象	占总影响百分比/%	序 号	影响对象	占总影响百分比/%
1	车辆损失	2	4	死亡	33
2	设备损坏	6	5	潜在死亡	50
3	对人伤害	9			

5.19.2.3 轮胎与轮辋的安装与拆卸

A 安装

（1）当轮胎已充气或部分充气时，切勿用锤击方法安装锁环或其他部件。因为部件无需用敲击的方法即可正确安装。相反，若采用敲击方法，敲击锤或被敲物有可能随气压爆炸飞出。

（2）在充气之前，应对所有部件进行两次检查，确保正确安装。否则一旦充气，部件可能会随气压爆炸飞出。

(3) 只有所有部件都装入正确部位后，才能给轮胎充气。充气升至0.06MPa时，要重新检查部件的安装是否正确，若发现问题，立即放气进行纠正。切勿用手锤击正在充气或部分充气的轮胎或轮辋组件，以防轮胎爆炸时，手锤与部件飞出伤人。如果充气升至0.06MPa时情况良好，则可继续升到所需胎压。

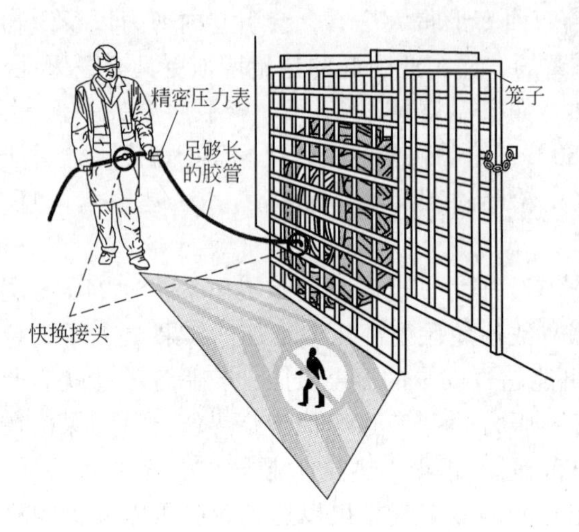

图5-16　正确的充气方法

(4) 当轮胎充气时，切勿坐或站在轮胎与轮辋前后，充气软管前端应配一带夹子的夹头，夹在气门嘴上。充气软管的长度要足够保证充气司机能站在轨线之外，而不是站在轮胎的轨线之内。这样可防止充气时安装不正确的部件飞出伤人，如图5-16和图5-17所示。

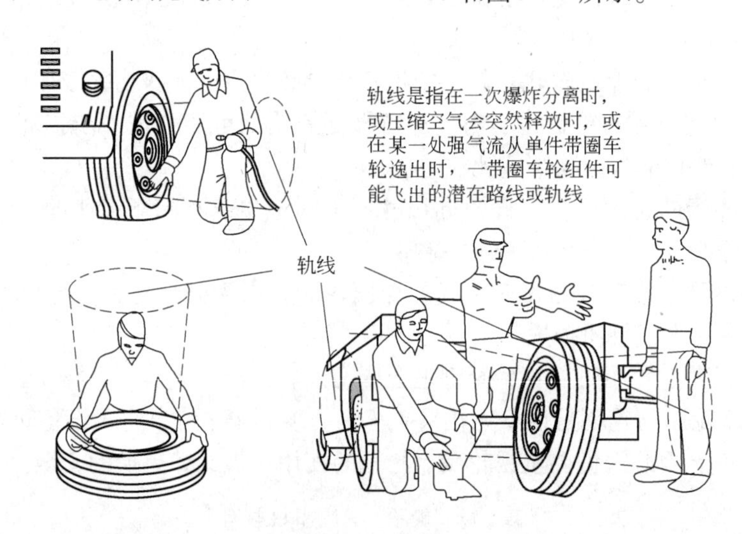

图5-17　轨线区

(5) 在对轮胎充气时，请站在安全线内。充气轮胎爆炸会导致预热的气体在轮胎里燃烧。焊接产生的热量，轮辋元件产生的热量，外部火源以及过度制动产生的热量都可能导致轮胎爆炸。

轮胎爆炸比轮胎爆裂猛烈得多，爆炸能使轮胎、轮辋元件和车桥元件飞离车身500多米远。爆炸力和飞溅的物体会造成财产损失和人员伤亡。

不要靠近热的轮胎，保持给定的最小距离，站在图5-18中*A*区和*B*区以外。

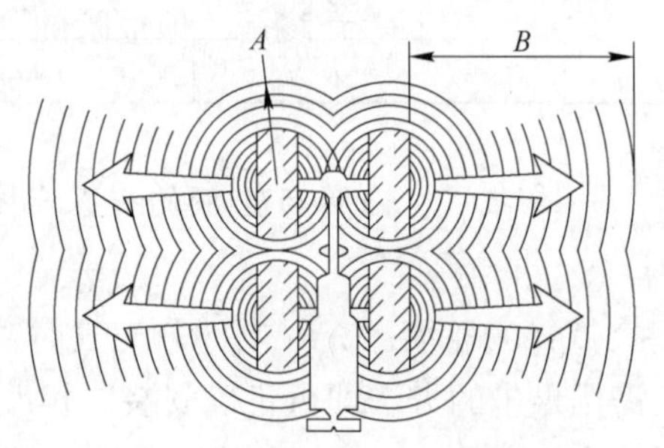

图5-18　轮胎充气时的安全距离

A—至少15m（50步）；*B*—至少500m（1500步）

推荐使用干燥的氮气对轮胎充气。如果起初使用空气充气，氮气只是用来调节压力，应把氮气和一定的空气混合使用。

充氮气的轮胎减少了轮胎爆炸的潜在危险，因为氮气不会助燃。氮气能够防止橡胶氧化、老化和腐蚀轮辋元件。

为了避免充气过多，需要掌握适当的充气设备和设备的使用方法。轮胎爆裂或轮辋故障导致设备不能正常工作甚至不能使用。

(6) 禁止在充气的轮胎或轮辋上进行焊接，不允许在未充气轮胎上焊接轮辋。因为焊接产生的高温会引起胎压急剧上升，产生爆炸。焊接时，未充气的轮胎内胎可能着火，随着温度上升，压力将升高，产生同样严重的后果。

(7) 将一种型号的轮辋部件与另一型号的轮辋部件混装是危险的。虽然不配套部件也可能装配在一起，但轮胎一充气，部件可能在爆炸力作用下伤人。

(8) 无内胎车胎的密封性试验应将轮胎安装于轮辋上，充气至略大于额定气压后，在室内常温下放置72h，不得有漏气现象产生。

(9) 当轮辋装到轮毂上时，轮胎螺母的拧固力矩必须到位。

B 拆卸

(1) 在拆卸轮辋前，必须把压气放完。否则在压力作用下可能飞出碎轮辋片，将造成严重伤害。而在有气压下拆卸轮辋挡圈时，轮辋挡圈有可能会崩弹出来。

(2) 拆卸轮辋之后进行清洗，重新涂上一层漆，以防腐蚀，有利于轮辋的检查和轮胎的安装。从轮辋锁环和O形圈沟槽中仔细清除所有的污垢和铁锈，这对于锁圈固定在正确位置上是十分重要的。在充气装置上配备空气过滤器，以除掉气体中的水分，有利防锈。

(3) 定期检查轮辋部件有无裂纹，如发现裂纹、严重磨损或严重生锈的现象应当用同一型号尺寸的部件更换。因为部件一旦出现上述现象，其强度降低。此外，部件发生弯曲或修理后，其配合不好。

(4) 有裂纹、断裂或损坏的部件，在任何情况下都不得修理、焊接或焊后重新使用，也必须用同一型号尺寸的部件或没有损坏的部件进行更换。因为部件经加热后会削弱其强度，不能承受充气压力而正常工作。

(5) 轮胎跑气，应首先拆下来，仔细检查轮胎、轮辋部件。重新充气之前，还要检查挡圈、轮辋体、锁环和O形圈以及胎圈座是否有损坏，确保正确的安装。在轮胎严重跑气或严重漏气过程中，部件有可能已经损坏或错位。

C 维修

轮胎和轮辋的维修是一项危险的工作。只有经过培训的人员才能使用适当的工具和按照正常的程序执行维护维修工作。如果没有按照正常的步骤执行维修，爆炸力会使部件破裂，甚至会造成人员伤亡。因此，维修人员要认真遵守轮胎的详细维修规则。

总之，应该按照要求，严格装配轮辋部件，遵守厂家推荐的拆卸、安装和维修步骤，注意轮胎的正确胎压、速度与负荷，只有这样才能保证轮辋的使用寿命，保证地下轮胎式采矿车辆安全行驶与安全作业。

5.20 稳定性

设计和制造的带工作装置、附件装置和可选装置的地下轮胎式采矿车辆在制造商规定的所有预期的作业条件（包括维修、总装、拆卸和运输）下，提供足够的稳定性。现以地下装载机为例，说明地下轮胎式采矿车辆稳定性确定方法。

5.20.1 地下装载机重心位置的确定

计算地下装载机的稳定性，首先应当预知其重心位置。在进行总体布置后，可初步计算重心位置，但装载机重心的确切位置只有在样机制造出来后才能确定。通常可用实验方法测定重心位置，然后校验其稳定性。

5.20.1.1 地下装载机直线行驶时（车架平直）重心位置的确定

A 地下装载机空载时

地下装载机铲斗在不同位置时，其重心位置也不同，应按计算工况所示铲斗位置，预测定其空载时的重心位置。

先将地下装载机置于水平位置（图 5-19a），测出其轴距 L，轮距 B_{ac}，自重 W 以及各轮胎的载荷，则装载机重心的水平坐标可按下式计算：

$$b = \frac{W_r L}{W} \tag{5-6}$$

$$e = \frac{[(W_{fl} + W_{rl}) - (W_{fr} + W_{rr})]B_{ac}}{2W} \tag{5-7}$$

式中 b——重心到前桥中心的距离；

e——重心到装载机纵向对称平面的距离；

W_{fl}，W_{fr}——分别为左前轮、右前轮载荷；

W_{rl}，W_{rr}——分别为左后轮、右后轮载荷；

W_r——后桥载荷；

B_{ac}——轮距。

为确定该工况下的重心高度 h，可将装载机前桥或后桥抬起一个高度使之呈倾斜位置（图 5-19b），测定前桥或后桥载荷。图中将地下装载机后桥抬起 Δh，使地下装载机倾斜，其倾斜角为 θ，并测出前桥载荷 W_{fh}，则地下装载机重心高度 h 为：

$$h = \frac{(W_{fh} - W_f)L}{W\tan\theta} + h_r \tag{5-8}$$

式中 W_{fh}——后桥抬起时前桥载荷；

W_f——前桥载荷；

h_r——轮胎中心离地高度；

$\tan\theta \approx \Delta h / L$。

B 地下装载机满载时

满载时的重心位置可根据空载时的重心位置及额定载重量进行计算。地下装载机自重与额定载重量按平行力系合成，其合成重心位置即装载机满载时的重心位置，如图 5-20 所示。

空载直线行驶时，装载机的重心位置可由式(5-6)、式(5-7)及式(5-8)来确定。设铲斗中载荷重心为铲斗的几何中心，则满载时重心 W' 在空载重心 W 与铲斗中载荷重心 W_1 的连线上。

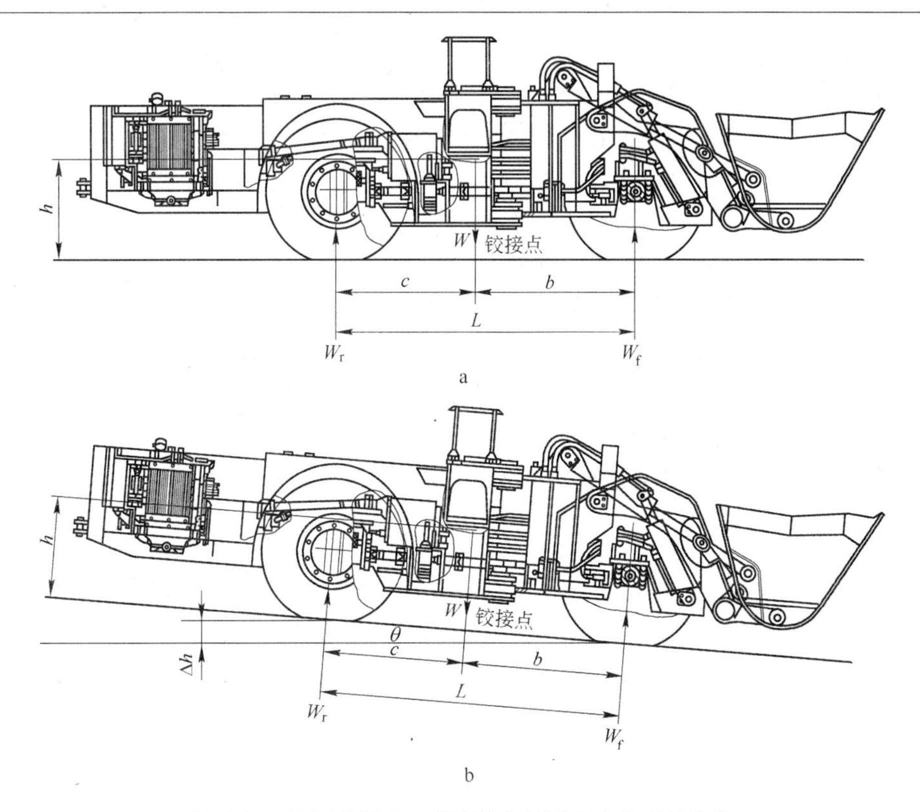

图 5-19 地下装载机空载直线行驶时重心位置的确定

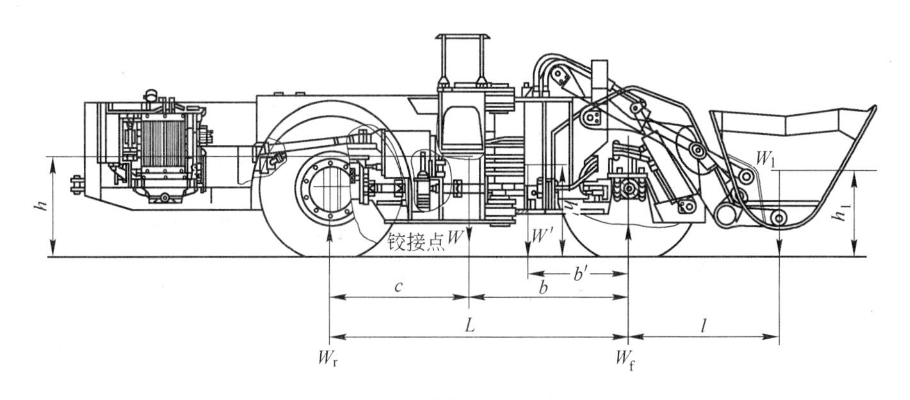

图 5-20 满载时重心位置

根据求两平行力合力和作用线的位置原理得：

$$W' = W + W_1 \tag{5-9}$$

$$\frac{W}{W_1} = \frac{l + b'}{b - b'} \tag{5-10}$$

变换后得：

$$b' = \frac{Wb - W_1 l}{W + W_1} \tag{5-11}$$

同理：

$$h' = \frac{Wh + W_1 h_1}{W + W_1} \tag{5-12}$$

式中　W_1——额定载重量；

h'——装载机满载时重心高度；

h——与满载相同工作位置，装载机空载时重心高度；

h_1——铲斗中载荷重心高度；

b'——满载时重心到前桥中心的距离；

b——空载时重心到前桥中心的距离；

l——铲斗中载荷重心到前桥中心的距离。

若铲斗中载荷重心位于装载机纵向对称平面内，则满载时重心到装载机纵向对称平面的距离 e' 与空载时相同，即 $e'=e$，若铲斗中载荷重心不在纵向对称平面内，则可按平行力系计算满载时重心到纵向对称平面的距离 e'。

5.20.1.2　地下装载机转向时（车架折转）重心位置的确定

A　地下装载机空载时

空载转向时的重心高度与空载直线行驶（车架平直）时的重心高度相同，即 h，但其水平位置则与直线行驶时不同。为确定其水平位置，可用图解计算法确定。

按比例做出车架折转时的车轮位置，图5-21所示为装载机处于最大转向角 θ_{max} 位置。测出两前轮载荷 W_{fl}、W_{rr}，按平行力系求出前桥合力即前桥载荷，其作用点 T 的位置为：

$$TE=\frac{W_{fr}B_{ac}}{W_f} \qquad (5\text{-}13)$$

$$TF=\frac{W_{fl}B_{ac}}{W_f} \qquad (5\text{-}14)$$

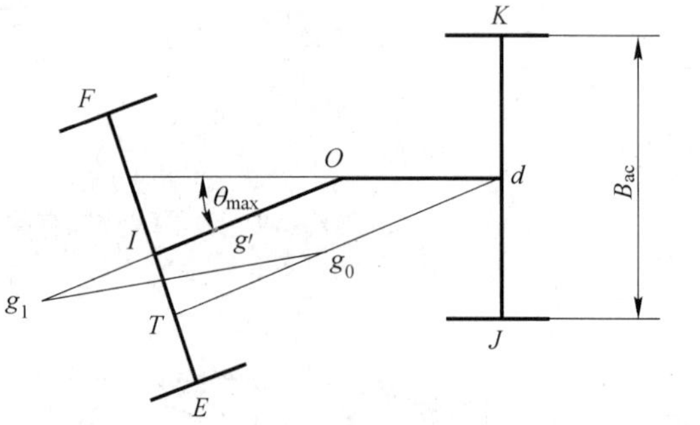

图5-21　地下装载机转向时重心位置的确定

式中，W_f为前桥载荷，$W_f=W_{fl}+W_{fr}$。

后桥用水平铰销与后车架铰接，所以两后轮载荷相等。后桥载荷作用点为后桥中点，在水平面上投影为 d。因此，地下装载机空载转向时，重心在水平面上的投影 g_0 与后桥中心的距离 g_0d 可按式(5-15)计算：

$$g_0d=\frac{W_fTd}{W} \qquad (5\text{-}15)$$

B　地下装载机满载转向时

地下装载机重心高度与满载直线行驶时重心高度 h'(见式(5-12))相同，其重心水平位置可用图解计算法求得（图5-21）。

空载时地下装载机重心的水平投影为 g_0。如按选定的比例，标示出铲斗中载荷重心的水平投影 g_1，则满载时，地下装载机重心 G' 的水平投影 g' 应在 g_1g_0 上。其与空载时重心的水平投影 g_0 的距离 $g'g_0$ 可按式（5-16）计算：

$$g'g_0=\frac{W_1g_1g_0}{W+W_1} \qquad (5\text{-}16)$$

5.20.2　地下装载机的稳定性的评价指标

地下装载机的稳定性是指地下装载机在行驶作业过程中，不发生倾翻或侧翻或侧滑的能力，它是地下装载机的重要使用性能。

通常是采用稳定比和稳定度来评价地下装载机的稳定性。

5.20.2.1　稳定比

作用在地下装载机上的外力，对地下装载机可能产生两种力矩：一种是使地下装载机产生倾翻趋势的力矩，称为倾翻力矩 M_0；另一种是使地下装载机趋于稳定的力矩，称为稳定力矩 M_s。稳定力矩和倾翻力矩之比称为稳定比，即 $K=M_s/M_0$。

当 $K>1$ 时，地下装载机稳定；当 $K<1$ 时，地下装载机倾翻；当 $K=1$ 时，地下装载机处于倾翻而又未倾翻的临界状态。由于 K 是按静态稳定性计算的，为使地下装载机行驶时有足够的稳定性，一般规定地下装载机在水平地面、满载、铲斗负荷中心最大外伸时，其稳定比 $K\geqslant 2$。

5.20.2.2　稳定度

地下装载机停止或行驶在坡道上，保持地下装载机不倾翻的最大坡度角 θ_{max} 的正切 $\tan\theta_{max}$ 值，称为稳定度 i，即：

$$i=\tan\theta_{max}$$

图 5-22 所示为地下装载机在纵向坡道上的稳定度，图 5-23 所示为地下装载机在横向坡道上的稳定度，两图中重力 W 的作用线刚好都通过倾翻轴线，都处于倾翻的临界状态，

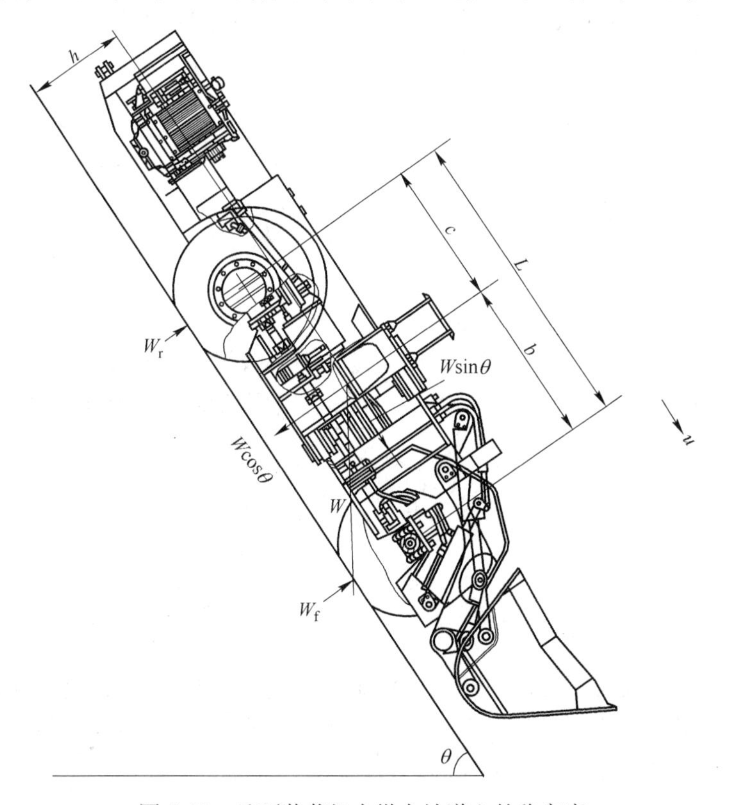

图 5-22　地下装载机在纵向坡道上的稳定度

倾翻临界状态的最大坡度角度 θ_{max} 称为失稳角。当重力 W 作用线在四个车轮接地点之间的支撑面内时，地下装载机稳定，当重力 W 作用线超出支撑面时，地下装载机倾翻。

地下装载机停止或行驶在坡度上，保持地下装载机不倾翻的最大坡度角 θ_{max} 的正切 $\tan\theta_{max}$ 值称为稳定度 i，即 $i=\tan\theta_{max}$。

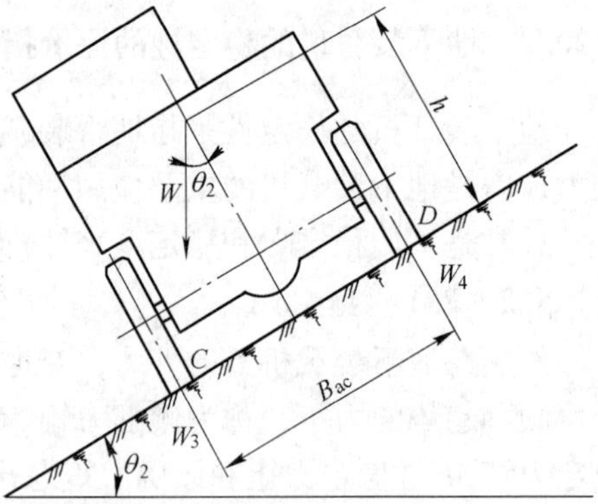

A　纵向稳定度

由图 5-22 可知，确定纵向稳定度的值应为：

$$i=\tan\theta=b/h \tag{5-17}$$

图 5-23　地下装载机横向稳定度

如果考虑轮胎变形，失稳时地下装载机总重力完全由前轮承担，后轮变形消除，前轮变形增大。这样，使地下装载机倾斜了一个角度，这实际上就使地下装载机纵向稳定性降低了。由轮胎变形而形成的纵向稳定度为：

$$(\delta_1+\delta_2)/L$$

因此，当考虑轮胎变形后，其纵向稳定度的值应为：

$$i_1=\frac{b}{h}-\frac{\delta_1+\delta_2}{L} \tag{5-18}$$

式中　b——重心到前桥中心的水平距离；

h——重心到地面的垂直距离；

δ_1——承受地下装载机总重力时的前轮胎变形与水平放置时的前轮胎变形之差；

δ_2——水平放置时的后轮胎变形；

L——轴距。

B　横向稳定度

由图 5-23 可知，确定横向稳定度的值为：

$$i_2=\tan\theta_2=B_{ac}/2h \tag{5-19}$$

式中　B_{ac}——轮距；

h——重心位置到地面的垂直距离。

由式(5-18)、式(5-19)确定的稳定度，是地下装载机倾翻轴线平行坡底线时之值。当倾翻线与坡底线的夹角为 β 时，用图 5-24 分析稳定度的值；重力作用线为 ON 线，失稳角为 θ_3 得稳定度为：

$$i_3=\tan\theta_3=\frac{NA}{OA}=\frac{MA}{OA}\frac{1}{\cos\beta}=\tan\theta_1\frac{1}{\cos\beta} \tag{5-20}$$

$$i_3=i_1\frac{1}{\cos\beta} \tag{5-21}$$

C　稳定度的实际意义

实际中，地下装载机不可能在达到了稳定度的坡度道上行驶或停止。因此，稳定度的实际意义，是用于评价地下装载机在坡道上的稳定性能，用稳定度来限制地下装载机的倾翻，使地下装载机滑移和滑转发生在倾翻之前。

若以 Ψ 表示黏着系数，纵向滑移或滑转发生在倾翻之前的条件为：

$$i_1 > \psi \quad 即 \quad \frac{b}{h} > \psi \tag{5-22}$$

横向滑移或滑转发生在倾翻之前的条件应为：

$$i_1 > \psi \quad 即 \quad \frac{B_{ac}}{2h} > \psi \tag{5-23}$$

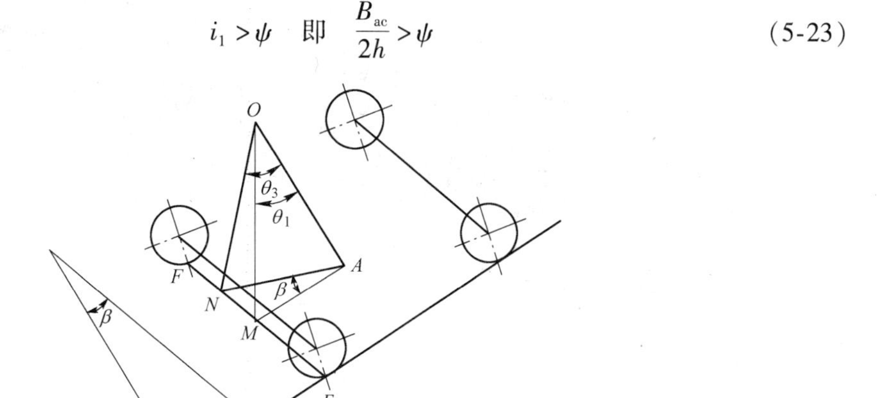

图 5-24 稳定度分析图

5.20.3 地下装载机的纵向稳定性

地下装载机容易发生纵向倾翻的工况有很多，选用了一种最复杂的工况介绍其稳定性的分析方法，再选用一种容易出现的工况加以引申，其他的工况读者可以依据同样的分析方法独立完成。

5.20.3.1 下坡铲装时的纵向稳定性

地下装载机下坡时铲装的工况是最容易发生倾翻的工况，如图 5-25 所示。这时装载机以速度 u 插入料堆，是个减速过程，作用在地下装载机上的所有力为：F_{in} 为插入力，F_{sh} 为铲取阻力，F_i 为惯性力，W 是自重力。自重力沿坡道的分力为 $W\sin\theta$。如图 5-25 所示的工况时，分力 $W\sin\theta$ 对倾翻轴产生倾翻力矩。地下装载机可以忽略风的阻力 F_w，M_1、M_2 是滚动阻力矩，W_f、W_r 是支反力，F_{xf}、F_{xr} 是驱动力。

图 5-25 中，两前轮接地点的连线是倾翻轴线，在倾翻的临界状态时：

$$W_r = M_2 = F_{xr} = 0$$

绕倾翻轴的稳定力矩为：

$$M_s = bW\cos\theta + M_1 \tag{5-24}$$

倾翻轴的倾翻力矩为：

$$M_0 = Wh\sin\theta + F_i h + F_{in} h_0 + F_{sh} l \tag{5-25}$$

用临界倾翻状态求稳定比：

$$K = \frac{Wb\cos\theta + M_1}{Wh\sin\theta + F_i h + F_{in} h_0 + F_{sh} l} \tag{5-26}$$

式(5-26)判断纵向稳定性，当 $K > 1$ 时，地下装载机稳定；当 $K < 1$ 时，地下装载机将发生倾翻。

5.20.3.2 下坡运输制动时的纵向稳定性

地下装载机向溜井运送矿物时，有时会遇到下坡制动的状态，如图 5-26 所示。

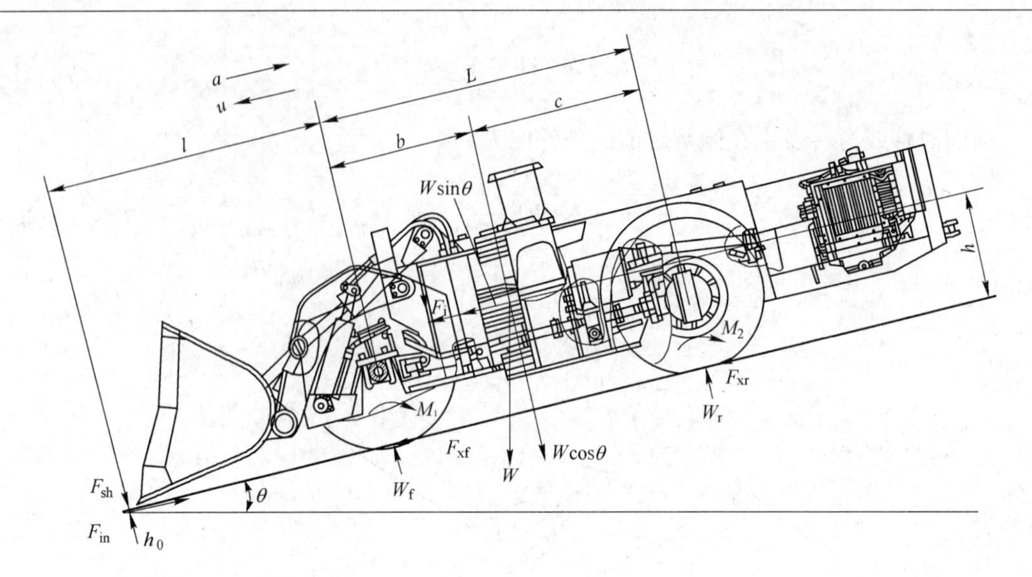

图 5-25　地下装载机下坡铲装时稳定性分析

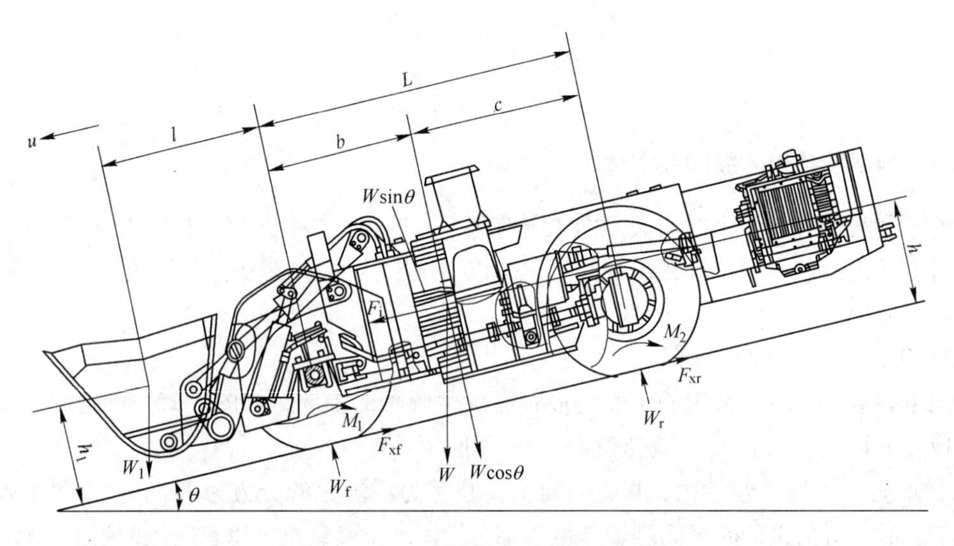

图 5-26　下坡制动时的纵向稳定度

两个前轮的接地点连线仍为倾翻轴，在倾翻的临界状态时，则符合 $W_r = M_2 = F_{xr} = 0$ 的条件。W_1 是载荷力，F_{xf}、F_{xr}是水平阻力。

绕倾翻轴的稳定力矩为：

$$M_s = Wb\cos\theta + M_1 \tag{5-27}$$

绕倾翻轴的倾翻力矩为：

$$M_0 = Wh\sin\theta + W_1\cos\theta + F_i h \tag{5-28}$$

得稳定比为：

$$K = \frac{Wb\cos\theta + M_1}{Wh\sin\theta + h_1 W_1 \sin\theta + W_1 l\cos\theta + F_i h} \tag{5-29}$$

当 $K>1$ 时，地下装载机稳定；当 $K<1$ 时，地下装载机将倾翻。

5.20.4 地下装载机横向稳定性

由于摆动桥可以绕桥壳上中心销横向摆动一定角度，所以横向稳定性又分一级稳定度和二级稳定度（一般又称一级稳定性和二级稳定性）。

5.20.4.1 一级稳定度

在图 5-27 中，D 点为摆动桥与桥壳连接的中心销，地下装载机车架是以 $\triangle DEF$ 为支承面。横向倾翻时，首先绕等腰三角形 $\triangle DEF$ 的一个腰为轴而倾翻，称此为一级稳定度。

计算一级稳定度，是指 Ed 平行坡底线时绕 ED 轴倾翻的稳定度；过重心 O 点作垂直于 EJ 垂直面 OAC。

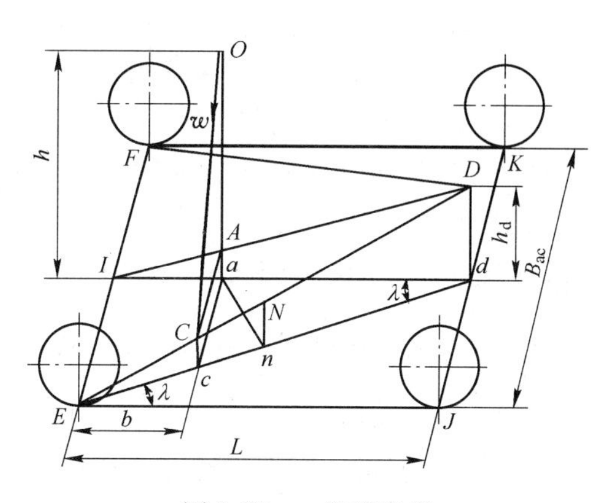

图 5-27 一级稳定度

在图 5-27 中，由于 $\triangle dac$ 和 $\triangle dIE$ 相似，得：

$$AC = ac = \frac{(L-b)B_{ac}}{2L} \tag{5-30}$$

又由 $\triangle IAa$ 和 $\triangle IDd$ 两个三角形相似，得：

$$Aa = \frac{b}{L}h_d \tag{5-31}$$

由图 5-27 中几何关系得：

$$OA = Oa - Aa = h - \frac{b}{L}h_d \tag{5-32}$$

由稳定度定义得：

$$i_1 = \frac{AC}{OA} \tag{5-33}$$

将式(5-30)、式(5-32)代入式(5-33)并考虑轮胎的变形，得到轮胎变形时的一级稳定度为：

$$i_1 = \frac{B_{ac}(L-b)}{2(hL-bh_d)} - \frac{\delta}{B_{ac}} \tag{5-34}$$

若计算 Ed 平行坡底线的一级稳定度，因为 EJ 和 Ed 的夹角为 λ，用式（5-21）的关系得到一级稳定度为：

$$i_1 = i_1'\cos\lambda = \left[\frac{B_{ac}(L-b)}{2(hL-bh_d)} - \frac{\delta}{B_{ac}}\right]\cos\lambda \tag{5-35}$$

式中 L——轴距；

B_{ac}——轮距；

b——重心到前轴的水平距离；

h——重心高度；

h_d——摆动桥中心销到地面高度；

δ——一个车轮承受全桥荷时轮胎的变形；

λ——EJ 和 Ed 之间的夹角：

$$\cos\lambda = \frac{L}{\sqrt{\left(\frac{B_{ac}}{2}\right)^2 + L^2}} \tag{5-36}$$

当一级失稳后，摆动桥与车架相碰时，地下装载机由以△DEF 为支承面，变为以△EKJ 为支承面，整机由一级稳定性向二级稳定性过渡。

5.20.4.2　二级稳定度

二级失稳是指以三角形△EKJ 的 EJ 边为轴的倾翻，也就是 EJ 边平行于坡底线的倾翻如图 5-27 所示。

横向稳定度仍用式（5-19）计算。

5.20.5　铰接式地下装载机的转向稳定性

铰接式地下装载机已被广泛应用，因为它具有许多优点，但由于它转向时重心向内侧偏移，其转向稳定性较差，所以必须分析其转向的稳定性。

5.20.5.1　转向时的纵向稳定性

图 5-28a 是铰接式地下装载机转向稳定度示意图，E、F、J、K 为四个车轮接地点，D 为摆动桥中心销，O_1 为重心，O 为前后车架铰接中心。

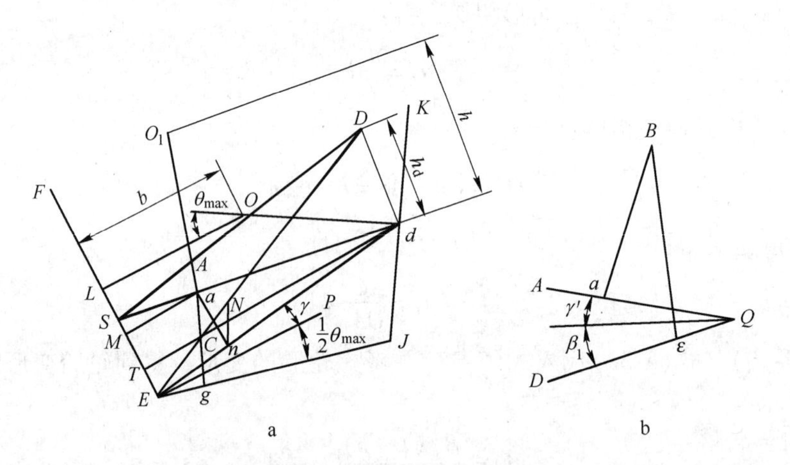

图 5-28　铰接转向的稳定度计算示意图

由图 5-28a 可以看出，在不考虑轮胎变形时，其纵向稳定度为：

$$i' = \frac{aM}{aO_1} \tag{5-37}$$

当考虑轮胎变形时，纵向稳定度为：

$$i = \frac{aM}{aO_1} - \frac{\delta_1 + \delta_2}{Td} \tag{5-38}$$

其中：

$$Td = \frac{1}{2}L + \frac{1}{2}L\cos\theta_{max}$$

则有：

$$i=\frac{aM}{aO_1}-\frac{2(\delta_1+\delta_2)}{(1+\cos\theta_{max})L} \tag{5-39}$$

式中 aO_1——重心高度；

aM——a 点到前桥距离，即是重心到前桥距离；

L——轴距；

θ_{max}——最大转向角。

5.20.5.2 转向时横向稳定性

由图 5-28a 可以看出，地下装载机转向时重心 O_1 点向内侧移动，所以，其一级、二级倾翻都是向内侧倾翻。

A 一级稳定度

一级稳定度是指 Ed 线平行坡底线的稳定度，由图 5-28a 得到轮胎变形后的一级稳定度为：

$$i=\frac{an}{O_1A}-\frac{\delta}{B_{ac}}\cos\gamma \tag{5-40}$$

式中 δ——由一个轮负担全桥荷时，轮胎的变形量；

γ——是 EF 的垂线 EP 与坡底线的夹角。

B 二级稳定度

二级稳定度是指 EJ 线平行坡底线的稳定度，为了求出二级稳定度，先求出 EJ 平行坡底线的一级稳定度为：

$$i_1'=\frac{ac}{AO_1}-\frac{\delta}{B_{ac}}\cos\frac{1}{2}\theta_{max}=\tan\beta_1 \tag{5-41}$$

当一级失稳后，地下装载机绕 Od 轴转过 γ 角，绕 EJ 轴转过 γ' 角，由于 Od 和 EJ 之间夹角为 $\frac{1}{2}\theta_{max}$ 所以有：

$$\tan\gamma'=\frac{\tan\gamma}{\cos\left(\frac{1}{2}\theta_{max}\right)} \tag{5-42}$$

用图 5-28b 所示的 $\angle AQD$ 表示 β_1 与 γ' 两角之和，在 AQ 边上截取 Qa 等于图 5-28a 中的 ga，再过 a 点作 AQD 面的垂线，取垂线的 $aB=h$，再过 B 点作 QD 的垂线 Be，则一级失稳之后，剩余的稳定度为：

$$\tan\tau_1=\frac{Qe}{Be}-\frac{\delta}{b}\cos\frac{1}{2}\theta_{max} \tag{5-43}$$

所以，EJ 平行坡底线的二级稳定度为：

$$i_2=\tan(\beta_1+\tau_1)$$

式中 β_1——EJ 平行坡底线的一级失稳角，用式（5-41）求得；

τ_1——一级失稳后的剩余角，用式(5-43)求得。

C 转向时侧滑和侧翻的稳定条件

图 5-29 和图 5-30 分别为转向时受力的俯视图和前视图。转向有横向阻力 F_1、F_2，离心惯性力 F_{iy}、F_{ix}，转向惯性力矩 M_i，支反力 F_{3y}、F_{3z}、F_{4z}、F_{4y}、自重力 W 等。

由各力成动平衡求得：

$$F_{3z}=\frac{W(B_{ac}-d)-F_{iy}h}{B_{ac}} \tag{5-44}$$

$$F_{4z}=\frac{Wd+F_{iy}h}{B_{ac}} \tag{5-45}$$

$$F_{3z}+F_{4z}=W \tag{5-46}$$

$$F_{3y}+F_{4y}=F_{iy}=\frac{Wu^2}{gR} \tag{5-47}$$

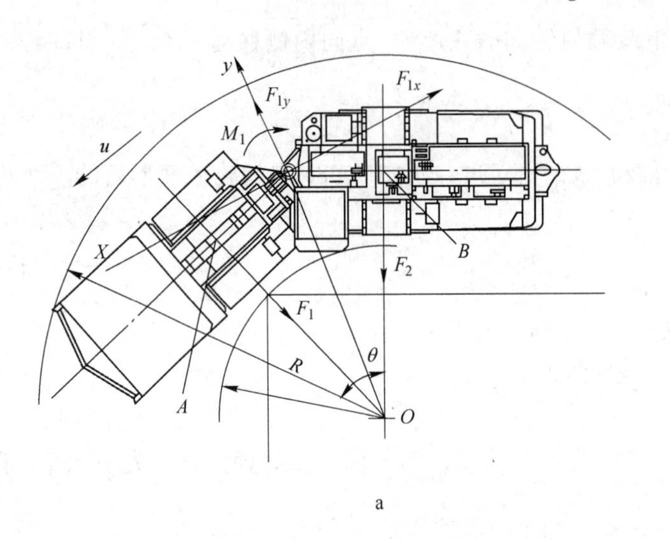

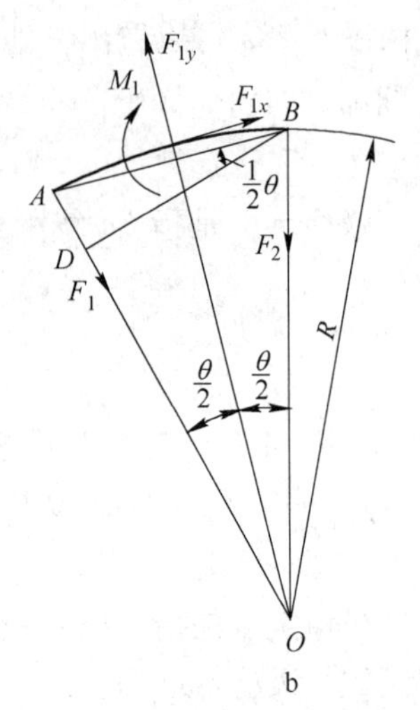

图 5-29　转向时受力俯视图

若地面黏着系数为 Ψ，则不发生侧滑的条件为：

$$F_{3y}+F_{4y}\leqslant W\Psi$$

即：

$$\frac{Wu^2}{gR}\leqslant W\Psi \tag{5-48}$$

得：

$$u\leqslant\sqrt{gR\Psi} \tag{5-49}$$

在式(5-49)中，$u=\sqrt{gR\Psi}$ 为横向打滑的极限行驶速度。

转向时不发生侧翻，在图 5-30 中，如果发生绕左侧轮侧翻，则有 $F_{3z}=F_{3y}=0$，稳定比为：

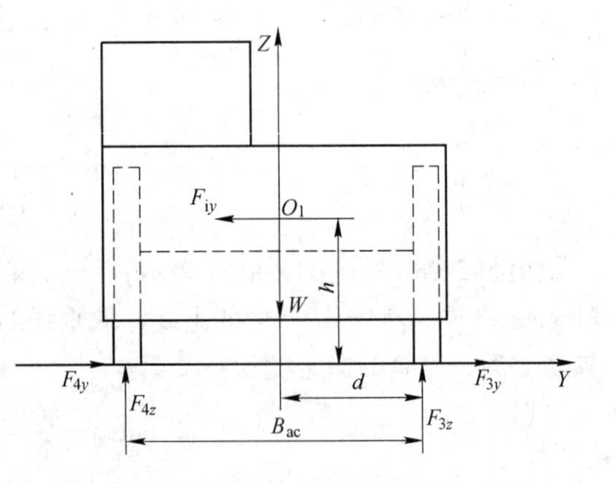

图 5-30　转向时受力前视图

$$K=\frac{M_s}{M_0}=\frac{W(B_{ac}-d)}{hF_{iy}} \tag{5-50}$$

不发生侧翻的条件 $K>1$，即：

$$W(B_{ac}-d)>\frac{Wu^2}{gR}h \tag{5-51}$$

得

$$u<\sqrt{(B_{ac}-d)gR/h} \tag{5-52}$$

式(5-52)中 $u<\sqrt{(B_{ac}-d)gR/h}$ 值为不侧翻的极限行驶速度。

当在井下使用地下装载机时，由于井下巷道转向半径 R 为一定值，用式(5-51)和式(5-52)去限制地下装载机的行驶速度，对防止转向时的侧滑和侧翻有实际效果。

5.20.6 实例

由于地下轮胎式采矿车辆的稳定性对保证地下轮胎式采矿车辆的作业安全十分重要，因此，为了保证地下轮胎式采矿车辆和操作人员的安全，地下轮胎式采矿车辆制造商一般都会在其使用说明书中给出车辆安全作业时允许的纵向和横向坡度，如 Sandvik 公司生产的 TORO 6 型地下装载机使用说明书中就明确告诉用户，该机作业时允许的纵向和横向坡度，用户必须遵守（图 5-31、图 5-32）。

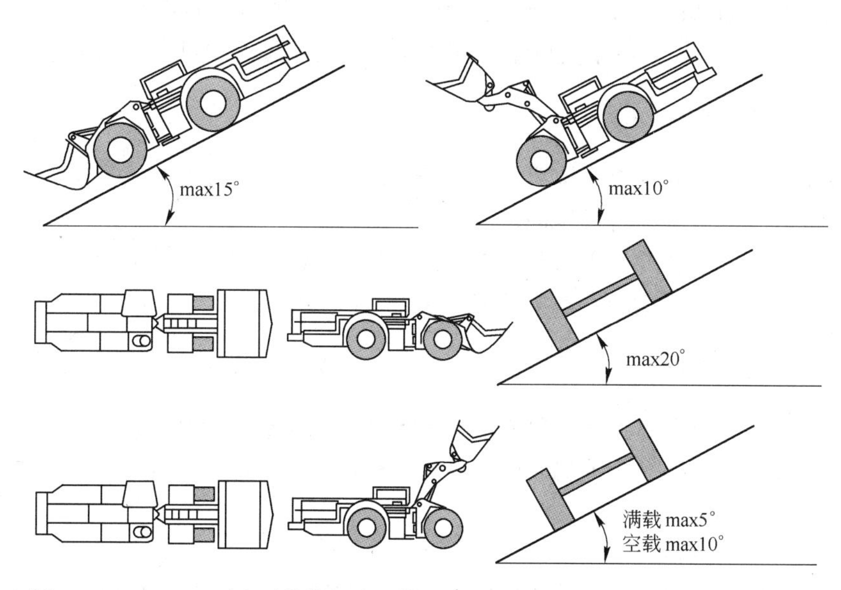

图 5-31 TORO 6 型地下装载机在运输和举升工况时允许的纵向和横向坡度角

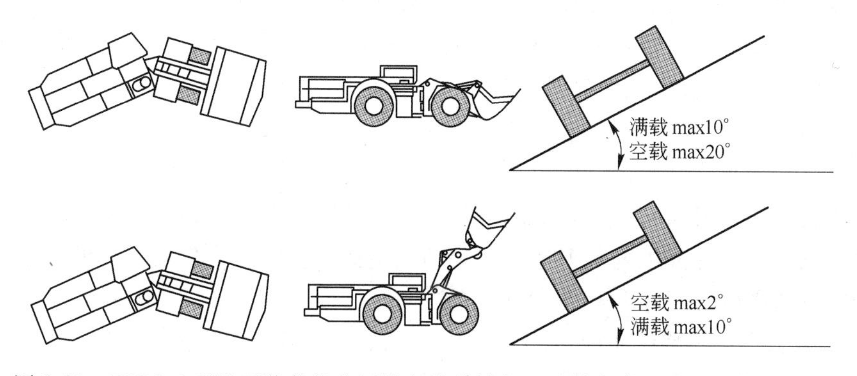

图 5-32 TORO 6 型地下装载机在运输和举升转向工况时允许的纵向和横向坡度角

5.21 维护

5.21.1 一般要求

调整和维护点必须位于危险区之外。必须在机器处于停止状态时，才能进行检查、调整、维护、修理、清洁和服务性等作业。如果上述一个或多个条件因技术原因不能得到满足时，必须采取措施确保这些操作能够安全进行，其安全操作程序应在维修手册中加以说明。

维护用开口应符合 GB/T 17299 标准要求。

最好的机械设计，应允许从地面上进行润滑、向油箱加油和更换过滤器等。

使用自动采矿车辆，必须提供安装故障诊断设备的连接装置。

对于必须经常更换的自动采矿车辆的部件，必须能安全而方便地进行拆卸和更换。执行这些任务时，必须按照规定的操作方法，采用必要的技术工具接近这些部件。

5.21.2　频繁维护

需要频繁维修的部件（如蓄电池、润滑装置、过滤器等）的检查与更换应便于接近（图 4-246）。机器上应配备用于盛放制造商建议的工具及备件的可上锁的工具箱。

5.22　支承装置安全要求

在机器上，当设备处于提升位置才能进行维修时，应按 GB/T 17920 中和 GB/T 25610 要求的支承装置，对设备进行机械保护。

如果维修需要支承装置，则这些支承装置应永久安装在机器上或者储存在机器上安全的地方。应对处在打开位置的发动机检修孔盖板提供支承装置。

5.22.1　提升臂支承装置

提升臂即土方机械为了提升、装载、运输和卸下泥土或其他物料所配置的主要构件或部件。提升臂支承装置即一个或更多的连杆、隔板或构架，包括为支承提升臂而设置的连接点和部件。

5.22.1.1　性能要求

提升臂支承装置必须承受由工作回路压力（由泵提供的适用于具体回路的标定压力）产生的下降力加上空载的工作装置、动臂和连杆质量的 1.5 倍重力静载荷。

若提升臂支承装置承受提升动作的加载，则应能承受住该提升力、下降力或提升力（不包括空载的工作装置、动臂和连杆质量）应参考制造厂技术规范推荐的最大值进行确定。

5.22.1.2　其他要求

（1）安装。支承装置应安装在机器的构件上，以便在移动或拆卸该支承装置时既不需机器运动也不需提升臂机构上下运动。合理确定提升臂的举升位置，以便为维修和保养作业提供良好的通道。

（2）安装说明。安装说明应可靠地固定在该装置的附近。安装说明应清楚地说明维护和保养作业应在空铲斗或非工作状态时进行。

（3）储存。支承装置及其所需的部件应牢固、永久地置于机器上。

（4）颜色。支承装置（不包括连接部件）应为红色。当整个机器的颜色为红色时，支承装置应为黄色。

5.22.1.3　试验方法

提升臂支承装置的每一种不同的设计，均应进行力学性能试验，检验其性能是否符合

5.22.1.1 节的要求。该支承装置应能经受试验，并且其结构不得有任何永久性变形或损坏。

5.22.2 自卸车车厢支承装置和可倾斜式司机室支承装置

如果自卸车车厢、自卸车车厢替代用品及司机室含有用于维修或其他非运行用途的完整倾斜系统，则自卸车车厢、自卸车车厢替代用品及司机室或系统应安装有保持司机室在完全提升和倾斜状态下的支承装置。该系统应符合 GB/T 25610 的要求。

当自卸车车厢、自卸车车厢替代用品及司机室倾斜时，通过司机室内操纵装置触发的控制锁定系统可用于避免机器和工作装置、附属装置的意外移动。

5.22.2.1 性能要求

自卸车车厢、自卸车车厢替代品或司机室的机械支承装置应设计成：

（1）能承受下落力施加的静载荷，即 1.2 倍工作回路压力加上一个相当于作用在支承装置上的空自卸车车厢、自卸车车厢替代品或司机室的质量与任何附件、臂及连杆系质量所引起的力。

（2）对于除了重力以外没有下落力且具有机械锁定的倾翻装置，能承受相当于 2 倍空的自卸车车厢、自卸车车厢替代品或司机室的质量所引起的力。

如在自卸车车厢、自卸车车厢替代品或司机室上施加举升力，支承装置不应脱位。每当自卸车车厢、自卸车车厢替代品或司机室回到其初始位置时，也应保持其安全功能。

举升力或下落力和质量的确定应参考制造商建议的最大规范。

5.22.2.2 其他要求

（1）安装。支承装置应安装在机器结构内，使支承装置不会意外地发生移动或脱离。

支承装置应独立于所有其他在正常操作和保养下使用的系统。

为了安全而安装支承装置时，不应意外移动或脱离该安全支承装置。

建议抬起的自卸车车厢、自卸车车厢替代品或司机室位置的选择应为保养和维修操作提供良好的通道。该支承装置应能由一个人安装和操作。

（2）安装和拆卸说明。在靠近使用点的位置应永久提供安装说明，应清楚地说明：

1）除非支承装置已安装在其安全保护位置上，变速挡处于中位，否则停留在自卸车车厢、自卸车车厢替代品或司机室的下面存在危险。如可能，应对倾斜装置的机械锁定给出说明。

2）空自卸车车厢、自卸车车厢替代品或司机室的保养和维修操作。操作维修手册还应规定支承装置的尺寸，仅适用于空载的自卸车车厢或空载的自卸车车厢替代品或空的司机室。还应包括支承装置的拆卸说明。

（3）储存。支承装置及其必要的零件应以安全的方式永久地保存在机器上。

（4）颜色。所有机器上的支承装置（附属零件除外）应为红色，如果机器是红色或该装置是一根或几根绳索则支承装置应为黄色。

5.22.2.3 试验

支承装置每个不同的设计要求做一次物理试验，校验 5.22.2.1 节的要求，支承装置应能承受试验且不出现任何永久的结构变形或失效。

5.23 安全要求和防护措施的验证

有必要检验本部分的要求是否和地下轮胎式采矿车辆设计和制造结合在一起。通过以下一条或几条的组合可完成上述验证：

（1）测量；

（2）目测；

（3）适当时，按引用标准所规定的方法对有特殊要求的项目进行试验；

（4）通过对制造商持有的必需的文件内容进行评估，如按标准要求制造（如风窗玻璃），外购件的证明等。

5.24 使用信息

使用信息也是一种安全措施，它是用文字、标志、符号、信号、图表等形式向用户或使用者传递信息，通知或警告使用者该机器还存在遗留风险。这些遗留风险是机器设计无法解决的，需要用户或使用者在使用机器时采取相应的补救措施。其作用是向使用机器的用户或使用者传递如何正确使用机器，确保操作安全。

提供使用信息是机器设计不可缺少的一个组成部分，也是机器供应的重要组成部分。

5.24.1 对使用信息的一般要求

机器的使用信息一般应包括以下几个方面的内容：

（1）明确规定机器的预定用途及适用范围，使用户知道该机器是干什么用的，能用的范围是多大等。

（2）告诉用户或使用者如何安全、正确地使用机器，使机器安全正常运行，充分发挥其应有功能，防止随意操作造成危险或损坏机器等。

（3）通知和警告用户及使用者该机器还存在的遗留风险，以便他们在使用时采取相应的补救措施，予以防范。

（4）要求使用者一定要按使用说明书（或操作手册）中的规定合理地使用机器，并对不按规定使用机器可能导致的危险或潜在风险提出警告。

（5）使用信息必须考虑机器整个寿命期（如运输、储存、安装、调试、设定、示教、过程轮换、正常运行、清理、查找故障、维护、修理、解除指令、停止使用、拆卸和报废处理等）所需的相应信息。各阶段的使用信息可以是分开的，也可以是联合的。

使用信息只能用来向用户或司机提供上述5个方面的信息，不能用来代替或弥补设计上的不足，如机器上应该有的防护装置，而设计没有解决，要求用户解决，这是不应该的，也是不允许的。

5.24.2 使用信息的类别与配置的确定

机器使用信息的类别与配置应根据以下三个因素确定：

（1）风险情况。根据风险的大小、存在的场合等确定所需信息的类别与配置场所。

（2）使用者需要使用信息的时间，如使用者在使用该机器前需知道该机器的用途、使用范围、操作方法等信息，该信息应以使用说明书（或操作手册）的形式提供；在机器出现危险状态时，在机器的适当部位，以视觉或听觉信号装置的形式提供所需的信息。

（3）机器的结构。根据机器结构的复杂程度和外形等确定所需使用信息的类别和配置场所。对于简单机器，一般只需提供有关标志和使用说明书就可以了，对于结构复杂的机器，尤其是一些大型设备除了各种标志和使用说明书（或操作手册）外，还需提供有关视觉、听觉信号装置、报警装置及有关的符号和图表等。

使用信息或其中某些部分应以以下三种方式配置：

（1）在机器自身上，如有关铭牌、标志、符号、图表、视觉和听觉信号装置、警告牌等。

（2）随机文件中，主要以使用说明书或操作手册的形式提供各种文字说明、图样、图表、明细表等。

（3）其他方式，根据机器的具体情况或用户要求确定。

5.24.3 使用说明书

车辆制造商在交货时提供使用说明书，包含安全操作和维修方面的有关信息，这些信息应采用机器使用国的语言。符合 GB/T 15706.2—2007 中的 6.5 规定，该信息应包括设备预定使用的负载和条件，特别是：

（1）它的使用意图；

（2）使用时的一些限制，包括架空电缆系统使用的限制和环境工作温度，最大湿度的限制；

（3）车辆全部图纸和说明书，包括电气、液压和气动系统简图以及控制器布置、磨损公差等；

（4）车辆的主要参数，包括车辆外形尺寸、运载能力、坡度、速度、一些限制因素，如海拔高度和视野等；

（5）废气排放数据；

（6）每根桥负载。

5.24.3.1 试运转说明

试运转说明包括与设备安装环境相关的风险评估。

装配/试车说明书包括如下内容：

（1）应验证重装的正确性；

（2）验证所加入液体；

（3）蓄电池充电的验证；

（4）控制系统的验证；

（5）安全装置的验证；

（6）功能验证。

如果车辆以未装配的零部件供货时，制造商应提供附图的设备规范，包括：

（1）装配和安装说明书；

（2）所提供的单个零部件的最大重量、尺寸和起吊点；

（3）零部件的安全搬运方法；

（4）电气、液压和气动系统的连接；

（5）总装与调整所使用的特殊设备。

5.24.3.2 设备的使用说明书

设备使用说明书应包括：

（1）关于机器的运输、搬运和储存的信息。

1）机器的储存条件；

2）尺寸、质量、重心位置；

3）搬运说明（如显示吊装设备施力点的图样）。

（2）机器安装和试运转的有关信息。

1）固定或锚定和振动缓冲要求；

2）装配和安装条件；

3）使用和维护所需的空间；

4）允许的环境条件（如温度、湿度、振动、电磁辐射等）；

5）机器与动力源的连接说明（尤其是防止电气过载）；

6）关于废弃物的清除或处置建议；

7）必要时，给出使用者必须采取的保护措施的建议，如附加安全防护装置、安全距离、安全符号和信号。

（3）关于机器自身的信息。

1）对机器、机器附件、防护装置和保护装置的详细说明；

2）机器预定的全部应用范围包括禁用范围，如果可能，还应考虑原有机器的变型；

3）图表（尤其是安全功能的图解表示）；

4）由机器产生的噪声、振动数据，由机器发出的辐射、气体、蒸汽及粉尘等数据，以及所使用的测量方法；

5）电气设备的技术文件（见 GB 5226 系列标准）；

6）证明机器符合有关强制性要求的文件。

（4）有关机器使用的信息。

1）预定的用途；

2）手动控制装置的使用说明（制动机构）；

3）设定和调整；

4）停机的模式和方法（尤其是急停）；

5）设计上无法消除的风险应采取的保护措施；

6）由应用或使用某些附件后可能产生的特殊风险，以及关于此类应用所需的专用安全防护装置的信息；

7）可预见的误用和禁用；

8）故障的识别和定位、修复及调修后的再启动；

9）需使用的个人保护设备及要求进行的培训。

除了上述内容外，还应包括以下要求：

1）在所有预知的速度、坡度和道路环境下，车辆在不超过安全载荷或牵引载荷的操作信息 ；

2）只有能胜任的人才可以启动、操作设备或参与正常工作；

3）清洁要求，避免物质、矿物的堆积危险；

4）燃油、润滑油和液压油的规范，应含卫生、安全数据资料；

5）提升和起吊的说明；

6）提供有关牵引的方法，所需附件和设备的信息；

7）配重要求信息；

8）“未经制造商同意，不能修改车辆”的提示；

9）使用的灭火器的容量和类型说明；

10）灭火设备操作说明；

11）监控点位置说明，如流体的温度和压力的监控；

12）显示器上显示安全工作限制，以及显示器上出现警告信号时需要采取的方法；

13）安全停车信息；

14）车辆停止使用的信息；

15）防止制动器发生性能衰减操作限制性的信息；

16）充电和更换牵引用蓄电池的安全信息；

17）驾驶员启动车辆前的检验清单；

18）用户用来指导司机有关限制有毒气体排放的信息；

19）有关机器可能产生倾斜的忠告；

20）车辆工作区域内对行人的危险警告；

21）当接触热表面时（如浸了油的油尺、散热器帽），使用手套的信息；

22）操作时关紧门与盖的忠告；

23）固定在机器上的重要图示说明；

24）约束系统的使用建议；

25）有关司机能见度的信息，如果司机能见度受到限制，应提供安全操作的说明。

5.24.3.3 维修保养说明

操作维修手册应根据下述要求编写：

（1）安全功能检查的性质和频次；

（2）关于需规定的技术知识或特殊技能的熟练人员（维护人员、专家）专门执行的维护说明；

（3）关于无需特定技能，便可以由使用者（如司机）实施的维护活动（如更换部件）的说明；

（4）便于维护人员执行维护任务（尤其是查找故障）的图样和图表。

除上述外，还应对下列情况做出规定：

（1）维修保养人员要有技术知识和技能，尤其是特殊操作需要特殊能力，所有不管是机械还是电气设备调试只有通过授权的人员才能按照工作安全体系和生产商的说明进行操作；

（2）维修工作和排除故障所需要的条件，例如设备隔离，防止意外启动和确保设备不意外移动；

（3）易损件（例如过滤器、传动皮带）清单，以及检验大致频率和报废标准；

（4）磨损部件（如制动器、离合器、轮胎）清单，以及大致检验频率和报废标准；

（5）定期检验、试验和调试清单；

（6）安全通道和司机室安全；

（7）为了便于维修所需要拆下更换的额外部件（包括门、盖等）信息；

（8）起吊点和用千斤顶顶起的点；

（9）灭火设备的更换和维护说明；

（10）维修牵引蓄电池时的安全注意事项；

（11）特殊工具，如电池维修的绝缘工具和测量磨损仪表；

（12）用于液压系统和燃油管路软管类型；

（13）处理说明；

（14）制动系统验证数据、试验和调试方法；

（15）如果有要求，检验和更新车上一些标志。

5.24.3.4　噪声发射信息及噪声发射值的标示和验证

操作手册应包括司机位置噪声声功率级和噪声声压级有关信息。由机器发射的 A - 计权声功率级，连续等效 A - 计权声压级一般超过 80dB。司机位置处 A - 计权发射声压级值超过 70dB，则不注明。若这个 A - 计权发射声压级值不超过 70dB，应当注明。该值的标示应当有一个如 GB/T 14574—2000（ISO 4871：1996）定义的单值标示的格式。

为了标示和验证该标示值 GB/T 14574—2000（ISO 4871：1996）提供了一个确定噪声发射值的标示和验证方法。该方法是基于采用测量值和测量不确定性原理。后者是与测量过程有关的不确定度（它是由所使用的测量方法的精度等级确定）和生产的不确定性（噪声发射值从一台机器到由同一制造商制造的相同类型的另一台机器是变化的）。

应考虑到以上这些值的不确定性的建议，在操作手册中标示的噪声发射值对于声压级应按照 GB/T 25615—2010 附件 A 计算，对于声功率级应按照 GB/T 25612—2010 附件 B 计算。

有关噪声发射值的信息，也应在销售资料给出。

5.24.3.5　关于手臂和全身振动发射值信息、标示和验证

操作手册应包括由机器传输的手臂和全身振动的如下信息：

如果手臂振动总值超过 $2.5m/s^2$，手臂将受到该振动的影响。如果这个值不超过 $2.5m/s^2$，应加以说明。经验表明，乘坐在采矿车辆上的司机承受作用在方向盘或控制杆的手臂振动剂量值一般是大大低于 $2.5m/s^2$。在这种情况下，只要提一下加速度低于此限制值就足够了。

如果最高计权加速度均方根值超过 $0.5m/s^2$，人体要受到该振动值的影响。如果这个值不超过 $0.5m/s^2$，应加从说明。应指明与确定该单值有关的机器特定工作条件。

全身振动发射单值取决于特定的操作和地形条件，因此不能代表按照机器的预期使用的各种条件。所以，制造商按照 EN 12096—1997 标准标示的全身振动发射单值不是用来确定使用这台机器的司机全身振动暴露值。由于不同的测试道路和试验条件，不同厂家的值是没有可比性的。

振动测量的不确定性和振动发射值的标示及验证信息在 EN 12096：1997 标准中给出。对于不确定度 K 的估计见 EN 12096：1997 标准中表 D_1，该值为测量振动值的 0.4 和 0.5。

补充的操作手册包括下面的一些信息，代表根据使用的机器在操作条件下全身振动发射值。

该机配备司机的座椅满足标准 GB/T 8419—2007（ISO 7096：2000）典型的操作条件下的垂直振动输入。该座位用输入频谱类 EM［根据 GB/T 8419—2007 表 4（ISO 7096：2008），对轮式装载机来说，输入频谱类 EM3］和座椅制造商给出的座位有效振幅传递率系数 SEAT［该值见 GB/T 8419—2007（ISO 7096：2008）表 1］进行试验。

机器在典型操作条件下，全身振动发射值（根据打算所使用的机器）从低于 $0.5m/s^2$ 到为满足 GB/T 8419—2007（ISO 7096：2008）而设计的座椅最大短期水平。对该机器来说，频率介于 f_1 与 f_2 之间，测得的平台的垂直加速度的加权最大短期水平 $a_{ws12\ max}$ 应根据：$a_{ws12\ max} = SEAT \cdot a^*_{wp12}$ 确定，频率介于 f_1 与 f_2 之间，平台的目标垂直加速度的加权 a^*_{wp12} 值参看 GB/T 8419—2007 表 4（ISO 7096：2008），a^*_{wp12} 单位为 m/s^2。

确定预期的全身振动发射值范围的方法与 GB/T 8419—2007（ISO 7096：2000）标准获得的典型测量数据有关。

根据目前工艺技术水平状况，适当的设计司机座椅是减少全身振动发射值最有效的措施。

5.24.4 标志

（1）车辆上要安装易读，易见的金属板标牌（蚀刻、雕刻或压印）。

标牌最少包括以下信息：

1）制造商的名称和地址；

2）法定标志；

3）系列或类型的名称；

4）型号标志；

5）系列号（如果有）；

6）制造年份（制造过程完成的年份）；

7）额定功率（kW）；

8）最常用的配置质量（kg）；

9）电动车辆工作电压和频率；

10）提供连接钩上最大牵引杆拉力（N）；

11）提供连接钩上最大垂直负载力（N）。

（2）起吊、搬运、运输、总装和拆卸连接点应有永久性标志。

（3）为了方便搬运和运输，机器制造可以由许多独立部分和组件组成。每个独立部分或组件的重量和起吊点位置在它的上面应永久性清晰地标志。

5.24.5 警告

与 GB/T 15706.1—2007 中的 3.10 所定义的危险区（如制动器、传动带、风扇）一样，按 GB/T 2893（ISO 3864）的要求认定和标志危险区，见表 5-12。

表 5-12　布置在司机室内常用危险标志

符　号	对　象	颜　色
	警告： 铰接区 挤压危险	背景　黄 三角边框　黑 符号　黑
	警告： 蓄电池箱 爆炸危险	背景　黄 三角边框　黑 符号　黑
	警告： 发动机风扇 手指或手掌 的切断危险	背景　黄 三角边框　黑 符号　黑
	警告： 皮带传动装置 手和臂缠绕危险	背景　黄 三角边框　黑 符号　黑
	警告： 车轮	背景　黄 三角边框　黑 符号　黑

在架空电力车辆上的警告标志。

在架空电力车辆上，应提供表明车上存在带电电源导体的警告标志。

参考文献

[1] 高梦熊. 地下装载机——结构、设计与使用［M］. 北京：冶金工业出版社，2002.

[2] 王运敏. 中国采矿设备手册（上册）［M］. 北京：科学出版社，2007：489 ~ 551.

[3] 高梦熊. 地下装载机［M］. 北京：冶金工业出版社，2011.

[4] 周一鸣. 车辆人机工程学［M］. 北京：北京理工大学出版社：1999.

[5] 石博强，饶绮麟. 地下辅助车辆［M］. 北京：冶金工业出版社，2006：1 ~ 53.

[6] 李健成. 矿山装载机械设计［M］. 北京：机械工业出版社，1989：58 ~ 67.

[7] 童时中. 人机工程设计与应用手册［M］. 北京：中国标准出版社，2007.

[8] 王继新，李国忠，王国强. 工程机械驾驶室设计安全技术［M］. 北京：化学工业出版社，2010.

[9] 崔政斌，王明明. 机械安全技术［M］. 第2版. 北京：化学工业出版社，2009：1 ~ 53.

[10] Hvolka D J. Load - Haul - Dump — A basic design approach for fuel economy and performance [M]. Mining Engineering University of Utah, 1985: 72 ~ 76.

[11] NSW Department of primary industries. Guideline for mobile and transportable equipment for use in mines MDG15 [S/OL]. March 2002. www. dpi. nsw. gov. au/_ data/assets/pdf _ file/0019/105445/MDG - 15. pdf.

[12] NSW Department of primary industries. Guideline for free - steered vehicles MDG 1 [S/OL]. July 1995. www. dpi. nsw. gov. au/_ data/assets/pdf_ file/0017/118700/MDG - 1. pdf.

[13] Directive 2006/42/EC of the European parliament and of the Council of 17 May 2006 on machinery, and amending directive 95/16/EC (recast) [S].

[14] Sandvik. Maintenace Manual TORO 6 [M/CD], 2006.

[15] Atlas Copco. Scooptram. ST1030 Operator's Guide [M/CD]. Atlas Cupco Rock Drills AB, Sweden, 2008.

[16] Atlas Copco. Scooptram. ST1030 Service Guide [M/CD]. Atlas Cupco Rock Drills AB, Sweden, 2008.

[17] Caterpillar. Operation and Maintenance Manual R2900G Load Haul Dump [M/CD]. SEBU7333, 2005.

[18] Eger T, Salmoni A W, Whissell R. Factors affecting load - haul - dump operator visibility in underground mining [C/CD]. Proceeding of SELF - ACE 2001 conference, Ergonomics for changing work Volume 4: 203 ~ 208.

[19] The National Institute for Occupational Safety and Health (NIOSH) Mining Division. Control design principles last updated: April 30, 2010. www. cdc. gov/niosh/mining/products/product24. htm.

[20] The National Institute for Occupational Safety and Health (NIOSH) Mining Division. Underground workstation design principles. www. cdc. gov/niosh/mining/products/product110. htm.

[21] The National Institute for Occupational Safety and Health (NIOSH) Mining Division. Seating design principles. www. cdc. gov/niosh/mining/products/product92. htm.

[22] Mason S, Heap T. The ergonomics of trackless vehicles in South Africa (A design handbook) [R/OL]. Simrac Project [C/OL]. 1998: 416. researchspace. csir. co. za/dspace/bitstream/10204/1433/1/COL416. pdf.

[23] 高梦熊. 地下采矿运输车辆噪声的控制［J］. 矿山机械，2004（2）：16 ~ 19.

[24] Reevesl E R., Randolph R F. Noise control in underground metal mining [R/OL]. Centers for Disease Control and Prevention. National Institute for Occupational Safety and Health, 2009: 11 ~ 62. www. cdc. gov/niosh/mining/pubs/pdfs/2010 - 111. pdf.

[25] 高梦熊，崔昌群. 地下无轨车辆关于人体全身振动暴露危害评估的探讨［J］. 矿山机械，2008（1）：28 ~ 33.

[26] 崔昌群. 地下无轨车辆关于人体全身振动暴露危害评估的再探讨［J］. 矿山机械，2008（15）：

41 ~ 43.

[27] Mcphee B, Long G F A. A handbook on whole – body vibration exposure in mining [M/OL]. Sydney, Australia, 2009, second edition: 30 ~ 31. www. fosterohs. com/Bad_ Vibrations_ 2009. pdf.

[28] Mcphee B. Ergonomics in Mining, Occupational Medicine [J/OL]. 2004, 54 (5): 297 ~ 303. http: //occmed. oxfordj oumals. org.

[29] Eger T, Stevenson J. Whole – body vibration exposure and posture evaluation during the operation of LHD vehicles in underground mining [C/OL]: 119 ~ 120. Proceedings of the First American Conference on Human Vibration NIOSH, 2006: 5 ~ 7. www. cdc. gov/niosh/docs/2006 – 140.

[30] Directive 2002/44/EC of the European Parliament and of the Council of 25 June 2002 on the minimum health and safety requirements regarding the exposure of workers to the risks arising from physical agents (vibration) (sixteenth individual Directive within the meaning of Article 16 (1) of Directive 89/391/EEC) [Official Journal L 177, 06. 07. 2002].

[31] Bhattacherya I, Dunn P, Egert T. Development of a new operator visibility assessment technique for mobile equipment [J/OL]. The Journal of The South African Institute of mining and Metallurgy, 2006, 106 (2): 315 ~ 321.

[32] West J, Haywood M, Dunnf P, et al. Comparison of operator line – of – sight (LOS) assessment techniques evaluation of an underground load – haul – dump (LHD) mobile mining vehicle [J/OL]. The Journal of the South African Institute of Mining and Metallurgy, 2007, 107 (5): 315 ~ 321.

[33] Eger W, Kociolek T, Grenier A, et al. How to guide LHD operator line – of – sight evaluation and presentation [R]. Laurentian University Sudbury, Ontario Version 1. 0, November, 2007.

[34] Griffin M J, Howarth H V C. Guide to good practice on hand – arm vibration [R/OL]. Institute of Sound and Vibration Research University of Southampton, U. K. 12/06/2006. http: //resource. isvr. soton. ac. uk/HRV/VIBGUIDE. htm.

[35] Griffin M J, Howarth H V C. Guide to good practice on whole – body vibration [R/OL]. Institute of Sound and Vibration Research University of Southampton, U. K. 12/06/2006. http: //resource. isvr. soton. ac. uk/HRV/VIBGUIDE. htm.

[36] Efrem R, Reevesl, Robert F, et al. Noise control in underground metal mining [R]. Department of health and human services, centers for disease control and prevention、National Institute for Occupational Safety and Health, 2009. www. cdc. gov/niosh/mining/pubs/pdfs/2010 – 111. pdf.

[37] Ottermann R W, Burger N D L, Wielligh A J. Brake testing of trackless mobile mining machinery [R]. Safety in Mines Research Advisory Committee, 2006. www. anglotechnical. co. za/AA_ SPEC_ 236001. pdf.

[38] Turnkey Instruments Ltd. SIMRET makes heavy vehicle brake testing easy [OL]. Northwich, England, 16 February 2001. www. turnkey – instruments. com.

[39] Edwards D J, Holt G D, Spittle P G. Guidance on brake testing for rubber – tyred vehicles. [OL]. EPIC training & consulting services limited and the Off – highway Plant and Equipment Research Center (OPERC), 2007, 3. www. hse. gov. uk/quarries/braketesting. pdf.

[40] Schutte P C, Shaba M N. Ergonomics of mining machinery and transport in the South African mining industry [R]. Safety in Mines Research Advisory Committee, 2003. http: //researchspace. csir. co. za/dspace/handle/10204/1297.

[41] Military handbook: Maintainability design techniques [S/OL]. 1988: 4 – 12 ~ 4 – 19. www. everyspec. com/DoD/DoD – HDBK/DOD – HDBK – 791_ 22554.

[42] Dan Wagner. Human factors design guide [OL]. FAA Technical Center Atlantic City International Airport, NJ 08405, 1996: 13 – 3 ~ 13 – 5. www. hf. faa. gov/docs/508/docs/cami/0117. pdf.

[43] GB/T 2883—2002 工程机械轮辋规格系列 [S].
[44] GB/T 2893.1—2004 图形符号 安全色和安全标志 第1部分：工作场所和公共领域中安全标志的设计原则 [S].
[45] GB/T 2893.2—2008 图标符号 安全色和安全标志 第2部分：产品安全标签的设计原则 [S].
[46] GB/T 2893.3—2010 图形符号 安全色和安全标志 第3部分：安全标志用图形符号设计原则 [S].
[47] GB 2894—2008 安全标志及其使用导则 [S].
[48] GB/T 2980—2009 工程机械轮胎规格、尺寸、气压与负荷 [S].
[49] GB 4351.1—2005 手提式灭火器 第1部分：性能和结构要求 [S].
[50] GB 4208—2008 外壳防护等级（IP代码）[S].
[51] GB 8410—2006 汽车内饰材料的燃烧特性 [S].
[52] GB/T 8419—2007 土方机械 司机座椅振动的试验室评价 [S].
[53] GB/T 8420—2010 土方机械 司机的身材尺寸与司机的活动空间 [S].
[54] GB 8591—2000 土方机械 司机座椅标定点 [S].
[55] GB/T 8593.1—2010 土方机械 司机操纵装置和其他显示装置用符号 第1部分：通用符号 [S].
[56] GB/T 8593.2—2010 土方机械 司机操纵装置和其他显示装置用符号 第2部分：机器、工作装置和附件的特殊符号 [S].
[57] GB/T 8595—2008 土方机械 司机的操纵装置 [S].
[58] GB/T 9573—2003 橡胶、塑料软管及软管组合件 尺寸测量方法 [S].
[59] GB 12265.1—1997 机械安全 防止上肢触及危险区的安全距离 [S].
[60] GB 12265.2—2000 机械安全 防止下肢触及危险区的安全距离 [S].
[61] GB/T 13441.1—2007 机械振动与冲击 人体承受全身振动的评价 第1部分：一般要求 [S].
[62] GB/T 13870.1—2008 电流对人和家畜的效应 第1部分：通用部分 [S].
[63] GB/T 14039—2002 液压传动 油液固体颗粒污染等级代号 [S].
[64] GB/T 14574—2000 声学 机器和噪声发射值的标示和验证 [S].
[65] GB/T 14790.1—2009 机械振动 人体暴露于手传振动的测量与评价 第1部分：一般要求 [S].
[66] GB/T 15706.1—2007 机械安全 基本概念与设计通则 第1部分：基本术语和方法 [S].
[67] GB/T 15706.2—2007 机械安全 基本概念与设计通则 第2部分：技术原则 [S].
[68] GB 16423—2006 金属非金属地下矿山安全规程 [S].
[69] GB/T 16855.1—2008 机械安全 控制系统有关安全部件 第1部分：设计通则 [S].
[70] GB/T 16855.2—2008 机械安全 控制系统有关安全部件 第2部分：确认 [S].
[71] GB/T 16856.1—2008 机械安全 风险评价 第1部分：原则 [S].
[72] GB/T 16856.2—2008 机械安全 风险评价 第2部分：实施指南和方法举例 [S].
[73] GB/T 16937—2010 土方机械 司机视野 试验方法和性能准则 [S].
[74] GB/T 17299—1998 土方机械 最小入口尺寸 [S].
[75] GB/T 17300—2010 土方机械 通道装置 [S].
[76] GB/T 17771—2010 土方机械 落物保护结构 试验室试验和性能要求 [S].
[77] GB/T 17772—1999 土方机械 保护结构的实验室鉴定挠曲极限量的规定 [S].
[78] GB/T 17920—1999 土方机械 提升臂支承装置 [S].
[79] GB/T 17921—2010 土方机械 座椅安全带及其固定器 性能要求和试验 [S].
[80] GB/T 17922—1999 土方机械 翻车保护结构试验室试验和性能要求 [S].
[81] GB/T 18153—2000 机械安全 可接触表面温确定热表面温度限值的工效学数据 [S].
[82] GB 18209.1—2010 机械安全 指示、标志和操作 第1部分：关于视觉、听觉和触觉信号的要求 [S].

[83] GB 18209.2—2010 机械安全 指示、标志和操作 第2部分：标志要求［S］.
[84] GB 18209.3—2010 机械安全 指示、标志和操作 第3部分：操作件的位置和操作的要求［S］.
[85] GB/T 18380.11—2008 电缆和光缆在火焰条件下的燃烧试验 第11部分：单根绝缘电线电缆火焰垂直蔓延试验 试验装置［S］.
[86] GB/T 18380.12—2008 电缆和光缆在火焰条件下的燃烧试验 第12部分：单根绝缘电线电缆火焰垂直蔓延试验 1kW 预混合型火焰试验方法［S］.
[87] GB/T 18380.21—2008 电缆和光缆在火焰条件下的燃烧试验 第21部分：单根绝缘细电线电缆火焰垂直蔓延试验 试验装置［S］.
[88] GB/T 18380.22—2008 电缆和光缆在火焰条件下的燃烧试验 第22部分：单根绝缘细电线电缆火焰垂直蔓延试验 扩散型火焰试验方法［S］.
[89] GB/T 18717.1—2002 用于机械安全的人类工效学设计 第1部分：全身进入机械的开口尺寸确定原则［S］.
[90] GB/T 18717.2—2002 用于机械安全的人类工效学设计 第2部分：人体局部进入机械的开口尺寸确定原则［S］.
[91] GB/T 18717.3—2002 用于机械安全的人类工效学设计 第3部分：人体测量数据［S］.
[92] GB/T 18947—2003 矿用钢丝增强液压软管及软管组合件［S］.
[93] GB/T 19670—2005 机械安全 防止意外启动［S］.
[94] GB 20178—2006 土方机械 安全标志和危险图示 通则［S］.
[95] GB/T 20418—2006 土方机械 照明、信号和标志灯以及反射器［S］.
[96] GB/T 20953—2007 农林拖拉机和机械 驾驶室内饰材料燃烧特性的测定［S］.
[97] GB/T 21152—2007 土方机械 轮胎式机器制动系统的性能要求和试验方法［S］.
[98] GB/T 21154—2007 土方机械 整机及其工作装置和部件的质量测量方法［S］.
[99] GB/T 21155—2007 土方机械 前进和倒退音响报警 声响试验方法［S］.
[100] GB 21500—2008 地下矿用无轨轮胎式运矿车 安全要求［S］.
[101] GB/T 21935—2008 土方机械 操纵的舒适区域与可及范围［S］.
[102] GB/T 22355—2008 土方机械 铰接机架锁紧装置性能要求［S］.
[103] GB/T 22356—2008 土方机械 钥匙锁起动系统［S］.
[104] GB/T 22359—2008 土方机械 电磁兼容性［S］.
[105] GB 25518—2010 地下铲运机 安全要求［S］.
[106] GB/T 25607—2010 土方机械 防护装置 定义和要求［S］.
[107] GB/T 25608—2010 土方机械 非金属燃油箱的性能要求［S］.
[108] GB/T 25610—2010 土方机械 自卸车车厢支承装置和司机室倾斜支承装置［S］.
[109] GB/T 25612—2010 土方机械 声功率级的测定 定置试验条件［S］.
[110] GB/T 25615—2010 土方机械 司机位置发射声压级的测定 动态试验条件［S］.
[111] GB/T 25617—2010 土方机械 机器操作的可视显示装置［S］.
[112] GB/T 25620—2010 土方机械 操作与维修 可维修指南［S］.
[113] GB/T 25621—2010 土方机械 操作与维修 技工培训［S］.
[114] GB/T 25623—2010 土方机械 司机培训方法指南［S］.
[115] GB/T 25624—2010 土方机械 司机座椅尺寸和要求［S］.
[116] GB/T 25685.1—2010 土方机械 监视镜和后视镜的视野 第1部分：试验方法［S］.
[117] GB/T 25685.2—2010 土方机械 监视镜和后视镜的视野 第2部分：性能准则［S］.
[118] GB/T 25686—2010 土方机械 司机遥控的安全要求［S］.
[119] GBZ 1—2002 工业企业设计卫生标准［S］.

[120] GBZ 2.1—2007 工作场所有害因素职业接触限值 第1部分：化学有害因素 [S].

[121] GBZ 2.2—2007 工作场所有害因素职业接触限值 第2部分：物理因素.

[122] AQ 1043—2007 矿用产品安全标志标识 [S].

[123] AQ 2013.1—2008 金属非金属地下矿山通风技术规范 通风系统 [S].

[124] ISO 3411: 2007 Earth - moving machinery—Physical dimensions of operators and minimum operator space envelope [S].

[125] ISO/DIS 3450: 2011 (E) Earth - moving machinery—Wheeled or high - speed rubber - tracked machines—Performance requirements and test procedures for brake systems [S].

[126] ISO 3864 - 1: 2006 Graphical symbols—Safety colours and safety signs—Part 1: Design principles for safety signs and safety markings [S].

[127] ISO 3864 - 2: 2004 Graphical symbols—Safety colours and safety signs—Part 2: Design principles for product safety labels [S].

[128] ISO 3864 - 3: 2006 Graphical symbols—Safety colours and safety signs—Part 3: Design principles for graphical for use in safety signs [S].

[129] ISO 4413: 2010 Hydraulic fluid power—General rules and safety requirements for systems and their components [S].

[130] ISO 4414: 2010 Pneumatic fluid power—General rules and safety requirements for systems and their components [S].

[131] ISO 5006: 2006 Earth - moving machinery—Operator's field of view—Test method and performance criteria [S].

[132] ISO 5010: 2007 Earth - moving machinery—Rubber - tyred machines—Steering requirements [S].

[133] ISO 5349 - 2: 2001 Mechanical Vibration—Measurement and evaluation of human exposure to hand - transmitted vibration—Part 2: Practical guidance for measurement at the workplace [S].

[134] ISO 8041: 2005 Human response to vibration - measuring instrumentation [S].

[135] ISO 9244: 2008 Earth - moving machinery—Product safety labels—General principles [S].

[136] ISO 9355 - 1: 1999 Ergonomic requirements for the design of displays and control actuators—Part 1: Human interactions with displays and control actuators [S].

[137] ISO 9355 - 2: 1999 Ergonomic requirements for the design of displays and control actuators - Part 2: Displays [S].

[138] ISO 9533: 2010 Earth - moving machinery—Machine - mounted audible travel alarms and forward horns—Test methods and performance criteria [S].

[139] ISO 12100: 2010 Safety of machinery—General principles for design—Risk assessment and risk reduction [S].

[140] ISO 13732 - 1: 2006 Ergonomics of the thermal environment—Methods for the assessment of human responses to contact with surfaces—Part 1: Hot surfaces [S].

[141] ISO 15818: 2009 Earth - moving machinery—The lifting and tying - down attachment points—Performance requirements [S].

[142] ISO 15998: 2008 Earth - moving machinery—Machine - control systems (MCS) using electronic components—Performance criteria and tests for functional safety [S].

[143] ISO 16001: 2008 Earth - moving machinery—Hazard detection systems and visual aids—Performance requirements and tests [S].

[144] BS EN 1005 - 4: 2005 Safety of machinery Human physical performance—Part 4: Evaluation of working postures and movements in relation to machinery [S].

[145] EN 474 – 1：2006 Earth – moving machinery—Safety—Part 1：General requirements [S].

[146] EN 1889 – 1：2010 Machines for underground mines—Mobile machines working underground—Safety—Part1：Rubber tyred vehicles [S].

[147] EN 12096：1997 Mechanical vibration—Declaration and verification of vibration emission values [S].

[148] AS 5062 – 2006 Fire protection for mobile and transportable equipment [S].

[149] 2006/42/EC Directive 2006/42/EC of the European parliament and of the council of 17 May 2006 on machinery, and amending Directive 95/16/EC (recast) [S].